中国国家标准汇编

427

GB 23838～23892

（2009 年制定）

中国标准出版社　编

中国标准出版社

北京

图书在版编目（CIP）数据

中国国家标准汇编：2009年制定.427：GB 23838～23892/中国标准出版社编.—北京：中国标准出版社，2010

ISBN 978-7-5066-6001-3

Ⅰ.①中… Ⅱ.①中… Ⅲ.①国家标准-汇编-中国-2009 Ⅳ.①T-652.1

中国版本图书馆CIP数据核字（2010）第165743号

中国标准出版社出版发行
北京复兴门外三里河北街16号
邮政编码：100045

网址 www.spc.net.cn
电话：68523946 68517548
中国标准出版社秦皇岛印刷厂印刷
各地新华书店经销

*

开本 880×1230 1/16 印张 38.25 字数 1 120 千字
2010年10月第一版 2010年10月第一次印刷

*

定价 220.00 元

ISBN 978-7-5066-6001-3

出 版 说 明

1.《中国国家标准汇编》是一部大型综合性国家标准全集。自1983年起，按国家标准顺序号以精装本、平装本两种装帧形式陆续分册汇编出版。它在一定程度上反映了我国建国以来标准化事业发展的基本情况和主要成就，是各级标准化管理机构，工矿企事业单位，农林牧副渔系统，科研、设计、教学等部门必不可少的工具书。

2.《中国国家标准汇编》收入我国每年正式发布的全部国家标准，分为"制定"卷和"修订"卷两种编辑版本。

"制定"卷收入上一年度我国发布的、新制定的国家标准，顺延前年度标准编号分成若干分册，封面和书脊上注明"20××年制定"字样及分册号，分册号一直连续。各分册中的标准是按照标准编号顺序连续排列的，如有标准顺序号缺号的，除特殊情况注明外，暂为空号。

"修订"卷收入上一年度我国发布的、修订的国家标准，视篇幅分设若干分册，但与"制定"卷分册号无关联，仅在封面和书脊上注明"20××年修订-1，-2，-3，……"字样。"修订"卷各分册中的标准，仍按标准编号顺序排列(但不连续)；如有遗漏的，均在当年最后一分册中补齐。需提请读者注意的是，个别非顺延前年度标准编号的新制定的国家标准没有收入在"制定"卷中，而是收入在"修订"卷中。

读者配套购买《中国国家标准汇编》"制定"卷和"修订"卷则可收齐上一年度我国制定和修订的全部国家标准。

3. 由于读者需求的变化，自1996年起，《中国国家标准汇编》仅出版精装本。

4. 2009年我国制修订国家标准共3 158项。本分册为"2009年制定"卷第427分册，收入国家标准GB 23838～23892的最新版本。

中国标准出版社
2010年8月

目　　录

ICS 71.040.40
G 76

中华人民共和国国家标准

GB/T 23838—2009

工业循环冷却水中悬浮固体的测定

Determination of suspended solids of industrial circulating cooling water

(ISO 11923:1997,Water quality—Determination of suspended solids by filtration through giass-fibre filters,NEQ)

2009-05-18 发布　　　　2010-02-01 实施

中华人民共和国国家质量监督检验检疫总局
中国国家标准化管理委员会　发布

前　言

本标准对应于 ISO 11923:1997《水质　通过玻璃纤维滤纸过滤的悬浮固体的测定》(英文版),与 ISO 11923:1997 的一致性程度为非等效。

本标准的附录 A、附录 B 均为资料性附录。

本标准由中国石油和化学工业协会提出。

本标准由全国化学标准化技术委员会水处理剂分会(SAC/TC 63/SC 5)归口。

本标准负责起草单位:广州市特种承压设备检测研究院、中海油天津化工研究设计院。

本标准主要起草人:杨麟、叶伟文、上官斌、白莹、邵宏谦。

工业循环冷却水中悬浮固体的测定

1 范围

本标准规定了经玻璃纤维滤纸或 G_4 坩埚式过滤器过滤的原水、废水及污水中悬浮固体的测定方法,本方法的最低检测限约为 2 mg/L,本方法未对测定上限进行规定。

注 1:悬浮固体的含量与贮存时间、运输方式、pH 值和其他因素有关。试验报告中应说明样品的情况。
浮油和其他不互溶有机液体会引起干扰(见附录 A)。
当样品中的溶解性固体大于 1 000 mg/L 时需特殊处理(见 8.5)。

注 2:应说明过滤器的类型。

注 3:不同水样中颗粒大小分布差别很大,因此,使用不同孔径的滤纸或过滤器得到的结果没有关联性。使用不同型号的滤纸或过滤器得到的结果不能相互换算。

2 规范性引用文件

下列文件中的条款通过本标准的引用而成为本标准的条款。凡是注日期的引用文件,其随后所有的修改单(不包括勘误的内容)或修订版均不适用于本标准,然而,鼓励根据本标准达成协议的各方研究是否可使用这些文件的最新版本。凡是不注日期的引用文件,其最新版本适用于本标准。

GB/T 6682 分析实验室用水规格和试验方法(GB/T 6682—2008,ISO 3696:1987,MOD)

3 术语和定义

下列术语和定义适用于本标准。

3.1

悬浮固体 suspended solids

在一定条件下通过离心或过滤所分离出的固体。

3.2

溶解性固体 dissolved solids

在一定条件下,样品被过滤、蒸发干燥后的剩余物质。

4 原理

使用抽滤装置,通过已于 105 ℃±2 ℃下恒量的玻璃纤维滤纸或 G_4 坩埚式过滤器过滤水样,然后将滤纸或过滤器置于 105 ℃±2 ℃下烘干至恒量,用重量法测定保留的剩余物的质量。

5 仪器、设备

5.1 抽滤装置,与所选择的过滤器(5.2)相匹配。

5.2 硼硅酸盐玻璃纤维滤纸(以下简称滤纸)或 G_4 坩埚式过滤器(以下简称过滤器):不含黏合剂、滤纸、过滤器应是圆形且直径与抽滤装置(5.1)相匹配。空白试验的质量损失应小于 0.3 mg。

5.3 过滤时,按第 8 章操作校验质量损失,使用 150 mL 蒸馏水代替试样,空白样品的质量损失应小于 0.3 mg/L。分别校验每一组滤纸或过滤器。每次任意选择三个,提高测试的灵敏度。

注:为了去除水溶性组分,可以对滤纸或过滤器进行预洗涤,单个或少量的滤纸或过滤器(<10),可用 150 mL 蒸馏水预洗涤,然后在 105 ℃干燥至少 1 h。
洗涤大量滤纸或过滤器时,可将其浸于蒸馏水中数小时,使用前抽除水分,在 105 ℃下至少干燥 1 h 或过夜。
不同生产厂家的滤纸或过滤器的过滤特性略有差别。在试验报告中(第 12 章)给出滤纸或过滤器的类型和生产厂家。

5.4 干燥箱:温度可保持在(105±2)℃。

5.5 分析天平:精度为0.1 mg。

5.6 干燥架。

6 试剂和材料

6.1 微晶纤维的标准悬浮液(乳浊液):ρ=500 mg/L。

称取0.5 g已干燥的用于薄层层析的或相当等级的微晶纤维$(C_2H_{10}O_5)_n$,定量转移至1 000 mL容量瓶并用水稀释至刻度。该乳浊液至少保存三个月。

使用前摇匀该乳浊液。

注:微晶纤维含量的干燥物质由(105±2)℃烘干而得。

6.2 悬浮液工作标准溶液:ρ=50 mg/L。

摇乳浊液(6.1)直至完全均匀,用100 mL容量瓶量取(100±1)mL,定量转移至1 000 mL容量瓶中并用蒸馏水稀释至刻度。使用前摇匀,需当日制备。

7 采样和样品处理

所采集的样品应置于透明材料的瓶中。为了能够充分地混匀样品,避免装满取样瓶。

取样后尽快分析样品,最好在4 h内测定悬浮物固体含量。4 h内不能分析的样品应在8 ℃以下暗处贮存,但不能使样品结冰。贮存超过24 h的样品所测得的结果应明示。禁止向样品中添加任何添加剂用于保存。

若采样后存放时间超过4 h,应在试验报告中注明。

8 分析步骤

8.1 将样品放置至室温。

8.2 确认滤纸或过滤器的质量损失低于0.3 mg/L(见5.2)。

8.3 称量在(105±2)℃下烘干至恒量的滤纸或过滤器,精确至0.1 mg。将其置于干燥器中以避免滤纸或过滤器的污染。

8.4 把滤纸平铺于抽滤装置(5.1)的漏斗上或把过滤器装于抽滤装置上(5.1),与真空(或压力)泵联结。

警告:若大型玻璃容器有刮擦损坏,对其抽真空会引起炸裂的危险。应确保相关的安全措施。

8.5 充分振摇样品瓶使样品均匀,立即转移适当体积的样品于过滤器中,如果样品瓶非常满,应另取一个干燥干净的瓶子,在两个瓶子中来回地混合样品。选择合适的样品体积以便测得的剩余物质量处于最佳的范围,即5 mg~50 mg。所取样品体积不得超过1 L。剩余物的有效值至少为2 mg。样品体积少于25 mL时应采用称量的方法。

8.6 过滤样品时,用约20 mL蒸馏水抽洗滤纸或过滤器,另取20 mL蒸馏水洗涤抽滤瓶的内壁。

若样品所含的可溶性固体大于1 000 mg/L,使用50 mL蒸馏水重复抽洗三次,仔细洗涤过滤器的边缘。

注:过滤一般在1 min内完成。但有些水样含有堵塞滤纸或过滤器孔隙或减少孔径的物质,这会增加过滤时间并导致结果随取样体积的变化而变化。若发现上述堵塞的现象,应采用较小的体积重复测定,并在结果中加以说明。

当滤纸或过滤器近干时释放真空(或压力)。用镊子小心地从抽滤瓶上的漏斗中夹出滤纸并折叠,把滤纸置于干燥架(5.5)上或是从抽滤瓶上移开过滤器放于烘箱中在(105±2)℃下烘干至恒量。

9 校验

使用200 mL乳浊液(6.2)工作标准溶液代替水样同样操作,回收率应在90%~110%之间。

10　结果计算

悬浮物固体含量以质量浓度 ρ 计，单位为 mg/L，按式(1)计：

$$\rho = \frac{1\,000(m - m_0)}{V} \quad \cdots\cdots(1)$$

式中：

m——过滤后滤纸或过滤器的质量的数值，单位为毫克(mg)；

m_0——过滤前滤纸或过滤器的质量的数值，单位为毫克(mg)；

V——样品的体积的数值，单位为毫升(mL)，如果样品被称重，认为 1 g 的质量相当于 1 mL 体积。

报告结果低于 2 mg/L 时按“低于 2 mg/L”，其他用 mg/L 报告，保留两位有效数字。

11　精密度

本标准所述的悬浮物质含量的数据精密度，主要取决于样品的本身而与方法本身无关。另外，不能排除所使用的特定滤纸或过滤器的一些影响。

在使用相关类型的实际水样进行实验室研究时，不能保证二级水样到达不同实验室时是性质不变，故没有提供结果再现性的有效数据。堵塞过滤器的含有有机生物或黏稠物的水样(例如碳水化合物聚合体)对运输和试验条件特别敏感。

附录 B 给出了本方法在两个实验室间的精密度。从这些实验室间试验得到的数值不适用于其他的浓度范围和水样。

12　试验报告

试验报告应包含本标准引用文件和以下部分：

a)　实验日期和地点；

b)　试验样品的鉴别标记；

c)　所用滤纸或过滤器的厂家和型号；

d)　结果；

e)　任何违背本标准描述的操作程序或可能影响结果的任何其他细节，如堵塞过滤器、分析前贮存时间。

附 录 A
（资料性附录）
含有油或其他有机液体的样品

留在过滤器上的油或其他不互溶有机液体，在105 ℃干燥时只有部分会挥发。可采用先用乙醇，后用己烷洗的方式分离不互溶油，分离后过滤、水洗。采用该步骤除能除油外，也能分离其他一些物质。

附 录 B
（资料性附录）
实验室间试验结果

175 个实验室按照本标准的操作步骤使用 Whatman GF/A 玻璃纤维滤纸对两个样品进行实验室间研究（瑞士环境保护所 1992）。使用高岭土和微晶纤维素合成样品。表 B.1 中所列的结果说明其重复性。

表 B.1 瑞士实验室间试验结果

统计特性	样品 1	样品 2
可接受的结果的数量	171	172
平均值	961 mg/L	790 mg/L
标准偏差	41 mg/L	36 mg/L
变异系数	4.29%	4.72%
舍去结果数量	4	3

1994 年，德国研究的数据结果在表 B.2 中给出。

表 B.2 德国室间试验结果

样 品	实验室数量	可接受结果	舍去结果	平均值/(mg/L)	变异系数/%
微晶纤维素，10 mg/L	8	32	0	9.95	9.0
微晶纤维素，100 mg/L	8	32	0	96.6	7.8
微晶纤维素，500/L	7	26	6	499.5	3.5
高岭土，10 mg/L	8	30	2	9.59	7.8
高岭土，100 mg/L	8	32	0	92.4	7.5
高岭土，500 mg/L	8	31	1	463.4	6.0
纤维状纤维素（纸浆）10 mg/L	7	28	0	10.3	8.3
纤维状纤维素（纸浆）100 mg/L	6	24	4	102.3	9.2
纤维状纤维素（纸浆）500 mg/L	7	28	0	474.1	13.6
微晶纤维素：高岭土，1：1，10 mg/L	8	31	1	9.6	4.4
微晶纤维素：高岭土，1：1，50 mg/L	8	30	2	49.9	1.7
微晶纤维素：高岭土，1：1，200 mg/L	8	32	0	195.4	3.3

结果表明理想条件下可获得再现性，例如样品中含有粒径明确的惰性颗粒物。然而，实际样品中很难达到理想条件的要求。

ICS 71.060.50
G 12

中华人民共和国国家标准

GB/T 23839—2009

工业硫酸亚锡

Stannous sulfate for industrial use

2009-05-18 发布 2010-02-01 实施

中华人民共和国国家质量监督检验检疫总局
中国国家标准化管理委员会 发布

前　言

本标准修改采用法国标准 NF T23.301-1982《化学产品　硫酸亚锡》(法文版)。

本标准根据法国标准 NF T23.301-1982《化学产品　硫酸亚锡》重新起草。

在采用 NF T23.301-1982 时,本标准做了一些修改,有关技术性差异及结构性差异已编入正文中,并在它们涉及的条款的页边空白处用垂直单线标识。附录 A 和附录 B 中给出了这些技术性差异及结构性差异及原因的一览表以供参考。

本标准附录 A、附录 B 为资料性附录。

本标准由中国石油和化学工业协会提出。

本标准由全国化学标准化技术委员会无机化工分会(SAC/TC 63/SC 1)归口。

本标准负责起草单位:云南锡业集团有限责任公司、精细化学品集团有限公司、柳州华锡集团有限责任公司、中海油天津化工研究设计院。

本标准主要起草人:白健、曹靖、金洪海、兰庆珊、刘幽若、叶有明、郭凤鑫。

本标准为首次发布。

工业硫酸亚锡

1 范围

本标准规定了工业硫酸亚锡的要求、试验方法、检验规则、标志、标签、包装、运输和贮存。

本标准适用于工业硫酸亚锡。该产品主要用作水泥添加剂、电镀添加剂、铝合金表面氧化着色剂，印染工业的媒染剂，其他工业还原剂等。

2 规范性引用文件

下列文件中的条款通过本标准的引用而成为本标准的条款。凡是注日期的引用文件，其随后所有的修改单(不包括勘误的内容)或修订版均不适用于本标准，然而，鼓励根据本标准达成协议的各方研究是否可使用这些文件的最新版本。凡是不注日期的引用文件，其最新版本适用于本标准。

GB/T 191—2008 包装储运图示标志(ISO 780:1997,MOD)

GB/T 601 化学试剂 标准滴定溶液的制备

GB/T 602 化学试剂 杂质测定用标准溶液的制备(GB/T 602—2002,ISO 6353-1:1982,NEQ)

GB/T 603 化学试剂 试验方法中所用制剂及制品的制备(GB/T 603—2002,ISO 6353-1:1982,NEQ)

GB/T 1250 极限数值的表示方法和判定方法

GB/T 3050—2000 无机化工产品中氯化物含量测定的通用方法 电位滴定法(ISO 6227:1982,NEQ)

GB/T 6678 化工产品采样通则

GB/T 6682—2008 分析实验室用水规格和试验方法(ISO 3696:1987,MOD)

GB/T 23834.1—2009 硫酸亚锡化学分析方法 第1部分:硫酸亚锡含量的测定 重铬酸钾滴定法

GB/T 23834.2—2009 硫酸亚锡分析方法 第2部分:盐酸不溶物的测定 重量法

GB/T 23834.3—2009 硫酸亚锡分析方法 第3部分:碱金属和碱土金属硫酸盐总量的测定 重量法

GB/T 23834.4—2009 硫酸亚锡化学分析方法 第4部分:铅、铜含量的测定 火焰原子吸收光谱法

GB/T 23834.5—2009 硫酸亚锡化学分析方法 第5部分:砷含量的测定 二乙基二硫代氨基甲酸银分光光度法

GB/T 23834.6—2009 硫酸亚锡化学分析方法 第6部分:铁含量的测定 邻菲啰啉分光光度法

HG/T 3696.1 无机化工产品化学分析用标准滴定溶液的制备

HG/T 3696.2 无机化工产品化学分析用杂质标准溶液的制备

HG/T 3696.3 无机化工产品化学分析用制剂及制品的制备

3 分子式和相对分子质量

分子式:$SnSO_4$

相对分子质量:214.75(按2007年国际相对原子质量)

4 分类

工业硫酸亚锡分为两个类别:Ⅰ类为特殊工业用;Ⅱ类为一般工业用。

5 要求

5.1 外观：工业硫酸亚锡为白色结晶或粉末。

5.2 工业硫酸亚锡应符合表1要求：

表1 要求

项目			质量分数 w/%	
			Ⅰ类	Ⅱ类
锡	以锡(Sn)计	≥	54.7	—
	以硫酸亚锡($SnSO_4$)计	≥	99.0	99.0
氯化物(以Cl计)		≤	0.005	—
酸不溶物		≤	0.005	—
碱金属和碱土金属硫酸盐		≤	0.1	—
铅(Pb)		≤	0.02	0.02
锑(Sb)		≤	0.01	0.05
砷(As)		≤	0.001	0.001
铁(Fe)		≤	0.005	0.005

6 试验方法

6.1 安全提示

本试验方法中使用的部分试剂具有毒性或腐蚀性，操作时须小心谨慎！如溅到皮肤或眼睛上应立即用水冲洗，严重者应立即治疗。

6.2 一般规定

本标准所用试剂和水，在没有注明其他要求时，均指分析纯试剂和GB/T 6682—2008中规定的三级水。试验中所用标准滴定溶液、杂质标准溶液、制剂及制品，在没有注明其他要求时，均按GB/T 601、GB/T 602、GB/T 603或HG/T 3696.1、HG/T 3696.2、HG/T 3696.3之规定制备。

6.3 外观检验

在自然光下，以目视法测定工业硫酸亚锡的外观。

6.4 工业硫酸亚锡含量的测定

按GB/T 23834.1—2009进行。

6.5 氯化物含量的测定

6.5.1 电位滴定法(仲裁法)

6.5.1.1 方法提要

同GB/T 3050—2000第3章。

6.5.1.2 试剂

6.5.1.2.1 氯化钠标准溶液：$c(NaCl)\approx 0.02$ mol/L；

称取1.169 g预先在500 ℃～600 ℃下干燥至恒重的基准氯化钠，精确至0.000 2 g，置于烧杯中，加水溶解后移入1 000 mL容量瓶中，加水稀释至刻度，摇匀。

6.5.1.2.2 硝酸银标准滴定溶液：$c(AgNO_3)\approx 0.01$ mol/L；

a) 配制：称取约1.75 g硝酸银，溶于1 000 mL水中，摇匀。溶液贮存于棕色瓶中。

b) 标定：用移液管移取2 mL氯化钠标准溶液，置于100 mL烧杯中，放入电磁搅拌子，将烧杯置于电磁搅拌器上，开动搅拌器，加2滴溴酚蓝指示液(1 g/L)，滴加硝酸溶液(1+1)至试验溶液呈黄色。把测量电极和参比电极插入溶液中，将电极与电位计连接，调整电位计零点，记录起始电位值。用硝酸银标准滴定溶液滴定，先加入 3.00 mL，再逐次加入 0.10 mL，记录每次加入硝酸银标准滴定溶液后的总体积和对应的电位值 E，计算出连续增加的电位值 ΔE_1 和 ΔE_2。ΔE_1 的最大值即为滴定的终点。终点后再记录一个电位值 E。记录格式见 GB/T 3050—2000 附录 C。

c) 计算：终点所消耗的硝酸银标准滴定溶液的体积的数值 V，单位为毫升(mL)，按式(1)计算：

$$V = V_0 + \frac{b}{B} \times V_1 \qquad \cdots\cdots (1)$$

式中：

V_0——电位增量值 ΔE_1 达最大值前所加入硝酸银标准滴定溶液的体积的数值，单位为毫升(mL)；

V_1——电位增量值 ΔE_1 达最大值前最后一次加入硝酸银标准滴定溶液的体积的数值，单位为毫升(mL)；

b——ΔE_2 最后一次正值；

B——ΔE_2 最后一次正值和第一次负值的绝对值之和(详见 GB/T 3050—2000 附录 C 举例)。

硝酸银标准滴定溶液浓度的准确数值 c，单位为摩尔每升(mol/L)，按式(2)计算：

$$c = \frac{c_2 V_2}{V} \qquad \cdots\cdots (2)$$

式中：

V_2——移取的氯化钠标准溶液的体积的数值，单位为毫升(mL)；

V——标定时消耗硝酸银标准滴定溶液的体积的数值，单位为毫升(mL)；

c_2——氯化钠标准溶液浓度的准确数值，单位为摩尔每升(mol/L)。

6.5.1.2.3 其他试剂同 GB/T 3050—2000 第 4 章。

6.5.1.3 仪器、设备

同 GB/T 3050—2000 第 5 章。

6.5.1.4 分析步骤

称取约 5 g 试样，精确至 0.001 g，置于 100 mL 烧杯中，加 50 mL 水溶解，加 5 mL 硝酸溶液，以下操作按 6.5.1.2.2b)规定进行，自"放入电磁搅拌子"开始，到"终点后再继续记录一个电位值 E"止，但不再一次先加入 3.00 mL 硝酸银标准滴定溶液。同时进行空白试验。

空白试验除不加试样外，其他操作及加入试剂的种类和量(标准滴定溶液除外)与测定试验相同。

6.5.1.5 结果计算

氯化物含量以氯(Cl)的质量分数 w_1 计，数值以%表示，按式(3)计算：

$$w_1 = \frac{[(V - V_0)/1\,000]cM}{m} \times 100 \qquad \cdots\cdots (3)$$

式中：

V——滴定中所消耗的硝酸银标准滴定溶液的体积的数值，单位为毫升(mL)；

V_0——空白试验所消耗的硝酸银标准滴定溶液的体积的数值，单位为毫升(mL)；

c——硝酸银标准滴定溶液浓度的准确数值，单位为摩尔每升(mol/L)；

m——试料质量的数值，单位为克(g)；

M——氯(Cl)的摩尔质量的数值，单位为克每摩尔(g/mol)(M=35.45)。

取平行测定结果的算术平均值为测定结果，两次平行测定结果的绝对差值不大于 0.002%。

6.5.2 目视比浊法

6.5.2.1 方法提要

在酸性介质中加入硝酸银溶液，银离子与氯离子生成白色的氯化银悬浊液，与同时同样处理的标准比浊溶液进行对比。

6.5.2.2 **试剂**

6.5.2.2.1 95%乙醇；

6.5.2.2.2 硝酸溶液：1+4；

6.5.2.2.3 硝酸溶液：1+30；

6.5.2.2.4 硝酸银溶液：17 g/L；

6.5.2.2.5 氯化物标准溶液：1 mL 溶液含氯(Cl)0.010 mg；

移取 1.00 mL 按 HG/T 3696.2(或移取 10.00 mL 按 GB/T 602)要求配制的氯化物标准溶液，置于 100 mL 容量瓶中，用水稀释至刻度，摇匀。该溶液现用现配。

6.5.2.3 **分析步骤**

称取 1.00 g±0.01 g 试样，置于 100 mL 干燥的烧杯中，加入 5 mL 硝酸溶液(6.5.2.2.2)和 5 mL 水，轻轻摇动使之溶解，全部转移至 50 mL 比色管中，每次用 4 mL 硝酸(6.5.2.2.3)洗涤烧杯三次，洗涤液全部置于比色管，然后边摇动边滴加 1 mL 95%乙醇和 1 mL 硝酸银溶液，用硝酸(6.5.2.2.3)稀释至刻度，轻轻摇匀。静置 10 min 后，于黑背景下与标准比浊溶液比对，所产生的浊度不得深于标准比浊溶液。

标准比浊溶液是移取 5.00 mL 氯化物标准溶液，与试料同时同样处理。

6.6 **盐酸不溶物含量的测定**

按 GB/T 23834.2—2009 进行测定。

6.7 **碱金属和碱土金属硫酸盐含量的测定**

6.7.1 **重量法(仲裁法)**

按 GB/T 23834.3—2009 进行测定。

6.7.2 **原子吸收分光光度法**

6.7.2.1 **方法提要**

将样品溶解并酸化，采用标准加入法在原子吸收分光光度计相应的波长下测定钾、钠、钙、镁含量。

6.7.2.2 **试剂**

6.7.2.2.1 盐酸溶液：1+1；

6.7.2.2.2 硝酸溶液：1+1；

6.7.2.2.3 钾标准溶液：1 mL 溶液含钾(K)0.010 mg；

用移液管移取 10 mL 按 GB/T 602 配制的或 1 mL 按 HG/T 3696.2 配制的钾标准贮存溶液置于 100 mL 容量瓶中，用水稀释至刻度，摇匀。该溶液现用现配。

6.7.2.2.4 钠标准溶液：1 mL 溶液含钠(Na)0.010 mg；

用移液管移取 10 mL 按 GB/T 602 配制的或 1 mL 按 HG/T 3696.2 配制的钠标准贮存溶液置于 100 mL 容量瓶中，用水稀释至刻度，摇匀。该溶液现用现配。

6.7.2.2.5 钙标准溶液：1 mL 溶液含钙(Ca)0.100 mg；

用移液管移取 10 mL 按 HG/T 3696.2 配制的钙标准贮存溶液置于 100 mL 容量瓶中，用水稀释至刻度，摇匀。或直接使用 GB/T 602 的标准储备溶液。

6.7.2.2.6 镁标准溶液：1 mL 溶液含镁(Mg)0.010 mg；

用移液管移取 10 mL 按 GB/T 602 配制的或 1 mL 按 HG/T 3696.2 配制的镁标准贮存溶液置于 100 mL 容量瓶中，用水稀释至刻度，摇匀。该溶液现用现配。

6.7.2.2.7 二级水：符合 GB/T 6682—2008 的规定。

6.7.2.3 **仪器、设备**

原子吸收分光光度计：配有钾、钠、钙、镁空心阴极灯。

6.7.2.4 操作步骤

称取约4.0 g试样，精确至0.01 g。置于100 mL烧杯中，加入35 mL盐酸溶液溶解，溶解后全部移入200 mL容量瓶中，用水稀释至刻度，摇匀。

用移液管移取25.0 mL上述试验溶液，分别置于4个50 mL容量瓶中，分别依次移入0.00 mL、0.50 mL、1.00 mL、1.50 mL钙标准溶液，0.00 mL、1.50 mL、3.00 mL、4.50 mL钾标准溶液，0.00 mL、1.00 mL、2.00 mL、3.00 mL镁标准溶液，用水稀释至刻度，摇匀。于原子吸收分光光度计上，使用乙炔-空气火焰，分别按波长422.7 nm(钙)，766.5 nm(钾)，285.2 nm(镁)测定的钙、钾、镁原子蒸气的吸光度。以吸光度为纵坐标，分别以标准溶液中钙、钾、镁的质量为横坐标绘制曲线，以曲线的反向延长线与横坐标的交点为试验溶液中钙、钾、镁的含量。

用移液管移取10.00 mL上述试验溶液，分别置于4个50 mL容量瓶中，分别依次移入0.00 mL、1.50 mL、3.00 mL、4.50 mL钠标准溶液，用水稀释至刻度，摇匀。于原子吸收分光光度计上，使用乙炔-空气火焰，于波长589.0 nm处测定钠原子蒸气的吸光度。以吸光度为纵坐标，分别以标准溶液中钠的质量为横坐标绘制曲线，以曲线的反向延长线与横坐标的交点为试验溶液中钠的质量。

6.7.2.5 结果的计算

碱金属和碱土金属硫酸盐含量以碱金属和碱土金属硫酸盐的质量分数 w_2 计，数值以%表示，按式(4)计算：

$$w_2 = 2.2w(\mathrm{K}) + 3.1w(\mathrm{Na}) + 3.4w(\mathrm{Ca}) + 5.0w(\mathrm{Mg}) \quad \cdots\cdots (4)$$

式中：

2.2——钾换算为硫酸钾的系数；

3.1——钠换算为硫酸钠的系数；

3.4——钙换算为硫酸钙的系数；

5.0——镁换算为硫酸镁的系数。

取平行测定结果的算术平均值为测定结果，两次平行测定结果的绝对差值不大于0.01%。

6.8 铅(Pb)含量的测定

按GB/T 23834.4—2009第6章进行测定。

6.9 锑(Sb)含量的测定

6.9.1 方法提要

试料以盐酸、过氧化氢分解，在盐酸介质中，锑离子与孔雀绿作用，所生成的绿色络合物被苯萃取，于分光光度计波长635 nm处测量其吸光度。

6.9.2 试剂

6.9.2.1 无水硫酸钠；

6.9.2.2 盐酸；

6.9.2.3 过氧化氢(30%)；

6.9.2.4 苯；

6.9.2.5 盐酸：1+1；

6.9.2.6 磷酸：1+9；

6.9.2.7 亚硝酸钠溶液：140 g/L；

6.9.2.8 尿素溶液：400 g/L；

6.9.2.9 孔雀石绿溶液：2 g/L；

6.9.2.10 氯化亚锡溶液：100 g/L；

称取10 g氯化亚锡($SnCl_2 \cdot 2H_2O$)，加20 mL盐酸(6.9.2.2)，温热溶解，稍冷，用水稀释至100 mL。

6.9.2.11 锑标准贮存溶液：1 mL溶液含锑(Sb)0.10 mg；

称取 0.274 2 g 酒石酸锑钾($KSbOC_4H_4O_6 \cdot 1/2H_2O$)置于 250 mL 烧杯中，加入 100 mL 盐酸(6.9.2.5)，搅拌溶解后，移入 1 000 mL 容量瓶中，用盐酸(6.9.2.5)洗净烧杯并稀释至刻度，混匀。

6.9.2.12　锑标准溶液：1 mL 溶液含锑(Sb)0.002 mg；

用移液管移取 2.00 mL(6.9.2.11)锑标准贮存溶液于 100 mL 容量瓶中，用盐酸稀释至刻度，混匀。该溶液现用现配。

6.9.3　仪器、设备

分光光度计：带有 1 cm 或 2 cm 比色皿。

6.9.4　分析步骤

6.9.4.1　工作曲线的绘制

按表 2 选定工作曲线移取锑标准溶液(6.9.2.12)，分别置于 100 mL 烧杯中，用盐酸溶液(6.9.2.5)补至 10 mL，以下按 6.9.4.2.2“加热至 50 ℃～60 ℃……”开始至 6.9.4.2.5 进行操作，将部分有机相移入 1 cm 吸收皿中，以试剂空白为参比，测量标准溶液吸光度。以标准溶液中锑的质量为横坐标，相应的吸光度为纵坐标，绘制工作曲线。

表 2　工作曲线表

序　号	标准溶液体积/mL				
	1	2	3	4	5
2 cm 比色皿	0	1.00	2.00	3.00	4.00
1 cm 比色皿	0	5.00	10.0	15.0	20.0

6.9.4.2　测定

6.9.4.2.1　称取 1 g 试样，精确至 0.01 g。置于 150 mL 烧杯中，加 50 mL 盐酸(6.9.2.2)，盖上表面皿，逐滴加入 2 mL 过氧化氢，加热使之完全溶解并煮沸至无小气泡，冷却，用盐酸(6.9.2.5)移入 100 mL 容量瓶中并稀释至刻度，混匀。

同时做空白试验，除不加试样外，其他操作和加入的试剂量与试验溶液相同。

6.9.4.2.2　分别移取 5.00 mL 试验溶液和 5.00 mL 空白试验溶液，置于 100 mL 烧杯中。加 5 mL 盐酸(6.9.2.2)，加热至 50 ℃～60 ℃，滴入 2 滴～4 滴氯化亚锡溶液，混匀，冷却。

6.9.4.2.3　加入 1 mL 亚硝酸钠溶液，混匀，放置 2 min，加 1.5 mL 尿素溶液，边加边摇动 0.5 min～1 min，使气泡散尽。

6.9.4.2.4　移入预先盛有 20.00 mL 苯的 125 mL 分液漏斗中，用 20 mL 磷酸分数次洗涤烧杯，洗涤液并入分液漏斗中，混匀。加 0.5 mL 孔雀石绿溶液，振摇 1 min，静置分层后，弃去水相。往有机相中加 0.5 g 无水硫酸钠，摇动片刻。

6.9.4.2.5　将部分有机相移入 1 cm 吸收皿中，以苯萃取剂为参比，于分光光度计波长 635 nm 处测量试验溶液萃取液和空白试验萃取液的吸光度，从工作曲线上查出锑的质量。

6.9.5　结果计算

锑含量以锑(Sb)的质量分数 w_3 计，数值以％表示，按式(5)计算：

$$w_3 = \frac{(m_1 - m_0) \times 10^{-3}}{m \times V/100} \times 100 \qquad \cdots\cdots(5)$$

式中：

m_1——从工作曲线上查得的试验溶液中锑的质量的数值，单位为毫克(mg)；

m_0——从工作曲线上查得的空白试验中锑的质量的数值，单位为毫克(mg)；

m——试样的质量的数值，单位为克(g)；

V——分取的试验溶液体积的数值，单位为毫升(mL)。

取平行测定结果的算术平均值为测定结果，两次平行测定结果的绝对差值不大于 0.002％。

6.10 砷(As)含量的测定

6.10.1 砷钼杂多酸-孔雀绿法(仲裁法)

6.10.1.1 方法提要

在酸性溶液中，用氯化亚锡将As(Ⅴ)还原为As(Ⅲ)，加锌粒与酸作用，产生新生态氢，使As(Ⅲ)反应生成砷化氢气体，逸出的砷化氢气体在用碘液吸收。在稀硫酸溶液中，以聚乙烯醇做稳定剂，砷与钼酸铵-硫酸混合液反应生成砷钼杂多酸，再与孔雀石绿形成绿色络合物，用分光光度计于635 nm处测定其吸光度。

6.10.1.2 试剂

6.10.1.2.1 无砷锌粒；

6.10.1.2.2 硫酸溶液：1+1；

6.10.1.2.3 盐酸溶液：1+1；

6.10.1.2.4 酒石酸溶液：200 g/L；

6.10.1.2.5 氯化亚锡溶液：400 g/L；

6.10.1.2.6 亚硫酸钠溶液：100 g/L；

6.10.1.2.7 碘吸收溶液；

称取2 g碘及4 g碘化钾于量杯中，加少许水溶解，再用水稀释至1 L，混匀。

6.10.1.2.8 钼酸铵-硫酸混合液(即用即配)：

称取7.50 g钼酸铵[$(NH_4)_6Mo_7O_{24}\cdot 2H_2O$]于1 000 mL烧杯中加水微热溶解，冷却后以水稀释至500 mL；准确加入等体积的硫酸溶液(3+20)，混匀，转移到塑料瓶中。

6.10.1.2.9 聚乙烯醇(PVA-124，聚合度2 400～2 500)溶液：10 g/L；

称取1 g聚乙烯醇于烧杯中，加100 mL水，加热溶解，冷却后用水稀释至100 mL，混匀。用漏斗加棉花干过滤后使用。

6.10.1.2.10 孔雀石绿溶液：1.5 g/L(用相对分子质量为364.9的孔雀石绿配制)；

6.10.1.2.11 砷标准溶液：1 mL溶液含砷(As)0.001 mg；

用移液管移取10.0 mL按GB/T 602规定配制的砷标准溶液或1.00 mL按HG/T 3696.2规定配制的砷标准溶液，置于100 mL容量瓶中，用水稀释至刻度，摇匀。该溶液现用现配。

用移液管移取10 mL上述砷标准溶液，置于100 mL容量瓶中，用水稀释至刻度，摇匀。该溶液现用现配。

6.10.1.2.12 乙酸铅棉花。

6.10.1.3 仪器、设备

6.10.1.3.1 测砷装置(见图1)

6.10.1.3.2 分光光度计：带有1 cm比色皿。

6.10.1.4 分析步骤

6.10.1.4.1 工作曲线的绘制

用移液管移取0.00 mL、2.00 mL、4.00 mL、6.00 mL、8.00 mL、10.00 mL砷标准溶液，分别置于6个砷发生瓶中，加10 mL硫酸溶液(6.10.1.2.2)，加水稀释至约30 mL，混匀。加入2 mL氯化亚锡溶液、5 mL酒石酸溶液，摇匀。在通气管中装好乙酸铅棉花，吸收管中加入10.0 mL碘吸收溶液。在砷化氢发生瓶中加入7 g无砷金属锌粒，立即将吸收管与砷发生瓶联接。待反应完全后(常温下约25 min)，取下吸收管，用少量水冲洗管壁。在吸收液中加入4滴亚硫酸钠溶液，摇动使碘变为无色。加8.0 mL钼酸铵-硫酸混合液，1 mL聚乙烯醇溶液混匀，加2.0 mL孔雀石绿溶液，加水稀释至刻度，混匀。立即在60 ℃±10 ℃的水浴中加热8 min，取出用水冷却至室温。

显色溶液在635 nm处，用1 cm比色皿测定吸光度。以水作参比，由每个砷标准溶液的吸光度中减去空白溶液的吸光度，以标准溶液中所含的砷(As)的毫克数为横坐标，以对应的吸光度为纵坐标，绘制工作曲线。

单位为毫米

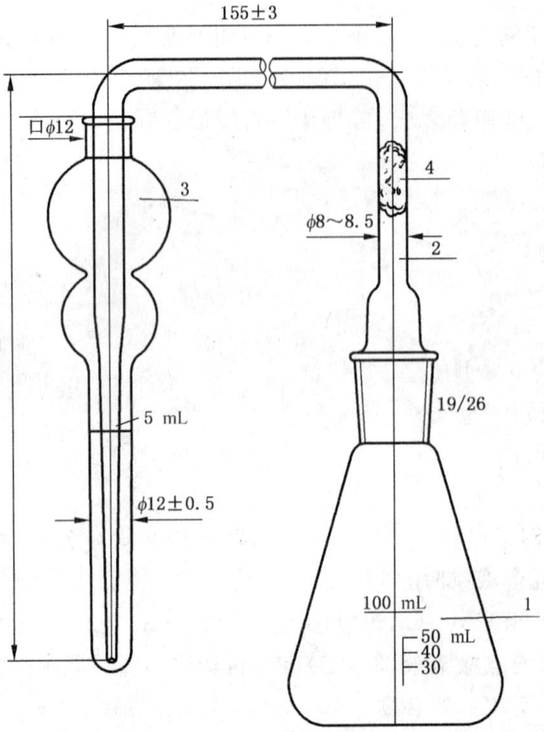

1——砷化氢发生器；

2——导气管；

3——吸收瓶；

4——乙酸铅棉花。

图 1 砷化氢发生及吸收装置

6.10.1.4.2 测定

称取 0.5 g 试样，精确至 0.001 g。置于 150 mL 锥形瓶中，加 50 mL 盐酸溶液，盖上表面皿，逐滴加入 2 mL 过氧化氢，加热使之完全溶解，并煮沸蒸发至约 25 mL，冷却。以下按 6.10.1.4.1 中从“加 10 mL 硫酸溶液，……”进行操作。同时进行空白试验。

空白试验是在制备试验溶液的同时，除不加试样外，其他操作和加入的试剂量与试验溶液相同。

6.10.1.5 结果计算

砷含量以砷(As)的质量分数 w_4 计，数值以%表示，按式(6)计算：

$$w_4 = \frac{m_1 \times 10^{-3}}{m} \times 100 \qquad \cdots\cdots (6)$$

式中：

m_1——由工作曲线上查出的砷的质量的数值，单位为毫克(mg)；

m——试样的质量的数值，单位为克(g)。

取平行测定结果的算术平均值为测定结果，平行测定结果的绝对差值不大于 0.000 3%。

6.10.2 二乙基二硫代氨基甲酸银分光光度法

按 GB/T 23834.5—2009 进行测定。

6.11 铁量的测定

6.11.1 邻菲啰啉分光光度法(仲裁法)

按 GB/T 23834.6—2009 进行测定。

6.11.2 原子吸收分光光度法

6.11.2.1 方法提要

将样品溶解并酸化,采用原子吸收分光光度法在 248.3 nm 波长下测定铁含量。

6.11.2.2 试剂

6.11.2.2.1 盐酸溶液:1+1;

6.11.2.2.2 铁标准溶液:1 mL 溶液含铁(Fe)0.010 mg;

用移液管移取 10.0 mL 按 GB/T 602 规定配制的铁标准溶液或 1.00 mL 按 HG/T 3696.2 配制的铁标准溶液置于 100 mL 容量瓶中,用水稀释至刻度,摇匀。该溶液现用现配。

6.11.2.2.3 二级水:符合 GB/T 6682—2008 的规定。

6.11.2.3 仪器、设备

原子吸收分光光度计:配有铁空心阴极灯。

6.11.2.4 分析步骤

6.11.2.4.1 工作曲线的绘制

取 5 个 100 mL 的容量瓶,用移液管分别移入 0.00 mL、2.00 mL、4.00 mL、6.00 mL、8.00 mL 铁标准溶液。加 4 mL 盐酸溶液,用水稀释至刻度,摇匀。使用乙炔-空气火焰,在波长 248.3 nm 处将原子吸收分光光度计调至最佳工作状态,以水为参比,测量吸光度。从每个标准溶液的吸光度中减去试剂空白试验的吸光度,以铁的质量为横坐标,对应的吸光度为纵坐标,绘制工作曲线。

6.11.2.4.2 试验溶液的制备

称取约 1 g 试样,精确至 0.01 g。置于 100 mL 烧杯中,加入 10 mL 盐酸溶液,盖上表面皿,在电炉上温热溶解完全。取下稍冷,用水冲洗表面皿及杯壁,冷至室温。全部移入 100 mL 容量瓶中,用水稀释至刻度,摇匀。

6.11.2.4.3 空白试验溶液的配制

在制备试验溶液的同时,除不加试样外,其他操作和加入的试剂量与试验溶液相同。

6.11.2.4.4 测定

在绘制工作曲线的同时测定试验溶液和空白试验溶液的吸光度,从工作曲线上查出铁的质量。

6.11.2.5 结果计算

铁含量以铁(Fe)的质量分数 w_5 计,数值以%表示,按式(7)计算:

$$w_5 = \frac{(m_1 - m_0) \times 10^{-3}}{m} \times 100 \qquad \cdots\cdots(7)$$

式中:

m_1——从工作曲线上查出的试验溶液中铁的质量的数值,单位为毫克(mg);

m_0——从工作曲线上查出的空白试验溶液中铁的质量的数值,单位为毫克(mg);

m——试料的质量的数值,单位为克(g)。

取平行测定结果的算术平均值为测定结果,两次平行测定结果的绝对差值不大于 0.000 5%。

7 检验规则

7.1 本标准要求中所列项目均为出厂检验项目,必须逐批检验。

7.2 生产企业用相同材料,基本相同的生产条件,连续生产或同一班组生产的同一型号的产品为一批,每批产品不超过 60 t。

7.3 按 GB/T 6678 的规定确定采样单元数。采样时,将采样器自包装容器的上方斜插入至料层深度的 3/4 处采样。将采得的样品混匀后,按四分法或用分样器缩分至不少于 500 g,分装于两个清洁干燥的具塞广口瓶或塑料袋中,密封。瓶或塑料袋上粘贴标签,注明:生产厂名、产品名称、批号、采样日期和采样者姓名。一份作为实验室样品,另一份保存备查,保留时间由生产厂根据实际需要确定。

7.4 生产厂应保证所有出厂的硫酸亚锡产品都符合本标准的要求。

7.5 检验结果如有指标不符合本标准要求时，应重新自两倍量的包装中采样进行复验，复验结果即使只有一项指标不符合本标准的要求时，则整批产品为不合格。

7.6 采用GB/T 1250规定的修约值比较法判定检验结果是否符合标准。

8 标志、标签

8.1 工业硫酸亚锡包装容器上应有牢固清晰的标志，内容包括：生产厂名、厂址、产品名称、类别、净含量、批号或生产日期、本标准编号及GB/T 191—2008中规定的“怕雨”和“怕晒”标志。

8.2 每批出厂的工业硫酸亚锡都应附有质量证明书，内容包括：生产厂名、厂址、产品名称、类别、净含量、批号或生产日期、产品质量符合本标准的证明和本标准编号。

9 包装、运输和贮存

9.1 工业硫酸亚锡内包装采用聚乙烯薄膜袋，外包装袋采用塑料编织袋、铁桶或塑料桶等，其性能和检验方法应符合相应标准。每个容器净含量为5 kg、25 kg、30 kg、1 000 kg或按用户要求进行包装。内袋扎口或用相应的方式封口；外包装根据不同的包装形式采用相应的封口方式，要求封口牢固，不应有开口、受潮和泄漏现象。

9.2 工业硫酸亚锡在运输过程中应有遮盖物，防止雨淋、受潮。防止曝晒、受热。不得与氧化剂和食品添加剂混运。

9.3 工业硫酸亚锡应贮存于干燥通风的库房内，并需离地离墙码放，防止受潮污染，不得与氧化剂和食品添加剂混储。

9.4 工业硫酸亚锡产品在符合本标准规定的包装、运输、贮存条件下，自生产之日起保质期为两年。

附 录 A
（资料性附录）
本标准与法国标准 NF T 23.301-1982《化学产品　硫酸亚锡》（法文版）的技术性差异及其原因一览表

表 A.1 给出了本标准与法国标准 NF T 23.301-1982《化学产品　硫酸亚锡》技术性差异及其原因。

表 A.1　本标准Ⅰ型产品与法国标准 NF T 23.301-1982《化学产品　硫酸亚锡》技术性差异及其原因一览表

本标准的章条编号	技术性差异	原　因
4	本标准设置了两个类别，法国标准一类	扩大产品的类型，使标准的适用于国内外不同的使用要求
5	删去了游离酸指标，还增加了碱金属和碱土金属硫酸盐、铅、铁指标	根据目前用户的需求设置
6	本标准增加了碱金属和碱土金属硫酸盐、铅、铁的检测方法 氯化物测定在电位滴定法为仲裁法的基础上增加了目视比浊法	随着检测技术的进步和发展以及产品质量的提高，痕量杂质只能用仪器法，以提高分析方法的准确性。增加了简便快速的方法

附　录　B
（资料性附录）
本标准与法国标准 NF T 23.301-1982《化学产品　硫酸亚锡》（法文版）的结构性差异

表 B.1 给出了本标准与法国标准 NF T 23.301-1982《化学产品　硫酸亚锡》（法文版）结构性差异。

表 B.1　本标准与法国标准 NF T 23.301-1982 结构性差异一览表

本标准		NF T 23.301-1982	
章条编号	内　容	章条编号	内　容
前言	前言	前言	前言
1	范围	1	适用范围
2	规范性引用文件	2	参考文献
3	分子式和相对分子质量	3	产品定义
4	分类	—	—
—	—	4	规格
5	要求	—	—
—	—	5	取样方法
6	试验方法	6	试验方法
7	检验规则（包括取样方法）	—	—
8	标志、标签	—	—
—	—	7	试验报告
9	包装、运输和贮存	—	包装

ICS 71.060.01
G 10

中华人民共和国国家标准

GB/T 23840—2009

无机化工产品　电位滴定法通则

Inorganic chemical products—General rules for potentiometric titration

2009-05-18 发布　　2010-02-01 实施

中华人民共和国国家质量监督检验检疫总局
中国国家标准化管理委员会　发布

前　言

本标准的附录A为规范性附录，附录B、附录C、附录D和附录E为资料性附录。

本标准由中国石油和化学工业协会提出。

本标准由全国化学标准化技术委员会无机化工分会(SAC/TC 63/SC 1)归口。

本标准主要起草单位：多氟多化工股份有限公司、中海油天津化工研究设计院、中华人民共和国天津出入境检验检疫局。

本标准主要起草人：王永强、陆思伟、王建萍、刘绍从、孙书军。

本标准为首次发布。

无机化工产品　电位滴定法通则

1　范围

本标准规定了无机化工产品电位滴定法对仪器的要求和定量分析的通用规则。

本标准适用于无机化工产品酸碱滴定、沉淀滴定、氧化还原滴定和非水滴定。特别适用于混浊、有色溶液的滴定以及缺乏合适指示剂的滴定分析方法。

2　规范性引用文件

下列文件中的条款通过本标准的引用而成为本标准的条款。凡是注日期的引用文件，其随后所有的修改单(不包括勘误的内容)或修订版均不适用于本标准，然而，鼓励根据本标准达成协议的各方研究是否可使用这些文件的最新版本。凡是不注日期的引用文件，其最新版本适用于本标准。

GB/T 6682—2008　分析实验室用水规格和试验方法(ISO 3696:1987，MOD)

GB/T 601　化学试剂　标准滴定溶液的制备

GB/T 603　化学试剂　试验方法中所用制剂及制品的制备

HG/T 3696.1　无机化工产品　化学分析用标准滴定溶液的制备

HG/T 3696.3　无机化工产品　化学分析用制剂及制品的制备

3　术语和定义

下列术语和定义适用于本标准。

3.1

指示电极　indicating electrode

电极的电位能指示被测离子活度(或浓度)变化的电极。

3.2

参比电极　reference electrode

电极的电位不受试验溶液组成变化的影响，具有较恒定的数值的电极。

3.3

一级微商　first derivation

单位体积标准溶液引起的电位或 pH 值的变化，数值上等于 $\Delta E/\Delta V$ 或 $\Delta pH/\Delta V$。

3.4

二级微商　second derivation

数值上相当于相邻的一级微商之差。

4　原理

将规定的指示电极和参比电极浸入同一被测溶液中，在滴定过程中，参电极的电位保持恒定，指示电极的电位不断改变。在化学计量点前后，溶液中被测物质浓度的微小变化，会引起指示电位的急剧变化，指示电极电位的突跃点就是滴定终点，用作图法或二级微商法确定滴定终点。

5　安全提示

试验方法中使用的部分试剂具有腐蚀性，操作者须小心谨慎！如溅到皮肤上或眼睛里应立即用水冲洗，严重者应立即治疗。

6 试剂

6.1 水：符合 GB/T 6682—2008 规定的二级水。

6.2 试剂：分析纯试剂。

6.3 标准滴定溶液：按 GB/T 601 或 HG/T 3696.1 之规定制备。

6.4 其他溶液：按 GB/T 603 或 HG/T 3696.3 之规定制备。

7 仪器、装置

7.1 酸度计或电位计

应具有 0.1pH 单位或 10 mV 的精确度。精确的实验应采用具有 0.02pH 单位或 2 mV 精确度的仪器。

7.2 电极

7.2.1 指示电极。

7.2.1.1 玻璃电极：传感溶液中氢离子活度变化的指示电极。主要由内参比电极、内参比溶液和特殊成分的玻璃传感膜组成。内参比电极常用银-氯化银电极，内参比溶液常用 0.1 mol·L^{-1} HCl 溶液。构造见图 1。

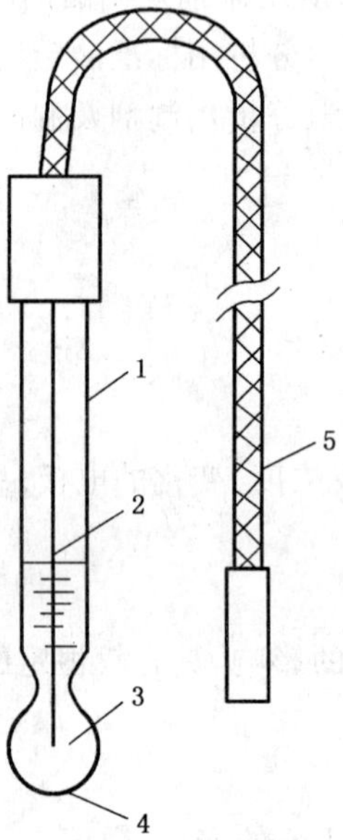

1——玻璃管；

2——内参比电极；

3——内参比溶液(0.1 mol·L^{-1} HCl)；

4——玻璃薄膜；

5——电极引线。

图 1 玻璃电极

7.2.1.2 银电极：纯的金属银丝或金属银片组成，是测量银离子及卤族元素离子浓度的指示电极，广泛应用于银量分析电位滴定。

7.2.1.3 铂电极：纯的金属铂丝或铂片构成，是测量氧化还原电势的指示电极，与钨电极或甘汞电极配套之后，可以应用于氧化还原反应的电位滴定分析。

7.2.1.4 汞电极：纯的金属铂丝和汞构成，是基本离子电极的指示电极，与甘汞电极配套之后，可以应用于络合反应的电位滴定分析。构造见图 2。

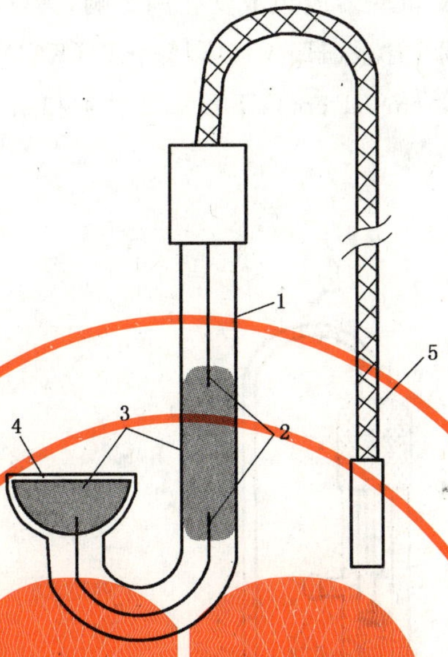

1——玻璃管；
2——铂丝；
3——汞；
4——玻璃薄膜；
5——电极引线。

图2 汞电极

7.2.1.5 锑电极：纯的金属锑丝或锑片构成，是pH指示电极，锑电极适用于中和反应的电位滴定。锑电极不受氢氟酸腐蚀，一般测量含有氢氟酸溶液的pH值时采用锑电极。被测溶液中有与锑有取代作用或能生成络合离子的成分时，不宜使用。

7.2.1.6 离子选择电极：对特定离子有选择性响应的电极。利用电极的膜与溶液间的离子交换建立了膜电位，膜电位与溶液中特定离子的活度负对数值呈线性关系。构造见图3。

1——敏感膜：对某类物质(离子)有选择性响应的连续层；
2——内参比电极：一般用银-氯化银电极；
3——内参比溶液：含有与膜及内参比电极响应的离子；
4——电极管：用高分子聚合材料或玻璃制成。

图3 离子选择电极

7.2.2　参比电极：电极的电位不受试验溶液组成变化的影响，具有较恒定的数值。

7.2.2.1　饱和甘汞电极：由金属汞、甘汞（Hg_2Cl_2）和氯化钾（KCl）溶液组成。内玻璃管中封接一根铂丝，铂丝插入纯汞中（汞厚度为 0.5 cm～1 cm），下置一层甘汞和汞的糊状物，外玻璃套管装入氯化钾溶液。构造见图 4。

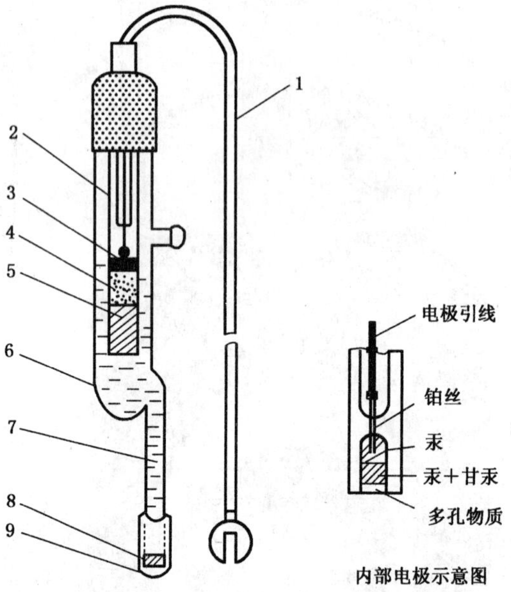

1——电极引线；

2——玻璃内管；

3——汞；

4——汞-甘汞糊（Hg_2Cl_2 和 Hg 研磨的糊）；

5——石棉或纸浆；

6——玻璃外套管；

7——饱和 KCl 溶液；

8——素烧瓷片；

9——小橡皮塞。

图 4　饱和甘汞电极

7.2.2.2　双盐桥型饱和甘汞电极：内盐桥为饱和甘汞电极，外盐桥由内充外盐桥液的可卸盐桥套管组成。滴定 Ag^+ 或卤素离子时应采用双盐桥饱和甘汞电极，外盐桥液采用 NH_4NO_3 或 KNO_3 溶液，以免内盐桥中 Cl^- 渗漏产生干扰。构造见图 5。

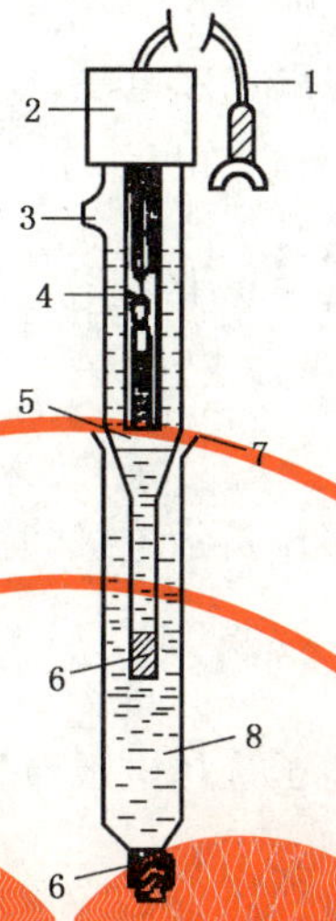

1——导线；
2——绝缘帽；
3——加液口；
4——内部电极；
5——氯化钾溶液；
6——多孔物质；
7——可卸外盐桥套管；
8——外盐桥液。

图 5 双盐桥型饱和甘汞电极

7.2.2.3 钨电极:纯的金属银丝或金属银片组成，是一种对于氧化还原体系惰性的电极，它与铂电极配合在电位滴定分析时作参比电极。

7.3 电磁搅拌器。

8 分析步骤

8.1 试样处理

样品经混合、缩分成为实验室样品。有必要时，按产品标准的要求进行预处理，处理后的样品原则上应溶于水。

8.1.1 固体样品

通常固体样品都要溶于水后才能分析测定。对于不溶于水的样品要加入酸、碱或有机溶剂溶解，或采用低温煅烧、高温煅烧的方法溶解。对于采用任何方法处理后仍有悬浮固体或沉淀的样品溶液，可以采用过滤或离心分离等方法处理，并进一步用各自适宜的方法进行溶解。

8.1.2 液体样品

液体样品通常可以溶于水后分析或直接分析，对于有悬浮固体或沉淀的样品溶液可根据样品特点采取适宜的分离方法对样品进行预处理。

8.1.3 其他注意事项

使用分离或预富集的方法进行样品处理时，分离步骤要少，在分离富集过程中待测元素应全部被富集，不得损失。分离富集过程中所用试剂、器皿不得含有待测元素，以免污染。

配制好的试样溶液如长时间放置很容易因水解、氧化、还原等作用而变质，因此试样溶液配好后应尽快进行分析检测。

具体产品的前处理可参考各自相应的产品标准，不作具体规定。

8.2 电极的选择(电极系统选择见附录 A)

8.2.1 酸碱滴定

酸碱滴定采用玻璃电极作指示电极,饱和甘汞电极作参比电极。对于解离常数小于 10^{-8} 的酸或碱,可采用非水溶剂,采用双盐桥甘汞电极作参比电极。

8.2.2 沉淀滴定

沉淀滴定采用银电极作指示电极,甘汞电极作参比电极或双盐桥甘汞电极(沉淀滴定的应用见附录 B)。

8.2.3 氧化还原滴定

氧化还原滴定采用零类电极(如铂电极)作指示电极,甘汞电极或钨电极为参比电极(氧化还原滴定的应用见附录 C)。

8.2.4 络合滴定

络合滴定采用金属电极(如汞电极)或离子选择电极作指示电极,甘汞电极作参比电极(络合滴定法的应用见附录 D)。

8.3 测定

按图 6 所示连接仪器。

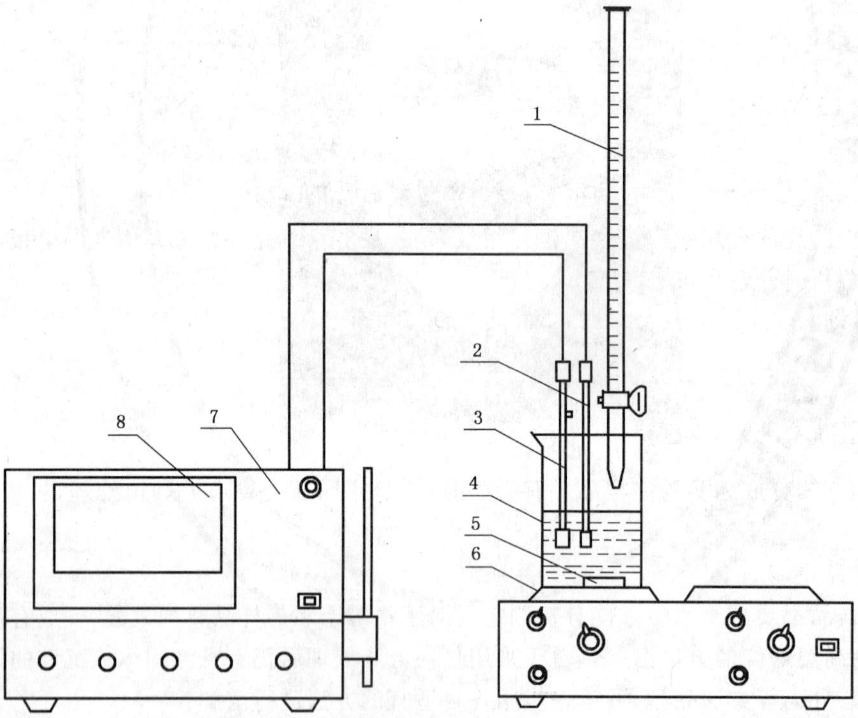

1——滴定管;
2——指示电极;
3——参比电极;
4——烧杯;
5——被测溶液;
6——电磁搅拌器;
7——电位计或酸度计;
8——显示窗。

图 6 电位滴定测定装置

插入规定的指示电极和参比电极，开动电磁搅拌器用规定的标准滴定溶液滴定。从滴定管中滴入约为所需滴定体积的 90%的标准滴定溶液，测量指示电极的电位或 pH 值。以后每滴加 1 mL 或适量标准滴定溶液，测量一次电位或 pH 值，化学计量点前后，应每滴加 0.1 mL 标准滴定溶液，测量一次，继续滴定至电位或 pH 值变化不大时为止。记录每次滴加标准溶液后滴定管的读数及测得的电位或 pH 值。用作图法或二级微商法确定滴定终点。

9 终点的确定

9.1 作图法

9.1.1 *E*-*V* 曲线

以指示电极的电位 *E*(mV)或 pH 值为纵坐标，以滴定管的读数(mL)为横坐标绘制滴定曲线。做两条与横坐标成 45°的滴定曲线的切线，并在两切线间作一与两切线距离相等的平行线见图 7，该线与滴定曲线的交点即为滴定终点。交点的横坐标为滴定终点时标准溶液的用量，交点的纵坐标为滴定终点时的电位或 pH 值。此方法适用于滴定曲线对称的情况。

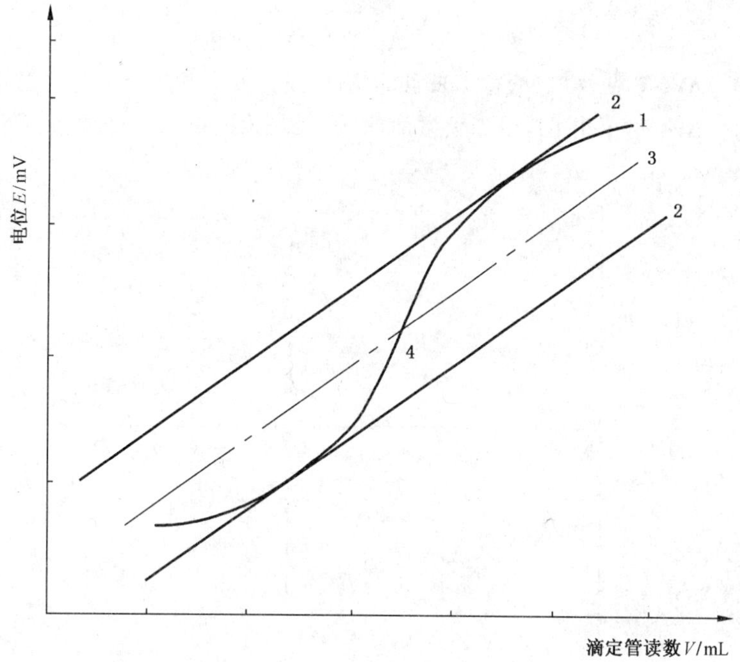

1——滴定曲线；

2——切线；

3——平行等距离线；

4——滴定终点。

图 7 *E*(pH)-*V* 图

9.1.2 Δ*E*(ΔpH)/Δ*V*-*V*(一级微商曲线)

以 Δ*E*(ΔpH)/Δ*V*-*V* 为纵坐标，加入滴定剂的体积为横坐标作图，见图 8Δ*E*/Δ*V*-*V* 曲线的最大点所对应的体积即为滴定终点。

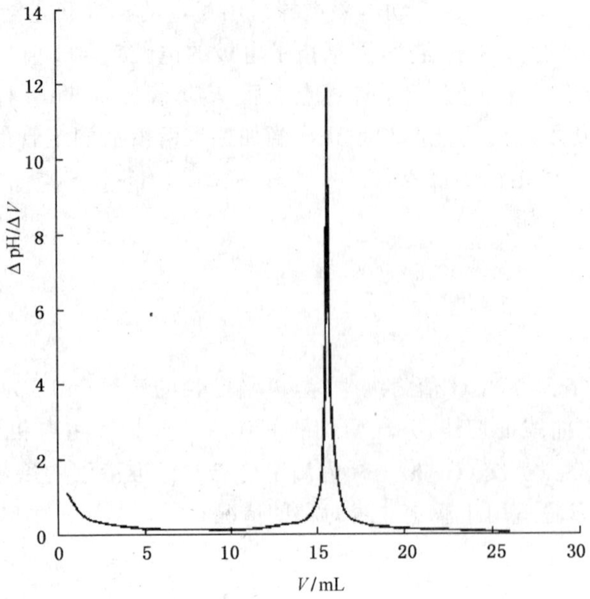

图 8　**$\Delta E(\Delta pH)/\Delta V$-$V$ 曲线图**

9.1.3　$\Delta^2 E(\Delta^2 pH)/\Delta V^2$-$V$ 曲线(二级微商曲线)

以 $\Delta^2 E(\Delta^2 pH)/\Delta V^2$ 对 V 作图,得二级微商曲线,见图 9。在二级微商 $\Delta^2 E/\Delta V^2=0$ 时,所对应的体积即为滴定终点。

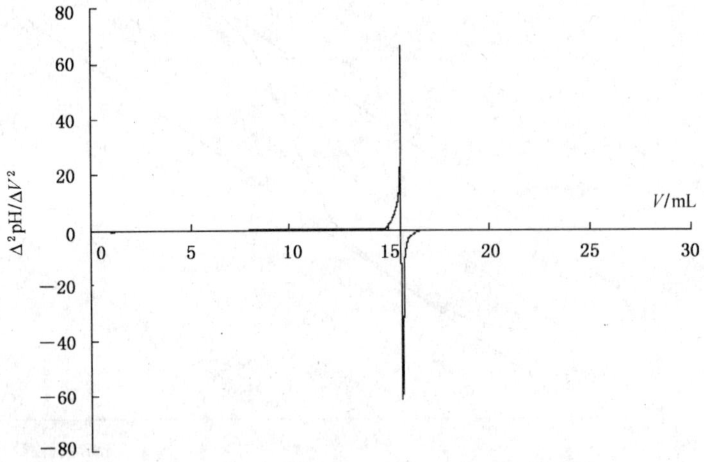

图 9　**$\Delta^2 E(\Delta^2 pH)/\Delta V^2$-$V$ 曲线图**

9.2　二级微商计算法

将滴定管读数 V(mL)和对应的电位 E(mV)或 pH 值列成表格并计算下列数值:

a)　每次滴加标准滴定溶液的体积(ΔV)。

b)　每次滴加标准滴定溶液引起的电位或 pH 值的变化(ΔE 或 ΔpH)。

c)　一级微商值,即单位体积标准滴定溶液引起的电位或 pH 值的变化,数值上等于 $\Delta E/\Delta V$ 或 $\Delta pH/\Delta V$。

d)　二级微商值,数值上相当于相邻的一级微商之差。

e)　一级微商的数值最大,二级微商等于零时就是滴定终点(二级微商确定终点示例见附录 E)。

f)　滴定终点时,标准滴定溶液的体积的数值 V_{EQ},数值以 mL 表示,按式(1)计算:

$$V_{EQ}=V_0+(\Delta V\times\frac{a}{a-b}) \qquad \cdots\cdots(1)$$

式中：

a——二级微商为零前的二级微商值；

b——二级微商为零后的二级微商值；

V_0——二级微商为零时标准滴定溶液的体积的数值，单位为毫升(mL)；

ΔV——由二级微商为 a 至二级微商为 b，所加标准滴定溶液的体积的数值，单位为毫升(mL)。

附　录　A
（规范性附录）
电极系统选择参考表

表 A.1　电极系统选择参考表

滴定方法	电极系统（指示电极-参比电极）	说　　明
水溶液中和法	玻璃-饱和甘汞	1）　玻璃电极：使用前须在水中浸泡 24 h 以上使用后立即清洗并浸于水中保存 2）　饱和甘汞电极：使用时电极上端小孔的橡皮塞必须拔出，以防止产生扩散电位，影响测定结果。电极内氯化钾溶液中不能有气泡，以防止断路。溶液内应保持有少许氯化钾晶体，以保证氯化钾溶液的饱和。注意电极液络部不被沾污或堵塞，并保证液络部有适当的渗出流速
	锑-饱和甘汞	锑电极使用前用细砂纸将表面擦亮，使用后应冲洗并擦干
氧化还原法	铂-饱和甘汞	铂电极：使用前应注意电极表面不能有油污物质，必要时可在丙酮或铬酸洗液中浸洗，再用水洗涤干净
	铂-钨	钨电极
银量法	银-双盐桥型饱和甘汞	1）　银电极使用前用细砂纸将表面擦亮，然后浸入含有少量硝酸钠的硝酸溶液（1+1）中，直到有气体放出为止，取出用水洗干净 2）　双盐桥型饱和甘汞电极盐桥套管内装饱和硝酸铵或硝酸钾溶液，其他注意事项与饱和甘汞电极相同
络合滴定法	汞或离子选择-饱和甘汞	离子选择电极包括：钙、铜、锌、铝等电极
非水溶液酸量法	玻璃-双盐桥型饱和甘汞 （冰乙酸作溶剂）	1）　玻璃电极用法与水溶液中和法相同 2）　双盐桥型饱和甘汞电极：盐桥套管内装饱和氯化钾的无水乙醇溶液，其他注意事项与饱和甘汞电极相同
非水溶液碱量法	玻璃-双盐桥型饱和甘汞 （醇或乙腈作溶剂）	玻璃电极和双盐桥型饱和甘汞电极用法与非水溶液酸量法相同
	锑-玻璃（乙二胺等作溶剂）	锑电极用法与水溶液中和法相同

附 录 B
（资料性附录）
常见离子的沉淀滴定法的应用

表 B.1 常见离子的沉淀滴定法的应用

序号	测定物质	试 剂	指示电极	沉淀分子式	支持电解质，方法步骤	终点电位/V(对饱和甘汞电极)；注意点
1		I	Ag	AgI	0.01 mol/L HNO_3	+0.102；Bi，Cd，Cu，Fe，Pb 和 Zn 能用 EDTA 隐蔽
2	Ag^+	硫代乙酰胺（CH_3CSNH_2）	Ag（在 20% Na_2S 溶液中浸 3 min）	Ag_2S	缓冲液 pH5（50 份 0.1 mol/L 邻苯二甲酸氢钾 + 24 份 0.05 mol/L Na_2HPO_4 并含有 0.5 g/L 百里酚）	用于照相材料的分析
3		0.05 mol/L 硫氰酸盐	Ag	AgSCN	在 pH ≈ 5 的 NaAc-HAc 缓冲液中	+0.270；能用于高铅青铜中银的测定
4	AsO_4^{3-}	Ag^+	Ag	Ag_3AsO_4	保持 pH 在 9，在滴定中如果需要可加入碱	
5	Ba^{2+}	K_2CrO_4	Pt	$BaCrO_4$	用 30%（体积分数）水-乙醇溶液做溶剂，在 70 ℃滴定	完全除去酸，终点峰低，能测定 Pb^{2+}
6		SO_4^{2-}	$BaSO_4$ 膜电极	$BaSO_4$		
7		Ag^+	Ag	AgBr	0.01 mol/L HNO_3	+0.195
8	Br	$Hg_2(NO_3)_2$	Hg	Hg_2Br_2	为预防水解，试剂应配成酸性溶液	ΔE 最大值，Hg 池或镀汞的金丝作指示电极
9	Ca^{2+}	$C_2O_4^{2-}$	$Ag/Ag_2C_2O_4$，CaC_2O_4，Ca^{2+}	CaC_2O_4		
10		Ag^+	Ag	AgCl	0.01 mol/L HNO_3	+0.270
11	Cl^-	Ag^+	Ag	AgCl	90% 丙酮或 1，4-二氧六环	+0.250；用于水质中氯离子的测定
12		$Hg_2(NO_3)_2$	Hg	HgCl	为预防水解，试剂配在酸性溶液中	ΔE 最大值，汞池或镀汞金丝作指示电极

表 B.1（续）

序号	测定物质	试 剂	指示电极	沉淀分子式	支持电解质，方法步骤	终点电位/V 对饱和甘汞电极）；注意点
13	KBr 中 Cl^-	0.01 mol/L Ag^+	Ag	AgCl	2.5 g 样品加 350 mL 水加 25 mL 浓 H_2SO_4，加过量的 0.1 mol/L $KMnO_4$ 煮沸，除尽 Br 再滴定 Cl^-	+0.270
14	在 Br，I 混合物中 Cl^- 的测定	Ag^+	Ag	AgCl	在 0.01 mol/L HNO_3 中含 5%（质量/体积）	+0.270；按序号 7 和 17 可测定 Br^-，I^-
15	ClO_4^-	Ag^+	Ag	AgCl	在样品中加 Al 和 Ti(Ⅳ)熔融，然后按序号 10	+0.270
16	$Fe(CN)_6^{4-}$	Ag^+	Ag	$KAg_3[Fe(CN)_6]$ $Ag_4[Fe(CN)_6]$		得到 2 个电位突跃
17	I	Ag^+	Ag	AgI	0.01 mol/L HNO_3	+0.102；在中等浓度时，准确度 0.02%，好的 I^- 的浓度能达到 5 μg/L
18		$HgCl_2$	Hg	HgI_2		+0.11；Br^- 和 Cl^- 浓度低于 I^-，不干涉测定
19	K^+	Ag^+	Ag	$KB(C_6H_5)_4$	缓冲溶液 pH4.5，可用离子交换方法除去卤素干涉	其他碱金属和有机碱也能滴定
20	PO_4	Ag^+	Ag	$Ag_3PO_4^-$		
21	S^2	Ag^+	Ag	Ag_2S		仅在浓溶液中
22	SCN	$Hg(NO_3)_2$ 或 $Hg(ClO_4)_2$	Hg	$Hg(SCN)_2$		
23		Ag^+	Ag	Ag(SCN)	在 0.01 mol HNO_3 含有 $Ba(NO_3)_2$ 减少吸附	+0.21

附 录 C
（资料性附录）
常见离子的氧化还原滴定法的应用

表 C.1 常见离子的氧化还原滴定法的应用

序号	测定物质	试剂	支持电解质,方法步骤	终点电位/V（对饱和甘汞电极）	注意点
1	As(Ⅲ)	Ce(Ⅳ)	4 mol/L HCl	ΔE 最大值	其他还原剂也能被测定
2	Br^-	MnO_4^-	10 mL 试验溶液加 5 mL 10% KCN,加 10 mL 浓 H_2SO_4 加 100 mL 水	ΔE 最大值	$2MnO_4^- + 11H^+ + 5Br^- + 5HCN^- \rightarrow 2Mn^{2+} + 8H_2O + 5BrCN$
3	Ce(Ⅲ)	$K_4[Fe(CN)_6]$ 或 $KMnO_4$	除去空气的试液中加入足量的 4 mol/L K_2CO_3 使达到终点时保持 1.5 mol/L K_2CO_3	+0.04	能间接测定葡萄糖
4	Co(Ⅱ)	Fe(Ⅱ)	碱性溶液中用 $NaBiO_3$ 氧化试验溶液,煮沸,除去空气。加过量亚铁标准溶液和过量的 3 mol/L H_2SO_4,加 10 mL 2% H_3PO_4,加过量准确体积的 $K_2Cr_2O_7$ 标准溶液,用亚铁标准溶液回滴	ΔE 最大值	W(Ⅵ)不干扰
5		$K_3[Fe(CN)_6]$	在 $(NH_4)_2SO_4$ 柠檬酸铵氨水溶液中加入过量的准确体积的 $K_3[Fe(CN)_6]$ 标准液,然后用硫酸钴标准溶液回滴	ΔE 最大值	如果锰、钴共存时先测定锰
6	$Cr_2O_7^{2-}$	As(Ⅲ)	20% H_2SO_4	ΔE 最大值	在钒(接着用亚铁滴定)和锰(对诱导反应要校正)存在下能测定钢中铬
7		Ti(Ⅲ)	10% H_2SO_4,隔绝空气	ΔE 最大值	如果 Ti(Ⅲ)溶液中有 Fe,在滴定前样品溶液中加入过量的 Fe(Ⅱ)[反应后生成 Fe(Ⅲ)]
8	Cu(Ⅱ)	Cr(Ⅱ)	5 mol/L HCl,用 CO_2 除去空气,汞作指示电极	−0.1	测定锡基合金的推荐方法,能测定混合物中 Sb 和 Sn
9		Sn(Ⅱ)	NaBr+HCl+$SnCl_4$(4 mol/L +0.3 mol/L+0.2 mol/L),电解产生试剂进行滴定,溶液要除去空气	约−0.20	滴定反应产物 Cu(Ⅰ),终点电位 E 随铜的浓度变化,1 mg 铜±0.3%

表 C.1（续）

序号	测定物质	试剂	支持电解质，方法步骤	终点电位/V（对饱和甘汞电极）	注意点
10	Fe(Ⅱ)	$KMnO_4$	0.2 mol/L～1 mol/L H_2SO_4，加入 H_3PO_4 能改善突跃	+1.09	酸度高时，能达到可逆滴定
11		$K_2Cr_2O_7$	0.5 mol/L H_2SO_4	ΔE 最大值	达到稳定的电极电位
12		Ce(Ⅳ)	1 mol/L H_2SO_4	+0.95	终点电位决定于所用的酸及酸的浓度
13	H_2S	I_2	溶液 pH 在 6.5～7	ΔE 最大值	
14	H_2SO_3	$KMnO_4$	0.5 mol/L H_2SO_4，加过量的 $KMnO_4$ 标准溶液，再加过量的 KI 标准溶液，再回滴	ΔE 最大值	
15	I_2	$KMnO_4$	0.1 mol/L～0.25 mol/L H_2SO_4	+1.0	溴化物和氯化物不干扰
16	Mn(Ⅱ)	Fe(Ⅱ)	含 2 mol/L～5 mol/L HNO_3 的 50 mL 样品溶液，加入小部分 AgO 直到溶液变黑，用 1 mol/L H_2SO_4 稀释至 150 mL，滴定	+1.3（或稍低）	第一个转折点 Ag(Ⅱ)，第二个转折点是 Mn，能以相似方法测定 Ce 和 Cr
17	Ti(Ⅳ)	Cr(Ⅱ)	2 mol/L H_2SO_4 溶液，用 CO_2 除去空气，工作指示电极	−0.30	如用铂作指示电极，先是 Fe(Ⅲ) 被滴定，终点 E = +0.2 V
18	V	$KMnO_4$	1 mol/L H_2SO_4 溶液，在 Jones 还原器中还原	+0.05 +0.44 +1.1	V(Ⅱ)→V(Ⅲ) V(Ⅲ)→V(Ⅳ) V(Ⅳ)→V(Ⅴ) 溶液要加热到 70 ℃左右能较快达到稳定的终点电位，否则很慢

附　录　D
（资料性附录）
常见离子的络合滴定法的应用

表 D.1　EDTA 络合滴定金属离子的条件

pH	缓冲体系	方法步骤	测定的金属
2	HNO_3 或 $CH_2ClCOOH$	EDTA 直接滴定	Bi,Hg(Ⅱ),Th
4～5.5	乙酸或六次甲基四氨	EDTA 直接滴定	Bi、Cd、Cu、Hg(Ⅱ)、La、Mn(Ⅱ)、Pb、稀土(Ⅲ)、Sc、V(Ⅳ)、Y、Zn
		加过量的 EDTA 标准液，用 Cd、Cu、Hg(Ⅱ)、Pb 或 Zn 标准溶液回滴	Al、Bi、Cd、Cr(Ⅲ)、Cu、Fe(Ⅱ)、Ga、Hf、Hg(Ⅱ)、Mn(Ⅱ)、Ni、Pb、稀土(Ⅲ)、Sc、Th、V(Ⅱ)、Y、Zn、Zr
8～10	NH_3，氨基乙醇或三氨基乙醇	EDTA 直接滴定	Ca、Cd、Co、Cu、In、Mg、Ni、Pb、Zn
		加过量的 EDTA 标准液，用 Ca、Cd、Cu、Mg 或 Zn 标准溶液回滴	Bi、Cd、Ca、Co、Cu、Cr(Ⅲ)、Hg(Ⅱ)、La、Mg、Ni、Pb、稀土(Ⅲ)、Sc、Ti(Ⅲ)、Y、Zn
10	NH_3 或氨基乙醇	EDTA 直接滴定	Ba,Sr 及在 pH8～10 滴定的金属
		加过量的 EDTA 标准液，用 Ca、Cd、Cu、Mg 或 Zn 标准溶液回滴	Ba,Sr 及在 pH8～10 滴定的金属

表 D.2　常见离子的络合滴定法的应用

测定金属	络合剂	步骤及注意点
Al	EDTA	酸化 10 mL 0.1 mol/L Al^{3+} 样品溶液，pH1～2，煮沸，加 15.00 mL 0.1 mol/L EDTA 标准溶液，加热；冷却。加 NaAc-HAc 缓冲溶液和 Hg(Ⅱ)-EDTA，用 Zn^{2+} 标准溶液回滴
Ba	EDTA	在 15 mL～25 mL≤0.05 mol/L Ba^{2+} 溶液中，加入 10 mL～25 mL 氨性缓冲溶液(pH9.5～10)和 1 mL 10^{-3} mol/L Hg(Ⅱ)-EDTA，用氮除去空气，用 0.005 mol/L～0.05 mol/L EDTA 标准溶液滴定
Bi	EDTA	加 NH_3 或 HNO_3 使 pH 为 1.5，并用 EDTA 标准溶液滴定，用 NH_4NO_3 作盐桥，防止 BiOCl 沉淀
Ca(1)	EDTA	在 15 mL～25 mL≤0.05 mol/L Ca^{2+} 溶液中，加 10 mL～25 mL 0.5 mol/L NH_3 缓冲溶液，并用 0.005 mol/L～0.05 mol/L EDTA 标准溶液滴定
Ca(2)	EDTA	在 15 mL～25 mL≤0.05 mol/L Ca^{2+} 溶液中加 10 mL 0.5 mol/L 三乙醇胺缓冲溶液(pH=8.5)，用 EDTA 标准溶液滴定
Ca(3)	EGTA	在样品液中加入足量的氨基三乙醇缓冲溶液，加入所需要 EGTA 的大部分，放置数分钟，慢慢滴到转折点

表 D.2（续）

测定金属	络合剂	步骤及注意点
Ca(4)	EGTA	含钙 0.5 mg～10 mg 溶液加 3 mL～5 mL 1 mol/L 酒石酸，用 NaOH 调到 pH=10，加硼砂缓冲溶液，用 EGTA 标准溶液滴定
Ca、Mg	EDTA	含钙、镁的样品溶液，加 1 mol/L 酒石酸，用 NaOH 调 pH 至 10，加硼砂缓冲溶液，用 EDTA 标准溶液滴定，锰干扰，必须除去；铁、铝总量不大于 10 mg；钛大于 2 mg 干扰
Cd(1)	EDTA	在 15 mL～25 mL≤0.05 mol/L Cd^{2+} 溶液中，加 10 mL～25 mL 0.5 mol/L 乙酸盐缓冲溶液(pH=4.6)，用 EDTA 标准溶液滴定
Cd(2)	三乙基四胺或四乙基五胺	稀释约含 10 mmol Cd^{2+} 的样品溶液至 60 mL～100 mL，加入 2 mL 氨缓冲溶液(pH=10)和 1 滴 Hg(Ⅱ)-络合盐，用 0.01 mol/L 标准溶液滴定
Cd(3)	三乙基四胺或四乙基五胺	(Cu 存在下)在 pH4.8 滴定铜后，加 3 mL 氨缓冲溶液(pH=10)，用 0.01 mol/L 标准溶液滴定
Cd(4)	三乙基四胺或四乙基五胺	(Al、Ca、La 和 Mg 存在下)稀释约含 0.2 毫克分子 Cd^{2+} 的样品溶液至 60 mL～100 mL，加 1 mL 氨缓冲溶液(pH10)，1 g 酒石酸钠和 1 滴 Hg(Ⅱ)-络合剂用 0.01 mol/L 标准溶液滴定。如 Ba^{2+} 也存在，用硝酸盐作试剂支持电解质，防止 $BaSO_4$ 沉淀
Cd(5)	三乙基四胺	(Mn 存在下)稀释约含 0.2 毫克分子 Cd^{2+} 样品溶液至 60 mL，加 1 滴 Hg(Ⅱ)-三乙基四胺溶液，用氮除去空气，加 0.5 mL 1 mol/L NH_3 缓冲溶液(pH10)，用 0.01 mol/L 标准溶液滴定
Ce	EDTA	10 mL 0.005 mol/L Ce(Ⅲ)溶液中加 15 mL 0.005 mol/L EDTA 标准溶液，再加浓氨水使 pH9.5～10，加 Hg(Ⅱ)-EDTA，用 Zn^{2+} 标准溶液回滴
Co	EDTA	步骤同 Ca(1)
Cr	EDTA	5 mL 0.02 mol/L Cr(Ⅲ)溶液中加入 10 mL 0.02 mol/L EDTA 和 10 mL 0.2 mol/L 乙酸盐缓冲溶液(3.5)，煮沸，冷却。调节 pH 至 4.8，加 Hg(Ⅱ)-EDTA，用 Zn^{2+} 标准溶液回滴
Cu	EDTA	步骤同 Cd(1)，在接近终点时滴定要慢慢进行
Hg(1)	EDTA	步骤同 Cd(1)，不必加 Hg(Ⅱ)-EDTA 溶液
Hg(2)	三乙基四胺或四乙基五胺	约含 0.2 毫克分子 Hg(Ⅱ)的样品溶液稀释至 60 mL～100 mL，加 1 mL 三乙醇胺缓冲溶液(pH=8)，用 0.01 mol/L 标准溶液滴定
Mg	EDTA	步骤同 Ca(1)
Mn	EDTA	步骤同 Cd(1)
Ni(1)	EDTA	步骤同 Ca(1)
Ni(2)	三乙基四胺或四乙基五胺	步骤同 Cd(2)
Ni(3)	三乙基四胺或四乙基五胺	(Cu 存在时)步骤同 Cd(3)，但加入 1.5 mL 氨缓冲溶液

表 D.2（续）

测定金属	络合剂	步骤及注意点
Pb	EDTA	步骤同 Cd(1)
Sr	EDTA	步骤同 Ca(1)
V	EDTA	步骤同 Cd(1)，pH 调至 3.9，用铂指示电极
Zn(1)	EDTA	步骤同 Ca(1)
Zn(2)	三乙基四胺或四乙基五胺	步骤同 Hg(2)，加一滴 10^{-3} mol/L Hg(Ⅱ)-EDTA 溶液
Zn(3)	三乙基四胺或四乙基五胺	(Ca、Cu 和 Mg 存在下)用测定 Cu(4)步骤测定铜后，加 3 mL 氨性缓冲溶液(pH=10)，用 0.01 mol/L 标准溶液连续滴定

附 录 E
（资料性附录）
二级微商确定终点示例

示例：滴定管读数 V 和对应的电位 E 列表格式及 V_{EQ} 的计算。

表 E.1 滴定管读数 V 和对应的电位 E 列表

V mL	E mV	ΔE mV	ΔV mL	一级微商 $\Delta E/\Delta V$	二级微商
33.00	405				
		10	0.40	25	
33.40	415				10
		7	0.20	35	
33.60	422				10
		9	0.20	45	
33.80	431				15
		12	0.20	60	
34.00	443				60
		12	0.10	120	
34.10	455				30
		15	0.10	150	
34.20	470				290
		44	0.10	440	
34.30	514				110
		55	0.10	550	
34.40	569				−360
		19	0.10	190	
34.50	588				−80
		11	0.10	110	
34.60	599				−40
		7	0.10	70	
34.70	606				

在上表中一级微商的最大值为 550 时，二级微商在 110 和 −360 之间。由上表中查得 $a=110$、$b=-360$、$V_0=34.30$、$\Delta V=0.1$ mL。

$$V_{EQ}=34.30+\left(0.1\times\frac{110}{110-(-360)}\right)=34.30+0.023=34.32(\mathrm{mL})$$

ICS 71.060.01
G 10

中华人民共和国国家标准

GB/T 23841—2009

无机化工产品中镉含量测定的通用方法 原子吸收分光光度法

Inorganic chemicals for industrial use—General method for the determinations of cadmium—Atomic absorption spectrometry

2009-05-18 发布 2010-02-01 实施

中华人民共和国国家质量监督检验检疫总局
中国国家标准化管理委员会 发布

前言

本标准的附录A为资料性附录;附录B为规范性附录。

本标准由中国石油和化学工业协会提出。

本标准由全国化学标准化技术委员会无机化工分会(SAC/TC 63/SC 1)归口。

本标准主要起草单位:中科铜都粉体新材料股份有限公司、中海油天津化工研究设计院、山东出入境检验检疫局。

本标准主要起草人:欧阳准、姚学慧、王骏、王莹、刘幽若。

本标准为首次发布。

无机化工产品中镉含量测定的通用方法 原子吸收分光光度法

1 范围

本标准规定了无机化工产品中镉含量测定的通用方法原子吸收分光光度法的安全提示、一般规定、石墨炉原子吸收分光光度法和火焰原子吸收分光光度法。

本标准适用于石墨炉原子吸收分光光度法和火焰原子吸收分光光度法测定无机化工产品中的镉含量。石墨炉原子吸收分光光度法的最低检出浓度为 0.001 mg/L。火焰原子吸收分光光度法的最低检出浓度为 0.02 mg/L。

2 规范性引用文件

下列文件中的条款通过本标准的引用而成为本标准的条款。凡是注日期的引用文件,其随后所有的修改单(不包括勘误的内容)或修订版均不适用于本标准,然而,鼓励根据本标准达成协议的各方研究是否可使用这些文件的最新版本。凡是不注日期的引用文件,其最新版本适用于本标准。

GB/T 6682—2008 分析实验室用水规格和试验方法(ISO 3696:1987,MOD)

HG/T 3696.2 无机化工产品 化学分析用杂质标准溶液的制备

HG/T 3696.3 无机化工产品 化学分析用制剂及制品的制备

3 安全提示

本试验方法中使用的部分试剂具有毒性或腐蚀性,操作者须小心谨慎!如溅到皮肤上应立即用水冲洗,严重者应立即治疗。

4 一般规定

本标准所用试剂和水,在没有注明其他要求时,均指优级纯试剂和 GB/T 6682—2008 规定的二级水。

试验中所需杂质标准溶液、制剂及制品,在没有注明其他要求时均按 HG/T 3696.2、HG/T 3696.3 之规定制备。

5 石墨炉原子吸收分光光度法

5.1 原理

将处理过的样品试液注入石墨炉中,在原子化阶段的高温下镉化合物离解为基态原子蒸气,并对空心阴极灯发射的特征谱线产生选择性吸收。在选择的最佳测定条件下,测定试液中镉的吸光度。在一定浓度范围,吸收值与镉含量成正比,与标准系列比较定量。

5.2 试剂

5.2.1 硝酸溶液:1+5;

5.2.2 磷酸二氢铵溶液:20 g/L;

5.2.3 镉标准溶液Ⅰ:1 mL 溶液含镉(Cd)0.01 mg;

用移液管移取 1.00 mL 按 HG/T 3696.2 配制的镉标准溶液,置于 100 mL 容量瓶中,用水稀释至刻度,摇匀。置于冰箱内保存,有效期一个月。

5.2.4 镉标准溶液Ⅱ:1 mL 溶液含镉(Cd)1 μg。

用移液管移取 1 mL 镉标准溶液Ⅰ,置于 100 mL 容量瓶中,用水稀释至刻度,摇匀。此溶液即用即配。

5.3 仪器、设备

5.3.1 玻璃仪器:

所用玻璃仪器均需以硝酸(1+5)浸泡过夜,用水反复冲洗,最后用去离子水冲洗干净。

5.3.2 原子吸收分光光度计:配有石墨炉及镉空心阴极灯(参考工作条件参见附录 A.1)。

5.4 分析步骤

5.4.1 试验溶液的制备

称样量和制备试验溶液的方法按有关产品标准中的规定。

5.4.2 空白试验溶液的制备

在制备试验溶液的同时,除不加试样外,其他操作和加入试剂的量和种类与制备试验溶液相同。

5.4.3 工作曲线的绘制

用移液管分别吸取 0.00 mL、1.00 mL、2.00 mL、3.00 mL 镉标准溶液Ⅱ(5.2.4),置于 100 mL 容量瓶中,用水稀释至刻度,摇匀。用水调节吸光值为零,并各吸取 0.01 mL 溶液,注入石墨炉中,在 228.8 nm 波长处测定吸光度。以标准溶液镉的质量(mg)为横坐标,相应的吸光度为纵坐标,绘制工作曲线。当存在基体干扰时,按附录 B 测定。

5.4.4 测定

分别吸取试验溶液(溶液中镉的量应在工作曲线范围内)和空白试验溶液样液各 0.01 mL,注入石墨炉中,按绘制工作曲线步骤进行测定,测出相应吸光值,并在工作曲线上查出镉的质量。

5.4.5 基体改进剂的使用

对有干扰样品,则注入适量的基体改进剂磷酸二氢铵溶液(一般为小于 0.005 mL)消除干扰。绘制镉工作曲线时也要加入与测定时等量的基体改进剂磷酸二氢铵溶液。

5.5 结果计算

从试验溶液吸光度中减去空白试验溶液的吸光度,用所得吸光度值从工作曲线上查出相应的镉质量。最终的结果,按照式(1)进行计算。

$$w_1 = \frac{m_1 \times 10^{-6}}{mV_1/V} \times 100 \quad \cdots\cdots(1)$$

式中:

m_1——工作曲线上查得的扣空白试验的被测试验溶液中镉的质量的数值,单位为微克(μg);

m——试料质量的数值,单位为克(g);

V_1——移取的试验溶液的体积的数值,单位为毫升(mL);

V——5.4.1 制备的试验溶液的总体积的数值,单位为毫升(mL)。

取平行测定结果的算术平均值为测定结果,两次平行测定结果的绝对差值在有关产品标准中规定。

6 火焰原子吸收分光光度法

6.1 原理

样品经处理后,导入原子吸收光谱仪中,火焰原子化后吸收 228.8 nm 共振线,其吸收量与镉含量成正比,与标准系列比较定量。

6.2 仪器、设备

6.2.1 火焰:空气-乙炔火焰;

6.2.2 原子吸收分光光度计:配有镉空心阴极灯(参考工作条件参见附录 A.2)。

6.3 分析步骤

6.3.1 试验溶液的制备

称样量和制备试验溶液的方法按有关产品标准中的规定。

6.3.2 空白试验溶液的制备

在制备试验溶液的同时，除不加试样外，其他操作和加入试剂的量和种类与制备试验溶液。

6.3.3 工作曲线的绘制

用移液管分别移取镉标准液Ⅰ(5.2.3)0.00 mL、2.00 mL、4.00 mL、6.00 mL 稀释至 100 mL 后，导入原子吸收分光光度计，用水调零，在 228.8 nm 波长处测定吸光度。以标准溶液镉的质量(mg)为横坐标，相应的吸光度为纵坐标，绘制工作曲线。当存在基体干扰时，按附录 B 测定。

6.3.4 测定

用移液管移取适量试验溶液(6.3.1)(溶液中镉的量应在工作曲线范围内)和空白试验溶液(6.3.2)，按绘制工作曲线步骤进行测定，测出相应吸光值，并在工作曲线上查出试验溶液中镉的质量。

6.4 结果计算

从试验溶液吸光度中减去空白试验溶液的吸光度，用所得吸光度值从工作曲线上查出相应的镉含量。最终的结果，按照式(2)进行计算。

$$w_2 = \frac{m_1 \times 10^{-3}}{mV_1/V} \times 100 \qquad \cdots\cdots(2)$$

式中：

m_1——工作曲线上查得的扣空白试验的被测试验溶液中镉的质量的数值，单位为毫克(mg)；

m——试料质量的数值，单位为克(g)；

V_1——移取的试验溶液的体积的数值，单位为毫升(mL)；

V——6.3.1 制备的试验溶液的总体积的数值，单位为毫升(mL)。

取平行测定结果的算术平均值为测定结果，两次平行测定结果的绝对差值在有关产品标准中规定。

附 录 A
（资料性附录）
原子吸收分光光度法的仪器参考工作条件

A.1 石墨炉原子吸收分光光度法仪器参考工作条件

波长 228.8 nm，狭缝 0.5 nm～1.0 nm，灯电流 8 mA～10 mA，干燥温度 120 ℃，20 s；灰化温度 350 ℃，持续 15 s～20 s，原子化温度 1 700 ℃～2 300 ℃左右，持续 4 s～5 s，背景校正为氘灯或塞曼效应。

A.2 火焰原子吸收分光光度法仪器参考工作条件

波长 228.8 nm，狭缝 0.15 nm～0.2 nm，灯电流 6 mA～7 mA，空气流量 5 L/min，背景校正为氘灯（可根据仪器型号，调制最佳条件）。

附 录 B
（规范性附录）
标准加入法

基体干扰严重时可采用标准加入法来测定试样。

用移液管移取适量（镉含量大于 0.5 μg/mL）相同体积的溶液，共四份，一份不加标准溶液，另三份分别加入成比例的标准溶液，均用水稀释至 100 mL。以空白溶液调零，在规定的仪器条件下，分别测定其吸光度。以加入标准溶液浓度为横坐标，相应的吸光度为纵坐标，绘制曲线，将曲线反向延长与横轴相交，交点 X 即为镉离子的浓度。镉离子在所测的浓度范围内应与吸光度成线性关系。镉标准溶液加入的浓度应和样品稀释后镉的浓度相当，且第（2）份中加入镉离子的浓度应是检出极限的 20 倍。

ICS 71.060.01
G 10

中华人民共和国国家标准

GB/T 23842—2009

无机化工产品中硅含量测定通用方法 还原硅钼酸盐分光光度法

General method for the determination of silicon content of inorganic chemicals—Reduced molybdosilicate spectrophotometric method

(ISO 6382:1981,MOD)

2009-05-18 发布　　2010-02-01 实施

中华人民共和国国家质量监督检验检疫总局
中国国家标准化管理委员会　发布

前　言

本标准修改采用 ISO 6382:1981《测定硅含量的通用方法——还原硅钼酸盐的分光光度法》。

考虑到我国国情及适用范围上的差异，在采用 ISO 6382:1981 时，本标准作了适当修改。有关技术性差异已编入正文中。在附录 A 中给出了这些技术性差异及原因的一览表，附录 B 中给出了本标准章条编号与 ISO 6382:1981 的相应对照。

本标准的附录 A、附录 B 和附录 C 均为资料性附录。

本标准由中国石油和化学工业协会提出。

本标准由全国化学标准化技术委员会无机化工分会(SAC/TC 63/SC 1)归口。

本标准主要起草单位：多氟多化工股份有限公司、中海油天津化工研究设计院。

本标准主要起草人：薛旭金、范国强、李永强。

无机化工产品中硅含量测定通用方法 还原硅钼酸盐分光光度法

1 范围

本标准规定了无机化工产品中硅含量测定的通用方法——还原硅钼酸盐分光光度法。

本标准适用于无机化工产品中硅含量测定的通用方法。被分析产品试液的制备应参考具体产品标准,被测试液中的 SiO_2 含量范围应在 2 μg～200 μg,干扰限量在附录 C 中给出。

2 规范性引用标准

下列文件中的条款通过本标准的引用而成为本标准的条款。凡是注日期的引用文件,其随后所有的修改单(不包括勘误的内容)或修订版均不适用于本标准,然而,鼓励根据本标准达成协议的各方研究是否可使用这些文件的最新版本。凡是不注日期的引用文件,其最新版本适用于本标准。

GB/T 6682—2008 分析实验室用水规格和试验方法(ISO 3696:1987,MOD)

HG/T 3696.2 无机化工产品化学分析用杂质标准溶液的制备

HG/T 3696.3 无机化工产品化学分析用制剂及制品的制备

3 原理

在盐酸存在下,用氟化钠处理样品,使任何形态的聚合硅解聚。用硼酸掩蔽氟离子的干扰,在 pH 为 1.1±0.2 时,溶液中的硅形成氧化态(黄色)硅钼酸盐。

在草酸存在下,于足够强度的硫酸介质中,选择性的还原硅钼酸盐配合物,以消除磷酸盐的干扰。于最大吸收波长(815 nm)处,用分光光度法测定蓝色配合物的吸光度。

4 安全提示

本标准中使用的试剂和材料具有毒性和腐蚀性,操作时须要小心谨慎!应避免接触皮肤和眼睛。如溅到皮肤或眼睛上应立即用水冲洗,严重者应立即治疗。

5 一般规定

本标准在分析中尽可能使用无硅的分析纯试剂,所用水是用符合 GB/T 6682—2008 中规定的三级水经石英设备蒸馏的二次蒸馏水或相等纯度的水,软化水是不适宜的。所有试剂应储放于无硅材料(如聚乙烯)制成的瓶中。所用试剂均指分析纯试剂,试验中所用杂质标准溶液、制剂及制品,在没有注明其他要求时,均按 HG/T 3696.2、HG/T 3696.3 规定制备。

6 试剂

6.1 硫酸溶液:1+3。

6.2 盐酸溶液:1+2。

6.3 硼酸溶液:室温下的饱和溶液(约 48 g/L)。

6.4 二水合草酸($H_2C_2O_4 \cdot 2H_2O$)溶液:100 g/L。

6.5 氟化钠溶液:20 g/L,该溶液储存于无硅材料制成的瓶中。

6.6 二水合钼酸二钠溶液:140 g/L。

称取 35 g 二水合钼酸二钠($Na_2MoO_4 \cdot 2H_2O$),用 200 mL 约 50 ℃的水溶解于聚乙烯烧杯中,冷至室温。移入 250 mL 容量瓶中,用水稀释至刻度,摇匀。将溶液移入无硅材料制成的瓶中,若有必要,使用前过滤。此溶液现用现配。

6.7 还原溶液,使用下列溶液之一:

6.7.1 甲醛合次硫酸氢钠和亚硫酸钠的混合液:称取 1.5 g 甲醛合次硫酸氢钠和 4.0 g 亚硫酸钠于烧杯中,加水溶解至 30 mL。此溶液现用现配。

6.7.2 L-抗坏血酸溶液:25 g/L。

将 2.5 g 的 L-抗坏血酸溶于水中,稀释至 100 mL,混匀。此溶液现用现配。

6.8 硅标准溶液:1 mL 含二氧化硅(SiO_2)0.50 mg。

用铂皿称取 0.500 g(精确至 0.001 g)下述物质之一:

a) 在 1 000 ℃条件下,灼烧至恒重的纯硅酸(即两次相邻的称量差不大于 1 mg),并在装有五氧化二磷的干燥器中冷却获得的二氧化硅。

b) 经仔细磨碎,预先在 1 000 ℃下灼烧 1 h,并在装有五氧化二磷的干燥器中冷却获得的纯二氧化硅。

称取 5 g 无水碳酸钠置于称有二氧化硅的铂皿中,用铂刮勺充分搅匀,小心熔融至得到清晰透明的熔融物。冷却后加入温水,缓缓加热至完全溶解,定量转移至无硅材料制成的烧杯中。再冷却,将溶液稀释至约 500 mL,定量移入 1 000 mL 容量瓶中稀释至刻度,混匀。立即将溶液移入无硅材料制成的瓶中。此溶液 1 mL 含二氧化硅(SiO_2)0.50 mg,此溶液保存期不大于一个月。

6.9 硅标准溶液:1 mL 含二氧化硅(SiO_2)0.010 mg。

吸取 20.0 mL 硅标准溶液(6.8),置于 1 000 mL 容量瓶中,稀释至刻度,混匀。此溶液现用现配。

7 仪器

7.1 pH 计:配备玻璃测量电极和甘汞参比电极,用 pH=1.1 的盐酸溶液[$c(HCl)=0.1$ mol/L]校正。

7.2 分光光度计:配备 1 cm 或 2 cm 或 5 cm 光程的吸收池。

7.3 其他实验室常规仪器及无硅材料容器:凡使用碱性溶液和任何涉及氟化钠溶液(6.5)的操作皆须在用无硅材料(如聚乙烯)制成的容器中进行。如果玻璃容量瓶既未碎裂又未被蚀刻,可用来稀释溶液,但须立即将溶液转移至用无硅材料制成的容器。

8 测定步骤

8.1 试验溶液的制备

称样量及试验溶液制备方法均在有关产品的标准中给出。除含有水解盐外,在制备试验溶液时需调节 pH 的产品外,试液的 pH 应为 4~7。

8.2 空白试验溶液的制备

在试验溶液制备的同时,除不加试样外,其他操作步骤、加入的试剂(包括氟化钠溶液和试验溶液的中和溶液),均与试验溶液相同。

8.3 工作曲线的绘制

8.3.1 标准显色溶液的制备

用光程为 1 cm 或 2 cm 或 5 cm 的吸收池进行吸光度的测量。

根据试液中估计的硅含量,按表 1 取一定体积的硅标准溶液(6.9),置于一组 100 mL 无硅材料制成的烧杯中,稀释至约 25 mL。

表 1

试液中估计的硅含量/μg					
2～30		10～80		50～200	
标准硅溶液 (6.9)	相应的 SiO_2	标准硅溶液 (6.9)	相应的 SiO_2	标准硅溶液 (6.9)	相应的 SiO_2
mL	μg		μg		μg
0[a]	0[a]	0[a]	0[a]	0[a]	0[a]
0.20	2	1.0	10	5.0	50
0.50	5	2.0	20	10.0	100
1.00	10	4.0	40	15.0	150
2.00	20	6.0	60	20.0	200
3.00	30	8.0	80		
吸收池光程/mm					
50		20		10	
[a] 试剂空白试验。					

8.3.2 显色

向每个烧杯中加入 4.0 mL 盐酸溶液，1.0 mL 氟化钠溶液，搅拌，静置 5 min，在搅拌下，加入 20.0 mL 硼酸溶液，放置 5 min，加入 10.0 mL 钼酸钠溶液，搅拌，放置 10 min 后。溶液的 pH 应为1.1±0.2。

在搅拌下，加入 5.0 mL 草酸溶液，放置 5 min，定量转移至 100 mL 容量瓶中。

然后，加入 20 mL 硫酸溶液，搅拌后，加入 2 mL 甲醛合次硫酸氢钠和亚硫酸钠的混合液（或加入 30 mL 硫酸溶液，混合后，加入 2 mL 的 L-抗坏血酸还原溶液）。稀释至刻度，混匀。

8.3.3 吸光度的测量

显色 10 min 后，40 min 前，使用分光光度计，在最大吸收波长（815 nm）处，用合适光程的吸收池（见 8.3.1 的表），用水把仪器吸光度调零后，测量吸光度。

8.3.4 工作曲线的绘制

从每一个除试剂空白外的标准显色溶液的吸光度中减去试剂空白试验的吸光度，进行吸光度的校正。以 100 mL 标准显色溶液中 SiO_2 的质量（μg）为横坐标，相应的吸光度为纵坐标，绘制工作曲线。

8.4 测定

8.4.1 试液的处理

定量移取二氧化硅含量不大于 200 μg 的试验溶液和空白试验溶液，分别置于 100 mL 用无硅材料制成的烧杯中，用水稀释至约 25 mL。

8.4.2 显色

向烧杯中加入约 4 mL 盐酸溶液（为确保该步骤的 pH=1.1±0.2，应预先用 pH 计检查，以确定所用盐酸溶液的用量），1.0 mL 氟化钠溶液（氟化钠是供测定聚合硅用的。如果试液中确实不含聚合态硅，可不加氟化钠。在这种情况下，可直接在 100 mL 玻璃容量瓶中制备溶液），搅拌，静置 5 min，在搅拌下，加入 20.0 mL 硼酸溶液，放置 5 min，加入 10.0 mL 钼酸钠溶液，搅拌，放置 10 min。溶液的 pH 应为 1.1±0.2。

在搅拌下，加入 5 mL 草酸溶液（6.4）放置 5 min，定量转移至 100 mL 容量瓶中，以下按照 8.3.2 中第 3 段（"然后，加入……"）步骤进行。

8.4.3 吸光度的测量

按照 8.3.3 中的步骤，用水把仪器吸光度调零后，进行试验溶液和空白试验溶液吸光度的测量。

9 结果计算

根据显色试液和空白试液吸光度测量结果，在工作曲线(8.3.4)上查得相应的二氧化硅质量(mg)，按相应产品标准所给出的计算公式进行计算。

附 录 A
（资料性附录）
本标准与 ISO 6382:1981 技术性差异及其原因

表 A.1 给出了本标准与 ISO 6382:1981 技术性差异及其原因。

表 A.1 本标准与 ISO 6382:1981 技术性差异及原因的一览表

本标准章条编号	技术性差异	原 因
1	仅适用于无机化工产品	验证的局限性
6	增减了还原剂	适用性原因

附　录　B
（资料性附录）
本标准与 ISO 6382:1981 标准结构性差异

表 B.1 给出了本标准与 ISO 6382:1981 的结构性差异。

表 B.1 本标准与 ISO 6382:1981 的结构性差异

本标准		ISO 6382:1981	
章节	内　容	章节	内　容
1	范围	1	范围
	—	2	应用领域
2	规范性引用标准		—
3	原理	3	原理
4	安全提示		—
5	一般规定		—
6	试剂	4	试剂
7	仪器	5	仪器
8	测定步骤	6	测定步骤
9	结果计算	7	结果表示
	—	8	测试报告
附录 A	本标准与 ISO 6382:1981 技术性差异及原因	附录 A	干扰情况
附录 B	本标准与 ISO 6382 章条编号对照的一览表	附录 B	其他与 ISO/TC 47 相关的硅含量测定出版物
附录 C	干扰限量	—	—

附　录　C
（资料性附录）
干扰限量

本附录列出的干扰离子并不是包罗无遗的。因此尚需检查表C.1中未列出的离子、元素或化合物可能产生的干扰。

表C.1　干扰限量

离子、元素或化合物	干扰限量	离子、元素或化合物	干扰限量
H^+	不干扰	H_2BO_3	1 600 mg
Na^+	300 mg	阴离子表面活性剂	不干扰
K^+	250 mg	非离子表面活性剂	干扰[a]
Fe^{2+}	140 mg	F^-	40 mg
Zn^{2+}	300 mg	Cl^-	600 mg
$UO_2{}^{2+}$	250 mg	$VO_3{}^-$	2.5 mg
Al^{3+}	70 mg	$SO_4{}^{2-}$	600 mg
Fe^{3+}	140 mg	$PO_4{}^{3-}$	15 mg
As^{5+}	0.05 mg		

[a] 加入阴离子表面活性剂可抵消非离子表面活性剂的干扰。例如，加入5 mL 5g/L的十二烷基磺酸钠溶液可抑制试液中存在量高达0.15 g以NP10(壬基酚聚氧乙烯醚)表示的非离子表面活性剂的干扰。

ICS 71.060.01
G 10

中华人民共和国国家标准

GB/T 23843—2009

无机化工产品中五氧化二磷含量测定的通用方法

Inorganic chemical products—General method for the determination of total phosphorus(V)oride content

(ISO 3706:1976,MOD)

2009-05-18 发布　　　　2010-02-01 实施

中华人民共和国国家质量监督检验检疫总局
中国国家标准化管理委员会　发布

前言

本标准修改采用国际标准 ISO 3706:1976《工业用磷酸(包括食品工业)——磷(V)氧化物总含量的测定——喹钼柠酮重量法》(英文版)。

本标准根据国际标准 ISO 3706:1976《工业用磷酸(包括食品工业)——磷(V)氧化物总含量的测定——喹钼柠酮重量法》重新起草。

在采用 ISO 3706:1976 时,本标准做了一些修改,有关技术性差异及结构性差异已编入正文中,并在它们涉及的条款的页边空白处用垂直单线标识。附录 A 和附录 B 中给出了这些技术性差异及结构性差异及原因的一览表以供参考。

本标准附录 A 和附录 B 为资料性附录。

本标准由中国石油和化学工业协会提出。

本标准由全国化学标准化技术委员会无机化工分会(SAC/TC 63/SC 1)归口。

本标准负责起草单位:湖北兴发化工集团股份有限公司、中海油天津化工研究设计院。

本标准主要起草人:李光明、许必文。

本标准为首次发布。

无机化工产品中五氧化二磷含量测定的通用方法

1 范围

本标准规定了无机化工产品中五氧化二磷含量测定的通用方法——喹钼柠酮重量法。

本标准适用于无机化工产品中常量磷及磷酸盐的测定。

2 规范性引用文件

下列文件中的条款通过本标准的引用而成为本标准的条款。凡是注日期的引用文件，其随后所有的修改单(不包括勘误的内容)或修订版均不适用于本标准，然而，鼓励根据本标准达成协议的各方研究是否可使用这些文件的最新版本。凡是不注日期的引用文件，其最新版本适用于本标准。

GB/T 6682—2008 分析实验室用水规格和试验方法(ISO 3696:1987,MOD)

HG/T 3696.2 无机化工产品化学分析用杂质标准溶液的制备

HG/T 3696.3 无机化工产品化学分析用制剂及制品的制备

3 方法原理

在酸性介质中，试验溶液中的五氧化二磷与加入的沉淀剂喹钼柠酮生成沉淀。通过过滤、烘干、称量，计算出磷酸盐含量。

4 安全提示

本试验方法中使用的部分试剂具有毒性或腐蚀性和易燃性，操作时须小心谨慎！如溅到皮肤上应立即用水冲洗，严重者应立即治疗。

5 一般规定

本标准所用试剂和水在没有注明其他要求时，均指分析纯试剂和 GB/T 6682—2008 中规定的三级水。试验中所用杂质标准溶液、制剂及制品，在没有注明其他要求时，均按 HG/T 3696.2、HG/T 3696.3 之规定制备。

6 试剂

6.1 盐酸；

6.2 硝酸；

6.3 喹钼柠酮溶液。

7 仪器、设备

7.1 玻璃砂坩埚：滤板孔径为 5 μm～15 μm；

7.2 电热恒温干燥箱：温度能控制在 180 ℃±5 ℃或 250 ℃±10 ℃。

8 分析步骤

8.1 试验溶液的制备

称取适量试样(含五氧化二磷质量在 600 mg 左右)，精确至 0.000 2 g，置于 100 mL 烧杯中，加

20 mL 水和 5 mL 盐酸或硝酸，盖上表面皿，煮沸 10 min。冷却后移入 500 mL 容量瓶中，加 10 mL 盐酸或硝酸，用水稀释至刻度，摇匀。

8.2 空白试验溶液的制备

除不加试样外，其他加入的试剂量与试验溶液的制备完全相同。并与试样同时同样处理。

8.3 测定

用移液管移取 10 mL 试验溶液和空白试验溶液分别置于 250 mL 烧杯中，加水至总体积约 100 mL。盖上表面皿，于水浴中加热至杯内物温度达 75 ℃±5 ℃，保持 30 s，加 35 mL 喹钼柠酮溶液（加热时不得用明火，加试剂或加热时不能搅拌，以免生成凝块）。冷却至室温，冷却过程中搅拌 3 次～4 次。用预先在 180 ℃±5 ℃或 250 ℃±10 ℃干燥至质量恒定的玻璃砂坩埚抽滤上层清液，用倾析法洗涤沉淀 5 次～6 次，每次用水约 20 mL。将沉淀转移至玻璃砂坩埚中，继续用水洗涤 3 次～4 次。将玻璃砂坩埚置于 180 ℃±5 ℃的电热恒温干燥箱中烘 45 min 或 250 ℃±10 ℃烘 15 min，取出，置于干燥器中冷却至室温，称量，精确至 0.000 2 g。

9 结果计算

五氧化二磷含量以五氧化二磷（P_2O_5）的质量分数 w 计，数值以%表示，按下式计算：

$$w = \frac{(m_1 - m_2) \times 0.032\,07}{m \times (10/500)} \times 100$$

式中：

m_1——试验溶液中生成磷钼酸喹啉沉淀的质量的数值，单位为克(g)；

m_2——空白试验溶液中生成磷钼酸喹啉沉淀的质量的数值，单位为克(g)；

m——试料的质量的数值，单位为克(g)；

0.032 07——磷钼酸喹啉换算成五氧化二磷的系数。

取平行测定结果的算术平均值为测定结果。两次平行测定结果的绝对差值应符合有关产品标准的规定。

附 录 A
（资料性附录）
本标准与国际标准的技术性差异

表A.1给出本标准与国际标准ISO 3706:1976《工业用磷酸(包括食品工业)——磷(V)氧化物总含量的测定——喹钼柠酮重量法》(英文版)技术性差异的一览表。

表A.1 本标准与国际标准ISO 3706:1976技术性差异

本标准的章条编号	技术性差异	原　因
7	标准规定玻璃砂坩埚的滤板孔径为5 μm～15 μm。 干燥温度增加180 ℃±5 ℃。	满足我国市场上的玻璃砂坩埚孔径。 用180 ℃±5 ℃干燥温度在国内进行测定十分普遍，不影响准确性。

附　录　B
（资料性附录）
本标准与国际标准的结构性差异

表B.1给出本标准与国际标准ISO 3706:1976《工业用磷酸(包括食品工业)——磷(V)氧化物总含量的测定——喹钼柠酮重量法》(英文版)结构性差异的一览表。

表B.1　本标准与国际标准ISO 3706:1976结构性差异

本标准		国际标准	
章节	内容	章节	内容
前言	前言	—	—
1	范围	1	范围
—	—	2	应用场合
2	规范性引用文件	—	—
3	方法原理	3	原理
4	安全提示	—	—
5	一般规定	—	—
6	试剂	4	试剂
7	仪器、设备	5	仪器
8	分析步骤	6	分析步骤
9	结果计算	7	结果计算
—	—	8	检验报告

ICS 71.060.01
G 10

中华人民共和国国家标准

GB/T 23844—2009

无机化工产品中
硫酸盐测定通用方法
目视比浊法

Inorganic chemicals for industrial use—General method for the determination of sulphate—Visible turbidimetric method

2009-05-18 发布　　2010-02-01 实施

中华人民共和国国家质量监督检验检疫总局
中国国家标准化管理委员会　发布

前　言

本标准由中国石油和化学工业协会提出。

本标准由全国化学标准化技术委员会无机化工分会(SAC/TC 63/SC 1)归口。

本标准主要起草单位:建德市天石碳酸钙有限责任公司、中海油天津化工研究设计院、多氟多化工股份有限公司。

本标准主要起草人:周新民、高鹏、陈春玉、李永强。

本标准为首次发布。

无机化工产品中
硫酸盐测定通用方法
目视比浊法

1 范围

本标准规定了无机化工产品中硫酸盐测定通用方法——目视比浊法的方法提要、分析步骤和结果判定。

本标准适用于无机化工产品中微量硫酸盐的测定。检测范围为 0.4 μg/mL～4 μg/mL(以 SO_4 计)。

2 规范性引用文件

下列文件中的条款通过本标准的引用而成为本标准的条款。凡是注日期的引用文件,其随后所有的修改单(不包括勘误的内容)或修订版均不适用于本标准,然而,鼓励根据本标准达成协议的各方研究是否可使用这些文件的最新版本。凡是不注日期的引用文件,其最新版本适用于本标准。

GB/T 6682—2008 分析实验室用水规格和试验方法(ISO 3696:1987,MOD)

HG/T 3696.2 无机化工产品 化学分析用杂质标准溶液的制备

HG/T 3696.3 无机化工产品 化学分析用制剂及制品的制备

3 方法提要

在盐酸介质中,钡离子与硫酸根离子生成难溶的硫酸钡,当硫酸根离子含量较低时,在一定时间内硫酸钡呈悬浮体,使溶液混浊,利用硫酸盐形成的混浊度与标准比对溶液以目视比浊法测定。

4 安全提示

本试验方法中使用的部分试剂具有毒性或腐蚀性,操作时须小心谨慎!如溅到皮肤上应立即用水冲洗,严重者应立即治疗。

5 一般规定

本标准所用试剂和水,在没有注明其他要求时,均指分析纯试剂和 GB/T 6682—2008 中规定的三级水。试验中所需杂质标准溶液、制剂及制品,在没有注明其他要求时,均按 HG/T 3696.2、HG/T 3696.3 之规定制备。

6 试剂

6.1 盐酸溶液:1+2。

6.2 硫酸钾乙醇溶液:0.2 g/L;

配制:将 0.02 g 硫酸钾溶解到 100 mL 30%乙醇溶液中。

6.3 氯化钡溶液:250 g/L。

7 仪器

比色管:25 mL、50 mL。

8 分析步骤

按产品标准的规定取样并制备试验溶液，用0.5 mL盐酸溶液酸化试验溶液。

将0.25 mL硫酸钾乙醇溶液与1 mL氯化钡溶液混合(晶种液)，放置1 min后，加入到上述已酸化的试验溶液中，并稀释至25 mL，摇匀，放置5 min，所呈浊度与标准比浊溶液比较。

标准比浊溶液是取含规定量的硫酸盐杂质标准溶液，稀释至与试液相同体积，与同体积试验溶液同时同样处理。

9 结果判定

将试验溶液比色管和标准比浊溶液比色管同置于黑色背景上，在自然光下，自上向下观察，其浊度不得深于标准比浊溶液。

ICS 71.060.01
G 10

中华人民共和国国家标准

GB/T 23845—2009

无机化工产品中溴化物测定通用方法

Inorganic chemicals for industrial use—General method for the determination of bromide

2009-05-18 发布　　2010-02-01 实施

中华人民共和国国家质量监督检验检疫总局
中国国家标准化管理委员会　发布

前　言

本标准由中国石油和化学工业协会提出。

本标准由全国化学标准化技术委员会无机化工分会(SAC/TC 63/SC 1)归口。

本标准主要起草单位:多氟多化工股份有限公司、中海油天津化工研究设计院。

本标准主要起草人:王建萍、施秀华、高鹏。

本标准为首次发布。

无机化工产品中
溴化物测定通用方法

1 范围

本标准规定了无机化工产品中溴化物测定通用方法的方法提要、分析步骤和结果计算。

本标准适用于无机化工产品中微量溴化物的测定。检测范围为 1 μg/mL～4 μg/mL(以 Br^- 计)。

2 规范性引用文件

下列文件中的条款通过本标准的引用而成为本标准的条款。凡是注日期的引用文件，其随后所有的修改单(不包括勘误的内容)或修订版均不适用于本标准，然而，鼓励根据本标准达成协议的各方研究是否可使用这些文件的最新版本。凡是不注日期的引用文件，其最新版本适用于本标准。

GB/T 6682—2008 分析实验室用水规格和试验方法(ISO 3696:1987,MOD)

HG/T 3696.2 无机化工产品 化学分析用杂质标准溶液的制备

HG/T 3696.3 无机化工产品 化学分析用制剂及制品的制备

3 方法提要

在微酸性介质中，氯胺 T 将溴化物氧化为游离溴，溴再与酚红反应生成四溴酚红，其颜色随溴化物含量的增大呈黄绿色至紫色。在一定浓度范围内，吸光度与溴化物含量成正比。

4 安全提示

本试验方法中使用的部分试剂具有毒性或腐蚀性，操作时须小心谨慎！如溅到皮肤上应立即用水冲洗，严重者应立即治疗。

5 一般规定

本标准所用试剂和水，在没有注明其他要求时，均指分析纯试剂和 GB/T 6682—2008 中规定的三级水。

试验中所需杂质标准溶液、制剂及制品，在没有注明其他要求时，均按 HG/T 3696.2、HG/T 3696.3 之规定制备。

6 试剂

6.1 乙酸-乙酸钠缓冲溶液：pH＝4～5。

6.2 酚红溶液：0.24 g/L；

配制：称取 0.024 g 酚红和 0.12 g 碳酸钠，用水溶解，稀释至 100 mL。

6.3 氯胺 T 溶液：2 g/L；

配制：称取 0.20 g 氯胺 T[对甲苯磺酰氯胺钠]溶于水中，稀释至 100 mL。贮于棕色瓶中，冷藏保存。保存期不超过一周。

6.4 硫代硫酸钠溶液：25 g/L。

6.5 溴化物标准使用液Ⅰ：1 mL 溶液含溴(Br)0.010 mg，临用时配制；

配制：用移液管移取 1.00 mL 按 HG/T 3696.2 配制的溴化物标准溶液置于 100 mL 容量瓶中，加水稀释至刻度，摇匀。此溶液应在使用当天配置。

6.6 溴化物标准使用液Ⅱ：1 mL溶液含溴(Br)0.001 mg，临用时配制；

配制：移取10.0 mL溴化物标准储备液置于100 mL容量瓶中，加水稀释至刻度，摇匀。此溶液应在使用当天配置。

7 仪器

分光光度计：带有光程为1 cm的比色皿。

8 分析步骤

8.1 试验溶液的制备

按产品标准的规定取样并制备试验溶液。

8.2 测定

移取10.00 mL试验溶液于25 mL容量瓶中，加入0.50 mL乙酸-乙酸钠缓冲溶液，3滴酚红溶液，摇匀。准确加入0.40 mL氯胺T溶液，立即摇匀。1 min后(准确计时)，加入0.40 mL硫代硫酸钠溶液，摇匀，使溶液脱氯。用水稀释至刻度，摇匀。放置5 min，以试剂空白为参比，于590 nm波长处，使用1 cm比色皿，测量其吸光度。

8.3 工作曲线绘制

移取溴化物标准使用液Ⅱ0.00 mL、1.00 mL、2.00 mL、4.00 mL、6.00 mL、8.00 mL、10.00 mL，移取溴化物标准使用液Ⅰ1.20 mL、1.40 mL、1.60 mL、1.80 mL、2.00 mL于一系列25 mL容量瓶中，用水稀释至10 mL，摇匀。以下操作从“加入0.50 mL乙酸-乙酸钠缓冲溶液，……”开始，到“……，测量其吸光度”为止。以容量瓶中溴化物的含量(mg)为横坐标，对应的吸光度为纵坐标，绘制工作曲线。

9 结果计算

9.1 溴化物含量以溴化物(Br^-)的浓度ρ计，按式(1)计算：

$$\rho = \frac{m \times 10^{-3}}{V} \qquad \cdots\cdots(1)$$

式中：

ρ——试验溶液中溴化物的浓度的数值，单位为克每升(g/L)；

m——从工作曲线上查得的容量瓶中溴化物的质量的数值，单位为毫克(mg)；

V——所取试验溶液的体积的数值，单位为升(L)。

9.2 溴化物含量以溴化物(Br^-)的质量分数w计，数值以%表示，按式(2)计算：

$$w = \frac{m_1 \times 10^{-3}}{m \times (V_1/V)} \times 100 \qquad \cdots\cdots(2)$$

式中：

m_1——从工作曲线上查得的被测溶液中溴化物的质量的数值，单位为毫克(mg)；

m——试料的质量的数值，单位为克(g)；

V_1——移取的试验溶液的体积的数值，单位为毫升(mL)；

V——8.1条配制的试验溶液的总体积的数值，单位为毫升(mL)。

取平行测定结果的算术平均值为测定结果，两次平行测定结果的绝对差值见相应产品标准的规定。

ICS 71.060.50
G 12

中华人民共和国国家标准

GB/T 23846—2009

电镀用氨基磺酸钴

Cobalt sulfamate for electroplating

2009-05-18 发布　　2010-02-01 实施

中华人民共和国国家质量监督检验检疫总局
中国国家标准化管理委员会　发布

前　言

本标准由中国石油和化学工业协会提出。

本标准由全国化学标准化技术委员会硫和硫酸分技术委员会(SAC/TC 63/SC 7)归口。

本标准由江西核工业兴中科技有限公司负责起草。

本标准主要起草人:刘元生、汤森进、刘小平、徐辉、胡昌文、蒋良华、王炜。

电镀用氨基磺酸钴

1 范围

本标准规定了电镀用氨基磺酸钴的要求、试验方法、检验规则、标志、包装、运输、贮存和安全。

本标准适用于以钴盐或金属钴原料制得的电镀用氨基磺酸钴。

分子式：$Co(NH_2SO_3)_2 \cdot 4H_2O$

相对分子质量：323.05(按 2003 年国际相对原子质量)

2 规范性引用文件

下列文件中的条款通过本标准的引用而成为本标准的条款。凡是注日期的引用文件，其随后所有的修改单(不包括勘误的内容)或修订版均不适用于本标准，然而，鼓励根据本标准达成协议的各方研究是否可使用这些文件的最新版本。凡是不注日期的引用文件，其最新版本适用于本标准。

GB/T 601 化学试剂 标准滴定溶液的制备

GB/T 602 化学试剂 杂质测定用标准溶液的制备(GB/T 602—2002,ISO 6353-1:1982, Reagents for chemical analysis—Part 1:General test methods,NEQ)

GB/T 603 化学试剂 试验方法中所用制剂及制品的制备(GB/T 603—2002,ISO 6353-1:1982, Reagents for chemical analysis—Part 1:General test methods,NEQ)

GB/T 1250 极限数值的表示方法和判定方法

GB/T 6678—2003 化工产品采样总则

GB/T 6682 分析实验室用水规格和试验方法(GB/T 6682—2008,ISO 3696:1987,MOD)

GB/T 9724 化学试剂 pH 值测定通则

3 要求

3.1 外观：红色透明液体。

3.2 氨基磺酸钴的技术指标应符合表 1 的规定。

表 1 要求

项目		指标
钴(Co)含量/(g/L)	≥	150
镍(Ni)含量/(mg/L)	≤	50
铜(Cu)含量/(mg/L)	≤	5
铁(Fe)含量/(mg/L)	≤	10
铅(Pb)含量/(mg/L)	≤	10
锌(Zn)含量/(mg/L)	≤	5
锰(Mn)含量/(mg/L)	≤	5
钠(Na)含量/(mg/L)	≤	10

表 1（续）

项目		指标
铬(Cr)含量/(mg/L)	≤	5
硫酸盐(以 SO_4^{2-} 计)含量/(mg/L)	≤	700
硝酸盐(以 NO_3^- 计)/(mg/L)	≤	5
氯化物(以 Cl^- 计)含量/(mg/L)	≤	5
pH 值		3.8～4.2
密度/(g/mL)		1.448～1.452

4 试验方法

安全提示——本试验方法中使用的部分试剂具有毒性或腐蚀性，操作时须小心谨慎！如溅到皮肤上应立即用水冲洗，严重者应立即治疗。

本标准中所用的试剂和水，在没有注明其他要求时，均指分析纯试剂和符合 GB/T 6682 规定的三级水。试验中所用标准滴定溶液、杂质测定用标准溶液、制剂及制品，在没有注明其他要求时，均按 GB/T 601、GB/T 602、GB/T 603 的规定制备。

4.1 钴含量的测定

4.1.1 原理

在碱性介质中，钴与乙二胺四乙酸二钠络合反应，以紫脲酸铵为指示剂，用乙二胺四乙酸二钠(EDTA)标准滴定溶液滴定，至溶液呈紫红色为终点。

4.1.2 试剂

4.1.2.1 氨-氯化铵缓冲溶液：pH≈10。

4.1.2.2 乙二胺四乙酸二钠(EDTA)标准滴定溶液：c(EDTA)=0.05 mol/L。

4.1.2.3 紫脲酸铵混合指示剂。

4.1.3 分析步骤

移取 5.00 mL 氨基磺酸钴试样于 100 mL 容量瓶中，移液管靠壁放置流 15 min，用水稀释至刻度。

移取 5.00 mL 上述试液于 250 mL 锥形瓶中，加水至约 50 mL，摇匀。用乙二胺四乙酸二钠(EDTA)标准滴定溶液(4.1.2.2)，滴定至终点前 1 mL 时(根据氨基磺酸钴的取样量和乙二胺四乙酸二钠标准滴定溶液的浓度计算标准滴定溶液的量)，加 10 mL 氨-氯化铵缓冲溶液(4.1.2.1)及 0.05 g～0.1 g 紫脲酸铵混合指示剂(4.1.2.3)，继续滴定至溶液呈紫红色为终点。

4.1.4 结果计算

钴(Co)含量 X，数值以 g/L 表示，按式(1)计算：

$$X = \frac{VcM}{0.25} \qquad \cdots\cdots(1)$$

式中：

V——乙二胺四乙酸二钠(EDTA)标准滴定溶液(4.1.2.2)的体积的数值，单位为毫升(mL)；

c——乙二胺四乙酸二钠(EDTA)标准滴定溶液(4.1.2.2)的浓度的准确数值，单位为摩尔每升(mol/L)；

M——钴的摩尔质量的数值，单位为克每摩尔(g/mol)(M=58.933)；

0.25——分取试料的体积的数值，单位为毫升(mL)。

取平行测定结果的算术平均值为测定结果。平行测定结果的相对偏差不大于 2%。

4.2 镍含量的测定

4.2.1 原理

处于气态的被测元素基态原子对该元素的原子共振辐射有强烈的吸收作用，基态镍原子对作为锐线光源的镍的空心阴极灯所辐射的单色光产生吸收，在一定浓度范围内，其吸光度与试样中该元素的浓度成正比。

4.2.2 试剂

4.2.2.1 盐酸溶液：1+9。

4.2.2.2 镍(Ni)标准溶液：0.1 mg/mL。

4.2.3 仪器

原子吸收分光光度计(具有镍空心阴极灯)。

4.2.4 分析步骤

移取5.00 mL试样于100 mL容量瓶中，移液管靠壁放置流15 min，用水稀释至刻度，摇匀。

取4个50 mL容量瓶，分别向其中加入10.00 mL上述溶液，5 mL盐酸溶液(4.4.2.1)，再依次加入0 mL、0.2 mL、0.4 mL、0.8 mL的镍标准溶液(4.4.2.2)，用水稀释至刻度，摇匀。将原子吸收分光光度计(4.2.3)调至最佳工作状态，点燃空气-乙炔火焰，以空白溶液调零，在波长为232.0 nm处，分别测定其吸光度。

4.2.5 结果计算

以加入标准溶液的浓度为横坐标，相应吸光度为纵坐标，绘制曲线，将曲线反向延长与横坐标相交，交点的浓度即为待测元素的浓度。该浓度也可根据测定的吸光度用回归方程法计算。

取平行测定结果的算术平均值为测定结果。平行测定结果的相对偏差不大于10%。

4.3 铜含量的测定

4.3.1 原理

处于气态的被测元素基态原子对该元素的原子共振辐射有强烈的吸收作用，基态铜原子对作为锐线光源的铜的空心阴极灯所辐射的单色光产生吸收，在一定浓度范围内，其吸光度与试样中该元素的浓度成正比。

4.3.2 试剂

4.3.2.1 盐酸溶液：1+9。

4.3.2.2 铜(Cu)标准溶液：0.1 mg/mL。

4.3.3 仪器

原子吸收分光光度计(具有铜空心阴极灯)。

4.3.4 分析步骤

取4个50 mL容量瓶，分别向其中加入5.00 mL试样(移液管靠壁放置流15 min)，5 mL盐酸溶液(4.3.2.1)，再依次加入0 mL、0.1 mL、0.2 mL、0.3 mL的铜标准溶液(4.3.2.2)，用水稀释至刻度，摇匀。将原子吸收分光光度计(4.3.3)调至最佳工作状态，点燃空气-乙炔火焰，以空白溶液调零，在波长为324.8 nm处，分别测定其吸光度。

4.3.5 结果计算

以加入标准溶液浓度为横坐标，相应吸光度为纵坐标，绘制曲线，将曲线反向延长与横坐标相交，交点的浓度即为待测元素的浓度。该浓度也可根据测定的吸光度用回归方程法计算。

取平行测定结果的算术平均值为测定结果。平行测定结果的相对偏差不大于25%。

4.4 铁含量的测定

4.4.1 原理

处于气态的被测元素基态原子对该元素的原子共振辐射有强烈的吸收作用，基态铁原子对作为锐线光源的铁的空心阴极灯所辐射的单色光产生吸收，在一定浓度范围内，其吸光度与试样中该元素的浓度成正比。

4.4.2 试剂

4.4.2.1 盐酸溶液：1+9。

4.4.2.2 铁(Fe)标准溶液：0.1 mg/mL。

4.4.3 仪器

原子吸收分光光度计(具有铁空心阴极灯)。

4.4.4 分析步骤

取4个50 mL容量瓶，分别向其中加入5.00 mL试样(移液管靠壁放置流15 min)，5 mL盐酸溶液(4.4.2.1)，再依次加0 mL、0.5 mL、1.0 mL、1.5 mL的铁标准溶液(4.4.2.2)，用水稀释至刻度，摇匀。将原子吸收分光光度计(4.4.3)调至最佳工作状态，点燃空气-乙炔火焰，以空白溶液调零，在波长为248.3 nm处，分别测定其吸光度。

4.4.5 结果计算

以加入标准溶液的浓度为横坐标，相应吸光度为纵坐标，绘制曲线，将曲线反向延长与横坐标相交，交点的浓度即为待测元素的浓度。该浓度也可根据测定的吸光度用回归方程法计算。

取平行测定结果的算术平均值为报告结果。平行测定结果的相对偏差不大于25%。

4.5 铅含量的测定

4.5.1 原理

处于气态的被测元素基态原子对该元素的原子共振辐射有强烈的吸收作用，基态铅原子对作为锐线光源的铅的空心阴极灯所辐射的单色光产生吸收，在一定浓度范围内，其吸光度与样品中该元素的浓度成正比。

4.5.2 试剂

4.5.2.1 盐酸溶液：1+9。

4.5.2.2 铅(Pb)标准溶液：0.1 mg/mL。

4.5.3 仪器

原子吸收分光光度计(具有铅空心阴极灯)。

4.5.4 分析步骤

取4个50 mL容量瓶，分别向其中加入5.00 mL试样(移液管靠壁放置流15 min)，5 mL盐酸溶液(4.5.2.1)，再依次加入0 mL、0.5 mL、1.0 mL、1.5 mL的铅标准溶液(4.5.2.2)，用水稀释至刻度，摇匀。将原子吸收分光光度计(4.5.3)调至最佳工作状态，点燃空气-乙炔火焰，以空白溶液调零，在波长为283.3 nm处，分别测定其吸光度。

4.5.5 结果计算

以加入标准溶液的浓度为横坐标，相应吸光度为纵坐标，绘制曲线，将曲线反向延长与横坐标相交，交点的浓度即为待测元素的浓度。该浓度也可根据测定的吸光度用回归方程法计算。

取平行测定结果的算术平均值为测定结果。平行测定结果的相对偏差不大于25%。

4.6 锌含量的测定

4.6.1 原理

处于气态的被测元素基态原子对该元素的原子共振辐射有强烈的吸收作用，基态锌原子对作为锐线光源的锌的空心阴极灯所辐射的单色光产生吸收，在一定浓度范围内，其吸光度与试样中该元素的浓度成正比。

4.6.2 试剂

4.6.2.1 盐酸溶液：1+9。

4.6.2.2 锌(Zn)标准溶液:0.1 mg/mL。

4.6.3 **仪器**

原子吸收分光光度计(具有锌空心阴极灯)。

4.6.4 **分析步骤**

取4个50 mL容量瓶,分别向其中加入5.00 mL试样(移液管靠壁放置流15 min),5 mL盐酸溶液(4.6.2.1),再依次加入0 mL、0.1 mL、0.2 mL、0.3 mL的锌标准溶液(4.6.2.2),用水稀释至刻度,摇匀。将原子吸收分光光度计(4.6.3)调至最佳工作状态,点燃空气-乙炔火焰,以空白溶液调零,在波长为213.9 nm处,分别测定其吸光度。

4.6.5 **结果计算**

以加入标准溶液的浓度为横坐标,相应吸光度为纵坐标,绘制曲线,将曲线反向延长与横坐标相交,交点的浓度即为待测元素的浓度。该浓度也可根据测定的吸光度用回归方程法计算。

取平行测定结果的算术平均值为测定结果。平行测定结果的相对偏差不大于25%。

4.7 **锰含量的测定**

4.7.1 **原理**

处于气态的被测元素基态原子对该元素的原子共振辐射有强烈的吸收作用,基态锰原子对作为锐线光源的锰的空心阴极灯所辐射的单色光产生吸收,在一定浓度范围内,其吸光度与试样中该元素的浓度成正比。

4.7.2 **试剂**

4.7.2.1 盐酸溶液:1+9。

4.7.2.2 锰(Mn)标准溶液:0.1 mg/mL。

4.7.3 **仪器**

原子吸收分光光度计(具有锰空心阴极灯)。

4.7.4 **分析步骤**

取4个50 mL容量瓶,分别向其中加入5.00 mL试样(移液管靠壁放置流15 min),5 mL盐酸溶液(4.7.2.1),再依次加入0 mL、0.2 mL、0.4 mL、0.6 mL的锰标准溶液(4.7.2.2),用水稀释至刻度,摇匀。将原子吸收分光光度计(4.7.3)调至最佳工作状态,点燃空气-乙炔火焰,以空白溶液调零,在波长为279.5 nm处,分别测定其吸光度。

4.7.5 **结果计算**

以加入标准溶液的浓度为横坐标,相应吸光度为纵坐标,绘制曲线,将曲线反向延长与横坐标相交,交点的浓度即为待测元素的浓度。该浓度也可根据测定的吸光度用回归方程法计算。

取平行测定结果的算术平均值为测定结果。平行测定结果的相对偏差不大于25%。

4.8 **钠含量的测定**

4.8.1 **原理**

处于气态的被测元素基态原子对该元素的原子共振辐射有强烈的吸收作用,基态钠原子对作为锐线光源的钠的空心阴极灯所辐射的单色光产生吸收,在一定浓度范围内,其吸光度与试样中该元素的浓度成正比。

4.8.2 **试剂**

4.8.2.1 盐酸溶液:1+9。

4.8.2.2 钠(Na)标准溶液:0.1 mg/mL。

4.8.3 **仪器**

原子吸收分光光度计(具有钠空心阴极灯)。

4.8.4 分析步骤

取 4 个 50 mL 容量瓶，分别向其中加入 5.00 mL 试样(移液管靠壁放置流 15 min)，5 mL 盐酸溶液(4.8.2.1)，再依次加入 0 mL、0.5 mL、1.0 mL、1.5 mL 的钠标准溶液(4.8.2.2)，用水稀释至刻度，摇匀。将原子吸收分光光度计(4.8.3)调至最佳工作状态，点燃空气-乙炔火焰，以空白溶液调零，在波长为 589.0 nm 处，分别测定其吸光度。

4.8.5 结果计算

以加入标准溶液的浓度为横坐标，相应吸光度为纵坐标，绘制曲线，将曲线反向延长与横坐标相交，交点的浓度即为待测元素的浓度。该浓度也可根据测定的吸光度用回归方程法计算。

取平行测定结果的算术平均值为测定结果。平行测定结果的相对偏差不大于 25%。

4.9 铬含量的测定

4.9.1 原理

处于气态的被测元素基态原子对该元素的原子共振辐射有强烈的吸收作用，基态铬原子对作为锐线光源的铬的空心阴极灯所辐射的单色光产生吸收，在一定浓度范围内，其吸光度与试样中该元素的浓度成正比。

4.9.2 试剂

4.9.2.1 硫酸溶液：1+9。

4.9.2.2 硫酸钠溶液：110 g/L。

4.9.2.3 铬(Cr)标准溶液：0.1 mg/mL。

4.9.3 仪器

原子吸收分光光度计(具有铬空心阴极灯)。

4.9.4 分析步骤

取 4 个 50 mL 容量瓶，分别向其中加入 5.00 mL 试样(移液管靠壁放置流 15 min)，依次加入 0 mL、0.5 mL、1.0 mL、1.5 mL 的铬标准溶液(4.9.2.3)，再各加 5 mL 硫酸溶液(4.9.2.1)，5 mL 硫酸钠溶液(4.9.2.2)。用水稀释至刻度，摇匀。将原子吸收分光光度计(4.9.3)调至最佳工作状态，点燃空气-乙炔火焰，以空白溶液调零，在波长为 357.9 nm 处，分别测定其吸光度。

4.9.5 结果计算

以加入标准溶液的浓度为横坐标，相应吸光度为纵坐标，绘制曲线，将曲线反向延长与横坐标相交，交点的浓度即为待测元素的浓度。该浓度也可根据测定的吸光度用回归方程法计算。

取平行测定结果的算术平均值为测定结果。平行测定结果的相对偏差不大于 25%。

4.10 硫酸盐含量的测定

4.10.1 原理

硫酸根与钡离子在酸性介质中生成白色的硫酸钡沉淀，在乙醇溶液中形成浑浊液，与标准浑浊液进行目视比浊。

4.10.2 试剂

4.10.2.1 无水乙醇。

4.10.2.2 盐酸溶液：1+4。

4.10.2.3 氯化钡溶液：250 g/L。

4.10.2.4 硫酸盐(以 SO_4^{2-} 计)标准溶液：0.1 mg/mL。

4.10.3 分析步骤

4.10.3.1 不含硫酸根的氨基磺酸钴溶液的制备

移取 5.00 mL 试样于 100 mL 容量瓶中(移液管靠壁放置流 15 min)，用水稀释至刻度，摇匀，此为溶液 A。分取 20.00 mL 溶液 A 于 100 mL 容量瓶中，加入 20 mL 无水乙醇(4.10.2.1)，2 mL 盐酸溶液(4.10.2.2)，在不断摇动下滴加 10 mL 氯化钡溶液(4.10.2.3)，用水稀释至刻度，摇匀，放置 12 h～

18 h,过滤,收集滤液。

4.10.3.2 试液的制备

移取20.00 mL溶液A于100 mL容量瓶中,用水稀释至刻度,摇匀,此为溶液B。分取10.00 mL溶液B于25 mL比色管中,加入5 mL无水乙醇(4.10.2.1),1 mL盐酸溶液(4.10.2.2),在不断摇动下滴加2.5 mL氯化钡溶液(4.10.2.3),用水稀释至刻度,摇匀。

4.10.3.3 标准比对溶液的制备

取10 mL不含硫酸根的氨基磺酸钴溶液(4.10.3.1)数份于25 mL比色管中,分别加入0 mL、0.4 mL、0.8 mL、1.0 mL、1.5 mL、2.0 mL的硫酸盐标准溶液(4.10.2.4),加入3 mL无水乙醇(4.10.2.1),0.8 mL盐酸溶液(4.10.2.2),在不断摇动下滴加2 mL氯化钡溶液(4.10.2.3),用水稀释至刻度,摇匀。

4.10.3.4 测定

将试液与标准比对溶液同时放置10 min进行目视比浊。

取平行测定结果的算术平均值为测定结果。平行测定结果的相对偏差不大于10%。

4.11 硝酸盐含量的测定

4.11.1 原理

硝酸盐与靛蓝二磺酸钠反应变成蓝色溶液,进行目视比色。

4.11.2 试剂

4.11.2.1 氢氧化钠溶液:100 g/L。

4.11.2.2 氯化钠溶液:100 g/L。

4.11.2.3 硫酸溶液:1+1。

4.11.2.4 硝酸盐(以NO_3^-计)标准溶液:0.01 mg/mL。

4.11.2.5 靛蓝二磺酸钠溶液:0.001 mol/L。

4.11.3 分析步骤

移取2.00 mL试样(移液管靠壁放置流15 min),加入10 mL氢氧化钠溶液(4.11.2.1),在水浴上加热10 min,取下冷却,移至50 mL容量瓶中,用水稀释至刻度,摇匀,过滤。取10.0 mL滤液于25 mL比色管中,加入1 mL氯化钠溶液(4.11.2.2),1 mL靛蓝二磺酸钠溶液(4.11.2.5),在摇动下于10 s~15 s内加入10 mL硫酸溶液(4.11.2.3),摇匀。

分别取0 mL、0.1 mL、0.2 mL、0.3 mL、0.4 mL、0.5 mL的硝酸盐标准溶液(4.11.2.4)于25 mL比色管中,稀释至10 mL,与同体积试样溶液同时同样处理,所得溶液为标准比对溶液。

同时放置10 min,与标准比对溶液进行目视比色。

取平行测定结果的算术平均值为测定结果。平行测定结果的相对偏差不大于25%。

4.12 氯化物含量的测定

4.12.1 原理

氯离子与银离子在酸性介质中生成白色的氯化银沉淀,对此混浊液进行目视比浊。

4.12.2 试剂

4.12.2.1 硝酸溶液:1+3。

4.12.2.2 硝酸银溶液:17 g/L。

4.12.2.3 氯(以Cl^-计)标准溶液:0.1 mg/mL。

4.12.3 分析步骤

4.12.3.1 不含氯化物的氨基磺酸钴溶液的制备

移取10.00 mL样品于100 mL容量瓶中(移液管靠壁放置流15 min),加入10 mL硝酸溶液(4.12.2.1),5 mL硝酸银溶液(4.12.2.2),用水稀释至刻度,摇匀,放置12 h~18 h,过滤,收集滤液。

4.12.3.2 试液的制备

移取10.00 mL样品于100 mL容量瓶中(移液管靠壁放置流15 min),用水稀释至刻度,摇匀。分取10.00 mL溶液于25 mL比色管中,加2 mL硝酸溶液(4.12.2.1),1 mL硝酸银溶液(4.12.2.2),稀释至刻度,摇匀。

4.12.3.3 标准比对溶液的制备

取10.00 mL不含氯化物的氨基磺酸钴溶液(4.12.3.1)数份于25 mL比色管中,分别加入0 mL、0.1 mL、0.2 mL、0.4 mL的氯标准溶液(4.12.2.3),与同体积试样溶液同时同样处理。

4.12.3.4 测定

将试液与标准比对溶液同时放置10 min进行目视比浊。

取平行测定结果的算术平均值为测定结果。平行测定结果的相对偏差不大于25%。

4.13 pH值的测定

按GB 9724中的规定执行。

4.14 密度的测定

4.14.1 原理

不同密度的液体,密度计浸入液体的高度不同,根据不同的高度,确定液体的密度。

4.14.2 仪器

密度计。

4.14.3 测定

先用样品洗涤量筒和密度计,取一定量的样品于量筒中,放入密度计,读出密度计的读数。

5 检验规则

5.1 出厂的产品应由生产企业的质量监督部门进行检验,产品按批检验,产品以灌装前,经同一混合设备,最后一次混合的液体所生成的匀质产品为一批。生产厂应保证每批出厂的产品符合本标准的要求。每批出厂的产品应附有质量证明书,内容包括:产品名称、生产企业名称、生产企业地址、批号或生产日期和本标准编号。

5.2 本标准要求中的全部指标项目为型式检验项目,其中外观、钴含量、pH值、密度为出厂检验项目。正常情况下每个季度进行一次型式检验,有下列情况之一也应进行型式检验:

a) 原辅材料来源发生变化,可能影响产品质量时;

b) 停产三个月,恢复生产时;

c) 国家质量监督机构提出进行型式检验的要求时。

5.3 检验用的样品,由质检部门专人随机采样,采样按GB/T 6678—2003中7.6的规定进行。取样总量不少于1 000 mL。

5.4 将取得的样品充分混匀,分别装入两个清洁、干燥、带磨口塞的瓶中,密封。瓶上贴标签,注明生产企业名称、产品名称、批号、采样日期和采样者。一瓶用于检验,另一瓶作为保留样保存三个月。

5.5 用户有权按本标准的规定对收到的产品进行检验,检验其质量是否符合本标准的要求。

5.6 当供需双方对产品质量发生争议时,应由有资质的第三方检验机构仲裁检验。

5.7 检验结果按GB/T 1250中规定的修约值比较法判定是否符合本标准。若检验结果有一项指标不符合本标准的要求,应重新自两倍量的包装单元中采样进行复验,复验结果即使有一项指标不符合本标准的要求,则整批产品为不合格。

6 标志、包装、运输、贮存和安全

6.1 出厂的产品的外包装上应有明显牢固的标志,内容包括:产品名称、生产企业名称、生产企业地址、批号或生产日期、净含量、本标准编号等。

6.2　产品采用高密度聚乙烯(HDPE)塑料桶包装，每桶净重 30 kg、300 kg，或按用户要求包装。

6.3　产品运输时包装要密闭，运输过程中，防止受热和雨淋。

6.4　产品应贮存在阴凉、通风、干燥处。贮存期为 12 个月。

6.5　如不慎误食，请立即诱导呕吐，或喝肥皂水或者浓盐水，直到呕吐干净为止，并看医生确诊(当误食者出现抽搐或意识不清状况时，请勿诱导呕吐或给其喝任何东西)。如不慎入眼，请立即用大量清水冲洗眼睛至少 15 min，并看医生确诊。如若不慎接触皮肤，请用大量清水冲洗。

6.6　请勿将流出的液体冲入下水道。如溢出，请用苏打或石灰覆盖污染区域，它将形成一层浓稠的碱性浆液，并将浆液盛入钢制或聚乙烯容器内，按照对重金属残余物处理的相关规定，对其进行安全处理。

ICS 71.060.50
G 12

中华人民共和国国家标准

GB/T 23847—2009

电镀用氨基磺酸镍

Nickel sulfamate for electroplating

2009-05-18 发布 2010-02-01 实施

中华人民共和国国家质量监督检验检疫总局
中国国家标准化管理委员会 发布

前　言

本标准由中国石油和化学工业协会提出。

本标准由全国化学标准化技术委员会硫和硫酸分技术委员会(SAC/TC 63/SC 7)归口。

本标准由江西核工业兴中科技有限公司负责起草。

本标准主要起草人:汤森进、刘小平、刘元生、胡昌文、曾昭昆、蒋良华。

电镀用氨基磺酸镍

1 范围

本标准规定了电镀用氨基磺酸镍的要求、试验方法、检验规则、标志、包装、运输、贮存和安全。

本标准适用于以镍盐或金属镍为原料制得的电镀用氨基磺酸镍。

分子式：$Ni(NH_2SO_3)_2 \cdot 4H_2O$

相对分子质量：322.81(按 2003 年国际相对原子质量)

2 规范性引用文件

下列文件中的条款通过本标准的引用而成为本标准的条款。凡是注日期的引用文件，其随后所有的修改单(不包括勘误的内容)或修订版均不适用于本标准，然而，鼓励根据本标准达成协议的各方研究是否可使用这些文件的最新版本。凡是不注日期的引用文件，其最新版本适用于本标准。

GB/T 601　化学试剂　标准滴定溶液的制备

GB/T 602　化学试剂　杂质测定用标准溶液的制备(GB/T 602—2002,ISO 6353-1:1982,Reagents for chemical analysis—Part 1:General test methods,NEQ)

GB/T 603　化学试剂　试验方法中所用制剂及制品的制备(GB/T 603—2002,ISO 6353-1:1982,Reagents for chemical analysis—Part 1:General test methods,NEQ)

GB/T 1250　极限数值的表示方法和判定方法

GB/T 6678—2003　化工产品采样总则

GB/T 6682　分析实验室用水规格和试验方法(GB/T 6682—2008,ISO 3696:1987,MOD)

GB/T 9724　化学试剂　pH 值测定通则

3 要求

3.1　外观：深绿色透明液体。

3.2　氨基磺酸镍的技术指标应符合表 1 的规定。

表 1　要求

项　　目		指　　标	
		优等品	一等品
镍(Ni)含量/(g/L)	≥	180	180
钴(Co)含量/(mg/L)	≤	50	100
铜(Cu)含量/(mg/L)	≤	5	10
铁(Fe)含量/(mg/L)	≤	10	15
铅(Pb)含量/(mg/L)	≤	10	15
锌(Zn)含量/(mg/L)	≤	5	10
锰(Mn)含量/(mg/L)	≤	5	10
钙(Ca)含量/(mg/L)	≤	10	400
镁(Mg)含量/(mg/L)	≤	5	100

表 1（续）

项　　目	指　　标	
	优等品	一等品
铬(Cr)含量/(mg/L)　　≤	5	10
硫酸盐(以 SO_4^{2-} 计)含量/(mg/L)　　≤	850	1 000
硝酸盐(以 NO_3^- 计)含量/(mg/L)　　≤	5	10
氯化物(以 Cl^- 计)含量/(mg/L)　　≤	5	50
游离氨(以 NH_3 计)含量/(mg/L)　　≤	120	150
pH 值	4.0～4.8	4.0～4.8
密度/(g/mL)	1.538～1.542	1.538～1.542

4　试验方法

安全提示——本试验方法中使用的部分试剂具有毒性或腐蚀性，操作时须小心谨慎！如溅到皮肤上应立即用水冲洗，严重者应立即治疗。

本标准中所用的试剂和水，在没有注明其他要求时，均指分析纯试剂和符合 GB/T 6682 规定的三级水。试验中所用标准滴定溶液、杂质测定用标准溶液、制剂及制品，在没有注明其他要求时，均按 GB/T 601、GB/T 602、GB/T 603 的规定制备。

4.1　镍含量的测定

4.1.1　原理

在碱性介质中，镍与乙二胺四乙酸二钠络合反应，以紫脲酸铵为指示液，用乙二胺四乙酸二钠(EDTA)标准滴定溶液滴定，至溶液呈蓝紫色为终点。

4.1.2　试剂

4.1.2.1　氨-氯化铵缓冲溶液：pH≈10。

4.1.2.2　乙二胺四乙酸二钠(EDTA)标准滴定溶液：c(EDTA)＝0.02 mol/L。

4.1.2.3　紫脲酸铵混合指示剂。

4.1.3　分析步骤

移取 10.00 mL 氨基磺酸镍试样于 100 mL 容量瓶中，移液管靠壁放置流 15 min，用水稀释至刻度。移取 10.00 mL 上述试液于 100 mL 容量瓶中，用水稀释至刻度。

移取 10.00 mL 上述试液于 250 mL 锥形瓶中，加水至约 70 mL，摇匀。加 10 mL 氨-氯化铵缓冲溶液(4.1.2.1)及 0.05 g～0.1 g 紫脲酸铵混合指示剂(4.1.2.3)，用乙二胺四乙酸二钠(4.1.2.2)标准滴定溶液，滴定至溶液呈蓝紫色为终点。

4.1.4　结果计算

镍(Ni)含量 X，数值以 g/L 表示，按式(1)计算：

$$X = \frac{VcM}{0.10} \qquad \cdots\cdots(1)$$

式中：

V——乙二胺四乙酸二钠(EDTA)标准滴定溶液(4.1.2.2)的体积的数值，单位为毫升(mL)；

c——乙二胺四乙酸二钠(EDTA)标准滴定溶液(4.1.2.2)的浓度的准确数值，单位为摩尔每升(mol/L)；

M——镍的摩尔质量的数值，单位为克每摩尔(g/mol)(M＝58.693)；

0.10——分取试料的体积的数值，单位为毫升(mL)。

取平行测定结果的算术平均值为测定结果。平行测定结果的相对偏差不大于2%。

4.2 钴含量的测定

4.2.1 原理

处于气态的被测元素基态原子对该元素的原子共振辐射有强烈的吸收作用，基态钴原子对作为锐线光源的钴的空心阴极灯所辐射的单色光产生吸收，在一定浓度范围内，其吸光度与试样中该元素的浓度成正比。

4.2.2 试剂

4.2.2.1 盐酸溶液：1+9。

4.2.2.2 钴(Co)标准溶液：0.1 mg/mL。

4.2.3 仪器

原子吸收分光光度计(具有钴空心阴极灯)。

4.2.4 分析步骤

移取5.00 mL试样于100 mL容量瓶中(移液管靠壁放置流15 min)，用水稀释至刻度。

取4个50 mL容量瓶，分别向其中加入10.00 mL上述溶液，5 mL盐酸溶液(4.2.2.1)，再依次加入0 mL、0.2 mL、0.4 mL、0.6 mL的钴标准溶液(4.2.2.2)，用水稀释至刻度，摇匀。将原子吸收分光光度计(4.2.3)调至最佳工作状态，点燃空气-乙炔火焰，以空白溶液调零，在波长为240.7 nm处，分别测定其吸光度。

4.2.5 结果计算

以加入标准溶液的浓度为横坐标，相应吸光度为纵坐标，绘制曲线，将曲线反向延长与横坐标相交，交点的浓度即为待测元素的浓度。该浓度也可根据测定的吸光度用回归方程法计算。

取平行测定结果的算术平均值为测定结果。平行测定结果的相对偏差不大于10%。

4.3 铜含量的测定

4.3.1 原理

处于气态的被测元素基态原子对该元素的原子共振辐射有强烈的吸收作用，基态铜原子对作为锐线光源的铜的空心阴极灯所辐射的单色光产生吸收，在一定浓度范围内，其吸光度与试样中该元素的浓度成正比。

4.3.2 试剂

4.3.2.1 盐酸溶液：1+9。

4.3.2.2 铜(Cu)标准溶液：0.1 mg/mL。

4.3.3 仪器

原子吸收分光光度计(具有铜空心阴极灯)。

4.3.4 分析步骤

取4个50 mL容量瓶，分别向其中加入5.00 mL试样(移液管靠壁放置流15 min)，5 mL盐酸溶液(4.3.2.1)，再依次加入0 mL、0.1 mL、0.2 mL、0.3 mL的铜标准溶液(4.3.2.2)，用水稀释至刻度，摇匀。将原子吸收分光光度计(4.3.3)调至最佳工作状态，点燃空气-乙炔火焰，以空白溶液调零，在波长为324.8 nm处，分别测定其吸光度。

4.3.5 结果计算

以加入标准溶液的浓度为横坐标，相应吸光度为纵坐标，绘制曲线，将曲线反向延长与横坐标相交，交点的浓度即为待测元素的浓度。该浓度也可根据测定的吸光度用回归方程法计算。

取平行测定结果的算术平均值为测定结果。平行测定结果的相对偏差不大于25%。

4.4 铁含量的测定

4.4.1 原理

处于气态的被测元素基态原子对该元素的原子共振辐射有强烈的吸收作用，基态铁原子对作为锐线光源的铁的空心阴极灯所辐射的单色光产生吸收,在一定浓度范围内,其吸光度与试样中该元素的浓度成正比。

4.4.2 试剂

4.4.2.1 盐酸溶液:1+9。

4.4.2.2 铁(Fe)标准溶液:0.1 mg/mL。

4.4.3 仪器

原子吸收分光光度计(具有铁空心阴极灯)。

4.4.4 分析步骤

取4个50 mL容量瓶,分别向其中加入5.00 mL试样(移液管靠壁放置流15 min),5 mL盐酸溶液(4.4.2.1),再依次加入0 mL、0.5 mL、1.0 mL、1.5 mL的铁标准溶液(4.4.2.2),用水稀释至刻度,摇匀。将原子吸收分光光度计(4.4.3)调至最佳工作状态,点燃空气-乙炔火焰,以空白溶液调零,在波长为248.3 nm处,分别测定其吸光度。

4.4.5 结果计算

以加入标准溶液的浓度为横坐标,相应吸光度为纵坐标,绘制曲线,将曲线反向延长与横坐标相交,交点的浓度即为待测元素的浓度。该浓度也可根据测定的吸光度用回归方程法计算。

取平行测定结果的算术平均值为测定结果。平行测定结果的相对偏差不大于25%。

4.5 铅含量的测定

4.5.1 原理

处于气态的被测元素基态原子对该元素的原子共振辐射有强烈的吸收作用,基态铅原子对作为锐线光源的铅的空心阴极灯所辐射的单色光产生吸收,在一定浓度范围内,其吸光度与试样中该元素的浓度成正比。

4.5.2 试剂

4.5.2.1 盐酸溶液:1+9。

4.5.2.2 铅(Pb)标准溶液:0.1 mg/mL。

4.5.3 仪器

原子吸收分光光度计(具有铅空心阴极灯)。

4.5.4 分析步骤

取4个50 mL容量瓶,分别向其中加入5.00 mL试样(移液管靠壁放置流15 min),5 mL盐酸溶液(4.5.2.1),再依次加入0 mL、0.5 mL、1.0 mL、1.5 mL的铅标准溶液(4.5.2.2),用水稀释至刻度,摇匀。将原子吸收分光光度计(4.5.3)调至最佳工作状态,点燃空气-乙炔火焰,以空白溶液调零,在波长为283.3 nm处,分别测定其吸光度。

4.5.5 结果计算

以加入标准溶液的浓度为横坐标,相应吸光度为纵坐标,绘制曲线,将曲线反向延长与横坐标相交,交点的浓度即为待测元素的浓度。该浓度也可根据测定的吸光度用回归方程法计算。

取平行测定结果的算术平均值为测定结果。平行测定结果的相对偏差不大于25%。

4.6 锌含量的测定

4.6.1 原理

处于气态的被测元素基态原子对该元素的原子共振辐射有强烈的吸收作用,基态锌原子对作为锐线光源的锌的空心阴极灯所辐射的单色光产生吸收,在一定浓度范围内,其吸光度与试样中该元素的浓度成正比。

4.6.2 试剂

4.6.2.1 盐酸溶液:1+9。

4.6.2.2 锌(Zn)标准溶液:0.1 mg/mL。

4.6.3 仪器

原子吸收分光光度计(具有锌空心阴极灯)。

4.6.4 分析步骤

取4个50 mL容量瓶,分别向其中加入5.00 mL试样(移液管靠壁放置流15 min),5 mL盐酸溶液(4.6.2.1),再依次加入0 mL、0.1 mL、0.2 mL、0.3 mL的锌标准溶液(4.6.2.2),用水稀释至刻度,摇匀。将原子吸收分光光度计(4.6.3)调至最佳工作状态,点燃空气-乙炔火焰,以空白溶液调零,在波长为213.9 nm处,分别测定其吸光度。

4.6.5 结果计算

以加入标准溶液的浓度为横坐标,相应吸光度为纵坐标,绘制曲线,将曲线反向延长与横坐标相交,交点的浓度即为待测元素的浓度。该浓度也可根据测定的吸光度用回归方程法计算。

取平行测定结果的算术平均值为测定结果。平行测定结果的相对偏差不大于25%。

4.7 锰含量的测定

4.7.1 原理

处于气态的被测元素基态原子对该元素的原子共振辐射有强烈的吸收作用,基态锰原子对作为锐线光源的锰的空心阴极灯所辐射的单色光产生吸收,在一定浓度范围内,其吸光度与试样中该元素的浓度成正比。

4.7.2 试剂

4.7.2.1 盐酸溶液:1+9。

4.7.2.2 锰(Mn)标准溶液:0.1 mg/mL。

4.7.3 仪器

原子吸收分光光度计(具有锰空心阴极灯)。

4.7.4 分析步骤

取4个50 mL容量瓶,分别向其中加入5.00 mL试样(移液管靠壁放置流15 min),5 mL盐酸溶液(4.7.2.1),再依次加入0 mL、0.2 mL、0.4 mL、0.6 mL的锰标准溶液(4.7.2.2),用水稀释至刻度,摇匀。将原子吸收分光光度计(4.7.3)调至最佳工作状态,点燃空气-乙炔火焰,以空白溶液调零,在波长为279.5 nm处,分别测定其吸光度。

4.7.5 结果计算

以加入标准溶液的浓度为横坐标,相应吸光度为纵坐标,绘制曲线,将曲线反向延长与横坐标相交,交点的浓度即为待测元素的浓度。该浓度也可根据测定的吸光度用回归方程法计算。

取平行测定结果的算术平均值为测定结果。平行测定结果的相对偏差不大于25%。

4.8 钙含量的测定

4.8.1 原理

处于气态的被测元素基态原子对该元素的原子共振辐射有强烈的吸收作用,基态钙原子对作为锐线光源的钙的空心阴极灯所辐射的单色光产生吸收,在一定浓度范围内,其吸光度与试样中该元素的浓度成正比。

4.8.2 试剂

4.8.2.1 盐酸溶液:1+1。

4.8.2.2 氯化镧溶液:250 g/L。

4.8.2.3 钙(Ca)标准溶液:0.1 mg/mL。

4.8.3 仪器

原子吸收分光光度计(具有钙空心阴极灯)。

4.8.4 分析步骤

取4个50 mL容量瓶,分别向其中加入5.00 mL试样(移液管靠壁放置流15 min),5 mL盐酸溶液

(4.8.2.1)，依次加入 0 mL、0.5 mL、1.0 mL、1.5 mL 的钙标准溶液(4.8.2.3)，再每份分别加入 0.5 mL 氯化镧溶液(4.8.2.2)，用水稀释至刻度，摇匀。将原子吸收分光光度计(4.8.3)调至最佳工作状态，点燃空气-乙炔火焰，以空白溶液调零，在波长为 422.7 nm 处，分别测定其吸光度。

注：一等品中钙含量的测定：先将样品稀释 20 倍，其余同上。

4.8.5 结果计算

以加入标准溶液的浓度为横坐标，相应吸光度为纵坐标，绘制曲线，将曲线反向延长与横坐标相交，交点的浓度即为待测元素的浓度。该浓度也可根据测定的吸光度用回归方程法计算。

取平行测定结果的算术平均值为测定结果。优等品平行测定结果的相对偏差不大于 25%，一等品平行测定结果的相对偏差不大于 10%。

4.9 镁含量的测定

4.9.1 原理

处于气态的被测元素基态原子对该元素的原子共振辐射有强烈的吸收作用，基态镁原子对作为锐线光源的镁的空心阴极灯所辐射的单色光产生吸收，在一定浓度范围内，其吸光度与试样中该元素的浓度成正比。

4.9.2 试剂

4.9.2.1 盐酸溶液：1+1。

4.9.2.2 氯化镧溶液：250 g/L。

4.9.2.3 镁(Mg)标准溶液：0.01 mg/mL。

按 GB/T 602 配制后准确稀释 10 倍。

4.9.3 仪器

原子吸收分光光度计(具有镁空心阴极灯)。

4.9.4 分析步骤

取 4 个 50 mL 容量瓶，分别向其中加入 5.00 mL 试样(移液管靠壁放置流 15 min)，5 mL 盐酸溶液(4.9.2.1)，依次加入 0 mL、0.5 mL、1.0 mL、1.5 mL 的镁标准溶液(4.9.2.3)，再每份分别加入 0.5 mL 氯化镧溶液(4.9.2.2)，1 mL 盐酸溶液(4.9.2.1)，用水稀释至刻度，摇匀。将原子吸收分光光度计(4.9.3)调至最佳工作状态，点燃空气-乙炔火焰，以空白溶液调零，在波长为 285.2 nm 处，分别测定其吸光度。

注：一等品中镁含量的测定：先将样品稀释 20 倍，其余同上。

4.9.5 结果计算

以加入标准溶液的浓度为横坐标，相应吸光度为纵坐标，绘制曲线，将曲线反向延长与横坐标相交，交点的浓度即为待测元素的浓度。该浓度也可根据测定的吸光度用回归方程法计算。

取平行测定结果的算术平均值为测定结果。优等品平行测定结果的相对偏差不大于 25%，一等品平行测定结果的相对偏差不大于 10%。

4.10 铬含量的测定

4.10.1 原理

处于气态的被测元素基态原子对该元素的原子共振辐射有强烈的吸收作用，基态铬原子对作为锐线光源的铬的空心阴极灯所辐射的单色光产生吸收，在一定浓度范围内，其吸光度与试样中该元素的浓度成正比。

4.10.2 试剂

4.10.2.1 硫酸溶液：1+9。

4.10.2.2 硫酸钠溶液：110 g/L。

4.10.2.3 铬(Cr)标准溶液：0.1 mg/mL。

4.10.3 仪器

原子吸收分光光度计(具有铬空心阴极灯)。

4.10.4 分析步骤

取4个50 mL容量瓶，分别向其中加入5.00 mL试样(移液管靠壁放置流15 min)，依次加入0 mL、0.5 mL、1.0 mL、1.5 mL的铬标准溶液(4.10.2.3)，再各加5 mL硫酸溶液(4.10.2.1)，5 mL硫酸钠溶液(4.10.2.2)。用水稀释至刻度，摇匀。将原子吸收分光光度计(4.10.3)调至最佳工作状态，点燃空气-乙炔火焰，以空白溶液调零，在波长为357.9 nm处，分别测定其吸光度。

4.10.5 结果计算

以加入标准溶液的浓度为横坐标，相应吸光度为纵坐标，绘制曲线，将曲线反向延长与横坐标相交，交点的浓度即为待测元素的浓度。该浓度也可根据测定的吸光度用回归方程法计算。

取平行测定结果的算术平均值为测定结果。平行测定结果的相对偏差不大于25%。

4.11 硫酸盐含量的测定

4.11.1 原理

硫酸根与钡离子在酸性介质中生成白色的硫酸钡沉淀，在乙醇溶液中形成浑浊液，与标准浑浊液进行目视比浊。

4.11.2 试剂

4.11.2.1 无水乙醇。

4.11.2.2 氯化钡溶液：250 g/L。

4.11.2.3 盐酸溶液：1+4。

4.11.2.4 硫酸盐(以SO_4^{2-}计)标准溶液：0.1 mg/mL。

4.11.3 分析步骤

4.11.3.1 不含硫酸根的氨基磺酸镍溶液的制备

移取5.00 mL试样于100 mL容量瓶中(移液管靠壁放置流15 min)，用水稀释至刻度，摇匀，此为溶液A。分取20.00 mL溶液A于100 mL容量瓶中，加入20 mL无水乙醇(4.11.2.1)，2 mL盐酸溶液(4.11.2.3)，在不断摇动下滴加10 mL氯化钡溶液(4.11.2.2)，用水稀释至刻度，摇匀，放置12 h～18 h，过滤，收集滤液。

4.11.3.2 试液的制备

移取20.00 mL溶液A于100 mL容量瓶中，用水稀释至刻度，摇匀，此为溶液B。分取10.00 mL溶液B于25 mL比色管中，加入5 mL无水乙醇(4.11.2.1)，1 mL盐酸溶液(4.11.2.3)，在不断摇动下滴加2.5 mL氯化钡溶液(4.11.2.2)，用水稀释至刻度，摇匀。

4.11.3.3 标准比对溶液的制备

取10 mL不含硫酸根的氨基磺酸镍溶液(4.11.3.1)数份于25 mL比色管中，分别加入0 mL、0.2 mL、0.5 mL、0.8 mL、1.0 mL、1.5 mL、2.0 mL的硫酸盐标准溶液(4.11.2.4)，加入3 mL无水乙醇(4.11.2.1)，0.8 mL盐酸溶液(4.11.2.3)，在不断摇动下滴加2 mL氯化钡溶液(4.11.2.2)，用水稀释至刻度，摇匀。

4.11.3.4 测定

将试液与标准比对溶液同时放置10 min进行目视比浊。

取平行测定结果的算术平均值为测定结果。平行测定结果的相对偏差不大于10%。

4.12 硝酸盐含量的测定

4.12.1 原理

硝酸盐与靛蓝二磺酸钠反应变成蓝色溶液，进行目视比色。

4.12.2 试剂

4.12.2.1 氢氧化钠溶液：100 g/L。

4.12.2.2 氯化钠溶液:100 g/L。

4.12.2.3 硫酸溶液:1+1。

4.12.2.4 硝酸盐(以 NO_3^- 计)标准溶液:0.1 mg/mL。

4.12.2.5 靛蓝二磺酸钠溶液:0.001 mol/L。

4.12.3 分析步骤

移取 2.00 mL 试样(移液管靠壁放置流 15 min),加入 10 mL 氢氧化钠溶液(4.12.2.1),在水浴上加热 10 min,取下冷却,移至 50 mL 容量瓶中,用水稀释至刻度,摇匀,过滤。取 10.00 mL 滤液于 25 mL 比色管中,加入 1 mL 氯化钠溶液(4.12.2.2),1 mL 靛蓝二磺酸钠溶液(4.12.2.5),在摇动下于 10 s～15 s 内加入 10 mL 硫酸溶液(4.12.2.3),摇匀。

分别加入 0 mL、0.1 mL、0.2 mL、0.3 mL、0.4 mL、0.5 mL 的硝酸盐标准溶液(4.12.2.4)于 25 mL 比色管中,稀释至 10 mL,与同体积试样溶液同时同样处理,所得溶液为标准比对溶液。

同时放置 10 min,进行目视比色。

取平行测定结果的算术平均值为测定结果。平行测定结果的相对偏差不大于 25%。

4.13 氯化物含量的测定

4.13.1 原理

氯离子与银离子在酸性介质中生成白色的氯化银沉淀,对此混浊液进行目视比浊。

4.13.2 试剂

4.13.2.1 硝酸溶液:1+3。

4.13.2.2 硝酸银溶液:17 g/L。

4.13.2.3 氯(以 Cl^- 计)标准溶液:0.1 mg/mL。

4.13.3 分析步骤

4.13.3.1 不含氯化物的氨基磺酸镍溶液的制备

移取 10.00 mL 样品于 100 mL 容量瓶中(移液管靠壁放置流 15 min),加入 10 mL 硝酸溶液(4.13.2.1),5 mL 硝酸银溶液(4.13.2.2),用水稀释至刻度,摇匀,放置 12 h～18 h,过滤,收集滤液。

4.13.3.2 试液的制备

移取 10.00 mL 样品于 100 mL 容量瓶中(移液管靠壁放置流 15 min),用水稀释至刻度,摇匀。分取 10.00 mL 溶液于 25 mL 比色管中,加 2 mL 硝酸溶液(4.13.2.1),1 mL 硝酸银溶液(4.13.2.2),稀释至刻度,摇匀。

4.13.3.3 标准比对溶液的制备

取 10.00 mL 不含氯化物的氨基磺酸镍溶液(4.13.3.1)数份于 25 mL 比色管中,分别加入 0 mL、0.1 mL、0.2 mL、0.3 mL、0.4 mL 的氯标准溶液(4.13.2.3),与同体积试样溶液同时同样处理。

4.13.3.4 测定

将试液与标准比对溶液同时放置 10 min 进行目视比浊。

注:一等品中氯化物含量的测定:先将样品稀释 10 倍,其余同上。

取平行测定结果的算术平均值为测定结果。平行测定结果的相对偏差不大于 25%。

4.14 游离氨(以 NH_3 计)含量的测定

4.14.1 原理

游离氨是由氨基磺酸水解生成的:

$$NH_2SO_3^- + H_2O = SO_4^{2-} + NH_4^+$$

可以通过硫酸根含量间接计算氨含量。

4.14.2 计算结果

游离氨(以 NH_3 计)含量 X,数值以毫克每升(mg/L)表示,按式(2)计算:

$$X = c \times 0.177 \qquad \cdots\cdots (2)$$

式中：

c——硫酸盐(以 SO_4^{2-} 计)含量，单位为毫克每升(mg/L)；

0.177——硫酸根换算成氨的系数。

4.15 **pH 值的测定**

按 GB 9724 中的规定执行。

4.16 **密度的测定**

4.16.1 **原理**

不同密度的液体，密度计浸入液体的高度不同，根据不同的高度，确定液体的密度。

4.16.2 **仪器**

密度计。

4.16.3 **测定**

先用试样洗涤量筒和密度计，取一定量的试样于量筒中，放入密度计，读出密度计的读数。

5 检验规则

5.1 出厂的产品应由生产企业的质量监督部门进行检验，产品按批检验，产品以灌装前，经同一混合设备，最后一次混合的液体所生成的匀质产品为一批。生产厂应保证每批出厂的产品符合本标准的要求。每批出厂的产品应附有质量证明书，内容包括：产品名称、生产企业名称、生产企业地址、等级、批号或生产日期和本标准编号。

5.2 本标准要求中的全部指标项目为型式检验项目，其中外观、镍含量、pH 值、密度为出厂检验项目。正常情况下每个季度进行一次型式检验，有下列情况之一也应进行型式检验：

a) 原辅材料来源发生变化，可能影响产品质量时；

b) 停产三个月，恢复生产时；

c) 国家质量监督机构提出进行型式检验的要求时。

5.3 检验用的样品，由质检部门专人随机采样，采样按 GB/T 6678—2003 中 7.6 的规定进行。取样总量不少于 1 000 mL。

5.4 将取得的样品充分混匀，分别装入两个清洁、干燥、带磨口塞的瓶中，密封。瓶上贴标签，注明生产企业名称、产品名称、等级、批号、采样日期和采样者。一瓶用于检验，另一瓶作为保留样保存三个月。

5.5 用户有权按本标准的规定对收到的产品进行检验，检验其质量是否符合本标准的要求。

5.6 当供需双方对产品质量发生争议时，应由有资质的第三方检验机构仲裁检验。

5.7 检验结果按 GB/T 1250 中规定的修约值比较法判定是否符合本标准。若检验结果有一项指标不符合本标准的要求，应重新自两倍量的包装单元中采样进行复验，复验结果即使有一项指标不符合本标准的要求，则整批产品为不合格。

6 标志、包装、运输、贮存和安全

6.1 出厂的产品的外包装上应有明显牢固的标志，内容包括：产品名称、等级、生产企业名称、生产企业地址、批号或生产日期、净含量、本标准编号等。

6.2 产品采用高密度聚乙烯(HDPE)塑料桶包装，每桶净重 30 kg、300 kg，或按用户要求包装。

6.3 产品运输时包装要密封，运输过程中，防止受热和雨淋。

6.4 产品应贮存在阴凉、通风、干燥处。贮存期为 12 个月。

6.5 如不慎误食，请立即诱导呕吐，或喝肥皂水或者浓盐水，直到呕吐干净为止，并看医生确诊(当误食者出现抽搐或意识不清状况时，请勿诱导呕吐或给其喝任何东西）。如不慎入眼，请立即用大量清水冲洗眼睛至少 15 min，并看医生确诊。如若不慎接触皮肤，请用大量清水冲洗。

6.6 请勿将流出的液体冲入下水道。如溢出，请用苏打或石灰覆盖污染区域，它将形成一层浓稠的碱性浆液，并将浆液盛入钢制或聚乙烯容器内，按照对重金属残余物处理的相关规定，对其进行安全处理。

ICS 71.060.50
G 12

中华人民共和国国家标准

GB/T 23848—2009

电镀用氨基磺酸亚铁

Ferrous（Ⅱ）sulfamate for electroplating

2009-05-18 发布　　　　2010-02-01 实施

中华人民共和国国家质量监督检验检疫总局
中国国家标准化管理委员会　发布

前　言

本标准由中国石油和化学工业协会提出。

本标准由全国化学标准化技术委员会硫和硫酸分技术委员会(SAC/TC 63/SC 7)归口。

本标准由江西核工业兴中科技有限公司负责起草。

本标准主要起草人:刘小平、汤森进、刘元生、胡昌文、陈小娟、王红海。

电镀用氨基磺酸亚铁

1 范围

本标准规定了电镀用氨基磺酸亚铁的要求、试验方法、检验规则、标志、包装、运输、贮存和安全。

本标准适用于以金属铁为原料制得的电镀用氨基磺酸亚铁。

分子式：$Fe(NH_2SO_3)_2 \cdot 4H_2O$。

相对分子质量：320.08(按2003年国际相对原子质量)。

2 规范性引用文件

下列文件中的条款通过本标准的引用而成为本标准的条款。凡是注日期的引用文件，其随后所有的修改单(不包括勘误的内容)或修订版均不适用于本标准，然而，鼓励根据本标准达成协议的各方研究是否可使用这些文件的最新版本。凡是不注日期的引用文件，其最新版本适用于本标准。

GB/T 601 化学试剂 标准滴定溶液的制备

GB/T 602 化学试剂 杂质测定用标准溶液的制备(GB/T 602—2002，ISO 6353-1：1982，Reagents for chemical analysis—Part 1：General test methods，NEQ)

GB/T 603 化学试剂 试验方法中所用制剂及制品的制备(GB/T 603—2002，ISO 6353-1：1982，Reagents for chemical analysis—Part 1：General test methods，NEQ)

GB/T 1250 极限数值的表示方法和判定方法

GB/T 6678—2003 化工产品采样总则

GB/T 6682 分析实验室用水规格和试验方法(GB/T 6682—2008，ISO 3696：1987，MOD)

3 要求

3.1 外观：淡绿色透明液体。

3.2 氨基磺酸亚铁的技术指标应符合表1的规定。

表1 要求

项目		指标
亚铁(Fe^{2+})含量/(g/L)	≥	180
高铁(Fe^{3+})含量/(mg/L)	≤	500
铜(Cu)含量/(mg/L)	≤	10
铅(Pb)含量/(mg/L)	≤	20
锌(Zn)含量/(mg/L)	≤	20
锰(Mn)含量/(mg/L)	≤	50
铬(Cr)含量/(mg/L)	≤	10
硫酸盐(以SO_4^{2-}计)含量/(mg/L)	≤	1 000
硝酸盐(以NO_3^-计)/(mg/L)	≤	10
氯化物(以Cl^-计)含量/(mg/L)	≤	20
密度/(g/mL)		1.473～1.477

4 试验方法

安全提示——本试验方法中使用的部分试剂具有毒性或腐蚀性，操作时须小心谨慎！如溅到皮肤上应立即用水冲洗，严重者应立即治疗。

本标准中所用的试剂和水，在没有注明其他要求时，均指分析纯试剂和符合 GB/T 6682 规定的三级水。试验中所用标准滴定溶液、杂质测定用标准溶液、制剂及制品，在没有注明其他要求时，均按 GB/T 601、GB/T 602、GB/T 603 的规定制备。

4.1 亚铁含量的测定

4.1.1 原理

在酸性条件下，亚铁被高锰酸钾氧化成三价铁，磷酸与三价铁络合生成无色络合物，以滴定液本身颜色粉红色为终点。

4.1.2 试剂

4.1.2.1 磷酸。

4.1.2.2 硫酸。

4.1.2.3 高锰酸钾标准滴定溶液：$c(1/5KMnO_4)=0.1$ mol/L。

4.1.3 分析步骤

移取 5.00 mL 氨基磺酸亚铁试样于 100 mL 容量瓶中，移液管靠壁放置流 15 min，用无氧的水稀释至刻度。

移取 10.00 mL 上述溶液于 250 mL 锥形瓶中，加无氧水至约 70 mL，加 10 mL 硫酸(4.1.2.2)、5 mL 磷酸(4.1.2.1)，立即用高锰酸钾标准滴定溶液(4.1.2.3)滴定至溶液呈粉红色，保持 30 s 不褪色为终点。

4.1.4 结果计算

亚铁(Fe^{2+})含量 X，数值以 g/L 表示，按式(1)计算：

$$X=\frac{VcM}{0.50} \qquad \cdots\cdots(1)$$

式中：

V——高锰酸钾标准滴定溶液(4.1.2.3)的体积的数值，单位为毫升(mL)；

c——高锰酸钾标准滴定溶液(4.1.2.3)的浓度的准确数值，单位为摩尔每升(mol/L)；

M——铁的摩尔质量的数值，单位为克每摩尔(g/mol)(M=55.85)；

0.50——试样的体积的数值，单位为毫升(mL)。

取平行测定结果的算术平均值为测定结果。平行测定结果的相对偏差不大于 2%。

4.2 高铁含量的测定

4.2.1 原理

高价铁离子与水杨酸在 pH 值为 1.8～2.5 的酸性条件下，生成红紫色络合物，进行目视比色。

4.2.2 试剂

4.2.2.1 饱和水杨酸溶液。

4.2.2.2 硫酸溶液：4.9 g/L。

4.2.2.3 铁(Fe^{3+})标准滴定溶液：0.1 mg/mL。

4.2.3 分析步骤

4.2.3.1 试液的制备

移取 5.00 mL 试样于 100 mL 容量瓶中，移液管靠壁放置流 15 min，用无氧的水稀释至刻度。移取 5.00 mL 上述溶液于 50 mL 容量瓶中，立即加入 1 mL 硫酸溶液(4.2.2.2)，2 mL 饱和水杨酸溶液(4.2.2.1)，用无氧的水稀释至刻度，摇匀。

4.2.3.2 **标准比对溶液的制备**

分别取 0 mL、0.5 mL、1.0 mL、1.5 mL、2.0 mL 的铁标准溶液(4.2.2.3)于 50 mL 容量瓶中，立即加入 1 mL 硫酸溶液(4.2.2.2)，2 mL 饱和水杨酸溶液(4.2.2.1)，用无氧的水稀释至刻度，摇匀。

4.2.3.3 **测定**

将试液与标准比对溶液进行目视比色。

取平行测定结果的算术平均值为测定结果。平行测定结果的相对偏差不大于 10%。

4.3 **铜含量的测定**

4.3.1 **原理**

处于气态的被测元素基态原子对该元素的原子共振辐射有强烈的吸收作用，基态铜原子对作为锐线光源的铜的空心阴极灯所辐射的单色光产生吸收，在一定浓度范围内，其吸光度与试样中该元素的浓度成正比。

4.3.2 **试剂**

4.3.2.1 盐酸溶液：1+9。

4.3.2.2 铜(Cu)标准溶液：0.1 mg/mL。

4.3.3 **仪器**

原子吸收分光光度计(具有铜空心阴极灯)。

4.3.4 **分析步骤**

取 4 个 50 mL 容量瓶，分别向其中加入 5.00 mL 试样(移液管靠壁放置流 15 min)，5 mL 盐酸溶液(4.3.2.1)，再依次加入 0 mL、0.1 mL、0.2 mL、0.3 mL 的铜标准溶液(4.3.2.2)，用水稀释至刻度，摇匀。将原子吸收分光光度计(4.3.3)调至最佳工作状态，点燃空气-乙炔火焰，以空白溶液调零，在波长为 324.8 nm 处，分别测定其吸光度。

4.3.5 **结果计算**

以加入标准溶液的浓度为横坐标，相应吸光度为纵坐标，绘制曲线，将曲线反向延长与横坐标相交，交点的浓度即为待测元素的浓度。该浓度也可根据测定的吸光度用回归方程法计算。

取平行测定结果的算术平均值为测定结果。平行测定结果的相对偏差不大于 25%。

4.4 **铅含量的测定**

4.4.1 **原理**

处于气态的被测元素基态原子对该元素的原子共振辐射有强烈的吸收作用，基态铅原子对作为锐线光源的铅的空心阴极灯所辐射的单色光产生吸收，在一定浓度范围内，其吸光度与试样中该元素的浓度成正比。

4.4.2 **试剂**

4.4.2.1 盐酸溶液：1+9。

4.4.2.2 铅(Pb)标准溶液：0.1 mg/mL。

4.4.3 **仪器**

原子吸收分光光度计(具有铅空心阴极灯)。

4.4.4 **分析步骤**

取 4 个 50 mL 容量瓶，分别向其中加入 5.00 mL 试样(移液管靠壁放置流 15 min)，5 mL 盐酸溶液(4.4.2.1)，再依次加入 0 mL、0.2 mL、0.4 mL、0.6 mL 的铅标准溶液(4.4.2.2)，用水稀释至刻度，摇匀。将原子吸收分光光度计(4.4.3)调至最佳工作状态，点燃空气-乙炔火焰，以空白溶液调零，在波长为 283.3 nm 处，分别测定其吸光度。

4.4.5 **结果计算**

以加入标准溶液的浓度为横坐标，相应吸光度为纵坐标，绘制曲线，将曲线反向延长与横坐标相交，交点的浓度即为待测元素的浓度。该浓度也可根据测定的吸光度用回归方程法计算。

取平行测定结果的算术平均值为测定结果。平行测定结果的相对偏差不大于25%。

4.5 锌含量的测定

4.5.1 原理

处于气态的被测元素基态原子对该元素的原子共振辐射有强烈的吸收作用，基态锌原子对作为锐线光源的锌的空心阴极灯所辐射的单色光产生吸收，在一定浓度范围内，其吸光度与试样中该元素的浓度成正比。

4.5.2 试剂

4.5.2.1 盐酸溶液：1+9。

4.5.2.2 锌(Zn)标准溶液：0.1 mg/mL。

4.5.3 仪器

原子吸收分光光度计(具有锌空心阴极灯)。

4.5.4 分析步骤

取4个50 mL容量瓶，分别向其中加入5.00 mL试样(移液管靠壁放置流15 min)，5 mL盐酸溶液(4.5.2.1)，再依次加入0 mL、0.1 mL、0.2 mL、0.3 mL的锌标准溶液(4.5.2.2)，用水稀释至刻度，摇匀。将原子吸收分光光度计(4.5.3)调至最佳工作状态，点燃空气-乙炔火焰，以空白溶液调零，在波长为213.9 nm处，分别测定其吸光度。

4.5.5 结果计算

以加入标准溶液的浓度为横坐标，相应吸光度为纵坐标，绘制曲线，将曲线反向延长与横坐标相交，交点的浓度即为待测元素的浓度。该浓度也可根据测定的吸光度用回归方程法计算。

取平行测定结果的算术平均值为测定结果。平行测定结果的相对偏差不大于25%。

4.6 锰含量的测定

4.6.1 原理

处于气态的被测元素基态原子对该元素的原子共振辐射有强烈的吸收作用，基态锰原子对作为锐线光源的锰的空心阴极灯所辐射的单色光产生吸收，在一定浓度范围内，其吸光度与试样中该元素的浓度成正比。

4.6.2 试剂

4.6.2.1 盐酸溶液：1+9。

4.6.2.2 锰(Mn)标准溶液：0.1 mg/mL。

4.6.3 仪器

原子吸收分光光度计(具有锰空心阴极灯)。

4.6.4 分析步骤

取4个50 mL容量瓶，分别向其中加入5.00 mL试样(移液管靠壁放置流15 min)，5 mL盐酸溶液(4.6.2.1)，再依次加入0 mL、0.5 mL、1.0 mL、1.5 mL的锰标准溶液(4.6.2.2)，用水稀释至刻度，摇匀。将原子吸收分光光度计(4.6.3)调至最佳工作状态，点燃空气-乙炔火焰，以空白溶液调零，在波长为279.5 nm处，分别测定其吸光度。

4.6.5 结果计算

以加入标准溶液的浓度为横坐标，相应吸光度为纵坐标，绘制曲线，将曲线反向延长与横坐标相交，交点的浓度即为待测元素的浓度。该浓度也可根据测定的吸光度用回归方程法计算。

取平行测定结果的算术平均值为测定结果。平行测定结果的相对偏差不大于25%。

4.7 铬含量的测定

4.7.1 原理

处于气态的被测元素基态原子对该元素的原子共振辐射有强烈的吸收作用，基态铬原子对作为锐线光源的铬的空心阴极灯所辐射的单色光产生吸收，在一定浓度范围内，其吸光度与试样中该元素的浓度成正比。

4.7.2 **试剂**

4.7.2.1 硫酸溶液:1+9。

4.7.2.2 硫酸钠溶液:110 g/L。

4.7.2.3 铬(Cr)标准溶液:0.1 mg/mL。

4.7.3 **仪器**

原子吸收分光光度计(具有铬空心阴极灯)。

4.7.4 **分析步骤**

取4个50 mL容量瓶,分别向其中加入5.00 mL试样(移液管靠壁放置流15 min),依次加入0 mL、0.2 mL、0.4 mL、0.6 mL的铬标准溶液(4.7.2.3),再各加5 mL硫酸溶液(4.7.2.1),5 mL硫酸钠溶液(4.7.2.2)。用水稀释至刻度,摇匀。将原子吸收分光光度计(4.7.3)调至最佳工作状态,点燃空气-乙炔火焰,以空白溶液调零,在波长为357.9 nm处,分别测定其吸光度。

4.7.5 **结果计算**

以加入标准溶液的浓度为横坐标,相应吸光度为纵坐标,绘制曲线,将曲线反向延长与横坐标相交,交点的浓度即为待测元素的浓度。该浓度也可根据测定的吸光度用回归方程法计算。

取平行测定结果的算术平均值为测定结果。平行测定结果的相对偏差不大于25%。

4.8 **硫酸盐含量的测定**

4.8.1 **原理**

硫酸根与钡离子在酸性介质中生成白色的硫酸钡沉淀,在乙醇溶液中形成浑浊液,与标准浑浊液进行目视比浊。

4.8.2 **试剂**

4.8.2.1 无水乙醇。

4.8.2.2 氯化钡溶液:250 g/L。

4.8.2.3 盐酸溶液:1+4。

4.8.2.4 硫酸盐(以SO_4^{2-}计)标准溶液:0.1 mg/mL。

4.8.3 **分析步骤**

4.8.3.1 **不含硫酸根的氨基磺酸亚铁溶液的制备**

移取5.00 mL试样于100 mL容量瓶中(移液管靠壁放置流15 min),用水稀释至刻度,摇匀,此为溶液A。分取20.00 mL溶液A于100 mL容量瓶中,加入20 mL无水乙醇(4.8.2.1),2 mL盐酸溶液(4.8.2.3),在不断摇动下滴加10 mL氯化钡溶液(4.8.2.2),用水稀释至刻度,摇匀,放置12 h～18 h,过滤,收集滤液。

4.8.3.2 **试液的制备**

移取20.00 mL溶液A于100 mL容量瓶中,用水稀释至刻度,摇匀,此为溶液B。分取10.00 mL溶液B于25 mL比色管中,加入5 mL无水乙醇(4.8.2.1),1 mL盐酸溶液(4.8.2.3),在不断摇动下滴加2.5 mL氯化钡溶液(4.8.2.2),用水稀释至刻度,摇匀。

4.8.3.3 **标准比对溶液的制备**

取10 mL不含硫酸根的氨基磺酸亚铁溶液(4.8.3.1)数份于25 mL比色管中,分别加入0 mL、0.5 mL、1.0 mL、1.5 mL的硫酸盐标准溶液(4.8.2.4),加入3 mL无水乙醇(4.8.2.1),0.8 mL盐酸溶液(4.8.2.3),在不断摇动下滴加2 mL氯化钡溶液(4.8.2.2),用水稀释至刻度,摇匀。

4.8.3.4 **测定**

将试液与标准比对溶液同时放置10 min进行目视比浊。

取平行测定结果的算术平均值为测定结果。平行测定结果的相对偏差不大于10%。

4.9 硝酸盐含量的测定

4.9.1 原理

硝酸盐与靛蓝二磺酸钠反应变成蓝色溶液,进行目视比色。

4.9.2 试剂

4.9.2.1 氢氧化钠溶液:100 g/L。

4.9.2.2 氯化钠溶液:100 g/L。

4.9.2.3 硫酸溶液:1+1。

4.9.2.4 硝酸盐(以 NO_3^- 计)标准溶液:0.01 mg/mL。

按 GB/T 602 配制后准确稀释 10 倍。

4.9.2.5 靛蓝二磺酸钠溶液:0.001 mol/L。

4.9.3 分析步骤

移取 2.00 mL 试样(移液管靠壁放置流 15 min),加入 10 mL 氢氧化钠溶液(4.9.2.1),在水浴上加热 10 min,取下冷却,移至 50 mL 容量瓶中,用水稀释至刻度,摇匀,过滤。取 10.00 mL 滤液于 25 mL 比色管中,加入 1 mL 氯化钠溶液(4.9.2.2),1 mL 靛蓝二磺酸钠溶液(4.9.2.5),在摇动下于 10 s～15 s 内加入 10 mL 硫酸溶液(4.9.2.3),摇匀。

分别 0 mL、0.1 mL、0.2 mL、0.3 mL、0.4 mL、0.5 mL 的硝酸盐标准溶液(4.9.2.4)于 25 mL 比色管中,稀释至 10 mL,与同体积试样溶液同时同样处理,所得溶液为标准比对溶液。

试液与标准比对溶液同时放置 10 min,进行目视比色。

取平行测定结果的算术平均值为测定结果。平行测定结果的相对偏差不大于 25%。

4.10 氯化物含量的测定

4.10.1 原理

氯离子与银离子在酸性介质中生成白色的氯化银沉淀,对浑浊液进行目视比浊。

4.10.2 试剂

4.10.2.1 硝酸溶液:1+3。

4.10.2.2 硝酸银溶液:17 g/L。

4.10.2.3 氯(以 Cl^- 计)标准溶液:0.1 mg/mL。

4.10.3 分析步骤

4.10.3.1 不含氯化物的氨基磺酸亚铁溶液的制备

移取 10.00 mL 样品于 100 mL 容量瓶中(移液管靠壁放置流 15 min),加入 10 mL 硝酸溶液(4.10.2.1),5 mL 硝酸银溶液(4.10.2.2),用水稀释至刻度,摇匀,放置 12 h～18 h,过滤,收集滤液。

4.10.3.2 试液的制备

移取 10.00 mL 样品于 100 mL 容量瓶中(移液管靠壁放置流 15 min),用水稀释至刻度,摇匀。分取 10.00 mL 溶液于 25 mL 比色管中,加 2 mL 硝酸溶液(4.10.2.1),1 mL 硝酸银溶液(4.10.2.2),用水稀释至刻度,摇匀。

4.10.3.3 标准比对溶液的制备

取 10.00 mL 不含氯化物的氨基磺酸亚铁溶液(4.10.3.1)数份于 25 mL 比色管中,分别加入 0 mL、0.1 mL、0.2 mL、0.4 mL 的氯标准溶液(4.10.2.3),与同体积试样溶液同时同样处理。

4.10.4 测定

试液与标准比对溶液同时放置 10 min 进行目视比浊。

取平行测定结果的算术平均值为测定结果。平行测定结果的相对偏差不大于 25%。

4.11 密度的测定

4.11.1 原理

不同密度的液体,密度计浸入液体的高度不同,根据不同的高度,确定液体的密度。

4.11.2 **仪器**

密度计。

4.11.3 **测定**

先用试样洗涤量筒和密度计,取一定量的试样于量筒中,放入密度计,读出密度计的读数。

5 检验规则

5.1 出厂的产品应由生产企业的质量监督部门进行检验,产品按批检验,产品以灌装前,经同一混合设备,最后一次混合的液体所生成的匀质产品为一批。生产厂应保证每批出厂的产品符合本标准的要求。每批出厂的产品应附有质量证明书,内容包括:产品名称、生产企业名称、生产企业地址、批号或生产日期和本标准编号。

5.2 本标准要求中的全部指标项目为型式检验项目,其中外观、亚铁含量、pH 值、密度为出厂检验项目。正常情况下每个季度进行一次型式检验,有下列情况之一也应进行型式检验:

a) 原辅材料来源发生变化,可能影响产品质量时;

b) 停产三个月,恢复生产时;

c) 国家质量监督机构提出进行型式检验的要求时。

5.3 检验用的样品,由质检部门专人随机采样,采样按 GB/T 6678—2003 中 7.6 的规定进行。取样总量不少于 1 000 mL。

5.4 将取得的样品充分混匀,分别装入两个清洁、干燥、带磨口塞的瓶中,密封。瓶上贴标签,注明生产企业名称、产品名称、批号、采样日期和采样者。一瓶用于检验,另一瓶作为保留样保存三个月。

5.5 用户有权按本标准的规定对收到的产品进行检验,检验其质量是否符合本标准的要求。

5.6 当供需双方对产品质量发生争议时,应由有资质的第三方检验机构仲裁检验。

5.7 检验结果按 GB/T 1250 中规定的修约值比较法判定是否符合本标准。若检验结果有一项指标不符合本标准的要求,应重新自两倍量的包装单元中采样进行复验,复验结果即使有一项指标不符合本标准的要求,则整批产品为不合格。

6 标志、包装、运输、贮存和安全

6.1 出厂的产品的外包装上应有明显牢固的标志,内容包括:产品名称、生产企业名称、生产企业地址、批号或生产日期、净含量、本标准编号等。

6.2 产品采用高密度聚乙烯(HDPE)塑料桶包装,每桶净重 30 kg、300 kg,或按用户要求包装。

6.3 产品运输时包装要密封,运输过程中,防止受热和雨淋。

6.4 产品应贮存在阴凉、通风、干燥处。贮存期为 12 个月。

6.5 如不慎误食,请立即诱导呕吐,或喝肥皂水或者浓盐水,直到呕吐干净为止,并看医生确诊(当误食者出现抽搐或意识不清状况时,请勿诱导呕吐或给其喝任何东西)。如不慎入眼,请立即用大量清水冲洗眼睛至少 15 min,并看医生确诊。如若不慎接触皮肤,请用大量清水冲洗。

6.6 请勿将流出的液体冲入下水道。如溢出,请用苏打或石灰覆盖污染区域,它将形成一层浓稠的碱性浆液,并将浆液盛入钢制或聚乙烯容器内,按照对重金属残余物处理的相关规定,对其进行安全处理。

ICS 71.100.35
G 77

中华人民共和国国家标准

GB/T 23849—2009

二溴海因

1,3-Dibromo-5,5-dimethylhydantoin

2009-05-18 发布 2010-02-01 实施

中华人民共和国国家质量监督检验检疫总局
中国国家标准化管理委员会 发布

前　言

本标准由中国石油和化学工业协会提出。

本标准由全国化学标准化技术委员会水处理剂分会(SAC/TC 63/SC 5)归口。

本标准负责起草单位:山东龙口科达化工有限公司、中海油天津化工研究设计院。

本标准主要起草人:李延功、姜延益、李纯钢、朱传俊、邵宏谦。

二 溴 海 因

1 范围

本标准规定了二溴海因的要求、试验方法、检验规则、标志、包装、运输、贮存。

本标准适用于由5,5-二甲基海因经溴化而制得的二溴海因,主要用于工业循环水、泳池、景观喷泉、医院污水、医疗器具、水产养殖、食品加工、宾馆家庭卫生洁具的消毒杀菌灭藻,还可用于保鲜库、气调库杀菌保鲜、口岸检验检疫处理消毒杀菌及疫区的防疫消毒。在有机合成化学工业、制药业、橡胶工业上用作溴化剂。

分子式:$C_5H_6Br_2N_2O_2$

结构式:

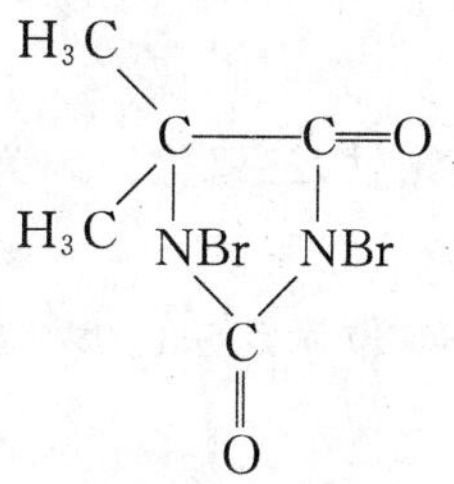

相对分子质量:285.94(按2005年国际相对原子质量)

2 规范性引用文件

下列文件中的条款通过本标准的引用而成为本标准的条款。凡是注日期的引用文件,其随后所有的修改单(不包括勘误的内容)或修订版均不适用于本标准,然而,鼓励根据本标准达成协议的各方研究是否可使用这些文件的最新版本。凡是不注日期的引用文件,其最新版本适用于本标准。

GB 190 危险货物包装标志

GB/T 601 化学试剂 标准滴定溶液的制备

GB/T 603 化学试剂 试验方法中所用制剂及制品的制备(GB/T 603—2002,ISO 6353-1:1982,NEQ)

GB/T 1250 极限数值的表示方法和判定方法

GB/T 6678 化工产品采样总则

GB/T 6682 分析实验室用水规格和试验方法(GB/T 6682—2008,ISO 3696:1987,MOD)

GB/T 8946 塑料编织袋

3 技术要求

3.1 外观:白色、类白色结晶粉末。

3.2 二溴海因应符合表1要求。

表1

项目		指标	
		优等品	合格品
二溴海因(DBDMH)的质量分数/%	≥	98.0	97.0
溴的质量分数(以Br计)/%	≥	54.7	54.0

表 1（续）

项目		指标	
		优等品	合格品
氯化物质量分数(以 Cl 计)/%	≤	0.08	—
溴化钠质量分数/%	≤	0.80	—
干燥失重(60 ℃,2 h)/%	≤	0.50	0.50
色度,YID1925	≤	10	—
铁质量分数(以 Fe 计)/%	≤	0.004	—

4 试验方法

本标准所用试剂,除非另有规定,应使用分析纯试剂和符合 GB/T 6682 中三级水的规定。

试验中所需标准滴定溶液、制剂及制品,在没有注明其他要求时,均按 GB/T 601、GB/T 603 之规定制备。

安全提示:本标准使用的强酸具有腐蚀性,三氧化二砷为剧毒品,使用时应注意。溅到身上时,用大量水冲洗,避免吸入或接触皮肤,操作时戴乳胶手套。

4.1 二溴海因含量和溴含量的测定——电位滴定法(仲裁法)

4.1.1 方法提要

试样在酸性条件下氧化碘化物,释放出的碘用硫代硫酸钠标准滴定溶液进行电位滴定。

4.1.2 试剂和材料

4.1.2.1 冰乙酸。

4.1.2.2 碘化钾溶液:100 g/L。

4.1.2.3 硫代硫酸钠标准滴定溶液:$c(Na_2S_2O_3)$约 0.2 mol/L。

4.1.3 仪器、设备

自动电位滴定仪。

4.1.4 分析步骤

称取约 0.2 g 样品,称准至 0.2 mg,于 150 mL 烧杯中,加入约 60 mL 冰乙酸放至自动电位滴定仪上搅拌至样品溶解,然后加入 10 mL 水和 10 mL 碘化钾溶液,立即用硫代硫酸钠标准滴定溶液滴定至电位终点。同时做空白试验。

4.1.5 结果计算

4.1.5.1 二溴海因以质量分数 w_1 计,数值以%表示,按式(1)计算:

$$w_1=\frac{(V/1\,000-V_0/1\,000)cM/4}{m}\times 100 \qquad (1)$$

式中:

V——试样消耗硫代硫酸钠标准滴定溶液的体积的数值,单位为毫升(mL);

V_0——空白试验消耗的硫代硫酸钠标准滴定溶液的体积的数值,单位为毫升(mL);

c——硫代硫酸钠标准滴定溶液的浓度的准确数值,单位为摩尔每升(mol/L);

m——试料的质量的数值,单位为克(g);

M——二溴海因摩尔质量的数值,单位为克每摩尔(g/mol)(M=285.94)。

4.1.5.2 溴含量以质量分数 w_2 计,数值以%表示,按式(2)计算:

$$w_2=\frac{(V/1\,000-V_0/1\,000)cM_1/2}{m}\times 100 \qquad (2)$$

式中：

V——试样消耗硫代硫酸钠标准滴定溶液的体积的数值，单位为毫升(mL)；

V_0——空白试验消耗的硫代硫酸钠标准滴定溶液的体积的数值，单位为毫升(mL)；

c——硫代硫酸钠标准滴定溶液的浓度的准确数值，单位为摩尔每升(mol/L)；

m——试料的质量的数值，单位为克(g)；

M_1——溴摩尔质量的数值，单位为克每摩尔(g/mol)($M_1=79.90$)。

4.1.6 允许差

取平行测定结果的算术平均值为测定结果，平行测定结果的绝对差值不大于0.05%。

4.2 二溴海因含量和溴含量的测定——容量法

4.2.1 方法提要

试样在酸性介质中与碘化钾反应，析出碘，以淀粉为指示液用硫代硫酸钠标准滴定溶液滴定，计算二溴海因含量和溴含量。

4.2.2 试剂和材料

4.2.2.1 硫酸溶液：1+5。

4.2.2.2 碘化钾溶液：100 g/L。

4.2.2.3 硫代硫酸钠标准滴定溶液：$c(Na_2S_2O_3)$约0.1 mol/L。

4.2.2.4 淀粉指示液：10 g/L。

4.2.3 仪器、设备

磁力搅拌器。

4.2.4 分析步骤

称取约0.1 g样品，精确至0.2 mg，置于250 mL碘量瓶中。依次加入碘化钾溶液20 mL，硫酸溶液5 mL，用铝箔封口(或用水封)，避光振摇(或用磁力搅拌器避光搅拌)约10 min，待试样全部溶解后用硫代硫酸钠标准滴定溶液滴定。近终点时加1 mL淀粉指示液，继续滴定至兰色刚刚消失为终点，记录所用硫代硫酸钠标准滴定溶液体积V。同时做空白试验，记录所用硫代硫酸钠标准滴定溶液体积V_0。

4.2.5 结果计算

4.2.5.1 二溴海因以质量分数w_1计，数值以%表示，按式(3)计算：

$$w_1=\frac{(V/1\,000-V_0/1\,000)cM/4}{m}\times 100 \qquad (3)$$

式中：

V——试样消耗硫代硫酸钠标准滴定溶液的体积的数值，单位为毫升(mL)；

V_0——空白试验消耗的硫代硫酸钠标准滴定溶液的体积的数值，单位为毫升(mL)；

c——硫代硫酸钠标准滴定溶液的浓度的准确数值，单位为摩尔每升(mol/L)；

m——试料的质量的数值，单位为克(g)；

M——二溴海因摩尔质量的数值，单位为克每摩尔(g/mol)($M=285.94$)。

4.2.5.2 溴含量以质量分数w_2计，数值以%表示，按式(4)计算：

$$w_2=\frac{(V/1\,000-V_0/1\,000)cM_1/2}{m}\times 100 \qquad (4)$$

式中：

V——试样消耗硫代硫酸钠标准滴定溶液的体积的数值，单位为毫升(mL)；

V_0——空白试验消耗的硫代硫酸钠标准滴定溶液的体积的数值，单位为毫升(mL)；

c——硫代硫酸钠标准滴定溶液的浓度的准确数值，单位为摩尔每升(mol/L)；

m——试料的质量的数值，单位为克(g)；

M_1——溴摩尔质量的数值，单位为克每摩尔(g/mol)(M_1=79.90)。

4.2.6 **允许差**

取平行测定结果的算术平均值为测定结果，平行测定结果的绝对差值不大于0.2%。

4.3 **氯化物含量的测定**

4.3.1 **方法提要**

以玻璃电极为参比电极，以银电极为指示电极，用硝酸银标准滴定溶液滴定至出现电位突跃点。即可根据工作电池电动势的变化，确定滴定终点。

4.3.2 **试剂和材料**

4.3.2.1 冰乙酸。

4.3.2.2 硝酸溶液：1+1。

4.3.2.3 氢氧化钠溶液：60 g/L。

4.3.2.4 苛性亚砷酸钠溶液：称取6 g三氧化二砷溶于100 mL氢氧化钠溶液中。

4.3.2.5 硝酸银标准滴定溶液：$c(AgNO_3)$约0.1 moL/L。

4.3.3 **仪器、设备**

自动电位滴定仪。

4.3.4 **分析步骤**

称取约0.5 g样品，精确至0.2 mg，置于150 mL烧杯中，加入60 mL去离子水。缓慢加入10 mL苛性亚砷酸钠溶液和10 mL冰乙酸并放至自动电位滴定仪上搅拌直至样品溶解。然后加入5 mL硝酸溶液，用硝酸银标准滴定溶液进行电位滴定，直至出现第一突跃点和第二突跃点。

4.3.5 **结果计算**

氯化物以质量分数w_3计，数值以%表示，按式(5)计算：

$$w_3 = \frac{(V_2/1\,000 - V_1/1\,000)cM}{m} \times 100 \quad \cdots\cdots(5)$$

式中：

V_2——第二突跃点消耗硝酸银标准滴定溶液的体积的数值，单位为毫升(mL)；

V_1——第一突跃点消耗硝酸银标准滴定溶液的体积的数值，单位为毫升(mL)；

c——硝酸银标准滴定溶液的浓度的准确数值，单位为摩尔每升(mol/L)；

m——试料的质量的数值，单位为克(g)；

M——氯化物摩尔质量的数值，单位为克每摩尔(g/mol)(M=35.45)。

4.3.6 **允许差**

取平行测定结果的算术平均值为测定结果，平行测定的结果的绝对差值不大于0.005%。

4.4 **溴化钠含量的测定**

4.4.1 **方法提要**

试样与亚砷酸钠溶液反应，然后用硝酸银标准滴定溶液进行电位滴定，测出试样中的总溴含量，从总溴中减去电位滴定法测定的溴含量，计算出溴化钠的含量。

4.4.2 **试剂和材料**

4.4.2.1 乙酸。

4.4.2.2 亚砷酸钠溶液：称取60 g NaOH溶于1 000 mL去离子水中，然后再加入60 g As_2O_3使之溶解。

4.4.2.3 硝酸钡溶液：称取65 g $Ba(NO_3)_2$溶于1 000 mL去离子水中。

4.4.2.4 硝酸银标准滴定溶液：$c(AgNO_3)$约0.1 mol/L。

4.4.2.5 溴甲酚绿指示液：1 g/L。

4.4.3 分析步骤

称取约 0.2 g 样品，精确至 0.2 mg，于 100 mL 烧杯中缓慢加入 10 mL 亚砷酸钠溶液并放至自动电位滴定仪上搅拌约 5 min，然后加 3～5 滴溴甲酚绿指示液，用乙酸酸化至溶液呈黄绿色(pH 约为 5)，再加 10 mL 硝酸钡溶液。用硝酸银标准滴定溶液进行电位滴定。

4.4.4 结果计算

4.4.4.1 二溴海因中总溴含量以质量分数 w_4 计，数值以%表示，按式(6)计算：

$$w_4 = \frac{(V/1\,000)cM}{m} \times 100 \qquad \cdots\cdots(6)$$

式中：

V——试样消耗的硝酸银标准滴定溶液的体积的数值，单位为毫升(mL)；

c——硝酸银标准滴定溶液的浓度的准确数值，单位为摩尔每升(mol/L)；

m——试料的质量的数值，单位为克(g)；

M——溴摩尔质量的数值，单位为克每摩尔(g/mol)(M=79.90)。

4.4.4.2 溴化钠含量以质量分数 w_5 计，数值以%表示，按式(7)计算：

$$w_5 = \frac{(w_4 - w_2)M_1}{M_2} \qquad \cdots\cdots(7)$$

式中：

w_4——二溴海因中总溴含量的质量分数；

w_2——二溴海因中溴含量质量分数；

M_1——溴化钠摩尔质量的数值，单位为克每摩尔(g/mol)(M_1=102.9)；

M_2——溴摩尔质量的数值，单位为克每摩尔(g/mol)(M_2=79.90)。

4.4.5 允许差

取平行测定结果的算术平均值为测定结果，平行测定结果的绝对差值不大于 0.02%。

4.5 干燥失重的测定

4.5.1 方法提要

试样在真空干燥箱(表压为－0.090 MPa～－0.095 MPa)中(60±2)℃下干燥至恒量时所失去的质量。

4.5.2 仪器、设备

4.5.2.1 真空干燥箱。

4.5.2.2 培养皿：ϕ110 mm。

4.5.3 实验步骤

将培养皿在真空干燥箱(表压为－0.090 MPa～－0.095 MPa)中(60±2)℃下干燥至恒量并称取质量为 m_0，在培养皿中加入试样约 15 g，称取质量为 m_1(称准至 0.2 mg，粒料或片料要研成粉末)，然后放在真空干燥箱中(60±2)℃下烘干 2 h，取出放在干燥器内冷却至室温，称取质量为 m_2。

4.5.4 结果计算

干燥失重以质量分数 w_6 计，数值以%表示，按式(8)计算：

$$w_6 = \frac{m_1 - m_2}{m_1 - m_0} \times 100 \qquad \cdots\cdots(8)$$

式中：

m_1——干燥前培养皿与样品质量的数值，单位为克(g)；

m_2——干燥后培养皿与样品质量的数值，单位为克(g)；

m_0——培养皿质量的数值，单位为克(g)。

4.5.5 允许差

取平行测定结果的算术平均值为测定结果，平行测定结果的绝对差值不大于0.02%。

4.6 色度的测定

4.6.1 方法提要

该方法是对被测样品直接进行光谱反射率数值的测定，得到被测样品的色度值。

4.6.2 仪器、设备

4.6.2.1 分光测色仪：应满足如下条件

仪器：45/0。

色标：CIE颜色范围。

照明：F11。

观察：2°。

指数：YID1925。

4.6.2.2 标准色度校正板

4.6.3 测定步骤

4.6.3.1 打开测色仪电源开关，拨动键盘选择菜单进行初始化设置。

4.6.3.2 对仪器依次进行零位校正、白板校正，校正完毕后再读取、确认仪器状态的符合性，进行测量参数设置，选择色空间。

4.6.3.3 放好样品，将测色仪的测量口放于样品上，按下测量按钮，灯闪，测量开始，稍等片刻，仪器显示屏上显示出所测样品的色度值。重复以上步骤即可进行第二次测定。

4.6.4 结果计算

以两次测量的色度值的平均值为最后结果。

4.7 铁含量的测定

4.7.1 原理

用盐酸羟胺将试样溶液中的Fe^{3+}还原成Fe^{2+}，在pH为4.5的缓冲溶液体系中，Fe^{2+}同1,10-菲啰啉生成橙红色络合物，用分光光度计测定吸光度。

4.7.2 试剂和材料

4.7.2.1 盐酸。

4.7.2.2 乙酸-乙酸钠缓冲溶液：pH≈4.5。

4.7.2.3 亚砷酸钠溶液：60 g/L。

称取6 g三氧化二砷溶于100 mL 1.5 mol/L的氢氧化钠溶液中。

4.7.2.4 盐酸羟胺溶液：10 g/L

称取1 g盐酸羟胺，溶于水，用水稀释至100 mL。

4.7.2.5 铁标准贮备溶液：0.1 mg/mL。

4.7.2.6 铁标准溶液：0.01 mg/mL

准确量取铁标准贮备溶液，用水稀释10倍。该溶液使用前配制。

4.7.2.7 1,10-菲啰啉溶液：2 g/L。

4.7.2.8 对硝基酚溶液：2.5 g/L。

4.7.3 仪器、设备

分光光度计：配有比色皿。

4.7.4 分析步骤

4.7.4.1 校准曲线绘制

移取铁标准溶液0.0 mL、2.0 mL、4.0 mL、6.0 mL、8.0 mL、10.0 mL分别置于6个100 mL容量

瓶中，向每个瓶中分别加入 5 mL 盐酸羟胺，10 mL 乙酸-乙酸钠缓冲溶液和 5 mL 1,10-菲啰啉指示液，用水稀释至刻度，摇匀，静置 15 min。以不加铁标准溶液的空白溶液调零，在波长 510 nm 处，选用合适的比色皿，测定各溶液的吸光度。以铁含量为横坐标，与其对应的吸光度为纵坐标，绘制校准曲线。

4.7.4.2 测定

称取约 1 g 样品，精确至 0.2 mg，置于 200 mL 烧杯中。然后依次加入 10 mL 水、20 mL 亚砷酸钠溶液，同时摇动烧杯使样品溶解，再放至电炉上加热煮沸 3 分钟，冷却后加 2～3 滴对硝基酚指示剂，用盐酸中和至黄色消失为止，再过量 1 mL 盐酸，使溶液 pH 约为 2，然后移入 100 mL 容量瓶中，依次加入 5 mL盐酸羟胺、10 mL 乙酸-乙酸钠缓冲溶液及 5 mL 1,10-菲啰啉溶液，用水稀释至刻度、摇匀，静置 15 min。用适宜的比色皿在波长 510 nm 处，用空白溶液调零，测定溶液的吸光度。同时做空白试验。

4.7.5 结果计算

铁含量以质量分数 w_7 计，数值以％表示，按式(9)计算：

$$w_7=\frac{m_1\times10^{-6}}{m}\times100 \qquad (9)$$

式中：

m_1——由校准曲线查得的试样中铁的质量的数值，单位为微克(μg)；

m——试料的质量的数值，单位为克(g)。

4.7.6 允许差

取平行测定结果的算术平均值为测定结果，平行测定结果的绝对差值不大于 0.000 5％。

5 检验规则

5.1 本标准规定的全部指标项目为出厂检验项目，应由生产厂的质量监督检验部门按本标准的规定逐批检验。生产厂应保证所有出厂的产品都符合本标准要求。

5.2 使用单位有权按照本标准的规定对所收到的产品进行验收。

5.3 二溴海因产品每批不超过 8 t。

5.4 按 GB/T 6678 规定确定采样单元数。

采样时用采样器插入每袋所装产品高度约 3/4 处取出样品，置瓷盘内经仔细混合均匀后，以四分法缩取试样约 100 g，分装于两个清洁干燥的棕色磨口瓶内，瓶上粘贴标签，注明生产厂名称、产品名称、批号、采样日期和采样者姓名，一瓶作检验用，另一瓶密封保存 3 个月备查。

5.5 按 GB/T 1250 中修约值比较法进行判定。

5.6 检验结果中如果有一项指标不符合本标准要求时，应重新自两倍量的包装单元中采样核验。核验结果有一项不符合本标准要求时，整批产品为不合格。

5.7 当供需双方对产品质量发生异议时，按照《中华人民共和国产品质量法》的规定办理。

6 标志、包装、运输、贮存

6.1 二溴海因的外包装上应涂刷牢固清晰的标志，内容包括：生产厂名、产品名称、商标、等级、净含量、批号或生产日期、标准编号以及 GB 190 中规定的“腐蚀性物品”和“氧化剂”标志。

6.2 二溴海因采用双层包装，内包装采用聚乙烯薄膜袋，厚度不小于 0.05 mm，包装容积应大于外包装；外包装采用聚丙烯塑料编织袋，其性能和检验方法应符合 GB/T 8946 的规定。外包装也可采用纸板桶或塑料桶。每袋净质量 25 kg、50 kg(或依顾客要求而定)。

包装的内袋用维尼龙绳或其他质量相当的绳扎口，外袋用缝包机缝口，缝线应整齐无漏缝。

6.3 二溴海因在运输过程中不得与其他货物混装，应有遮盖物，避免雨淋、受潮；并保持包装完整、标志清晰。

6.4 二溴海因应贮存在干燥、阴凉通风的仓库中，防潮、防曝晒、防止与明火接触。

6.5 二溴海因的贮存期为18个月。

7 安全要求

二溴海因对皮肤和眼睛有刺激作用和腐蚀作用，操作人员在进行作业时应戴橡胶耐酸碱手套和防护眼镜、口罩，避免与皮肤直接接触。

ICS 71.060.50
G 12

中华人民共和国国家标准

GB/T 23850—2009

工业高氯酸钠

Sodium perchlorate for industrial use

2009-05-18 发布　　　　2010-02-01 实施

中华人民共和国国家质量监督检验检疫总局
中国国家标准化管理委员会　发布

前　言

本标准由中国石油和化学工业协会提出。

本标准由全国化学标准化技术委员会无机化工分会(SAC/TC 63/SC 1)归口。

本标准主要起草单位:山东出入境检验检疫局、中海油天津化工研究设计院。

本标准主要起草人:赵祖亮、陆思伟、安晓英、郭永欣。

本标准首次发布。

工业高氯酸钠

1 范围

本标准规定了工业高氯酸钠的要求、试验方法、检验规则以及标志、标签、包装、运输、贮存和安全。

本标准适用于工业高氯酸钠。该产品主要用于制造高氯酸或其他高氯酸盐，还用于制造烟花爆竹、炸药、气象火箭、民用引火煤等。

2 规范性引用文件

下列文件中的条款通过本标准的引用而成为本标准的条款。凡是注日期的引用文件，其随后所有的修改单（不包括勘误的内容）或修订版均不适用于本标准，然而，鼓励根据本标准达成协议的各方研究是否可使用这些文件的最新版本。凡是不注日期的引用文件，其最新版本适用于本标准。

GB 190—1990 危险货物包装标志

GB/T 191—2008 包装储运图示标志(ISO 780:1997,MOD)

GB/T 1250 极限数值的表示方法和判定方法

GB/T 6678 化工产品采样总则

GB/T 6682—2008 分析实验室用水规格和试验方法(ISO 3696:1987,MOD)

GB 12463—1990 危险货物运输包装通用技术条件

HG/T 3696.1 无机化工产品 化学分析用标准滴定溶液的制备

HG/T 3696.2 无机化工产品 化学分析用杂质标准溶液的制备

HG/T 3696.3 无机化工产品 化学分析用制剂及制品的制备

3 分子式和相对分子质量

分子式：$NaClO_4 \cdot nH_2O$($n=0$ 或 1)

相对分子质量：122.45($n=0$)或 140.45($n=1$)(按 2007 年国际相对原子质量)

4 分类

工业高氯酸钠分两个类型：Ⅰ型产品为无水高氯酸钠；Ⅱ型产品为一水高氯酸钠。

5 要求

5.1 外观：白色结晶粉末。

5.2 工业高氯酸钠应符合表 1 要求。

表 1 要求

项目		指标			
		Ⅰ型		Ⅱ型	
		一等品	合格品	一等品	合格品
高氯酸钠($NaClO_4 \cdot nH_2O$)w/%	≥	99.3	99.0	98.0	97.0
水不溶物 w/%	≤	0.03	0.05	0.03	0.05
氯化物(以 Cl 计)w/%	≤	0.05	0.06	0.05	0.06

表 1(续)

项　　目		指　　标			
		Ⅰ型		Ⅱ型	
		一等品	合格品	一等品	合格品
氯酸盐(以 Cl 计)w/%	≤	0.15	0.20	0.15	0.20
硫酸盐(以 SO_4 计)w/%	≤	0.03	0.05	0.03	0.05
铁(Fe)w/%	≤	0.003	0.005	0.003	0.005
水分 w/%	≤	0.20	0.30	—	—
注：$NaClO_4 \cdot nH_2O$ 中 n=0 或 1。					

6 试验方法

6.1 安全提示

本标准试验方法中使用的试剂具有毒性、腐蚀性,操作者须小心谨慎！加热时应在通风良好的通风橱中进行。如溅到皮肤上应立即用水冲洗,严重者应立即治疗。

6.2 一般规定

本标准所用试剂和水在没有注明其他要求时,均指分析纯试剂和 GB/T 6682—2008 中规定的三级水。试验中所用标准滴定溶液、杂质标准溶液、制剂及制品,在没有注明其他要求时,均按 HG/T 3696.1、HG/T 3696.2、HG/T 3696.3 之规定制备。

6.3 外观检验

在自然光下用目视法判别。

6.4 高氯酸钠含量的测定

6.4.1 方法提要

以亚硝酸钠作熔剂,采用熔融法将试样中氯酸根还原为氯离子,再以佛尔哈德法测定氯离子,经计算,确定高氯酸钠含量。

6.4.2 试剂

6.4.2.1 亚硝酸钠；

6.4.2.2 硝基苯；

6.4.2.3 硝酸溶液:1+2；

6.4.2.4 硝酸银标准溶液:$c(AgNO_3)\approx 0.1$ mol/L；

6.4.2.5 硫氰酸钾标准滴定溶液:$c(KCNS)\approx 0.1$ mol/L；

6.4.2.6 硫酸铁铵指示液:80 g/L。

6.4.3 仪器、设备

高温炉:温度能控制在 500 ℃±10 ℃。

6.4.4 分析步骤

6.4.4.1 试验溶液的制备

6.4.4.1.1 无水高氯酸钠

称取约 1 g 预先在 105 ℃±10 ℃下干燥至质量恒定并研磨成粉状的试样,精确至 0.000 2 g。置于镍坩埚中,加 6 g 研磨成粉状的亚硝酸钠,充分混匀。加盖后放入高温炉内,逐渐升温至 500 ℃,在此温度下熔融 1.5 h,冷却。用热水将熔融物溶解并洗入烧杯中,冷却。全部移入 250 mL 容量瓶中,稀释至刻度,摇匀。

6.4.4.1.2 一水高氯酸钠

称取约 1 g 预先研磨成粉状的试样,精确至 0.000 2 g。置于镍坩埚中,加 6 g 研磨成粉状的亚硝酸钠，充分混匀，加盖后放入高温炉内，逐渐升温至 500 ℃，在此温度下熔融 1.5 h，冷却。用热水将熔融物溶解并洗入烧杯中，冷却。全部移入 250 mL 容量瓶中，稀释至刻度，摇匀。

6.4.4.2 测定

用移液管移取 25 mL 试验溶液置于 250 mL 锥形瓶中，用移液管加入 25 mL 硝酸银标准滴定溶液和 10 mL 硝酸溶液，加热至二氧化氮气体全部逸出。冷却后，加入 5 mL 硝基苯，摇动 30 s，加入 5 mL 硫酸铁铵指示液，用硫氰酸钾标准滴定溶液滴定至溶液出现红色为止。同时作空白试验。

空白试验除不加试样外，其他操作及加入试剂的种类和量与测定试验相同。

6.4.5 结果计算

高氯酸钠含量以高氯酸钠[$NaClO_4 \cdot nH_2O$(n=0 或 1)]的质量分数 w_1 计，数值以%表示，按式(1)计算：

$$w_1 = \frac{[(V_0 - V)/1\,000]cM}{m \times 25/250} \times 100 - k(w_3 + w_4) \qquad (1)$$

式中：

V_0——滴定空白溶液消耗硫氰酸钾标准滴定溶液的体积的数值，单位为毫升(mL)；

V——滴定试验溶液消耗硫氰酸钾标准滴定溶液的体积的数值，单位为毫升(mL)；

c——硫氰酸钾标准滴定溶液浓度的准确数值，单位为摩尔每升(mol/L)；

w_3——6.6 条测出的氯化物(以 Cl 计)的质量分数，数值以%表示；

w_4——6.7 条测出的氯酸盐(以 Cl 计)的质量分数，数值以%表示；

m——试料的质量的数值，单位为克(g)；

M——高氯酸钠[$NaClO_4 \cdot nH_2O$(n=0 或 1)]的摩尔质量的数值，单位为克每摩尔(g/mol)(M=122.45 或 140.45)；

k——将 Cl 换算成[$NaClO_4 \cdot nH_2O$(n=0 或 1)]的系数(k=3.45 或 3.96)。

取平行测定结果的算术平均值为测定结果，两次平行测定结果的绝对差值不大于 0.2%。

6.5 水不溶物含量的测定

6.5.1 方法提要

用水溶解高氯酸钾产品，真空抽滤后在 105 ℃±2 ℃烘干至质量恒定。称量水不溶物质量，计算水不溶物含量。

6.5.2 仪器、设备

6.5.2.1 玻璃砂坩埚：滤板孔径 5 μm～15 μm；

6.5.2.2 电热恒温干燥箱：温度能控制在 105 ℃±2 ℃。

6.5.3 分析步骤

称取约 10 g 试样，精确至 0.01 g。置于 400 mL 烧杯中，加 200 mL 水，加热溶解。用已于 105 ℃±2 ℃ 下干燥至质量恒定的玻璃砂坩埚抽滤，用热水洗至无氯离子为止(用硝酸银溶液检验)，将玻璃砂坩埚置于电热恒温干燥箱中，于 105 ℃±2 ℃烘干至质量恒定。

6.5.4 结果计算

水不溶物含量以质量分数 w_2 计，数值以%表示，按式(2)计算：

$$w_2 = \frac{m_1}{m} \times 100 \qquad (2)$$

式中：

m_1——水不溶物的质量的数值，单位为克(g)；

m——试料的质量的数值，单位为克(g)。

取平行测定结果的算术平均值为测定结果，两次平行测定结果的绝对差值不大于 0.005%。

6.6 氯化物含量的测定

6.6.1 方法提要

在微酸性溶液中，用硝酸汞标准溶液滴定将氯离子转化成弱电离的氯化汞，用二苯偶氮碳酰肼指示剂与过量的汞离子生成紫红色络合物来判断终点。

6.6.2 试剂

6.6.2.1 硝酸溶液：$c(HNO_3)\approx 1$ mol/L；

6.6.2.2 硝酸汞标准滴定溶液：$c[1/2Hg(NO_3)_2]\approx 0.05$ mol/L；

6.6.2.3 二苯偶氮碳酰肼指示液：5 g/L 乙醇溶液；

6.6.2.4 溴酚兰指示液：1 g/L 乙醇溶液。

6.6.3 仪器、设备

微量滴定管：分度值 0.01 mL 或 0.02 mL。

6.6.4 分析步骤

称取约 15 g 试样，精确至 0.01 g。置于 250 mL 锥形瓶中，加 100 mL 水使样品完全溶解，加 2 滴溴酚兰指示液，滴加硝酸溶液中和到黄色，再过量 3 滴，加入 1 mL 二苯偶氮碳酰肼指示液，用硝酸汞标准滴定溶液滴至溶液由黄色变为紫红色即为终点。同时作空白试验。

空白试验除不加试样外，其他操作及加入试剂的种类和量与测定试验相同。

6.6.5 结果计算

氯化物含量以氯(Cl)的质量分数 w_3 计，数值以%表示，按式(3)计算：

$$w_3=\frac{[(V-V_0)/1\,000]cM}{m}\times 100 \qquad \cdots\cdots(3)$$

式中：

V——滴定试验溶液所消耗的硝酸汞标准滴定溶液的体积的数值，单位为毫升(mL)；

V_0——空白试验所消耗的硝酸汞标准滴定溶液的体积的数值，单位为毫升(mL)；

c——硝酸汞标准滴定溶液浓度的准确数值，单位为摩尔每升(mol/L)；

m——试料的质量的数值，单位为克(g)；

M——氯化物(以 Cl 计)的摩尔质量的数值，单位为克每摩尔(g/mol)(M=35.45)。

取平行测定结果的算术平均值为测定结果，两次平行测定结果的绝对差值不大于 0.003%。

6.7 氯酸盐含量的测定

6.7.1 方法提要

用过量的亚铁盐还原样品中的氯酸盐，用高锰酸钾滴定过量的亚铁盐，同时作空白试验。由高锰酸钾两次滴定之差，计算出氯酸盐含量。

6.7.2 试剂

6.7.2.1 硫酸亚铁铵标准溶液：$c[(NH_4)_2Fe(SO_4)_2]\approx 0.1$ mol/L；

6.7.2.2 高锰酸钾标准滴定溶液：$c(1/5KMnO_4)\approx 0.1$ mol/L。

6.7.3 仪器、设备

6.7.3.1 微量滴定管：分度值 0.01 mL 或 0.02 mL；

6.7.3.2 具有本生阀的橡皮塞。

6.7.4 分析步骤

称取约 1 g 试样，精确至 0.01 g。置于 250 mL 锥形瓶中，加 50 mL 水溶解，用移液管移入 10 mL 硫酸亚铁铵标准滴定溶液，盖上具有本生阀的橡皮塞，煮沸 1 min，冷却。用高锰酸钾标准滴定溶液滴至微红色，并保持 30 s 不褪色，同时作空白试验。

空白试验除不加试样外，其他操作及加入试剂的种类和量与测定试验相同。

6.7.5 **结果计算：**

氯酸盐含量以氯(Cl)的质量分数 w_4 计，数值以%表示，按式(4)计算：

$$w_4=\frac{[(V_0-V)/1\,000]cM}{m}\times 100 \qquad \cdots\cdots(4)$$

式中：

V_0——空白试验所消耗的高锰酸钾标准滴定溶液的体积的数值，单位为毫升(mL)；

V——滴定试验溶液所消耗的高锰酸钾标准滴定溶液的体积的数值，单位为毫升(mL)；

c——高锰酸钾标准滴定溶液浓度的准确数值，单位为摩尔每升(mol/L)；

m——试料的质量的数值，单位为克(g)；

M——氯酸盐以氯计(1/5Cl)的摩尔质量的数值，单位为克每摩尔(g/mol)(M=7.09)。

取平行测定结果的算术平均值为测定结果，两次平行测定结果的绝对差值不大于0.005%。

6.8 **硫酸盐含量的测定**

6.8.1 **方法提要**

在酸性介质中，硫酸盐与氯化钡反应生成硫酸钡沉淀，加入氯化钠-盐酸-丙三醇混合溶液可以帮助形成均匀的细粒并阻止沉淀的沉降而呈现悬浮状态，以此来进行浊度比较。

6.8.2 **试剂**

6.8.2.1 氯化钡溶液：10 g/L；

6.8.2.2 氯化钠-盐酸-丙三醇混合溶液；

称取120 g氯化钠溶于490 mL水中，加10 mL盐酸和500 mL丙三醇，混合均匀。

6.8.2.3 硫酸盐标准溶液：1 mL溶液含有硫酸根(SO_4^{2-})0.10 mg；

用移液管移取10 mL按HG/T 3696.2配制的硫酸盐标准溶液，置于100 mL容量瓶中，用水稀释至刻度，摇匀。

6.8.3 **仪器、设备**

比色管：50 mL。

6.8.4 **分析步骤**

称取约2 g±0.01 g试样，加水使其溶解，必要时应过滤，全部移入比色管中。加入10 mL混合溶液，用水稀释至近刻度，摇匀。加2 mL氯化钡溶液，摇匀。放置10 min，所呈浊度与标准比浊溶液比较，其浊度不得大于标准比浊溶液。

标准比浊溶液的制备：用移管移取下述规定体积的硫酸盐标准溶液与试样同时同样处理。

一等品移取6.00 mL；合格品移取10.00 mL。

6.9 **铁含量的测定**

6.9.1 **方法提要**

试样溶解后，在酸性介质中，试样中的铁离子与加入的硫氰酸盐显色，用正丁醇萃取，所呈颜色与标准比色溶液进行目视比色。

6.9.2 **试剂**

6.9.2.1 盐酸；

6.9.2.2 硫氰酸钾溶液：30 g/L；

6.9.2.3 铁标准溶液：1 mL溶液含铁(Fe)0.10 mg；

用移液管移取10 mL按HG/T 3696.2配制的铁标准溶液，置于100 mL容量瓶中，用水稀释至刻度，摇匀。

6.9.3 **仪器、设备**

比色管：50 mL。

6.9.4 分析步骤

6.9.4.1 铁标准系列比色溶液的制备

用移液管向5支比色管中分别加入0 mL、1.00 mL、1.50 mL、2.00 mL、2.50 mL铁标准溶液，再分别加入约25 mL水、5 mL盐酸。此铁标准系列比色溶液中铁的质量分别为0 mg、0.1 mg、0.15 mg、0.2 mg、0.25 mg。

6.9.4.2 试样溶液的制备

称取约5.00 g±0.01 g试样。置于100 mL烧杯中，加约25 mL水，在电炉上加热溶解，取下冷却。加5 mL盐酸，全部转移至比色管中。

6.9.4.3 比色

分别在铁标准系列比色溶液和试样溶液中加入10 mL硫氰酸钾溶液，用10 mL正丁醇萃取，有机层与铁标准系列比色溶液比色。当试样溶液比色管中溶液的颜色比铁标准系列比色溶液中0 mg、0.1 mg、0.15 mg、0.2 mg、0.25 mg对应的一支比色管中溶液的颜色浅或二者颜色相同时，试样中铁质量分数分别是0、小于或等于0.002%、小于或等于0.003%、小于或等于0.004%、小于或等于0.005%。

6.10 水分的测定

6.10.1 方法提要

将试样在105 ℃±2 ℃干燥至质量恒定，比较试样干燥前后的减少量，经计算确定水分。

6.10.2 仪器、设备

电热恒温干燥箱：温度能控制在105 ℃±2 ℃。

6.10.3 分析步骤

用预先在105 ℃±2 ℃干燥至质量恒定的称量瓶称取约10 g试样，精确至0.000 2 g。置于电热恒温干燥箱中干燥1 h，取出后置于干燥器中，冷却至室温，称量。如此反复操作直至质量恒定。

6.10.4 结果计算

水分以质量分数w_5计，数值以%表示，按式(5)计算：

$$w_5 = \frac{m - m_1}{m} \times 100 \qquad \cdots\cdots(5)$$

式中：

m_1——干燥后试样的质量的数值，单位为克(g)；

m——试料的质量的数值，单位为克(g)。

取平行测定结果的算术平均值为测定结果，两次平行测定结果的绝对差值不大于0.01%。

7 检验规则

7.1 本标准要求中规定的所有项目均为出厂检验项目，应逐批进行检验。

7.2 生产企业用相同材料，基本相同的生产条件，连续生产或同一班组生产的同一级别的高氯酸钠为一批，每批产品不超过10 t。

7.3 以每一包装为一单元，按照GB/T 6678的规定确定采样单元数。采样时，用采样器将产品表面拨开，在10 cm深处采样，从每个选取的包装单元中，取出不少于50 g的样品，将所采的样品混匀后按四分法缩分至约500 g，立即装入两个清洁干燥带磨口塞的广口瓶中，密封。瓶上粘贴标签，注明：生产厂名、产品名称、型号、批号、采样日期和采样者姓名。一瓶作为实验室样品，另一瓶保存备查，保留时间由生产厂根据实际需要确定。

7.4 生产厂应保证每批出厂的工业高氯酸钠产品都符合本标准的要求。

7.5 检验结果如有一项指标不符合本标准要求时，应重新自两倍量的采样单元数的包装中采样复验，复验结果即使只有一项指标不符合本标准要求时，则整批产品为不合格品。

7.6 采用GB/T 1250规定的修约值比较法判定试验结果是否符合标准。

8 标志、标签

8.1 工业高氯酸钠包装上应有牢固清晰的标志，内容包括：生产厂名、厂址、产品名称、型号、净含量、批号或生产日期、本标准编号以及 GB 190—1990 中规定的"氧化剂"标志和 GB/T 191—2008 中规定的"怕晒"、"怕雨"标志。

8.2 每批出厂的工业高氯酸钠都应附有质量证明书。质量证明书内容包括：生产厂名、厂址、产品名称、型号、净含量、批号或生产日期，产品质量符合本标准的证明和本标准编号。

9 包装、运输、贮存

9.1 工业高氯酸钠产品采用双层包装。外包装采用符合相关安全运输规定的包装材料。内包装采用双层聚乙烯塑料袋，包装时将袋内空气排净后，分别封口。

工业高氯酸钠产品的包装质量应符合 GB 12463—1990 规定的性能试验和检验，包装应坚固完好，能抗御运输、储存和装卸过程中正常的冲击、振动和挤压，并便于装卸和搬运。每件净含量为 25 kg 或 50 kg。

9.2 工业高氯酸钠的运输应符合相关安全运输规定，运输过程中应有遮盖物，防止曝晒和雨淋，防止猛烈撞击。防止包装破损，不得倒置。禁止与还原剂、有机物、易燃物（如硫、磷、碳）或金属粉末等混运。装卸时要轻拿轻放，防止摩擦，防止猛烈撞击。

9.3 工业高氯酸钠为强氧化剂，产品应贮存在通风良好，阴凉、干燥的库房内，防止曝晒，受潮，防止猛烈撞击，远离易燃易爆物品，禁止与还原剂、有机物、易燃物（如硫、磷、碳）或金属粉末等同仓共贮。

10 安全

工业高氯酸钠是强氧化剂，当它与还原剂、有机物、易燃物（如硫、磷、碳）或金属粉末等混合时可形成爆炸性混合物，急剧加热时可发生爆炸。在生产、运输、贮存和使用中需严格执行安全规程，防止事故发生。

ICS 71.060.99
G 14

中华人民共和国国家标准

GB/T 23851—2009

道路除冰融雪剂

Salt of ice and snow melting for road

2009-05-18 发布　　2010-02-01 实施

中华人民共和国国家质量监督检验检疫总局
中国国家标准化管理委员会 发布

前　言

本标准的附录A为资料性附录。

本标准由中国石油和化学工业协会提出。

本标准由全国化学标准化技术委员会无机化工分会(SAC/TC 63/SC 1)归口。

本标准起草单位:青岛华东制钙有限公司、中海油天津化工研究设计院。

本标准主要起草人:牟国宪、张雪艳、王莹、刘幽若。

本标准为首次发布。

道路除冰融雪剂

1 范围

本标准规定了道路除冰融雪剂的要求、试验方法、检验规则、标志、标签、包装、运输和贮存。

本标准适用于普通道路、高速公路、机场、码头、停车场等的化雪和除冰。

2 规范性引用文件

下列文件中的条款通过本标准的引用而成为本标准的条款。凡是注日期的引用文件，其随后所有的修改单(不包括勘误的内容)或修订版均不适用于本标准，然而，鼓励根据本标准达成协议的各方研究是否可使用这些文件的最新版本。凡是不注日期的引用文件，其最新版本适用于本标准。

GB/T 191—2008 包装储运图示标志(ISO 780:1997,MOD)

GB/T 1250 极限数值的表示方法和判定

GB/T 5009.76—2003 食品添加剂中砷的测定

GB/T 6678 化工产品采样总则

GB/T 6682—2008 分析实验室用水规格和试验方法(ISO 3696:1987,MOD)

GB/T 9723—2007 化学试剂 火焰原子吸收光谱法通则

GB/T 9724—2007 化学试剂 pH 值测定通则

GB/T 18175—2000 水处理剂缓蚀性能的测定 旋转挂片法

GBJ 82—1985 普通混凝土长期性能和耐久性能实验方法

HG/T 3696.1 无机化工产品 化学分析用标准滴定溶液的制备

HG/T 3696.2 无机化工产品 化学分析用杂质标准溶液的制备

HG/T 3696.3 无机化工产品 化学分析用制剂及制品的制备

JTJ 059—1995 公路路基路面现场测试规程

SH/T 0090—1991 发动机冷却液冰点测定方法

3 要求

3.1 外观：颗粒或片状固体、无色液体。

3.2 道路除冰融雪剂应符合表1要求。

表1 要求

项目		指标	
		固体	液体
溶解速度/(g/min)	≥	6.0	—
融雪化冰能力/(g/min)	≥	氯化钠融雪能力的90%	氯化钠融雪能力的90%
冰点/℃(200 g/L)		供需双方协商	
pH 值	≤	6.0～10	6.0～10
碳钢腐蚀率/(mm/a)	≤	0.18	0.18
混凝土腐蚀率/(kg/m²)	≤	0.30	0.30

表 1（续）

项目		指标	
		固体	液体
路面摩擦衰减率/% ≤	干基	6	6
	湿基	16	16
汞(Hg)w/% ≤		0.000 1	
镉(Cd)w/% ≤		0.000 5	
铬(Cr)w/% ≤		0.001 5	
铅(Pb)w/% ≤		0.002 5	
砷(As)w/% ≤		0.000 5	

4 试验方法

4.1 安全提示

本试验方法中使用的部分试剂具有毒性或腐蚀性，操作时须小心谨慎！如溅到皮肤或眼睛上应立即用水冲洗，严重者应立即治疗。

4.2 一般规定

本标准所用试剂和水，在没有注明其他要求时，均指分析纯试剂和 GB/T 6682—2008 中规定的三级水。试验中所用杂质标准溶液、制剂及制品，在没有注明其他要求时，均按 HG/T 3696.2、HG/T 3696.3 之规定制备。

4.3 外观检验

在自然光下，用目视法判定外观。

4.4 溶解速度的测定

4.4.1 仪器、设备

精密电动搅拌器(搅拌叶径为 2.5 cm)、计时器。

4.4.2 分析步骤

称取 40.0 g±0.1 g 试样放入烧杯中，将搅拌叶置于烧杯中间，将搅拌器转速调至 100 r/min，加入 200 mL 25 ℃±2 ℃蒸馏水，立刻启动精密电动搅拌器，并开始计时。待其完全溶解后，记录所用时间为完全溶解时间。

4.4.3 结果计算

溶解速度以 γ 计，数值以 g/min 表示，按式(1)计算：

$$\gamma = \frac{m \times 60}{t} \qquad \cdots\cdots(1)$$

式中：

m——试料质量的数值，单位为克(g)；

t——样品完全溶解所需要的时间，单位为秒(s)；

60——秒(s)换算为分(min)的常数。

取平行测定结果的算术平均值为测定结果，两次平行测定结果的绝对差值不大于 0.2 g/min。

4.5 融雪化冰能力

4.5.1 试剂

氯化钠溶液：200 g/L。

4.5.2 仪器、设备

低温恒温箱。

4.5.3 分析步骤

4.5.3.1 试验溶液 A 的配制

称取 200 g±0.1 g 固体样品(或相当于固体样品量的液体样品),置于 400 mL 烧杯中,加水溶解,全部转移至 1 000 mL 容量瓶中,摇匀。此溶液为试验溶液 A,用于融雪化冰能力、冰点、皮肤刺激强度的测定。

4.5.3.2 测定

取两个 150 mL 相同直径和高度的瓷坩埚,加 100 mL 水,置于−10℃±1℃的低温恒温箱中至结冰。移取 25 mL 融雪剂溶液和 25 mL 氯化钠溶液,分别移入 50 mL 烧杯中,置于−10 ℃±1 ℃的低温恒温箱中,12 h 后备用。从低温恒温箱中取出带有冰块的瓷坩埚,擦干外壁的水和冰,迅速称量,精确至 0.1 g。将制备的融雪剂溶液迅速倒入盛有冰块的瓷坩埚中,然后放回低温恒温箱内。0.5 h 后取出该瓷坩埚,立即倾倒其液体,并迅速称量烧杯和剩余冰块的质量。氯化钠溶液的操作步骤同融雪剂溶液操作步骤。

4.5.4 结果计算

融雪化冰能力以 w_1 计,数值以%表示,按式(2)计算:

$$w_1 = \frac{m_0 - m_1}{m_0' - m_1'} \times 100 \qquad \cdots\cdots(2)$$

式中:

m_0——未加入融雪剂溶液的烧杯和冰块质量的数值,单位为克(g);

m_0'——未加入氯化钠溶液的烧杯和冰块质量的数值,单位为克(g);

m_1——已加入融雪剂溶液的烧杯和剩余冰块质量的数值,单位为克(g);

m_1'——已加入氯化钠溶液的烧杯和剩余冰块质量的数值,单位为克(g)。

取平行测定结果的算术平均值为测定结果,两次平行测定结果的绝对差值不大于 5%。

4.6 冰点的测定

4.6.1 方法提要

同 SH/T 0090—1991 中第 4 章。

4.6.2 试剂

同 SH/T 0090—1991 中 5.2。

4.6.3 仪器

同 SH/T 0090—1991 中 5.1。

4.6.4 分析步骤

同 SH/T 0090—1991 中第 6、7 章。

4.7 pH 值的测定

4.7.1 试剂

4.7.1.1 无二氧化碳的水;

4.7.1.2 乙醇溶液:95%的中性溶液。

4.7.2 仪器

4.7.2.1 酸度计:精度为 0.02 pH 单位;

4.7.2.2 磁力搅拌器和搅拌子。

4.7.3 分析步骤

称取 1.00 g±0.01 g 试样,置于 100 mL 烧杯中,加入 5 mL 乙醇湿润,再加入 100 mL 无二氧化碳的水,搅拌溶解后,直接移取 100 mL 液体样品,按 GB/T 9724 充分搅拌 10 min 后,按 GB/T 9724 的规定进行测定。

取平行测定结果的算术平均值为测定结果,两次平行测定结果的绝对差值不大于 0.2 pH。

4.8 碳钢腐蚀率

4.8.1 试验溶液的配制

称取 5.0 g±0.01 g 的固体样品(或相当于固体样品量的液体样品),溶于 100 mL 水中。

4.8.2 测定

按 GB/T 18175—2000 规定的方法进行测定。

4.9 混凝土腐蚀率

按照 GBJ 82—1985 中第九章《混凝土中钢筋腐蚀实验》规定的方法进行测定。

4.10 路面摩擦衰减率

按照 JTJ 059—1995 中第十一章规定的方法 T 0964—1995 进行测定。

4.11 汞含量的测定

4.11.1 方法提要

样品溶解在酸性溶液中,所含的汞化合物成离子状态存在。加入还原剂还原成原子态(元素汞蒸气)。通过气流带出汞,进入石英管内在波长为 253.7 nm 处测定汞。在一定浓度范围其吸收值与汞含量成正比,在工作曲线上查得汞含量。

4.11.2 试剂和溶液

4.11.2.1 盐酸。

4.11.2.2 硝酸-重铬酸钾溶液;

称取 5.0 g 重铬酸钾(优级纯)溶于水中,加入 5 mL 硝酸(优级纯),用水稀释至 100 mL。

4.11.2.3 氯化亚锡溶液:100 g/L。

4.11.2.4 汞标准储备溶液 A:1 mL 溶液含汞(Hg)1.0 mg;

称取 0.135 4 g 预先在硫酸干燥器中干燥 24 h 的氯化汞,精确至 0.000 2 g,置于 100 mL 烧杯中,用硝酸-重铬酸钾溶液溶解,全部转移至 100 mL 容量瓶中,用硝酸-重铬酸钾溶液稀释至刻度,摇匀。置于冰箱内保存,有效期一年。

4.11.2.5 汞标准储备溶液 B:1 mL 溶液含汞(Hg)0.1 mg;

用移液管移取 10 mL 汞标准储备溶液 A,置于 100 mL 容量瓶中,用硝酸-重铬酸钾溶液稀释至刻度,摇匀。此溶液即用即配。

4.11.2.6 汞标准溶液:1 mL 溶液含汞(Hg)0.001 mg;

用移液管移取 1 mL 汞标准储备溶液 B,置于 100 mL 容量瓶中,用硝酸-重铬酸钾溶液稀释至刻度,摇匀。此溶液即用即配。

4.11.3 仪器、设备

原子吸收光谱仪:配有汞空心阴极灯、冷原子蒸气发生装置、消解器(聚四氟乙烯材质)或测汞仪。

4.11.4 分析步骤

4.11.4.1 试验溶液的制备

称取约 3 g±0.01 g 试样。置于 100 mL 烧杯中,加水 50 mL 溶解,定量转移到 100 mL 容量瓶中,用水稀释至刻度,摇匀。

4.11.4.2 空白试验溶液的制备

制备试验溶液的同时,以同样试剂、同样用量和同一方法制备空白试验溶液,只是不加试样,稀释至同体积。

4.11.4.3 工作曲线的绘制

a) 系列汞标准工作溶液的配制

用移液管向 4 个 100 mL 容量瓶中分别加入 0 mL、1.00 mL、2.00 mL、3.00 mL 汞标准溶液(4.11.2.6),用水稀释至刻度,摇匀。此为系列汞标准工作溶液。在每一次测定之前,用汞标准溶液配制系列汞标准工作溶液,其浓度范围应覆盖试验溶液中汞的浓度(必要时将汞标准溶液稀释)。

b) 光谱测量

打开仪器,并将仪器性能调至最佳状态,用移液管分别移取系列汞标准工作溶液各 5 mL,置于仪器的汞蒸气发生器的还原瓶中。分别加入 1 mL 氯化亚锡溶液,并立即盖紧还原瓶,通入载气,从仪器读数显示的最高点测得其吸收值。

c) 工作曲线绘制

从每个汞标准工作溶液的吸收值中减去试剂空白溶液的吸收值,以汞质量(μg)为横坐标,吸收值为纵坐标,绘制工作曲线。

4.11.4.4 试样测定

用移液管分别移取试验溶液(4.11.4.1)和空白试验溶液(4.11.4.2)各 5 mL,置于仪器的汞蒸气发生器的还原瓶中,以下按 4.11.4.3(b)条,从"分别加入 1 mL 氯化亚锡溶液,……"开始进行操作,测得其吸收值。

注:每次测定以后用水彻底清洗粘在石英管上的 $SnCl_2$,必要时可用 $K_2Cr_2O_7$ 溶液(5 g/L)清洗一次石英管,再用水洗净。

4.11.5 结果计算

汞含量以汞(Hg)的质量分数 w_3 计,数值以%表示,按式(3)计算:

$$w_3 = \frac{m_1 \times 10^{-6}}{m \times 5/100} \times 100 \qquad \cdots\cdots(3)$$

式中:

m_1——从工作曲线上查得的试验溶液中汞质量的数值,单位为微克(μg);

m——试料质量的数值,单位为克(g)。

取平行测定结果的算术平均值为测定结果,两次平行测定结果的绝对差值不大于 0.000 02%。

注:使用后的汞溶液按附录 A 的方法回收,集中处理。

4.12 镉含量的测定

4.12.1 方法提要

同 GB/T 9723—2007 第 4 章。

4.12.2 试剂和溶液

4.12.2.1 镉标准溶液:1 mL 溶液含镉(Cd)0.01 mg;

用移液管移取 1 mL 按 HG/T 3696.2 配制的镉标准溶液,置于 100 mL 容量瓶中,用水稀释至刻度,摇匀。此溶液即用即配。

4.12.2.2 二级水:符合 GB/T 6682—2008 的规定。

4.12.3 仪器、设备

原子吸收分光光度计:

a) 光源:镉空心阴极灯;

b) 波长:228.8 nm;

c) 火焰:乙炔-空气。

4.12.4 分析步骤

4.12.4.1 试验溶液的制备

称取约 5.00 g±0.01 g 试样。置于 100 mL 烧杯中,加 50 mL 水溶解,转移至 100 mL 容量瓶中,用水稀释至刻度,摇匀。此为试验溶液 A,用于镉、铬含量的测定。

4.12.4.2 测定

用移液管移取 10 mL 试验溶液 A(4.12.4.1),共 4 份。分别置于 4 个 100 mL 容量瓶中,以下操作按 GB/T 9723—2007 的 7.2.2 中从"……(1)份不加标准溶液,……"开始进行操作。

4.12.5 **结果计算**

镉含量以镉(Cd)的质量分数 w_4 计，数值以%表示，按式(4)计算：

$$w_4 = \frac{m_1 \times 10^{-3}}{m \times 10/100} \times 100 \qquad \cdots\cdots(4)$$

式中：

m_1——从工作曲线上查得镉质量的数值，单位为毫克(mg)；

m——4.14.4.1 条中所称试料质量的数值，单位为克(g)。

取平行测定结果的算术平均值为测定结果，两次平行测定结果的绝对差值不大于 0.000 2%。

4.13 **铬含量的测定**

4.13.1 **方法提要**

同 GB/T 9723—2007 第 4 章。

4.13.2 **试剂和溶液**

4.13.2.1 铬标准溶液：1 mL 溶液含铬(Cr)0.01 mg；

用移液管移取 1 mL 按 HG/T 3696.2 配制的铬标准溶液，置于 100 mL 容量瓶中，用水稀释至刻度，摇匀。此溶液即用即配。

4.13.2.2 二级水：符合 GB/T 6682—1992 的规定。

4.13.3 **仪器、设备**

原子吸收分光光度计：

a) 光源：铬空心阴极灯；

b) 波长 357.9 nm；

c) 火焰：乙炔-空气。

4.13.4 **分析步骤**

用移液管移取 10 mL 试验溶液 A(4.12.4.1)，共四份。分别置于 4 个 100 mL 容量瓶中，以下操作按 GB/T 9723—2007 的 7.2.2 中从“……(1)份不加标准溶液，”开始进行操作。

4.13.5 **结果计算**

铬含量以铬(Cr)的质量分数 w_5 计，数值以%表示，按式(5)计算：

$$w_5 = \frac{m_1 \times 10^{-3}}{m \times 10/100} \times 100 \qquad \cdots\cdots(5)$$

式中：

m_1——从工作曲线上查得铬质量的数值，单位为毫克(mg)；

m——4.12.4.1 条中所称试料质量的数值，单位为克(g)。

取平行测定结果的算术平均值为测定结果，两次平行测定结果的绝对差值不大于 0.002%。

4.14 **铅含量的测定**

4.14.1 **方法提要**

将样品溶解，采用原子吸收分光光度法于 283.3 nm 波长下测定铅含量。

4.14.2 **试剂和溶液**

4.14.2.1 铅标准溶液：1 mL 溶液含铅(Pb)0.010 mg。

配制：用移液管移取 1 mL 按 HG/T 3696.2 配制的铅标准溶液置于 100 mL 容量瓶中，用水稀释至刻度，摇匀。此溶液即用即配。

4.14.2.2 二级水：符合 GB/T 6682—2008 的规定。

4.14.3 **仪器、设备**

原子吸收分光光度计：配有铅空心阴极灯。

4.14.4 分析步骤

4.14.4.1 试验溶液的制备

称取 5.00 g±0.01 g 试样，置于 250 mL 烧杯中，加水 50 mL 水溶解，转移至 100 mL 容量瓶中，用水稀释至刻度，摇匀。用移液管分别移取 20 mL 于四个容量瓶中，并向四个容量瓶中分别加入 0.00 mL、1.00 mL、3.00 mL、5.00 mL 铅标准溶液，用水稀释至刻度，摇匀。

4.14.4.2 空白试验溶液的配制

在制备试验溶液的同时，除不加试样外，其他操作和加入的试剂量与试验溶液相同。

4.14.4.3 测定

使用乙炔-空气火焰，在波长 283.3 nm 处将原子吸收分光光度计调至最佳工作状态，以水为参比，测量吸光度。从每个标准参比液的吸光度中减去试剂空白试验的吸光度，以铅的质量(mg)为横坐标，对应的吸光度为纵坐标，绘制曲线，用外推法查出试料溶液中铅的质量。

4.14.4.4 结果计算

铅含量以铅(Pb)的质量分数 w_6 计，数值以%表示，按式(6)计算：

$$w_6 = \frac{(m_1 - m_2) \times 10^{-3}}{m} \times 100 \qquad \cdots\cdots(6)$$

式中：

m_1——从工作曲线上查得的试验溶液中铅的质量的数值，单位为毫克(mg)；

m_2——从工作曲线上查得的空白试验溶液中铅的质量的数值，单位为毫克(mg)；

m——试料质量的数值，单位为克(g)。

取平行测定结果的算术平均值为测定结果，两次平行测定结果的绝对差值不大于 0.002%。

4.15 砷含量的测定

4.15.1 方法提要

同 GB/T 5009.76—2003 第 8 章。

4.15.2 试剂

同 GB/T 5009.76—2003 第 3 章。

4.15.3 仪器

同 GB/T 5009.76—2003 第 10 章。

4.15.4 分析步骤

称取 1.00 g±0.01 g 试样，置于锥形瓶或广口瓶中。加 75 mL 水，加 5 mL 盐酸、1 g 碘化钾溶液、0.2 mL 氯化亚锡溶液，摇匀，于室温放置 10 min。然后加入 2.5 g 无砷金属锌，并立即塞上预先装有乙酸铅棉花及溴化汞试纸的测砷管，于 25 ℃放置暗处 1 h。取出溴化汞试纸，所呈砷斑颜色不得深于标准。

移取 2 mL(1 mL 含砷 0.01 mg)的砷标准溶液，置于锥形瓶中，加水至 75 mL，从加“5 mL 盐酸……”开始，与试样同时同样处理。

5 检验规则

5.1 本标准分出厂检验和型式检验：

5.1.1 本标准所有项目为型式检验项目，正常生产情况下每六个月进行一次型式检验；在下列情况下必须进行型式检验：

a) 更新关键设备和生产工艺；

b) 主要原料有变化；

c) 停产又恢复生产；

d) 与上次型式检验有较大的差异；

e) 合同规定。

5.1.2 本标准规定溶解速度、溶解化冰能力、pH 值、汞、镉、铬、铅、砷为出厂检验项目，应逐批检验。

5.2 生产企业用相同材料，基本相同的生产条件，连续生产或同一班组生产的同一类别的道路除冰融雪剂为一批。每批产量不超过 60 t。

5.3 按 GB/T 6678 的规定确定采样单元数。采样时，将采样器自包装袋的上方斜插入至料层深度的 3/4 处采样。将采得的样品混匀后，按四分法缩分至不少于 500 g，分装于两个清洁干燥的具塞广口瓶或塑料袋中，密封。瓶或袋上粘贴标签，注明：生产厂名、产品名称、类别、批号、采样日期和采样者姓名。一份作为实验室样品，另一份保存备查，保留时间由生产厂根据实际需要确定。

5.4 道路除冰剂融雪应由生产厂的质量监督检验部门按照本标准的规定进行检验。生产厂应保证每批出厂的产品都符合本标准的要求。

5.5 使用单位有权按照本标准的规定对所收到的道路除冰剂进行验收。验收应在货到之日起一个月内进行。

5.6 检验结果如有一项指标不符合本标准要求时，应重新自两倍量的包装中采样进行复验，复验结果即使只有一项指标不符合本标准的要求时，则整批产品为不合格。

5.7 采用 GB/T 1250 规定的修约值比较法判定检验结果是否符合标准。

6 标志、标签

6.1 道路除冰剂融雪剂包装上应有牢固清晰的标志，内容包括：生产厂名、厂址、产品名称、类别、净含量、批号(或生产日期)、保质期、本标准编号及 GB/T 191—2008 中规定的“怕晒”、“怕雨”标志。

6.2 每批出厂的道路除冰融雪剂都应附有质量证明书。内容包括：生产厂名、厂址、产品名称、类别、净含量、批号(或生产日期)、保质期、产品质量符合本标准的证明和本标准编号。

7 包装、运输、贮存

7.1 道路除冰融雪剂采用以下包装方式。

7.1.1 固体产品采用塑料编织袋包装：内包装采用单层聚乙烯塑料薄膜袋，封口时先排出空气，内袋分别用维尼龙绳或其他质量相当的绳人工扎口，或用与其相当的其他方式封口；外包装采用塑料编织袋，外袋用维尼龙绳或其他质量相当的线缝口，缝线整齐，针距均匀，无漏缝和跳线现象。每袋净含量为 25 kg。

7.1.2 液体产品由生产厂家根据用户要求协商确定包装容量和方式。

7.2 道路除冰融雪剂在运输过程中应有遮盖物，防止日晒、雨淋、受潮。

7.3 道路除冰融雪剂应贮存于阴凉干燥处，防止日晒、雨淋、受潮。

7.4 道路除冰融雪剂在符合本标准包装、运输、贮存条件下，自生产之日起保质期为 12 个月。逾期检验合格，仍可继续使用。

附 录 A
（资料性附录）
处理汞废液的方法

A.1 方法提要

在碱性介质中，用过量的硫化钠沉淀汞，用过氧化氢氧化过量的硫化钠，防止汞以多硫化物的形式溶解。

A.2 试剂和溶液

A.2.1 氢氧化钠溶液：400 g/L；

A.2.2 硫化钠（$Na_2S \cdot 9H_2O$）；

A.2.3 过氧化氢溶液：30%。

A.3 处理步骤

将汞废液收集于约 50 L 的容器中，当汞废液达约 40 L 时，依次加入 400 mL 氢氧化钠溶液、100 g 硫化钠，摇匀。10 min 后缓慢加入过氧化氢溶液 400 mL，充分混合，放置 24 h 后将上部清液排入废水中，沉淀物转入另一容器中，由专人进行汞的回收。

上述操作中所用药剂均为工业级。

ICS 71.060.01
G 10

中华人民共和国国家标准

GB/T 23852—2009

工业硫氰酸盐的分析方法

Analytical method of thiocyanate for industrial use

2009-05-18 发布　　2010-02-01 实施

中华人民共和国国家质量监督检验检疫总局
中国国家标准化管理委员会　发布

前　言

本标准由中国石油和化学工业协会提出。

本标准由全国化学标准化技术委员会无机化工分会(SAC/TC 63/SC 1)归口。

本标准主要起草单位:山东出入境检验检疫局、中海油天津化工研究设计院。

本标准主要起草人:王骏、王彦。

本标准为首次发布。

工业硫氰酸盐的分析方法

1 范围

本标准规定了工业硫氰酸铵、工业硫氰酸钠和工业硫氰酸钾中硫氰酸盐含量、铁含量、水不溶物含量、105 ℃时的挥发物含量、卤化物含量、硫化物含量、重金属含量、pH 值、硫酸盐含量、灼烧残渣含量和(工业硫氰酸钠和工业硫氰酸钾中)铵盐含量的分析方法。

本标准适用于工业硫氰酸盐产品,其中包括工业硫氰酸铵、工业硫氰酸钾、工业硫氰酸钠。

2 规范性引用文件

下列文件中的条款通过本标准的引用而成为本标准的条款。凡是注日期的引用文件,其随后所有的修改单(不包括勘误的内容)或修订版均不适用于本标准,然而,鼓励根据本标准达成协议的各方研究是否可使用这些文件的最新版本。凡是不注日期的引用文件,其最新版本适用于本标准。

GB/T 3049—2006 工业用化工产品 铁含量测定的通用方法 1,10-菲啰啉分光光度法(ISO 6685:1982,IDT)

GB/T 6682—2008 分析实验室用水规格和试验方法(ISO 3696:1987,MOD)

HG/T 3696.1 无机化工产品 化学分析用标准滴定溶液的制备

HG/T 3696.2 无机化工产品 化学分析用杂质标准溶液的制备

HG/T 3696.3 无机化工产品 化学分析用制剂及制品的制备

3 安全提示

本试验方法中使用的部分试剂具有毒害性或腐蚀性,操作时须小心谨慎!如溅到皮肤上应立即用水冲洗,严重者应立即治疗。

4 一般规定

本标准所用试剂和水,在没有注明其他要求时,均指分析纯试剂和 GB/T 6682—2008 中规定的三级水。试验中所用标准滴定溶液、杂质标准溶液、制剂及制品,在没有注明其他要求时,均按 HG/T 3696.1、HG/T 3696.2、HG/T 3696.3 之规定制备。

5 硫氰酸盐含量的测定

5.1 方法提要

在酸性溶液中加入过量的硝酸银,生成硫氰酸银,再以硫酸铁铵为指示剂,用硫氰酸铵标准滴定溶液返滴定。

5.2 试剂

5.2.1 95%乙醇;

5.2.2 硝酸溶液:1+9;

5.2.3 硫酸铁铵溶液:50 g/L;

5.2.4 硝酸银标准滴定溶液:$c(AgNO_3)\approx 0.1$ mol/L;

5.2.5 硫氰酸铵标准滴定溶液:$c(NH_4SCN)\approx 0.1$ mol/L。

5.3 分析步骤

称取约 3 g 已于 105 ℃±2 ℃烘至质量恒定的晶体试样或约 6 g 液体试样,精确至 0.000 2 g,置于

250 mL 烧杯中，加水溶解。全部转移到 500 mL 容量瓶中，有水稀释至刻度，摇匀。用移液管移取 50 mL 试液，置于 250 mL 锥形瓶中，加入 10 mL95%乙醇，5 mL 硝酸溶液，用移液管加入 50 mL 硝酸银标准滴定溶液，摇匀。加入 2 mL 硫酸铁铵溶液，用硫氰酸铵标准滴定溶液滴定，当接近终点时，每加一滴，均应激烈摇动。溶液呈浅棕红色，并保持 30 s 不消失即为终点。

5.4 结果计算

硫氰酸盐含量以硫氰酸盐(NH_4SCN、NaSCN 或 KSCN)的质量分数 w_1 计，数值以%表示，按式(1)计算：

$$w_1=\frac{[(V_1c_1-V_2c_2)/1\,000]M}{m\times(50/500)}\times 100 \qquad \cdots\cdots(1)$$

式中：

V_1——加入的硝酸银标准滴定溶液的体积的数值，单位为毫升(mL)；

V_2——滴定所消耗的硫氰酸铵标准滴定溶液的体积的数值，单位为毫升(mL)；

c_1——硝酸银标准滴定溶液浓度的准确数值，单位为摩尔每升(mol/L)；

c_2——硫氰酸铵标准滴定溶液浓度的准确数值，单位为摩尔每升(mol/L)；

m——试料质量的数值，单位为克(g)；

M——硫氰酸盐(NH_4SCN、NaSCN 或 KSCN)的摩尔质量的数值，单位为克每摩尔(g/mol)[$M(NH_4SCN)=76.12$；$M(NaSCN)=81.07$；$M(KSCN)=97.18$]。

取平行测定结果的算术平均值为测定结果，两次平行测定结果的绝对差值不大于 0.2%。

6 铁含量的测定

6.1 方法提要

同 GB/T 3049—2006 第 3 章。

6.2 试剂

同 GB/T 3049—2006 第 4 章。

6.3 仪器

分光光度计：带有光程为 4 cm 的吸收池。

6.4 分析步骤

6.4.1 工作曲线的绘制

按 GB/T 3049—2006 中 6.3 操作，选用 4 cm 吸收池及其对应的铁标准溶液用量，绘制工作曲线。

6.4.2 分析步骤

称取一定质量的试样，精确至 0.01 g，置于 100 mL 烧杯中，晶体产品加入 50 mL 水溶解。加入 10 mL 盐酸搅拌均匀，水浴加热 30 min；于另一烧杯中加入 50 mL 水，加入 10 mL 盐酸作为空白试验溶液。将试验溶液和空白试验溶液分别转移到 100 mL 容量瓶中，然后按 GB/T 3049—2006 中 6.4 从"必要时，加水至 60 mL……"开始进行操作。

6.5 结果计算

铁含量以铁(Fe)的质量分数 w_2 计，数值以%表示，按式(2)计算：

$$w_2=\frac{(m_1-m_0)/1\,000}{m}\times 100 \qquad \cdots\cdots(2)$$

式中：

m_1——根据测得的试验溶液的吸光度从工作曲线上查出的铁的质量的数值，单位为毫克(mg)；

m_0——根据测得的空白试验溶液的吸光度从工作曲线上查出的铁的质量的数值，单位为毫克(mg)；

m——试料质量的数值，单位为克(g)。

取平行测定结果的算术平均值为测定结果，两次平行测定结果的绝对差值不大于0.000 1%。

7 水不溶物含量的测定

7.1 方法提要

利用重量法测定试样的水不溶物含量。

7.2 仪器、设备

7.2.1 玻璃砂坩埚：孔径5 μm～15 μm；

7.2.2 电热恒温干燥箱：能够控制温度在105 ℃±2 ℃。

7.3 分析步骤

称取约25 g晶体试样或100 g液体试样，精确至0.01 g，置于150 mL烧杯中，晶体试样用100 mL沸水溶解，并冷却至室温。用已在105 ℃±2 ℃质量恒定的玻璃砂坩埚过滤，用热水洗涤滤渣，洗至用硫酸铁铵溶液(5.2.3)检验滤液不显红色为止，于105 ℃±2 ℃烘至质量恒定。

7.4 结果计算

水不溶物含量以质量分数 w_3 计，数值以%表示，按式(3)计算：

$$w_3=\frac{m_2-m_1}{m}\times 100 \qquad \cdots\cdots(3)$$

式中：

m_1——玻璃砂坩埚的质量的数值，单位为克(g)；

m_2——水不溶物和玻璃砂坩埚的质量的数值，单位为克(g)；

m——试料质量的数值，单位为克(g)。

取平行测定结果的算术平均值为测定结果，两次平行测定结果的绝对差值不大于0.001%。

8 硫氰酸钠或硫氰酸钾中铵盐(以 NH_4 计)含量的测定

8.1 方法提要

在碱性条件下，试样中的铵离子以氨气形式释放出来，用稀硫酸吸收。在碱性环境中，生成的氨气与纳氏试剂反应，生成淡黄色到棕红色的沉淀，目视限量比色测定。

8.2 试剂

8.2.1 硫酸溶液：1+200；

8.2.2 无氨氢氧化钠溶液：320 g/L；

8.2.3 纳氏试剂；

8.2.4 铵标准溶液：1 mL溶液含铵(NH_4)0.10 mg；

移取10.00 mL按HG/T 3696.2要求配制的铵标准溶液，置于100 mL容量瓶中，用水稀释至刻度，摇匀。该溶液使用前制备。

8.3 仪器、设备

8.3.1 蒸馏仪器：按图1配备或其他具有相同蒸馏能力的定氮蒸馏仪器；

8.3.2 蒸馏加热装置：1 000 W～1 500 W电炉，置于升降台架上，可自由调节高度。也可使用调温电炉或能够调节供热强度的其他形式热源；

8.3.3 比色管：100 mL。

8.4 分析步骤

称取1.00 g±0.01 g晶体试样或液体试样，置于500 mL蒸馏瓶中，加入140 mL无氨的水溶解，连接好蒸馏装置。于100 mL比色管中加入5 mL硫酸溶液，将吸收管末端插入液面以下。于蒸馏瓶中迅速加入5 mL无氨的氢氧化钠溶液，立即关闭滴液漏斗的旋塞。加热蒸馏至比色管中的馏出液体积约75 mL时为止，在比色管中加入3 mL氢氧化钠溶液、2 mL纳氏试剂，稀释至100 mL，摇匀。试验溶液所呈黄色不得深于标准比对溶液。

标准比对溶液的制备：根据相关产品标准中铵盐含量，移取一定体积的铵标准溶液，与试样同时同样处理。移取的铵标准溶液的体积在相关产品标准中给出。

单位为毫米

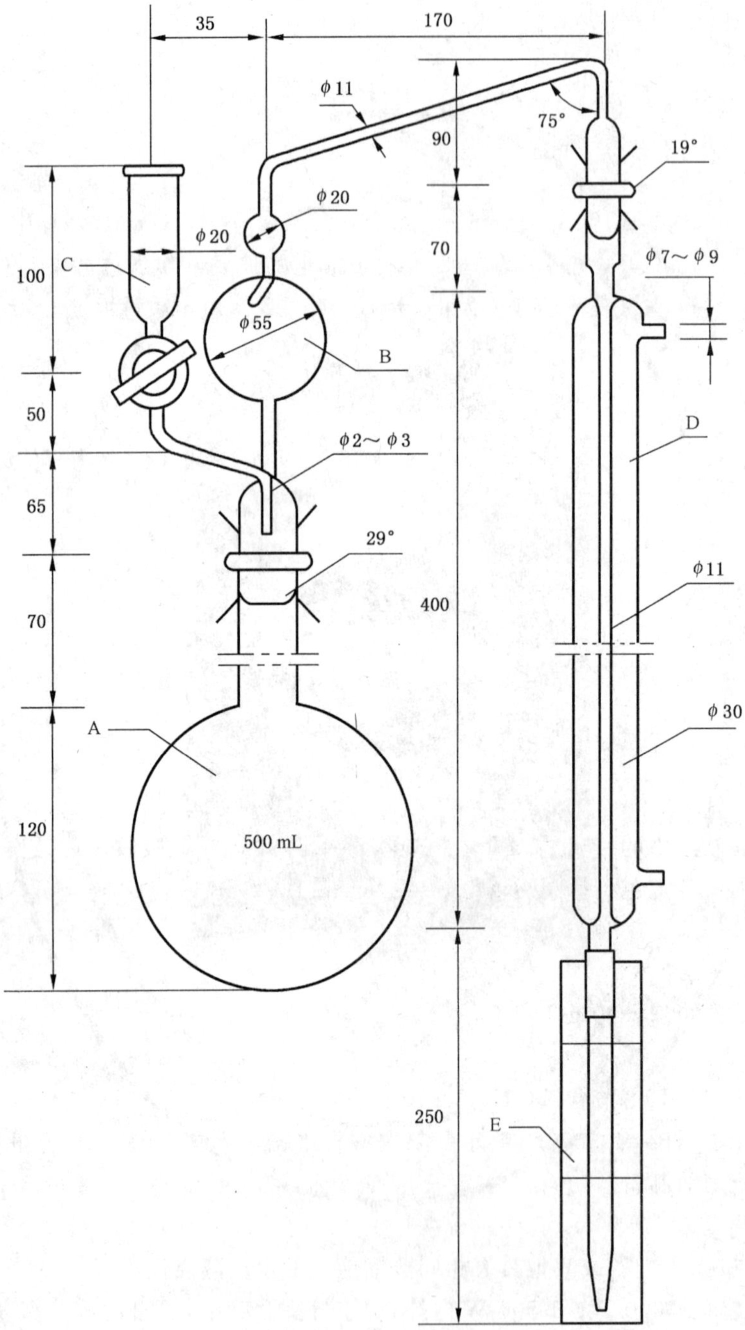

A——蒸馏瓶；

B——防溅球管；

C——滴液漏斗；

D——冷凝管；

E——100 mL 比色管。

图 1　蒸馏仪器图

9　105 ℃时的挥发物的测定

9.1　方法提要

硫氰酸钠和硫氰酸钾产品于 105 ℃下干燥至质量恒定，测得试样中的挥发物质的含量。

9.2　仪器、设备

电热恒温干燥箱：能够控制温度在 105 ℃±2 ℃。

9.3　分析步骤

使用已于 105 ℃±2 ℃质量恒定的称量瓶，称取约 3 g 晶体试样，精确至 0.01 g，于 105 ℃±2 ℃烘至质量恒定。

9.4　结果计算

105 ℃时的挥发物以质量分数 w_4 计，数值以%表示，按式(4)计算：

$$w_4=\frac{m_1-m_2}{m}\times 100 \qquad \cdots\cdots(4)$$

式中：

m_1——干燥前称量瓶和试料的质量的数值，单位为克(g)；

m_2——干燥后称量瓶和试料的质量的数值，单位为克(g)；

m——试料质量的数值，单位为克(g)。

取平行测定结果的算术平均值为测定结果，两次平行测定结果的绝对差值不大于 0.05%。

10　卤化物(以 Cl 计)含量的测定

10.1　方法提要

在碱性条件下，用过氧化氢将硫氰酸根分解，再将试验溶液酸化，加入硝酸银与卤离子生成白色难溶物，与同时同样处理的氯化物标准比浊溶液比较。

10.2　试剂

10.2.1　氢氧化钠；

10.2.2　硝酸溶液：1+9；

10.2.3　过氧化氢溶液：1+4，现用现配；

10.2.4　硝酸银溶液：17 g/L；

10.2.5　氯标准溶液：1 mL 溶液含氯(Cl)0.1 mg；

用移液管移取 10 mL 按 HG/T 3696.2 要求配制的氯标准溶液，置于 100 mL 容量瓶中，用水稀释至刻度，摇匀。

10.3　分析步骤

称取 1.00 g±0.01 g 试样，置于 250 mL 锥形瓶中，加入 30 mL 过氧化氢溶液溶解。立即加入 1 g 氢氧化钠，摇动至剧烈反应停止后，再加入 30 mL 过氧化氢溶液，煮沸 2 min。冷却至室温，移入 100 mL 容量瓶中，用水稀释至刻度。用移液管移取 10 mL 此试验溶液，置于 100 mL 比色管中，加入 10 mL 硝酸溶液、1 mL 硝酸银溶液，用水稀释至刻度，摇匀，放置 5 min。所呈浊度不得大于标准比浊液。

标准比浊液的制备：根据相关产品标准中卤化物含量，移取一定体积的氯标准溶液，与试样同时同样处理。移取的氯标准溶液的体积在相关产品标准中给出。

11　硫化物(以 S 计)含量的测定

11.1　安全警示

放置过程中，加入硝酸银的试验溶液可能形成爆炸性化合物，试验后应将其立即处理并清洗所用容器。

11.2 方法提要

在氨性介质中,试样中硫离子与硝酸银生成黑色沉淀,与同样处理的硫标准比对溶液比较。

11.3 试剂

11.3.1 氨水;

11.3.2 硝酸银溶液:17 g/L;

11.3.3 硫化物标准溶液:1 mL 溶液含有硫(S)0.010 mg,现用现配。

用移液管移取 1.00 mL 按 HG/T 3696.2 配制的硫化物标准溶液,置于 100 mL 容量瓶中,用水稀释至刻度,摇匀。

11.4 分析步骤

称取 2.00 g±0.01 g 试样,溶于 25 mL 水中,将此溶液移至盛有 20 mL 氨水和 2 mL 硝酸银溶液的 50 mL 比色管中,于沸水浴中加热 15 min,冷却后,用水稀释至刻度,摇匀。所呈颜色不得深于标准比对溶液。

标准比对溶液的制备:根据相关产品标准中硫化物含量,移取一定体积的硫标准溶液,与试样同时同样处理。移取的硫标准溶液的体积在相关产品标准中给出。

12 重金属(以 Pb 计)含量的测定

12.1 方法提要

在酸性条件下,加入甘油硫化钠溶液与试验溶液中的重金属作用,生成棕色硫化物,与同样处理的铅标准溶液比较。

12.2 试剂

12.2.1 盐酸溶液:1+99。

12.2.2 氨水溶液:1+9。

12.2.3 甘油硫化钠溶液。

12.2.4 铅标准溶液:1 mL 溶液含有铅(Pb)0.010 mg,现用现配;

用移液管移取 1.00 mL 按 HG/T 3696.2 配制的铅标准溶液,置于 100 mL 容量瓶中,用水稀释至刻度,摇匀。

12.2.5 对硝基酚指示液:2.5g/L 乙醇溶液。

12.3 分析步骤

称取(1.00±0.01)g 试样,置于 50 mL 比色管中,加 20 mL 水溶解。加入 1 滴对硝基酚指示液,滴加氨水溶液,使试验溶液呈黄色,然后滴加盐酸溶液,直至试验溶液变成无色,再过量 0.5 mL。加入 5 mL 甘油硫化钠溶液,用水稀释至刻度,摇匀。所呈颜色不得深于标准比色溶液。

标准比色溶液的制备:根据相关产品标准中重金属含量,移取一定体积的铅标准溶液,与试样同时同样处理。移取的铅标准溶液的体积在相关产品标准中给出。

13 pH 值的测定

13.1 方法提要

用配有玻璃电极和饱和甘汞参比电极(或复合电极)的酸度计测量试验溶液的 pH 值。

13.2 仪器

13.2.1 指示电极:玻璃电极;

13.2.2 参比电极:甘汞电极;

13.2.3 复合电极;

13.2.4 酸度计:分度值为 0.02。

13.3 分析步骤

结晶产品称取5.00 g±0.01 g试样，置于150 mL烧杯中，加入100 mL不含二氧化碳的水溶解；液体产品量取100 mL置于150 mL烧杯中。用酸度计测量其pH值。

取平行测定结果的算术平均值为测定结果，两次平行测定结果的差值不大于0.3。

14 硫酸盐(以SO_4计)含量的测定

14.1 方法提要

酸性介质条件下，在试验溶液中加入氯化钡，硫酸根离子生成白色沉淀，与同时处理的硫酸盐标准比浊溶液比较。

14.2 试剂

14.2.1 盐酸溶液：1+9；

14.2.2 氯化钡($BaCl_2 \cdot 2H_2O$)溶液：100 g/L；

14.2.3 硫酸盐标准溶液：1 mL溶液含硫酸盐(SO_4)0.1 mg：

用移液管移取10 mL按HG/T 3696.2配制的硫酸盐标准溶液，置于100 mL容量瓶中，用水稀释至刻度，摇匀。

14.3 分析步骤

称取1.00 g±0.01 g试样，置于50 mL比色管中，加约30 mL水溶解，加入0.5 mL盐酸溶液和1 mL氯化钡溶液，用水稀释至刻度，摇匀，放置15 min。所呈浊度不得大于标准比浊溶液。

标准比浊溶液的制备：移取一定体积的硫酸盐标准溶液，与试样同时同样处理。移取的硫酸盐标准溶液的体积在相关产品标准中给出。

15 灼烧残渣含量的测定

15.1 方法提要

试样于600 ℃±25 ℃下灼烧至质量恒定，测定不能升华物质，即灼烧残渣的含量。

15.2 仪器

15.2.1 瓷坩埚：30 mL。

15.2.2 高温炉：温度可控制在600 ℃±25 ℃。

15.3 分析步骤

称取约5g试样，精确至0.000 2 g，置于预先于600 ℃±25 ℃下灼烧至质量恒定的瓷坩埚内，在通风橱内用电炉加热至挥发完全。然后于600 ℃±25 ℃下灼烧至质量恒定。

15.4 结果计算

灼烧残渣含量以质量分数w_5计，数值以%表示，按式(5)计算：

$$w_5=\frac{m_3-m_1}{m_2-m_1}\times 100 \qquad \cdots\cdots(5)$$

式中：

m_1——瓷坩埚质量的数值，单位为克(g)；

m_2——瓷坩埚与试料质量的数值，单位为克(g)；

m_3——瓷坩埚与灼烧残渣质量的数值，单位为克(g)。

取两次平行测定结果的算术平均值为测定结果，两次平行测定结果的绝对差值不大于0.02%。

ICS 71.060.50
G 12

中华人民共和国国家标准

GB/T 23853—2009

卤水碳酸锂

Lithium carbonate made of brine

2009-05-18 发布 2010-02-01 实施

中华人民共和国国家质量监督检验检疫总局
中国国家标准化管理委员会 发布

前　言

本标准由中国石油和化学工业协会提出。

本标准由全国化学标准化技术委员会无机化工分会(SAC/TC 63/SC 1)归口。

本标准起草单位：中海油天津化工研究设计院、青海中信国安科技发展有限公司。

本标准主要起草人：杨建元、王彦、李宏灿、李勇、谭丽岭、董锐。

本标准为首次发布。

卤 水 碳 酸 锂

1 范围

本标准规定了卤水碳酸锂的要求、试验方法、检验规则及标志、标签、包装、运输、贮存。

本标准适用于卤水碳酸锂。该产品主要用于玻璃制造、陶瓷生产、锂电池生产，及制冷、焊接、锂合金和冶金连铸等领域。

2 规范性引用文件

下列文件中的条款通过本标准的引用而成为本标准的条款，凡是注日期的引用文件，其随后所有的修改单(不包括勘误的内容)或修订版本均不适用于本标准，然而，鼓励根据本标准达成协议的各方研究是否可使用这些文件的最新版本。凡是不注日期的引用文件，其最新版本适用于本标准。

GB/T 191—2008 包装储运图示标志(ISO 780:1997，MOD)

GB/T 1250 极限数值的表示方法和判定方法

GB/T 3049—2006 工业用化工产品 铁含量测定的通用方法 1,10-菲啰啉分光光度法(ISO 6685:1982，IDT)

GB/T 3051—2000 无机化工产品中氯化物含量测定的通用方法 汞量法(neq ISO 5790:1979)

GB/T 6678 化工产品采样总则

GB/T 6682—2008 分析实验室用水规格和试验方法(ISO 3696:1987，MOD)

HG/T 3696.1 无机化工产品 化学分析用标准滴定溶液的制备

HG/T 3696.2 无机化工产品 化学分析用杂质标准溶液的制备

HG/T 3696.3 无机化工产品 化学分析用制剂及制品的制备

3 分子式和相对分子质量

分子式：Li_2CO_3

相对分子质量：73.89(按 2007 年国际相对原子质量)

4 要求

4.1 外观：白色粉末，具有流动性，无可见夹杂物。

4.2 卤水碳酸锂应符合表 1 要求：

表 1 要求

项目		指标		
		优等品	一等品	合格品
碳酸锂(Li_2CO_3)(干基计)w/%	≥	99.2	99.0	98.5
钠(Na)w/%	≤	0.10	0.15	0.20
钾(K)w/%	≤	0.003 0	0.004 0	0.008 0
铁(Fe)w/%	≤	0.001 5	0.003 5	0.007 0
钙(Ca)w/%	≤	0.025	0.035	0.070
镁(Mg)w/%	≤	0.015	0.035	0.050

表 1（续）

项　　目		指　　标		
		优等品	一等品	合格品
硼(B) w/%	≤	0.006	0.012	0.018
硫酸根(SO_4^{2-}) w/%	≤	0.20	0.35	0.50
氯化物(以 Cl 计) w/%	≤	0.05	0.08	0.10
盐酸不溶物 w/%	≤	0.005	0.015	0.050
干燥减量 w/%	≤	0.5	0.6	0.8

5　试验方法

5.1　安全提示

本试验方法中使用的部分试剂具有毒害性和腐蚀性，操作者须小心谨慎！如溅到皮肤或眼睛上应立即用水冲洗，严重者应立即治疗。

5.2　一般规定

本标准所用试剂和水，除 5.6、5.7、5.8、5.9 和 5.10 所用试剂和水均指优级纯试剂和 GB/T 6682—2008 中规定的二级水外，其他章节在没有另注明其他要求时，均指分析纯试剂和 GB/T 6682—2008 中规定的三级水。试验中所用标准滴定溶液、杂质标准溶液、制剂及制品，在没有注明其他要求时，均按 HG/T 3696.1、HG/T 3696.2、HG/T 3696.3 之规定制备。

5.3　锂离子的鉴别试验

5.3.1　试剂

5.3.1.1　盐酸溶液：1＋4。

5.3.1.2　氢氧化钾溶液：5.7 g 氢氧化钾溶于 100 mL 不含二氧化碳的水中。此溶液现配现用。

5.3.1.3　氯化铁溶液：10％。

5.3.1.4　碱金属高碘酸铁溶液：将 2 g 高碘酸钾溶于 10 mL 氢氧化钾溶液中，用水稀释至 50 mL，加入 3 mL 氯化铁溶液，搅拌均匀后用氢氧化钾稀释至 100 mL。

5.3.1.5　氯化钠饱和溶液。

5.3.2　鉴别步骤

5.3.2.1　试验溶液的制备

称取 2 g 试样置于 200 mL 烧杯中，加水润湿，滴加盐酸溶液至试样刚好溶解，稀释至约 50 mL。

5.3.2.2　鉴别

于表面皿上滴一滴试验溶液，然后在其上滴加一滴氯化钠饱和溶液、2 滴碱金属高碘酸铁溶液，将其在酒精灯或其他安全热源上加热至 45 ℃～50 ℃保持 15 s～20 s，与空白试验对比，溶液应呈黄白色浑浊状。同时做空白试验：除不加试样溶液外，其他加入的试剂量与试验处理完全相同。

5.4　外观检验

在自然光下用目视法判别。

5.5　碳酸锂含量的测定

5.5.1　方法提要

试样溶于一定量水中，以甲基红-溴甲酚绿为指示剂，用盐酸标准滴定溶液滴定试料的总碱度，以消耗盐酸标准滴定溶液的体积计算碳酸锂的含量，再扣除试样中钙换算为碳酸锂的含量。

5.5.2　试剂

5.5.2.1　盐酸标准滴定溶液：c(HCl)约为 0.5 mol/L。

5.5.2.2 溴甲酚绿-甲基红混合指示液。

5.5.2.3 无二氧化碳的水。

5.5.3 仪器、设备

电热恒温干燥箱：温度能控制在250 ℃～260 ℃。

5.5.4 分析步骤

称取约0.6 g已于250 ℃～260 ℃下在电热恒温干燥箱中干燥至质量恒定的试样，精确到0.000 2 g，置于锥形瓶中，加入50 mL无二氧化碳的水，加10滴溴甲酚绿-甲基红混合指示液，用盐酸标准滴定溶液滴定至溶液由绿色变为暗红色，煮沸2 min，冷却后继续滴定至暗红色为终点。同时做空白试验。

空白试验除不加试样外，其他操作及加入试剂的量(标准滴定溶液除外)与测定试验相同。

5.5.5 结果计算

碳酸锂以碳酸锂(Li_2CO_3)的质量分数 w_1 计，数值以%表示，按式(1)计算：

$$w_1 = \frac{c[(V_1 - V_0)/1\,000]M}{m} \times 100 - w_5 \times 1.844 \quad \cdots\cdots(1)$$

式中：

c——盐酸标准滴定溶液浓度的准确数值，单位为摩尔每升(mol/L)；

V_1——滴定试样溶液所消耗盐酸标准滴定溶液的体积的数值，单位为毫升(mL)；

V_0——空白试验滴定所消耗的盐酸标准滴定溶液的体积的数值，单位为毫升(mL)；

m——试料质量的数值，单位为克(g)；

M——碳酸锂($\frac{1}{2}Li_2CO_3$)的摩尔质量的数值，单位为克每摩尔(g/mol)(M=36.94)；

w_5——按5.9测得的钙的质量分数，数值以%表示；

1.844——钙换算为碳酸锂的系数。

取平行测定结果的算术平均值为测定结果，两次平行测定结果的绝对差值不大于0.2%。

5.6 钠含量的测定

5.6.1 火焰原子发射光谱法(仲裁法)

5.6.1.1 方法提要

在酸性条件下，用氯化铯作为电离缓冲剂，于火焰发射光谱仪波长589.0 nm处，用空气-乙炔火焰，进行钠的测定。

5.6.1.2 试剂

5.6.1.2.1 硝酸溶液：1+1。

5.6.1.2.2 钠标准溶液：1 mL溶液含钠(Na)1 mg。

5.6.1.2.3 氯化铯溶液：10 g/L。

称取1 g氯化铯(光谱纯)，置于100 mL烧杯中，加适量的水使其溶解完全，用水稀释至100 mL，摇匀。贮存于塑料瓶中。

5.6.1.2.4 乙炔：高纯。

5.6.1.3 仪器、设备

火焰分光光度计。

5.6.1.4 分析步骤

5.6.1.4.1 工作曲线溶液的配制

于5个100 mL容量瓶中，按表2分别移取钠标准溶液，再分别加入1 mL硝酸溶液、3 mL氯化铯溶液，稀释至刻度，摇匀。

表 2 工作曲线溶液

编　　号	1	2	3	4	5
钠标准溶液体积/mL	0	1.00	2.00	3.00	5.00
工作曲线溶液中钠的浓度/(mg/mL)	0	0.010	0.020	0.030	0.050

5.6.1.4.2 试样溶液 A 的制备

称取约 2 g 试样，精确至 0.01 g，置于烧杯中，用适量水润湿，加盖表面皿后缓慢滴加硝酸溶液，滴至试样完全溶解后再过量 1 mL，完全转移至 100 mL 容量瓶中，加入 3 mL 氯化铯溶液，用水稀释至刻度，摇匀。此溶液为试验溶液 A，用于火焰原子发射光谱法钠含量和钾含量的测定。同时制备空白试验溶液，空白试验溶液除不加试样外，其他操作及加入试剂的量与试验溶液相同。

5.6.1.4.3 工作曲线的绘制

用火焰分光光度计，于波长 589.0 nm，用空气-乙炔氧化性火焰，空白试验溶液调零，然后测定试样溶液和工作曲线系列溶液的发射强度，以工作曲线溶液中钠的浓度(mg/mL)为横坐标，对应的发射强度为纵坐标绘制工作曲线。

5.6.1.5 结果计算

钠含量以钠(Na)的质量分数 w_2 计，数值以%表示，按式(2)计算：

$$w_2 = \frac{c \times 100 \times 10^{-3}}{m} \times 100 \qquad \cdots\cdots(2)$$

式中：

c——从工作曲线上查得试验溶液 A 中钠的浓度的数值，单位为毫克每毫升(mg/mL)；

m——试料质量的数值，单位为克(g)。

取平行测定结果的算术平均值为测定结果，两次平行测定结果的绝对差值不大于 0.02%。

5.6.2 原子吸收光谱法

5.6.2.1 方法提要

在酸性条件下，用氯化铯作电离缓冲剂，用原子吸收分光光度计于 589.0 nm 波长处，用空气-乙炔火焰，工作曲线法，测定溶液中的钠含量。

5.6.2.2 试剂

同本标准的 5.6.1.2。

钠标准溶液：1 mL 溶液含钠(Na)0.10 mg；

配制：用移液管移取 10 mL 按 HG/T 3696.2 配制的钠标准溶液置于 100 mL 容量瓶中，用水稀释至刻度，摇匀。

5.6.2.3 仪器、设备

原子吸收分光光度计。

5.6.2.4 分析步骤

5.6.2.4.1 试验溶液的制备

称取约 0.8 g 试样，精确至 0.01 g，置于烧杯中，用适量水润湿，加盖表面皿后缓慢滴加硝酸溶液，滴至试样完全溶解后再过量 2 mL，完全转移至 100 mL 容量瓶中，加入 3 mL 氯化铯溶液，用水稀释至刻度，摇匀。同时制备空白试验溶液，空白试验溶液除不加试样外，其他操作及加入试剂的量与试验溶液相同。

5.6.2.4.2 测定

用原子吸收分光光度计，于波长 589.0 nm 处，用空气-乙炔氧化性火焰，用水调零，测定试验溶液和空白试验溶液的吸光度。

5.6.2.4.3 工作曲线的绘制

于5个100 mL容量瓶中，按表3分别移取钠标准溶液，再分别加入1 mL硝酸溶液、3 mL氯化铯溶液，稀释至刻度，摇匀。用原子吸收分光光度计，于波长589.0 nm处，用空气-乙炔氧化性火焰，用水调零，测定工作曲线各溶液的吸光度，从各溶液的吸光度中减去编号:1溶液的吸光度，以各溶液的钠的浓度(mg/mL)为横坐标，对应的吸光度为纵坐标绘制工作曲线。

表3 工作曲线溶液

编　　号	1	2	3	4	5
钠标准溶液体积/mL	0	2.00	6.00	12.00	20.00
工作曲线溶液钠的浓度/(mg/mL)	0	0.002	0.006	0.012	0.020

5.6.2.5 结果计算

钠含量以钠(Na)的质量分数 w_2 计，数值以%表示，按式(3)计算：

$$w_2 = \frac{(c_1 - c_0) \times 100 \times 10^{-3}}{m} \times 100 \qquad \cdots\cdots(3)$$

式中：

c_1——从工作曲线上查得试验溶液中钠的浓度的数值，单位为毫克每毫升(mg/mL)；

c_0——从工作曲线上查得空白试验溶液中钠的浓度的数值，单位为毫克每毫升(mg/mL)；

m——试料质量的数值，单位为克(g)。

取平行测定结果的算术平均值为测定结果，两次平行测定结果的绝对差值不大于0.02%。

5.7 钾含量的测定

5.7.1 火焰原子发射光谱法(仲裁法)

5.7.1.1 方法提要

在酸性条件下，用氯化铯作为电离缓冲剂，用火焰发射光谱仪于波长766.5 nm处，用空气-乙炔火焰，进行钾的测定。

5.7.1.2 试剂

5.7.1.2.1 硝酸溶液:1+1。

5.7.1.2.2 钾标准溶液:1 mL溶液含钾(K)0.010 mg。

配制:用移液管移取1 mL按HG/T 3696.2配制的钾标准溶液置于100 mL容量瓶中，用水稀释至刻度，摇匀。此溶液现用现配。

5.7.1.2.3 氯化铯溶液:10 g/L。

称取1 g氯化铯(光谱纯)，置于100 mL烧杯中，加适量的水使其溶解完全，用水稀释至100 mL，摇匀。贮存于塑料瓶中。

5.7.1.2.4 乙炔:高纯。

5.7.1.3 仪器、设备

火焰分光光度计。

5.7.1.4 分析步骤

5.7.1.4.1 工作曲线溶液的配制

于5个100 mL容量瓶中，按表4分别移取钾标准溶液，再分别加入1 mL硝酸溶液、3 mL氯化铯溶液，稀释至刻度，摇匀。

表4 工作曲线溶液

编　　号	1	2	3	4	5
钾标准溶液体积/mL	0	2.00	4.00	8.00	16.00
工作曲线溶液的钾的浓度/(mg/mL)	0	2×10^{-4}	4×10^{-4}	8×10^{-4}	1.6×10^{-3}

5.7.1.4.2 工作曲线的绘制及试验溶液的测定

用火焰分光光度计，于波长 766.5 nm 处，用空气-乙炔氧化性火焰，空白试验溶液(5.6.1.4.2)调零，然后平行测定试样溶液 A(5.6.1.4.2)和工作曲线系列溶液的发射强度，以工作曲线溶液中钾的浓度(mg/mL)为横坐标，对应的发射强度为纵坐标绘制工作曲线。

5.7.1.5 结果计算

钾含量以钾(K)的质量分数 w_3 计，数值以%表示，按式(4)计算：

$$w_3 = \frac{c \times 100 \times 10^{-3}}{m} \times 100 \qquad (4)$$

式中：

c——从工作曲线上查得试验溶液中钾的浓度的数值，单位为毫克每毫升(mg/mL)；

m——试料质量的数值，单位为克(g)。

取平行测定结果的算术平均值为测定结果，两次平行测定结果的绝对差值不大于 0.000 5%。

5.7.2 原子吸收光谱法

5.7.2.1 方法提要

在酸性条件下，用氯化铯作电离缓冲剂，用原子吸收分光光度计于 766.5 nm 波长处，用空气-乙炔火焰，工作曲线法，测定溶液中的钾含量。

5.7.2.2 试剂

同本标准的第 5.7.1.2 条。

5.7.2.3 仪器、设备

原子吸收分光光度计。

5.7.2.4 分析步骤

5.7.2.4.1 测定

用原子吸收分光光度计，于波长 766.5 nm 处，用空气-乙炔氧化性火焰，用水调零，测定试样溶液 A(5.6.1.4.2)和空白试验溶液(5.6.1.4.2)的吸光度。

5.7.2.4.2 工作曲线的绘制

于 5 个 100 mL 容量瓶中，按表 4 分别移取钾标准溶液，再分别加入 1 mL 硝酸溶液、3 mL 氯化铯溶液，稀释至刻度，摇匀。用原子吸收分光光度计，于波长 766.5 nm 处，用空气-乙炔氧化性火焰，用水调零，测定工作曲线各溶液的吸光度，从各溶液的吸光度中减去编号：1 溶液的吸光度，以各溶液的钾的浓度(mg/mL)为横坐标，对应的吸光度为纵坐标绘制工作曲线。

5.7.2.5 结果计算

同本标准的 5.7.1.5。

5.8 铁含量的测定

5.8.1 方法提要

同 GB/T 3049—2006 第 3 章。

5.8.2 试剂

同 GB/T 3049—2006 第 4 章。

5.8.3 仪器、设备

同 GB/T 3049—2006 第 5 章。

5.8.4 分析步骤

5.8.4.1 工作曲线的绘制

按 GB/T 3049—2006 的 6.3 操作，选用 4 cm 或 5 cm 吸收池及对应的铁标准溶液用量，绘制工作曲线。

5.8.4.2 试验溶液B的制备

称取约10 g试样，精确至0.01 g，置于烧杯中，用适量水润湿，加盖表面皿后缓慢滴加盐酸溶液(1+1)使试样溶解后再过量5 mL，加热至沸，保持微沸1 min。待试验溶液冷却至室温，完全转移至250 mL容量瓶中，用水稀释至刻度，摇匀，此溶液为试验溶液B，用于铁含量、钙含量、镁含量的测定。

5.8.4.3 测定

移取25 mL试验溶液B于100 mL容量瓶中，然后按照GB/T 3049—2006的6.4操作。

5.8.5 结果计算

铁含量以铁(Fe)的质量分数 w_4 计，数值以%表示，按式(5)计算：

$$w_4 = \frac{(m_1 - m_0) \times 10^{-3}}{m \times 25/250} \times 100 \quad \cdots\cdots(5)$$

式中：

m_1——从工作曲线上查得的被测试验溶液中铁的质量的数值，单位为毫克(mg)；

m_0——从工作曲线上查得的空白试验溶液中铁的质量的数值，单位为毫克(mg)；

m——试料质量的数值，单位为克(g)。

取平行测定结果的算术平均值为测定结果，两次平行测定结果的绝对差值不大于0.000 2%。

5.9 钙含量的测定

5.9.1 方法提要

在酸性条件下，采用原子吸收分光光度法在422.7 nm波长下测定溶液中的钙含量。

5.9.2 试剂

5.9.2.1 镧盐溶液：称取15.9 g氯化镧($LaCl_3 \cdot 6H_2O$)，置于100 mL烧杯中，滴加盐酸溶液使其溶解(必要时加热)，完全移入500 mL容量瓶中，用水稀释至刻度，混匀。

5.9.2.2 柠檬酸溶液：10%。

5.9.2.3 钙标准溶液：1 mL溶液含钙(Ca)0.10 mg。

配制：用移液管移取10 mL按HG/T 3696.2配制的钙标准溶液置于100 mL容量瓶中，用水稀释至刻度，摇匀。

5.9.2.4 乙炔：高纯。

5.9.3 仪器、设备

原子吸收分光光度计。

5.9.4 分析步骤

于5个100 mL容量瓶中，按表5分别移取试样溶液B(5.8.4.2)和钙标准溶液，再分别加入2 mL镧盐溶液、10 mL柠檬酸溶液，稀释至刻度，摇匀。用原子吸收分光光计测定各溶液的吸光度，以各工作曲线溶液中钙的浓度(mg/mL)为横坐标，对应的吸光度为纵坐标绘制工作曲线，将曲线延长至与横坐标轴相交，该交点的坐标为被测试验溶液中的钙浓度。

表5 工作曲线溶液

编　号	1	2	3	4
试样溶液B的体积/mL	10	10	10	10
钙标准溶液体积/mL	0	1.00	2.00	3.00
工作曲线溶液钙的浓度/(mg/mL)	0	1×10^{-3}	2×10^{-3}	3×10^{-3}

5.9.5 结果计算

钙含量以钙(Ca)的质量分数 w_5 计，数值以%表示，按式(6)计算：

$$w_5 = \frac{c \times 100 \times 10^{-3}}{m \times 10/250} \times 100 \quad \cdots\cdots(6)$$

式中：

c——从工作曲线上查得被测试验溶液中钙的浓度的数值，单位为毫克每毫升(mg/mL)；

m——5.8.4.2 条中称取的试料质量的数值，单位为克(g)。

取平行测定结果的算术平均值为测定结果，两次平行测定结果的绝对差值不大于 0.005%。

5.10 镁含量的测定

5.10.1 方法提要

在酸性条件下，采用原子吸收分光光度法在 285.2 nm 波长下测定溶液中的镁含量。

5.10.2 试剂

5.10.2.1 盐酸溶液：1+1。

5.10.2.2 镧盐溶液：同本标准的 5.9.2.2。

5.10.2.3 锶盐溶液：称取 60.4 g 硝酸锶[$Sr(NO_3)_2$]，置于 250 mL 烧杯中，用水溶解，移入 500 mL 容量瓶中，用水稀释至刻度，摇匀。

5.10.2.4 镁标准溶液贮备液：1 mL 溶液含镁(Mg)0.10 mg。

配制：用移液管移取 10 mL 按 HG/T 3696.2 配制的镁标准溶液置于 100 mL 容量瓶中，用水稀释至刻度，摇匀。

5.10.2.5 镁标准使用溶液：1 mL 溶液含镁(Mg)0.010 mg；

配制：用移液管移取 10.00 mL 镁标准溶液贮备液置于 100 mL 容量瓶中，用水稀释至刻度，摇匀。此溶液现用现配。

5.10.2.6 乙炔：高纯。

5.10.3 仪器、设备

原子吸收分光光度计。

5.10.4 分析步骤

5.10.4.1 测定

移取 5 mL 试验溶液 B(5.8.4.2)于 100 mL 容量瓶中，加入 1 mL 盐酸溶液，2 mL 镧盐溶液，2 mL 锶盐溶液，用水稀释至刻度，摇匀。同时制备空白试验溶液，空白试验溶液除不加试样外，其他操作及加入试剂的量与试验溶液相同。用原子吸收分光光度计，波长 285.2 nm，用空气-乙炔氧化性火焰，用水调零，测定试样溶液和空白试验溶液的吸光度。

5.10.4.2 工作曲线的绘制

于 5 个 50 mL 容量瓶中，按表 6 移取镁标准溶液，再分别加入 1 mL 盐酸溶液、2 mL 镧盐溶液，2 mL 锶盐溶液，用水稀释至刻度，摇匀。用原子吸收分光光计，波长 285.2 nm，用空气-乙炔氧化性火焰，用水调零，测定各工作曲线溶液的吸光度，从各溶液的吸光度中减去编号：1 溶液的吸光度，以各溶液的镁的浓度(mg/mL)为横坐标，对应的吸光度为纵坐标绘制工作曲线。

表 6 工作曲线溶液

编　　号	1	2	3	4	5
镁标准溶液体积/mL	0	1.00	2.00	3.00	6.00
工作曲线溶液镁的浓度/(mg/mL)	0	2×10^{-4}	4×10^{-4}	6×10^{-4}	1.2×10^{-3}

5.10.5 结果计算

镁含量以镁(Mg)的质量分数 w_6 计，数值以%表示，按式(7)计算：

$$w_6=\frac{(c_1-c_0)\times100\times10^{-3}}{m\times5/250}\times100 \quad\cdots\cdots(7)$$

式中：

c_1——从工作曲线上查得被测试验溶液中镁的浓度的数值，单位为毫克每毫升(mg/mL)；

c_0——从工作曲线上查得空白试验溶液中镁的浓度的数值，单位为毫克每毫升(mg/mL)；

m——5.8.4.2 中称取试料质量的数值，单位为克(g)。

取平行测定结果的算术平均值为测定结果，两次平行测定结果的绝对差值不大于 0.005%。

5.11 硼含量的测定

5.11.1 方法提要

利用氟硼酸根离子选择性电极，以工作曲线法测定试样中的硼含量。

5.11.2 试剂

5.11.2.1 硫酸溶液：1+2。

5.11.2.2 溴甲酚绿指示液：1 g/L。

5.11.2.3 氟硼酸钠溶液：0.01 mol/L。

配制：称取 1.1 g 氟硼酸钠，溶于水，转移至 1 000 mL 容量瓶，用水稀释至刻度，摇匀。

5.11.2.4 硫酸钠溶液：0.4 mol/L。

配制：称取 56.82 g 已于 100 ℃干燥 2 h 的硫酸钠(Na_2SO_4)，溶于水，转移至 1 000 mL 容量瓶，用水稀释至刻度，摇匀。

5.11.2.5 氟化钠溶液：1 mol/L。

配制：称取于 42 g 氟化钠(NaF)，溶于水，转移至 1 000 mL 容量瓶，用水稀释至刻度，摇匀。

5.11.2.6 氢氧化钠溶液：20%。

5.11.2.7 硼标准溶液：1 mL 溶液含硼(B)0.10 mg。

配制：用移液管移取 10 mL 按 HG/T 3696.2 配制的硼标准溶液置于 100 mL 容量瓶中，稀释至刻度，摇匀。

5.11.2.8 水：去离子水。

5.11.3 仪器、设备

5.11.3.1 氟硼酸根离子选择性电极：使用前用氟硼酸钠溶液活化 12 h 后，用去离子水清洗至电位达 300 mV 左右。

5.11.3.2 饱和甘汞电极。

5.11.3.3 电位计：精度为 2 mV。

5.11.4 分析步骤

5.11.4.1 测定

称取约 2 g 试样，精确至 0.01 g，置于聚乙烯烧杯中，用适量水润湿。加盖表面皿后缓慢滴加 5 mL 硫酸溶液，1 mL 氟化钠溶液，置于沸水浴中浸泡加热 5 min，取下冷却。加 1 滴溴甲酚绿指示液，用氢氧化钠溶液调至溶液的颜色黄中带绿(pH≈4)，将溶液完全转移至 50 mL 容量瓶中，加入 25 mL 硫酸钠溶液，用水稀释至刻度，摇匀，再转移至聚乙烯烧杯中测定溶液的电位值 $E_{样}$(mV)。

5.11.4.2 工作曲线的绘制

于 4 个 50 mL 聚乙烯烧杯中，按表 7 分别移取硼标准溶液，再分别加入 3 mL 硫酸溶液，1 mL 氟化钠溶液，置于沸水浴中浸泡加热 5 min，取下冷却。加 1 滴溴甲酚绿指示液，用氢氧化钠溶液调至溶液的颜色黄中带绿(pH≈4)，将溶液完全转移至 50 mL 容量瓶中，加入 25 mL 硫酸钠溶液，用水稀释至刻度，摇匀，再转移至聚乙烯烧杯中测定各溶液的电位值 E(mV)。以各工作曲线溶液中硼的浓度(mg/mL)为横坐标，对应的电位值(mV)为纵坐标，用对数坐标纸值绘制工作曲线。

表 7 工作曲线溶液

容量瓶编号	1	2	3	4
硼标准溶液体积/mL	0.50	1.00	5.00	10.00
工作曲线溶液硼的浓度/(mg/mL)	1×10^{-3}	2×10^{-3}	10×10^{-3}	20×10^{-3}

5.11.5 结果计算

硼含量以硼(B)的质量分数 w_7 计，数值以%表示，按式(8)计算：

$$w_7 = \frac{c \times 50 \times 10^{-3}}{m} \times 100 \qquad (8)$$

式中：

c——从工作曲线上查得试验溶液中硼的浓度的数值，单位为毫克每毫升(mg/mL)；

m——试料质量的数值，单位为克(g)。

取平行测定结果的算术平均值为测定结果，两次平行测定结果的绝对差值不大于0.002%。

5.12 硫酸盐含量的测定

5.12.1 方法提要

在酸性介质中，硫酸根离子与钡离子生成难溶的硫酸钡。当硫酸根离子含量较低时，在一定时间内硫酸钡呈悬浮体，使溶液混浊，采用目视比浊法判定试样溶液与标准比浊溶液的浊度，获得测定结果。

5.12.2 试剂和材料

5.12.2.1 盐酸溶液：1+1。

5.12.2.2 丙三醇-氯化钠-盐酸混合试剂：

配制：12 g 氯化钠溶于40 mL 水中，加入1 mL 盐酸用丙三醇稀释至100 mL，混合均匀。若丙三醇带有黄色，应预先用活性炭处理去色。

5.12.2.3 氯化钡溶液：250 g/L。

5.12.2.4 硫酸盐标准溶液：1 mL 溶液含硫酸盐(SO_4)0.10 mg；

用移液管移取10 mL 按 HG/T 3696.2 配制的硫酸盐标准溶液，置于100 mL 容量瓶中，用水稀释至刻度，摇匀。此溶液现用现配。

5.12.2.5 定性滤纸：中速。

5.12.3 分析步骤

称取约2.5 g±0.01 g 试样，置于烧杯中，用适量水润湿，加盖表面皿后缓慢滴加盐酸溶液，滴至试样完全溶解后，加入约10 mL 水后加热至沸，冷却，完全转移至250 mL 容量瓶中，用水稀释至刻度，摇匀。溶液静止后用中速定性滤纸干过滤，弃去10 mL 的前滤液，用移液管移取10 mL 滤液，置于50 mL 比色管中，加水至约40 mL，加1 mL 盐酸溶液，10 mL 丙三醇-氯化钠-盐酸混合试剂，摇匀后边摇动边滴加3 mL 氯化钡溶液，用水稀释至刻度，摇匀。放置5 min，所呈浊度不得深于标准比浊溶液。

标准比浊溶液的配制：用移液管移取2 mL(优等品)、3.5 mL(一等品)、5 mL(合格品)硫酸盐标准溶液，与试样溶液同时同样处理。

5.13 氯化物含量的测定

5.13.1 汞量法(仲裁法)

5.13.1.1 方法提要

见 GB/T 3051—2000 第3章。

5.13.1.2 试剂和材料

5.13.1.2.1 硝酸溶液：1+1。

5.13.1.2.2 硝酸溶液：1+7。

5.13.1.2.3 氢氧化钠(优级纯)溶液：40 g/L。

5.13.1.2.4 硝酸汞标准滴定溶液：$c[1/2Hg(NO_3)_2 \cdot H_2O] \approx 0.005$ mol/L。

5.13.1.2.5 溴酚蓝指示液：1 g/L。

5.13.1.2.6 二苯偶氮碳酰肼指示液：5 g/L。

5.13.1.3 仪器、设备

滴定管：分度值为0.01 mL。

5.13.1.4 分析步骤

5.13.1.4.1 试样的测定

称取约 3 g 试样，精确到 0.01 g，置于 250 mL 锥形瓶中，用水润湿后缓慢滴加硝酸溶液(5.13.1.2.1)至试样完全溶解。加入 40 mL 水，加 2 滴溴酚蓝指示液，滴加硝酸溶液(5.13.1.2.2)中和至黄色后，再滴加氢氧化钠溶液至呈蓝色，再用硝酸溶液(5.13.1.2.2)调至恰呈黄色再过量 2 滴～3 滴，加入1 mL 二苯偶氮碳酰肼指示液，用硝酸汞标准滴定溶液滴定至由黄色变为与空白试验溶液相同的紫红色即为终点。

5.13.1.4.2 空白试验

在 250 mL 锥形瓶中加入 40 mL 水、加入与处理试样时相同体积的氢氧化钠溶液，2 滴溴酚蓝指示液，滴加硝酸溶液(5.12.1.2.2)至溶液由蓝色恰变黄色，再过量 2 滴～3 滴。加入 1 mL 二苯偶氮碳酰肼指示液，用硝酸汞标准滴定溶液滴定至溶液由黄色变为紫红色，记录所用硝酸汞标准滴定溶液的体积。

将滴定后的含汞废液集中保存起来，按 GB/T 3051—2000 附录 D 规定进行处理。

5.13.1.5 结果计算

氯化物含量以氯(Cl)的质量分数 w_8 计，数值以%表示，按式(9)计算：

$$w_8 = \frac{c[(V - V_0)/1\ 000]M}{m} \times 100 \quad \cdots\cdots(9)$$

式中：

c——硝酸汞标准滴定溶液浓度的准确数值，单位为摩尔每升(mol/L)；

V——滴定所消耗硝酸汞标准滴定溶液的体积的数值，单位为毫升(mL)；

V_0——参比溶液制备中所消耗硝酸汞标准滴定溶液的体积的数值，单位为毫升(mL)；

m——试料的质量的数值，单位为克(g)；

M——氯(Cl)的摩尔质量的数值，单位为克每摩尔(g/mol)(M=35.45)。

取平行测定结果的算术平均值为测定结果，两次平行测定结果的绝对差值不大于 0.02%。

5.13.2 目视比浊法

5.13.2.1 方法提要

在酸性介质中，氯离子与银离子生成难溶的氯化银，当氯离子含量较低时，在一定时间内氯化银呈悬浮体，使溶液混浊，采用目视比浊法判定试样溶液与标准比浊溶液的浊度，获得测定结果。

5.13.2.2 试剂和材料

5.13.2.2.1 硝酸溶液：1+4。

5.13.2.2.2 硝酸银溶液：17 g/L。

5.13.2.2.3 氯化物标准溶液：1 mL 溶液含氯(Cl)0.010 mg。

用移液管移取 1 mL 按 HG/T 3696.2 配制的氯化物标准溶液，置于 100 mL 容量瓶中，用水稀释至刻度，摇匀。此溶液现用现配。

5.13.2.3 分析步骤

称取约 2.5 g±0.01 g 试样，置于烧杯中，用适量水润湿，加盖表面皿后缓慢滴加 10 mL 硝酸溶液，加热至沸，冷却，完全转移至 250 mL 容量瓶中，用水稀释至刻度，摇匀。用移液管移取 5 mL 试验溶液，置于 50 mL 比色管中，加水至约 40 mL，加 1 mL 硝酸溶液，1 mL 硝酸银溶液，用水稀释至刻度，摇匀。放置 2 min，所呈浊度不得深于标准比浊溶液。

标准比浊溶液的配制：用移液管移取 2.5 mL(优等品)、4.0 mL(一等品)、5.0 mL(合格品)氯化物标准溶液，与试样溶液同时同样处理。

5.14 盐酸不溶物含量的测定

5.14.1 方法提要

称取一定量的试样溶于盐酸溶液，过滤后，残渣在一定温度条件下干燥至质量恒定，称量后，确定盐酸不溶物含量。

5.14.2 试剂

5.14.2.1 盐酸溶液：1+1。

5.14.2.2 硝酸溶液：1+4。

5.14.2.3 硝酸银溶液：17 g/L。

5.14.2.4 甲基橙指示液：1 g/L。

5.14.3 仪器、设备

5.14.3.1 玻璃砂坩埚：5 μm～15 μm。

5.14.3.2 电热恒温干燥箱：温度能控制在 105 ℃～110 ℃。

5.14.4 分析步骤

称取约 25 g 试样，精确至 0.02 g，置于 500 mL 烧杯中，加少量水润湿试样，加盖表面皿后滴 1 滴甲基橙指示液，然后滴加盐酸溶液至试液呈红色并过量 2 mL，然后加水至试液体积约为 200 mL。加热至沸腾 5 min，冷却后用预先在 105 ℃～110 ℃条件下干燥至质量恒定的玻璃砂坩埚过滤，用水洗涤至滤液不含氯离子(用硝酸-硝酸银溶液检验)，置于电热恒温干燥箱中，在 105 ℃～110 ℃条件下干燥至质量恒定。

5.14.5 结果计算

盐酸不溶物含量以质量分数 w_9 计，数值以%表示，按式(10)计算：

$$w_9 = \frac{m_1}{m} \times 100 \qquad \cdots\cdots(10)$$

式中：

m_1——盐酸不溶物质量的数值，单位为克(g)；

m——试料质量的数值，单位为克(g)。

取平行测定结果的算术平均值为测定结果，两次平行测定结果的绝对差值不大于 0.003%。

5.15 干燥减量的测定

5.15.1 方法提要

试料在 250 ℃～260 ℃的电热恒温干燥箱中干燥至质量恒定。

5.15.2 仪器、设备

5.15.2.1 瓷坩埚。

5.15.2.2 电热恒温干燥箱或高温炉：温度能控制在 250 ℃～260 ℃。

5.15.3 分析步骤

用已于 250 ℃～260 ℃条件下干燥至质量恒定的瓷坩埚，称取约 5 g 试样，精确至 0.000 2 g，置于电热恒温干燥箱或高温炉中，在 250 ℃～260 ℃条件下干燥至质量恒定。

5.15.4 结果计算

干燥减量以质量分数 w_{10} 计，数值以%表示，按式(11)计算：

$$w_{10} = \frac{m_1 - m_2}{m} \times 100 \qquad \cdots\cdots(11)$$

式中：

m_1——干燥前试料和瓷坩埚质量的数值，单位为克(g)；

m_2——干燥后试料和瓷坩埚质量的数值，单位为克(g)；

m——试料质量的数值，单位为克(g)。

取平行测定结果的算术平均值为测定结果，两次平行测定结果的绝对差值不大于0.01%。

6 检验规则

6.1 本标准采用型式检验和出厂检验。

6.1.1 表1中的全部项目为型式检验项目，在正常生产情况下，每月至少进行一次型式检验。有下列情况之一时，也应进行型式检验。

a) 更换关键生产工艺；

b) 主要原料有变化；

c) 停产后恢复生产；

d) 出厂检验结果与上次型式检验有较大差异。

6.1.2 表1中碳酸锂含量、钠含量、钾含量、铁含量、钙含量、镁含量、硫酸根含量、氯化物含量、盐酸不溶物及干燥减量为出厂检验项目，应逐批进行检验。

6.2 生产企业用相同材料，基本相同的生产条件，连续生产或同一班组生产的同一级别的卤水碳酸锂为一批，每批产品不超过10 t。

6.3 按照GB/T 6678的规定确定采样单元数。每一包装为一包装单元。采样时，将采样器自包装袋的上方斜插入至料层深度的3/4处采样。将采得的样品混匀后，按四分法缩分至不少于500 g，分装于两个清洁干燥的瓶(袋)中，密封。瓶(袋)上粘贴标签，注明：生产厂名、产品名称、批号、采样日期和采样者姓名。一瓶(袋)作为实验室样品，另一瓶(袋)保存备查，保存时间由生产厂根据实际情况确定。

6.4 卤水碳酸锂应由生产厂的质量监督检验部门按本标准的规定进行检验，生产厂应保证每批出厂的产品都符合本标准的要求。

6.5 检验结果如有一项指标不符合本标准要求时，应重新自两倍量的采样单元数的包装中采样复验，复验结果即使只有一项指标不符合本标准要求时，则整批产品为不合格品。

6.6 采用GB/T 1250规定的修约值比较法判定试验结果是否符合标准。

7 标志、标签

7.1 卤水碳酸锂包装上应有牢固清晰的标志，内容包括：生产厂名、厂址、产品名称、等级、净含量、批号(或生产日期)、本标准编号，GB/T 191—2008中规定的“怕雨”标志。

7.2 每批出厂的卤水碳酸锂都应附有质量证明书。内容包括：生产厂名、厂址、产品名称、等级、净含量、批号(或生产日期)、产品质量符合本标准的证明和本标准编号。

8 包装、运输、贮存

8.1 卤水碳酸锂采用以下包装方式。

8.1.1 塑料编织袋包装：内包装采用聚乙烯塑料薄膜袋，内袋用维尼龙绳或其他质量相当的绳人工扎口，或用与其相当的其他方式封口；外包装采用塑料编织袋，外袋用维尼龙绳或其他质量相当的线牢固缝口。或内外袋袋口对齐，折边缝合，用维尼龙绳或其他质量相当的线牢固缝口。每袋净含量为25 kg、50 kg。

8.1.2 根据用户要求协商确定包装容量和方式。

8.2 卤水碳酸锂在运输过程中应有遮盖物，防止日晒、雨淋、受潮。

8.3 卤水碳酸锂应贮存于阴凉干燥处，防止日晒、雨淋、受潮。

8.4 卤水碳酸锂在符合本标准规定的包装、运输、贮存条件下，自生产之日起保质期不少于12个月。

ICS 71.100.35
G 77

中华人民共和国国家标准

GB/T 23854—2009

溴 氯 海 因

Bromochloro-5,5-dimethylhydantoin

2009-05-18 发布 2010-02-01 实施

中华人民共和国国家质量监督检验检疫总局
中国国家标准化管理委员会 发布

前言

本标准由中国石油和化学工业协会提出。

本标准由全国化学标准化技术委员会水处理剂分会(SAC/TC 63/SC 5)归口。

本标准负责起草单位:山东龙口科达化工有限公司、盐城百瑞特精化有限公司、中海油天津化工研究设计院。

本标准主要起草人:姜延益、杨金友、杨衍林、郭登元、朱传俊。

溴 氯 海 因

1 范围

本标准规定了溴氯海因的要求、试验方法、检验规则、标志、包装、运输、贮存。

本标准适用于由5,5-二甲基海因经卤代而制得的溴氯海因，主要用于工业循环水、泳池、景观喷泉、医院污水、医疗用具、油田注水、食品加工、宾馆家庭卫生洁具的消毒杀菌灭藻，还可用于保鲜库、气调库杀菌保鲜、水产养殖消毒杀菌、口岸检验检疫处理消毒杀菌及疫区的防疫消毒。

分子式：$C_5H_6BrClN_2O_2$

结构式：

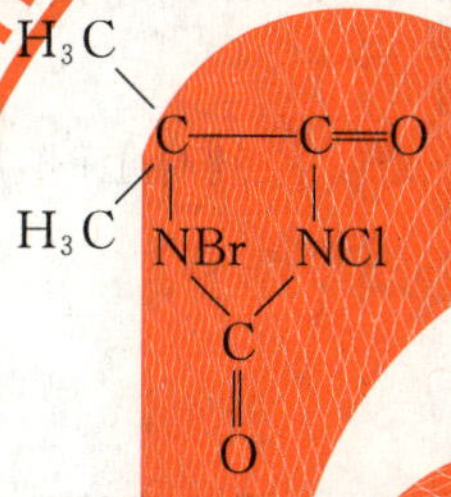

或

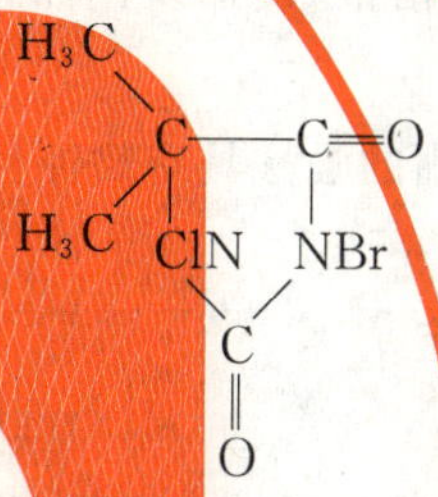

相对分子质量：241.5（按2005年国际相对原子质量）。

2 规范性引用文件

下列文件中的条款通过本标准的引用而成为本标准的条款。凡是注日期的引用文件，其随后所有的修改单（不包括勘误的内容）或修订版均不适用于本标准，然而，鼓励根据本标准达成协议的各方研究是否可使用这些文件的最新版本。凡是不注日期的引用文件，其最新版本适用于本标准。

GB 190 危险货物包装标志

GB/T 601 化学试剂 标准滴定溶液的制备

GB/T 603 化学试剂 试验方法中所用制剂及制品的制备（GB/T 603—2002，ISO 6353-1:1982，NEQ）

GB/T 1250 极限数值的表示方法和判定方法

GB/T 6678 化工产品采样总则

GB/T 6682 分析实验室用水规格和试验方法（GB/T 6682—2008，ISO 3696:1987，MOD）

GB/T 8946 塑料编织袋

3 技术要求

3.1 外观：白色、类白色结晶粉末。

3.2 溴氯海因应符合表1要求。

表 1

项 目		指 标	
		优等品	合格品
溴氯海因的质量分数/%	≥	98.0	96.0
溴的质量分数/%		31.0～35.0	31.0～35.0

表 1（续）

项　　目		指　　标	
		优等品	合格品
氯的质量分数/%		13.0～17.0	13.0～17.0
干燥失重(60 ℃,2 h)/ %	⩽	0.50	0.80
色度,YID1925	⩽	7.0	—
三氯甲烷不溶物/%	⩽	0.50	—

4　试验方法

本标准所用试剂,除非另有规定,应使用分析纯试剂和符合 GB/T 6682 中三级水的规定。

试验中所需标准滴定溶液、制剂及制品,在没有注明其他要求时,均按 GB/T 601、GB/T 603 之规定制备。

安全提示:本标准使用的强酸具有腐蚀性,使用时应注意。溅到身上时,用大量水冲洗,避免吸入或接触皮肤。

4.1　溴氯海因含量的测定

4.1.1　方法提要

试样在酸性介质中与碘化钾反应,析出碘,以淀粉为指示液,用硫代硫酸钠标准滴定溶液滴定,计算溴氯海因含量。

4.1.2　试剂和材料

4.1.2.1　硫酸溶液:1+5。

4.1.2.2　碘化钾溶液:100 g/L。

4.1.2.3　硫代硫酸钠标准滴定溶液:$c(Na_2S_2O_3)$约 0.1 mol/L。

4.1.2.4　淀粉指示液:10 g/L。

4.1.3　分析步骤

称取约 0.15 g 试样,精确至 0.2 mg,置于碘量瓶中。依次加入 20 mL 碘化钾溶液,5 mL 硫酸溶液,用铝箔封口(或用水封),避光振摇(或用磁力搅拌器搅拌)10 min,待试样溶解后用硫代硫酸钠标准滴定溶液滴定。近终点时加 1 mL 淀粉指示液,继续滴定至兰色刚好消失为终点,记录所用硫代硫酸钠标准滴定溶液体积 V。同时做空白试验，记录所用硫代硫酸钠标准滴定溶液体积 V_0。

4.1.4　结果计算

溴氯海因含量以质量分数 w_1 计,数值以%表示,按式(1)计算:

$$w_1=\frac{(V/1\,000-V_0/1\,000)cM/4}{m}\times 100 \qquad \cdots\cdots(1)$$

式中:

V——试样消耗硫代硫酸钠标准滴定溶液的体积的数值,单位为毫升(mL);

V_0——空白试验消耗的硫代硫酸钠标准滴定溶液的体积的数值,单位为毫升(mL);

c——硫代硫酸钠标准滴定溶液的浓度的准确数值,单位为摩尔每升(mol/L);

m——试料的质量的数值,单位为克(g);

M——溴氯海因摩尔质量的数值,单位为克每摩尔(g/mol)(M=241.5)。

4.1.5　允许差

取平行测定结果的算术平均值为测定结果,平行测定结果的绝对差值不大于 0.2%。

4.2 氯含量、溴含量的测定

4.2.1 方法提要

试样溶解后，通过水浴加热赶走试样中的溴成分，然后加入过量的硝酸银标准溶液，使之与氯离子生成沉淀，过量的硝酸银溶液以硫酸铁铵作指示剂，用硫氰酸铵标准滴定溶液进行回滴。

4.2.2 试剂和材料

4.2.2.1 过氧化氢：30%。

4.2.2.2 硝基苯。

4.2.2.3 硝酸溶液：1+3。

4.2.2.4 氢氧化钠溶液：100 g/L。

4.2.2.5 硝酸银标准溶液：$c(AgNO_3)$约 0.1 mol/L。

4.2.2.6 硫氰酸铵标准滴定溶液：$c(NH_4SCN)$约 0.1 mol/L。

4.2.2.7 硫酸铁铵指示液：80 g/L。

4.2.3 仪器、设备

恒温水浴。

4.2.4 分析步骤

称取 0.3 g 试样，精确至 0.2 mg，置于锥形瓶中。依次加入 50 mL 水、5 mL 氢氧化钠溶液、3 mL 过氧化氢。试样溶解后，加入硝酸溶液 50 mL，在沸水浴上加热至溶液无色(大约 2 h)。用少量水洗涤瓶壁，继续加热 15 min，然后取出锥形瓶。待冷至室温后依次加入 100 mL 水、30.00 mL 硝酸银标准溶液、1 mL 硝基苯、1 mL 硫酸铁铵指示液，摇匀后用硫氰酸铵标准滴定溶液滴定至溶液呈红色为终点，记录所用硫氰酸铵标准滴定溶液体积 V_N，同时做空白试验，记录所用硫氰酸铵标准滴定溶液体积 V_0。

4.2.5 结果计算

4.2.5.1 氯含量以质量分数 w_2 计，数值以%表示，按式(2)计算：

$$w_2 = \frac{(V_0/1\,000 - V_N/1\,000)c_N M}{m} \times 100 \qquad \cdots\cdots(2)$$

式中：

V_0——空白试验所用硫氰酸铵标准滴定溶液的体积的数值，单位为毫升(mL)；

V_N——硫氰酸铵标准滴定溶液的体积的数值，单位为毫升(mL)；

c_N——硫氰酸铵标准滴定溶液的浓度的准确数值，单位为摩尔每升(mol/L)；

m——试料的质量的数值，单位为克(g)；

M——氯摩尔质量的数值，单位为克每摩尔(g/mol)(M=35.45)。

4.2.5.2 溴含量以质量分数 w_3 计，数值以%表示，按式(3)计算：

$$w_3 = \left(\frac{w_1}{M_1} \times 2 - \frac{w_2}{M_2}\right) M \qquad \cdots\cdots(3)$$

式中：

w_1——溴氯海因的质量分数，%；

w_2——氯的质量分数，%；

M_1——溴氯海因的摩尔质量的数值，单位为克每摩尔(g/mol)(M_1=241.5)；

M_2——氯摩尔质量的数值，单位为克每摩尔(g/mol)(M_2=35.45)。

M——溴的摩尔质量的数值，单位为克每摩尔(g/mol)(M=79.90)。

4.2.6 允许差

取平行测定结果的算术平均值为测定结果，平行测定结果的绝对差值不大于 0.2%。

4.3 干燥失重的测定

4.3.1 方法提要

试样在真空干燥箱(表压为－0.090 MPa～－0.095 MPa)中(60±2)℃下干燥至恒量时所失去的质量。

4.3.2 仪器、设备

4.3.2.1 真空干燥箱。

4.3.2.2 培养皿:ϕ110 mm。

4.3.3 分析步骤

将培养皿在真空干燥箱(表压为－0.090 MPa～－0.095 MPa)中(60±2)℃下干燥至恒量并称取质量为 m_0,在培养皿中加入试样约 15 g,称取质量为 m_1(称准至 0.2 mg,粒料或片料要研成粉末),然后放在真空干燥箱中(60±2)℃下烘干 2 h,取出放在干燥器内冷却至室温,称取质量为 m_2。

4.3.4 结果计算

干燥失重以质量分数 w_4 计,数值以%表示,按式(4)计算:

$$w_4 = \frac{m_1 - m_2}{m_1 - m_0} \times 100 \qquad \cdots\cdots(4)$$

式中:

m_1——干燥前培养皿与样品质量的数值,单位为克(g);

m_2——干燥后培养皿与样品质量的数值,单位为克(g);

m_0——培养皿质量的数值,单位为克(g)。

4.3.5 允许差

取平行测定结果的算术平均值为测定结果,平行测定结果的绝对差值不大于 0.02%。

4.4 色度的测定

4.4.1 方法提要

该方法是对被测样品直接进行光谱反射率数值的测定,得到被测样品的色度值。

4.4.2 仪器、设备

4.4.2.1 分光测色仪:应满足如下条件。

仪器:45/0。

色标:CIE 颜色范围。

照明:F11。

观察:2°。

指数:YID1925。

4.4.2.2 标准色度校正板。

4.4.3 测定步骤

4.4.3.1 打开测色仪电源开关,拨动键盘选择菜单进行初始化设置。

4.4.3.2 对仪器依次进行零位校正、白板校正,校正完毕后再读取、确认仪器状态的符合性,进行测量参数设置,选择色空间。

4.4.3.3 放好样品,将测色仪的测量口放于样品上,按下测量按钮,灯闪,测量开始,稍等片刻,仪器显示屏上显示出所测样品的色度值。重复以上步骤即可进行第二次测定。

4.4.4 分析结果的表述

以两次测量的色度值的平均值为最后结果。

4.5 三氯甲烷不溶物的测定

4.5.1 试剂和材料

三氯甲烷。

4.5.2 **仪器、设备**

4.5.2.1 G_4 耐酸玻璃过滤器。

4.5.2.2 电磁加热搅拌器。

4.5.2.3 真空泵。

4.5.3 **测定步骤**

称取试样约 4 g～5 g，精确至 0.2 mg，置于 250 mL 碘量瓶中。加入 150 mL 三氯甲烷，放入磁珠在电磁加热搅拌器上搅拌加热至 30 ℃～40 ℃，待试样完全溶解后（约 5 min～10 min），用已恒量的 G_4 滤过漏斗进行抽滤，再用 100 mL 三氯甲烷分两次洗涤碘量瓶和磁珠，将洗涤液倒入 G_4 过滤器抽滤，然后再用 50 mL 三氯甲烷倒入 G_4 过滤器抽滤洗涤滤渣，最后将含有滤渣的 G_4 过滤器在 105 ℃～110 ℃烘至恒量。

4.5.4 **结果计算**

三氯甲烷不溶物的含量以质量分数 w_5 计，数值以%表示，按式(5)计算：

$$w_5=\frac{m_1-m_2-1.478V\times 0.000\,005}{m}\times 100 \quad\cdots\cdots(5)$$

式中：

m_1——G_4 过滤器及滤渣的质量的数值，单位为克(g)；

m_2——G_4 过滤器的质量的数值，单位为克(g)；

V——所用三氯甲烷的体积的数值，单位为毫升(mL)；

m——试料的质量的数值，单位为克(g)；

1.478——三氯甲烷的密度的数值，单位为克每毫升(g/mL)；

0.000 005——每克三氯甲烷中蒸发残渣的质量的数值，单位为克(g)。

4.5.5 **允许差**

取平行测定结果的算术平均值为测定结果，平行测定结果的绝对差值不大于 0.02%。

5 检验规则

5.1 本标准规定的全部指标项目为出厂检验项目，应由生产厂的质量监督检验部门按本标准的规定逐批检验。生产厂应保证所有出厂的产品都符合本标准要求。

5.2 使用单位有权按照本标准的规定对所收到的产品进行验收。

5.3 溴氯海因产品每批不超过 8 t。

5.4 按 GB/T 6678 规定确定采样单元数。

采样时用采样器插入每袋所装产品高度约 3/4 处取出样品，置瓷盘内经仔细混合均匀后，用四分法缩取试样约 100 g，分装于两个清洁干燥的棕色磨口瓶内，瓶上粘贴标签，注明生产厂名称、产品名称、批号、采样日期和采样者姓名，一瓶作检验用，另一瓶密封保存 3 个月备查。

5.5 按 GB/T 1250 中修约值比较法进行判定。

5.6 检验结果中如果有一项指标不符合本标准要求时，应重新自两倍量的包装单元中采样核验。核验结果有一项不符合本标准要求时，整批产品为不合格。

5.7 当供需双方对产品质量发生异议时，按照《中华人民共和国产品质量法》的规定办理。

6 标志、包装、运输、贮存

6.1 溴氯海因的外包装上应涂刷牢固清晰的标志，内容包括：生产厂名、产品名称、商标、等级、净含量、批号或生产日期、标准编号以及 GB 190 中规定的“腐蚀性物品”和“氧化剂”标志。

6.2 溴氯海因采用双层包装，内包装采用聚乙烯薄膜袋，厚度不小于 0.05 mm，包装容积应大于外包装；外包装采用聚丙烯塑料编织袋，其性能和检验方法应符合 GB/T 8946 的规定。外包装也可用纸板桶或塑料桶。每袋净质量 25 kg、50 kg(或依顾客要求而定)。

包装的内袋用维尼龙绳或其他质量相当的绳扎口,外袋用缝包机缝口,缝线应整齐无漏缝。

6.3 溴氯海因在运输过程中不得与其他货物混装,应有遮盖物,避免雨淋、受潮;并保持包装完整、标志清晰。

6.4 溴氯海因应贮存在干燥、阴凉通风的仓库中,防潮、防曝晒、防止与明火接触。

6.5 溴氯海因的贮存期为 18 个月。

7 安全要求

溴氯海因对皮肤和眼睛有刺激作用和腐蚀作用,操作人员在进行作业时应戴橡胶耐酸碱手套和防护眼镜、口罩,避免与皮肤直接接触。

ICS 71.060.30
G 11

中华人民共和国国家标准

GB/T 23855—2009

液体三氧化硫

Liquid sulphur trioxide

2009-05-18 发布　　　　2010-02-01 实施

中华人民共和国国家质量监督检验检疫总局
中国国家标准化管理委员会
发布

前　言

本标准由中国石油和化学工业协会提出。

本标准由全国化学标准化技术委员会硫和硫酸分技术委员会(SAC/TC 63/SC 7)归口。

本标准负责起草单位:南化集团研究院。

本标准参加起草单位:扬州市新业化工有限公司。

本标准主要起草人:冯俊婷、邱爱玲、邹惠玲、贺艳、李辉、刘春娣、夏攀登。

液体三氧化硫

1 范围

本标准规定了液体三氧化硫的要求、试验方法、检验规则以及标志、包装、运输、贮存和安全。

本标准适用于工业用液体三氧化硫。

分子式：SO_3

相对分子质量：80.06（按2003年国际相对原子质量）

2 规范性引用文件

下列文件中的条款通过本标准的引用而成为本标准的条款。凡是注日期的引用文件，其随后所有的修改单（不包括勘误的内容）或修订版均不适用于本标准，然而，鼓励根据本标准达成协议的各方研究是否可使用这些文件的最新版本。凡是不注日期的引用文件，其最新版本适用于本标准。

GB 190 危险货物包装标志

GB/T 191 包装储运图示标志

GB/T 601 化学试剂 标准滴定溶液的制备

GB/T 602 化学试剂 杂质测定用标准溶液的制备（GB/T 602—2002，ISO 6353-1：1982，Reagents for chemical analysis—Part 1：General test methods，NEQ）

GB/T 603 化学试剂 试验方法中所用制剂及制品的制备（GB/T 603—2002，ISO 6353-1：1982，Reagents for chemical analysis—Part 1：General test methods，NEQ）

GB/T 1250 极限数值的表示方法和判定方法

GB/T 6678—2003 化工产品采样总则

GB/T 6680—2003 液体化工产品采样通则

GB/T 6682 分析实验室用水规格和试验方法（GB/T 6682—2008，ISO 3696：1987，MOD）

GB 12268 危险货物品名表

GB 15258 化学品安全标签编写规定

3 要求

液体三氧化硫的产品质量分为优等品、一等品和合格品，其技术指标应符合表1的规定。

表1

项目		指标		
		优等品	一等品	合格品
外观		无色透明的液体	无色透明或微棕色的液体	—
三氧化硫（SO_3）的质量分数/%	≥	99.7	99.5	99.0
二氧化硫（SO_2）的质量分数/%	≤	0.20	0.40	—
灰分的质量分数/%	≤	0.05	0.40	—
铁（Fe）的质量分数/%	≤	0.020	0.030	—
注：指标中的“—”表示该类别产品的技术要求中没有此项目。				

4 试验方法

安全提示——本标准中使用的部分试剂具有毒性或腐蚀性,部分操作具有危险性。本标准并未揭示所有可能的安全问题,使用者应严格按照有关规定正确使用,并有责任采取适当的安全和健康措施。

本标准中所用的试剂和水,在没有注明其他要求时,均指分析纯试剂和符合 GB/T 6682 规定的三级水。试验中所用标准滴定溶液、杂质测定用标准溶液、制剂及制品,在没有注明其他要求时,均按 GB/T 601、GB/T 602、GB/T 603 的规定制备。

4.1 外观的测定

目视测定。

4.2 三氧化硫的质量分数的测定 化学滴定法

4.2.1 原理

以甲基红-亚甲基蓝为指示剂,用氢氧化钠标准滴定溶液中和滴定试验溶液,将测得的硫酸的含量换算为三氧化硫的含量,并从中减去由二氧化硫含量换算为三氧化硫含量的数值。

4.2.2 试剂

4.2.2.1 过氧化氢溶液:1+9。用甲基红-亚甲基蓝为指示剂,用酸或碱中和至灰绿色。

4.2.2.2 氢氧化钠标准滴定溶液:$c(NaOH)=0.5$ mol/L。

4.2.2.3 甲基红-亚甲基蓝混合指示液。

4.2.3 仪器

安瓿球:容积 2 mL~3 mL,如图 1 所示。

单位为毫米

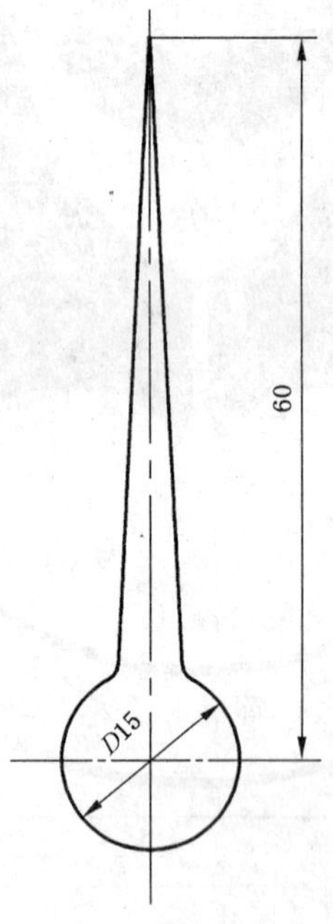

图 1 安瓿球

4.2.4 分析步骤

取一干燥安瓿球称量,精确至 0.000 1 g。在微火上小心将球部烤热,迅速将该球之毛细管插入试样中,吸取 0.4 g~0.7 g 试样,立即用火焰熔封毛细管的尖端,并用小火将毛细管外壁沾附的酸液烤干,冷却后称量,精确至 0.000 1 g。

将安瓿球置于盛有 100 mL 水和 5 mL 过氧化氢溶液(4.2.2.1)的具磨口塞的 500 mL 锥形瓶中,塞紧瓶塞,强烈振荡使安瓿球破碎,继续振摇至雾状三氧化硫气体消失,打开瓶塞,用水冲洗瓶塞,再用玻璃棒轻轻压碎安瓿球的毛细管,用水冲洗瓶颈及玻璃棒,加入(2~3)滴甲基红-亚甲基蓝混合指示液(4.2.2.3),用氢氧化钠标准滴定溶液(4.2.2.2)滴定至溶液呈灰绿色为终点。

4.2.5　结果计算

三氧化硫(SO_3)的质量分数 w_1,数值以%表示,按式(1)计算:

$$w_1 = \frac{VcM/2}{m \times 1\,000} \times 100 - 1.25w_2 \qquad \cdots\cdots(1)$$

式中:

V——滴定时耗用氢氧化钠标准滴定溶液(4.2.2.2)的体积的数值,单位为毫升(mL);

c——氢氧化钠标准滴定溶液(4.2.2.2)的浓度的准确数值,单位为摩尔每升(mol/L);

M——三氧化硫的摩尔质量的数值,单位为克每摩尔(g/mol)(M=80.06);

m——试料的质量的数值,单位为克(g);

w_2——按4.3.4计算的二氧化硫的质量分数,以%表示;

1.25——二氧化硫换算为三氧化硫的系数。

取平行测定结果的算术平均值为测定结果,平行测定结果的绝对差值应不大于0.30%。

4.3　二氧化硫的质量分数的测定　化学滴定法

4.3.1　原理

在冷却条件下,将试样吸收于一定量的氨磺酸溶液中,以淀粉溶液为指示剂,用碘标准滴定溶液滴定,由滴定耗用的碘标准滴定溶液的体积计算出二氧化硫的含量。

4.3.2　试剂

4.3.2.1　氨磺酸溶液:100 g/L。称取100 g氨磺酸溶于水中,用水稀释至1 L。有不溶物时过滤。

4.3.2.2　碘标准滴定溶液:0.1 mol/L。

4.3.2.3　碘标准滴定溶液:0.01 mol/L。

量取10.00 mL碘标准滴定溶液(4.3.2.2)置于100 mL容量瓶中,用水稀释至刻度,摇匀。该溶液使用时配制。

4.3.2.4　淀粉溶液:10 g/L。

4.3.3　分析步骤

取一干燥安瓿球称量,精确至0.000 1 g。在微火上小心将球部烤热,迅速将该球之毛细管插入试样中,吸取约1.5 g(可视二氧化硫含量增减取样量)试样,立即用火焰熔封毛细管的尖端,并用小火将毛细管外壁沾附的酸液烤干,冷却后称量,精确至0.000 1 g。

在冷却的条件下,向具有磨口塞的500 mL锥形瓶中加入10 mL氨磺酸溶液(4.3.2.1)和200 mL水,注意溶液温度不得高于30 ℃(可用碎冰或冷水降温)。将安瓿球置于锥形瓶中,塞上瓶塞,强烈振荡使安瓿球破碎,继续振摇至雾状三氧化硫气体消失,打开瓶塞,用水冲洗瓶塞,再用玻璃棒轻轻压碎安瓿球的毛细管,用水冲洗瓶颈及玻璃棒,加入2 mL淀粉溶液(4.3.2.4),用碘标准滴定溶液(4.3.2.3)滴定至溶液呈浅蓝色为终点。

同时做空白试验。

4.3.4　结果计算

二氧化硫(SO_2)的质量分数 w_2,数值以%表示,按式(2)计算:

$$w_2 = \frac{(V_1 - V_0)cM/2}{m \times 1\,000} \times 100 \qquad \cdots\cdots(2)$$

式中:

V_1——滴定时耗用碘标准滴定溶液(4.3.2.3)的体积的数值,单位为毫升(mL);

V_0——空白试验耗用碘标准滴定溶液(4.3.2.3)的体积的数值,单位为毫升(mL);

c——碘标准滴定溶液(4.3.2.3)的浓度的准确数值,单位为摩尔每升(mol/L);

M——二氧化硫的摩尔质量的数值，单位为克每摩尔(g/mol)(M=64.06)；

m——试料的质量的数值，单位为克(g)。

取平行测定结果的算术平均值为测定结果，平行测定结果的相对偏差应不大于5%。

4.4 灰分的质量分数的测定 称量法

4.4.1 原理

试料蒸发至干后，在800 ℃时灼烧，冷却后称量。

4.4.2 仪器

4.4.2.1 铂皿(或石英皿)：容量50 mL～60 mL。

4.4.2.2 高温电炉：可控制温度(800±50)℃。

4.4.2.3 称量锥形瓶：40 mL～50 mL，具厚玻璃磨口塞。

4.4.3 分析步骤

将铂皿(4.4.2.1)置于高温电炉(4.4.2.2)内，在(800±50)℃灼烧15 min，取出铂皿，置于干燥器中，冷却至室温后称量，精确至0.000 1 g。

用称量锥形瓶(4.4.2.3)以减量法称取25 g～50 g试样(精确至0.01 g)，置于已恒量的铂皿中，任其在常温下挥发至不冒白烟，移至砂浴(或可调温电炉)上，继续加热蒸发至干，移入高温电炉(4.4.2.2)内，在(800±50)℃灼烧15 min，取出铂皿，置于干燥器中，冷却至室温后称量，精确至0.000 1 g。

4.4.4 结果计算

灰分的质量分数w_3，数值以%表示，按式(3)计算：

$$w_3=\frac{m_1}{m}\times 100 \qquad (3)$$

式中：

m_1——试料灼烧后的灰分的质量的数值，单位为克(g)；

m——试料的质量的数值，单位为克(g)。

取平行测定结果的算术平均值为测定结果，平行测定结果的允许相对偏差见表2。

表2

灰分的质量分数/%	允许相对偏差/%
>0.015	≤10
≤0.015	≤20

4.5 铁的质量分数的测定 邻菲啰啉分光光度法

4.5.1 原理

试料蒸干后，残渣溶解于盐酸中，用盐酸羟胺还原溶液中的铁，在pH值为2～9的条件下，二价铁离子与邻菲啰啉反应生成橙色络合物，在波长为510 nm处，用分光光度计测其吸光度。

4.5.2 试剂

4.5.2.1 盐酸溶液：1+10。

4.5.2.2 硫酸溶液：1+1。

4.5.2.3 盐酸羟胺溶液：10 g/L。

4.5.2.4 乙酸-乙酸钠缓冲溶液：pH≈4.5。

4.5.2.5 邻菲啰啉溶液：1 g/L。

称取0.1 g邻菲啰啉溶于少量水中，加入0.5 mL盐酸溶液(4.5.2.1)，溶解后用水稀释至100 mL，避光保存。

4.5.2.6 铁(Fe)标准溶液：100 μg/mL。

称取0.863 g硫酸铁铵[$NH_4Fe(SO_4)_2\cdot 12H_2O$]，精确至0.001 g，溶解于200 mL水中，加5 mL

浓盐酸，移至 1 000 mL 容量瓶中，用水稀释至刻度，摇匀。

4.5.2.7 铁(Fe)标准溶液：10 μg/mL。

量取 10.00 mL 铁标准溶液(4.5.2.6)置于 100 mL 容量瓶中，用水稀释至刻度，摇匀。该溶液使用时配制。

4.5.3 仪器

4.5.3.1 分光光度计：具有 510 nm 波长。

4.5.3.2 称量锥形瓶：40 mL～50 mL，具厚玻璃磨口塞。

4.5.4 分析步骤

4.5.4.1 试液的制备

用称量锥形瓶(4.5.3.2)以减量法称取 10 g～20 g 试样，精确至 0.01 g，置于 50 mL 烧杯中，任其在常温下挥发至不冒白烟，移至砂浴(或可调温电炉)上蒸发至干，冷却，加 2 mL 盐酸溶液(4.5.2.1)和 25 mL 水，加热使其溶解，移入 100 mL 容量瓶中，用水稀释至刻度，摇匀，备用。

若用测定灰分后的残渣为试料，则先用 5 mL 硫酸溶液(4.5.2.2)溶解残渣，蒸干，冷却，加 2 mL 盐酸溶液(4.5.2.1)和 25 mL 水，加热使其溶解，冷却后移入 100 mL 容量瓶中，用水稀释至刻度，摇匀，备用。

4.5.4.2 工作曲线的绘制

量取 0 mL，2.0 mL，4.0 mL，6.0 mL，8.0 mL，10.0 mL 铁标准溶液(4.5.2.7)，分别置于 6 个 50 mL容量瓶中，加水至约 25 mL，加 2.5 mL 盐酸羟胺溶液(4.5.2.3)，5 mL 乙酸-乙酸钠缓冲溶液(4.5.2.4)，5 min 后加 5 mL 邻菲啰啉溶液(4.5.2.5)，用水稀释至刻度，摇匀，放置 15 min～30 min，显色。

在 510 nm 波长处，用 1 cm 吸收池，以水为参比，测定标准显色溶液的吸光度。

从每一标准显色溶液的吸光度值减去空白溶液的吸光度值，以所得吸光度值差为纵坐标，相应的铁质量为横坐标，绘制工作曲线。或根据所得吸光度值计算出线性回归方程。

4.5.4.3 测定

量取一定量的试液(4.5.4.1)，使其相应的铁质量在 10 μg～100 μg 之间，置于 50 mL 容量瓶中，加水至约 25 mL，然后按 4.5.4.2 中所述“加 2.5 mL 盐酸羟胺溶液……以水为参比”的步骤操作，测定溶液的吸光度。

同时做空白试验。

4.5.5 结果计算

从试液的吸光度值减去空白试验的吸光度值，根据所得的吸光度值差从工作曲线上查出相应的铁的质量或用线性回归方程计算出铁的质量。

铁(Fe)的质量分数 w_4，数值以%表示，按式(4)计算：

$$w_4 = \frac{m_1 \times 10^{-6}}{m} \times 100 \qquad (4)$$

式中：

m_1——从工作曲线上查得的或用线性回归方程计算出的铁的质量的数值，单位为微克(μg)；

m——分取试料的质量的数值，单位为克(g)。

取平行测定结果的算术平均值为测定结果，平行测定结果的允许相对偏差见表 3。

表 3

铁的质量分数/%	允许相对偏差/%
>0.005	≤5
≤0.005	≤10

5 检验规则

5.1 液体三氧化硫应由生产企业的质量监督检验部门检验，一般以一贮罐为一批，生产企业应保证每批出厂的产品各项指标符合本标准的要求。每批产品都应附有一定格式的质量证明书，其内容包括：产品名称、产品等级、生产企业名称、生产企业地址、商标、批号、生产日期、净含量、本标准编号。

5.2 使用单位有权按照本标准的规定对所收到的液体三氧化硫进行验收，核准其质量指标是否符合本标准的要求。当供需双方对产品质量发生争议时，应由有资质的第三方检验机构仲裁检验。

5.3 检验用的样品，由质检部门专人随机采样。采样按 GB/T 6680—2003 中 7.1.2 和 GB/T 6678—2003 中 7.6 的规定进行。取样总量不得少于 250 mL。

5.4 将取得的样品混合均匀，立即装入清洁、干燥、具磨口塞的玻璃瓶中，瓶上应贴有标签，注明产品名称、生产企业名称、批号、采样日期、采样者姓名等。一瓶用于检验，另一瓶作为保留样。

5.5 检验结果按 GB/T 1250 中规定的修约值比较法判定是否符合本标准。若检验结果有一项指标不符合本标准的要求，应重新取两倍量的样品作为实验室样品进行复验，复验结果即使有一项指标不符合本标准的要求，则整批产品为不合格。

6 标志、包装、运输和贮存

6.1 液体三氧化硫应储存于储槽内，储槽及其管道的温度应保持在 30 ℃～44 ℃。

6.2 液体三氧化硫的包装容器上应有明显、牢固的标志，内容包括：产品名称、产品等级、生产企业名称、生产企业地址、商标、批号、生产日期、净含量、本标准编号、符合 GB 190 规定的“腐蚀品”标志和 GB/T 191 规定的“怕雨”标志。

6.3 液体三氧化硫应装于专用的槽车或特制金属罐内运输，运输时容器的温度应保持在 30 ℃～44 ℃，避免太阳直接暴晒。槽车或金属罐应定期清理并干燥。

6.4 液体三氧化硫的标签应符合 GB 15258 的规定。

7 安全

7.1 液体三氧化硫属于 GB 12268 规定的一级无机酸性腐蚀品，具有强腐蚀性和吸湿性，操作时必须穿戴防毒面具、防护眼镜、耐酸手套、全身防护服和耐酸长筒靴子。

7.2 工作现场应备有应急水源和沙土。

7.3 液体三氧化硫若溅在身上，应立即脱去被污染衣着，用大量流动清水冲洗至少 15 min，就医；液体三氧化硫若溅入眼睛，应立即提起眼睑，用大量流动清水冲洗至少 15 min，就医；若误服液体三氧化硫，不可催吐，立即就医。

7.4 液体三氧化硫一旦发生泄漏，应疏散泄漏污染区人员至安全区，禁止无关人员进入污染区，建议应急人员带自给式呼吸器，穿化学防护服。合理通风，不要直接接触泄漏物，勿使泄漏物与易燃物质（木材、纸、油等）接触，在确保安全下堵漏。喷水雾减慢挥发（或扩散），但不要对泄漏物或泄漏点直接喷水。

7.5 工作环境禁止吸烟、进食和饮水，工作毕，淋浴更衣。

7.6 液体三氧化硫遇水能发生爆炸，灭火宜用沙土掩埋，禁止用水。

ICS 71.100.80
G 77

中华人民共和国国家标准

GB/T 23856—2009

二氯海因

1,3-Dichloro-5,5-dimethylhydantoin

2009-05-18 发布 2010-02-01 实施

中华人民共和国国家质量监督检验检疫总局
中国国家标准化管理委员会 发布

前　言

本标准由中国石油和化学工业协会提出。

本标准由全国化学标准化技术委员会水处理剂分会(SAC/TC 63/SC 5)归口。

本标准负责起草单位：山东龙口科达化工有限公司、中海油天津化工研究设计院。

本标准主要起草人：杨金友、杨衍林、李纯钢、李琳、白莹。

二 氯 海 因

1 范围

本标准规定了二氯海因的要求、试验方法、检验规则、标志、包装、运输、贮存。

本标准适用于由5,5-二甲基海因经氯化而制得的二氯海因,主要用于工业循环水、泳池、生活污水、医院污水、医疗器具、水产养殖的消毒杀菌灭藻及在有机合成化学工业、制药业、橡胶工业上用作氯化剂。

分子式:$C_5H_6Cl_2N_2O_2$

结构式:

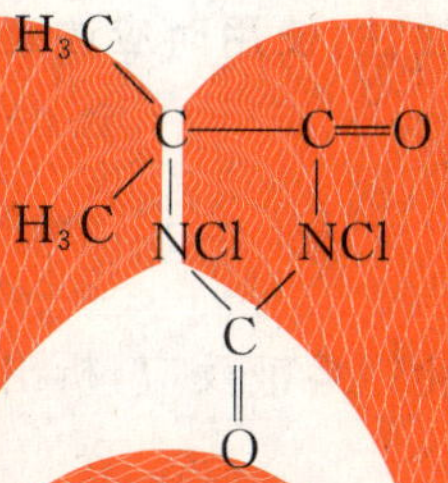

相对分子质量:197.12(按2005年国际相对原子质量)

2 规范性引用文件

下列文件中的条款通过本标准的引用而成为本标准的条款。凡是注日期的引用文件,其随后所有的修改单(不包括勘误的内容)或修订版均不适用于本标准,然而,鼓励根据本标准达成协议的各方研究是否可使用这些文件的最新版本。凡是不注日期的引用文件,其最新版本适用于本标准。

GB 190 危险货物包装标志

GB/T 601 化学试剂 标准滴定溶液的制备

GB/T 603 化学试剂 试验方法中所用制剂及制品的制备(GB/T 603—2002,ISO 6353-1:1982,NEQ)

GB/T 1250 极限数值的表示方法和判定方法

GB/T 6678 化工产品采样总则

GB/T 6682 分析实验室用水规格和试验方法(GB/T 6682—2008,ISO 3696:1987,MOD)

GB/T 8946 塑料编织袋

3 技术要求

3.1 外观:白色结晶粉末。

3.2 二氯海因应符合表1要求。

表1

项目		指标	
		优等品	合格品
二氯海因的质量分数/%	≥	98.0	96.0
氯的质量分数(以Cl计)/%	≥	35.0	34.5

表 1（续）

项　　目		指　　标	
		优等品	合格品
干燥失重（60 ℃，2 h）/%	⩽	0.80	0.80
色度，YID 1925	⩽	5.0	—
三氯甲烷不溶物/%	⩽	0.50	—

4 试验方法

本标准所用试剂和水，除非另有规定，应使用分析纯试剂和符合 GB/T 6682 中三级水的规定。

试验中所需标准滴定溶液、制剂及制品，在没有注明其他要求时，均按 GB/T 601、GB/T 603 之规定制备。

安全提示：本标准使用的强酸具有腐蚀性，使用时应注意。溅到身上时，用大量水冲洗，避免吸入或接触皮肤。

4.1 二氯海因含量和氯含量的测定

4.1.1 原理

在酸性介质中，二氯海因与过量的碘化钾溶液反应，析出的碘，以淀粉为指示剂，用硫代硫酸钠标准滴定溶液滴定至兰色消失为终点。

4.1.2 试剂和材料

4.1.2.1 碘化钾溶液：100 g/L。

4.1.2.2 硫酸溶液：1+5。

4.1.2.3 硫代硫酸钠标准滴定溶液：$c(Na_2S_2O_3)$ 约 0.1 mol/L。

4.1.2.4 淀粉指示液：10 g/L。

4.1.3 分析步骤

称取约 0.15 g 样品，精确至 0.2 mg。置于 250 mL 碘量瓶中，然后依次加入 30 mL 碘化钾溶液，20 mL硫酸溶液，放入磁力搅拌棒，迅速盖上瓶盖，在磁力搅拌器上避光搅拌 5 min 使样品溶解，然后打开瓶塞，用水冲洗瓶盖及瓶壁，用硫代硫酸钠标准滴定溶液滴定至溶液由棕红色变为淡黄色时，加 2 mL 淀粉指示液，继续滴定至溶液兰色消失为终点。同时做空白试验。

4.1.4 结果计算

4.1.4.1 二氯海因含量以质量分数 w_1 计，数值以%表示，按式(1)计算：

$$w_1 = \frac{(V/1\,000 - V_0/1\,000)cM/4}{m} \times 100 \qquad (1)$$

式中：

V——试样消耗硫代硫酸钠标准滴定溶液的体积的数值，单位为毫升(mL)；

V_0——空白试验消耗的硫代硫酸钠标准滴定溶液的体积的数值，单位为毫升(mL)；

c——硫代硫酸钠标准滴定溶液的浓度的准确数值，单位为摩尔每升(mol/L)；

m——试料的质量的数值，单位为克(g)；

M——二氯海因摩尔质量的数值，单位为克每摩尔(g/moL)(M=197.12)。

4.1.4.2 氯含量以质量分数 w_2 计，数值以%表示，按式(2)计算：

$$w_2 = \frac{(V/1\,000 - V_0/1\,000)cM_1/2}{m} \times 100 \qquad (2)$$

式中：

V——试样消耗硫代硫酸钠标准滴定溶液的体积的数值，单位为毫升(mL)；

V_0——空白试验消耗的硫代硫酸钠标准滴定溶液的体积的数值，单位为毫升(mL)；

c——硫代硫酸钠标准滴定溶液的浓度的准确数值，单位为摩尔每升(mol/L)；

m——试料的质量的数值，单位为克(g)；

M_1——氯摩尔质量的数值，单位为克每摩尔(g/moL)(M_1＝35.45)。

4.1.5 允许差

取平行测定结果的算术平均值为测定结果，平行测定结果的绝对差值不大于0.2%。

4.2 干燥失重的测定

4.2.1 方法提要

试样在真空干燥箱(表压为－0.090 MPa～－0.095 MPa)中(60±2)℃下干燥至恒量时所失去的质量。

4.2.2 仪器、设备

4.2.2.1 真空干燥箱。

4.2.2.2 培养皿：ϕ110 mm。

4.2.3 分析步骤

将培养皿在真空干燥箱(表压为－0.090 MPa～－0.095 MPa)中(60±2)℃下干燥至恒量并称取质量为m_0，在培养皿中加入试样约15 g，称取质量为m_1(称准至0.2 mg，粒料或片料要研成粉末)，然后放在真空干燥箱(表压为－0.090 MPa～－0.095 MPa)中(60±2)℃下烘干2 h，取出放在干燥器内冷却至室温，称取质量为m_2。

4.2.4 结果计算

干燥失重以质量分数w_3计，数值以%表示，按式(3)计算：

$$w_3=\frac{m_1-m_2}{m_1-m_0} \qquad \cdots\cdots(3)$$

式中：

m_1——干燥前培养皿与样品质量的数值，单位为克(g)；

m_2——干燥后培养皿与样品质量的数值，单位为克(g)；

m_0——培养皿质量的数值，单位为克(g)。

4.2.5 允许差

取平行测定结果的算术平均值为测定结果，平行测定结果的绝对差值不大于0.02%。

4.3 色度的测定

4.3.1 方法提要

该方法是对被测样品直接进行光谱反射率数值的测定，得到被测样品的色度值。

4.3.2 仪器、设备

4.3.2.1 分光测色仪：应满足如下条件

仪器：45/0。

色标：CIE颜色范围。

照明：F11。

观察：2°。

指数：YID 1925。

4.3.2.2 标准色度校正板

4.3.3 测定步骤

4.3.3.1 打开测色仪电源开关，拨动键盘选择菜单进行初始化设置。

4.3.3.2 对仪器依次进行零位校正、白板校正，校正完毕后再读取、确认仪器状态的符合性，进行测量参数设置，选择色空间。

4.3.3.3 放好样品，将测色仪的测量口放于样品上，按下测量按钮，灯闪，测量开始，稍等片刻，仪器显示屏上显示出所测样品的色度值。重复以上步骤即可进行第二次测定。

4.3.4 **结果计算**

以两次测量的色度值的平均值为测定结果。

4.4 **三氯甲烷不溶物的测定**

4.4.1 **试剂和材料**

三氯甲烷。

4.4.2 **仪器、设备**

4.4.2.1 G_4 耐酸玻璃滤过漏斗。

4.4.2.2 电磁加热搅拌器。

4.4.2.3 真空泵。

4.4.3 **测定步骤**

称取试样约 4 g～5 g，精确至 0.2 mg。置于 250 mL 碘量瓶中，加入 150 mL 三氯甲烷，放入磁珠在电磁加热搅拌器上搅拌加热至 30 ℃～40 ℃，待试样完全溶解后（约 5 min～10 min），用已恒量的 G_4 滤过漏斗进行抽滤，再用 100 mL 三氯甲烷分两次洗涤碘量瓶和磁珠，将洗涤液倒入 G_4 漏斗抽滤，然后再用 50 mL 三氯甲烷倒入 G_4 漏斗抽滤洗涤滤渣，最后将含有滤渣的 G_4 漏斗在 105 ℃～110 ℃烘至恒量。

4.4.4 **结果计算**

三氯甲烷不溶物的含量以质量分数 w_4 计，数值以%表示，按式(4)计算：

$$w_4 = \frac{m_1 - m_2 - 1.478V \times 0.000\,005}{m} \times 100 \quad \cdots\cdots(4)$$

式中：

m_1——G_4 漏斗及滤渣的质量的数值，单位为克(g)；

m_2——G_4 漏斗的质量的数值，单位为克(g)；

V——所用三氯甲烷的体积的数值，单位为毫升(mL)；

m——试料的质量的数值，单位为克(g)；

1.478——三氯甲烷的密度的数值，单位为克每毫升(g/mL)；

0.000 005——每克三氯甲烷中蒸发残渣的质量的数值，单位为克(g)。

4.4.5 **允许差**

取平行测定结果的算术平均值为测定结果，平行测定结果的绝对差值不大于 0.02%。

5 检验规则

5.1 本标准规定的全部指标项目为出厂检验项目，应由生产厂的质量监督检验部门按本标准的规定逐批检验。生产厂应保证所有出厂的产品都符合本标准要求。

5.2 使用单位有权按照本标准的规定对所收到的产品进行验收。

5.3 二氯海因产品每批不超过 5 t。

5.4 按 GB/T 6678 规定确定采样单元数。

采样时采样器管插入每袋所装产品高度约 3/4 处取出样品，置瓷盘内经仔细混合均匀后，以四分法缩取试样约 100 g，分装于两个清洁干燥的棕色磨口瓶内，瓶上粘贴标签，注明生产厂名称、产品名称、批号、采样日期和采样者姓名，一瓶作检验用，另一瓶密封保存 3 个月备查。

5.5 按 GB/T 1250 中修约值比较法进行判定。

5.6 检验结果中如果有一项指标不符合本标准要求时，应重新自两倍量的包装单元中采样核验。核验结果有一项不符合本标准要求时，整批产品为不合格。

5.7 当供需双方对产品质量发生异议时，按照《中华人民共和国产品质量法》的规定办理。

6 标志、包装、运输、贮存

6.1 二氯海因的外包装上应有涂刷牢固清晰的标志，内容包括：生产厂名、产品名称、商标、等级、净含量、批号或生产日期、标准编号以及 GB 190 中规定的“腐蚀性物品”和“氧化剂”标志。

6.2 二氯海因采用双层包装，内包装采用聚乙烯薄膜袋，厚度不小于 0.05 mm，包装容积应大于外包装；外包装采用聚丙烯塑料编织袋，其性能和检验方法应符合 GB/T 8946 的规定。外包装也可采用纸板桶或塑料桶。每袋净质量 25 kg、50 kg(或依顾客要求而定)。

包装的内袋用维尼龙绳或其他质量相当的绳扎口，外袋用缝包机缝口，缝线应整齐无漏缝。

6.3 二氯海因在运输过程中不得与其他货物混装，应有遮盖物，避免雨淋、受潮；并保持包装完整、标志清晰。

6.4 二氯海因应贮存在干燥、阴凉通风的仓库中，防潮、防曝晒、防止与明火接触。

6.5 二氯海因产品的贮存期为 24 个月。

7 安全要求

二氯海因对皮肤和眼睛有刺激作用和腐蚀作用，操作人员在进行作业时应戴橡胶耐酸碱手套和防护眼镜、口罩，避免与皮肤直接接触。

ICS 13.030.99
Z 68

中华人民共和国国家标准

GB/T 23857—2009

生活垃圾填埋场降解治理的监测与检测

Monitoring and testing in municipal solid waste landfill degradation treatment

2009-05-27 发布

2010-02-01 实施

中华人民共和国国家质量监督检验检疫总局
中国国家标准化管理委员会
发布

前　言

本标准的附录C为规范性附录、附录A、附录B为资料性附录。

本标准由中华人民共和国住房和城乡建设部提出。

本标准由住房和城乡建设部城镇环境卫生标准技术归口单位归口。

本标准起草单位:北京煜立晟科技有限公司。

本标准主要起草人:郭静、邢军、屈志军、唐金山。

本标准为首次发布。

生活垃圾填埋场降解治理的监测与检测

1 范围

本标准规定了生活垃圾填埋场垃圾堆体、填埋气体、地下水、渗沥液的监测项目与检测方法。

本标准适用于生活垃圾填埋场的降解治理。

2 规范性引用文件

下列文件中的条款通过本标准的引用而成为本标准的条款。凡是注日期的引用文件,其随后所有的修改单(不包括勘误的内容)或修订版均不适用于本标准,然而,鼓励根据本标准达成协议的各方研究是否可使用这些文件的最新版本。凡是不注日期的引用文件,其最新版本适用于本标准。

GB/T 6920 水质 pH值的测定 玻璃电极法

GB/T 9801 空气质量 一氧化碳的测定 非分散红外法

GB/T 10410.1 人工煤气组分气相色谱分析法

GB/T 12999—1991 水质采样 样品的保存和管理技术规定

GB/T 14678 空气质量 硫化氢、甲硫醇、甲硫醚和二甲二硫的测定 气相色谱法

GB/T 14679 空气质量 氨的测定 次氯酸钠-水杨酸分光光度法

GB/T 16488 水质 石油类和动植物油的测定 红外光度法

GB 16889 生活垃圾填埋场污染控制标准

GB/T 18772—2008 生活垃圾填埋环境监测技术要求

CJ/T 96 城市生活垃圾的测定 有机质的测定 灼烧法

CJ/T 99 城市生活垃圾的测定 pH的测定 玻璃电极法

CJ/T 103 城市生活垃圾的测定 全氮的测定 半微量开氏法

CJ/T 3039 城市生活垃圾采样和物理分析方法

CJJ 17—2004 生活垃圾卫生填埋技术规范

DZ/T 0154 地面沉降水准测量规范

HJ/T 164 地下水环境检测技术规范

US EPA 8260B—1996 气相色谱/质谱(GC/MS)测定挥发性气体组分

US EPA 8270D—2007 气相色谱/质谱(GC/MS)测定半挥发性气体组分

3 术语和定义

下列术语和定义适用于本标准。

3.1

垃圾堆体 refuse dump

垃圾填埋场中将各种单体形态的不同种类的生活垃圾集合起来,掩埋覆盖,形成的堆体,是垃圾填埋场的主体组成部分。

3.2

降解治理 degradation treatment

通过物理、化学、生物等方式使垃圾填埋场中垃圾组分加速分解,实现垃圾堆体稳定化的活动。

3.3

光电离探测　photoionization detection

使用光子能量的紫外(UV)灯作为光源，被测物质进入离子化室后，经UV灯照射，原来稳定的分子结构被电离，产生带正电的离子与带负电的电子，在正负电场的作用下，形成微弱电流，检测电流的大小，测定物质在气体中含量的方法。

3.4

直接采样法　direct sampling method

直接获取一定量的填埋气体样品置于采样容器的方法。直接采样法常用的方法有：塑料袋法、注射器采样法、采样袋法、真空瓶法。

3.5

浓缩采样法　concentration sampling method

以大量的填埋气体通过液体吸收剂或固体吸附剂，将有害气体吸收或阻留，使原填埋气体中含量较低的有害气体得到浓缩(或富集)起来的方法。包括溶液吸收法、固体吸附剂法和低温冷凝法。

4　要求

4.1　采样基本要求

4.1.1　采样宜在晴天进行。

4.1.2　堆有工业废弃物等杂物的采样点，应先去除杂物。

4.1.3　贮存样品的容器应密封、保温、保湿、不透水、不吸收水分。

4.1.4　样品采集后，应及时送实验室处理。不能及时处理的，应妥善保存，并在有效保存期内完成检测。

4.2　操作安全与防护

4.2.1　样品采集和处理人员直接接触垃圾时，应防止垃圾中的尖锐物品(如：钉子、剃须刀片、碎玻璃)、有害气体等造成人身伤害。采样过程中，应配备下列个人防护用品，并符合下列要求：

a)　活性炭防尘口罩或面罩，应阻燃性高、呼吸阻力小、配戴卫生、保养方便；

b)　工作服，应防酸碱、阻燃；

c)　内外式化学防护手套、厚皮手套、高腰安全鞋、安全帽、护目镜。

4.2.2　采样点安全防护

采样点应设置光电离探测器，探测危险气体，并设置警示或隔离标志。

4.2.3　其他安全防护设备

应配备通讯器材、交通工具、废弃物搬运设备等。

5　垃圾堆体采样与检测

5.1　采样

5.1.1　采样用具

采样铲、对开式取土器、空心钻、岸斗钻、聚乙烯密封塑料采样桶、具塞广口瓶、密封塑料袋、玻璃容器、冷藏保存器、样品标签、采样记录表、记号笔。

5.1.2　采样点设置

5.1.2.1　在设有填埋气体集中收集或导排设施的垃圾填埋场，采样点应布设在2个填埋气体收集管中间。

5.1.2.2　在未设填埋气体收集与导排设施的垃圾填埋场，每2 500 m^2 至少应布设1个采样点。

5.1.3　采样方法

5.1.3.1　采样前，应使用光电离探测器，对采样点进行探测，确保采样点安全，做好采样准备工作。

5.1.3.2 钻孔前,应用小铲去除 15 cm 表层覆盖土。

5.1.3.3 应将同一采样点按挖掘深度分为上、中、下三层,即:表层覆盖土层下总挖掘深度的 1/6 深处视为上层、总挖掘深度的 1/2 深处为中层、总挖掘深度的 5/6 深处为下层。

5.1.3.4 钻孔开始后,钻至上层、中层、下层深处时,分别用带尖头的铲子采集垃圾样品,剔除明显不能被降解的塑料等杂物,并将样品充分混合,上、中、下三层垃圾堆体样品分别采集至少 1 kg 可供实验用样品。

5.1.3.5 将分拣后的垃圾样品,置放于贴有相应标签(参见附录 A)的采样容器中,密封待测定;同时填写采样记录表(参见附录 B)。

5.1.4 采样频率

垃圾填埋场采用快速降解治理阶段(有机物降解速率大于 0.3%/d),应按治理工艺周期进行监测,每月采样不应少于 1 次;治理结束,每季度宜采样 1 次,每次连续 3 d。

5.1.5 采样容器

5.1.5.1 容器材质应符合待测项目的要求,应清洁、干燥;使用前,应严格检查,符合要求后方可使用。

5.1.5.2 测定挥发性化合物、半挥发性化合物的垃圾样品,应选用不透光的容器(或在容器外罩避光塑料袋)。

5.1.5.3 测定有机污染物的垃圾样品宜选用玻璃容器保存。

5.1.6 样品处理与保存

5.1.6.1 每份样品保存量不应少于检测和分析需用量的 3 倍。

5.1.6.2 样品保存过程中,应确定包装完好。

5.1.6.3 对于易分解或易挥发等不稳定组分的样品应采取无顶空存样,低温保存运输,尽快送实验室分析测试,最迟不应超过 24 h。

5.1.6.4 样品保存应防止受潮或受灰尘等污染。

5.1.6.5 样品运送前,应指定人员负责样品保管,采样记录表随样品送实验室,实验室收样人员点收并确认样品。

5.1.6.6 撤销的样品不应随意丢弃,应按照国家相关规定处理,防止二次污染。

5.2 检测

5.2.1 常规监测项目及检测方法

应按 GB 16889 及 GB/T 18772—2008 的规定执行。

5.2.2 特定监测项目及检测方法

为确定降解治理效果,及时准确监测降解治理水平,应进行监测的项目按表 1 的规定执行。

表 1 垃圾堆体特定监测项目与检测方法

监测项目	检测方法	方法来源
pH	玻璃电极法	CJ/T 99
有机质	灼烧法	CJ/T 96
全氮	半微量开式法	CJ/T 103
半纤维素、纤维素	DNA 比色法	见附录 C 中的 C.1
比耗氧速率	比耗氧速率测定法	见附录 C 中的 C.2
生物可降解度	重铬酸钾滴定法	见附录 C 中的 C.3
自热效应	自热测试法	见附录 C 中的 C.4
沉降量	水准仪测量法	DZ/T 0154
含水率	垃圾含水率的测定	CJ/T 3039
挥发性有机化合物	气相色谱—质谱联用	US EPA 8260B
半挥发性有机化合物	气相色谱—质谱联用	US EPA 8270D

6 填埋气体采样与检测

6.1 采样

6.1.1 采样用具

气体采样泵、注射器、多种气体报警检测仪、塑料袋、采气袋、玻璃容器、真空瓶、样品标签、采样记录表。

6.1.2 采样点设置

6.1.2.1 在设有填埋气体集中收集或导排设施的垃圾填埋场，采样点应设在收集系统末端或填埋气体收集管口内部下方 0.5 m 处。

6.1.2.2 在未设填埋气体收集与导排设施的垃圾填埋场，按 CJJ 17—2004 中第 8 章补设填埋气体导排设施，采样位置应设在导排设施管口下方 0.5 m 处。

6.1.3 采样方法

6.1.3.1 采集样品前，每个井内应先抽出 5 倍以上采集器容积的填埋气体。

6.1.3.2 采用直接采样法或浓缩采样法采集气体样品，应将填埋气体置于贴有相应标签(参见附录 A)的采样容器，密封待测定；同时填写采样记录表(参见附录 B)。

6.1.3.3 检测项目采样方法按 GB/T 18772—2008 中 5.2 的要求执行。

6.1.4 采样频率

垃圾填埋场采用快速降解治理(有机物降解速率大于 0.3%/d)阶段，按治理工艺周期进行采样，每周采样不应少于 2 次；治理结束，每季度宜采样 1 次，夏季每月 1 次，一年不少于 6 次；每次采样在 1 h 内，以等时间间隔采集 4 个样品，并计平均值。

6.1.5 采样容器

6.1.5.1 按 5.1.5.1 执行。

6.1.5.2 应采用短的、孔径小的导管。

6.1.5.3 使用玻璃容器采样前，应利用抽气泵将容器抽至真空，再充入干洁空气至大于 1 个标准大气压。

6.1.5.4 采样过程中，使用待测气体对盛样容器进行换气，换气体积不应小于容器体积的 10 倍。

6.1.5.5 使用塑料袋容器，应尽量使用一次性密封容器，并于采样前排尽塑料袋内的气体。

6.1.6 样品处理与保存

6.1.6.1 将容器密封，确定包装完好，避免不同样品之间干扰。用塑料袋容器，应注意装运时避免压挤产生容器破损。

6.1.6.2 样品运送前，应指定人员负责样品保管，并于当日运回实验室，最迟不得超过 24 h。

6.1.6.3 采样记录表随样品送实验室。

6.1.6.4 实验室收样人员应点收并确认样品。

6.2 检测

6.2.1 常规监测项目及检测方法

应按 GB 16889 及 GB/T 18772—2008 的规定执行。

6.2.2 特定监测项目及检测方法

按表 2 的规定执行。

表 2　填埋气体特定监测项目与检测方法

监 测 项 目	检 测 方 法	方 法 来 源
硫化氢	气相色谱法	GB/T 14678
氨	分光光度法	GB/T 14679
甲烷	气相色谱法	GB/T 10410.1
二氧化碳	分光光度法	GB/T 10410.1
一氧化碳	非分散红外法	GB/T 9801
甲硫醇	气相色谱法	GB/T 14678
挥发性有机化合物	气相色谱—质谱联用	US EPA 8260B

7　地下水采样与检测

7.1　采样

7.1.1　采样用具

贝勒管、抽水泵、现场水指标测量仪(可测量色度、电导率、温度、pH 值、浊度等)、样品瓶、布卷尺、钢卷尺、样品标签、采样记录表。

7.1.2　采样点设置

7.1.2.1　在设有地下水监测系统的垃圾填埋场,采样点应选取地下水监测系统的地下水监测井。

7.1.2.2　在无防渗系统、无地下水检测系统的垃圾填埋场,采样点位置应处于填埋区底部第一承压含水层,取出水样应来自于同一含水层,采样点分布按 GB/T 18772—2008 中 8.1 的要求执行。

7.1.2.3　在有防渗系统、无地下水检测系统的垃圾填埋场:

a）填埋区防渗系统底部高于第一承压含水层超过 30 m,但尚未发现造成地下水污染的,可不设置地下水检测井,但应对附近水井进行水质检测;

b）若填埋区防渗系统底部高于第一承压含水层未超过 30 m,或超过 30 m 但已发现造成地下水污染的,应按照 GB/T 18772—2008 中 8.1 的要求补设地下水监测井。

7.1.3　采样方法

7.1.3.1　采样前,应进行洗井,洗井时取出水量为井中存水量的 3～5 倍。

7.1.3.2　每个样品采集 2 L,特殊项目的采样量和固定方法应按其所检测项目的分析方法和要求进行。

7.1.3.3　用水指标测量仪测试地下水 pH 值、电导性、温度、色度等指标,当其达到稳定状态后,此时方可采样。

7.1.3.4　采样设备在井中的移动应缓慢上升和下降。

洗井后 2 h 开始采样,记录开始采样时间,使用采样设备取足量体积的水样装于附有相应标签(参见附录 A)的样品瓶中;同时填写采样记录表(参见附录 B);盛装样品顺序宜参照待测项目挥发性敏感度的顺序安排。

7.1.4　采样频率

垃圾填埋场采用快速降解治理(有机物降解速率大于 0.3%/d)阶段,按治理工艺周期进行采样,每月不应少于 1 次;治理结束后,每年宜按枯、丰水期各采样 1 次。

7.1.5　采样容器

按 5.1.5 执行。

7.1.6 样品的处理与保存

按 GB/T 12999—1991 中 2.5 的要求执行。

7.2 检测

7.2.1 常规监测项目及检测方法

应按 GB 16889 及 GB/T 18772—2008 的规定执行。

7.2.2 特定监测项目及检测方法

按表 3 的规定执行。

表 3 地下水特定监测项目与检测方法

监测项目	检测方法	方法来源
石油类	红外光度法	GB/T 16488
挥发性有机化合物	气相色谱—质谱联用	US EPA 8260B
半挥发性有机化合物	气相色谱—质谱联用	US EPA 8270D
地下水位	人工观测法	HJ/T 164

8 渗沥液采样与检测

8.1 采样

8.1.1 采样用具

按 7.1.1 执行。

8.1.2 采样点设置

8.1.2.1 在设有垃圾渗沥液集中收集和处理设施的垃圾填埋场，采样点应设置在渗沥液收集井或调节池进水口处。

8.1.2.2 在未设渗沥液集中收集和处理设施的垃圾填埋场，应按照 CJJ 17—2004 中第 7 章渗沥液收集及处理补设渗沥液集中收集和处理设施，采样点应设置在渗沥液的集中排出点。

8.1.3 采样方法

8.1.3.1 用水样采集器提取渗沥液，弃去前 3 次渗沥液，用第 4 次渗沥液作为分析样品，采样量和固定样品方法应按 GB/T 12999—1991 中 2.5 的规定执行。

8.1.3.2 样品应装于附有相应标签(参见附录 A)的样品瓶中；同时填写采样记录表(参见附录 B)。

8.1.4 采样频率

垃圾填埋场采用快速降解治理(有机物降解速率大于 0.3%/d)阶段，按治理工艺周期进行采样，每周不应少于 2 次；治理结束，按 GB/T 18772—2008 中 6.2 的规定执行。

8.1.5 采样容器

按 5.1.5 执行。

8.1.6 样品处理与保存

按 GB/T 12999—1991 中 2.5 的规定执行。

8.2 检测

8.2.1 常规监测项目及检测方法

应按 GB 16889 及 GB/T 18772—2008 的规定执行。

8.2.2 特定监测项目及检测方法

按表 4 的规定执行。

表 4 渗沥液特定监测项目与检测方法

监测项目	检测方法	方法来源
pH	玻璃电极法	GB/T 6920
石油类	红外光度法	GB/T 16488
挥发性有机化合物	气相色谱—质谱联用	US EPA 8260B
半挥发性有机化合物	气相色谱—质谱联用	US EPA 8270D

附 录 A
（资料性附录）
样 品 标 签

样品标签详见表 A.1。

表 A.1 样品标签

样品名称		样品编号	
采样时间		采样地点	
监测项目		保存方法	
注意事项			
采样者姓名			

附　录　B
（资料性附录）
采样记录表

采样记录表详见表B.1。

表 B.1　采样记录表

样品名称							
样品编号	日期	时间	地点	数量	方法	设备(工具)	备注
采样人签名：							
接收人签名：				接收时间：			

附 录 C
（规范性附录）
检 测 方 法

C.1 半纤维素、纤维素的测定方法——DNA比色法

C.1.1 主要试剂与仪器

C.1.1.1 苯，分析纯。

C.1.1.2 乙醇，分析纯。

C.1.1.3 10 g/L NaOH 溶液。

C.1.1.4 100 g/L NaOH 溶液。

C.1.1.5 2 mol/L HCl 溶液。

C.1.1.6 5% HCl 溶液。

C.1.1.7 72% H_2SO_4 溶液。

C.1.1.8 酚酞指示剂。

C.1.1.9 蒽酮指示剂。

C.1.1.10 DNS 试剂。

C.1.1.11 200 mL 陶瓷研钵。

C.1.1.12 1 mm 土壤筛。

C.1.1.13 3 mm 土壤筛。

C.1.1.14 电子天平，精度 0.000 1 g。

C.1.1.15 250 mL 索氏提取器。

C.1.1.16 干燥箱。

C.1.1.17 恒温水浴锅。

C.1.1.18 电动离心机。

C.1.1.19 分光光度计。

C.1.1.20 10 mL 蒸发皿。

C.1.1.21 100 mL 蒸发皿。

C.1.1.22 200 mL 玻璃漏斗。

C.1.1.23 250 mL 砂芯漏斗。

C.1.2 样品处理

将所采集垃圾堆体样品分为三组，每组至少 1 kg；将垃圾堆体样品在 60 ℃烘干后，置于 200 mL 陶瓷研钵中研磨，1 mm 土壤筛过筛。垃圾样品中纸类成分不易被研磨过碎，可将研磨后较大的纸类用剪刀破碎后，过 3 mm 土壤筛，然后将两种粒径的样品混合均匀。

C.1.3 半纤维素的测定

C.1.3.1 采用圆锥四分法取样，称取 3 g 左右处理后的垃圾样品于滤纸袋内，称样量记为 m，放入索氏提取器的提取管中，抽提其中的脂肪类物质。提取溶剂采用苯与乙醇的混合液（体积分别为 50 mL、100 mL），水浴温度约 80 ℃，控制回流速度为 1 滴/s，整个抽提过程为 8 h。抽提结束后向水浴装置中加入冷水，然后将滤纸袋取出于 60 ℃烘干，称量残渣质量。

C.1.3.2 将抽脂后的残渣放入烧杯中，每克残渣用 100 mL 2 mol/L 的 HCl 溶液溶解，搅拌均匀，盖上表面皿，于沸水浴中加热 45 min，冷却后过滤，并用蒸馏水冲洗残渣 3 次，滤液与洗液合并入烧杯中，残渣于恒温干燥箱 60 ℃下烘干后称量，记为 m_1。

C.1.3.3 向烧杯中的滤液里加入1滴酚酞指示剂，用100 g/L NaOH溶液中和至滤液呈玫瑰红色（中性），然后定容至1 000 mL。利用DNS比色法测定溶液中还原糖质量浓度，后换算成半纤维素质量浓度。半纤维素计算公式见式（C.1）：

$$w_{hc} = \frac{\rho_r \times V_1 \times 0.9}{m} \times 100 \quad \cdots\cdots\cdots\cdots (C.1)$$

式中：

w_{hc}——半纤维素质量分数，%；

ρ_r——还原糖质量浓度，g/mL；

V_1——溶液定容体积，mL；

m——称样量，g。

C.1.4 纤维素的测定

C.1.4.1 向C.1.3.2烘干后的残渣m_1中加入10 g/L的NaOH溶液（每1 g残渣加入150 mL），在沸水浴上抽提2 h，冷却后离心分离，吸取上层清液，残渣用蒸馏水清洗后于60 ℃烘干称量，记为m_2。

C.1.4.2 将C.1.4.1中烘干的残渣m_2置于烧杯中，每克残渣加入10 mL 72%硫酸溶液，于20 ℃水解3 h，然后向溶液中加入蒸馏水（每1 g残渣加入90 mL），室温过夜。次日用恒重的砂芯漏斗过滤，滤液与洗液合并后定容至1 000 mL。

C.1.4.3 利用蒽酮硫酸比色法测定溶液中还原糖质量浓度，然后换算成纤维素质量浓度。纤维素计算公式见式（C.2）：

$$w_c = \frac{\rho_r \times V_1 \times 0.9}{m} \times 100 \quad \cdots\cdots\cdots\cdots (C.2)$$

式中：

w_c——纤维素质量分数，%；

ρ_r——还原糖质量浓度，g/mL；

V_1——溶液定容体积，mL；

m——称样量，g。

C.2 比耗氧速率的测定方法

C.2.1 原理

降解治理是通过物理、化学、生物等方式使垃圾填埋场中垃圾组分加速分解，实现垃圾堆体稳定化的活动。比耗氧速率标志着有机物分解的程度和降解治理进行的程度。

本实验采用的耗氧速率是相对耗氧速率r_{O_2}，即单位时间内氧在气体中体积分数的减少值。相对耗氧速度具有直观、简单，在工程中实用等优点。但当垃圾堆体中空隙率或颗粒直径相差很大时，测定结果误差较大。故也可用真实耗氧速率R_{O_2}来表示，两者关系为：

$$R_{O_2} = \frac{r_{O_2}\varepsilon \times 273 \times 10^3}{22.4 \times (273 + t)} \quad \cdots\cdots\cdots\cdots (C.3)$$

式中：

R_{O_2}——真实耗氧速率，mol/(m³·min)；

r_{O_2}——相对耗氧速率，ΔO_2%/min；

ε——堆层空隙率，%；

t——堆层温度，℃。

C.2.2 方法

通过测氧枪和微型吸气泵将堆层中的气体抽吸至O_2/CO_2测定仪，由仪器自动显示堆层中O_2或

CO_2 含量在单位时间内变化值，为了测定的准确性，可同时对堆层的不同层次、不同点进行测定。耗氧速率的测试中测氧枪由金属头和镀锌自来水管组成，金属锥形头用不锈钢或硬质材料加工成锥形，便于插入垃圾堆体中。

测氧枪使用前必须检查是否漏气。检查方法是用小橡皮塞将采集枪锥形头中部的小孔全部塞紧封住，或用适宜的橡皮管套住两头扎紧，然后用注射器连在枪末端的乳胶管上，松开止水夹，抽气，若出现抽真空气状态，即可使用。

气体采集可使用单向阀的注射器，接上球胆后与采集枪末端的乳胶管相连，通过注射器的推位，直接将气体采集于球胆中，采集完毕用止水夹夹住球胆口。在实验室用气相色谱进行气体分析。也可用微型吸气泵和携带式 O_2/CO_2 测定仪直接与测氧枪相连，通过泵的作用使抽取的气体流经电极表面，现场即可读数。

C.3 生物可降解度的测定方法——重铬酸钾滴定法

C.3.1 原理

根据生物可降解有机质比生物不可降解有机质更易于被氧化的特点，在原有“湿烧法”测定固体有机质的基础上，采用了常温反应，降低溶液的氧化程度，使之选择性地氧化生物可降解物质。其测定方法如下：在强酸性条件下，以强氧化剂重铬酸钾在常温下氧化样品中的有机质，过量的重铬酸钾以硫酸亚铁铵回滴。根据所消耗的氧化剂的量，计算样品中有机质的量，再换算为生物可降解度。反应式如下：

$$K_2Cr_2O_7+3C+8H_2SO_4 — 2K_2SO_4+2Cr_2(SO_4)_3+3CO_2+7H_2O$$

$$K_2Cr_2O_7+6FeSO_4+7H_2SO_4 — K_2SO_4+Cr_2(SO_4)_3+3Fe_2(SO_4)_3+7H_2O$$

C.3.2 试剂

C.3.2.1 重铬酸钾溶液，$c[1/6K_2Cr_2O_7]=2$ mol/L（配制方法为：将 98.08 g 重铬酸钾溶于 500 mL 蒸馏水中，然后缓慢加入 250 mL 浓硫酸，加蒸馏水至 1 L）。

C.3.2.2 硫酸亚铁铵标准溶液，$c[(NH_4)_2Fe(SO_4)_2]=0.25$ mol/L（配制方法为：小心地将 20 mL 浓硫酸加入 780 mL 水中，再将 98.05 g $(NH_4)_2Fe(SO_4)_2 \cdot 6H_2O$ 溶于其中）。

C.3.2.3 浓硫酸。

C.3.2.4 试亚铁灵指示液（配制方法为：称取 1.485 g 邻菲罗啉，0.695 g 硫酸亚铁，溶于水中，加水稀释至 100 mL，贮于棕色瓶中）。

C.3.3 实验步骤

C.3.3.1 称取 0.500 0 g 风干并经磨碎的试样，置于 250 mL 的容量瓶中。

C.3.3.2 用移液管准确量取 15.0 mL 的重铬酸钾溶液，加入瓶中。

C.3.3.3 向瓶中加入 20 mL 硫酸，摇匀。

C.3.3.4 在室温下将容量瓶置于振荡器中，振荡 1 h（振荡频率为 100 次/min 左右）。

C.3.3.5 取下容量瓶，加水至标线，摇匀。

C.3.3.6 从容量瓶中分取 25 mL 置于锥形瓶中，加试亚铁灵指示液 3 滴，用硫酸亚铁铵标准溶液滴定，溶液的颜色由黄色经蓝绿色至刚出现红褐色不褪即为本次试验的终点，记硫酸亚铁铵溶液的用量。

C.3.3.7 用同样的方法在不放试样的情况下，做空白试验。

C.3.3.8 按式（C.4）计算生物可降解度 BDM（%）：

$$BDM=\frac{(V_0-V_1)\times c\times 6.383\times 10^{-3}\times 10}{w}\times 100 \qquad \cdots\cdots\cdots\cdots(C.4)$$

式中：

V_0——空白试验所消耗的硫酸亚铁铵标准溶液的体积，mL；

V_1——样品测定所消耗的硫酸亚铁铵标准溶液的体积，mL；

c——硫酸亚铁铵标准溶液的浓度，mol/L；

w——样品质量，g。

C.4 自热效应的测定方法——自热测试法

将 1 L 的堆肥样品放入一个绝热的真空瓶中，通过温度计将每天的温度记录下来，直到温度有连续 2 d 达到最大值。用垃圾样品达到的最大温度值减去室温值，得到物料的净温度增长值，通过观察每天的净温度增长值来判断垃圾堆体样品是否达到了稳定。稳定的垃圾样品的温度增长值很小。本方法最多需要 6 d(平均 4 d～5 d)，测试结果直观。

ICS 91.140.80
P 42

中华人民共和国国家标准

GB/T 23858—2009

检查井盖

Manhole cover

2009-05-27 发布　　2010-02-01 实施

中华人民共和国国家质量监督检验检疫总局
中国国家标准化管理委员会　发布

前　　言

本标准与欧洲标准 EN 124:1994《行车道与步行道的集水井及检查井井盖》的一致性程度为非等效。

本标准的附录 A 为规范性附录,附录 B 为资料性附录。

本标准由中华人民共和国住房和城乡建设部提出。

本标准由住房和城乡建设部给水排水产品标准化技术委员会归口。

本标准负责起草单位:北京市市政工程研究院。

本标准参加起草单位:无锡诺龙铸造有限公司、黑龙江东府集团有限公司、北京市市政工程设计研究总院、山西兴龙铸造有限公司、苏州混凝土与水泥制品研究院、舟山市宏兴塑料有限公司、杭州金盟道路设施有限公司、河南永威(集团)有限公司、东莞市东历复合材料有限公司;厦门市一泰复合材料有限公司、湖南天联复合材料有限公司、保定国鑫金属制品有限公司。

本标准主要起草人:王贯明、陈辉、张长缨、李林呈、王乃震、奚飞达、曾建祥。

本标准为首次发布。

检 查 井 盖

1 范围

本标准规定了检查井盖的术语和定义、分类和结构形式、材料、要求、试验方法、检验规则、标志、包装、运输和贮存。

本标准适用于安装在绿化带、人行道、非机动车道、机动车道、停车场、码头、机场跑道等地面井座净开孔(co)不大于900 mm的金属及非金属材料检查井盖。

2 规范性引用文件

下列文件中的条款通过本标准的引用而成为本标准的条款。凡是注日期的引用文件,其随后所有的修改单(不包括勘误的内容)或修订版均不适用于本标准,然而,鼓励根据本标准达成协议的各方研究是否可使用这些文件的最新版本。凡是不注日期的引用文件,其最新版本适用于本标准。

GB 175 通用硅酸盐水泥

GB/T 700 碳素结构钢

GB/T 1040.4 塑料 拉伸性能的测定 第4部分:各向同性和正交各向异性纤维增强复合材料的试验条件

GB/T 1041 塑料 压缩性能的测定

GB/T 1043.1 硬质塑料简支梁冲击试验方法 第1部分:非仪器化冲击试验

GB/T 1348 球墨铸铁件

GB/T 1447 纤维增强塑料拉伸性能试验方法

GB/T 1448 纤维增强塑料压缩性能试验方法

GB/T 1449 纤维增强塑料弯曲性能试验方法

GB 1499.2 钢筋混凝土用钢 第2部分:热轧带肋钢筋

GB/T 3854 增强塑料巴柯尔硬度试验方法

GB/T 6414 铸件 尺寸公差与机械加工余量

GB 8076 混凝土外加剂

GB/T 8237 纤维增强塑料用液体不饱和聚酯树脂

GB/T 9341 塑料 弯曲性能的测定

GB/T 9439 灰铸铁件

GB/T 14408 一般工程与结构用低合金铸钢件

GB/T 14684 建筑用砂

GB/T 14685 建筑用卵石、碎石

GB/T 17470 玻璃纤维短切原丝毡和连续原丝毡

GB/T 18369 玻璃纤维无捻粗纱

GB/T 18370 玻璃纤维无捻粗纱布

JG/T 3064 钢纤维混凝土

3 术语和定义

下列术语和定义适用于本标准。

3.1

检查井　manhole

地下设施中用于连接、检查、维护管线和安装设备的竖向构筑物。

3.2

检查井盖　manhole cover

检查井口可开启的封闭物，由井盖和井座组成。

3.3

井盖　cover

检查井盖中可开启的部分，用于封闭检查井口。

3.4

井座　manhole frame

检查井盖中固定于检查井口的部分，用于安放井盖。

3.5

嵌入深度　inlaid depth

井座顶面至井盖底面的立面配合深度。

3.6

总间隙　width of aperture

井座与井盖之间的间隙总和。

3.7

井座支承面　supporting face of frame

支承井盖的井座平面。

3.8

斜度　taper of cover

检查井盖外沿上下形成的斜度。

3.9

井座净开孔　clear opening

检查井井座孔口的最大内切圆直径。

3.10

试验荷载　testing load

在测试检查井盖承载能力时规定施加的竖向荷载。

3.11

复合材料检查井盖　the composite material manhole cover

用聚合物作基体材料，加入增强材料、填充料等，通过一定工艺复合而成的检查井盖。

3.12

钢纤维增强混凝土　steel fiber reinforced concrete

用一定量随机分布的钢纤维增强的以水泥为主要黏结料的混凝土。

4　分类和结构形式

4.1　分类

4.1.1　检查井盖按承载能力划分为如下六级：A15、B125、C250、D400、E600、F900。

4.1.2　检查井盖按使用场所分为如下六组。

第一组(最低选用 A15 类型)：绿化带、人行道等禁止机动车驶入的区域。

第二组(最低选用 B125 类型)：人行道、非机动车道、小车停车场及地下停车场。

第三组(最低选用 C250 类型):住宅小区、背街小巷、仅有轻型机动车或小车行驶的区域,道路两边路缘石开始 0.5 m 以内。

第四组(最低选用 D400 类型):城市主路、公路、高等级公路、高速公路等区域。

第五组(最低选用 E600 类型):货运站、码头、机场等区域。

第六组(最低选用 F900 类型):机场跑道等区域 。

4.1.3 检查井盖按规格尺寸划分为人孔和非人孔两种。非人孔规格尺寸不作规定,人孔规格尺寸按井座净开孔(co)分为如下四类:600 mm、700 mm、800 mm、900 mm。

注:根据用户需求可以生产使用其他规格的检查井盖。

4.2 结构形式

4.2.1 嵌入深度(A)、井座支承面宽度(B)和斜度(e),见图 1 和图 2。

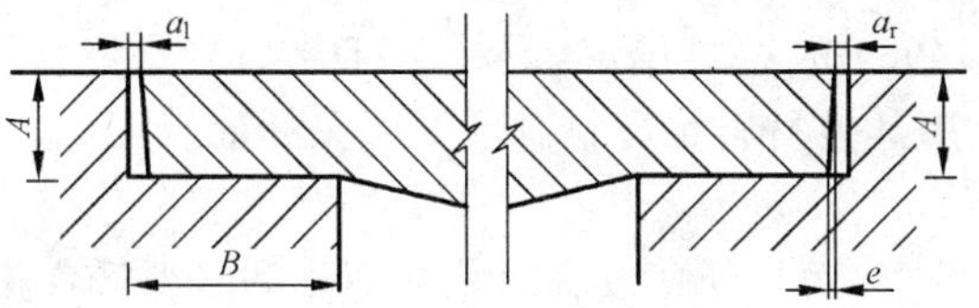

图 1

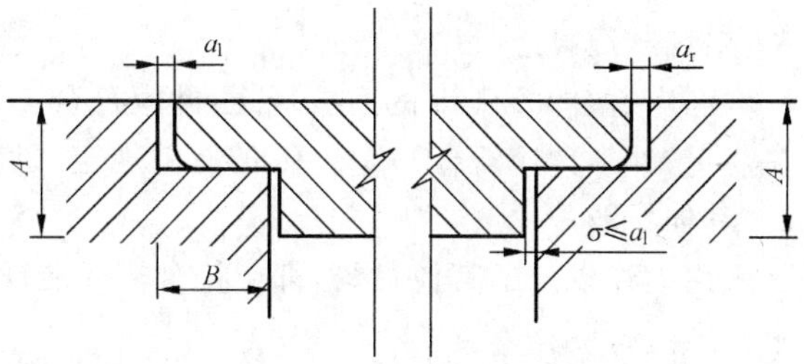

图 2

4.2.2 总间隙(a),见图 3(a_l 为左间隙,a_c 为中间间隙,a_r 为右间隙)。

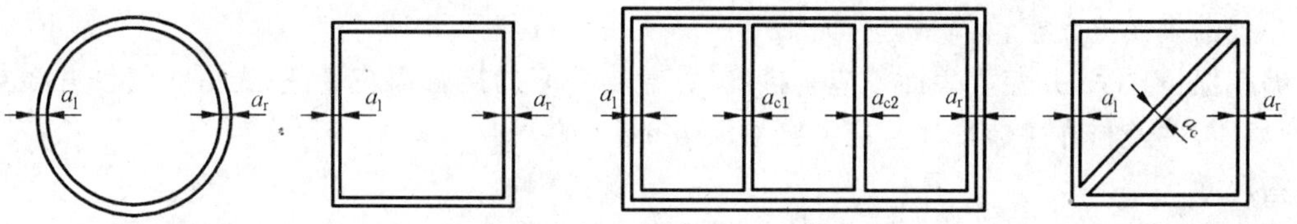

$a=a_l+a_r$ $a=a_l+a_r$ $a=a_l+a_{c1}+a_{c2}+a_r$ $a=a_l+a_c+a_r$

图 3

4.2.3 井座净开孔(co),见图 4。

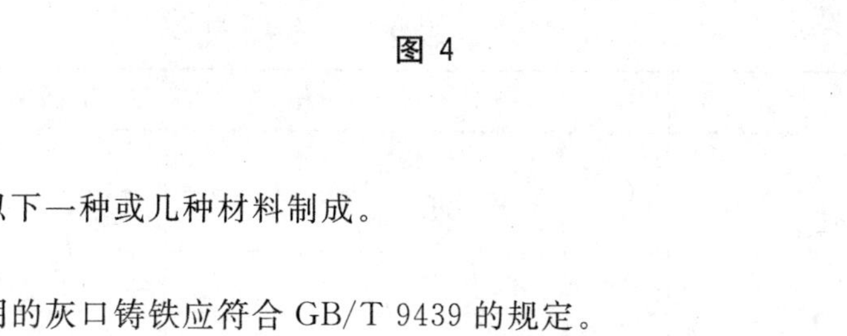

图 4

5 材料

检查井盖可以由以下一种或几种材料制成。

5.1 灰口铸铁

制作检查井盖所用的灰口铸铁应符合 GB/T 9439 的规定。

5.2 球墨铸铁

制作检查井盖所用的球墨铸铁应符合 GB/T 1348 的规定。

5.3 铸钢

制作检查井盖所用的铸钢应符合 GB/T 700 和 GB/T 14408 的规定。

5.4 轧制钢

制作检查井盖所用的轧制钢应符合 GB/T 700 和 GB 1499.2 的规定。

5.5 聚合物

聚合物为各种高分子材料及其再生品。不饱和聚酯树脂符合 GB/T 8237 的规定。其他聚合物材料应符合相应的标准。

5.6 填充增强材料

填充增强材料为各种颗粒状、纤维状材料及其再生品。其中，玻璃纤维无捻粗纱应符合 GB/T 18369 的规定，玻璃纤维无捻粗纱布应符合 GB/T 18370 的规定，玻璃纤维短切原丝毡和连续原丝毡应符合 GB/T 17470 的规定。

5.7 钢纤维混凝土

水泥应符合 GB 175 的有关规定，砂应符合 GB/T 14684 的有关规定，石子应符合 GB/T 14685 的有关规定，外加剂应符合 GB 8076 的有关规定。混凝土用其他材料也应符合现行有关标准规定。

5.8 其他材料

采用上述以外的其他材料，都应符合本标准规定的要求，而且任何改良的独立部分都应当符合相关要求并经过检测。

6 要求

6.1 外观

6.1.1 井盖的表面应完整，材质均匀，无影响产品使用的缺陷。

6.1.2 盖座保持顶平，井盖上表面不应有拱度，井盖与井座的接触面应平整、光滑。铸铁井盖与井座应为同一种材质，井盖与井座装配尺寸应符合 GB/T 6414 的要求。

6.2 结构尺寸

6.2.1 检查井盖上表面应有防滑花纹，高度为：对 A15、B125、C250 高度为 2 mm～6 mm；对 D400、E600、F900 高度为 3 mm～8 mm，凹凸部分面积与整个面积相比不应小于 10%，不应大于 70%。

6.2.2 铰接井盖的仰角不应小于 100°。

6.2.3 检查井盖的斜度 e 以 1∶10 为宜。

6.2.4 嵌入深度

井盖的嵌入深度应符合表 1 的规定。

表 1

类别	A15	B125	C250	D400	E600	F900
嵌入深度 A/mm	≥20	≥30	≥30	≥50	≥50	≥50

6.2.5 总间隙

井盖与井座的总间隙应符合表 2 的规定：

表 2

构件数量	井座净开孔 co/mm	总间隙 $a=(a_1+a_c+a_r)$/mm
1 件	≤400	≤3
	>400	≤6
2 件	≤400	≤7
	>400	≤9
3 件或 3 件以上		≤15，单件不超过 5 mm

6.2.6 井座支承面宽度

井座支承面的宽度应符合表3的规定：

表3

井座净开孔 co/mm	井座支承面宽度 *B*/mm
<600	≥20
≥600	≥24

6.2.7 通风孔

6.2.7.1 检查井盖分为普通井盖和通风井盖，通风井盖的开孔值应符合表4的规定。通风孔可设在井盖上，也可设在井座上，设在井座上时，应有专门措施保证在使用环境中可起到通风作用。

表4

井座净开孔 co/mm	最小通风孔面积/mm^2
≤600	为井座净开孔面积的5%
>600	1.4×10^4
注1：对于A15到B125型，通风孔直径为18 mm～38 mm。 注2：对于C250到F900型，通风孔直径为30 mm～38 mm。	

6.2.7.2 最小通风孔面积为所有通风开口的面积之和。

6.2.8 井座

6.2.8.1 井座底面支承压强不应小于7.5 N/mm^2。

6.2.8.2 井座高度：D400、E600、F900的井座其高度不应小于100 mm。

6.2.8.3 检查井盖的制造应当确保与井座的适配性。对于D400、E600、F900型，其井座的制造应当确保使用时的安静稳定。金属检查井盖应通过如接触表面的加工、防噪音的橡胶垫圈或三点接触的设计以确保无噪音。

6.2.9 井座净开孔

井座净开孔设计应切实的满足相关的安全和使用功能要求，一般人孔井座净开孔直径不应小于600 mm，其尺寸偏差见表5。

表5

人孔尺寸/mm	600	700	800	900
尺寸偏差/mm	0～10	±10	±10	±10

6.3 承载能力

6.3.1 试验荷载

井盖的承载能力应符合表6的规定，对于井座净开孔(co)小于250 mm井盖的试验荷载应按表6所示乘以co/250，但不小于0.6倍表6的荷载。

表6

类别	A15	B125	C250	D400	E600	F900
试验荷载 *F*/kN	15	125	250	400	600	900

6.3.2 残留变形

井盖的允许残留变形值应符合表7的规定：

表 7

类型	允许的残留变形	
A15 和 B125	当 co＜450 mm 时为 co/50，当 co≥450 mm 时为 co/100	
C250 到 F900	(1)co/300 当 co＜300 mm 时最大为 1 mm	(2)co/500 当 co＜500 mm 时最大为 1 mm
注：对于 C250 到 F900 的产品：当采用锁定装置或特殊设计的安全措施时采用(1)要求；当产品未采取特殊安全措施仅依靠产品重量达到安全措施的采用(2)要求。		

6.4 其他要求

复合材料检查井盖附加要求见附录 A，钢纤维增强混凝土检查井盖附加要求参见附录 B。

7 试验方法

7.1 试验设备

试验设备主要有加载系统和量具。

7.1.1 加载系统

加载系统由加载设备、刚性垫块、橡胶垫片等组成。

7.1.1.1 加载设备应当能提供试验荷载 1.2 倍以上的加载能力，并经过计量校准，其加载精度为不大于±3%。加载试验装置如图 5 和图 6。

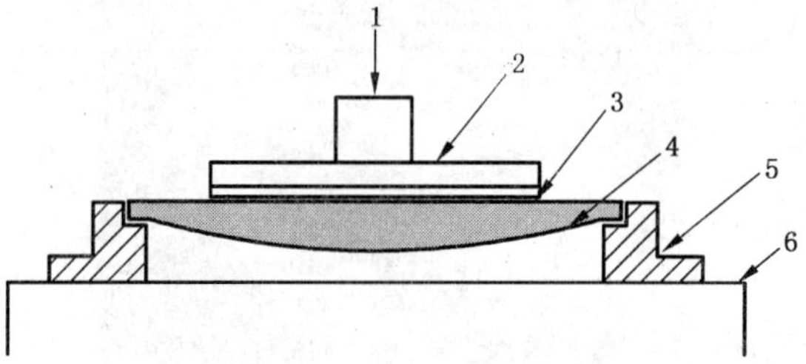

1——加载；
2——刚性垫块；
3——橡胶垫片；
4——井盖；
5——井座；
6——台面。

图 5 上加载试验装置示意图

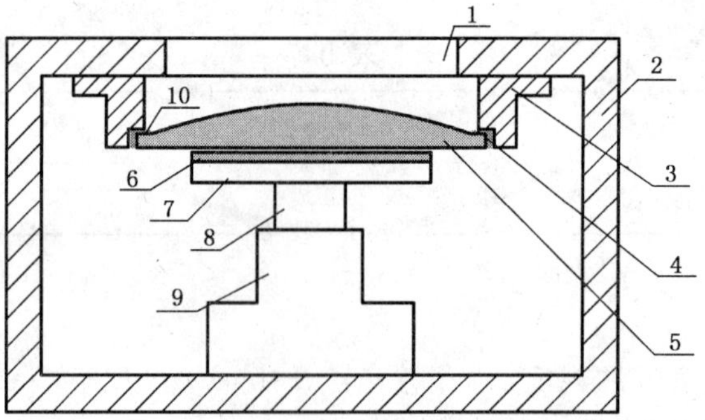

1——观察孔；
2——机架；
3——井座；
4——橡胶避震圈；
5——井盖；
6——橡胶垫片；
7——刚性垫块；
8——传感器；
9——千斤顶；
10——钢箍。

图 6 下加载试验装置示意图

7.1.1.2 井盖检测的刚性垫块尺寸要求见表 8。

表 8

<table>
<tr><th>检查井盖的形状和井座净开孔/mm</th><th>垫块的尺寸/mm</th></tr>
<tr><td>300<co≤900
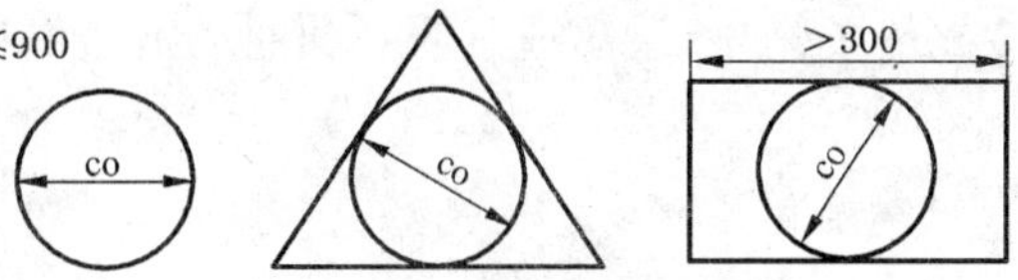</td><td>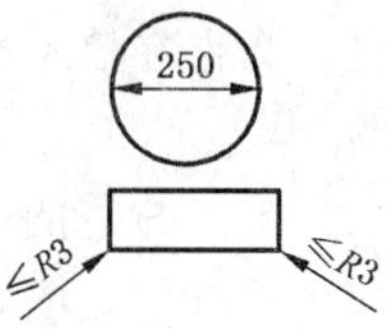</td></tr>
<tr><td>200≤co≤300
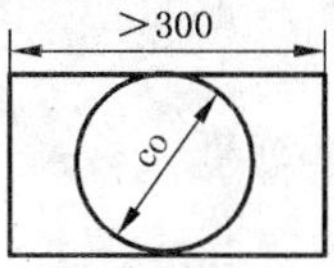</td><td>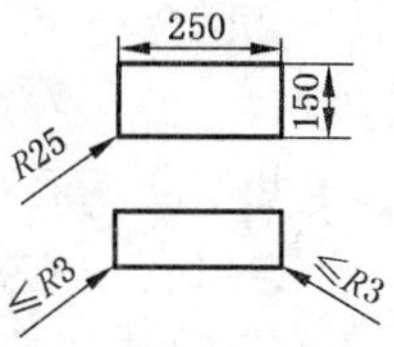</td></tr>
<tr><td>200≤co≤300
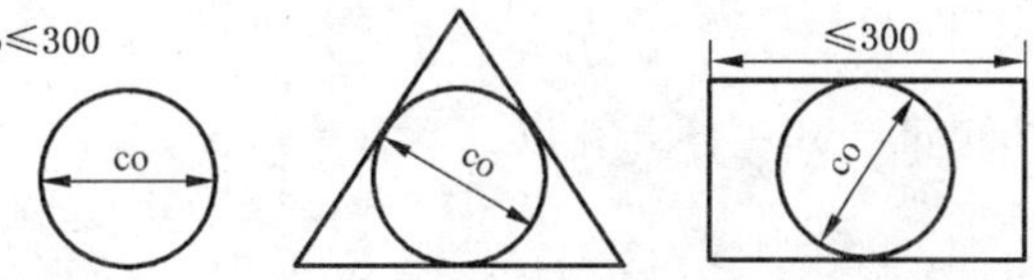</td><td>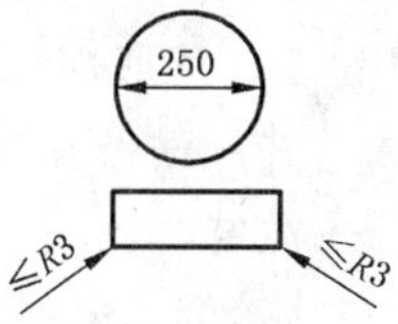</td></tr>
<tr><td>co<200
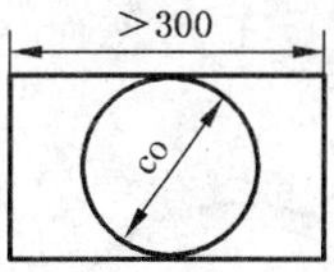</td><td>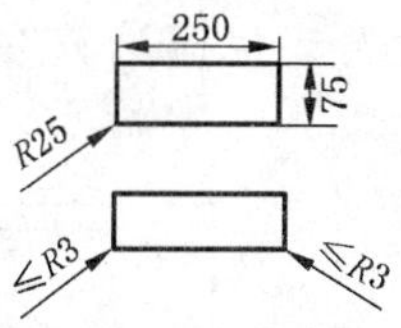</td></tr>
<tr><td>co<200
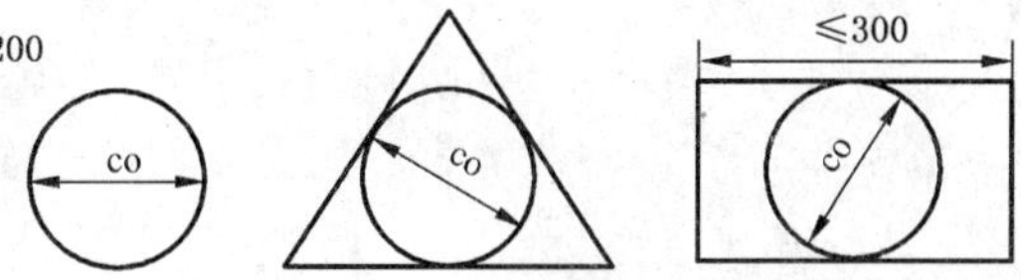</td><td>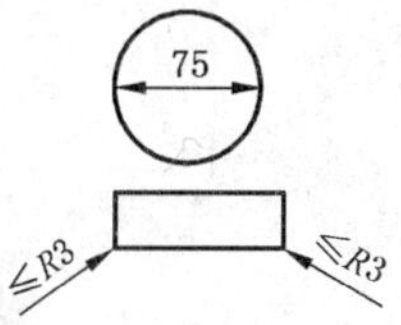</td></tr>
</table>

7.1.1.3 橡胶垫片安装在刚性垫块与井盖之间，垫片的外缘尺寸应与刚性垫块相同，垫片的厚度为 6 mm～10 mm。

7.1.2 量具

试验用主要量具见表 9。

表 9

序号	名称	测量范围/mm	精确度/mm
1	游标卡尺	0～1 000	±0.1
2	深度游标卡尺	0～200	±0.1
3	钢直尺	0～300	±0.5
4	钢卷尺	1 000	±1
5	角尺	根据需要选择	

7.2 试验项目

7.2.1 外观质量

按 6.1.1 规定目测产品外观，按 6.1.2 规定用量具测量井盖与井座装配尺寸。

7.2.2 尺寸偏差

7.2.2.1 检查井盖上表面防滑花纹以 0.5 mm 的精度计算，通过测量凸起的上表面面积占总面积的百分比计算得出。

7.2.2.2 铰接井盖的仰角按 6.2.2 规定用量具测量。

7.2.2.3 检查井盖的斜度按 6.2.3 规定用量具测量。

7.2.2.4 嵌入深度按 6.2.4 规定用量具测量。检查井盖嵌入深度以毫米为单位测量。

7.2.2.5 总间隙按 6.2.5 规定用量具测量，测量井盖与井座之间的间隙应精确到 0.5 mm，间隙相加得到总间隙。

7.2.2.6 井座支承面宽度按 6.2.6 规定用量具测量。检查井盖井座支承面宽度以毫米为单位测量。

7.2.2.7 通风孔按 6.2.7 规定用量具测量并计算得出面积。最小通风孔面积为所有通风开口的面积之和。

7.2.2.8 井座按 6.2.8 规定用量具测量。井座高度以毫米为单位测量。井座底面支承压强通过试验荷载 F 除以井座底面积得出。

7.2.2.9 井座净开孔按 6.2.9 规定用量具测量。井座净开孔以毫米为单位测量。

7.2.3 承载能力

检查井盖的承载能力通过加载系统进行试验。

7.2.3.1 **试验前准备**

检测垫片应当放在被测的井盖上，竖轴垂直于其表面，并与其井盖的几何中心重合(见图 7 和图 8)。

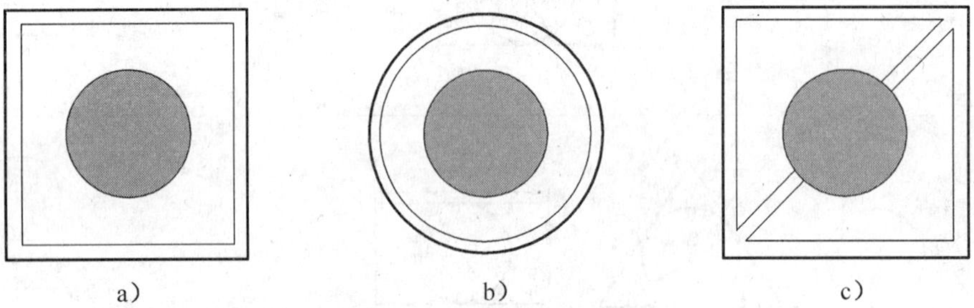

a)　　b)　　c)

图 7　单检查井盖测试垫块及其几何中心

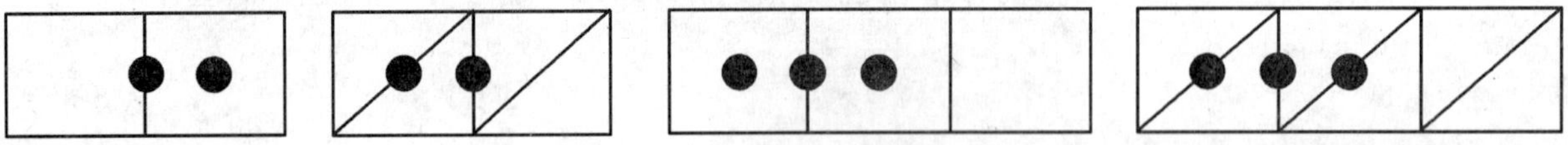

图 8　多检查井盖测试垫块及其几何中心

7.2.3.2 **残留变形的检测**

加载前，记录井盖几何中心位置的初始值，测量精度为 0.1 mm。

以 1 kN/s～5 kN/s 的速率施加荷载，直至达到 2/3 检测荷载，然后卸载。此过程重复 5 次，最后记录下几何中心的最终值。根据初始值和第 5 次卸载后最终值的差别计算残留变形值。残留变形值应符合表 7 规定的数值。

7.2.3.3 **承载能力试验**

以 1 kN/s～5 kN/s 的速率施加荷载直至本标准规定相应的试验荷载 F 值，试验荷载施加上后应保持 30 s。检查井盖未出现影响使用功能的损坏即判定为合格。

8 检验规则

8.1 检验分类

检验分出厂检验和型式检验两类。

8.2 批量

产品以同一级别、同一种类、同一原材料在相似条件下生产的检查井盖构成批量，500 套为一批，不足 500 套也作一批。

8.3 出厂检验

8.3.1 检验项目

检验项目见表 10。

表 10

序号	质量指标	检验项目
1	外观质量	表面
2		盖座装配
3	尺寸偏差	防滑花纹
4		仰角
5		斜度
6		嵌入深度
7		总间隙
8		支承面宽度
9		最小通风孔面积
10		井座
11		井座净开孔
12	承载能力	残留变形
13		试验荷载
注：表中仰角为铰接井盖的检验项目，最小通风孔面积为通风井盖的检验项目。		

8.3.2 抽样与检验

8.3.2.1 从受检批中采用随机抽样的方法抽取 5 套检查井盖，逐套进行外观质量和尺寸偏差检验。

8.3.2.2 从受检外观质量和尺寸偏差合格的检查井盖中抽取 2 套，逐套进行承载能力检验。

8.3.3 判定规则

8.3.3.1 受检 5 套检查井盖中，检验项目的不合格不超过 1 项，受检检查井盖的不合格不超过 1 套，则判定该批产品的外观质量和尺寸偏差合格。

8.3.3.2 承载能力检验中，如有一套不符合 6.3.1 和 6.3.2 的要求，在同批中再抽取 2 套检查井盖重复本次试验，若仍有一套不符合要求，则该批检查井盖为不合格。

8.3.3.3 外观质量、尺寸偏差和承载能力均符合本标准的要求，则该批产品为合格。

8.4 型式检验

8.4.1 检验项目见表 10。

遇有下列情况之一时，应进行型式检验：

a) 生产满 1 年；

b) 新产品生产定型鉴定；

c) 产品设计、生产工艺、使用材料变更；

d) 出厂试验与上一次型式检验有较大差异；

e) 停产后恢复生产；

f) 国家质量监督机构提出进行型式检验。

8.4.2 抽样与检验

8.4.2.1 从受检批中采用随机抽样的方法抽取20套检查井盖，逐套进行外观质量和尺寸偏差检验。

8.4.2.2 从受检外观质量和尺寸偏差合格的检查井盖中抽取3套，逐套进行承载能力检验。

8.4.3 判定规则

8.4.3.1 受检20套检查井盖中，检验项目的不合格不超过1项，受检检查井盖的不合格数量不超过2套，则判定该批产品的外观质量和尺寸偏差合格。

8.4.3.2 承载能力检验中，如有一套不符合6.3.1和6.3.2的要求，再在同批中再抽取3套检查井盖重复本次试验，若仍有一套不符合要求，则该批检查井盖为不合格。

8.4.3.3 外观质量、尺寸偏差和承载能力均符合本标准的要求，则该批产品为合格。

8.4.4 型式检验不合格，该产品应立即停止生产，采取措施后，应再次进行型式检验，合格后方能正式投入生产。

9 标志、包装、运输和贮存

9.1 标志

每套检查井盖上必须具有清晰且永久性的下列标志：

a) 承载等级标志；

b) 制造厂名或商标；

c) 生产年份。

9.2 包装

产品包装应有产品合格证书，其内容包括：

a) 合格证书编号；

b) 制造厂名称；

c) 产品承载等级；

d) 生产质量检验结果；

e) 制造厂检验部门及检验人员签章；

f) 本标准编号。

9.3 运输

人工装卸时，严禁扔上扔下，以免损坏；当用叉车装卸时，层高不宜高于10套，产品底部应有托架。

9.4 贮存

在仓库或露天按规格分类码放；

贮存地应远离火源和热源，环境温度不应高于60 ℃。

附 录 A
(规范性附录)
复合材料检查井盖附加要求

A.1 总则

本附录规定了利用聚合物和各种颗粒、纤维等填充增强材料,通过少量添加剂及一定工艺生产出的检查井盖的材料性能要求、测试方法及井盖性能和适用场所要求。其中,检查井盖分为两类,1 类为热固性复合材料井盖,2 类为热塑性复合材料井盖。

A.2 要求和试验方法

A.2.1 材料性能要求

1 类井盖材料性能指标应符合表 A.1 规定。

表 A.1

项目	性能指标	测试标准
弯曲强度	平均值≥80 MPa	GB/T 1449
压缩强度	平均值≥60 MPa	GB/T 1448
拉伸强度	平均值≥50 MPa	GB/T 1447
拉伸弹性模量	平均值≥2 000 MPa	GB/T 1447
弯曲弹性模量	平均值≥2 000 MPa	GB/T 1448

2 类井盖材料性能指标应符合表 A.2 规定。

表 A.2

项目	性能指标	测试标准
弯曲强度	平均值≥22 MPa,单块最小值≥18 MPa	GB/T 9341
冲击强度	平均值≥10^4 J/m^2,单块最小值≥6×10^3 J/m^2	GB/T 1043.1
压缩强度	平均值≥25 MPa,单块最小值≥20 MPa	GB/T 1041
拉伸强度	平均值≥10 MPa,单块最小值≥8 MPa	GB/T 1040.4
弹性模量	平均值≥1 000 MPa,单块最小值≥600 MPa(弯曲弹性模量)	GB/T 9341

A.2.2 井盖性能要求

1 类、2 类井盖均应符合表 A.3 和表 A.4 规定。

表 A.3

项目	性能指标	测试标准
耐热性	承载能力不低于试验荷载 *F* 的 95%	见 A.2.2.1
耐候性	承载能力不低于试验荷载 *F* 的 95%	见 A.2.2.2
抗冻性	承载能力不低于试验荷载 *F* 的 95%	见 A.2.2.3
巴氏硬度	应不小于 35	GB/T 3854
抗油性	沾油后质量变化≤0.5%	
表面电阻	≥1×108 Ω/m^2	
注:对抗油性和表面电阻的检测仅限于加油站等易燃、易爆场所。		

表 A.4

承载等级	循环次数	测试载荷	加载速率/(kN/S)
A15	1 000	1/3 F	1～5
B125	10 000		5～10
C250	50 000		28～56
D400	1 500 000		＞28

A.2.2.1　耐热性能试验

试验装置为高低温试验箱，试验控制温度为70 ℃±2 ℃。试件在高低温试验箱中70 ℃±2 ℃条件下保温24 h，迅速取出测试其承载能力。

A.2.2.2　耐候性能试验

试验装置为气候模拟试验箱。试件在灯照及雨淋的条件下保持500 h，在常温下室内放置24 h。取出测试其承载能力。

A.2.2.3　抗冻性能试验

试验装置为高低温试验箱，试验控制温度为－40 ℃±2 ℃。试件在高低温试验箱中－40 ℃±2 ℃条件下保温24 h，迅速取出测试其承载能力。

A.2.2.4　抗疲劳性能试验

试验装置为动态结构试验机。按表A.4的循环载荷进行疲劳试验后，井盖的残留变形应满足表7的规定，其试验荷载满足表6的规定。

附 录 B
（资料性附录）
钢纤维增强混凝土检查井盖附加要求

B.1 总则

此附录规定了用一定量随机分布的钢纤维增强的以水泥为主要黏结材料的混凝土制成的有边缘和接触面保护的预制钢筋混凝土检查井盖的材料要求、构造要求。

B.2 要求

B.2.1 材料要求

B.2.1.1 钢纤维混凝土应符合 JG/T 3064 的规定。

B.2.1.2 水泥应符合 GB 175 的规定。

B.2.1.3 钢筋宜采用 HRB335 热轧带肋钢筋，其质量应符合 GB 1499.2 的有关规定。

B.2.1.4 用钢板制作的钢箍宜采用 Q235 板材，其质量应符合 GB/T 700 的规定。

B.2.1.5 用铸件做钢箍，其铸件质量应符合 GB/T 9439 和 GB/T 1348 的规定。

B.2.2 构造要求

B.2.2.1 钢筋断料长度的尺寸允许偏差为±3 mm。

B.2.2.2 钢箍直径、边长尺寸允许偏差为±2 mm，垂直高度允许偏差为±1.0 mm。

B.2.2.3 钢筋间距的允许偏差为±5 mm。

B.2.2.4 钢箍的焊缝、钢筋焊点、钢箍与钢筋骨架的焊接应完整牢固，平整不翘曲。

B.2.2.5 井盖与井座可采用钢性或柔性接触，当采用柔性接触时，橡胶避震圈与井盖底部应连接牢固平整。

B.2.2.6 混凝土强度应为 C50 以上，混凝土保护层厚度不小于 12 mm。

ICS 03.100.30
A 02

中华人民共和国国家标准

GB/T 23859—2009

劳动定额测时方法

The time measurement method of labor quota

2009-03-09 发布 2009-09-01 实施

中华人民共和国国家质量监督检验检疫总局
中国国家标准化管理委员会 发布

前　言

本标准的附录 A、附录 B 和附录 C 为资料性附录。

本标准由中华人民共和国劳动和社会保障部提出。

本标准由全国劳动定额定员标准化技术委员会归口。

本标准起草单位：劳动和社会保障部劳动工资司、中国劳动学会劳动标准专业委员会、中国烟草工业集团公司。

本标准主要起草人：汪志洪、吴宝良、郑蜀洪、柳盛学。

引　　言

为充分发挥劳动定额定员工作在企业管理的基础作用，本标准规定了劳动定额定员工作中的测时方法及要求。

应用《测时方法》标准制定劳动定额定员标准更具有准确性、合理性、适用性和先进性。它对促进企业管理，增强企业竞争及驾驭市场能力，提高工作效率、劳动生产率，降低产品成本和提高经济效益将起到积极作用。

劳动定额测时方法

1 范围

本标准规定了劳动定额测时工作程序,测时方法与要求。

本标准适用于企业产品生产过程工作时间消耗的分析研究及时间定额的制定。

2 术语和定义

下列术语和定义适用于本标准。

2.1

作业要素 factors

能够完整地实现特定目标的工序组成单元。

2.2

定时点 appointed time

工序中相邻两作业要素之间的分界标志。当操作者按工艺进行操作到达定时点时,标志前一作业要素的结束,后一作业要素的开始。

2.3

延续时间 continue time

对某一作业要素(或工序)进行一次完整观测所获得的时间值。

2.4

测时记录表 measuring the time record

观察、测时记录内容的表格。

2.5

观测周期 prognosticate the period

观测一次完整的工序加工过程。

2.6

观测次数 prognosticate the number of time

测时过程中对工序作业要素观察、测定其时间消耗的次数。

2.7

异常值 abnormal value

由于不正常因素的影响在测时数列中出现的过大或过小的作业要素延续时间值。

2.8

组合作业要素 combination homework main factor

若干个连续的作业要素组成的测时单元。

3 测时方法应用范围和条件

3.1 应用范围

3.1.1 工作改善

a) 分析劳动者在劳动过程中各类时间消耗的详细情况;

b) 需改进操作方法和消除时间损失的原因;

c) 为准确制定时间定额标准和进一步制定、修订时间定额提供依据。

3.1.2 制定、修订时间定额

根据劳动过程中各类定额时间的消耗，制定、修订时间定额。

3.2 应用条件

a) 适用于以工序为测时对象和相对集中生产、工作场所；

b) 需要得到生产工作场所的管理者和被测时对象的配合，维持原有的生产工作状态；

c) 测时人员应经过事先的培训，熟悉时间消耗分类，掌握测时的方法、要领。

4 测时的方法及要求

4.1 测时的方法

4.1.1 连续测时法

以秒表为测时工具，按顺序对工序各作业要素逐一观察，连续记录其起止时间。

有关连续测时法技术要求：

a) 划分的作业要素延续时间应大于 0.1 min；

b) 确定的定时点应明显易辨，选择从声响、视觉上能明确区别各作业要素起止的标志；

c) 在下一作业要素定时点出现前，应完成该作业要素时间的观测和记录。

4.1.1.1 秒表使用

在测时开始前秒表复零，测时第一个操作周期第一个作业要素开始时开动秒表，到测时最后一个操作周期最后一个作业要素观测结束后停止秒表。

4.1.1.2 观测、记录

a) 从第一个操作周期的第一个作业要素开始，在每个作业要素的定时点处观察秒表读数；

b) 将每个作业要素定时点的秒表读数，记录在测时记录表中该作业要素相应操作周期的终止时间栏内。

4.1.1.3 作业要素延续时间计算

作业要素延续时间，是每个作业要素本身终止时间与前作业要素终止时间之差值。

4.1.2 循环测时法

以秒表为测时工具，按工序的操作顺序依次将若干个作业要素(作业要素-1)合并进行测定，最后获得各作业要素延续时间。

有关循环测时法技术要求：

a) 作业要素之间有明显易辨的定时点；

b) 测时秒表选精度 1.7/1 000 min 的数字式电子秒表；

c) 观测点应选择能够清楚观察到作业要素定时点的地点；

d) 观测次数应大于工序作业要素数。

4.1.2.1 秒表使用

a) 在测时开始前秒表复零，组合作业要素开始时开动秒表，在组合作业要素最后一个作业要素终止定时点停止秒表，在下一个组合作业要素开始时，再按秒表开始键，秒表继续计时，直至一组(作业要素数个)组合作业要素观测结束，使秒表复零。

b) 在被观测组合作业要素结束时，读取秒表读数，将每个被观测组合作业要素，每次观测秒表读数，记录在测时记录表中该组合作业要素相应观测顺序(分组)时间栏内。

4.1.2.2 作业要素延续时间计算

4.1.2.2.1 每个组合作业要素延续时间计算

组合作业要素延续时间，是每个组合作业要素本身测时记录表中记录的终止时间，与其前一组合作业要素测时记录表中记录的终止时间之差值。

4.1.2.2.2 作业要素延续时间计算

按工序操作顺序，将依次递减的 Ni(作业要素数）个组合作业要素编为一组，把每个组合作业要素延续时间分组相加，除以($Ni-1$)，就是该工序各组作业要素平均延续时间，依次减去各组合作业要素延续时间，就是本次组合时减去的作业要素延续时间。

示例：

某工序由 $a.b.c.d.e$ 五个作业要素组成，将其组合成 $A(b.c.d.e)$、$B(a.c.d.e)$、$C(a.b.d.e)$、$D(a.b.c.e)$、$E(a.b.c.d)$五个组合作业要素，测时记录表中记录的某组五个组合作业要素 A、B、C、D、E 的终止时间值为：0.45 min、0.95 min、1.45 min、1.9 min、2.4 min，计算作业要素延续时间。

计算每个组作业要素延续时间：

$A=0.45-0.00=0.45$ min；　$B=0.95-0.45=0.50$ min；　$C=1.45-0.95=0.50$ min；

$D=1.9-1.45=0.45$ min；　$E=2.40-1.9=0.5$ min。

计算该组工序作业要素平均延续时间 X：

$$X=\frac{A+B+C+D+E}{Ni-1}=\frac{0.45+0.50+0.50+0.45+0.50}{5-1}=0.6\ \text{min。}$$

计算该组各作业要素延续时间：

$a=X-A=0.60-0.45=0.15$ min；　$b=X-B=0.60-0.50=0.10$ min；

$c=X-C=0.60-0.50=0.10$ min；　$d=X-D=0.60-0.45=0.15$ min；

$e=X-E=0.60-0.50=0.10$ min。

4.1.3 整体测时法

工序不再细分，以工序为一个整体采用秒表直接测定其延续时间。

有关整体测时法技术要求：

a) 测时工序有间断作业要素时，测时前观测人员要了解间断作业要素发生的频次；测时值中必须有间断作业要素发生的工序延续时间值；

b) 观测次数要大于间断作业要素发生的周期数。

4.1.3.1 秒表使用

在被观测作业要素结束时观察秒表读数，将每个被观测作业要素每次观测的秒表读数进行记录。读取秒表读数后，秒表复零。

4.1.3.2 观察、记录

在被观测作业要素结束时观察秒表读数，将每个被观测作业要素每次观测的秒表读数，记录在测时记录表中该作业要素相应的观测顺次时间栏内。

4.1.3.3 工序延续时间计算

工序每个操作周期的延续时间值，就是秒表每次读数值。

4.2 测时的要求

4.2.1 测时前的准备

4.2.1.1 测时对象选择

a) 企业以前未采用过的新工艺；

b) 流水作业线发生瓶颈现象，需改进操作方法的工序；

c) 需制定、修订时间定额的工序；

d) 需总结、推广先进操作方法的工序。

4.2.1.2 收集资料

测时前，重点收集以下几个方面资料，其他需要收集的资料详见附录 A 中表 A.1。

a) 工作地供应、服务条件；

b) 工作地劳动环境（温度、湿度、照明、噪声等）；

c) 设备名称、型号及刀、夹、量、模具名称、规格；

d) 加工零件名称、图号及材料、质量、技术要求；

e) 操作者姓名、技术等级、从事本专业工龄。

4.2.1.3 划分作业要素

除对工序采用整体测时法外，较多对工序构成要素进行测时，因此，测时前，要预先划分作业要素，作业要素划分要遵循以下原则：

a) 根据测时的方法和要求，作业要素划分要尽可能详细，但其延续时间不小于 0.04 min；

b) 手工作业要素、机械作业要素应分开；

c) 定量作业要素、变量作业要素要分开；

d) 重复作业要素、间断作业要素要分开；

e) 作业要素之间有合适的定时点。

4.2.1.4 选择测时方法

在测时前，应根据具体情况和各测时方法的特点，按下列原则选取一种合理的测时方法：

a) 工序划分的作业要素延续时间大于 0.1 min 时，优先采用连续测时法；

b) 工序划分的作业要素延续时间小于 0.1 min 时，应选用循环测时法；

c) 工序操作延续时间短，作业要素不易分的、专业化程度高的流水线或制定精度要求不很高的时间定额时，可采用整体测时法。

4.2.1.5 测时前有关工作

a) 根据选择的测时方法选用计时器。一般采用计时精度较高、使用方便的数字式双针电子秒表，使用前，测时秒表的使用性能、精度要检查、校对，必要时(如操作周期短，而又需要进行细微时间测定的)，也可选用摄像机、电子计算机；

b) 填写测时记录表上端内容，测时记录表见附录 A 中表 A.1；

c) 试测几个操作循环，验证测时方法选择的正确性，同时熟悉各作业要素的定时点；

d) 将作业要素的代号顺次填入测时记录表中。

4.2.1.6 预定观测次数

预定观测次数根据表 1 确定。

表 1 观测次数预定表

单位为分钟

生产类型	作业要素延续时间/min	测时数列稳定系数		工序延续时间/min						
				1	2	5	10	20	30	40
		机动	手动	观测次数						
大批生产	<0.1	1.5	2.0	30	25	20	15	—	—	—
	0.1～0.3	1.3	1.7	25	20	15	13	—	—	—
	>0.3	1.2	1.5	20	16	14	12	—	—	—
中批生产	<0.1	1.8	2.5	25	20	15	13	10	—	—
	0.1～0.3	1.5	2.0	20	15	12	20	8	—	—
	>0.3	1.3	1.7	15	13	10	9	7	—	—
小批生产	<0.3	1.7	2.5	—	15	13	12	10	8	6
	>0.3	2.0	3.0	—	—	10	8	7	6	5

注 1：表中作业要素延续时间值为预测延续时间。

注 2：时间单位为分钟(min)。

4.2.2 观察、记录

a) 认真观察测时情况并随时对表 A.1 的有关内容作好记录；

b） 测时过程中发现有中断时间，应单独记录，注明起止时间，不正常因素也予以记载。

4.2.3 **测时数据处理**

测时数据处理包括异常值剔除、观测次数检验，作业要素平均延续时间计算。

4.2.3.1 **异常值剔除**

为减少测时过程中不正常情况对测时结果的影响，在计算平均延续时间前要采用下列方法确定上下管理界限，剔除测时数列中的异常值。也可采用三倍标准偏差法确定上下管理界限，剔除测时数列中的异常值见附录B管理界限法（三倍标准偏差法）剔除异常值。

按式(1)初步计算测时数列作业要素平均延续时间 $\overline{X}_0$。

$$\overline{X}_0=\frac{1}{n_0}\sum_{i=1}^{n_0}X_i \qquad \cdots\cdots(1)$$

式中：

$\overline{X}_0$——作业要素平均延续时间，单位为分钟(min)；

X_i——作业要素第 i 次测定延续时间，单位为分钟(min)；

n_0——作业要素实测次数，单位为次。

计算测时数列管理控制线：

按式(2)计算测时数列管理下限 X_m。

$$X_m=\frac{2}{1+k}\overline{X}_0 \qquad \cdots\cdots(2)$$

式中：

X_m——测时数据管理下限，单位为分钟(min)；

k——给定测时数列稳定系数。

按式(3)计算测时数列管理上限 X_L。

$$X_L=\frac{2k}{1+k}\overline{X}_0 \qquad \cdots\cdots(3)$$

式中：

X_L——测时数据管理上限，单位为分钟(min)。

4.2.3.2 **观测次数检验**

为保证观测时间数据达到测时工作精度，要求实际观测次数应大于给定测时相对误差对应的必要观测次数，因此应对已观测的次数进行检验。

可靠度为95%时，满足测时相对误差对应的必要观测次数按式(4)计算。

$$N=\left[\frac{2}{S}\sqrt{\frac{n_1\sum_{i=1}^{n_0}X_i^2-\left(\sum_{i=1}^{n_0}X_i\right)^2}{\sum_{i=1}^{n_0}X_i}}\right]^2 \qquad \cdots\cdots(4)$$

式中：

N——必要观测次数，单位为次；

n_1——剔除异常值后，实际观测次数，单位为次；

S——给定测时数据相对误差。

检查测时数列，在控制线以外的延续时间值，均是异常值，应予剔除。

测时数据相对误差 S 若在测时前未给定，则按在劳动定额工作中的一般规定：制定时间定额标准时，测时数据相对误差取5%；制定一般时间定额时，测时数据相对误差取10%。

若计算的必要观测次数小于(或等于)剔除异常值后实际观测次数，不再补测；若计算的必要观测次数大于剔除异常值后实际观测次数，应补测。

4.2.3.3 作业要素平均延续时间的计算

作业要素平均延续时间 $\overline{X}$,为剔除异常值后,作业要素实测延续时间算术平均值,按式(5)计算。

$$\overline{X}=\frac{1}{n_1}\sum_{i=1}^{n_1}X_i \qquad \cdots\cdots(5)$$

式中:

$\overline{X}$——剔除异常值后,作业要素实测延续时间算术平均值,单位为分钟(min)。

4.2.4 提出改进方案

根据作业要素的划分、实际测时的延续时间、测时数据的处理结果,分析研究总结先进的操作方法,提高时间定额水平,提出改进方案并进行推以应用。

附　录　A
（资料性附录）
测时记录表

表 A.1　测时记录表

车间		观测日期		加工零件工序简图			
班组		观测人员					
操作者		审核人员					
姓名		观测开始					
性别		观测结束					
技术等级		岗位定员					
本专业工龄		产量定额					
工资形式		单件定额					
加工零件		设备、工装		主要工艺参数		工作地组织与条件	
名称		设备名称				工作分配方法	
图号		型号				材料供应方式	
材料		看管台数				工装供应方式	
质量		夹具名称					
技术要求		模具名称					
加工工序		刀具名称					
工序工作物等级		量具名称					
生产批量							

序号	作业要素名称	定时点	观测周期数											有效次数	作业要素平均延续时间
				1	2	3	4	5	6	7	8	9	10		
			时间/min　　单位为分钟												
1			终止												
			延续												
2			终止												
			延续												
3			终止												
			延续												
4			终止												
			延续												
5			终止												
			延续												
6			终止												
			延续												
7			终止												
			延续												
8			终止												
			延续												
工序延续时间															
工序评定系数					作业宽放率				工序定额时间						

附 录 B
(资料性附录)
管理界限法(三倍标准偏差法)剔除异常值

B.1 要求

为消除测时过程中不正常情况对测时结果的影响,在计算作业要素平均延续时间前,必须对测时数列中异常值予以剔除。剔除异常值按三倍标准偏差法。测时数据中,偏离平均值三个标准偏差以外的数值,都视为异常值。

B.2 计算

B.2.1 按式(B.1)初步计算测时数列作业要素平均延误时间 $\overline{X}_0$。

$$\overline{X}_0 = \frac{1}{n_0}\sum_{i=1}^{n_0} X_i \qquad \cdots\cdots(B.1)$$

B.2.2 按式(B.2)计算测时数列标准偏差 σ。

$$\sigma = \sqrt{\frac{(X_1-\overline{X}_0)^2+(X_2-\overline{X}_0)^2+\cdots\cdots+(X_{n_0}-\overline{X}_0)^2}{n_0}} = \sqrt{\frac{\sum_{i=1}^{n_0}(X_i-\overline{X}_0)^2}{n_0}} \qquad \cdots\cdots(B.2)$$

式中:

σ——标准偏差。

B.2.3 利用式(B.3)计算测时数据管理上限 X_L 和管理下限 X_m。

$$X_{(L,m)} = \overline{X}_0 \pm 3_\sigma = \overline{X}_0 \pm 3\sqrt{\frac{\sum_{i=1}^{n_0}(X_i-\overline{X}_0)^2}{n_0}} \qquad \cdots\cdots(B.3)$$

B.3 检查测时数列

凡大于 X_L,小于 X_m 的作业要素延续时间值,均是异常值,应予剔除。

附　录　C
（资料性附录）
标准的使用说明

C.1　标准的使用实例

C.1.1　《测时方法》标准。测时工作方法举例

C.1.1.1　示例

某零件，已知条件见表C.1，图见表C.2内示意图。在普通车床上加工，心轴装卸。试对此零件测时，经分析研究后提出改进措施或方案，总结推广先进经验。

表C.1　已知条件

已知条件	直径	$D=80$ mm	加工长度	$L=180$ mm	切入切出长度	$L_1+L_2=10$ mm
	零件质量	$G=1.2$ kg	零件材料	45号钢	零件硬度	$HB=255\sim305$
	设备	C620-1普通车床	走刀次数	$i=1$	参考零件转速	$n=305$/min
	参考进给量	$S=0.28$/每转	工序	车外圆	表面粗糙度、精度	$Ra3.2$ μm、IT9

C.1.1.2　测时前的准备

C.1.1.2.1　测时对象选择

选择初、中、高同等数量，经验丰富的工人，需总结、推广先进的操作方法的工序，见表C.2中示意图，在C620-1普通车床上车外圆工序。

C.1.1.2.2　收集资料

工作地布量合理，工作环境较好，所用设备，刀、夹、量具等符合要求，工艺规程准确。

C.1.1.2.3　划分作业要素

作业要素划分见表C.2测时记录表。本工序按要求划分为7个作业要素，将手工作业要素与机械作业要素详细分开，并确定了明显易辨的定时点。

C.1.1.2.4　选择测时方法

因作业要素时间大部分都大于0.1 min，选择连续测时法。

C.1.1.2.5　测时前的有关工作

将工序划分的作业要素按顺序填入表C.2测时记录表。并进行了试测时，对使用测时工具进行了检查、校对，保证测时的准确性。

C.1.1.2.6　预定观测次数

按要求查表1，观测次数预定为$N=10$次左右。因定额时间为4 min，暂确定$N=8$次。

C.1.1.3　观察、记录

将观察测时数据作好记录并填入表C.2测时记录表。不正常情况的数据作好记录，并填入表C.3不正常情况表内。

C.1.1.4　数据处理

C.1.1.4.1　异常值剔除

见表C.3不正常情况。已剔除两项异常值。

a)　按式(1)初步计算测时数列作业要素平均延续时间$\overline{X}$。

$\overline{X}_1=4.21\div7=0.6$ min；

$\overline{X}_2=0.44\div8=0.055$ min；

$\overline{X}_3=2.24\div8=0.28$ min；

$\overline{X}_4=17.97\div8=2.25$ min。

$\overline{X}_5=1.71\div8=0.21$ min；

$\overline{X}_6=0.72\div8=0.09$ min；

$\overline{X}_7=3\div7=0.43$ min；

表 C.2 测时记录表

车间		观测日期		加工零件工序简图
班组		观测人员		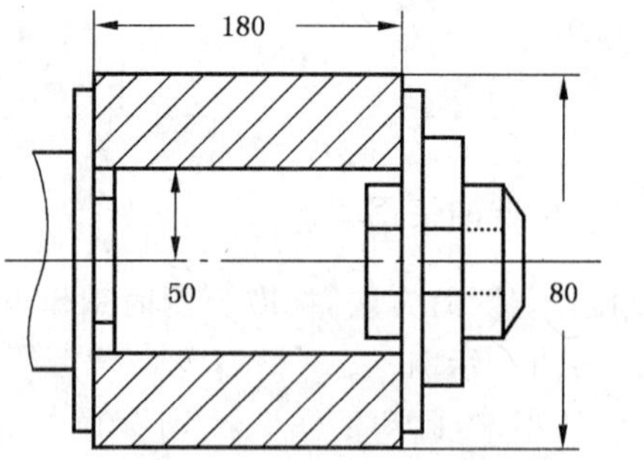
操作者		审核人员		
姓名		观测开始		
性别		观测结束		
技术等级		岗位定员		
本专业工龄		产量定额		
工资形式		单件定额	4 min	示图

加工零件		设备、工装		主要工艺参数		工作地组织与条件	
名称	轴套	设备名称	普通车床			工作分配方法	
图号	MP-01-001	型号	C620-1			材料供应方式	
材料	45 号钢	看管台数	1			工装供应方式	
质量	1.2 kg	夹具名称	心轴				
技术要求		模具名称					
加工工序	车外圆	刀具名称	车刀				
工序工作物等级		量具名称	卡尺				
生产批量	小批						

序号	作业要素名称	定时点	观测周期数									有效次数	作业要素平均延续时间
			—	1	2	3	4	5	6	7	8		
			时间/min							单位为分钟			
1	装上零件	手离扳手	终止	30.5	34.2	38.22	42.78	46.88	50.85	54.87	58.68	7	0.6
			连续	0.5	0.53	0.67	—	0.83	0.58	0.6	0.5		
2	开车	主轴转动	终止	30.55	34.25	38.27	42.85	46.93	50.92	54.92	58.73	8	0.055
			连续	0.05	0.05	0.05	0.07	0.05	0.07	0.05	0.05		
3	移动刀架	刀接触工件	终止	30.8	34.55	38.52	43.18	47.22	51.22	55.17	59	8	0.28
			连续	0.25	0.3	0.25	0.33	0.29	0.3	0.25	0.27		
4	车削	切削终止	终止	32.97	36.8	40.72	45.35	49.52	53.55	57.42	1.3	8	2.25
			连续	2.17	2.25	2.2	2.17	2.3	2.33	2.25	2.3		
5	移动刀架	手离手柄	终止	33.17	37.0	40.93	45.55	49.75	53.75	57.67	1.52	8	0.21
			连续	0.2	0.2	0.21	0.20	0.23	0.2	0.25	0.22		
6	停车	主轴停止转动	终止	33.25	37.1	41.01	45.63	49.85	53.83	57.77	1.62	8	0.09
			连续	0.08	0.1	0.08	0.08	0.1	0.08	0.10	0.10		
7	卸下零件	手离零件	终止	33.67	37.55	41.45	46.05	50.27	54.27	58.18	2.45	7	0.43
			连续	0.42	0.45	0.44	0.42	0.42	0.44	0.41	—		
工序延续时间				3.67	3.85	3.9	—	4.22	4	3.91	—		3.92

b) 按式(2)计算测时数列管理下限 X_m;按式(3)计算测时数列管理上限 X_L。

小批生产;手动操作;$\overline{X}_1=0.6$ min。 查表 1 $k=3$

$X_{m1}=2\div(1+3)\times0.6=0.3$ min; $X_{L1}=(2\times3)\div(1+3)\times0.6=0.9$ min

k_1=最大延续时间÷最小延续时间$=0.83\div0.5=1.7$ 正常值 $k_1<k$

小批生产;手动操作;$\overline{X}_2=0.055$ min。 查表 1 $k=2.5$

$X_{m2}=2\div(1+2.5)\times0.055=0.031$ min; $X_{L2}=(2\times2.5)\div(1+2.5)\times0.055=0.079$ min

k_2=最大延续时间÷最小延续时间$=0.07\div0.05=1.4$ 正常值 $k_2<k$

小批生产;手动操作;$\overline{X}_3=0.28$ min 查表 1 $k=2.5$

$X_{m3}=2\div(1+2.5)\times0.28=0.16$ min; $X_{L3}=(2\times2.5)\div(1+2.5)\times0.28=0.4$ min

k_3=最大延续时间÷最小延续时间$=0.33\div0.25=1.3$ 正常值 $k_3<k$

小批生产;机动;$\overline{X}_4=2.25$ min 查表 1 $k=2$

$X_{m4}=2\div(1+2)\times2.25=1.5$ min; $X_{L4}=(2\times2)\div(1+2)\times2.25=3$ min

k_4=最大延续时间÷最小延续时间$=2.23\div2.17=1.1$ 正常值 $k_4<k$

小批生产;手动操作;$\overline{X}_5=0.21$ min 查表 1 $k=2.5$

$X_{m5}=2\div(1+2.5)\times0.21=0.12$ min; $X_{L5}=(2\times2.5)\div(1+2.5)\times0.21=0.3$ min

k_5=最大延续时间÷最小延续时间$=0.25\div0.2=1.3$ 正常值 $k_5<k$

小批生产;手动操作;$\overline{X}_6=0.09$ min 查表 1 $k=2.5$

$X_{m6}=2\div(1+2.5)\times0.09=0.051$ min; $X_{L6}=(2\times2.5)\div(1+2.5)\times0.09=0.129$ min

k_6=最大延续时间÷最小延续时间$=0.1\div0.08=1.3$ 正常值 $k_6<k$

小批生产;手动操作;$\overline{X}_7=0.43$ min 查表 1 $k=3$

$X_{m7}=2\div(1+3)\times0.43=0.215$ min; $X_{L7}=(2\times3)\div(1+3)\times0.43=0.645$ min

k_7=最大延续时间÷最小延续时间$=4.22\div3.67=1.2$ 正常值 $k_7<k$

c) 检查测时数列。

无控制线以外的延续时间均是正常值。

C.1.1.4.2 观察次数检验

按式(4)进行观测次数检验。

预规定可靠度为 95%,相对误差取 5%。$S=0.05$。

$$N\text{总检}=\left(\frac{2\sqrt{6\times92.6-554.6}}{0.05\times23.55}\right)^2=3\text{次}\qquad N\geqslant N\text{总检}$$

完全符合观察次数的要求。

C.1.1.5 提出改进方案

这里列举了工人甲加工轴套的测时资料(见表 C.2)和另外工人乙,工人丙的测时资料的对比分析表(见表 C.4)找出他们各自的缺点和毛病,并向各自的先进经验学习。

改进的方案有:

a) 机动时间方面

定额切削用量为:吃刀深度:$t=3$ mm;进给量:$s=0.28$ mm/转;主轴转速:$n=305$ 转/min。

工人丙采用的切削用量。吃刀深度:$t=3$ mm;进给量:$s=0.33$ mm/转;主轴转速:$n=230$ 转/min。计算机动时间为:$T_j=190\div(230\times0.33)=2.5$ min。

工人乙改进了车刀角度。采用的切削用量。吃刀深度:$t=3$ mm;进给量:$s=0.28$ mm/转;主轴转速:$n=380$ 转/min。计算机动时间为:$T_j=190\div(380\times0.28)=1.8$ min;工人乙比工人丙少用了 $2.5-1.8=0.7$ min。

b) 辅助时间方面

装卸零件。工人丙主要经验是:安装轴套的心轴上作了改进,将压紧轴套的垫圈开了一个槽,这样装卸零件只要将螺母拧开一圈，就能松开和取下垫圈，轴套随即从心轴上取下。操作有计划性和预见性，在机动时间取毛坯，将其放在机床上，这样在更换加工零件时，就能随手拿起套筒，套在心轴上。工人丙比工人乙少用了 1.2－0.85＝0.35 min。

c） 操作机床方面

工人甲节奏性强。能把左右手配合起来，不致使一只手负荷大，一只手空闲。工人甲比工人乙少用了 0.8－0.64＝0.16 min。

d） 总结

推广工人甲的操作机床经验；推广工人乙的改进车刀角度经验；推广工人丙的装卸零件方法经验。

e） 提出改进方案（提高劳动定额水平）

将工人甲操作机床 0.64 min，工人乙机动时间 1.8 min，工人丙装卸零件时间 0.85 min，合在一起。$T=0.64+1.8+0.85=3.29$ min。

计算单件定额时间：$T_d=T\times(1+$总宽放率$)$。已知：C620-1 普通车床总宽放率占作业时间的 17％。原定额时间为 4 min。$T_d=3.29\times(1+17\%)=3.8$ min。

比原定额提高了$[(4-3.8)\div4]\times100\%=5\%$。

表 C.3 不正常情况

单位为分钟

序号	观测周期数	原因	延续时间
1	4	零件拿了两次	1.33
7	8	零件落在地上	0.83

表 C.4 对比分析表

单位为分钟

操作名称	时间消耗			定额时间
	甲	乙	丙	
装卸零件	1.03	1.2	0.85	1
移动刀架、开、停车	0.64	0.8	0.75	0.8
车削（机动）	2.25	1.8	2.5	2.2
合计	3.92	3.8	4.1	4

ICS 03.080.99
A 12

中华人民共和国国家标准

GB/T 23860—2009

婚姻庆典服务

Wedding ceremony service

2009-05-04 发布　　　　2009-12-01 实施

中华人民共和国国家质量监督检验检疫总局
中国国家标准化管理委员会　发布

前　言

本标准的附录A为规范性附录。

本标准由中华人民共和国民政部提出。

本标准由全国婚庆婚介标准化技术委员会归口。

本标准起草单位：中国社会工作协会婚庆行业委员会、四川省社会科学院、北京康宁婚礼顾问公司、北京金缘谷文化发展公司、北京经典时光婚庆有限公司。

本标准主要起草人：徐留根、史康宁、秘增凯、史宇、孟浩、刘茂才、谭军、杨凤。

引　言

婚姻庆典服务行业在我国是一个古老而又时尚的发展中的行业。近代的婚姻庆典业是国民经济中关系人民生活美好、和谐的一个重要服务行业。

婚姻庆典服务机构为更好的满足顾客要求，应在服务程序、服务质量上进一步提高，做到有序经营、有章可循，使顾客的权益得到有效保障。

婚姻庆典服务

1 范围

本标准规定了婚姻庆典服务应遵循的基本原则以及制度建设、制度保障、服务过程及安全卫生、服务质量改进方面的要求。

本标准适用于从事婚姻庆典服务的各类机构。

2 规范性引用文件

下列文件中的条款通过本标准的引用而成为本标准的条款。凡是注日期的引用文件，其随后所有的修改单(不包括勘误的内容)或修订版均不适用于本标准，然而，鼓励根据本标准达成协议的各方研究是否可使用这些文件的最新版本。凡是不注日期的引用文件，其最新版本适用于本标准。

GB/T 2912.1 纺织品 甲醛的测定 第1部分:游离水解的甲醛(水萃取法)

GB/T 7573 纺织品 水萃取液 pH 值的测定

GB 16153 饭店(餐厅)卫生标准

GB 18401 国家纺织产品基本安全技术规范

GB/T 19001 质量管理体系 要求

BB 0046 气雾彩带

3 术语和定义

下列术语和定义适用于本标准。

3.1

婚姻庆典服务 wedding ceremony service

为婚姻庆典提供的全过程的服务。

3.2

婚姻庆典服务机构 wedding ceremony service provider

从事婚姻庆典服务业务的法人机构。

4 基本原则

a) 婚姻庆典服务机构应根据 GB/T 19001 相关要求，建立婚姻庆典服务质量管理体系；

b) 婚姻庆典机构在服务中应倡导健康、文明的婚姻庆典形式，尊重各民族婚礼文化习俗；

c) 婚姻庆典机构服务人员应遵守良好的职业道德，树立诚实守信、爱岗敬业的服务意识。

5 制度建设

5.1 管理承诺

婚姻庆典服务机构的最高管理者应根据 GB/T 19001 的规定，建立和实施服务质量管理体系，建立服务管理体系应满足以下目的和要求：

——确立服务质量方针、目标；

——强调满足顾客需求的重要性；

——确保资源的合理利用；

——进行管理评审。

5.2 服务质量方针

婚姻庆典服务机构最高管理者应确保服务质量方针：

——与婚姻庆典服务机构的宗旨相适应；

——与顾客需求相适应；

——在婚姻庆典服务机构内得到认知和遵守；

——根据机构宗旨及顾客需求，做出适时修改和完善。

5.3 管理职责

5.3.1 最高管理者

婚姻庆典服务机构最高管理者的职责和权限：

——建立机构的服务质量管理体系；

——提出制定服务质量管理体系的文件的要求；

——确保服务质量管理体系的实施；

——听取相关部门的汇报和建议，对服务质量管理体系进行改进。

5.3.2 服务质量管理部门

婚姻庆典服务机构的最高管理者应设置质量管理部门，明确服务质量管理的负责人，并应具有以下方面的职责和权利：

a) 直接受机构最高管理者领导，负责服务质量管理体系的贯彻和执行；

b) 监督相关部门服务质量管理体系的实施；

c) 向最高管理者汇报服务质量管理体系的落实情况；

d) 向最高管理者提出服务质量管理体系需要改进的建议。

5.3.3 相关部门

婚姻庆典服务机构的相关各部门人员应明确其职责，以保证服务质量管理体系在机构内的实施，应具有以下方面的职责：

a) 确保服务质量管理体系得到实施；

b) 提高服务意识，满足顾客需求；

c) 向质量管理部门汇报执行服务质量管理体系的情况；

d) 向质量管理部门提出改进服务质量管理体系的建议。

5.4 内部沟通

最高管理者应在服务机构内建立沟通机制，可以建立一个正式或非正式的交流制度，使员工有更多的机会与管理层沟通，内部沟通应注重：

——使员工理解服务机构的管理制度、服务规范；

——定期听取服务质量管理负责人的汇报；

——向员工传达服务质量会议的内容；

——管理层向员工传授与顾客沟通与互动的技巧；

——提供一个能够促进内部良好沟通的场所等。

5.5 顾客沟通

婚姻庆典服务机构应在举办婚姻庆典前，与顾客进行沟通，沟通的方法包括：

——听取顾客对婚姻庆典的要求和建议；

——对婚姻庆典现场勘查；

——婚礼程序策划的建议；

——婚礼彩排等。

5.6 工作文件要求

婚姻庆典服务机构应建立服务质量管理体系的文件包括：

——服务质量方针和质量目标；

——服务产品的管理制度；

——服务质量手册；

——服务质量记录制度；

——服务人员的执业资格证书；

——安全管理制度；

——档案管理制度；

——保密制度；

——员工培训制度；

——应急预案。

5.6.1 质量手册

婚姻庆典服务机构应编制并不断完善服务质量管理手册。服务质量管理手册的内容应包括：

——服务质量管理体系的范围；

——服务的操作程序；

——服务过程和效果的质量要求；

——服务质量监督措施等。

5.6.2 档案管理

婚姻庆典服务机构应建立档案管理制度。其内容包括：

——服务机构经营档案的管理；

——员工档案资料的管理；

——顾客档案资料的管理；

——服务过程详细记录的资料管理；

——顾客建议或投诉的资料管理等。

5.7 管理评审

5.7.1 评审信息

婚姻庆典服务机构应在服务质量管理体系中规定评审的时间。

管理评审应包括以下方面的信息：

——顾客的反馈意见；

——婚姻庆典场所是否满足不同顾客的需求；

——服务过程中出现的问题；

——改进服务方法的建议；

——预防和纠正措施的效果；

——参考以往管理评审的记录等。

5.7.2 评审

管理评审的结果应包括以下方面的改进措施：

a) 服务质量管理体系的改进；

b) 与顾客需求有关的服务和产品的改进；

c) 人力、设备、设施等资源的补充。

6 制度保障

6.1 资源提供

婚姻庆典服务机构应配置充分、适宜的资源，这些资源包括：

a) 人力资源；

b） 场所、设施、设备、器材；

c） 工作环境等。

6.2 人力资源

6.2.1 人员

婚姻庆典服务机构应将人力资源的开发、培训作为重要内容之一，员工应能胜任其职责要求。

婚姻庆典服务机构人力资源的保障应包括：

——确定婚姻庆典的相关工作人员的基本能力要求；

——婚姻庆典礼仪服务人员应持有相关执业资格证书；

——上岗前的招聘、岗前培训、短期实习；

——定期培训；

——培训记录等。

6.2.2 培训

婚姻庆典服务机构应建立培训制度，包括：

a） 建立以提高员工素质为目的的员工培训、考核制度；

b） 培训时间以月度为宜，并应及时更新培训教材；

c） 员工应接受消防安全、环境保护等方面的知识和技能的培训；

d） 可采取参加业务培训班、请专家授课等方式；

e） 每次的业务培训应有记录。

6.2.2.1 培训内容

——婚俗文化知识和礼仪知识；

——服务意识和职业化；

——营销心理学；

——沟通技巧；

——案例分析等。

6.2.2.2 培训方式

集体培训和单独指导相结合。

6.3 基础设施

婚姻庆典服务机构应包括：

a） 工作场所和相关的设施：

——接待室、办公室、化妆间、卫生间、制作间及仓库等；

b） 应具备设备、器材：

——计算机、办公设备、电话、对讲机、道具及运输手段等。

6.4 工作环境

婚姻庆典服务机构应建立有利于提高服务质量的工作环境，婚姻庆典场所的装饰、照明、安全、卫生要求应符合相应国家标准的规定。

良好的工作环境包括：

——员工对企业文化的认知；

——安全、卫生、舒适的办公环境；

——员工之间和谐的人际关系等。

7 服务过程及安全卫生要求

7.1 服务过程

婚姻庆典服务机构应做到：

a) 具备婚姻庆典服务的资质许可；
b) 妥善保存顾客的所有档案资料；
c) 员工着正装或着本机构的统一服装，佩带工牌上岗；
d) 员工熟悉本机构的服务项目、收费标准、工作程序及工作要求，在接待时使用文明规范的语言；
e) 在经营场所内公示本机构的服务项目、服务人员，明码收费标准；
f) 婚礼的策划宜由专业婚礼策划人员承担，策划人员要充分了解顾客对婚礼的需求，根据其要求在本机构服务项目的基础上为其策划婚礼；
g) 婚礼中使用符合质量要求的设备、设施，专职人员在婚礼进行前认真检查所使用的设备、设施，确保正常使用；
h) 制作的婚礼影像制品(含照片、录像带、光盘等)的内容，满足顾客在婚礼前提出的经双方协商一致的要求；
i) 制作的婚礼音像制品保证质量，并在规定的时间内交付给顾客，交付时可向顾客演示音像制品的内容，交付的同时将录制过程中的所有原始资料(包括底片、录像带、数码资料等)一并交付顾客；
j) 与顾客明确服务项目、服务标准及服务价格后，与顾客签订婚礼服务合同，婚礼服务合同格式见附录A；
k) 及时准确的记录顾客反馈意见，包括顾客的抱怨，所采取的弥补措施及改进方案应有明确记录。

7.2 产品安全、卫生

婚姻庆典服务机构在服务中应采取安全措施，使用符合产品安全卫生标准的婚礼用品、婚礼道具及婚车。

7.2.1 安全措施

婚姻庆典服务机构在提供服务过程中，应采取有效措施，保证安全，保护环境，防止各类事故的发生。

——制定现场安全保卫及保护环境的措施；
——制定现场应急预案；
——指派专职人员负责现场的安全、消防等工作。

7.2.2 婚纱

婚姻庆典服务机构有经营婚纱业务的应设有专门的婚纱试衣间，婚纱安全、卫生要求应符合GB 18401的相关要求。

7.2.3 婚车

婚姻庆典服务机构在婚礼中使用的车辆应确保机械运转正常，安全行驶；应保证车辆干净整洁。

7.2.4 婚礼餐饮

婚礼餐饮食品卫生要求应符合GB 16153的相关要求。

7.2.5 喷雾剂产品

使用喷雾剂产品时，应严格依照产品安全操作规程的要求使用。

8 服务质量的改进

8.1 总则

婚姻庆典服务机构应对服务质量进行监督、分析和改进：

——确保符合服务质量管理体系的要求；
——确保服务质量管理体系适应顾客需求，并根据顾客需求不断改进以保证服务质量管理体系的有效性。

8.2 监督

8.2.1 顾客满意度

婚姻庆典服务机构应监督顾客对服务质量的满意程度，根据满意程度的高低进行服务质量的改进。

8.2.2 内部审核

婚姻庆典服务机构应按规定的时间间隔进行内部审核，以确定服务质量管理体系：

a) 是否符合机构宗旨及顾客需求；

b) 是否得到有效实施；

c) 应制定审核方案，宜以月度审核为标准，规定审核内容、范围、时间和方法。

8.3 分析

婚姻庆典服务机构应采用适宜的方法对服务质量管理体系过程进行跟踪，以证实达到了所预期的结果。当未能达到所预期的结果时，应采取适当的纠正措施，确保服务及产品符合顾客的需求。

a) 自我评价

婚姻庆典服务机构应在质量管理体系中规定自我评价的方法。

b) 顾客评价

婚姻庆典服务机构应采用顾客满意度调查等形式对服务质量、服务方式、服务效果进行顾客评价。

c) 社会评价

婚姻庆典机构应经常关注和倾听来自消费者组织、行业组织、质量技术监督部门对婚姻庆典机构服务质量的意见和建议。

8.4 改进

8.4.1 持续改进

婚姻庆典服务机构应利用质量方针、质量目标、数据分析、纠正和预防措施以及管理评审审核结果；根据定期、不定期的自我评价、顾客评价和社会评价，对本机构的服务提出改进措施。

8.4.2 纠正措施

婚姻庆典服务机构应采取措施，消除不合格的服务，并防止再次发生不合格的服务。

纠正措施应包括以下方面的要求：

——评审不合格的服务及顾客的抱怨；

——确定不合格的服务及原因；

——根据不合格的服务及原因，制定纠正措施的方案并实施；

——采取纠正措施的结果要有详细记录。

8.4.3 预防措施

婚姻庆典服务机构应采取措施，防止不合格服务的发生，其内容包括以下方面的要求：

——制定预防措施；

——消除引起不合格服务的潜在质量因素；

——所采取措施的结果要有详细记录；

——分析所采取的预防措施的效果；

——评审防止不合格服务的措施。

附 录 A
（规范性附录）
婚庆服务合同

表 A.1 给出了婚庆服务合同的格式与内容。

表 A.1 婚庆服务合同的格式与内容

BF——2008——2710　　　　合同编号：

婚庆服务合同

委托人（甲方）：______________

受托人（乙方）：______________

根据《中华人民共和国合同法》等法律、法规的有关规定，双方在自愿、平等、公平、诚实信用的基础上就婚礼服务有关事宜达成如下协议：

一、服务内容：甲方委托乙方为______（新郎）和______（新娘）的婚礼仪式提供相关服务。

本合同中"□"后内容为可选内容，双方可根据实际需求以划"√"方式选定适用，可多选。

二、婚礼仪式开始时间：______年____月____日____时____分。

三、婚礼仪式举行地点：______市______区（县）______路（街）______号______。

四、婚礼服务项目

□ 策划服务　　□ 主持服务　　□ ______

□ 摄像服务　　□ 摄影服务　　□ ______

□ 化妆服务　　□ 鲜花服务　　□ ______

□ 乐队服务　　□ 场地服务　　□ ______

□ 推荐婚车服务　　□ 代租婚车服务　　□ 婚车租赁服务

各个服务项目的具体内容、要求和费用标准由双方以附件形式约定。

五、服务费用及支付

1. 各项服务费用合计为______元，大写______元。

2. 本合同签订后当日，甲方应；

□ 按服务费用总额的 20% 即______元向乙方支付定金；

□ 按服务费用总额的____% 即______元向乙方支付预付款。

定金和预付款可抵作服务费用。

3. 策划方案经签字确认后，甲方应向乙方支付费用总额的____%，即______元。

4. 余款______元，应在______付清。

5. 本合同签订后双方约定新增加或取消服务项目的，相应费用应计入服务费用总额或从服务费用总额中扣除。

6. 乙方收到钱款，应即时向甲方开具收款凭证。

六、双方主要权利义务

甲方应积极配合乙方完成合同约定的各项服务。

乙方提供的各项服务以及服务中所使用的各种产品，均应符合国家有关规定或行业有关规范确定的标准。

□ 策划服务

（1）策划方案为乙方智力成果，仅供甲方在本合同约定范围内使用。甲方不得擅自将策划方案用于合同约定以外的其他用途或提交给第三方使用。

（2）乙方应于______年____月____日前向甲方提交策划方案，策划方案经验收合格，甲方应予以签字确认。

□ 主持服务

（1）乙方应根据甲方需求提供合格主持人供甲方选择。

（2）婚礼仪式举行当日，甲方指定的主持人由于生病等不可抗拒的原因无法亲自主持的，乙方应及时提供同级别以上的主持人代为提供服务。

表 A.1(续)

□ 推荐婚车服务 (1) 乙方应根据甲方需求，为其推荐符合汽车运营管理规定的汽车租赁企业提供婚车租赁服务。 (2) 甲方应自行与乙方推荐的汽车租赁企业洽谈签约。 □ 代租婚车服务 □ 婚车租赁服务 (1) 乙方应保证婚车车辆机械运转正常，安全行驶；应保证车辆干净整洁。 (2) 乙方应保证每辆婚车配备合格驾驶员1名。 (3) 代租服务费是乙方提供婚车代租服务所应收取的报酬；婚车租赁费是甲方所应支付的婚车租用费用，其中包含车辆使用费、燃油费、驾驶员服务费，停车费、过桥费等其他费用由甲方另行支付。 (4) 甲方不得要求婚车驾驶员违反交通法规。 □ 化妆服务 (1) 乙方应根据甲方需求提供试妆服务，以确定化妆师的具体人选和测试被化妆人员有无过敏反应；因化妆产生过敏反应的，应允许调换化妆品，如皮肤仍无法适应的，甲方可取消本项服务；对乙方提供的化妆师均不满意的，甲方也可取消本项服务。 (2) 化妆师人选及使用的化妆品一经确定，双方均不得随意更换。 □ 摄像服务 □ 摄影服务 (1) 甲方变更拍摄时间应提前1日书面通知乙方。 (2) 甲方应于拍摄前提供活动流程并注明必拍场景。 (3) 乙方应为婚礼仪式配备合格的摄像、摄影师和设备。 (4) 除署名权外，乙方对于摄影、摄像作品著作权中的其他权利，只有在取得甲方书面同意后方可行使。 (5) 乙方留有原始图像文件或复制件的，应妥善保管，并不得提供给第三方。 (6) 乙方应保守因签订和履行本合同而获悉的甲方隐私。 七、双方主要违约责任 1. 因自身原因，一方于婚礼仪式14日之前(不含14日)要求取消具体服务项目的，应以该项目服务费的____%作为违约金；于婚礼仪式7日之前(不含7日)要求取消具体服务项目的，应以该项目服务费的____%作为违约金；于婚礼仪式7日之内(含7日)要求取消具体服务项目的，应以该项目服务费的____%作为违约金。 2. 除本合同另有约定以外，由于甲方原因导致合同不能按照约定履行的，由甲方自行承担相应责任，并应支付乙方实际支出的费用；由于乙方原因导致提供的服务不符合约定要求的，乙方应退还该项目服务费，并按该项目服务费的____%支付违约金。 3. 由于一方原因给另一方或第三方造成人身伤害或财产损失的，应承担赔偿责任。 □ 代租婚车服务违约责任 (1) 婚车无法按约定提供服务的，乙方除应及时通知甲方并提供约定的备用车辆，还应退还差额婚车租赁费。 (2) 实际婚车低于约定级别的，乙方应支付相应租赁费用的____%作为违约金。 (3) 实际婚车数量少于约定的，乙方应退还代租服务费和相应的租赁费用，并支付相应租赁费用的____%作为违约金。 (4) 婚车未在约定时间内到达起始地点超过______分钟以上的，乙方应支付相应租赁费用的____%作为违约金。由于乙方原因导致婚车未在约定时间内到达婚礼仪式举行地点超过______分钟以上的，乙方应支付相应租赁费用的____%作为违约金。 (5) 由于甲方原因导致婚车毁损或违反交通法规的，车辆维修费、罚款及其他相关费用由甲方承担。 □ 摄像服务违约责任 □ 摄影服务违约责任 (1) 摄影、摄像师无法按约定时间提供摄影、摄像服务的，经甲方同意，乙方应及时安排职业等级或技术水平相当的其他摄影、摄像师；乙方未做出替换安排或甲方不同意替换安排的，乙方应按该项服务费用的______倍支付违约金。 (2) 由于乙方原因导致照片、影像全部或部分灭失的，乙方应退还相应服务费用，并按相应服务费用的______倍支付违约金。 (3) 乙方交付的拍摄成品中缺少约定必拍场景的，应按每个场景______元的标准支付违约金。 (4) 乙方交付的拍摄成品质量不符合约定要求的，应按__________的标准支付违约金。 八、合同的解除 1. 甲、乙双方可协商一致解除本合同；

表 A.1（续）

2. 一方有下列情形之一的，另一方有权单方解除合同并要求其赔偿损失：

（1）一方明确表示或者以自己的行为表明不履行全部或部分约定义务的；

（2）甲方迟延支付全部或部分服务费用，经乙方催告后______日内仍未支付的；

（3）乙方未经甲方同意，擅自改变服务内容、降低服务标准或增加服务费用，经甲方催告后仍未改正的____。

3. 在婚礼仪式举行前，一方因上述以外的原因提出单方解除合同的，另一方应采取适当措施防止损失扩大，并有权要求解约方在______日内按服务费用总额的____%支付违约金。已支付定金的，也可选择适用定金规则：甲方违反约定解除合同的，无权要求返还定金；乙方违反约定解除合同的，应双倍返还定金。

九、不可抗力

任何一方当事人因不可抗力不能履行合同的，根据不可抗力的影响，可以部分或者全部免除责任，但应及时通知另一方并在合理期限内提供有关证明。

十、合同争议的解决办法

本合同项下发生的争议，由双方协商解决或申请调解解决，协商、调解解决不成的，可选择以下第　种方式解决：

1. 向__________________人民法院提起诉讼；

2. 向__________________仲裁委员会申请仲裁。

十一、其他约定事项：____。

本合同经双方签字、盖章后生效。双方对合同内容的变更或补充应采用书面形式，作为本合同的附件。附件与本合同具有同等的法律效力。

甲方（签章）：　　　　　　　　　　乙方（签章）：

委托代理人：　　　　　　　　　　　委托代理人：

甲方的委托代理人应提交甲方（新郎或新娘）亲笔签名的授权委托书，明确代理权限。

身份证号码：　　　　　　　　　　　营业执照号码：

地址：（新郎）　　　　　　　　　　地址：

（新娘）

电话：　　　　　　　　　　　　　　电话：

合同签订日期：________年____月____日

参 考 文 献

GB/T 19580—2004　卓越绩效评价准则

ICS 03.080.99
A 12

中华人民共和国国家标准

GB/T 23861—2009

婚姻介绍服务

Matchmaking service

2009-05-04 发布 2009-12-01 实施

中华人民共和国国家质量监督检验检疫总局
中国国家标准化管理委员会 发布

前 言

本标准的附录A为规范性附录。

本标准由中华人民共和国民政部提出。

本标准由全国婚庆婚介标准化技术委员会归口。

本标准起草单位：中国社会工作协会婚介行业委员会、上海市婚姻介绍机构管理协会、北京百合在线科技有限公司、北京芦珊咨询有限公司、上海花千树信息科技有限公司、广州市青年婚姻介绍所、上海鸳鸯缘婚姻介绍服务公司、杭州心心缘公关联谊有限公司、贵州婚姻家庭协会婚介行业委员会、广州创缘咨询服务有限公司。

本标准主要起草人：徐留根、慕岩、芦珊、龚海燕、王伟明、伍尚辉、林克武、周卓颖、邱少波、黄子模、林霖、牟光君。

引　　言

婚姻介绍服务机构为征婚者介绍配偶，其服务效果直接影响征婚者未来的家庭幸福和社会和谐，因此，婚姻介绍服务机构的经营水平和服务质量是非常重要的。

本标准的制定和发布，将促进国内婚姻介绍服务质量的提升和婚姻介绍服务行业的良性发展，从而保障广大征婚者的权益。

婚 姻 介 绍 服 务

1 范围

本标准规定了婚姻介绍服务在管理、资源、过程、改进等方面的要求。

本标准适用于从事婚姻介绍服务的各类机构。

2 规范性引用文件

下列文件中的条款通过本标准的引用而成为本标准的条款。凡是注日期的引用文件，其随后所有的修改单(不包括勘误的内容)或修订版均不适用于本标准。鼓励根据本标准达成协议的各方研究是否可使用这些文件的最新版本。凡是不注日期的引用文件，其最新版本适用于本标准。

GB/T 19001　质量管理体系　要求

3 术语和定义

下列术语和定义适用于本标准。

3.1

婚姻介绍服务　matchmaking service

为征婚者介绍配偶的过程。

3.2

婚姻介绍服务机构　matchmaking service provider

提供婚姻介绍服务的组织。

3.3

婚姻介绍服务人员　matchmaker

帮助征婚者介绍配偶的工作人员。

3.4

征婚者　client

通过婚姻介绍服务机构寻找配偶的单身人士。

4 基本原则

4.1 建立服务质量管理体系

婚姻介绍服务机构应根据 GB/T 19001 的要求，建立婚姻介绍服务质量管理体系，并根据征婚者的需求不断改进，以确保服务质量管理体系的有效实施。

4.2 服务原则

a) 以征婚者为中心，尽力满足其需求；

b) 按统一标准提供服务；

c) 应针对服务人员建立完善的的培训、考核和监督制度；

d) 不向征婚者提供虚假信息；

e) 保护征婚者的个人信息的安全；

f) 服务场所符合安全、消防、卫生、环境保护等国家有关法规和标准的要求。

5 管理职责

5.1 管理承诺

婚姻介绍服务机构的最高管理者应根据 GB/T 19001 的规定，建立和实施服务质量管理体系，建立服务管理体系应满足以下目的和要求：

a) 确立服务质量方针、目标；

b) 让员工充分认识和理解以征婚者为中心的基本原则；

c) 承诺尽可能满足征婚者需求，并不断改进服务的方法；

d) 确保资源的合理利用；

e) 进行管理评审。

5.2 服务质量方针

最高管理者应确保服务质量方针：

a) 与婚姻介绍服务机构的服务宗旨相适应；

b) 为评审服务质量目标提供框架；

c) 在服务机构内得到员工的认知和遵守；

d) 根据服务机构宗旨及服务质量要求，做出适时修改和完善。

5.3 职责

5.3.1 服务质量管理部门

最高管理者应在服务机构内设置服务质量管理部门或指定一名服务质量管理负责人，负责服务质量管理体系的实施，并在定期召开的管理评审会议上，向最高管理者报告服务质量管理体系的实施情况和改进建议。

5.3.2 内部沟通

最高管理者应在服务机构内建立沟通机制，可以建立一个正式或非正式的交流制度，使员工有更多机会与管理层沟通，内部沟通应注重：

——使员工充分理解服务机构的管理制度、服务规范；

——定期听取服务质量管理负责人的汇报；

——向员工传达服务质量会议的内容；

——提供能够促进内部沟通的场所；

——开展能够促进内部沟通的活动。

5.4 文件要求

5.4.1 服务质量管理体系的文件应包括：

——服务质量方针；

——服务质量目标；

——服务质量手册；

——服务资质证明文件；

——服务人员的职业资格证书；

——员工管理制度；

——面向征婚者的服务说明书；

——婚姻介绍服务合同范本(见附录 A)；

——征婚者档案管理规范；

——相关记录(见 5.4.3)。

5.4.2 服务质量手册

婚姻介绍服务机构应编制并不断完善服务质量手册。服务质量手册的内容包括：

——服务质量管理体系的范围；
——服务程序；
——服务过程和效果的质量要求；
——服务质量监督措施等。

5.4.3 工作记录

应建立并保持工作记录，以提供服务质量管理体系有效运行的证据。工作记录应保持清晰、易于识别和检索。

5.5 管理评审

5.5.1 信息收集

最高管理者应定期评审服务质量管理体系，管理评审宜收集以下信息：
——征婚者反馈的意见和建议；
——服务过程和效果的数据；
——预防和纠正措施的执行情况；
——以往管理评审的效果。

5.5.2 评审结果

管理评审结果宜注重以下方面的内容：
——调整服务质量管理体系的内容；
——修订服务质量手册；
——改进服务方法；
——资源配置的合理性和适用性等。

6 资源管理

6.1 资源提供

为实施服务质量管理体系，从而实现婚姻介绍服务的质量方针和目标，婚姻介绍服务机构应配置充分、适宜的资源，包括：
——人力资源；
——基础设施；
——工作环境。

6.2 人力资源

婚姻介绍服务机构应将人力资源的开发、培训作为重要工作之一。员工应能胜任其职责要求。

婚姻介绍服务机构在人力资源方面应做到：
——确定影响婚姻介绍服务质量的相关工作人员的基本能力要求；
——婚姻介绍服务人员应持有相关职业（婚介师、婚姻家庭咨询师、心理咨询师等）资格证书；
——上岗前的招聘、培训和试用；
——上岗后的定期培训；
——培训应有记录。

6.2.1 培训内容

——服务意识和职业化；
——婚恋心理学；
——沟通技巧；
——案例分析。

6.2.2 培训方式

——集体培训；

——小组督导；

——一对一指导。

6.3 基础设施

婚姻介绍服务机构应确定、提供并维护为达到服务质量要求所需的基础设施，包括：

a) 工作场所：应明确分区咨询服务区、资料查询区、约见区、办公区等；

b) 基本设备：计算机、打印机、电话机、传真机、照相机、客户关系管理系统等；

c) 支持性服务：电话线路、互联网接入、身份证查验等。

6.4 工作环境

婚姻介绍服务机构应建立有利于提高服务质量的工作环境，包括：

——良好的组织文化；

——安全、卫生、舒适的办公环境；

——员工之间和谐的人际关系等。

7 服务过程

7.1 服务过程的设计

婚姻介绍服务机构应设计和实现婚姻介绍服务所需的过程。服务过程的设计应与服务质量管理体系的要求相一致(见4.1)。

在设计服务过程时，婚姻介绍服务机构应确定以下方面的内容：

a) 服务的质量目标和要求；

b) 工作文件、服务过程和资源方面的需求；

c) 服务过程质量控制；

d) 实现服务过程以及服务是否达到质量要求的有关记录(见5.4.3)。

7.2 服务过程的要求

a) 向征婚者明确服务的内容、期限、质量要求和费用；

b) 查验征婚者的身份证、户口簿、学历证书等身份证明文件；

c) 让有婚史的征婚者出示离婚证明或丧偶证明；

d) 要求征婚者如实填写个人信息登记表，并签署个人信息真实性声明；

e) 对征婚者的档案妥善保管，保护征婚者个人隐私；

f) 及时收集征婚者的反馈意见；

g) 及时、妥善地处理征婚者的投诉；

h) 对于征婚者提出的问题或要求，应在三个工作日内予以答复；

i) 尊重不同民族、不同文化背景的征婚者的风俗习惯和特定需求；

j) 应规定服务期限，不应提供无限期或介绍到成功为止的服务。

8 服务改进

8.1 服务改进目标

婚姻介绍服务机构应规划并实施以下方面所需的监控、分析和改进过程：

a) 服务是否达到质量目标；

b) 服务质量管理体系是否达到要求；

c) 对服务质量管理体系的持续改进是否有效。

8.2 服务质量监控

8.2.1 收集反馈

婚姻介绍服务机构应及时了解征婚者、政府相关部门、行业组织等对于服务的反馈意见，并对这些信息进行整理和分析。

8.2.2 内部审核

婚姻介绍服务机构应定期进行内部审核，以确定服务是否达到本标准的要求以及本机构自身所确定的要求。

8.2.3 服务过程监控

婚姻介绍服务机构应采用适当方法对服务过程进行监控，应能证实服务过程是否有效。当未能达到预期结果时，应采取适当的改进措施，以确保服务的有效性。

8.3 数据分析

婚姻介绍服务机构应确定、收集和分析有关数据，以证实服务及其质量管理体系的有效性，并明确在何处进行持续改进，包括：

——婚姻介绍的成功率；

——婚姻介绍成功所需服务时间和约见对象数量；

——征婚者对服务过程及其效果的评分等。

8.4 改进

8.4.1 持续改进

婚姻介绍服务机构应利用服务质量方针、服务质量目标、监控、纠正和预防措施以及管理评审，持续改进服务质量管理体系的有效性。

8.4.2 纠正措施

婚姻介绍服务机构应采取措施，以消除导致服务不合格的原因，防止再次发生服务不合格的情况。

8.4.3 预防措施

婚姻介绍服务机构应采取措施，以预先消除导致服务不合格的原因，防止发生服务不合格的情况。

附　录　A
（规范性附录）
婚姻介绍服务合同

A.1　婚姻介绍服务合同内容

婚姻介绍服务合同应包括如下内容：

A.1.1　甲方（征婚者）和乙方（婚姻介绍服务机构）的名称；

A.1.2　婚姻介绍服务的内容和期限；

A.1.3　双方的权利和义务；

A.1.4　服务费用及支付方式；

A.1.5　违约责任的认定和争议处理方法；

A.1.6　订约时间和地点。

A.2　婚姻介绍服务合同范本

婚姻介绍服务合同的范本如下：

婚姻介绍服务合同

征婚者（甲方）：______________________________

婚姻介绍服务机构（乙方）：______________________________

根据《中华人民共和国合同法》等规定，双方在自愿、平等、公平、诚实信用的基础上就婚姻介绍服务有关事项达成如下协议：

一、服务项目

1. 加入会员 □

2. 单次介绍 □

单次介绍次数为________。

单次介绍是指（可多选）：

（1）给甲方提供令其满意的征婚对象资料 □

（2）安排甲方和征婚对象互换联系方式 □

（3）安排甲方和征婚对象见面 □

（4）给甲方提供让甲方见面后感觉满意的征婚对象 □

3. ________________□

以上项目“3”内容可根据双方实际需求约定。

二、合同有效期

1. 自______年____月____日起，至______年____月____日止。

三、服务内容

1. 根据甲方要求提供本机构会员的个人资料供查阅；

2. 根据甲方要求提供个别约见服务；

3. 提供婚恋心理咨询和婚恋法律咨询；

4. 提供本机构举办的各项联谊活动（约定可收费或免费）。

5. ____。

以上内容“5”可根据甲方要求提供的其他服务另行约定服务形式和收费标准约定。

四、服务费用及支付

1. 服务费用合计为__________元，大写：______________________元。

2. 本合同签订当日，甲方应足额付清服务费。乙方收到钱款，应即时向甲方开具收款凭证。

3. 其他收费约定：____。

五、甲方权利和义务

1. 在本合同签订之前，甲方应向乙方出示证明身份和婚姻情况的有效合法证件，甲方须如实填写《个人资料登记表》，如实介绍本人基本情况及要求，如有弄虚作假由甲方负责。

2. 甲方应积极配合乙方完成合同约定的婚姻介绍服务。

3. 在甲方与另一方征婚当事人交往过程中应遵守社会公德，如有欺骗行为，乙方有权终止服务；如触犯法律的，由甲方承担法律责任。

4. 甲方在征婚交友过程中发生婚恋矛盾和财物纠纷，应与另一方征婚当事人自行协商解决。

5. 甲方如因自身因素要求中止终止婚姻介绍服务，乙方不予退款。

六、乙方权利和义务

1. 乙方应积极、热情、诚信、规范地为甲方完成合同约定的婚姻介绍服务。

2. 乙方应当保护甲方的隐私权，不得侵犯甲方的个人隐私，并为其保密。

3. 如乙方不按本协议进行服务或乙方在服务过程中，有提供虚假信息和虚假服务行为，甲方有权向乙方提出合理退款和赔偿。

4. 合同服务期满或终止服务合同后，甲方的个人资料由乙方归档封存 6 个月。6 个月后如甲方不取回资料，乙方有权自行销毁。

七、争议解决

履行本合同时发生的争议，由双方协商解决或申请调解解决，协商、调解解决不成的，可选择以下第______种方式解决：

1. 向____________(婚介行业组织)投诉；

2. 向____________消费者协会投诉；

3. 向____________人民法院提起诉讼。

八、其他约定

____。

本合同经双方签字、盖章后生效。双方对合同内容的变更或补充应采用书面形式，作为本合同的附件。附件与本合同具有同等法律效力。

甲方(签章)： 乙方(签章)：

委托代理人： 委托代理人：

电话： 电话：

合同签订日期：________年______月______日 合同签订地点：________________________

参 考 文 献

[1] GB/T 19580—2004 卓越绩效评价准则
[2] 上海市婚姻介绍行业服务规范

ICS 03.220
A 16

中华人民共和国国家标准

GB/T 23862—2009

文物运输包装规范

Specification of shipping packaging of cultural relics

2009-05-04 发布 2009-12-01 实施

中华人民共和国国家质量监督检验检疫总局
中国国家标准化管理委员会 发布

前　言

本标准的附录A为资料性附录。

本标准由国家文物局提出。

本标准由全国文物保护标准化技术委员会(SAC/TC 289)归口。

本标准起草单位:秦始皇兵马俑博物馆、华协国际珍品货运服务有限公司。

本标准主要起草人:吴永琪、张颖岚、汤毅嵩、赵昆、马生涛、方国伟、邓壮、杨广波、郑宁、王东峰。

本标准是首次发布。

文物运输包装规范

1 范围

本标准规定了文物运输包装过程中的基本技术要求。

本标准适用于由公路、铁路、航空承运的文物运输包装。

注：海路运输另行处理。

2 规范性引用文件

下列文件中的条款通过本标准的引用而成为本标准的条款。凡是注日期的引用文件，其随后所有的修改单(不包括勘误的内容)或修订版均不适用于本标准，然而，鼓励根据本标准达成协议的各方研究是否可使用这些文件的最新版本。凡是不注日期的引用文件，其最新版本适用于本标准。

GB/T 191—2008 包装储运图示标志(ISO 780:1997,MOD)

GB/T 1413 系列1集装箱 分类、尺寸和额定质量(GB/T 1413—2008,ISO 668:1995,IDT)

GB/T 4122.4 包装术语 木容器(GB/T 4122.4—2002,ISO 2074:1990,NEQ)

GB/T 4456 包装用聚乙烯吹塑薄膜

GB/T 4768 防霉包装

GB/T 5048 防潮包装

GB/T 6543—2008 运输包装用单瓦楞纸箱和双瓦楞纸箱

GB/T 6544 瓦楞纸板

GB/T 7284 框架木箱

GB/T 7350 防水包装

GB/T 9846.3—2004 胶合板 第3部分:普通胶合板通用技术条件

GB/T 10802—2006 通用软质聚醚型聚氨酯泡沫塑料

GB/T 12626 硬质纤维板

GB/T 16299 飞机底舱集装箱技术条件和试验方法

GB/T 16471—2008 运输包装件尺寸与质量界限

GB 18580 室内装饰装修材料 人造板及其制品中甲醛释放限量

GB 18581 室内装饰装修材料 溶剂型木器涂料中有害物质限量

GB/T 18944.1—2003 高聚物多孔弹性材料 海绵与多孔橡胶制品 第1部分:片材(idt ISO 6916-1:1995)

JT/T 198—2004 营运车辆技术等级划分和评定要求

3 术语和定义

GB/T 4122.4 确立的以及下列术语和定义适用于本标准。

3.1

文物运输包装 shipping packaging of cultural relics

使用适当的包装材料、包装容器，并利用相关的技术(并不局限于包装技术)，保证文物在运输过程中的安全的过程。

3.2

文物包装容器 container for cultural relics

为保证文物安全存放、运输而使用的盛装器具总称，包括内、外包装箱。

3.3

内包装箱　innerbox

用于直接盛装文物的内层包装容器。

3.4

常规外包装箱　normal outer container

用于盛装内包装箱的固定规格的集装式直方体包装容器。

3.5

特殊外包装箱　special outer container

针对特殊形体、特殊重量、特殊材质文物的实际需要，而制作的特殊规格外包装容器。

3.6

防水包装　waterproof packaging

为防止水浸入文物包装箱内部而采取一定保护措施的包装。

3.7

防潮包装　moistureproof packaging

为防止潮气浸入文物包装箱内部而采取一定保护措施的包装。

3.8

防震包装　shockproof packaging

为减缓文物受到的冲击和振动，保护其免受损坏，而采取一定保护措施的包装。

3.9

防霉包装　mouldproof packaging

为防止文物出现霉变而采取一定保护措施的包装。

3.10

包装材料　packaging materials

用于制造文物包装容器和进行包装的过程中使用的材料。

3.11

表面防护包装材料　packaging materials for surface protection

可以直接接触文物的包装材料。

3.12

阻隔包装材料　packaging materials for blocking

用来阻隔文物包装容器内部与外部环境的温度、湿度以及气体等环境因素变化，保证文物保存环境稳定性的包装材料。

3.13

防震与缓冲包装材料　packaging materials for shockproof and cushion

为减缓文物受到的冲击和振动而垫衬在文物周围的包装材料。

3.14

箱体包装材料　packaging materials for container

制造箱档、箱板等构件的包装材料。

3.15

滑木　skid

构成底座或底盘的纵向主要构件。

3.16

枕木　load bearing or floor member

垂直于滑木且横向安装在滑木上，用于承受内装物载荷的构件。

3.17

垫木　filler piece

横向安装于滑木下面，用于调整起吊及叉车进叉方向的位置或垫于内装物下面以调整包装箱受力状态的构件。

3.18

框架木箱　wooden framed case

侧面和端面采用框架式结构的箱档与箱板结合，底盘采用滑木结构制成的木箱。

3.19

箱板　boards

构成箱面的板材，一般分为顶板、侧板、端板、底板等。

3.20

箱档　cleat

箱面上与箱板结合并起加固作用的板材。

3.21

堆码载荷　superimposed load

由包装箱框架承受的堆积载荷。

3.22

包装储运图示标志　indicated marks

在包装、运输过程中，为使文物包装箱存放、搬运适当，按标准格式在文物包装箱一定位置上，以简单醒目的图案和文字标明的特定记号和说明事项。

4　技术要求

4.1　基本要求

4.1.1　文物包装应结构合理、材料环保，确保文物安全。

4.1.2　包装时应注意对文物内部结构、质地及表面层的保护。

4.1.3　文物包装应做到防水、防潮、防霉、防虫、防震、防尘和防变形。

4.1.4　内包装箱、特殊外包装箱应根据文物的质地、外形、尺寸、包装运输条件进行设计。

4.1.5　包装箱外形尺寸应符合 GB/T 16471—2008 的要求。

4.1.6　重量超过 100 kg 的装有文物的包装箱，在进行移动的过程中，应使用机械设备。起重、搬运设备的承载重量不应超过设备设计能力的 50%。

4.2　包装材料要求

文物包装材料主要分为：表面防护包装材料，阻隔、防震与缓冲包装材料，箱体包装材料三大类。

4.2.1　表面防护包装材料

应使用对文物无污染、柔软的材料，如：绵纸、无酸纸、浅色纯棉制品。

4.2.2　阻隔、防震与缓冲包装材料

包装容器内部应采用无污染的包装材料，不宜使用会排放有害介质的材料。

4.2.2.1　聚乙烯吹塑薄膜

应符合 GB/T 4456 的要求。

4.2.2.2　溶剂型木器涂料面漆

应符合 GB 18581 的要求。可使用硝基类、聚氨酯类面漆，不宜使用酸固化涂料、不饱和树脂涂料。

4.2.2.3　海绵

应符合 GB/T 18944.1—2003 的要求。

4.2.2.4 软质聚氨酯泡沫塑料

应符合 GB/T 10802—2006 的要求。

4.2.3 箱体材料

箱体材料不应由于材料变形而导致文物损坏。

4.2.3.1 木材

4.2.3.1.1 文物包装箱用木材应在保证包装箱强度的前提下，根据合理用材的要求，选用适当的树种，主要受力构件应以落叶松、马尾松、紫云松、白松、榆木等为主。也可采用与上述木材物理、力学性能相近的其他树种。

4.2.3.1.2 包装用木材质量应符合 GB/T 7284 的要求，其中滑木、枕木、框架木及内包装板选用一等材，外包装板选用二等材。

4.2.3.1.3 木箱的箱板、箱档木材含水率一般为 8%～20%，滑木、枕木及框架木含水率一般不大于 25%。

4.2.3.1.4 天然木材必须经过熏蒸处理。

4.2.3.2 胶合板

应符合 GB/T 9846.3—2004。甲醛释放量应符合 GB 18580 的要求。

4.2.3.3 纤维板

应符合 GB/T 12626 的要求。甲醛释放量应符合 GB 18580 的要求。

4.2.3.4 瓦楞纸板

应符合 GB/T 6544 中优等品的要求。

4.3 制箱要求

4.3.1 一般要求

4.3.1.1 包装箱应具有较强的防震、防冲击、抗压、防潮、防水、防虫、防尘、防变形、保温和阻燃性能。箱体设计必须能够承受运输中的多次搬运以及环境的复杂变化。

4.3.1.2 根据文物的质地、外形、尺寸、包装运输条件，制作内包装箱、外包装箱。直接盛装文物的包装箱，其箱体内部与文物应留有不小于 5 cm 的空间，以便充填缓冲材料。

4.3.1.3 箱体四壁的边沿结合处，连接固定时应在缝隙间填装防水密封胶，以确保木质外包装箱的整体防水性能。

4.3.1.4 箱盖处安装时加装密封条，当箱盖关闭时，起到密封及防水作用。

4.3.1.5 外包装箱表面不应有突出的锁扣等装置，以避免箱体移位时发生拉挂等现象，影响箱体安全。

4.3.1.6 外包装箱应有明确的包装储运图示标志，并标明箱号。

4.3.2 外包装箱

外包装箱可分为常规外包装箱和特殊外包装箱两种。

4.3.2.1 常规外包装箱

4.3.2.1.1 箱体制作

箱体材料的选择按文物重量可分为以下三类：

a) 文物重量≤100 kg，用细木工板（厚度≥12 mm）制作箱体四壁和顶部，用胶合板（厚度≥18 mm）制作箱底，用胶合板（厚度≥18 mm）制作箱档。
b) 文物重量在 100 kg～250 kg，用胶合板（厚度≥12 mm）制作箱体四壁和顶部，用胶合板（厚度≥18 mm）制作箱底，用胶合板（厚度≥18 mm）制作箱体四壁和顶部箱档，用胶合板（厚度≥36 mm）制作底部箱档。
c) 文物重量在 250 kg～500 kg，用胶合板（厚度≥18 mm）制作箱体四壁和顶部，用胶合板（厚度≥30 mm）制作箱底，用胶合板（厚度≥18 mm）制作四壁和顶部箱档，用胶合板（厚度≥36 mm）制作底部箱档。

箱体结构参见附录A。

4.3.2.1.2 **箱体规格**

常规外包装箱尺寸应符合GB/T 16299和GB/T 1413的要求，在符合航空、公路和铁路运输尺寸要求的前提下，可根据实际情况适当增减。

4.3.2.2 **特殊外包装箱**

重量≥500 kg或需要独立包装的大型文物，应使用框架木箱等承重木箱。

4.3.3 **内包装箱**

箱体材料的选择按文物重量可分为以下三类：

a) 文物重量≤30 kg，用瓦楞纸箱做内包装盒。应符合GB/T 6543—2008的要求，单瓦楞纸箱应使用BS-1.4类或以上等级，双瓦楞纸箱应使用BD-1.3类或以上等级。

b) 文物重量在30 kg～50 kg，用胶合板(厚度≥12 mm)做内包装盒，胶合板所制作的板面之间用木螺钉连接。

c) 文物重量≥50 kg以上，用胶合板(厚度≥18 mm)做内包装箱，胶合板所制作的板面之间用乳胶黏结，加木螺丝钉紧固。

4.4 **防护包装要求**

4.4.1 **防震包装**

4.4.1.1 在文物与包装箱体内部各面和内、外包装箱之间衬垫防震缓冲材料。防震缓冲材料应紧贴(或紧固)于文物和内包装箱或外包装箱内壁之间。

4.4.1.2 缓冲材料应质地柔软，富有弹性，不易疲劳变形、虫蛀及长霉。

4.4.2 **防潮包装**

防潮包装应符合GB/T 5048的要求。

4.4.3 **防水包装**

防水包装应符合GB/T 7350的要求。

4.4.4 **防霉包装**

防霉包装应符合GB/T 4768的要求。

4.5 **包装场地要求**

4.5.1 包装场地应设在室内，相对宽敞。

4.5.2 文物、包装材料应摆放有序。

4.5.3 包装场地应封闭，易于对出入人员的管理，并有一定的保卫措施或人员。

4.5.4 室内包装场地应有环境控制系统，应保持在适宜于文物包装、存放的环境下。

4.6 **装箱要求**

4.6.1 文物包装时，应确保周围环境和文物包装箱内清洁、干燥、无有害介质。

4.6.2 文物表面可根据需要包裹一层表面防护包装材料。

4.6.3 选用适当的包装方法将文物水平放置在内包装箱内，并予以紧固。体量较大的文物，将其直接固定在特殊外包装箱内，并进行防震包装。

4.6.4 文物上可移动的附件原则上应分开单独包装，但应装在同一个包装箱内，并固定在适当的位置。成套的(由多件组成的)文物无法装入同一个包装箱内的，以个体为单位独立包装，并写明编号，以方便查找。

4.6.5 文物装箱后，其包装箱的重心应尽量靠下居中。

4.6.6 将若干个内包装箱按照较重文物在下，较轻文物在上的原则依次码入外包装箱内。内包装箱不应与外包装箱直接接触，在各箱体间应留有一定的空隙以便放置防震缓冲材料。

4.6.7 用防震缓冲材料填实空隙、固定、放入此箱文物清单，最后封箱。

4.7 存放、堆码载荷的安全要求

4.7.1 文物不得露天存放。

4.7.2 存放文物的库房应有环境控制系统，确保文物不受环境变化的影响。

4.7.3 文物外包装箱堆码不得超过两层。

4.7.4 堆码时应注意将体量大的文物包装件放置在下层，体量小的文物包装件放置在上层。

4.8 文物运输的技术、安全要求

4.8.1 运输工具的选择以保障文物安全为前提。

4.8.2 出发地与目的地之间有高速公路相通，且公路运输时间不超过 24 h 的，可选择公路运输。

4.8.3 两地间距离过远，公路运输时间在 24 h 以上，或道路状况不佳，沿线地形复杂，气候条件不利于公路运输时应采用铁路运输或空运方式。

4.8.4 公路运输时，在高速路上的车速不应超过 80 km/h，在国、省道上的车速不应超过 60 km/h。司机连续驾驶不得超过 4 h。

4.8.5 夜间不宜运输。晚上驻地休息时，装载文物的车辆应停放在安全条件较好的当地文博单位中，并留有专人值班看守。

4.8.6 使用汽车、火车运输，必须有专职人员押运。

4.8.7 装卸作业时，文物包装箱的倾斜角不得超过 30°。

4.8.8 水平搬运外包装箱时应尽量降低箱体悬空距离。

4.9 文物运输车辆的技术要求

4.9.1 运输文物时，宜使用全封闭箱式货车。车辆技术等级应达到 JT/T 198—2004 中要求的一级。

4.9.2 封闭厢式货车厢内应安装有温度、湿度控制设备，根据文物需要，确定温、湿度控制范围。车厢厢体内应装备有防火、保温夹层。

4.9.3 厢式货车宜配备有液压升降板，以减少文物包装箱垂直移动的悬空距离，保证安全。

4.9.4 封闭厢式货车宜配备气垫防震装置。车厢内应有紧固锁具装置，以便在车辆行驶时木质外包装箱在车厢内牢固、稳定。

4.10 文物承运人资质

委托的文物承运人的资格由国家有关行政部门根据有关规定认定并颁发资格证书。

5 文物包装箱内部环境控制

5.1 包装材料

包装时应使用阻隔包装材料。

5.2 环境监测

对环境要求严格的文物在包装箱内宜安装温湿度计，监测文物包装运输过程中环境的变化，以便对文物状况的变化进行分析。

5.3 环境控制

根据文物情况，应在包装箱内放置适合的调湿、吸附、防霉、防虫等材料。

6 文物包装信息的编制

6.1 包装箱内文物信息的编制

6.1.1 封箱前应对箱内文物进行清点，核对箱内文物状况，填写文物包装清单，列出文物的基本信息，并附文物照片。

6.1.2 文物包装清单至少一式四份，由文物交接双方经手人和相关方（包括承运人、押运人、保险公司等）签字认可，一份随文物一起装箱，其余由各方持有。

6.2 文物包装、运输操作信息的编制

根据文物的包装工艺，考虑运输过程中的各种因素，编制文物运输、装卸及包装拆解操作规程信息，对包装结构复杂的文物包装件，应在箱体上标注出主要固定结构的位置以及包装拆解的顺序。

6.3 包装运输标志

应符合 GB/T 191—2008 的要求。上盖与侧面或端面应有明确的位置对应标记，以便再次装箱时，易于查找箱盖的正确安放位置。

附 录 A
（资料性附录）
木质外包装箱结构示意图

A.1 箱体

木质外包装箱，见图 A.1。

A.1.1 箱档与箱体之间先涂乳胶并打螺丝连接，再打气钉加固。

A.1.2 木箱不可开的各面也用此法连接固定，并用角铁进一步加固，见图 A.2。

A.1.3 底部箱档与箱体用螺栓连接固定。

A.2 螺栓

A.2.1 可开面与箱体之间用直径 8 mm 螺栓连接。见图 A.3。

A.3 防潮

箱内各面贴有防潮薄膜，可开的各面与木箱连接处贴有防水密封条。见图 A.4，图 A.5。

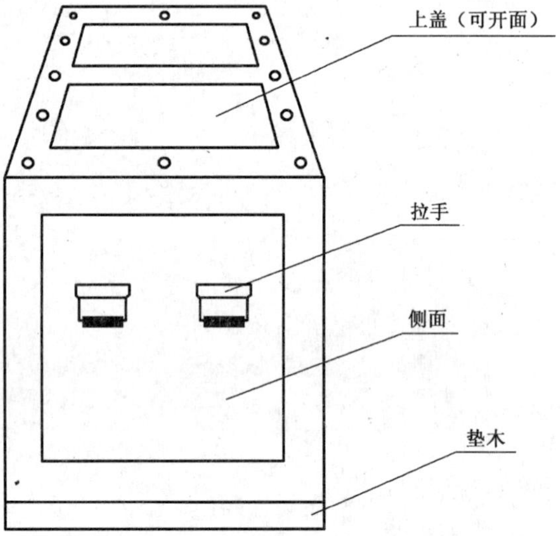

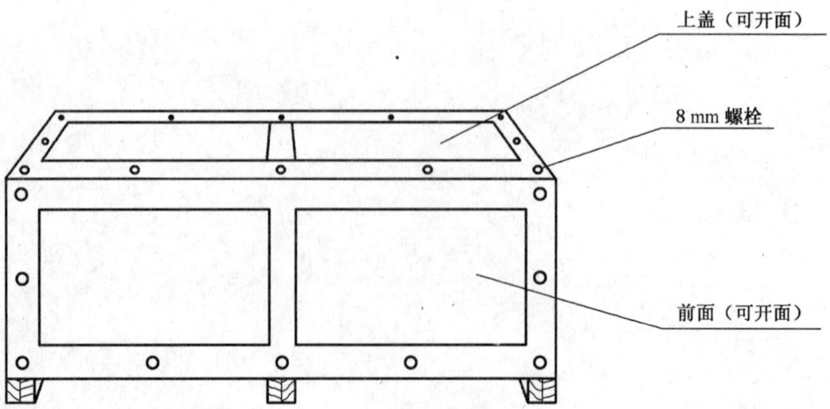

图 A.1 包装箱外观（端面、侧面）

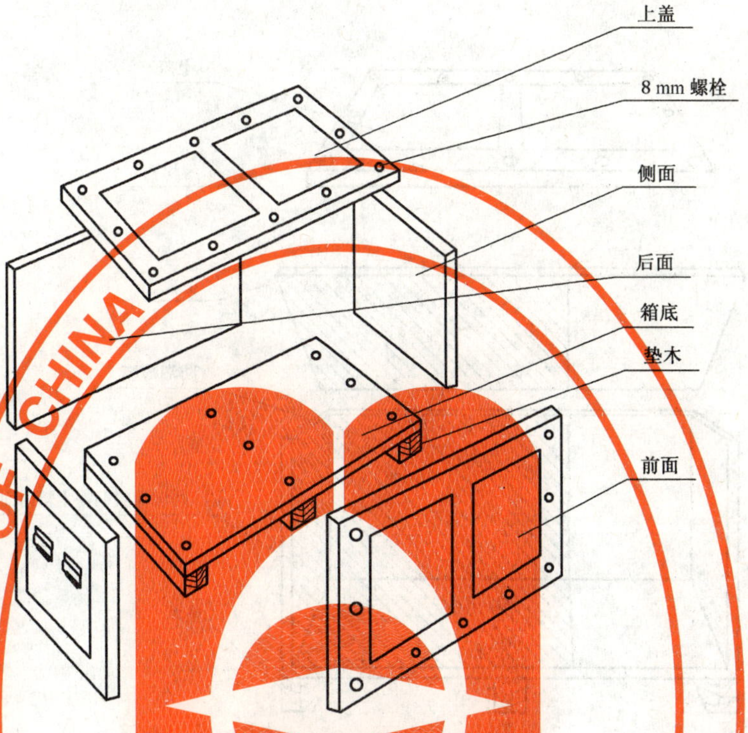

图 A.2 包装箱结构分解图

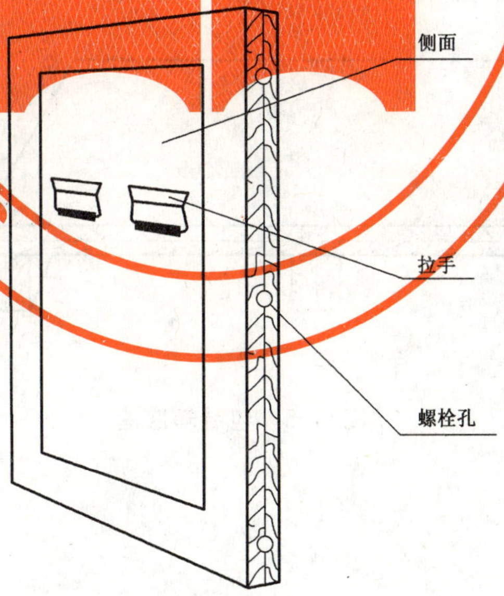

图 A.3 包装箱端面

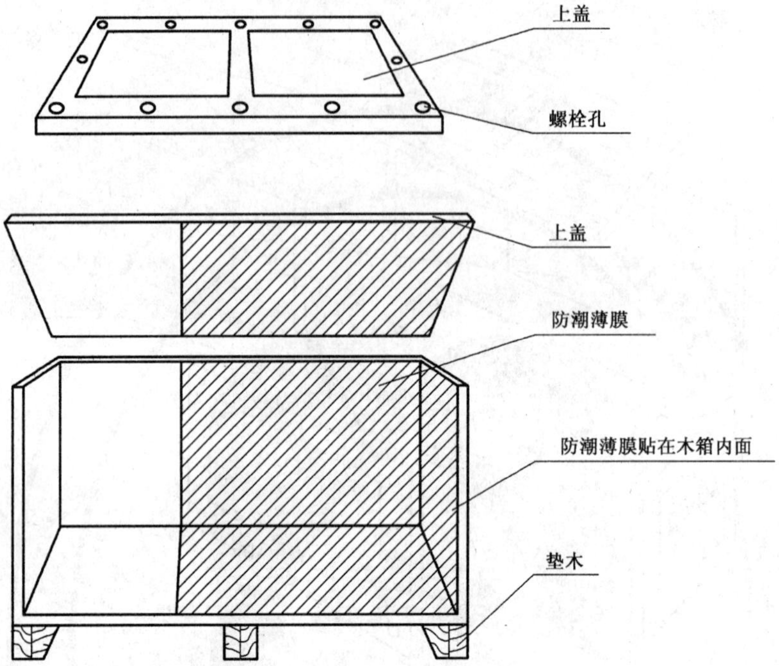

图 A.4　包装箱内部防潮示意图

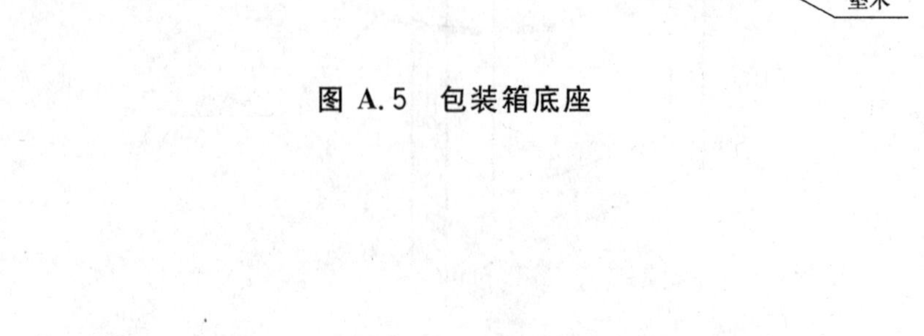

图 A.5　包装箱底座

参 考 文 献

[1] GB/T 9174—2008 一般货物运输包装通用技术条件
[2] GB/T 12464—2002 普通木箱
[3] JT/T 617—2004 汽车运输危险货物规则
[4]《出国(境)文物展览展品运输规定》
[5]《出国(境)文物展品包装工作规范》2001.7.30

ICS 91.160
P 31

GB

中华人民共和国国家标准

GB/T 23863—2009

博物馆照明设计规范

Code for lighting design of museum

2009-05-04 发布　　2009-12-01 实施

中华人民共和国国家质量监督检验检疫总局
中国国家标准化管理委员会　发布

前　言

本标准的附录 A 为规范性附录。

本标准由国家文物局提出。

本标准由全国文物保护标准化技术委员会(SAC/TC 289)归口。

本标准负责起草单位:中国建筑科学研究院。

本标准参加起草单位:中国国家博物馆、首都博物馆、中国建筑设计研究院、联创博雅照明股份有限公司。

本标准主要起草人:赵建平、肖辉乾、郑广荣、李保国、尹建明、张文才、陈琪、罗涛、王书晓、张滨、易斌。

本标准是首次发布。

博物馆照明设计规范

1 范围

本标准规定了博物馆照明的设计原则、照明数量和质量指标。

本标准适用于新建、改建、扩建或利用古建筑及旧建筑的博物馆照明设计。

2 规范性引用文件

下列文件中的条款通过本标准的引用而成为本标准的条款。凡是注日期的引用文件，其随后所有的修改单(不包括勘误的内容)或修订版均不适用于本标准，然而，鼓励根据本标准达成协议的各方研究是否可使用这些文件的最新版本。凡是不注日期的引用文件，其最新版本适用于本标准。

GB 50034 建筑照明设计标准

GB 50054 低压配电设计规范

3 术语和定义

下列术语和定义适用于本标准。

3.1

光学辐射 optical radiation

波长位于向X射线过渡区($\lambda \approx 1$ nm)和向无线电波过渡区($\lambda \approx 1$ mm)之间的电磁辐射，简称光辐射。

3.2

可见辐射 visible radiation

能直接引起视感觉的**光学辐射**。通常将波长范围限定在380 nm～780 nm之间。

3.3

红外辐射 infrared radiation

波长比**可见辐射**波长长的**光学辐射**。通常将波长范围在780 nm和1 mm之间的红外辐射细分为：

IR-A	780 nm～1 400 nm
IR-B	1.4 μm～3 μm
IR-C	3 μm～1 mm

3.4

光通量 luminous flux

根据辐射对标准光度观察者的作用导出的光度量。对于明视觉有：

$$\Phi = K_m \int_0^\infty \frac{d\Phi_e(\lambda)}{d(\lambda)} \cdot V(\lambda) \cdot d\lambda \qquad \cdots\cdots(1)$$

式中：

$d\Phi_e(\lambda)/d\lambda$——辐射通量的光谱分布；

$V(\lambda)$——光谱光(视)效率；

K_m——辐射的光谱(视)效能的最大值，单位为流明每瓦特(lm/W)。在单色辐射时，明视觉条件下的K_m值为683 lm/W(λ_m=555 nm时)。

该量的符号为Φ，单位为流明(lm)，1 lm=1 cd·1 sr。

3.5

紫外辐射　ultraviolet radiation

波长比**可见辐射**波长短的**光学辐射**。通常将波长在 100 nm 和 400 nm 之间的紫外辐射细分为：

UV-A	315 nm～400 nm
UV-B	280 nm～315 nm
UV-C	100 nm～280 nm

3.6

照度　illuminance

表面上一点处的光照度是入射在包含该点的面元上的光通量 $d\Phi$ 除以该面元面积 dA 之商。该量的符号为 E，单位为 lx(勒克斯)。计算公式为：

$$E = \frac{d\Phi}{dA} \quad \cdots\cdots(2)$$

3.7

平均照度　average illuminance

规定表面上各点照度的平均值。

3.8

维持平均照度　maintained average illuminance

照明装置须进行维护时，在规定表面上的平均照度值。

3.9

维护系数　maintenance factor

照明装置在使用一定周期后，在规定表面上的**平均照度**或平均亮度与该装置在相同条件下新装时在规定表面上所得到的平均照度或平均亮度之比。

3.10

照度均匀度　uniformity ratio of illuminance

通常指规定表面上的最小照度与**平均照度**之比。

3.11

一般照明　general lighting

为照亮整个场所而设置的均匀照明。

3.12

局部照明　local lighting

特定视觉工作用的，为照亮某个局部而设置的照明。

3.13

分区一般照明　localised lighting

对某一特定区域，如进行工作的地点，设计成不同的照度来照亮该一区域的**一般照明**。

3.14

混合照明　mixed lighting

由**一般照明**和**局部照明**组成的照明。

3.15

亮度　luminance

表示光源或物体明亮程度的量。该量的符号为 L，单位为 cd/m^2。

计算公式为：

$$L = \frac{d\Phi}{dA \cdot \cos\theta \cdot d\Omega} \quad \cdots\cdots(3)$$

式中：

$d\Phi$——由指定点的光束元在包含指定方向的立体角 $d\Omega$ 内传播的光通量；

dA——包括给定点的光束截面积；

θ——发光面法线与光束方向间的夹角。

3.16

眩光　glare

由于视野中的亮度分布或亮度范围的不适宜，或存在极端的亮度对比，以致引起不舒适感觉或降低观察细部或目标能力的视觉现象。

3.17

直接眩光　direct glare

由视野中，特别是在靠近视线方向存在的发光体所产生的**眩光**。

3.18

反射眩光　glare by reflection

由视野中的反射所引起的**眩光**，特别是在靠近视线方向看见反射像所产生的**眩光**。

3.19

视野　visual field

当头和眼不动时，人眼能够察觉到的空间的角度范围。

3.20

光幕反射　veiling reflection

出现在被观察物体上的镜面反射，使对比度降低到部分或全部看不清物体的细部。

3.21

灯具遮光角　shielding angle of luminaire

光源最边缘一点和灯具出口的连线与水平线之间的夹角。

3.22

色温　colour temperature

当光源的色品与某一温度下黑体的色品相同时，该黑体的绝对温度为此光源的色温度。该量的符号为 T_c，单位为 K。

3.23

相关色温(度)　correlated colour temperature

当光源的色品点不在黑体轨迹上，光源的色品与某一温度下的黑体的色品最接近时，该黑体的绝对温度为此光源的相关色温。该量的符号为 T_{cp}，单位为 K。

3.24

色品　chromaticity

用国际照明委员会(CIE)标准色度系统所表示的颜色性质。由色品坐标定义的色刺激性质。

3.25

CIE 一般显色指数　CIE general colour rendering index

光源对 CIE(国际照明委员会)规定的八种标准颜色样品特殊显色指数的平均值，通称显色指数。该量的符号为 R_a。

3.26

漫射照明　diffused lighting

光无显著特定方向投射到工作面或目标上的照明。

3.27

定向照明　directional lighting

光主要从某一特定方向投射到工作面或目标上的照明。

3.28

反射比 reflectance

被反射的光通量与入射的光通量之比(以前称反射系数)。

3.29

暗适应 dark adaption

视觉系统适应低于百分之几坎德拉每平方米刺激亮度的变化过程及终极状态。

3.30

应急照明 emergency lighting

因正常照明的电源失效而启用的照明。应急照明包括疏散照明、安全照明、备用照明。

3.31

值班照明 on-duty lighting

非工作时间,为值班所设置的照明。

3.32

警卫照明 security lighting

用于警戒而安装的照明。

3.33

采光系数 daylight factor

在室内给定平面的一点上,由直接或间接地接收来自假定和已知天空亮度分布的天空漫射光而产生的照度与同一时刻该天空半球在室外无遮挡水平面上产生的天空漫射光照度之比。

3.34

统一眩光值 unified glare rating;UGR

度量室内视觉环境中的照明装置发出的光对人眼睛引起不舒适感主观反应的心理参量,其值可按CIE统一眩光值公式计算(见附录A)。

3.35

年曝光量 annual lighting exposure

度量物体年累积接受光照度的值,用物体接受的照度与年累积小时的乘积表示,单位为lx·h/年。

4 一般规定

4.1 设计基本要求

4.1.1 陈列室应按下列要求确定照明方式:

a) 通常应设置一般照明;

b) 不同区域有不同照度要求时,应采用分区一般照明;

c) 宜采用混合照明;

d) 不宜只采用局部照明。

4.1.2 藏品库房应按下列要求确定照明方式:

a) 通常应设置一般照明;

b) 不同区域有不同照度要求时,应采用分区一般照明。

4.1.3 博物馆均应设置应急、值班和警卫等照明。

4.1.4 在低照度陈列室的出入口,应设置视觉适应的过渡区。

4.1.5 有条件的场所宜采用光纤、导光管等照明。

4.1.6 展柜内的照明装置与展品间应设置隔离防护措施,并便于维护与管理。

4.2 照明光源的选择

4.2.1 选用的照明光源应符合国家现行相关标准的有关规定。

4.2.2 选择光源时，应在满足文物保护、显色性等要求的条件下，根据光源、灯具及镇流器等的效率、寿命和价格在进行综合技术经济分析比较后确定。

4.2.3 照明设计时可按下列条件选择光源：

a) 陈列室宜采用细管径直管形荧光灯、紧凑型荧光灯、卤素灯或其他适用的新型光源；

b) 陈列和收藏文物的场所应使用无紫外线光源；

c) 陈列室的出入口宜采用细管径直管形荧光灯、紧凑型荧光灯或小功率的金属卤化物灯。

4.2.4 应根据识别颜色要求和场所特点，选用相应显色指数的光源。

4.2.5 应急照明应选用能快速点燃的光源。

4.3 照明灯具及其附属装置的选择

4.3.1 选用的照明灯具应符合国家现行相关标准的有关规定。

4.3.2 在满足配光和眩光限制要求的条件下，应选用效率高的灯具。

4.3.3 照明装置应具有防止坠落可能造成人员伤害或财物损失的防护措施。

4.3.4 直接安装在可燃材料表面的灯具，应采用标有▽F标志的灯具。

4.3.5 照明设计时应按下列原则选择镇流器：

a) 直管形荧光灯应配用电子镇流器或节能型电感镇流器；

b) 金属卤化物灯应配用节能型电感镇流器，在电压偏差较大的场所宜配用恒功率镇流器，功率较小者可配用电子镇流器；

c) 采用的镇流器应符合该产品的国家安全及能效标准。

4.3.6 高强度气体放电灯的触发器与光源之间的安装距离应符合产品的要求。

5 照明数量指标

5.1 照度

5.1.1 照度标准值的分级应符合 GB 50034 的规定。

5.1.2 在照明设计时，应根据环境污染特征和灯具擦拭次数从表 1 中选定相应的维护系数。

表 1 维护系数

房间或场所举例	灯具最少擦拭次数 次/年	维护系数值
陈列区、技术用房、藏品库区、办公室等	2	0.80
观众服务区、公用房(办公室除外)等	2	0.70

5.1.3 在一般情况下，设计照度值与照度标准值相比较，可有－10%～＋10%的偏差。

5.2 照度指标

5.2.1 陈列室展品照度标准值应符合表 2 的规定。

表 2 陈列室展品照度标准值

类　　别	参考平面 及其高度	照度标准值 lx
对光特别敏感的展品：织绣品、绘画、纸质物品、彩绘陶(石)器、染色皮革、动物标本等	展品面	≤50
对光敏感的展品：油画、蛋清画、不染色皮革、银制品、牙骨角器、象牙制品、宝玉石器、竹木制品和漆器等	展品面	≤150
对光不敏感的展品：其他金属制品、石质器物、陶瓷器、岩矿标本、玻璃制品、搪瓷制品、珐琅器等	展品面	≤300
注 1：陈列室一般照明按展品照度值的 20%～30%选取。 注 2：复合材料制品按照对光敏感等级高的材料选择照度。		

5.2.2 博物馆相关场所的照度标准值应符合表3的规定。

表3 博物馆相关场所照度标准值

场所		参考平面	照度标准值/lx
陈列区	门厅	地面	200
	序厅	地面	100
	美术制作室	0.75 m 水平面	300
	报告厅	0.75 m 水平面	300
	接待室	0.75 m 水平面	300
	警卫值班室	0.75 m 水平面	150
技术用房	编目室	0.75 m 水平面	300
	摄影室	0.75 m 水平面	100
	薰蒸室	实际工作面	150
	实验室	实际工作面	300
	保护修复室	实际工作面	750
	文物复制室	实际工作面	750
	标本制作室	实际工作面	750
	阅览室	0.75 m 水平面	300
	书画装裱室	实际工作面	300
藏品库区	周转库房	地面	50
	藏品库房	地面	75
	藏品提看室	0.75 m 水平面	150
观众服务设施	售票处	台面	300
	存物处	地面	150
	纪念品出售处	0.75 m 水平面	300
	食品小卖部	0.75 m 水平面	150
公用房	办公室	0.75 m 水平面	300
	休息处	地面	100
	装具贮藏室	地面	75
	行政库房	地面	100
	厕所、盥洗室、浴室	地面	100

注1：保护修复室、文物复制室、标本制作室的照度标准值是混合照明的照度标准值。其一般照明的照度值按混合照明照度的20%～30%选取。如果对象是对光敏感或特别敏感的材料，则减少局部照明的时间，并有防紫外线的措施。

注2：书画装裱室设置在建筑北侧，工作时一般仅用自然光照明。

注3：表中照度值为参考平面上的维持平均照度值。

5.3 应急照明

5.3.1 博物馆应急照明的照度标准值应符合 GB 50034 的规定。

6 照明质量指标

6.1 照度均匀度

6.1.1 陈列室一般照明的地面照度均匀度不应小于0.7。

6.1.2 对于平面展品，照度均匀度不应小于0.8；对于高度大于1.4 m的平面展品，照度均匀度不应小于0.4。

6.2 眩光限制

6.2.1 直接型灯具的遮光角不应小于表4的规定。

表4 直接型灯具的遮光角

光源平均亮度/(kcd/m²)	遮光角/(°)
1～20	10
20～50	15
50～500	20
≥500	30

6.2.2 陈列室一般照明的不舒适眩光应采用统一眩光值(UGR)，按附录A计算。其允许值不宜大于19。

6.2.3 在观众观看展品的视场中应限制来自光源或窗户的直接眩光或来自室内各种表面的反射眩光。

6.2.4 观众或其他物品在光泽面(如展柜玻璃或画框玻璃)上产生的映像不应妨碍观众观赏展品。

6.2.5 对油画或表面有光泽的展品，在观众的观看方向不应出现光幕反射。

6.3 光源颜色

6.3.1 一般陈列室直接照明光源的色温应小于5 300 K。文物陈列室直接照明光源的色温应小于3 300 K。同一展品照明光源的色温应保持一致。

6.3.2 室内照明光源色表可按其相关色温分为三组，光源色表分组宜按表5确定。

表5 光源色表分组

色表分组	色表特征	相关色温/K	适用场所举例
Ⅰ	暖	<3 300	接待室、售票处、存物处、文物陈列室
Ⅱ	中间	3 300～5 300	办公室、报告厅、文物提看室、研究阅览室、一般陈列室
Ⅲ	冷	>5 300	高照度场所

6.3.3 在陈列绘画、彩色织物以及其他多色展品等对辨色要求高的场所，光源一般显色指数(Ra)不应低于90。对辨色要求不高的场所，光源一般显色指数(Ra)不应低于80。

6.4 立体感

立体造型的展品应通过定向照明和漫射照明相结合的方式表现其立体感。必要时应通过实验确定。

6.5 反射比

陈列室表面的颜色和反射比应满足下列要求：

a) 墙面宜用中性色和无光泽的饰面，其反射比不宜大于0.6；

b) 地面宜用无光泽的饰面，其反射比不宜大于0.3；

c) 顶棚宜用无光泽的饰面，其反射比不宜大于0.8。

7 展品或藏品的保护

7.1 应减少灯光和天然光中的紫外辐射，使光源的紫外线相对含量小于20 μW/lm。

7.2 对于对光敏感的展品或藏品除应满足表2外,其年曝光量不应大于表6的规定。

表6 陈列室展品年曝光量限制值

类别	参考平面及其高度	年曝光量 lx·h/年
对光特别敏感的展品:织绣品、绘画、纸质物品、彩绘陶(石)器、染色皮革、动物标本等	展品面	50 000
对光敏感的展品:油画、蛋清画、不染色皮革、银制品、牙骨角器、象牙制品、宝玉石器、竹木制品和漆器等	展品面	360 000
对光不敏感的展品:其他金属制品、石质器物、陶瓷器、岩矿标本、玻璃制品、搪瓷制品、珐琅器等	展品面	不限制

8 陈列室天然采光设计

8.1 无特殊要求的陈列室应根据展品的特征和使用的要求优先采用天然采光。

8.2 侧面采光系数(C_{min})不应小于1%,顶部采光系数(C_{av})不应小于1.5%。

8.3 陈列室不应有直射阳光进入。

8.4 天然光产生的照度不应超过本标准规定的标准值。

8.5 顶层宜采用天窗采光。

9 照明供配电与安全

9.1 照明供配电

9.1.1 应根据照明负荷中断供电可能造成的影响及损失,确定负荷等级,选择供电方案。

9.1.2 应设置电光型疏散指示灯,并宜同时设置蓄光型疏散指示标志。

9.1.3 博物馆照明配电系统供电电压宜采用220 V/380 V。照明灯具端电压的偏差值宜控制在±5%以内。

9.1.4 照明负荷不应与电力负荷混合供电。

9.1.5 当电压偏差或波动不能保证照明质量时,可采用有载自动调压电力变压器、调压器。采用专用变压器供电时,变压器的接线组别应采用D,yn11接线组别。

9.1.6 照明分支线路每一单相回路电流不宜超过16 A。

9.1.7 三相配电系统,各相负荷的不对称度宜控制在±15%以内。

9.1.8 三相四线制配电系统中,中性线截面应满足不平衡电流和谐波电流的要求,且不应小于相线截面。

9.1.9 单光源功率在250 W以上者,宜在每个灯具处单独设置短路保护。

9.1.10 采用气体放电灯时,应在灯具内设置电容补偿,使其功率因数不低于0.9。

9.1.11 陈列室和藏品库房的照明配电线路应采用铜芯绝缘导线穿金属导管敷设。

9.1.12 古建筑改建应采用阻燃型铜芯导线,穿金属导管明敷。

9.2 照明控制

9.2.1 同一展示区域的照明设施应分区、分组或单灯控制。宜采用红外、光控、时控、程控等控制方式,并具备手动控制功能。

9.2.2 对光敏感的展品,宜设置相应传感器,自动控制开、关照明电源。

9.2.3 应根据使用情况设置布展、清扫、展览等不同的开灯控制模式。

9.2.4 宜预留联网监控的接口及管线,为遥控或联网监控创造条件。

9.2.5 总控制箱(柜),宜设在监控室或值班室内便于操作处。

9.2.6 藏品库房内的照明宜分区控制,电源开关应安装在藏品库房总出入口外。

9.3 安全防护与接地

9.3.1 安装于建筑物内的照明配电系统应与该建筑配电系统的接地型式一致。

9.3.2 配电线路的保护应符合 GB 50054 的要求。

9.3.3 藏品库及陈列室宜设置电气火灾报警系统。

10 照明维护与管理

10.1 应制定照明维护计划定期更换光源、清扫灯具和房间。

10.2 在进行照明维护时,照明设备的位置或瞄准角在维护前后应保持一致。

10.3 在维护工作期间,应采取措施保护展品不受损害。

10.4 宜定期测量展品上或展室中的照度,并作好记录。

10.5 宜建立对光敏感和特别敏感的展品的曝光量档案。

附 录 A
（规范性附录）
统一眩光值

A.1 照明场所的统一眩光值(UGR)计算

a) UGR 应按式 A.1 计算：

$$UGR = 8\lg \frac{0.25}{L_b} \sum \frac{L_\alpha^2 \cdot \omega}{P^2} \quad \cdots\cdots(A.1)$$

式中：

L_b——背景亮度(cd/m^2)；

L_α——观察者方向每个灯具的亮度(cd/m^2)；

ω——每个灯具发光部分对观察者眼睛所形成的立体角(sr)；

P——每个单独灯具的位置指数。

b) 式 A.1 中的各参数应按下列公式和规定确定：

1) 背景亮度 L_b 应按式 A.2 确定：

$$L_b = \frac{E_i}{\pi} \quad \cdots\cdots(A.2)$$

式中：

E_i——观察者眼睛方向的间接照度(lx)。

2) 灯具亮度 L_α 应按式 A.3 确定：

$$L_\alpha = \frac{I_\alpha}{A \cdot \cos\alpha} \quad \cdots\cdots(A.3)$$

式中：

I_α——观察者眼睛方向的灯具发光强度(cd)；

$A \cdot \cos\alpha$——灯具在观察者眼睛方向的投影面积(m^2)；

α——灯具表面法线与观察者眼睛方向所夹的角度(°)。

3) 立体角 ω 应按式 A.4 确定：

$$\omega = \frac{A_p}{r^2} \quad \cdots\cdots(A.4)$$

式中：

A_p——灯具发光部件在观察者眼睛方向的表观面积(m^2)；

r——灯具发光部件中心到观察者眼睛之间的距离(m)。

4) 古斯位置指数 P 应按图 A.1 生成的 H/R 和 T/R 的比值由表 A.1 确定。

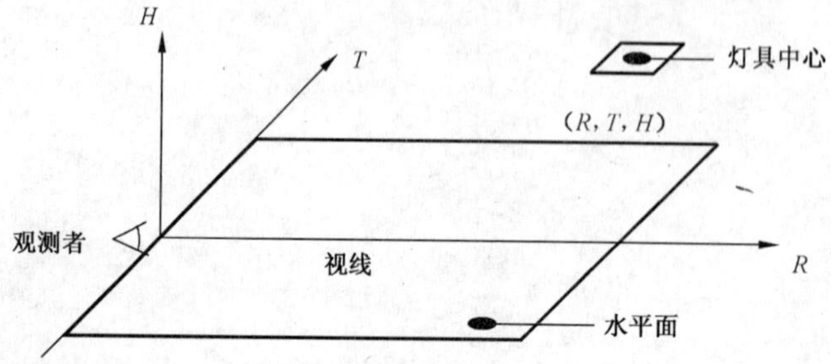

图 A.1 以观察者位置为原点的位置指数坐标系统(R,T,H)，对灯具中心生成 H/R 和 T/R 的比值

表 A.1 位置指数表

T/R \ H/R	0.00	0.10	0.20	0.30	0.40	0.50	0.60	0.70	0.80	0.90	1.00	1.10	1.20	1.30	1.40	1.50	1.60	1.70	1.80	1.90
0.00	1.00	1.26	1.53	1.90	2.35	2.86	3.50	4.20	5.00	6.00	7.00	8.10	9.25	10.35	11.70	13.15	14.70	16.20	—	—
0.10	1.05	1.22	1.45	1.80	2.20	2.75	3.40	4.10	4.80	5.80	6.80	8.00	9.10	10.30	11.60	13.00	14.60	16.10	—	—
0.20	1.12	1.30	1.50	1.80	2.20	2.66	3.18	3.88	4.60	5.50	6.50	7.60	8.75	9.85	11.20	12.70	14.00	15.70	—	—
0.30	1.22	1.38	1.60	1.87	2.25	2.70	3.25	3.90	4.60	5.45	6.45	7.40	8.40	9.50	10.85	12.10	13.70	15.00	—	—
0.40	1.32	1.47	1.70	1.96	2.35	2.80	3.30	3.90	4.60	5.40	6.40	7.30	8.30	9.40	10.60	11.90	13.20	14.60	16.00	—
0.50	1.43	1.60	1.82	2.10	2.48	2.91	3.40	3.98	4.70	5.50	6.40	7.30	8.30	9.40	10.50	11.75	13.00	14.40	15.70	—
0.60	1.55	1.72	1.98	2.30	2.65	3.10	3.60	4.10	4.80	5.50	6.40	7.35	8.40	9.40	10.50	11.70	13.00	14.10	15.40	—
0.70	1.70	1.88	2.12	2.48	2.87	3.30	3.78	4.30	4.88	5.60	6.50	7.40	8.50	9.50	10.50	11.70	12.85	14.00	15.20	—
0.80	1.82	2.00	2.32	2.70	3.08	3.50	3.92	4.50	5.10	5.75	6.60	7.50	8.60	9.50	10.60	11.75	12.80	14.00	15.10	—
0.90	1.95	2.20	2.54	2.90	3.30	3.70	4.20	4.75	5.30	6.00	6.75	7.70	8.70	9.65	10.75	11.80	12.90	14.00	15.00	16.00
1.00	2.11	2.40	2.75	3.10	3.50	3.91	4.40	5.00	5.60	6.20	7.00	7.90	8.80	9.75	10.80	11.90	12.95	14.00	15.00	16.00
1.10	2.30	2.55	2.92	3.30	3.72	4.20	4.70	5.25	5.80	6.55	7.20	8.15	9.00	9.90	10.95	12.00	13.00	14.00	15.00	16.00
1.20	2.40	2.75	3.12	3.50	3.90	4.35	4.85	5.50	6.05	6.70	7.50	8.30	9.20	10.00	11.02	12.10	13.10	14.00	15.00	16.00
1.30	2.55	2.90	3.30	3.70	4.20	4.65	5.20	5.70	6.30	7.00	7.70	8.55	9.35	10.20	11.20	12.25	13.20	14.00	15.00	16.00
1.40	2.70	3.10	3.50	3.90	4.35	4.85	5.35	5.85	6.50	7.25	8.00	8.70	9.50	10.40	11.40	12.40	13.25	14.05	15.00	16.00
1.50	2.85	3.15	3.65	4.10	4.55	5.00	5.50	6.20	6.80	7.50	8.20	8.85	9.70	10.55	11.50	12.50	13.30	14.05	15.02	16.00
1.60	2.95	3.40	3.80	4.25	4.75	5.20	5.75	6.30	7.00	7.65	8.40	9.00	9.80	10.80	11.75	12.60	13.40	14.20	15.10	16.00
1.70	3.10	3.55	4.00	4.50	4.90	5.40	5.95	6.50	7.20	7.80	8.50	9.20	10.00	10.85	11.85	12.75	13.45	14.20	15.10	16.00
1.80	3.25	3.70	4.20	4.65	5.10	5.60	6.10	6.75	7.40	8.00	8.65	9.35	10.10	11.00	11.90	12.80	13.50	14.20	15.10	16.00
1.90	3.43	3.86	4.30	4.75	5.20	5.70	6.30	6.90	7.50	8.17	8.80	9.50	10.20	11.00	12.00	12.82	13.55	14.20	15.10	16.00
2.00	3.50	4.00	4.50	4.90	5.35	5.80	6.40	7.10	7.70	8.30	8.90	9.60	10.40	11.10	12.00	12.85	13.60	14.30	15.10	16.00
2.10	3.60	4.17	4.65	5.05	5.50	6.00	6.60	7.20	7.82	8.45	9.00	9.75	10.50	11.20	12.10	12.90	13.70	14.35	15.10	16.00
2.20	3.75	4.25	4.72	5.20	5.60	6.10	6.70	7.35	8.00	8.55	9.15	9.85	10.60	11.30	12.10	12.90	13.70	14.40	15.15	16.00
2.30	3.85	4.35	4.80	5.25	5.70	6.22	6.80	7.40	8.10	8.65	9.30	9.90	10.70	11.40	12.20	12.95	13.70	14.40	15.20	16.00
2.40	3.95	4.40	4.90	5.35	5.80	6.30	6.90	7.50	8.20	8.80	9.40	10.00	10.80	11.50	12.25	13.00	13.75	14.45	15.20	16.00
2.50	4.00	4.50	4.95	5.40	5.85	6.40	6.95	7.55	8.25	8.85	9.50	10.05	10.85	11.55	12.30	13.00	13.80	14.50	15.25	16.00
2.60	4.07	4.55	5.05	5.47	5.95	6.45	7.00	7.65	8.35	8.95	9.55	10.10	10.90	11.60	12.32	13.00	13.80	14.50	15.25	16.00
2.70	4.10	4.60	5.10	5.53	6.00	6.50	7.05	7.70	8.40	9.00	9.60	10.16	10.92	11.63	12.35	13.00	13.80	14.50	15.25	16.00
2.80	4.15	4.62	5.15	5.56	6.05	6.55	7.08	7.73	8.45	9.05	9.65	10.20	10.95	11.65	12.35	13.00	13.80	14.50	15.25	16.00
2.90	4.20	4.65	5.17	5.60	6.07	6.57	7.12	7.75	8.50	9.10	9.70	10.23	10.95	11.65	12.35	13.00	13.80	14.50	15.25	16.00
3.00	4.22	4.67	5.20	5.65	6.12	6.60	7.15	7.80	8.55	9.12	9.70	10.23	10.95	11.65	12.35	13.00	13.80	14.50	15.25	16.00

A.2 统一眩光值(UGR)的应用条件

a) UGR 适用于简单的立方体形房间的一般照明装置设计，不适用于采用间接照明和发光天棚的房间；

b) 适用于灯具发光部分对眼睛所形成的立体角为 0.1 sr$>\omega>$0.000 3 sr 的情况；

c) 同一类灯具为均匀等间距布置；

d) 灯具为双对称配光；

e) 坐姿观测者眼睛的高度通常取 1.2 m，站姿观测者眼睛的高度通常取 1.5 m；

f) 观测位置一般在纵向和横向两面墙的中点，视线水平朝前观测；

g) 房间表面为大约高出地面 0.75 m 的工作面、灯具安装表面以及此两个表面之间的墙面。

ICS 13.220.50
C 84

中华人民共和国国家标准

GB 23864—2009

防火封堵材料

Firestop material

2009-06-01 发布　　2010-02-01 实施

中华人民共和国国家质量监督检验检疫总局
中国国家标准化管理委员会　发布

前言

本标准第5章、第7章和第8章为强制性的,其余为推荐性的。

本标准是在GA 161—1997《防火封堵材料的性能要求和试验方法》的基础上,参考欧盟标准EN 1366《防火封堵材料试验方法》制定的。

本标准自实施之日起,GA 161—1997《防火封堵材料的性能要求和试验方法》废止。

本标准附录A为规范性附录,附录B为资料性附录。

本标准由中华人民共和国公安部提出。

本标准由全国消防标准化技术委员会第七分技术委员会(SAC/TC 113/SC 7)归口。

本标准负责起草单位:公安部四川消防研究所。

本标准参加起草单位:喜利得(中国)有限公司、浙江省嵊州市电缆防火附件厂、3M(中国)有限公司、四川天府防火材料有限公司。

本标准主要起草人:卢国建、王良伟、聂涛、马昳、王洪、戴侑松、王聪慧。

防火封堵材料

1 范围

本标准规定了防火封堵材料的术语和定义、分类与标记、要求、试验方法、检验规则、综合判定准则及包装、标志、贮存、运输等内容。

本标准适用于在建筑物、构筑物以及各类设施中的各种贯穿孔洞、构造缝隙所使用的防火封堵材料或防火封堵组件，建筑配件内部使用的防火膨胀密封件和硬聚氯乙烯建筑排水管道阻火圈除外。

2 规范性引用文件

下列文件中的条款通过本标准的引用而成为本标准的条款。凡是注日期的引用文件，其随后所有的修改单(不包括勘误的内容)或修订版均不适用于本标准，然而，鼓励根据本标准达成协议的各方研究是否可使用这些文件的最新版本。凡是不注日期的引用文件，其最新版本适用于本标准。

GB/T 2408—2008　塑料燃烧性能试验方法　水平法和垂直法

GB/T 2611　试验机通用技术要求

GB/T 5455　纺织品　燃烧性能试验　垂直法

GB/T 7019—1997　纤维水泥制品试验方法

GB/T 8333　硬质泡沫塑料燃烧性能试验方法　垂直燃烧法

GB/T 9978.1　建筑构件耐火试验方法　第1部分:通用要求

GA 304—2001　硬聚氯乙烯建筑排水管道阻火圈

3 术语和定义

下列术语和定义适用于本标准。

3.1

防火封堵材料　firestop material

具有防火、防烟功能，用于密封或填塞建筑物、构筑物以及各类设施中的贯穿孔洞、环形缝隙及建筑缝隙，便于更换且符合有关性能要求的材料。

3.2

防火封堵组件　firestop subassembly

由多种防火封堵材料以及耐火隔热材料共同构成的用以维持结构耐火性能，且便于更换的组合系统。

3.3

移动缝隙　moveable joint

受热后由于变形而可能使其宽度或位置发生变化的缝隙。

4 分类与标记

4.1 分类

4.1.1 防火封堵材料按用途可分为:孔洞用防火封堵材料、缝隙用防火封堵材料、塑料管道用防火封堵材料三个大类:

——孔洞用防火封堵材料是指用于贯穿性结构孔洞的密封和封堵，以保持结构整体耐火性能的防火封堵材料;

——缝隙用防火封堵材料是指用于防火分隔构件之间或防火分隔构件与其他构件之间(如:伸缩缝、沉降缝、抗震缝和构造缝隙等)缝隙的密封和封堵,以保持结构整体耐火性能的防火封堵材料。

——塑料管道用防火封堵材料是指用于塑料管道穿过墙面、楼地板等孔洞时,用以保持结构整体耐火性能所使用的防火封堵材料及制品。

4.1.2 防火封堵材料按产品的组成和形状特征可分为下列类型:

——柔性有机堵料:以有机材料为粘接剂,使用时具有一定柔韧性或可塑性,产品为胶泥状物体;

——无机堵料:以无机材料为主要成分的粉末状固体,与外加剂调和使用时,具有适当的和易性;

——阻火包:将防火材料包装制成的包状物体,适用于较大孔洞的防火封堵或电缆桥架的防火分隔(阻火包亦称耐火包或防火包);

——阻火模块:用防火材料制成的具有一定形状和尺寸规格的固体,可以方便地切割和钻孔,适用于孔洞或电缆桥架的防火封堵;

——防火封堵板材:用防火材料制成的板材,可方便地切割和钻孔,适用于大型孔洞的防火封堵;

——泡沫封堵材料:注入孔洞后可以自行膨胀发泡并使孔洞密封的防火材料;

——缝隙封堵材料:置于缝隙内,用于封堵固定或移动缝隙的固体防火材料;

——防火密封胶:具有防火密封功能的液态防火材料;

——阻火包带:用防火材料制成的柔性可缠绕卷曲的带状产品,缠绕在塑料管道外表面,并用钢带包覆或其他适当方式固定,遇火后膨胀挤压软化的管道,封堵塑料管道因燃烧或软化而留下的孔洞。

4.2 标记

各类防火封堵材料的名称与代号对应关系如下:

柔性有机堵料 ……… DR;

无机堵料 …………… DW;

阻火包 ……………… DB;

阻火模块 …………… DM;

防火封堵板材 ……… DC;

泡沫封堵材料 ……… DP;

防火密封胶 ………… DJ;

缝隙封堵材料 ……… DF;

阻火包带 …………… DT;

标记顺序为:防火封堵材料代号—耐火性能级别代号—企业的产品型号。

标记示例:DW-A3-ZH08,表示具有三小时耐火完整性和耐火隔热性的无机堵料,企业的产品型号为ZH08。

5 要求

5.1 燃烧性能

5.1.1 除无机堵料外,其他封堵材料的燃烧性能应满足5.1.2～5.1.4的规定。燃烧性能缺陷类别为A类。

5.1.2 阻火包用织物应满足:损毁长度不大于150 mm,续燃时间不大于5 s,阴燃时间不大于5 s,且燃烧滴落物未引起脱脂棉燃烧或阴燃。

5.1.3 柔性有机堵料和防火密封胶的燃烧性能不低于GB/T 2408—2008规定的HB级;泡沫封堵材料的燃烧性能应满足:平均燃烧时间不大于30 s,平均燃烧高度不大于250 mm。

5.1.4 其他封堵材料的燃烧性能不低于GB/T 2408—2008规定的V-0级。

5.2 耐火性能

5.2.1 防火封堵材料的耐火性能按耐火时间分为：1 h、2 h、3 h 三个级别，耐火性能的缺陷类别为A类。

5.2.2 防火封堵材料的耐火性能应符合表1的规定。

表1 防火封堵材料的耐火性能技术要求

单位为小时

序号	技术参数	耐火极限		
		1	2	3
1	耐火完整性	≥1.00	≥2.00	≥3.00
2	耐火隔热性	≥1.00	≥2.00	≥3.00

5.3 理化性能

5.3.1 柔性有机堵料、无机堵料、阻火包、阻火模块、防火封堵板材和泡沫封堵材料的理化性能应符合表2的规定。

表2 柔性有机堵料等防火封堵材料的理化性能技术要求

序号	检验项目	技术指标						缺陷分类
		柔性有机堵料	无机堵料	阻火包	阻火模块	防火封堵板材	泡沫封堵材料	
1	外观	胶泥状物体	粉末状固体，无结块	包体完整，无破损	固体，表面平整	板材，表面平整	液体	C
2	表观密度/(kg/m³)	≤2.0×10^3	≤2.0×10^3	≤1.2×10^3	≤2.0×10^3	—	≤1.0×10^3	C
3	初凝时间/min	—	10≤t≤45	—	—	—	t≤15	B
4	抗压强度/MPa	—	0.8≤R≤6.5	—	R≥0.10	—	—	B
5	抗弯强度/MPa	—	—	—	—	≥0.10	—	B
6	抗跌落性	—	—	包体无破损	—	—	—	B
7	腐蚀性/d	≥7，不应出现锈蚀、腐蚀现象	≥7，不应出现锈蚀、腐蚀现象	—	≥7，不应出现锈蚀、腐蚀现象	—	≥7，不应出现锈蚀、腐蚀现象	B
8	耐水性/d	≥3，不溶胀、不开裂；阻火包内装材料无明显变化，包体完整，无破损						B
9	耐油性/d	≥3，不溶胀、不开裂；阻火包内装材料无明显变化，包体完整，无破损						C
10	耐湿热性/h	≥120，不开裂、不粉化；阻火包内装材料无明显变化						B
11	耐冻融循环/次	≥15，不开裂、不粉化；阻火包内装材料无明显变化						B
12	膨胀性能/%	—	—	≥150	≥120	—	≥150	B

注：抗压强度指标弹性阻火模块除外。

5.3.2 缝隙封堵材料和防火密封胶的理化性能应符合表3的规定。

表3 缝隙封堵材料和防火密封胶的理化性能技术要求

序号	检验项目	技术指标		缺陷分类
		缝隙封堵材料	防火密封胶	
1	外观	柔性或半硬质固体材料	液体或膏状材料	C
2	表观密度/(kg/m^3)	$\leqslant 1.6\times10^3$	$\leqslant 2.0\times10^3$	C
3	腐蚀性/d	—	≥7,不应出现锈蚀、腐蚀现象	B
4	耐水性/d	≥3,不溶胀、不开裂		B
5	耐碱性/d			B
6	耐酸性/d			C
7	耐湿热性/h	≥360,不开裂、不粉化		B
8	耐冻融循环/次	≥15,不开裂、不粉化		B
9	膨胀性能/%	≥300		B
注:膨胀性能指标玻璃幕墙用弹性防火密封胶除外。				

5.3.3 阻火包带的理化性能应符合表4的规定。

表4 阻火包带的理化性能技术要求

序号	检验项目		技术指标	缺陷分类
1	外观		带状软质卷材	C
2	表观密度/(kg/m^3)		$\leqslant 1.6\times10^3$	C
3	耐水性/d		≥3,不溶胀、不开裂	B
4	耐碱性/d			B
5	耐酸性/d			C
6	耐湿热性/h		≥120,不开裂、不粉化	B
7	耐冻融循环/次		≥15,不开裂、不粉化	B
8	膨胀性能/(mL/g)	未浸水(或水泥浆)	≥10	B
		浸入水中48 h后		
		浸入水泥浆中48 h后		

6 试验方法

6.1 外观

采用目测与手触摸结合的方法进行。

6.2 表观密度

6.2.1 试验条件

密度测试应在常温条件下进行。

6.2.2 试验装置

不锈钢容器：内径为 ϕ50 mm，高 50 mm；

电子天平：量程大于 100 g，精度 0.1 g；

电子天平：量程 1 000 g，精度 1 g；

直尺：精度 1 mm；

游标卡尺：精度 0.02 mm；

量筒：1 200 mL；

电热鼓风干燥箱：0 ℃～200 ℃。

6.2.3 试验程序

6.2.3.1 柔性有机堵料、防火密封胶

将防火密封胶或混合均匀的柔性有机堵料放入一个内径为 ϕ50 mm，高 50 mm 的不锈钢容器中。用直径为 5 mm 的不锈钢棒插捣，使其充满整个容器，并用不锈钢板将表面抹平，使其上表面与不锈钢容器的上表面处于同一平面。准确称量其质量 m_2，m_2 减去不锈钢容器本身的质量 m_1 即为试样的质量 m，精确至 0.1 g。

表观密度 ρ(kg/m³)按式(1)计算：

$$\rho = m/V \qquad (1)$$

式中：

ρ——表观密度，单位为千克每立方米(kg/m³)；

m——试样的质量，单位为千克(kg)；

V——不锈钢容器净空体积，单位为立方米(m³)。

试验数据取两次试验结果的算术平均值，取整到 0.1×10^3 kg/m³。两次试验结果之差不得超过 0.2×10^3 kg/m³。

6.2.3.2 无机堵料、阻火包

将阻火包内装材料放入电热鼓风干燥箱内，在 65 ℃±2 ℃条件下烘干至恒重。

将试样(无机堵料或阻火包内装材料)混合均匀后，缓慢放入量程不小于 1 200 mL 的量筒中至 1 000 mL左右，轻轻振动量筒，使量筒中的试样与刻度线相平，记录下刻度读数 V。

称量空量筒的质量和装入试样后的量筒质量，两者之差即为试样的质量，精确至 0.1 g。

表观密度按式(2)计算：

$$\rho = m/V \qquad (2)$$

式中：

ρ——表观密度，单位为千克每立方米(kg/m³)；

m——试样的质量，单位为千克(kg)；

V——试样的体积，单位为立方米(m³)。

试验数据取两次试验结果的算术平均值，取整到 0.1×10^3 kg/m³。两次试验结果之差不得超过 0.2×10^3 kg/m³。

6.2.3.3 阻火模块、防火封堵板材、泡沫封堵材料

将阻火模块、防火封堵板材或已成型的泡沫封堵材料切割成两个 50 mm×50 mm×20 mm 的试件(也可以是实际厚度),分别称量其质量,精确至 1 g,并测量其尺寸,精确至 1 mm。

表观密度按式(3)计算:

$$\rho = m/V \qquad \cdots\cdots(3)$$

式中:

ρ——表观密度,单位为千克每立方米(kg/m^3);

m——试样的质量,单位为千克(kg);

V——试样的体积,单位为立方米(m^3)。

试验数据取两次试验结果的算术平均值,取整到 $0.1\times10^3\ kg/m^3$。两次试验结果之差不得超过 $0.2\times10^3\ kg/m^3$。

6.2.3.4 阻火包带和缝隙封堵材料

将阻火包带或缝隙封堵材料切割成两个 100 mm×10 mm×2 mm 的试件(也可以是实际宽度和厚度),分别称量其质量,精确至 1 g,并测量其尺寸,精确至 1 mm。

表观密度按式(4)计算:

$$\rho = m/V \qquad \cdots\cdots(4)$$

式中:

ρ——表观密度,单位为千克每立方米(kg/m^3);

m——试样的质量,单位为千克(kg);

V——试样的体积,单位为立方米(m^3)。

试验数据取两次试验结果的算术平均值,取整到 $0.1\times10^3\ kg/m^3$。两次试验结果之差不得超过 $0.2\times10^3\ kg/m^3$。

6.3 初凝时间(t)

在 20 ℃±5 ℃条件下,按产品使用说明规定的混合比配料,用秒表测定从配料结束到丧失流动性时为止的时间。

6.4 抗压强度

6.4.1 试样的制备

将调和好的无机堵料倒入规格为 62.5 mm×40 mm×40 mm 的试模内,捣实抹平,待基本固化后脱模。试样的调和与养护应按产品使用说明进行,试样数量为五个。

将阻火模块切割成规格为 62.5 mm×40 mm×40 mm 的试样,试样数量为五个。

6.4.2 试验装置

试验采用符合 GB/T 2611 规定的压力试验机。

6.4.3 试验程序

选择试块的任一侧面作为受压面,用游标卡尺测量其受压截面长和宽的尺寸,精确至 1 mm。

将选定试块的受压面向上放在压力试验机的加压座上,使试件的中心线与压力机压头的中心线重合,以 1 500 N/min~2 000 N/min 的速度均匀加荷至试件破坏,记录试件破坏时的压力读数。

抗压强度按式(5)计算:

$$R = P/S \qquad \cdots\cdots(5)$$

式中:

R——抗压强度,单位为兆帕(MPa);

P——压力读数,单位为牛顿(N);

S——受压面积,单位为平方毫米(mm^2)。

抗压强度结果以五个试验值中剔除粗大误差后的算术平均值表示,精确至 0.01 MPa。

6.5 抗弯强度

将样品加工成尺寸为240 mm×100 mm的试件,试件数量为五个。表面有涂层的防火封堵材料,其裸露的断面应采用相同的表面材料涂封。按GB/T 7019—1997中的9.3.4和9.4.2的规定测试并计算试件的抗弯强度,抗弯强度结果以五个试验值中剔除粗大误差后的算术平均值表示,精确至0.01 MPa。

6.6 抗跌落性

分别将三个完整的阻火包从5 m高处自由落于混凝土水平地面上,观察包体。

6.7 腐蚀性

6.7.1 阻火模块

分别取长为250 mm、外径为ϕ30 mm～ϕ40 mm的Q235普通碳素结构钢管两根和长为250 mm、外径为ϕ30 mm～ϕ40 mm的PVC绝缘护套电缆3根,在阻火模块上钻出与钢管和电缆直径相同的孔洞,并对剖。将钢管和电缆置于阻火模块的孔洞中,并用夹具固定,固定方式见图1。七天后,观察钢管和电缆外层胶皮与堵料试样接触部位是否出现锈蚀、腐蚀现象。

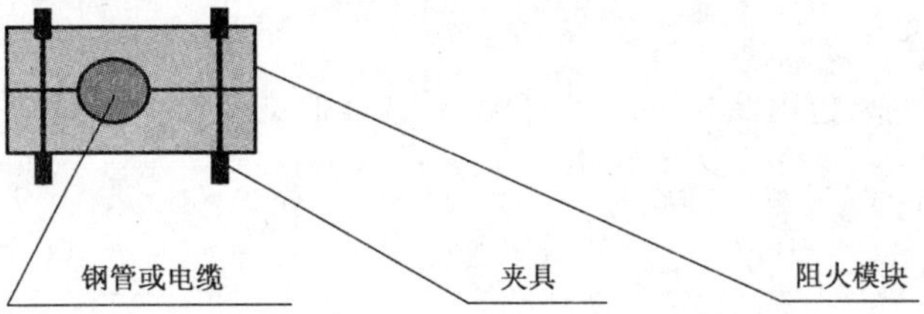

图1 阻火模块的腐蚀性试验

6.7.2 其他封堵材料的腐蚀性试验

分别取150 mm×100 mm×0.8 mm的Q235普通碳素结构钢板两块和长为25 mm、外径为ϕ30 mm～ϕ40 mm的电缆3根,将调和好的无机堵料、柔性有机堵料、泡沫封堵材料或防火密封胶涂在钢板和电缆外层胶皮表面,七天后观察钢板和电缆外层胶皮与堵料试样接触部位,是否出现锈蚀、腐蚀现象。

6.8 耐水性

6.8.1 试样的制备

无机堵料、防火密封胶:将调和好的试样注入200 mm×20 mm×20 mm的标准试模内,捣实抹平,待基本固化后脱模,养护期满后将试样锯切成三个20 mm×20 mm×20 mm的正方体试块。试样的调和与养护按产品使用说明进行。

柔性有机堵料:取一定量的试样,揉匀,制成三个直径均为20 mm的圆球。

阻火包:试样为完整的三个包体。

其他防火封堵材料:将试样切割成三个20 mm×20 mm×20 mm的试块,表面有涂层的防火封堵材料,其裸露的断面应采用相同的表面材料涂封。厚度小于20 mm的材料,试块厚度与材料厚度相同。

注:对无法固化的防火密封胶,可以涂在三个50 mm×50 mm×2 mm的不锈钢板或聚乙烯塑料板上进行试验,涂覆厚度为1 mm±0.5 mm。

6.8.2 试验程序

将制作养护好的试样浸泡于自来水中,温度保持在20 ℃±5 ℃,一天观察一次,三天后取出。观察试样是否溶胀、开裂,阻火包的包体是否完整、有无破损、内装材料是否有明显变化。

6.8.3 判定条件

阻火包浸泡三天后取出擦干,包体应完整、无破损且内装材料应无明显变化。

其他试样浸泡三天,三个试件中至少两个不应出现溶胀、开裂现象。

6.9 耐油性

6.9.1 试样的制备

按6.8.1的要求制样。

6.9.2 试验程序

将制作养护好的试样浸泡于变压器油中，油温保持在20 ℃±5 ℃，一天观察一次，三天后取出。

6.9.3 判定条件

按6.8.3的要求进行判定。

6.10 耐湿热性

6.10.1 试样的制备

按6.8.1的要求制样。

6.10.2 试验程序

将制作养护好的试件，放置在湿度为90%±5%、温度45 ℃±5 ℃的试验箱中，至规定时间后，取出试件放置于不受阳光直接照射的环境中，自然干燥。观察试样是否开裂、粉化。

6.10.3 判定条件

按规定进行试验后，阻火包内装材料应无明显变化，其他试样三个试件中至少两个不应出现开裂、粉化现象。

6.11 耐冻融循环性

6.11.1 试样的制备

按6.8.1的要求制样。

6.11.2 试验程序

将制作养护好的试件，先置于23 ℃±2 ℃的水中18 h，然后将试件放入−20 ℃±2 ℃的低温箱中，自箱内温度达到−18 ℃时起冷冻3 h再将试件从低温箱中取出，立即放入50 ℃±2 ℃的恒温箱中，恒温3 h。取出试件重复上述操作共15个循环。观察试样是否开裂、粉化。

6.11.3 判定条件

按6.10.3的要求进行判定。

6.12 耐酸性

6.12.1 试样的制备

按6.8.1的要求制样。

6.12.2 试验程序

将制作养护好的试件，放置于3%的盐酸溶液中，温度保持在20 ℃±5 ℃，一天观察一次，观察试样是否溶胀、开裂。

6.12.3 判定条件

浸泡三天后，三个试件中至少两个不应出现溶胀、开裂现象。

6.13 耐碱性

6.13.1 试样的制备

按6.8.1的要求制样。

6.13.2 试验程序

将制作养护好的试件，浸入3%的氨水溶液中，温度保持在20 ℃±5 ℃，一天观察一次，观察试样是否溶胀、开裂。

6.13.3 判定条件

浸泡三天后，三个试件中至少两个不应出现溶胀、开裂现象。

6.14 膨胀性能

6.14.1 试样的制备

阻火包：将阻火包的内装材料混合均匀后，分别放入三个内径为ϕ50 mm，高 50 mm 的钢质容器中。阻火包的内装材料在钢质容器中的松散堆积厚度为 10 mm。

阻火模块、缝隙封堵材料、泡沫封堵材料（已固化成型）：将试样切割成三个直径为ϕ48 mm～ϕ50 mm，厚度为 10 mm±3 mm 的试样块，厚度不足可以叠加，每个试件至少应包含一个使用表面。然后，分别放入三个内径为ϕ50 mm，高度不小于 50 mm 的钢质容器中。

防火密封胶：将防火密封胶注入三个内径为ϕ50 mm，高 50 mm 的钢质容器中，防火密封胶的注入高度为 3 mm±1 mm。然后，将钢质容器放入温度为 60 ℃±5 ℃的电热鼓风干燥箱中干燥 48 h 以上。根据产品的使用要求，也可以分层进行干燥，干燥后试件的厚度为 3 mm±1 mm。

6.14.2 试验程序

用钢直尺测量试样膨胀前的高度。然后，将装有试样的钢质容器置于温度为 540 ℃±10 ℃的电阻炉内，恒温 30 min 后取出。待充分冷却后，测量试样膨胀后的高度(若膨胀后的试样表面不平整，可测试多个点取平均值)，试样膨胀后的高度与膨胀前的高度之比即为该材料的膨胀倍数。膨胀性能以三个试样膨胀倍数的算术平均值表示，精确至小数点后第一位。

阻火包带的膨胀性能按照 GA 304—2001 中 6.2 的规定进行试验。

6.15 燃烧性能

6.15.1 阻火包所用的织物材料按 GB/T 5455 进行试验。

6.15.2 将柔性有机堵料或防火密封胶置于模具内，制成尺寸不小于 300 mm×300 mm，厚度为 3 mm 的片材，并在温度为 60 ℃～65 ℃的烘箱中干燥 72 h 以上，然后按 GB/T 2408—2008 规定的水平法进行试验。

注：无法自支撑的试件，允许置于金属网上进行试验。

6.15.3 泡沫封堵材料按 GB/T 8333 的规定进行试验。

6.15.4 阻火模块、防火封堵板材、缝隙封堵材料、阻火包带的燃烧性能按 GB/T 2408—2008 规定的垂直法进行试验。

6.16 耐火性能

6.16.1 试验装置

6.16.1.1 耐火试验炉

符合 GB/T 9978.1 对耐火试验炉的要求。

耐火试验炉应满足试件安装、升温条件、压力条件、温度测试及试验观察等要求。

6.16.1.2 测温设备

耐火性能试验测温设备应满足下列要求：

a) 炉内温度测试

炉内温度测量，采用丝径为ϕ0.75 mm～ϕ2.30 mm 的热电偶，其热端应伸出套管 25 mm，热电偶感温端距堵料受火平面 100 mm。炉内热电偶的数量不得少于 5 支。

b) 试件背火面温度测量

试件背火面——封堵材料、电缆表面或穿管表面、距堵料封堵边缘 25 mm 处的框架表面、塑料管道表面的温度测量，采用丝径为ϕ0.5 mm 的热电偶，工业Ⅱ级，数量不得少于 6 支。分布是：封堵材料表面距贯穿物表面 25 mm 处，不少于 2 支；贯穿物(电缆、电缆束或穿管)表面距封堵材料表面 25 mm 处不同的贯穿物至少设 1 支；支架或托盘表面距封堵材料表面 25 mm 处至少设 1 支；使用阻火包带时，在塑料管表面距楼板或墙体 25 mm 处设 2 支热电偶；距堵料封堵边缘 25 mm 处的框架表面设 1 支热电偶；另设 1 支移动测温热电偶，必要时用来监测试件背火面可疑点的温升，其数据应作为判定依据。

c) 测温设备的精确度

测温仪器设备的精确度(系统误差)应达到:

炉　　内:±15 ℃;

表面或其他:±5 ℃。

6.16.2 试验条件

6.16.2.1 升温条件

符合 GB/T 9978.1 规定的升温条件要求。当有特殊要求时,也可采用其他升温曲线。

6.16.2.2 炉内压力条件

垂直安装的试件进行耐火试验时,试件底面所在水平面应保持正压;水平安装的试件进行耐火试验时,在离试件受火面 100 mm 的平面上应保持正压。

6.16.3 试件要求

进行耐火试验时,试件所用的材料、制作工艺、拼接与安装方法应足以反映相应构件在实际使用中的情况。为使试验能够实施而进行的安装方式的修改对试验结果应无重大影响,并应对修改作详细说明。

6.16.4 试件制作

6.16.4.1 概述

6.16.4.1.1 防火封堵材料在进行产品质量判定时,试件的制作可选择本标准中规定的标准试件的制作方式。针对实际工程应用的试件,试件的制作应与实际使用情况一致。当按实际工程应用制作的试件已包含标准试件中的所有贯穿物及其组合方式时,若其耐火性能达到规定要求,该试验结果也可用于对产品进行质量判定。

6.16.4.1.2 电缆受火端用所测试的堵料封头(封头长度 50 mm,厚度 25 mm),暴露于火场的电缆长度 300 mm;穿管受火端用所测试的堵料堵塞管内径,堵塞长度 100 mm,穿管伸出试件受火面 300 mm;贯穿物的长度为 1 500 mm。

6.16.4.1.3 背火面的贯穿物或支架应采用适当的方式固定,防止贯穿物或支架在试验前或试验过程中滑落。

6.16.4.2 孔洞用防火封堵材料试件

6.16.4.2.1 孔洞用防火封堵材料标准试件应包含混凝土框架、贯穿物、支架和孔洞用防火封堵材料等部分,标准试件的尺寸和详细制作要求见附录 A 的 A.1。

6.16.4.2.2 对于无机堵料、阻火包或阻火模块,图 A.1 中的防火封堵材料应采用被测试的无机堵料、阻火包或阻火模块中的某一种,允许与柔性有机堵料或泡沫封堵材料配合使用。

6.16.4.2.3 对于柔性有机堵料或泡沫封堵材料,图 A.1 中的封堵材料由预留矩形孔洞(孔洞长度:510 mm,高度:110 mm)的 C30 混凝土替代,预留矩形孔洞位于图 A.1 中需要铺设电缆桥架、电缆和钢管等贯穿物的位置。在预留矩形孔洞内按图 A.2 铺设电缆桥架、电缆和钢管等贯穿物,采用柔性有机堵料或泡沫封堵材料堵塞孔洞内所有间隙。

注:柔性有机堵料或泡沫封堵材料的试件制作见图 A.2。

6.16.4.2.4 对于防火封堵板材,图 A.1 中的防火封堵材料应采用受火面与背火面各设一块防火封堵板材,并允许在板材与框架及贯穿物结合处使用柔性有机堵料或泡沫封堵材料的安装方式。

6.16.4.3 缝隙用防火封堵材料试件

6.16.4.3.1 缝隙用防火封堵材料标准试件应包含混凝土框架、固定支架及结构缝隙用防火封堵材料等部分,试件应包括与防火封堵材料性能相适应的最大和最小两种固定缝隙宽度,最大和最小两种缝隙宽度由委托方确定,必要时可包括可移动缝隙。标准试件的尺寸和详细制作要求见附录 A 的 A.6。

6.16.4.3.2 如果缝隙用防火封堵材料具有封堵变形缝隙的能力,对于允许缝隙在使用过程中发生一定变形的缝隙封堵材料,在进行耐火性能试验前,缝隙应移动至其变形率为 100%时的位置;对于允许缝隙在试验过程中发生一定变形的缝隙封堵材料,在试验过程中其缝隙应由其允许变形率的20%逐渐移动至其允许变形率的100%,缝隙移动的时间必须控制在耐火试验开始后的前60 min以内。

6.16.4.4 塑料管道用防火封堵材料和防火封堵组件试件

6.16.4.4.1 塑料管道用防火封堵材料标准试件应包含混凝土框架、塑料管、支架及塑料管道用防火封堵材料等部分,标准试件的尺寸和详细制作要求见附录A的A.3。

6.16.4.4.2 防火封堵组件标准试件应包含混凝土框架、贯穿物、支架、防火封堵材料和耐火隔热材料等部分,标准试件的尺寸和详细制作要求见附录A的A.9。

6.16.5 状态调节

试件制作后应按产品使用说明的规定进行养护,待试件养护期满后方能进行耐火试验。

6.16.6 试验程序

6.16.6.1 试件的安装

试件安装应反映实际使用情况,根据测试要求将试件垂直或水平安装于燃烧试验炉上进行试验。在背火面的防火封堵材料、贯穿物及框架上布置热电偶以测量背火面温升情况。贯穿物的悬臂端应采用有效的支承(托架)。

6.16.6.2 测量与观察

炉内温度测量用热电偶应符合GB/T 9978.1的规定,热电偶的设置应不少于5支,温度记录周期不大于30 s。

a) 试件背火面温度

测量并观察背火面封堵材料表面的温度、距封堵材料背火面25 mm处电缆表面的温度、距封堵材料背火面25 mm处穿管表面的温度、距封堵材料背火面25 mm处框架表面的温度。

b) 完整性

测量并观察试件背火面是否有火焰或热气流穿出点燃棉垫,以及试件背火面是否出现连续火焰达10 s以上。棉垫的要求与使用应符合GB/T 9978.1的规定。

c) 隔热性

测量并记录背火面所有测温点包括移动热电偶的温升,以及任一测温点温升达到180 ℃的时间。

6.16.7 耐火极限判定准则

6.16.7.1 耐火极性判定

试验中出现6.16.7.2和6.16.7.3中规定的完整性丧失或失去隔热性的任何一项时,即表明该防火封堵材料的完整性或隔热性已达到极限状态,所记录的时间即为该防火封堵材料的完整性丧失或失去隔热性的极限耐火时间。

6.16.7.2 完整性丧失

完整性丧失的特征是,在试件的背火面有如下现象出现:

a) 点燃棉垫;

b) 有连续10 s的火焰穿出。

6.16.7.3 失去隔热性

隔热性丧失的特征是,在试件的背火面有如下现象出现:

a) 被检试样背火面任何一点温升达到180 ℃;

b) 任何贯穿物背火端距封堵材料25 mm处表面温升达到180 ℃;

c) 背火面框架表面任何一点温升达到180 ℃。

6.16.8 耐火性能的表示

以试件的极限耐火时间表示防火封堵材料的耐火性能,精确至0.01 h。

6.16.9 **耐火极限的修正**

如果试验过程中因异常情况炉内温度超过规定的允许偏差，应根据炉内的升温情况对实际耐火时间进行修正。其修正值为实际耐火时间的前3/4时间内的实际炉温曲线与相应时间的标准温度曲线的面积差的2/3乘以实际耐火时间，它们的积除以实际耐火时间的前3/4时间内的标准温度曲线下的面积。如果实际炉温超过标准炉温，调整时间为增加，反之减少。修正公式如下：

$$C = 2I(A - A_s)/3A_s \qquad (6)$$

式中：

C——I的等时段修正值，单位为分(min)；

I——实际耐火时间，单位为分(min)；

A——前$3/4I$的实际炉温曲线下的面积；

A_s——与A相同时段内标准炉温曲线下的面积。

6.16.10 **耐火性能试验结果的应用**

耐火性能试验结果的应用参照附录B。

7 检验规则

7.1 本标准规定的耐火性能、燃烧性能及所有的理化性能技术指标均为型式检验项目。

7.2 有下列情形之一时，产品应进行型式检验：

a) 新产品投产或某产品转厂生产的试制鉴定；

b) 正式生产后，产品的原材料、配方、生产工艺有较大改变时或正常生产满三年时；

c) 产品停产一年以上，恢复生产时；

d) 出厂检验结果与上次型式检验有较大差异时；

e) 国家质量监督机构提出要求时。

7.3 本标准中所规定的外观、表观密度、初凝时间、抗跌落性、膨胀性能、耐水性、耐油性、耐碱性、燃烧性能等为出厂检验项目。

8 综合判定准则

8.1 防火封堵材料所需的样品应从批量产品或使用现场随机抽取。

8.2 防火封堵材料的耐火性能达到某一级(1 h、2 h、3 h)的规定要求，且其他各项性能指标均符合标准要求时，该产品被认定为产品质量某一级合格。

8.3 经检验，该防火封堵材料除耐火性能和燃烧性能(不合格属A类缺陷，不允许出现)外，理化性能尚有重缺陷(B类缺陷)和轻缺陷(C类缺陷)，在满足下列要求时，亦可判定该产品质量某一级合格，但需注明缺陷性质及数量。

a) 表2中所列的防火封堵材料，当B≤2或B+C≤3时；

b) 表3或表4中所列的防火封堵材料，当B≤1或B+C≤2时。

9 包装、标志、贮存、运输

9.1 产品应采取清洁、干燥、能密封的包装袋或容器包装并附有合格证和产品使用说明。

9.2 产品包装上应注明生产企业名称、地址、产品名称、产品商标、规格型号、生产日期或批号、贮存期、包装外形尺寸或质量等。

9.3 产品应存放在通风、干燥、防止日光直接照射的地方。

9.4 产品在运输时，应防止雨淋、曝晒，并应符合运输部门的有关规定。

附 录 A
（规范性附录）
防火封堵材料耐火性能试验标准试件的安装

A.1 电缆贯穿标准试件的安装方式如图 A.1 所示。

单位为毫米

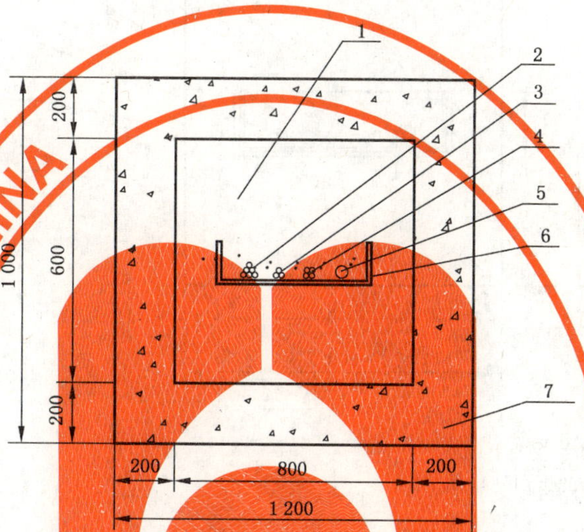

1——封堵材料；
2——6 根(7×1.5)mm^2 KVV 电缆；
3——3 根(3×50+1×25)mm^2 YJV 电缆；
4——4 根(3×50+1×25)mm^2 YJV 电缆；
5——DN32 钢管；
6——不带孔钢质电缆桥架(500 mm 宽，100 mm 高，1.5 mm 厚)；
7——C30 混凝土框架。

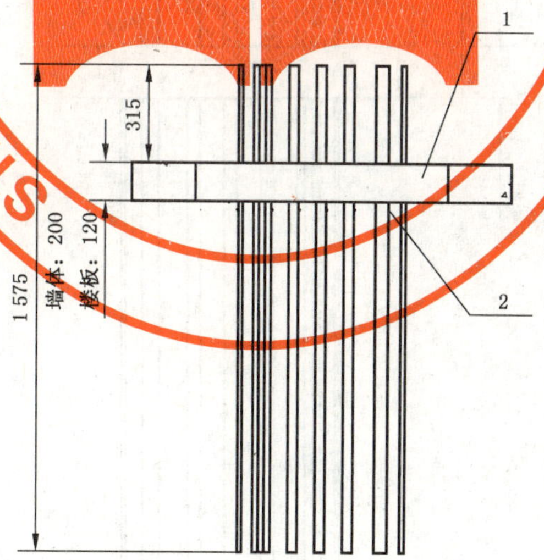

俯视图

1——封堵材料；
2——热电偶。

图 A.1 电缆贯穿标准试件的安装方式

A.2 柔性有机堵料、泡沫封堵材料电缆贯穿标准试件的安装方式如图 A.2 所示。

单位为毫米

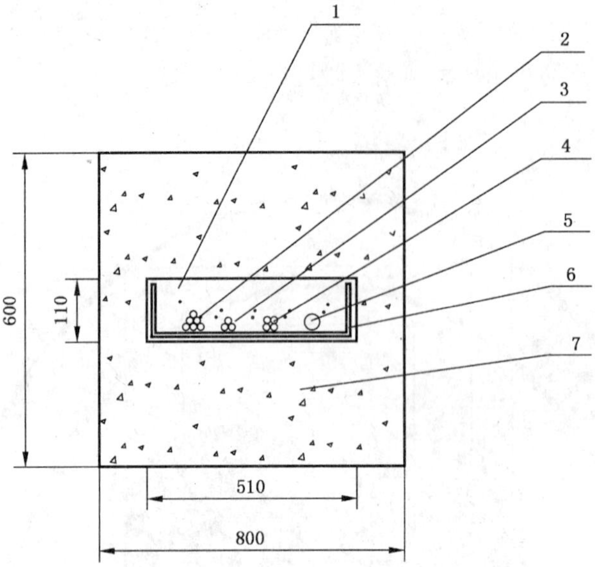

1——封堵材料；

2——6 根(7×1.5)mm² KVV 电缆；

3——3 根(3×50+1×25)mm² YJV 电缆；

4——4 根(3×50+1×25)mm² YJV 电缆；

5——DN32 钢管；

6——不带孔钢质电缆桥架(500 mm 宽，100 mm 高，1.5 mm 厚)；

7——C30 混凝土框架。

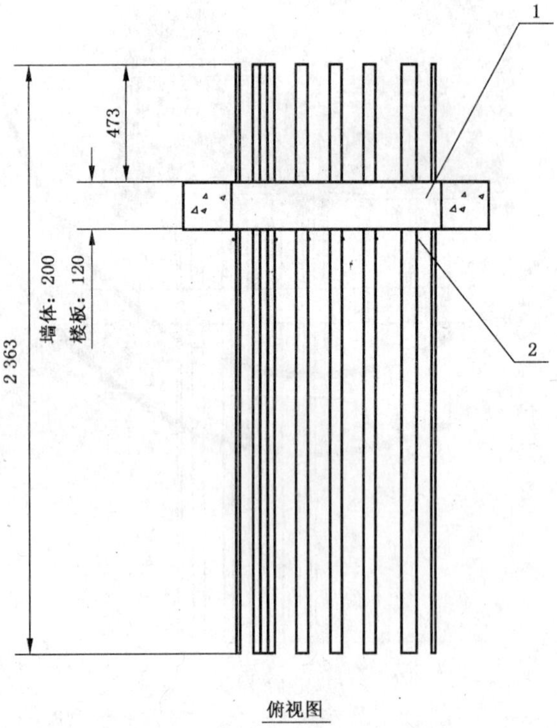

1——封堵材料；

2——热电偶。

图 A.2 柔性有机堵料、泡沫封堵材料电缆贯穿标准试件的安装方式

A.3 管道贯穿标准试件的安装方式如图 A.3 所示。

单位为毫米

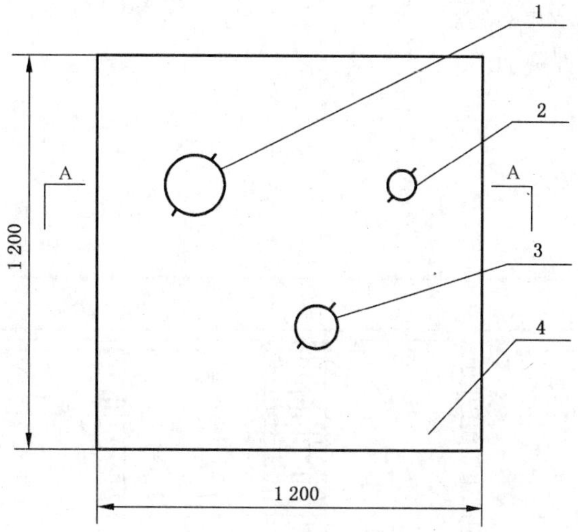

1——大直径管道；
2——小直径管道；
3——中直径管道；
4——C30 混凝土框架。

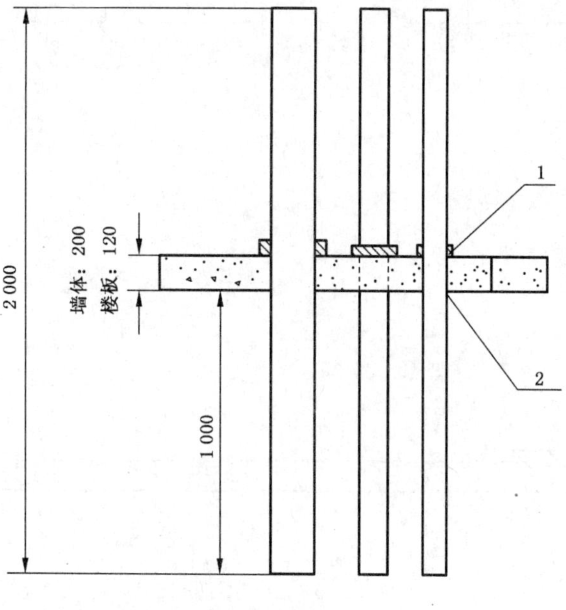

A—A 剖面图

1——封堵材料；
2——热电偶。

图 A.3 管道贯穿标准试件的安装方式

A.4 管道封堵材料安装在楼板或墙体上进行耐火试验，楼板和墙体应预留可穿试验用管的孔洞。管道封堵材料的安装方式应足以反映其实际使用情况，为使试验能够进行而作的安装修改应对管道封堵材料性能无重大影响。试验用塑料管材应符合相关产品的国家或行业标准的要求。

A.5 试验时将管道封堵材料用金属膨胀螺栓等金属件固定在结构厚度为 120 mm 的现浇整体式 C30 砼楼板下(砼板受火面保护层厚度为 10 mm)或厚度为 200 mm 砼墙体受火面一侧。试验用塑料管材总长度为 2 000 mm，背火面塑料管材露出楼板或墙体长度为 1 000 mm，受火面管口用同材质堵头或矿物棉封堵，封堵长度为(50±10)mm，背火面试验管距管口 50 mm 处用支承件固定。在背火面距楼板或墙体 25 mm 处管外表面对称两侧各安装 1 支热电偶。

A.6 缝隙标准试件的安装方式如图 A.4 所示：

单位为毫米

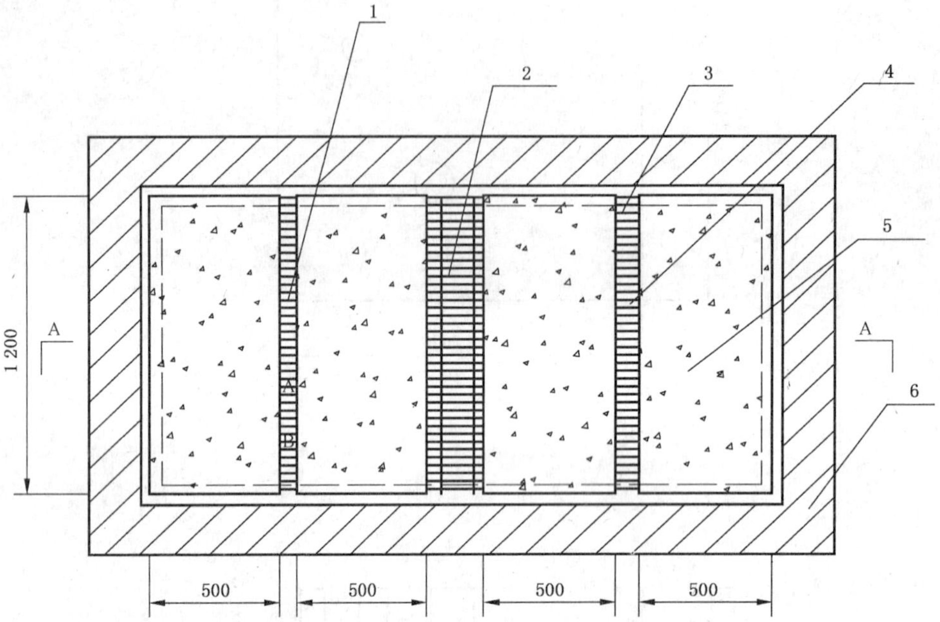

1——最小封堵缝隙；
2——最大封堵缝隙；
3——可变封堵缝隙；
4——热电偶；
5——可移动 C30 混凝土版(可沿平行及剪切方向移动)；
6——钢质框架。

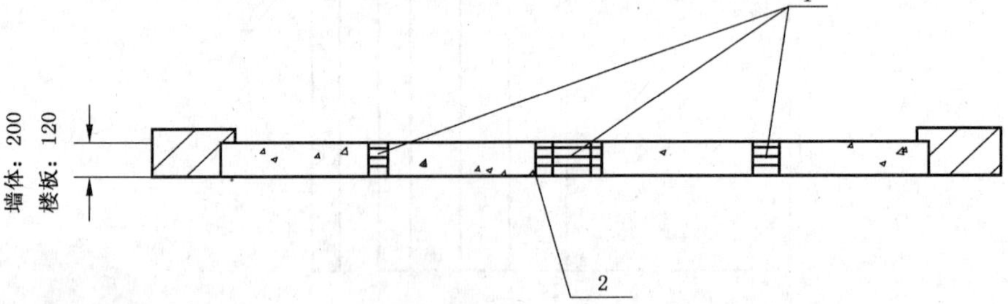

A—A 剖面图

1——缝隙封堵材料；
2——热电偶。

图 A.4 缝隙封堵标准试件的安装方式

A.7 框架内用于支撑缝隙的板材为 C30 混凝土板(砼板受火面保护层厚度为 10 mm)。对于缝隙封堵材料，可根据委托方的要求，在实施耐火试验前或试验过程中采用机械的方式移动缝隙，移动方式可以是沿被支撑的平面移动缝隙的宽度，也可以是沿剪切方向或其他方向移动，移动的最大距离应根据缝隙封堵材料的性能由委托方确定。

A.8 在缝隙封堵材料的砼支撑构件上，在背火面距离缝隙边缘 25 mm 处每条缝隙布置两支热电偶。

在封堵材料背火面，沿缝隙中心线每条缝隙布置两支热电偶。

A.9 防火封堵组件标准试件的安装方式如图 A.5 所示。

单位为毫米

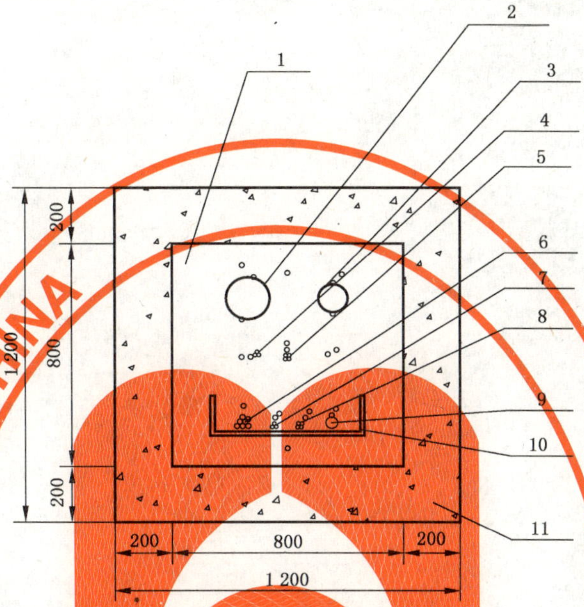

1——防火封堵组件；

2,3——PE 管道；

4,7——3 根 $(3\times50+1\times25)mm^2$ YJV 电缆；

5,8——4 根 $(3\times50+1\times25)mm^2$ YJV 电缆；

6——6 根 $(7\times1.5)mm^2$ KVV 电缆；

9——钢管；

10——500 mm 宽钢质无孔电缆桥架(500 mm 宽，100 mm 高，1.5 mm 厚)；

11——C30 混凝土框架。

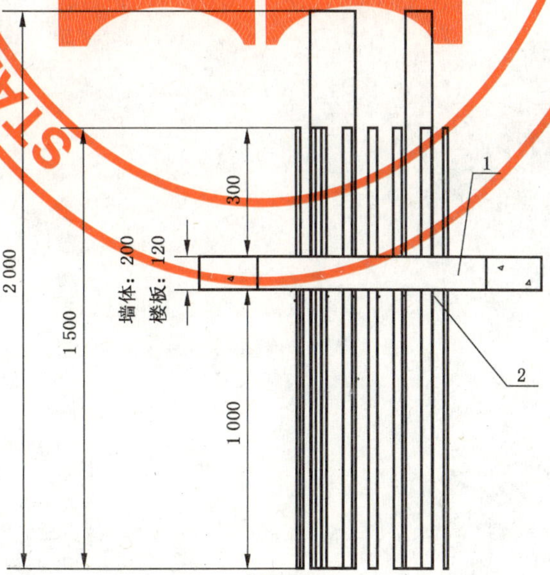

俯视图

1——防火封堵组件；

2——热电偶。

图 A.5 防火封堵组件标准试件的安装方式

A.10 在电缆贯穿标准试件和防火封堵组件标准试件的防火封堵材料表面，距离每种贯穿物25 mm处各布置一支热电偶。在每种贯穿物表面距背火面25 mm处布置一支热电偶。当贯穿物背火面作了绝热处理或有涂层时，在贯穿物上距离绝热层或涂层边缘25 mm处布置热电偶。其他任何可疑点均可设置热电偶。

附 录 B
（资料性附录）
耐火性能试验结果的应用

B.1 防火封堵组件在实际应用中只能用于耐火极限要求小于或等于其耐火极限测试结果的部位。

B.2 采用本标准规定的标准试件进行试验时，水平试件进行耐火性能试验得出的耐火性能试验结果可用于相应结构形式的垂直构件。

B.3 混凝土构件的耐火性能测试结果可用于厚度大于或等于测试用混凝土构件厚度的混凝土或砖石结构。

B.4 标准试件的耐火性能测试结果只能应用于电缆填充率（管道贯穿率）不大于测试时电缆填充率（管道贯穿率）的情况。

B.5 缝隙标准试件的耐火性能测试结果只能用于与之相同类型的缝隙。在实际应用中，当缝隙宽度和/或位移量小于或等于标准试件时，耐火性能测试结果有效。

B.6 采用标准试件获得的试验结果可用于对防火封堵材料产品的质量进行判定，但其耐火试验结果只能表明其在本标准所确定的结构形式下的耐火性能，并不能用于所有的结构形式。

ICS 13.310
A 92

中华人民共和国国家标准

GB/T 23865—2009

比例照相规则

The scaled photography method

2009-03-09 发布 2009-11-01 实施

中华人民共和国国家质量监督检验检疫总局
中国国家标准化管理委员会 发布

前　言

本标准由中华人民共和国公安部提出。

本标准由全国刑事技术标准化技术委员会照相检验分技术委员会(SAC/TC 179/SC 5)归口。

本标准起草单位:公安部物证鉴定中心。

本标准主要起草人:周云彪、许小京、俞涛。

比例照相规则

1 范围

本标准规定了视听检验技术中物证、痕迹按比例记录的拍照方法，是对物证、痕迹照相特别是检验鉴定照相的基本要求。

本标准适用于司法机关的物证检验照相工作。

2 术语和定义

下列术语和定义适用于本标准。

2.1

比例照相 proportional photography

用厘米比例尺为基本测量单位，将比例尺同被摄物一同拍照记录下来，根据比例尺测量出原物尺寸及其特征；防止变形，恢复原状的一种拍摄方法。

3 方法规则

3.1 测量较小的物证、痕迹应选择以 mm 为最小测量单位的黑白比例尺、彩色比例尺及透明比例尺，其误差率不能超过百分之一，其刻度边缘应清晰可辨。

3.2 测量较大的物证、痕迹应采用卷尺。常见的有钢卷尺和皮卷尺，一般以 cm 为测量刻度单位，长度超过 2 m。

3.3 拍摄前，将不反光、无折皱的比例尺平放，置于被摄物的主体一侧，有刻度的一侧指向被摄物。拍摄时，照相机镜头与被摄物和比例尺应保持垂直，比例尺应与被摄物体处在同一焦平面上。

3.4 拍摄横向物体时，比例尺应置于被摄物下方，与画面成比例横向放置；拍摄纵向物体时，比例尺应置于被摄物的一侧，与画面成比例纵向放置。

3.5 进行黑白摄影时，如被摄物为深色调，选用黑色衬底白色条格比例尺；如被摄物为浅色调，选用白色衬底黑色条格比例尺。进行彩色摄影时，除可选用上述比例尺外，还可以选用各种彩色相间的比例尺。拍摄透明被摄物时，则可选用透明比例尺。

3.6 被拍摄物超过 10 cm 时，为保证照片按比例准确还原，拍摄时使用的比例尺应不短于 10 cm。

3.7 拍摄步幅、车辙等较大范围痕迹物证时，应在被摄物一侧按比例放置贯通画面的卷尺。

3.8 拍摄单个足迹时，比例尺应放置在足弓一侧。使用直角比例尺时，比例尺的短边应放置在足跟下方。

3.9 拍摄指印时，比例尺应放置在指节下方与指印垂直或平行放置于指印一侧。

3.10 拍摄立体痕迹物证时，比例尺应放在被摄物体同一平面的一侧。

3.11 进行比例照相时所使用的镜头应使用微距镜头或标准镜头，不应使用广角或鱼眼镜头。

3.12 使用数字照相机进行比例照相时，镜头焦距的设定应根据数字相机成像器件的画幅尺寸进行换算，使镜头焦距符合标准镜头焦距。

ICS 01.040.97
Y 04

中华人民共和国国家标准

GB/T 23866—2009

体育用品标准编写要求

Requirements for drafting of sporting goods standards

2009-05-04 发布　　　　2009-11-01 实施

中华人民共和国国家质量监督检验检疫总局
中国国家标准化管理委员会　发布

前　言

本标准由全国体育用品标准化技术委员会提出并归口。

本标准起草单位：深圳市计量质量检测研究院、上海红双喜股份有限公司、国家针织产品质量监督检验中心、青岛英派斯集团、上海回力鞋业有限公司、宁波凯利斯运动器材有限公司、伟士（厦门）体育用品有限公司、山西澳瑞特健康产业股份有限公司、安踏（中国）有限公司。

本标准主要起草人：管杰、匡龙、周云峰、刘凤荣、袁意龙、马庆华、朱中一、潘健将、窦军社、曾国坪。

体育用品标准编写要求

1 范围

本标准规定了体育用品标准编写的总则、标准名称和内容。

本标准适用于体育用品标准的编写。

2 规范性引用文件

下列文件中的条款通过本标准的引用而成为本标准的条款。凡是注日期的引用文件，其随后所有的修改单(不包括勘误的内容)或修订版均不适用于本标准，然而，鼓励根据本标准达成协议的各方研究是否可使用这些文件的最新版本。凡是不注日期的引用文件，其最新版本适用于本标准。

GB/T 1.1 标准化工作导则 第1部分:标准的结构和编写规则

GB 5296.1 消费品使用说明 总则

GB 5296.4 消费品使用说明 纺织品和服装使用说明

GB 5296.7 消费品使用说明 第7部分:体育器材

GB/T 10112 术语工作 原则与方法

GB/T 18760 消费品售后服务方法与要求

GB/T 20000.2 标准化工作指南 第2部分：采用国际标准的规则

GB/T 20001.1 标准编写规则 第1部分：术语

3 术语和定义

下列术语和定义适用于本标准。

3.1

体育用品 sporting goods

为体育活动设计、制造的产品。

3.2

运动竞赛规则 sports rules

为体育运动竞赛制定的规范和准则。

4 总则

4.1 标准的结构和编写规则应符合 GB/T 1.1 的规定。

4.2 标准宜按 GB/T 20000.2 规定采用国际标准或国外先进标准。

4.3 标准编写宜以运动竞赛规则为指导。

5 标准名称

5.1 标准的名称应符合 GB/T 1.1 的规定。

5.2 标准名称应由若干尽可能短的要素组成，其顺序由一般到特殊。通常，所使用的要素不多于以下三种：

a) 引导要素：表示体育用品标准所属的领域。当标准的内容涉及体育用品所属的某种领域时，宜将标准化对象的名称加上引导要素。

示例1:门球器材 球

示例2:消费品使用说明 体育器材

b) 主体要素：表示体育用品标准所论述的主要对象。主体要素宜采用运动竞赛规则中的名称，并与其他相关标准的名称统一。

c) 补充要素：表示某种体育用品的特定方面，以区分该标准与其他标准的细节。当标准的内容涉及编写规则、术语、定义、分类、技术规范、安全、安装、使用、维护与保养、售后服务、环保、标志标签、试验方法等时，宜将标准化对象的名称加入补充要素，见表1。

表1 标准名称补充要素

补充要素	示　　例
编写规则	体育用品标准编写要求
术语与定义	运动服装　术语
分类	体育用品的分类
技术规范	竞赛类卡丁车通用技术条件 信号枪通用技术条件
安全	健身器材的安全　通用要求
安装	健身器材的安装方法与要求
使用说明	消费品使用说明　第7部分：体育器材 击剑器材的使用规范
维护与保养	室外健身器材维护与保养
售后服务	体育用品-运动器材的售后服务方法与要求
环保	体育用品的环保要求
标志、标签	体育用品标志、标签
试验方法	篮球、足球、排球、手球耐冲击试验方法

6 内容

6.1 术语与定义

标准中术语与定义应符合GB/T 10112、GB/T 20001.1的要求。

术语标准编写规则应符合GB/T 20001.1的要求。

6.2 分类

产品的分类宜符合以下要求：

——满足产品使用的需要；

——优先采用国际通行的品种、型式(或型号)和规格；

——系列产品采用优先数和优先数系或模数制；

——可优先采用运动竞赛规则的分类方法。

6.3 要求

6.3.1 基本要求

6.3.1.1 标准应根据体育用品的使用要求和基本特性以及使用者的健康、安全、生理、心理、环境保护等因素，合理编写相应的技术要求。

根据不同需求，可对产品质量进行等级划分。

6.3.1.2 定量表示的技术要求，应在标准中规定其标称值(或额定值)。必要时，可同时给出其允许偏差或极限值。

6.3.2 安全要求

确立安全要求时，应考虑可能出现的危险，并提出相应的防护措施。

例如，可能出现的危险：

——机械危险（棱边或锐角、振动、冲击、稳定性因素等）；

——电气危险（电弧、电磁兼容、绝缘击穿等）；

——热危险（高温或低温）；

——化学危险（吸入、吸收或接触有害化学物质）；

——生物危险（吸入、吸收或接触有害生物）；

——辐射危险（红外线、紫外线、高强度可见光、离子等辐射）。

6.3.3 **安装要求**

体育用品需要安装时，应明确其内容。

例如：

——安装的方法以及注意事项；

——安装的环境，如：承载面、周围环境、电源接地等；

——允许使用者安装的项目；

——应由专业人员安装的项目。

6.3.4 **使用说明要求**

体育用品的使用说明应符合 GB 5296.1、GB 5296.4、GB 5296.7 及相关标准的要求。

6.3.5 **维护与保养要求**

体育用品的维护与保养应明确其内容。

例如：

——故障种类和处理方法；

——允许使用者进行维护和保养的项目；

——应由专业人员拆卸、维修的项目；

——维护和保养方法的注意事项。

6.3.6 **环保要求**

应符合相关环保法规和相关标准的要求。

6.3.7 **售后服务要求**

体育用品的售后服务应符合 GB/T 18760 的要求。

6.3.8 **标志和标签要求**

应符合相关法律法规和相关标准的要求。

6.4 **试验方法**

6.4.1 试验方法宜采用定量和定性分析方法。

6.4.2 宜采用国际标准、国内外先进标准和运动竞赛规则中的试验方法。如没有现行的试验方法时，按 GB/T 1.1 的要求做出规定。

6.4.3 如果一个特性存在多种适用的试验方法，原则上标准中只能列入一种试验方法。如果因为某种理由，标准需要列出几种方法，则标准应指明仲裁法，以解决怀疑或争端。

6.4.4 试验使用的仪器、设备、标准样品等宜规定精度等级。

6.4.5 在对试验用的仪器、设备规定要求时，应通过规定设备的性能要求和设计目的来实现，不应规定生产企业或其商标名称。在编写试验方法时，也不应引用有关的实验室的名称。

6.4.6 如果标准规定的试验方法涉及到使用危险的物品、仪器或过程，则该标准应包括一般警示用语和特殊提示用语。

6.4.7 如果各项试验间的次序可能会影响试验结果，则标准还需规定各项试验间的先后次序。

ICS 01.040.97
Y 04

中华人民共和国国家标准

GB/T 23867—2009

滑雪用具 通用词汇

Skiing appliance—General vocabulary

2009-05-04 发布 2009-11-01 实施

中华人民共和国国家质量监督检验检疫总局
中国国家标准化管理委员会 发布

前 言

本标准参考了ISO 6289:2003《滑雪板词汇》、ISO 8614:1997《滑雪板固定器词汇》、ISO 7331:2005《高山滑雪用滑雪杖的要求和测试方法》、ISO 5355:2005《高山滑雪用滑雪靴的要求和测试方法》、ISO 11634:1996《滑雪单板用滑雪靴的雪板固定器接触面》的术语部分。

本标准由全国体育用品标准化技术委员会提出并归口。

本标准起草单位:中国体育用品联合会、中国滑雪协会、哈尔滨市产品质量监督检验院。

本标准主要起草人:陈晓巍、丁奕、佟壮为。

滑雪用具 通用词汇

1 范围

本标准规定了滑雪板、固定器、滑雪靴和滑雪杖的术语和定义。

本标准适用于滑雪用具。

2 术语和定义

下列术语和定义适用于本标准。

2.1

滑雪板 ski

一种相对其长度而言宽度较窄且前端翘起，用于在雪、冰和人造雪上滑行和翻越障碍等多种目的的运动和娱乐器材。

2.1.1

高山滑雪板 alpine ski

在重力的作用下沿斜坡向下滑行中用的滑雪板。为了增强操控力，跑合面的边缘通常采用坚硬的和耐磨损材料的边刃。

2.1.1.1

短板 snowfield slider

板的长度不超过滑雪靴长度两倍的高山滑雪板。

2.1.1.2

速降滑雪板 downhill ski

速降竞赛或训练用的高山滑雪板。

2.1.1.3

回转滑雪板 slalom ski

回转滑雪竞赛用的高山滑雪板。

2.1.1.4

大回转滑雪板 giant-slalom ski

大回转滑雪竞赛用的高山滑雪板。

2.1.1.5

自由式滑雪板 free-style ski

自由式滑雪竞赛用的高山滑雪板。

2.1.2

越野滑雪板 cross-country ski

在平坦和多坡地形开展滑雪运动时使用的滑雪板。

2.1.2.1

登山越野滑雪板 mountaineering ski

在起伏的山地上滑行用的滑雪板。

2.1.2.2

竞赛越野滑雪板 cross-country racing ski

用于越野滑雪竞赛中，且雪板自重小并有助于在良好条件的雪道上轻松滑行的滑雪板。

2.1.2.3

传统越野滑雪板　cross-country traditional ski

在人工压出的雪槽内滑行，且前端翘起弧度相对较大的滑雪板。

2.1.2.4

自由越野滑雪板　cross-country free-style ski

在自然雪质条件下滑行，且前端翘起弧度相对较小的滑雪板。

2.1.3

滑雪单板　snowboard

身体保持向一侧的姿态并使脚与器材的纵轴成一定角度滑行的单一雪板。

2.1.3.1

竞速板　alpine snowboard

在高山滑雪竞赛和训练中使用的单一雪板。

2.1.3.2

花式板　free-style snowboard

采用溜冰板的技巧和方式使用的单一雪板。

2.1.4

跳台滑雪板　jumping ski

跳台滑雪竞赛中的板底具有3至5个方向槽的专用滑雪板。

2.1.5　**结构**

2.1.5.1

板底　bottom surface

滑雪板的底面。

2.1.5.2

滑行面　running surface

在滑雪过程中，滑雪板与雪接触的下表面。

2.1.5.3

板面　top surface

滑雪板的上表面。

2.1.5.4

侧面　side surface

滑雪板的侧表面。

2.1.5.5

板底边缘　bottom-surface edge

板底与侧面的相交部分。

2.1.5.6

板尖　ski tip

滑雪板的前端点。

2.1.5.7

板尾　ski tail

滑雪板的后端点。

2.1.5.8

板尾翘　tail turn-up

滑雪板后部触雪线的后方翘起的部分，见图1。

2.1.5.9

板翘　ski shovel

滑雪板的前部翘起部分,见图 1。

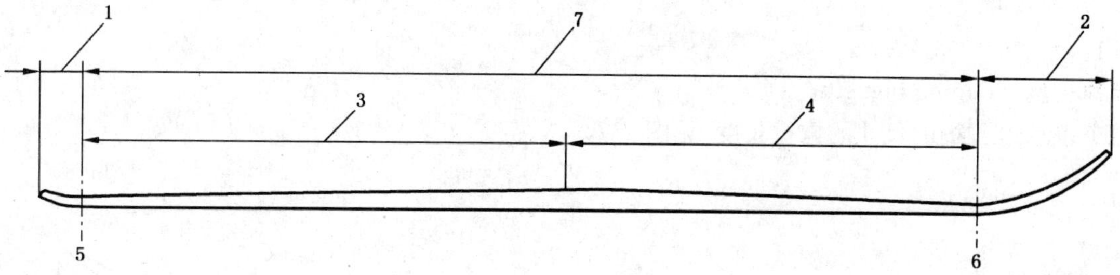

1——板尾翘;

2——板翘;

3——板身后部;

4——板身前部;

5——后部触雪线;

6——前部触雪线;

7——板身。

图 1

2.1.5.10

板身后部　after body of ski

滑雪板重心线后半部分到板尾翘的部分,见图 1。

2.1.5.11

板身前部　fore body of ski

滑雪板重心线前半部分到板翘的部分,见图 1。

2.1.5.12

后部触雪线　rear contact line

滑雪板板底与支撑板身的平面之间的最后部的接触线,见图 1。

2.1.5.13

前部触雪线　forward contact line

滑雪板板底与支撑板身的平面之间的最前部的接触线,见图 1。

2.1.5.14

板身　body of ski

滑雪板在前部触雪线和后部触雪线之间的部分,见图 1。

2.1.5.15

板刃　bottom edge

位于底面侧部终止部位,起保护作用和提高操控能力的构件。

2.1.5.16

前端保护装置　tip protector

保护侧面及板尖、板翘区域的顶部和底部边缘的构件。

2.1.5.17

尾部保护装置　tail protector

保护板尾翘附近的尾部区域的构件。

2.1.5.18

固定点区域　binding point area

滑雪板板面在固定器装配区安装螺钉的区域。

2.1.6　几何尺寸

2.1.6.1

标称长度　nominal length

用于表示滑雪板的尺寸的雪板长度，见图2，l_N。

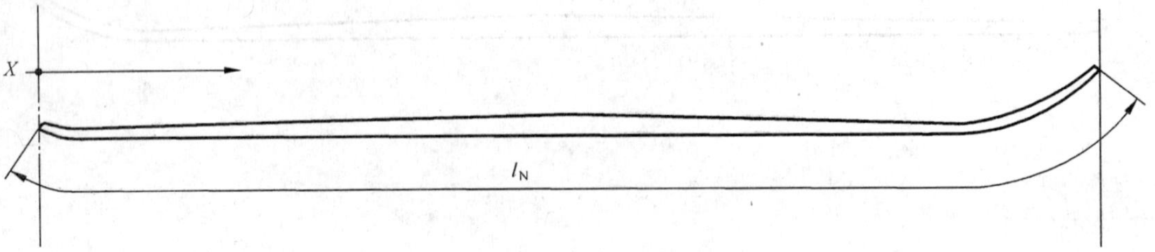

l_N——标称长度。

图 2

2.1.6.2

标称宽度　nominal width

用于表示滑雪板的尺寸的雪板宽度。对高山滑雪板而言，是指雪板腰部的宽度；对越野滑雪板而言，是指在组装点测量的宽度。

2.1.6.3

滑雪板肩部的宽度　width of the shoulder of the ski

滑雪板板翘部分最大的宽度，见图3，b_V。

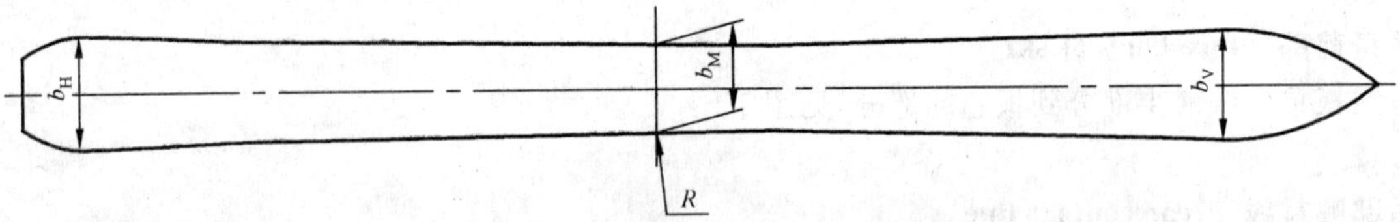

b_V——滑雪板肩部的宽度；

b_M——高山滑雪板腰部的宽度；

b_H——滑雪板后部的宽度；

R——转弯半径。

图 3

2.1.6.4

高山滑雪板腰部的宽度　width of the waist of the ski

滑雪板中心部分跑合面最窄的宽度，见图3，b_M。

2.1.6.5

滑雪板后部的宽度　width of the heel of the ski

滑雪板后部跑合面最大的宽度，见图3，b_H。

2.1.6.6

转弯半径　radius of side cut

滑雪板指定的侧面轮廓平均半径的近似值，见图3，R。

2.2

固定器　ski binding

用于连接滑雪板和滑雪靴的装置。当所受载荷达到预设值时，滑雪靴会克服固定器的约束力而与滑雪板分离，以减少滑雪者受伤害的可能性。

2.2.1

高山滑雪板固定器　alpine ski binding

滑雪靴跟部被固定，以确保在滑雪过程中雪靴和滑雪板牢固连接的装置。

2.2.2

越野板固定器　cross-country ski binding

固定滑雪靴的前部与滑雪板的装置，同时使滑雪靴的跟部可以在垂直方向上自由移动。

2.2.3

登山越野滑雪板固定器　alpine touring ski binding

在滑雪过程中跟部可以被固定，在沿平地或上坡行走的情况下跟部相对于滑雪板又可以向上移动的固定装置。

2.2.4　**结构**

2.2.4.1

高山滑雪板制动器　ski brake

当高山滑雪板与雪靴分离后，可以使滑雪板减速或停止滑行的装置。

2.2.4.2

前部固定器　ski-binding toe

固定滑雪靴前部的装置。

2.2.4.3

后部固定器　ski-binding heel

固定滑雪靴跟部的装置。

2.2.4.4

脱离值指示器　value indicator

标注滑雪板固定器上的脱离值的装置。

2.3

滑雪靴　ski-boots

用于固定脚并使其可以固定在滑雪板某一位置上的一种经过特殊制造的靴子。

2.3.1

高山滑雪靴　alpine ski-boots

用于高山滑雪的靴子。

2.3.2

越野滑雪靴　cross-country ski-boots

用于越野滑雪的靴子。

2.3.3

单板雪靴　snowboard-boots

用于单板滑雪的靴子。

2.3.3.1

竞速滑雪靴　alpine snowboard-boots

由硬质材料制造，用于与竞速板配合使用的靴子。

2.3.3.2

花式滑雪靴　free-style snowboard-boots

由软质材料制造，用于与花式板配合使用的靴子。

2.3.4

跳台滑雪靴　jumping ski-boots

跳台滑雪用的靴子。

2.3.5

接触面　interface

滑雪靴与滑雪板固定器相接触的部位。

2.4

滑雪杖　ski-poles

滑雪时用于前进加速、控制身体平衡和支撑方向转弯等作用的器材，结构见图4。

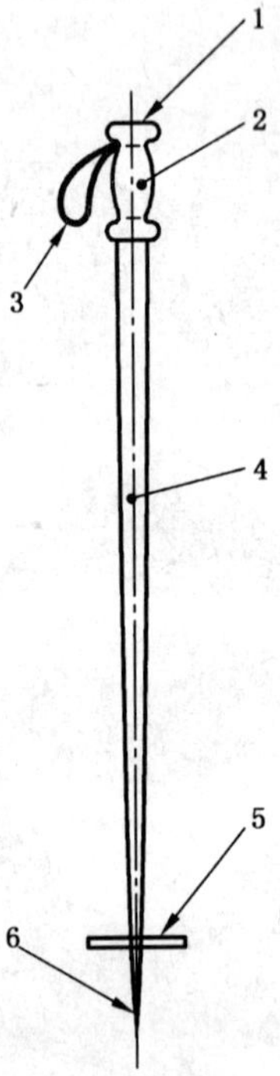

1——握柄上表面；

2——握柄；

3——握柄带；

4——杖杆；

5——雪轮；

6——杖尖。

图 4

中 文 索 引

英 文 索 引

A

B

C

D

F

G

I

J

M

N

R

S

T

V

W

ICS 01.040.97
Y 04

中华人民共和国国家标准

GB/T 23868—2009

体育用品的分类

Classification of sporting goods

2009-05-04 发布

2009-11-01 实施

中华人民共和国国家质量监督检验检疫总局
中国国家标准化管理委员会
发布

前　言

本标准的附录A为资料性附录。

本标准由全国体育用品标准化技术委员会提出并归口。

本标准起草单位：中国体育用品联合会、上海红双喜股份有限公司、青岛英派斯集团、国家针织产品质量监督检验中心、上海回力鞋业有限公司、伟士（厦门）体育用品有限公司、安踏（中国）有限公司、宁波凯利斯运动器材有限公司、山西澳瑞特健康产业股份有限公司、深圳市计量质量检测研究院。

本标准主要起草人：周云峰、袁意龙、邢志贵、马庆华、潘健将、朱中一、匡龙、李苏、秦有年。

体育用品的分类

1 范围

本标准规定了体育用品的分类。

本标准适用于为体育活动设计、制造的产品。

本标准不适用于体育场馆、场地。

2 体育用品的分类

2.1 运动服装

为体育活动设计、制造的服装。

2.1.1 比赛运动服

符合专项体育比赛要求的服装。

2.1.2 领奖运动服

具有运动服装的风格，适合体育领奖等符合礼仪要求的服装。

2.1.3 休闲运动服

具有运动服装的特点，适合大众健身、休闲活动的服装。

2.2 运动鞋

为体育活动设计、制造的鞋。

2.2.1 专项运动鞋

符合专项体育运动要求的鞋。

2.2.2 休闲运动鞋

具有运动鞋的特点，适合大众健身、休闲活动的鞋。

2.3 运动器材

为体育运动设计、制造的器材。

2.3.1 竞赛器材

国家正式开展的体育运动项目(参见附录 A)使用的运动器材。

2.3.1.1 运动项目器材

国家正式开展的体育运动项目使用的专项器材。参见附录 A 的装备示例。

2.3.1.2 运动通用器材

在多个运动项目中使用的器材。例如：挡板、救生圈、标志旗、队名牌等。

2.3.1.3 裁判器材

竞赛中与裁判有关的器材。例如：测量器材、信息发布器材等。

2.3.2 训练器材

增加身体机能、提高身体素质的运动器材。

2.3.3 其他运动器材

竞赛器材、训练器材之外的其他运动器材。

2.4 个人运动防护用品

为体育活动设计、制造的个人防护用品。例如：

a) 用于个人头部以及除眼睛之外的头部各器官防护的用品。例如头盔、帽子、牙托等；

b) 用于个人手、脚防护的用品。例如手套、袜子等；

c) 用于个人除了头部和手脚之外身体其他各部位防护的用品。例如护膝、护腕、护裆、胸甲等；

d) 个人眼睛防护的用品。例如眼镜、风镜等。

2.5 体育辅助用品

与体育活动有关的辅助用品。例如：

a) 运动箱、包、袋；

b) 运动成绩纪录纪念用品、奖品；

c) 赛事、活动纪念用品；

d) 运动饰品。

2.6 运动食品及饮料

为体育活动设计、制造的食品和饮料。

2.7 体育出版物

与体育活动密切相关的书籍、杂志、音像制品等出版物。

附　录　A
（资料性附录）
国家正式开展的体育运动项目

国家正式开展的体育运动项目见表 A.1。

表 A.1　国家正式开展的体育运动项目

序号	项　目		装备示例			
			比赛运动服和鞋	竞赛器材	裁判器材	其他
001	游泳	游泳	泳衣	分道线	计时装置	泳帽、泳镜
		跳水				
		花样游泳				鼻夹
		水球		水球、球门、水线		球帽、水线
		公开水域游泳				泳帽、泳镜
002	射箭			弓、箭、靶架、靶垫	望远镜	护肩
003	田径	100 米	短跑鞋、田径服	起跑器	发令枪	
		200 米				
		400 米				
		800 米	中长跑鞋、田径服	起跑器		
		1 500 米				
		5 000 米				
		10 000 米				
		110 米跨栏	短跑鞋、田径服	栏架、起跑器		
		400 米跨栏				
		接力		接力棒、起跑器		
		3 000 米障碍	中长跑鞋、田径服	障碍栏架、起跑器		
		竞走	竞走鞋、田径服		警告公示牌、计时记圈牌	
		马拉松	马拉松鞋、田径服		各种指示牌	
		跳高	跳高鞋、田径服	跳高架、横杆、横杆托、跳高垫		
		撑杆跳高	撑杆跳鞋、田径服	撑杆跳高架、横杆、横杆托、撑杆、跳高垫、撑杆架		
		跳远	跳远鞋、田径服	起跳板、平沙板	橡皮泥显示板	
		三级跳远				
		铅球	铅球鞋、田径服	铅球、铅球架		护腰皮带
		铁饼	铁饼鞋、田径服	铁饼、铁饼架		护腰皮带
		链球	链球鞋、田径服	链球、链球架		手套、护腰皮带
		标枪	标枪鞋、田径服	标枪、标枪架		护腰皮带

表 A.1（续）

序号	项目		装备示例			
			比赛运动服和鞋	竞赛器材	裁判器材	其他
003	田径	七项全能				
		十项全能				
004	羽毛球		羽毛球鞋、羽毛球服	羽毛球、球拍、网柱、网	裁判椅	
005	皮划艇	激流回旋	救生衣	单人皮艇、双人皮艇、四人皮艇、桨		
		静水				
006	棒球		棒球鞋、棒球服	棒球、棒球棒、投手板、垒板		手套、头盔、护面、护胸、护腿
007	篮球		篮球鞋、篮球服	篮球、篮球架	计时设备	
008	拳击		拳击服	拳击台		头盔、护齿、手套
009	自行车	场地	自行车鞋、自行车服	场地自行车、障碍垫	计时装置、记圈器	头盔、手套
		公路		公路自行车		头盔、手套
		山地车		越野自行车		防护垫、头盔、无线电通讯系统
		BMX 小轮车		小轮自行车		
010	击剑		导电背心、击剑服	花剑、重剑、佩剑	金属剑道、裁判器	手套、面罩
011	足球	足球	足球服、足球鞋	足球、球门、球网		护腿板、护袜
		五人制足球				
012	手球		手球服、手球鞋、	手球、球门、球网		
013	马术		马靴、马术服	马、马鞭、马刺		帽子、手套
014	曲棍球		曲棍球服、曲棍球鞋	球、球棍、球门、球网、角旗		
015	柔道		柔道服	垫子		腰带
016	现代五项		击剑鞋、击剑服、泳衣、越野鞋	气手枪、气枪弹、10 米气枪靶、重剑、马、马鞭、马刺、马场障碍	计时器	击剑手套、泳帽
017	体操	体操	体操服、体操鞋	鞍马、单杠、双杠、吊环、跳马、高低杠、平衡木、踏板、体操垫、自由体操场地、镁粉架		
		艺术体操	艺术体操服	体操毯、绳、圈、球、带、棒		
		蹦床		蹦床、踏板、保护垫		

表 A.1（续）

序号	项目		装备示例			
			比赛运动服和鞋	竞赛器材	裁判器材	其他
018	赛艇		赛艇服	单人艇、双人艇、四人艇、桨	红、白旗、风速仪、手铃、航道牌	
019	帆船		帆船服	帆板、帆、帆杆、缆绳、浮标		救生衣
020	射击		射击服、射击鞋	气步枪、气手枪、小口径手枪、猎枪、靶机、靶纸		
021	排球	排球	排球服、排球鞋	排球、球网、网柱、标志杆		
		沙滩排球				
022	垒球			垒球、垒球棒、投手板、垒板		手套、头盔
023	乒乓球		乒乓球服、乒乓球鞋	乒乓球、球台、网架、网、球拍		
024	跆拳道		跆拳道服	垫子		护甲、头盔、护臂、护腿
025	网球		网球服	网球、球拍、球网、网柱、标志杆		
026	铁人三项		泳衣、运动鞋	自行车		泳帽、泳镜、头盔
027	举重		举重服、举重鞋	杠铃、镁粉盒、松香盘	裁判灯、磅秤、计时钟	试举显示板、腰带
028	摔跤	摔跤	摔跤服	垫子		护臂、护踝
		中国式摔跤				
029	冬季两项		滑雪服	滑雪板、滑雪杖、小口径步枪		帽子、手套、眼镜
030	冰壶		比赛用鞋	冰壶、球杆		
031	冰球		冰球鞋、冰球服	冰球、冰球刀、冰球杆		头盔、手套
032	滑冰	花样滑冰	冰鞋、滑冰鞋	冰刀		
		短道滑冰				
		速度滑冰				
033	滑雪	高山滑雪	滑雪服	滑雪板、滑雪杖、固定器		头盔、手套、帽子
		越野滑雪				
		自由式滑雪				
		跳台滑雪				
		单板滑雪				

表 A.1（续）

序号	项　目		装备示例			
			比赛运动服和鞋	竞赛器材	裁判器材	其他
034	潜水	潜水	潜水衣、潜水鞋、	脚蹼		头盔、面罩、输气管
		蹼泳				眼镜、呼吸管
035	滑水			滑水拖船、水橇、滑水拖绳、滑水拉把		
036	摩托艇		救生衣	摩托艇		泳镜
037	救生					
038	健美操	健美操	健美服			
		街舞				
039	技巧		体操服			
040	高尔夫球		高尔夫球服、高尔夫球鞋	高尔夫球、球杆		
041	保龄球		鞋	保龄球、木瓶、置瓶机、球道		
042	掷球			球		
043	台球			球、球台、球杆		
044	藤球			藤球、球网、网柱		
045	壁球			球、球拍		
046	橄榄球			球、球门		护具、头盔
047	软式网球			球、球拍、球网、网柱		
048	热气球	热气球		热气球、吊篮	标志袋	
		热气飞艇				
		氦气球				
		氦气飞艇				
		混合式气球				
049	运动飞机	超轻型飞机				
		轻型飞机				
		特技飞机				
		悬翼类				
		模拟飞机				
050	跳伞	特技定点				
		造型				
		踩伞				
		低空伞				
		牵引伞				
		花样跳伞				

表 A.1(续)

序号	项目		装备示例			
			比赛运动服和鞋	竞赛器材	裁判器材	其他
051	滑翔	滑翔机				
		悬挂滑翔				
		滑翔伞		滑翔伞		照相机、头盔
		动力滑翔伞		动力滑翔伞、旗门		
052	航空模型	自由飞		模型滑翔机、橡筋模型飞机、发动机模型飞机、室内模型飞机、自动转向模型飞机、模型直升机		
		线操纵		线操纵竞速模型飞机、线操纵特技模型飞机、线操纵空战模型飞机		
		无线电遥控		无线电遥控特技模型飞机、无线电遥控模型滑翔机、无线电遥控模型直升机、无线电遥控电动力模型飞机、无线电遥控动力模型滑翔机		
		仿真		自由飞行仿真模型飞机、线操纵仿真模型飞机、无线电遥控真模型飞机		
		电动				
		航天模型				
053	车辆模型	非遥控车		车辆模型、遥控设备		
		电动公路车				
		电动越野车				
		内燃机公路车				
		内燃机越野车				
		火车模型				

表 A.1（续）

序号	项目		装备示例			
			比赛运动服和鞋	竞赛器材	裁判器材	其他
054	航海模型	仿真		船模、设备及零部件模型	声级仪	浮标
		仿真航行		仿真自航舰船模型		
		帆船		帆船模型		
		耐久		内燃机动力螺旋桨耐久竞速艇模型		
		动力艇		内燃机动力螺旋桨竞速艇模型、电动机动力螺旋桨竞速艇模型		
		建筑场景				
055	定向	徒步定向		指北针、地图		标志旗、打印器
		滑雪定向				
		轮椅定向				
		山地车定向				
		GPS定向				
056	业余无线电	业余无线电台		电台		
		无线电测向		电台、侧向机		
		无线电通信				
057	围棋	围棋		围棋		
		五子棋				
058	国际象棋			国际象棋	棋钟	
059	中国象棋			中国象棋	棋钟	
060	桥牌			扑克牌		
061	武术	套路	武术服、武术鞋	刀、剑、枪、棍		
		散打				拳套、护头、护裆、护腿
062	健身气功					
063	登山	登山	登山服、登山鞋	绳子、岩石锤		
		攀岩		绳子、下降器、铁锁、绳套、岩石锤		头盔、安全带
		攀冰	高山靴	冰镐、冰锥、冰爪、高山靴、绳子、绳套		头盔
		山地户外运动	登山鞋	绳子、绳套		

表 A.1(续)

序号	项　目	装备示例			
		比赛运动服和鞋	竞赛器材	裁判器材	其他
064	汽车				
065	摩托车				
066	轮滑	轮滑鞋			头盔、护膝、护腕、护肘
067	毽球		毽球、球网、网柱、标志杆		
068	门球		球、木锤、球门、终点柱		
069	舞龙舞狮		龙、狮		
070	龙舟		龙舟、舵桨、划桨		龙头、龙尾、锣、锣架、鼓、鼓架
071	钓鱼		鱼竿、鱼线、鱼钩		
072	风筝		风筝		
073	信鸽		信鸽		
074	体育舞蹈				
075	健美	单色赛裤、单色比基尼	赛台、赛台背幕	磅秤	
076	拔河		绳		
077	飞镖		飞镖、镖盘		
078	电子竞技				
注：项目资料源自于国家体育总局体竞字[2006]123 号文件。					

ICS 67.180.10
X 04

中华人民共和国国家标准

GB/T 23869—2009

花粉中总汞的测定方法

Method for determination of the total mercury in pollen

2009-05-26 发布　　　　2009-09-01 实施

中华人民共和国国家质量监督检验检疫总局
中国国家标准化管理委员会　发布

前言

本标准由中华全国供销合作总社提出。

本标准由全国蜂产品标准化工作组归口。

本标准起草单位：中华人民共和国江苏出入境检验检疫局、江苏老山生物科技有限公司、南京大学、中国农业科学院蜜蜂研究所。

本标准主要起草人：沈崇钰、李公海、陈坤、吴斌、丁涛、练鸿振、周金慧、李熠、王鹏。

花粉中总汞的测定方法

1 范围

本标准规定了花粉中总汞的测定方法。

本标准适用于花粉中总汞含量的测定。

本标准测定低限 0.5 μg/kg。

2 规范性引用文件

下列文件中的条款通过本标准的引用而成为本标准的条款。凡是注日期的引用文件，其随后所有的修改单(不包括勘误的内容)或修订版均不适用于本标准，然而，鼓励根据本标准达成协议的各方研究是否可使用这些文件的最新版本。凡是不注日期的引用文件，其最新版本适用于本标准。

GB/T 6682 分析实验室用水规格和试验方法(GB/T 6682—2008,ISO 3696:1987,MOD)

3 方法原理

试样经酸加热消解后，在酸性介质中，试样中汞被硼氢化钾(KBH_4)还原成原子态汞，由载气(氩气)带入原子化器中，在特制汞空心阴极灯照射下，发射出特征波长的荧光，其荧光强度与汞浓度成正比，与标准系列比较定量。

4 试剂

除非另有说明，所用试剂均为分析纯，水为 GB/T 6682 规定的一级水。

4.1 硝酸(优级纯)。

4.2 过氧化氢(30%)。

4.3 氢氧化钾溶液(5 g/L)：称取 5.0 g 氢氧化钾，用去离子水稀释至 1 L，混匀。

4.4 硼氢化钾溶液(1 g/L)：称取 1.0 g 硼氢化钾，溶于 1 L 氢氧化钾溶液(5 g/L)中，混匀，现配现用。

4.5 硫脲抗坏血酸混合溶液(10 g/L)：分别称取 10 g 硫脲和 10 g 抗坏血酸，用 5%(体积分数)硝酸溶液稀释至 1 L，混匀。

4.6 汞标准储备液：1 000 μg/mL。

4.7 汞标准使用液：吸取汞标准储备液 1.0 mL 于 100 mL 容量瓶中，加硝酸 2 mL，用水定容至刻度，即为 10 μg/mL。再用水将其稀释成 100 ng/mL 汞标准使用液，此溶液有效期 60 d。

5 仪器

5.1 双道原子荧光光度计。

5.2 微波消解仪(带高压消解罐)。

6 分析步骤

6.1 试样预处理

6.1.1 在采样和制样过程中，应注意不使试样污染。

6.1.2 试样应储于密闭干燥容器中。

6.2 试样微波消解

称取 0.5 g 试样于消解罐内，加 3 mL 硝酸和 1 mL 过氧化氢，按表 1 程序消解结束后，取出，用去离子水定容至 25 mL；同时做试剂空白试验。

表 1 微波消解参数

步　骤	时间/min	功率/W
1	1	250
2	1	0
3	5	250
4	5	400
5	5	650

6.3 测定

6.3.1 仪器条件：光电倍增管负高压：290 V；汞空心阴极灯：30 mA；原子化器：温度 200 ℃，高度 11 mm；氩气流速：载气 400 mL/min，屏蔽气 900 mL/min；测量方式：标准曲线法；读数方式：峰面积；读数延迟时间：0.5 s；读数时间：7.5 s；进样体积：1.2 mL。

6.3.2 标准曲线绘制：吸取 100 ng/mL 汞标准使用液 2 mL，用硫脲抗坏血酸混合溶液（10 g/L）定容至 50 mL，即得到 4.0 ng/mL 汞标准溶液，由仪器将此溶液自动配制成 0.40 ng/mL、0.80 ng/mL、1.60 ng/mL、3.20 ng/mL、4.00 ng/mL 标准浓度。

6.3.3 样品测定：吸取 5 mL 样液于 12 mL 玻璃试管中，加 5 mL 硫脲抗坏血酸混合溶液（10 g/L），按 6.3.1 仪器条件进行测定，同时做试剂空白试验。

7 结果计算

试样中汞含量按式（1）进行计算：

$$X = \frac{(c_1 - c_0) \times V \times 1\,000}{m \times 1\,000} \times 2 \quad \cdots\cdots (1)$$

式中：

X——试样中总汞的含量，单位为微克每千克（μg/kg）；

c_1——测定消化液中汞浓度，单位为纳克每毫升（ng/mL）；

c_0——空白消化液中汞浓度，单位为纳克每毫升（ng/mL）；

V——试样消化液定容体积，单位为毫升（mL）；

m——试样质量，单位为克（g）。

计算结果保留两位有效数字。

8 回收率和精密度

运用本法对花粉样品进行加标回收实验，分别添加 20 μg/kg、40 μg/kg、80 μg/kg 三个水平，回收率在 97.5%～104.0%，相对标准偏差小于 10%。

ICS 67.180.10
X 04

中华人民共和国国家标准

GB/T 23870—2009

蜂胶中铅的测定 微波消解-石墨炉原子吸收分光光度法

**Determination of Pb in propolis—
Microwave digestion-graphite furnace atomic absorption spectrophotometry**

2009-05-26 发布　　2009-09-01 实施

中华人民共和国国家质量监督检验检疫总局
中国国家标准化管理委员会　发布

前　言

本标准附录 A、附录 B 为资料性附录。

本标准由中华全国供销合作总社提出。

本标准由全国蜂产品标准化工作组归口。

本标准起草单位:南京大学、江苏老山生物科技有限公司、中华人民共和国江苏出入境检验检疫局、中国农业科学院蜜蜂研究所。

本标准主要起草人:练鸿振、陈坤、吴斌、沈东旭、沈崇钰、丁涛、周金慧、李公海、王鹏。

蜂胶中铅的测定
微波消解-石墨炉原子吸收分光光度法

1 范围

本标准规定了蜂胶中铅含量的微波消解-石墨炉原子吸收分光光度检测方法。

本标准适用于蜂胶中铅含量的测定。

本标准检测低限为 0.04 mg/kg。

2 规范性引用文件

下列文件中的条款通过本标准的引用而成为本标准的条款。凡是注日期的引用文件，其随后所有的修改单(不包括勘误的内容)或修订版均不适用于本标准，然而，鼓励根据本标准达成协议的各方研究是否可使用这些文件的最新版本。凡是不注日期的引用文件，其最新版本适用于本标准。

GB/T 6682　分析实验室用水规格和试验方法(GB/T 6682—2008，ISO 3696:1987，MOD)

GB/T 602　化学试剂　杂质测定用标准溶液的制备

3 方法原理

试样中加入硝酸和过氧化氢，经过微波消解后，测定其在 283.3 nm 处的吸光度。测定结果与标准系列比较定量。

4 试剂和材料

除非另有说明，所有试剂均为分析纯，水为 GB/T 6682 规定的一级水。

4.1　浓硝酸：优级纯。

4.2　过氧化氢(30%)。

4.3　磷酸二氢铵。

4.4　硝酸镁。

4.5　基体改进剂（1%磷酸二氢铵和 0.06%硝酸镁的混合溶液）：称取磷酸二氢铵 1.000 g 和硝酸镁 0.060 g，溶解定容至 100 mL。

4.6　2%硝酸(1+50，体积比)。

4.7　铅标准溶液

4.7.1　铅标准储备溶液：可按 GB/T 602 方法配制，或者向国家认可的销售标准物质单位购买，质量浓度为 1 mg/mL。贮存在 4 ℃冰箱中。有效期 6 个月。

4.7.2　铅标准中间溶液：取铅标准储备溶液(4.7.1)2.00 mL 于 100 mL 容量瓶中，用 2%硝酸(4.6)稀释定容，摇匀。此液 1 mL 相当于 20.0 μg 的铅。贮存在 4 ℃冰箱中。有效期 1 个月。

4.7.3　铅标准工作溶液：取铅标准中间溶液(4.7.2)用 2%硝酸(4.6)稀释成 2 ng/mL、10 ng/mL、20 ng/mL、50 ng/mL、100 ng/mL、200 ng/mL 等不同浓度。当天使用。

5 仪器与设备

5.1　石墨炉原子吸收分光光度计。

5.2　铅空心阴极灯。

5.3 微波消解仪(带高压消解罐)。

5.4 分析天平:感量 0.001 g。

注:所用玻璃器皿均需以硝酸(4.6)浸泡过夜,用水反复冲洗,最后用去离子水冲洗干净。

6 试样的制备与保存

6.1 试样的制备

将同一份样品的所有蜂胶块(取约 50 g~100 g)置于冷冻条件下冷冻,待其变硬变脆后,用木锤敲打成小碎块,水溶条件下用高速组织捣碎机粉碎后,过 14 目筛,混匀。

在制样的操作过程中,应防止样品污染或发生残留物含量的变化。

6.2 试样的保存

将试样置于密闭干燥容器中。

7 测定步骤

7.1 提取

称取约 0.5 g(精确到 0.001 g)蜂胶样品置于消解罐中,注意不要让样品沾在罐内壁上,加入 3 mL 硝酸(4.1)、1 mL 过氧化氢(4.2)和 4 mL 水,按附录 A 进行微波消解。消解结束后自然冷却 2 h~3 h,转移入 25 mL 容量瓶中,用少量水荡洗消解罐 2 次~3 次,一并转移进容量瓶中,用水稀释至刻度,样品溶液待测。同时做空白试验。

7.2 测定

7.2.1 仪器参数

吸收线 283.3 nm,狭缝宽度 0.7 nm,灯电流 10 mA。测量模式:峰面积;进样体积:20 μL;基体改进剂:5 μL;塞曼背景校正;测量方式:标准曲线法。石墨炉升温程序参见附录 B。

7.2.2 石墨炉原子吸收法测定

7.2.2.1 标准曲线绘制

将铅标准工作溶液(4.7.3)和基体改进剂(4.5)放在样品架上,按照仪器测定条件设定工作程序并开始测定,根据峰面积定量。

7.2.2.2 样品测定

将样品测定液和基体改进剂(4.5)放在样品架上,按照仪器测定条件设定工作程序并开始测定,根据峰面积定量。由标准曲线求出样品测定液的浓度。

7.3 空白试验

除不加入试样外,按上述步骤进行。

8 结果计算

样品中铅的含量按式(1)进行计算,结果需扣除空白值。

$$X = \frac{(c - c_0) \times V}{m \times 1\,000} \qquad \cdots\cdots(1)$$

式中:

X——被测铅元素含量,单位为毫克每千克(mg/kg);

c——从标准曲线上查得的试样溶液中铅的浓度,单位为纳克每毫升(ng/mL);

c_0——从标准曲线上查得的空白试验中铅的浓度,单位为纳克每毫升(ng/mL);

V——被测样品溶液的体积,单位为毫升(mL);

m——试样质量,单位为克(g)。

9 回收率范围和精密度

运用本法对蜂胶样品进行加标回收实验。

添加水平为 0.5 mg/kg 时，回收率范围 84%～104%，相对标准偏差为 6.5%。

添加水平为 1.0 mg/kg 时，回收率范围 84%～103%，相对标准偏差为 5.8%。

添加水平为 5.0 mg/kg 时，回收率范围 90%～102%，相对标准偏差为 4.8%。

附　录　A
（资料性附录）
微波消解参数

表 A.1　微波消解参数

步　骤	时间/min	功率/W	温度/℃
1	5	800	140
2	6	800	190
3	6	800	190

附　录　B
（资料性附录）
石墨炉升温程序

表 B.1　石墨炉升温程序

温度/℃	升温时间/s	保持时间/s	气体流量/(L/min)
预干燥温度　110	1	30	250
干燥温度　130	15	30	250
灰化温度　850	10	20	250
原子化温度　1 800	0	5	0
净化温度　2 450	1	3	250

ICS 67.040
B 50

中华人民共和国国家标准

GB/T 23871—2009

水产品加工企业卫生管理规范

Code of hygienic practice for fish and fishery products processing establishment

2009-05-26 发布

2009-10-01 实施

中华人民共和国国家质量监督检验检疫总局
中国国家标准化管理委员会 发布

前　言

本标准由国家认证认可监督管理委员会提出并归口。

本标准起草单位:国家认证认可监督管理委员会注册部、中华人民共和国山东出入境检验检疫局。

本标准主要起草人:史小卫、顾绍平、孔繁明、吕青、陈晓、王刚、鲁超。

水产品加工企业卫生管理规范

1 范围

本标准规定了水产品加工企业对基本原则、原料和辅料、厂区环境、车间和设施设备、加工过程控制、包装、贮存和运输、人员卫生、加工船的特殊要求、质量管理体系及其运行等方面的要求。

本标准适用于经政府主管部门注册的水产品加工企业,包括加工厂、加工船以及贮存库等。

2 规范性引用文件

下列文件中的条款通过本标准的引用而成为本标准的条款。凡是注日期的引用文件,其随后所有的修改单(不包括勘误的内容)或修订版均不适用于本标准,然而,鼓励根据本标准达成协议的各方研究是否可使用这些文件的最新版本。凡是不注日期的引用文件,其最新版本适用于本标准。

GB 5749 生活饮用水卫生标准

GB/T 19538 危害分析与关键控制点(HACCP)体系及其应用指南[GB/T 19538—2004,Annex to CAC/RCP1-1969,Rev. 3(1997),Amd,1999,IDT]

GB/T 19838 水产品危害分析与关键控制点(HACCP)体系及其应用指南

GB/T 20941 水产食品加工企业良好操作规范

3 术语和定义

GB/T 19838 确立的以及下列术语和定义适用于本标准。

3.1

水产品 fish and fishery products;aquatic products

所有适合人类食用的淡、海水水生动植物及两栖类动物,及以其为特征组分制成的食品。

3.2

水产品加工 fish and fishery products processing;aquatic products processing

用物理或者化学方法处理水产品的过程,如冷却、冷冻、加热、脱水、烟熏、油炸、罐藏、腌制等。

3.3

前处理 pre-handling

改变水产品形状完整性的预处理,如宰杀、去头、去皮、去脏、去鳍等。

3.4

冷却 chilling

将水产品温度降低至接近融冰温度的过程。

3.5

冷冻 freezing

将水产品放置在制冷设备中降温,使其快速通过最大结晶带温度范围的过程。只有产品达到热平衡后,产品的热中心温度达到−18 ℃(0 ℉)以下,才认为冷冻完全。

3.6

双壳贝类 bivalve molluscs

可食用的牡蛎、蛤、贻贝、扇贝或其他双壳的滤食性瓣鳃纲水生动物。

3.7

清洁海水　clean sea water

微生物、有害物质或海洋浮游生物的含量符合有关要求的海水，可以是天然的、人工的或净化的。

3.8

贝类净化　purification

将贝类放入清洁海水中消除或减少污染的微生物，使其适合人类食用的过程。

3.9

食品接触表面　food contact surface

在正常加工过程中，直接或间接接触食品的各种表面，如工器具、桌面、传送带、制冰机、贮冰池、手套、围裙等。

3.10

食品防护　food defense

保护食品生产和供应过程，防止食品遭受人为破坏和蓄意污染。

4　基本原则

4.1　按照风险分析的原则进行食品安全管理。

4.2　从初级生产开始，应确保整个食品链中的食品安全，并保持可追溯性。

4.3　建立和实施以 HACCP 原理为基础的质量管理体系，并采取必要的食品防护措施。

4.4　对原料、辅料、半成品和成品进行病原微生物、残留物质等有毒有害物质的监控，建立相应的产品标准和温度控制要求。

4.5　对于无法在常温下贮藏的水产品，特别是冷冻水产品，应维持冷链不中断。

4.6　承担食品安全的主要责任，履行提供水产品安全卫生信息，做好公共卫生和食品安全工作的义务。

5　原料和辅料

5.1　基本要求

5.1.1　针对原料和辅料制定控制程序并有效实施，保证原料和辅料符合相关要求。

5.1.2　所有原料来自符合要求的水域。

5.1.3　定期对原料和辅料供应商进行合格评定。

5.1.4　原料和辅料的贮存、运输等过程保持适宜的温度和时间，避免污染。

5.1.5　不应使用未经许可的或成分不明的物质。

5.2　野生水产品

5.2.1　野生水产品原料的捕捞船、加工船或运输船应获得政府主管部门的许可。

5.2.2　鲜活水产品应在适宜的存活条件下运输。

5.2.3　冰鲜水产品捕捞后应立即冷却，温度宜保持在 0 ℃～4 ℃。

5.2.4　保鲜用冰(水)应符合 GB 5749 或清洁海水的卫生要求。

5.2.5　捕捞和在船上的前处理、冷却、冷冻处理等操作应符合国家卫生要求。

5.3　养殖水产品

5.3.1　养殖水产品原料应来自于政府主管部门许可的养殖场，养殖环境、水质、饲料、用药等方面应符合有关规定。

5.3.2　养殖水产品应在适当的卫生条件下宰杀或处理，如果宰后不能立即加工，应保持冷却。

5.3.3　捕捞和运输要求同 5.2。

5.4　进口水产品

进口水产品原料应有输出国主管部门的卫生/健康证书和原产地证书，并经政府主管部门检验合格。

5.5 双壳贝类

5.5.1 双壳贝类加工企业应制定贝类卫生控制程序，保证贝类原料的安全性和可追溯性。

5.5.2 双壳贝类原料应来自政府主管部门允许养殖或捕捞的水域，养殖者和捕捞者应获得政府主管部门的许可，在必要时进行净化处理。

5.5.3 装载双壳贝类原料的每一个容器应附有标签，散装贝类原料应提供相关文件，标签或文件应注明贝类养殖或捕捞的日期、水域、种类、数量以及养殖者或捕捞者的名称。验收时应保留相关信息资料，以确保贝类原料的可追溯性。

5.5.4 去壳双壳贝类应有包装，保持冷藏，并附有标签，标签应注明加工日期、去壳处理企业或设施的名称、地址及政府主管部门的许可编号。

5.5.5 对双壳贝类原料进行贝毒检测，保证原料的安全性。

5.6 其他水产品

5.6.1 对河豚鱼等自身带有生物毒素的水产品原料的处理和验收应符合有关规定。从事河豚鱼检验和加工的人员应具有专业资格。

5.6.2 半成品原料应来自于政府主管部门许可的企业。

5.6.3 超过保质期的原料和辅料不应用于水产品加工。

5.6.4 应充分评估原料和辅料中存在的过敏原物质的风险，并有效控制。

6 厂区环境

6.1 厂区环境应符合卫生要求，远离污染源；厂区周围应保持清洁卫生，交通便利，水源充足；厂区内不应兼营、加工、存放有碍食品卫生的其他产品。

6.2 厂区主要道路应铺设适于车辆通行的坚硬路面（如混凝土或沥青路面等），路面平整，易冲洗，无积水。

6.3 厂区布局和设计合理，加工区与生活区分开，生活区对加工区不应造成影响。

6.4 厂区应建有与加工能力相适应，并符合卫生要求的原料、辅料、化学物品、包装物料贮存设施，以及污水处理、废弃物、垃圾暂存等设施。

6.5 厂区排水系统畅通，无异味并保持卫生。

6.6 加工中产生的废水、废料、烟尘的处理和排放应符合国家有关规定。

6.7 厂区卫生间应有冲水、洗手、通风、防虫、防鼠设施，易于清洗并保持干燥、清洁。

6.8 厂区内不应饲养与加工无关的动物。

6.9 厂区应设置有效的防鼠设施，无蚊蝇孳生场所。

7 车间和设施设备

7.1 车间

7.1.1 车间应布局合理，防止交叉污染，符合所加工的水产品工艺流程和加工卫生要求。车间的面积、高度应与加工能力和设备的安置相适应。

7.1.2 车间的地面应耐腐蚀、耐磨、防滑并有适当坡度，易于排水、无积水，易于清洗消毒并保持清洁；地面和墙壁之间的连接部分应易于清洁，宜采取弧形连接。

7.1.3 车间内墙壁、屋顶或者天花板应使用无毒、浅色、防水、防霉、不脱落、易于清洁的材料修建，屋顶或者天花板和车间上方的固定物应能防止灰尘和冷凝水的形成以及杂物的脱落。

7.1.4 车间的门、窗应由浅色、平滑、易清洗消毒、不透水、耐腐蚀的坚固材料制成，结构严密。

7.1.5 车间出口及与外界相连的排水口、通风处应安装具有防尘、防虫及防鼠功能的设施。

7.1.6 车间应设有能够满足工器具和设备清洗消毒的区域，其操作对加工过程和产品不会造成污染。

7.1.7 排水沟底角应呈弧形，易于清洗。排水管应有防止异味溢出的水封装置以及防鼠网。排水系统应有防止固体废弃物进入的装置。任何管道和下水道应保证排水畅通，不积水。

7.1.8 避免加工用水直排地面。加工污水不应由低清洁区向高清洁区排放。

7.1.9 有独立的区域分别存放消毒剂和洗涤剂、包装物料、下脚料等，以避免交叉污染。

7.2 水电气设施

7.2.1 供电设施应满足加工需要。车间内的所有用电设施应防潮、防水，确保使用安全。

7.2.2 车间应有充足的自然采光或者照明设施，光线不应改变被加工物的本色。照明设施应装有防护罩。

7.2.3 供水设施应能保证企业各个部位所用水的流量、压力符合要求。加工用水的管道应用无毒、无害、防腐蚀的材料制成，设有防止产生回流现象的装置，不应与非饮用水的管道相连接，饮用水与非饮用水的管道应有标识加以区分。

7.2.4 加工用水应根据当地水质特点和产品的要求增设水质净化或消毒设施；贮水设施应建在无污染区域，采用无毒、无害的材料制成，定期清洗消毒并适当防护。

7.2.5 车间内应安装通风设备，其设计和安装应便于维护和保持清洁，进气口应远离污染源和排气口。蒸煮、油炸、烟熏、烘烤等产生大量水蒸气和烟雾的区域，应设有与之相适应的强制通风和排油烟设施。

7.3 洗手消毒、更衣室和卫生间设施

7.3.1 在车间入口处、卫生间及车间内适当的位置应设置与加工能力相适应的洗手、消毒和干手设施及鞋靴消毒设施，消毒液浓度应能达到有效的消毒效果。洗手水龙头应为非手动开关，洗手消毒的水温适宜。洗手设施的排水应直接接入下水管道。

7.3.2 设有与车间相连接的更衣室。不同清洁程度要求的区域应设有单独的更衣室，面积与车间人数相适应，温度和湿度适宜，保持清洁卫生、通风良好，有适当照明。个人衣物与工作服应分开存放。

7.3.3 卫生间的设施和布局不应对产品造成潜在污染，门应能自动关闭，门、窗不应直接开向车间。卫生间应设置有效的排气通风设施和防虫设施，并保持干燥、清洁和卫生。

7.4 设备和工器具

7.4.1 设备和工器具应采用坚固、无毒、无味、不吸水、耐腐蚀、不生锈、易清洗消毒的材料，在正常的操作条件下与水产品、洗涤剂、消毒剂不发生化学反应。不宜使用竹木器具。

7.4.2 设备和工器具应平整光滑，避免明显的内角、凸起、缝隙或裂口。车间内的设备应耐用、易于拆卸清洗，其安装应符合工艺卫生要求，与地面、屋顶、墙壁保持一定距离，便于进行维护保养、清洗消毒和卫生控制。

7.4.3 专用容器应有明显的标识，废弃物容器和可食产品容器不应混用。废弃物容器应防水、防腐蚀、防渗漏。如使用管道输送废弃物，则管道的安装和维护应避免对产品造成污染。

7.5 厂房、设施、设备和工器具的维护

7.5.1 厂房、设施、设备和工器具应有预防性的维护保养计划，并有效实施，以保持良好的工作状态。

7.5.2 与食品直接或间接接触的设备和工器具所使用的润滑剂应为食品级。

7.5.3 定期对仪器设备进行维护和校准，对计量仪器设备进行计量检定。

7.6 特殊工艺的要求

7.6.1 烟熏应在单独的烟熏间(炉)进行，应装有通风系统，以使燃烧产生的烟和热不影响水产品的其他加工工序。烟熏不应使用涂有油漆、清漆、经胶合的或经过任何化学防腐处理的木材作为发烟材料；发烟材料不应存放在烟熏间内，其使用不应污染产品；产品烟熏后、包装前应迅速冷却至产品保存所需的温度；应在熏制或加热过程中有效地控制肉毒梭状芽孢杆菌的生长和毒素的形成。

7.6.2 腌制操作应在独立的加工区域内进行，不应影响其他的加工操作；用于腌制的容器，其结构应能防止产品在腌制过程中受污染。

7.6.3 罐藏产品的封口、杀菌等应符合其特定的要求。

8 加工过程控制

8.1 加工过程的卫生控制

8.1.1 原料前处理、精加工、成品内外包装等不同清洁卫生要求的区域，应按照加工工艺和产品特点进行相对隔离，防止人流、物流和气流交叉污染。

8.1.2 加工过程中应避免废水、废弃物对原料及产品造成污染；盛放产品的容器不应直接接触地面。

8.1.3 维修设备时，不应影响加工过程和造成产品污染，维修后应对区域进行清洗消毒。

8.1.4 加工过程中产生的不合格品应隔离存放，有明显标识，并在质量管理人员的监督下妥善处理。

8.2 温度和时间的控制

8.2.1 前处理、蒸煮、油炸、冷却、加工和贮存等工序的温度和时间控制应严格按照产品工艺及卫生要求进行。

8.2.2 有温度要求的工序或场所应安装温度显示装置。加工车间的温度不宜高于 21 ℃(加热工序除外)。单冻产品包装间的温度应控制在 10 ℃以内，其他产品的包装过程应根据产品的特点进行适当的温度和时间控制，以防止冷链的中断。

8.2.3 加工过程中(加热工序除外)，应控制产品的内部温度和暴露时间。若在加工过程中产品的内部温度在 21 ℃以上，则加工产品的累计暴露时间不应超过 2 h；若在加工过程中产品的内部温度在 21 ℃以下、10 ℃以上，则加工产品的累计暴露时间不应超过 6 h；若在加工过程中产品的内部温度在 21 ℃上下波动时，则加工产品超过 21 ℃的累计暴露时间不应超过 2 h，加工产品超过 10 ℃的累计暴露时间不应超过 4 h。

8.2.4 巴氏杀菌设备应进行热分布测试，以确保加热杀菌的均匀性；必要时杀菌的时间和温度应通过热穿透试验予以确定；杀菌的 F 值应符合有关规定；巴氏杀菌的罐装产品，其二重卷边的结构应符合罐头卷边密封的要求。

8.2.5 对于易产生组胺的鱼种，应根据产品特性对从原料接收到成品全过程进行时间和温度控制，必要时进行组胺等指标的检测。

8.2.5.1 以冷藏鱼作原料时，若环境温度在 4.4 ℃以上，有时会超过 21 ℃时，总暴露时间不应超过 4 h；若环境温度在 4.4 ℃以上，21 ℃以下时，总暴露时间不应超过 8 h。

8.2.5.2 以冻藏鱼作原料时，若环境温度在 4.4 ℃以上，有时会超过 21 ℃时，总暴露时间不应超过 12 h；若环境温度在 4.4 ℃以上，21 ℃以下时，总暴露时间不应超过 24 h。

8.3 水、冰、蒸汽的控制

8.3.1 加工用水和制冰用水应符合 GB 5749。应备有供水系统网络图。

8.3.2 在加工前应对加工用水(冰)的余氯含量(适用时)进行检测，并定期对加工用水(冰)进行微生物项目检测，以确保加工用水(冰)的卫生质量。每年由卫生主管部门对加工用水的水质检测不少于两次。

8.3.3 加工中使用的海水应为清洁海水，经充分消毒后使用，并定期检测。

8.3.4 加工过程中所用冰的制造、破碎、运输、贮存应在卫生条件下进行。

8.3.5 需要使用蒸汽的操作应保证足够的压力和蒸汽供应。

8.4 清洗消毒

8.4.1 根据加工的特点制定清洗消毒计划，指定专人有效实施，所使用的清洗剂、消毒剂应符合有关要求。

8.4.2 在加工过程中应保证有足够的频率对食品接触表面进行清洗、消毒。班前、班后应对加工设备、工具、容器、场地等进行彻底的清洗消毒，班前检查合格后方可加工。

8.4.3 产品和工器具的清洗宜使用流动水，避免交叉污染。

8.5 有毒有害物品的控制

8.5.1 制定并执行清洗剂、消毒剂、杀虫剂以及化学试剂等的贮存和使用管理计划，确保在厂区、车间和化验室的使用得到有效控制，并在有效期内使用。

8.5.2 建立专用贮存库，加锁并由专人保管。应由专用容器包装，标识清楚。

8.5.3 与生产无关的有毒有害物品不应带入厂区。

8.5.4 必须使用时，应由经过专门培训的人员按照规定进行操作，避免对食品、食品接触表面和食品包装物料造成污染。

8.6 虫害和鼠害控制

8.6.1 企业应制定虫害和鼠害控制计划，并绘制防鼠图。

8.6.2 采用物理方法有效防止虫鼠进入车间。

8.6.3 在必要的位置放置捕鼠工具，捕鼠点应逐个编号。

8.6.4 车间内加工区域的上方不应设置诱杀昆虫的设施。

8.6.5 按计划对所有的捕鼠及杀虫设施进行检查和清理。

8.6.6 对防虫防鼠进行外包时，承包企业应具备相应的资质，并签订合同。

9 包装、贮存和运输

9.1 包装

9.1.1 应针对包装物料制定控制程序并有效实施，并定期对包装物料供应商进行合格评定。

9.1.2 包装容器和包装物料应符合有关卫生标准，不应改变水产品的感官特性。

9.1.3 包装容器和包装物料应有足够的强度，保证在运输和搬运过程中不破损。

9.1.4 包装不应重复使用，除非包装是用易清洗的、耐腐蚀的材料制成，并且在使用前经过清洗和消毒。

9.1.5 内、外包装物料应分别专库存放，包装物料库应干燥、防虫、防鼠，保持清洁卫生。

9.1.6 包装应标识清楚，注明政府主管部门许可编号等信息，便于追溯。

9.2 贮存

9.2.1 贮存库内应保持清洁、整齐，不应存放有碍卫生的物品，同一库内不应存放可能造成相互污染或者串味的食品。应设有防霉、防虫、防鼠设施，定期消毒。

9.2.2 库内物品与墙壁距离不宜少于 30 cm，与地面距离不宜少于 10 cm，与天花板保持一定的距离，并分垛存放，标识清楚。

9.2.3 冷藏库、速冻库、冻藏库应配备自动温度记录装置，并定期校准。冷藏库的温度宜控制在 0 ℃～4 ℃之间；冻藏库温度应控制在－18 ℃以下；速冻库温度应控制在－28 ℃以下。

9.2.4 干制品等其他贮存库的温度、湿度应满足产品特性要求。

9.3 运输

9.3.1 运输工具应符合有关安全卫生要求，定期清洗消毒，保持清洁卫生。运输时不应与其他可能污染水产品的物品混装。

9.3.2 运输工具应根据产品特点配备制冷、保温和温度记录等设施。运输过程中应保持适宜的温度。对于冷藏水产品，运输温度宜保持在 0 ℃～4 ℃，对于冻藏水产品，运输温度应控制在－18 ℃以下。

10 人员卫生

10.1 从事水产品加工和管理的人员应经体检和卫生培训合格后方可上岗。每年应进行一次健康检查，必要时做临时健康检查。凡患有影响食品卫生疾病者，应调离食品加工岗位。

10.2 从事水产品加工和管理的人员应保持个人清洁卫生，并养成良好的卫生习惯。

10.3 进入车间时不应将与加工无关的物品带入车间；穿戴工作服、帽、鞋并洗手消毒。加工中使用的手套等用品应保持完好无破损、经过清洗和消毒处理。

10.4 工作服应集中存放管理,统一清洗消毒,统一发放。

10.5 清洁区与非清洁区、生区与熟区等不同岗位的人员宜穿戴不同颜色或标识的工作服、帽,以便区分。不同加工区域的人员不应串岗。

10.6 在更衣室、车间等场所内不应吃食品、吸烟、吐痰或面对食品打喷嚏、咳嗽等。

10.7 应限制无关人员进出车间。其他人员(包括参观人员)必须进入车间时,应经过批准,对健康状况进行自我声明,并遵守以上要求。

11 加工船的特殊要求

11.1 设施卫生要求

11.1.1 存放捕捞水产品的区域应与机房和人员住处有效隔离并确保不受污染。

11.1.2 加工设施应不生锈、不发霉,其设计应确保融冰水不污染捕捞水产品。

11.1.3 存放捕捞水产品的容器或贮槽应由无毒、无害、防腐蚀的材料制作,其表面应光滑,易于清洗和消毒。

11.1.4 配备自动温度记录装置,温感器应安装在温度最高的地方。

11.1.5 每次使用前后储存器具应彻底清洗和消毒。

11.1.6 用冷却海水冷却捕捞水产品的,其装备设施应达到如下要求:

11.1.6.1 船舱海水应注入和排出充分,舱内海水温度保持均匀稳定。

11.1.6.2 冷却系统应确保捕捞水产品和海水混合物在6 h内降到3 ℃,16 h后降到0 ℃。

11.1.7 在船上冷冻捕捞水产品时,渔船应具备以下条件:

11.1.7.1 冻结设施可使产品中心温度达到−18 ℃以下。

11.1.7.2 冻藏库温度应保持在−18 ℃以下。

11.1.8 生活设施和卫生设施应保持清洁卫生。卫生间应配备洗手消毒设施。

11.2 捕捞作业卫生要求

11.2.1 作业应清洁卫生,捕捞水产品作业区域和器具应防止化学品、燃料或污水等的污染。

11.2.2 捕捞水产品的清洗、处理和保存应防止损伤鱼体。处理后应立即进行冷却。无冷却设施的,捕捞水产品在船上存放不应超过8 h。

11.2.3 清洗和冷却用水或冰应使用符合GB 5749的生活饮用水或清洁海水,并不受污染。

11.2.4 作业区域、设施以及船舱、贮槽和容器每次使用前后应清洗和消毒。

11.2.5 定期灭虫和灭鼠。清洗剂、消毒剂和杀虫剂等化学品应单独存放保管。

11.2.6 保存必要的作业和温度记录。

11.3 加工作业卫生要求

参见第7章、第8章、第9章、第10章要求。

12 质量管理体系及其运行要求

12.1 质量管理体系

按GB/T 20941、GB/T 19538和GB/T 19838建立质量管理体系,有效实施和持续改进。

12.2 HACCP计划

12.2.1 制定并有效实施加工设备和设施的维护保养程序、不合格品的控制程序、产品标识、质量追踪和产品召回程序及人员培训计划等前提方案和卫生标准操作程序(SSOP)。

12.2.2 在进行危害分析时,应充分考虑水产品的种类和预期用途,确定危害预防措施和关键控制点。

12.2.3 制定的关键限值和操作限值应具有可操作性,并符合有关法律法规和标准的规定。

12.2.4 应至少每年对HACCP体系进行验证,确保HACCP体系的有效性。

12.3 企业最高管理者

明确企业的质量方针和目标，配备相应的组织机构，提供足够的资源，确保质量管理体系的有效实施。

12.4 企业检验机构和检验人员

具有与加工能力相适应的独立的检验机构和具备相应资格的检验人员。具备检验工作所需要的方法、标准资料、检验设施和仪器设备，检验仪器应按规定进行计量检定；自行开展水质和微生物等基本项目的检测；检验和检测应有记录。

12.5 委托社会实验室

企业委托社会实验室承担检测工作的，该实验室应具备相应的资质，并与企业签订合同。

12.6 SSOP 程序

制定书面的 SSOP 程序，明确执行人的职责，确定执行频率，实施有效的监控和相应的纠正措施。SSOP 应至少包括以下方面：

——与食品接触或与食品接触表面接触的水(冰)的安全；

——食品接触表面(包括设备、手套、工作服等)的清洗和消毒；

——避免交叉污染；

——操作人员手的清洗和消毒，保持卫生间设施的清洁卫生；

——防止润滑剂、燃料、清洗和消毒用品、冷凝水等污染物污染产品；

——有毒有害物质的标识、存放和使用；

——员工的健康和个人卫生；

——虫害和鼠害的预防和控制。

12.7 内部审核和管理评审

建立内部审核制度，每半年至少进行一次内部审核。根据需要进行管理评审，每年至少一次。建立并保存记录。

12.8 记录保持

对反映产品卫生质量情况的有关记录，应制定标记、收集、编目、归档、存储、保管和处理的程序，并有效执行。

所有记录应真实、准确、规范并具有可追溯性。

考虑保质期的要求，保存时间至少两年。

13 特殊条款

对于必须按照传统工艺或宗教习俗加工的产品，在保证水产品安全卫生的前提下，可按传统工艺或宗教习俗加工。

ICS 07.060
N 93

GB

中华人民共和国国家标准

GB/T 23872.1—2009

岩土工程仪器　土压力计
第1部分：振弦式土压力计

Instrument for geotechnical engineering—Earth pressure cell—Part 1: Vibrating wire earth pressure cell

2009-05-26 发布　　　　2009-10-01 实施

中华人民共和国国家质量监督检验检疫总局
中国国家标准化管理委员会　发布

前　言

GB/T 23872《岩土工程仪器　土压力计》分为五个部分：

——第1部分：振弦式土压力计；

——第2部分：差动电阻式土压力计；

——第3部分：电阻应变式土压力计；

——第4部分：气压式土压力计；

——第5部分：电感调频式土压力计。

本部分为GB/T 23872的第1部分。

本部分与GB/T 21029—2007《岩土工程仪器系列型谱》、GB/T 15406—2007《岩土工程仪器基本参数及通用技术条件》和GB/T 13606—2007《岩土工程仪器　振弦式传感器通用技术条件》等标准有一定的相互衔接关系，并在技术内容上相互协调一致。

本部分由中华人民共和国水利部提出并归口。

本部分主要起草单位：水利部水文仪器及岩土工程仪器质量监督检验测试中心、南京水利科学研究院、常州金土木工程仪器有限公司、水利部南京水利水文自动化研究所。

本部分参加起草单位：全国工业产品生产许可证办公室水文仪器及岩土工程仪器审查部。

本部分主要起草人：李泽崇、舒雯、杨志余、石明华。

本部分参加起草人：鲍良钝。

岩土工程仪器　土压力计
第1部分：振弦式土压力计

1　范围

GB/T 23872的本部分规定了振弦式土压力计产品的术语和定义、分类及组成、技术要求、试验方法、检验规则及标志、使用说明书、包装、运输和贮存的要求。

本部分适用于岩土工程建筑物及其他建筑物边界或软土地基内检测土压力的振弦式土压力计。

2　规范性引用文件

下列文件中的条款通过GB/T 23872的本部分的引用而成为本部分的条款。凡是注日期的引用文件，其随后所有的修改单(不包括勘误的内容)或修订版均不适用于本部分，然而，鼓励根据本部分达成协议的各方研究是否可使用这些文件的最新版本。凡是不注日期的引用文件，其最新版本适用于本部分。

GB/T 191　包装储运图示标志

GB/T 5080.7　设备可靠性试验　恒定失效率假设下的失效率与平均无故障时间的验证试验方案

GB/T 6388　运输包装收发货标志

GB/T 7665　传感器通用术语

GB 9969.1　工业产品使用说明书　总则

GB/T 13606—2007　岩土工程仪器　振弦式传感器通用技术条件

GB/T 15406—2007　岩土工程仪器基本参数及通用技术条件

GB/T 15464　仪器仪表包装通用技术条件

GB/T 50279　岩土工程基本术语标准

3　术语和定义

GB/T 50279、GB/T 7665、GB/T 13606确立的以及下列术语和定义适用于GB/T 23872的本部分。

3.1

土压力计　earth pressure cell

监测岩土工程建筑物及其他建筑物土地基内土压力的传感器。

3.2

振弦式土压力计　vibrating wire earth pressure cell

利用弦的固有频率变化测量静土压力的传感器。

3.3

迟滞　hysteresis

在输入量作满量程(FS)变化时，对于同一输入量，正、反行程输出量之差，以满量程输出百分比表示。

4　产品分类及组成

4.1　产品分类

振弦式土压力计(以下简称为土压力计)分为：

a) 埋入式(或称介质式);

b) 边界式(或称界面式):包括竖式和卧式。

4.2 产品组成

土压力计主要由承压膜、激励线圈、弦、壳体及电缆等组成。

4.3 主要参数

主要参数见表1。

表1 主要参数

<table>
<tr><td colspan="4">测量范围/MPa</td><td>0～0.1,0～0.16,0～0.2,0～0.25,0～0.4,0～0.6,0～0.8,0～1.0,0～1.6,0～2.5,0～4.0,0～6.0,0～8.0,0～10.0</td></tr>
<tr><td colspan="4">分辨力/%FS</td><td>≤0.10</td></tr>
<tr><td colspan="4">温度测量范围/℃</td><td>−25～60(有温度测量功能)</td></tr>
<tr><td rowspan="6">压力盒尺寸</td><td rowspan="4">边界式</td><td rowspan="2">竖式</td><td>直径(D)/mm</td><td>100～250</td></tr>
<tr><td>厚度(H)/mm</td><td>20～60</td></tr>
<tr><td rowspan="2">卧式</td><td>直径(D)/mm</td><td>100～300</td></tr>
<tr><td>厚度(H)/mm</td><td>20～60</td></tr>
<tr><td colspan="2" rowspan="2">埋入式</td><td>一次膜直径(D)/mm</td><td>100～600</td></tr>
<tr><td>一次膜厚度(H)/mm</td><td>3～30</td></tr>
<tr><td colspan="5">注:埋入式土压力计的压力盒直径与厚度应满足 $D/H \geq 20$ 的关系式。</td></tr>
</table>

5 技术要求

5.1 工作环境条件

土压力计的工作环境应满足下列要求:

a) 能在−25 ℃～60 ℃的环境温度下正常工作;

b) 能在规定的水压力下正常工作。

5.2 外观

土压力计各部分应连接牢固,表面应进行防腐处理,不应有锈斑及划痕,引出的电缆应无损伤。

5.3 压力性能参数

5.3.1 分辨力应符合表1规定。

5.3.2 不重复度应不大于0.5%FS。

5.3.3 迟滞应不大于1.5%FS。

5.3.4 非直线度应不大于1.5%FS。

5.3.5 综合误差应不大于2.5%FS。

5.4 防水密封性

土压力计在1.2倍规定的水压下连续工作2 h,应无渗漏,其绝缘电阻应满足5.7的要求。

5.5 温度影响

土压力计在0 ℃～40 ℃的范围内,温度影响应不大于0.04%FS/℃。

注:对于边界式土压力计,如果使用环境的温度变化超过0 ℃～40 ℃的范围,应提供温度修正系数。

5.6 温度测量误差

具有温度测量功能的土压力计,其温度测量误差应不大于0.5 ℃。

5.7 绝缘性能

土压力计的电缆芯线与密封壳体之间不接地绝缘电阻应不小于50 MΩ。

5.8 压力过范围限

土压力计应能承受满量程 1.2 倍的压力，当压力恢复至测量范围后，其性能应满足 5.3 的要求。

5.9 稳定性

5.9.1 土压力计按满量程压力值加、卸荷 10 次，其性能应满足如下要求：

a) 其零点漂移应不大于 0.5%FS；

b) 绝缘电阻应不小于 50 MΩ。

5.9.2 土压力计静置 3 个月后，扣除环境因素变化对零点漂移的影响，其性能应满足如下要求：

a) 其零点漂移应不大于 0.5%FS；

b) 绝缘电阻应不小于 50 MΩ。

5.10 机械环境适应性

土压力计应能承受运输、装卸、搬运过程中可能出现的振动、跌落、冲击、碰撞等情况，其各项性能及功能应正常。

5.11 可靠性要求

土压力计的可靠性用平均寿命(MTTF)来描述，其 MTTF 应不小于 40 000 h。

6 试验方法

6.1 试验设备

试验设备包括：

a) 活塞式压力计、压力容器或其他加压设备；

b) 0.25 级以上精度等级的压力表；

c) 振弦式读数仪；

d) 冰点槽；

e) 恒温水浴；

f) 温度计；

g) 直流 100 V 绝缘电阻表；

h) 高低温湿热试验箱；

i) 电动振动系统；

j) 跌落试验台。

6.2 环境条件

6.2.1 参比试验大气条件如下：

a) 温度：18 ℃～22 ℃；

b) 相对湿度：60%～75%；

c) 大气压力：86 kPa～106 kPa。

6.2.2 正常试验大气条件如下：

a) 温度：15 ℃～35 ℃；

b) 相对湿度：不大于 85%；

c) 大气压力：86 kPa～106 kPa。

6.3 试验方法

6.3.1 气候环境适应性

在 5.1 规定环境下，按 GB/T 15406—2007 的 7.2.1 进行试验，土压力计应工作正常，表面无锈蚀、剥落等。

6.3.2 外观

目测检验，应符合 5.2 的规定。

6.3.3 压力性能

6.3.3.1 试验要求

试验要求如下：

a) 在正常试验大气条件下，预先放置 24 h 以上；

b) 试验前，应在测量范围上限值预压 3 次，每次间隔 5 min，然后进行正式试验；

c) 试验时，测试点数应按满量程压力 10%～20%分档。

6.3.3.2 试验方法

先测量土压力计零测试点的输出值。之后，逐渐增加载荷（上行），每到一测试点测读一个输出值，全量程共测得 n 个输出值。然后，再从上限值逐渐卸荷至零测试点（下行），同样测得 n 个输出值。重复上述过程，共完成 3 次循环。按 GB/T 13606—2007 附录 A 的计算方法进行计算，性能参数应符合 5.3 的要求。

6.3.4 防水密封性

将土压力计放置在压力容器中，加压至规定的水压力值 1.2 倍，保持 2 h，应符合 5.4 的要求。

6.3.5 温度影响

将土压力计放入高低温湿热试验箱中，从常温开始降至 0 ℃，保持 4 h，读取输出值，然后升温至 40 ℃，保持 4 h，读取输出值，其温度影响应符合 5.5 的要求。

6.3.6 温度测量误差

将土压力计分别放置在冰点槽和恒温水浴中，在 0 ℃、60 ℃两个温度点附近任一测试点的标准温度与实测温度之间的最大值应符合 5.6 的要求。

6.3.7 绝缘性能

用直流 100 V 的绝缘电阻表测量电缆芯线与密封壳体之间不接地绝缘电阻，应符合 5.7 的规定。

6.3.8 过范围限

对土压力计施加满量程压力值 1.2 倍的压力，保持 0.5 h 后，恢复至测量范围后，按 6.3.3.2 的试验方法进行性能试验，结果应符合 5.3 的要求。

6.3.9 稳定性

6.3.9.1 土压力计在正常试验大气条件下，按满量程压力值加、卸荷各 10 次，每次保持 30 s。然后，让其恢复自然状态 2 h，其零点漂移及绝缘性能应满足 5.9.1 要求。

6.3.9.2 土压力计在正常试验大气条件下，在规定的稳定性试验周期内，进行 3 次或 3 次以上的零点测量。扣除环境因素的影响，其零点漂移及绝缘性能应满足 5.9.2 要求。

6.3.10 机械环境适应性

6.3.10.1 振动

在运输包装状态下，设置振动系统扫频振动频率为 10 Hz～150 Hz～10 Hz、扫频速度为 1 倍频程/min、加速度为 $2g$、对土压力计进行循环 3 个周期/单轴的振动试验。试验后应满足 5.10 的要求。

6.3.10.2 自由跌落

在运输包装状态下，设置自由跌落机的跌落高度为 300 mm，将土压力计自由跌落在平滑、坚硬的混凝土面或钢质面上，共进行 3 次跌落试验，试验后应满足 5.10 的要求。

6.3.11 可靠性

当有试验要求时，参照 GB/T 5080.7 的试验方法进行试验。

7 检验规则

7.1 检验分类

产品检验分为出厂检验和型式检验。

7.2 出厂检验

7.2.1 产品应逐台进行出厂检验，出厂检验项目为6.3.2～6.3.4、6.3.7。

7.2.2 产品经生产厂质量检测部门检验合格后，并附合格证，方可出厂。

7.3 型式检验

7.3.1 当出现下列情况之一时，应进行型式检验：

a) 新产品试制、定型鉴定或老产品转厂生产时；

b) 正式生产后，在结构、材料、工艺有较大改变、可能影响产品性能时；

c) 正式生产后，产品已连续生产三年以上时；

d) 产品停产一年以上又恢复生产时；

e) 产品出厂检验结果与上次型式检验结果有较大差异时；

f) 国家质量监督机构提出进行型式检验要求时。

7.3.2 型式检验应按产品标准规定的全部试验项目（可靠性试验除外）进行全性能检验。

7.3.3 型式检验的样品应从经出厂检验合格的产品中随机抽取，一般不少于3台，若产品总数不足3台，则应全检。

7.3.4 检验结果的评定：型式检验中有一台及以上单机产品不合格时，应加倍抽取该产品进行不合格项目复检，若仍有不合格时，则判该批产品为不合格；若全部检验合格，则除去第一批抽样不合格的产品，该批产品应判为合格。

7.3.5 经过型式检验的产品，需要更换易损件，并经出厂检验合格后方能出厂。

8 标志、使用说明书

8.1 标志

8.1.1 产品标志

在产品的显著位置应具有完整的铭牌标志，内容包括：

a) 产品型号及名称；

b) 生产单位名称及商标；

c) 生产日期及出厂编号。

8.1.2 包装标志

在产品的包装箱的适当位置，应标有显著、牢固的包装标志，内容包括：

a) 产品型号及名称；

b) 产品数量；

c) 箱体尺寸(mm)；

d) 净重或毛重(kg)；

e) 运输作业安全标志；

f) 到站(港)及收货单位；

g) 发站(港)及发货单位；

h) 国家工业产品生产许可证标志及编号。

8.1.3 包装储运图示和收发货标志

产品的包装储运图示和收发货标志，应按照GB/T 191和GB/T 6388的有关规定正确选用。

8.2 使用说明书

产品的使用说明书的内容应按GB 9969.1的规定。

9 包装、运输、贮存

9.1 包装

9.1.1 包装箱应牢固、美观、大方、经济实用。

9.1.2 产品包装时,周围环境及包装箱内应清洁、干燥,无有害气体、无异物。

9.1.3 产品包装后,其包装件重心应尽量靠下且居中,产品装在箱内必须予以支撑、垫平、卡紧,产品可移动的部分应移至使产品具有最小外形尺寸,并加以固定。

9.1.4 产品的防震、防潮、防尘等防护包装按 GB/T 15464 中的有关规定进行。

9.1.5 随机文件应齐全,文件清单如下:

a) 装箱单;

b) 产品出厂合格证明书;

c) 产品使用说明书;

d) 出厂前的检验测试文件;

e) 产品技术条件规定的其他文件。

9.1.6 随机文件应装入塑料袋中,并放置在包装箱内,若产品分装数箱,则随机文件应放在主件箱内。

9.2 运输

按有关包装标准及本部分的规定进行包装的产品应能适应各种运输方式。

9.3 贮存

包装好的土压力计应能适应下列环境条件及贮存要求:

a) 温度:−30 ℃~70 ℃;

b) 相对湿度:不大于 85%;

c) 贮存的土压力计附近不得有酸性、碱性及其他腐蚀性物质;

d) 在存放半年内,土压力计不应有锈蚀、长霉或其他妨碍功能的现象。

ICS 65.120
B 46

GB

中华人民共和国国家标准

GB/T 23873—2009

饲料中马杜霉素铵的测定

Determination of maduramicin ammonium in feeds

2009-05-26 发布　　　　2009-10-01 实施

中华人民共和国国家质量监督检验检疫总局
中国国家标准化管理委员会　发布

前　言

本标准的附录 A 为资料性附录。

本标准由全国饲料工业标准化技术委员会(SAC/TC 76)提出并归口。

本标准起草单位:农业部饲料质量监督检验测试中心(济南)。

本标准主要起草人:梁萌、汤文利、任爱丽、赵金毅、黄莹、李永山、刘学江。

饲料中马杜霉素铵的测定

1 范围

本标准规定了测定饲料中马杜霉素铵含量的高效液相色谱法(HPLC)和液相色谱-质谱法(LC-MS)。

本标准适用于配合饲料、浓缩饲料和添加剂预混合饲料。HPLC 法为定量测定方法,定量限为 1 mg/kg。LC-MS 法为定性测定方法,最低检测含量为 0.5 mg/kg。

2 规范性引用文件

下列文件中的条款通过本标准的引用而成为本标准的条款。凡是注日期的引用文件,其随后所有的修改单(不包括勘误的内容)或修订版均不适用于本标准,然而,鼓励根据本标准达成协议的各方研究是否可使用这些文件的最新版本。凡是不注日期的引用文件,其最新版本适用于本标准。

GB/T 6682 分析实验室用水规格和试验方法

GB/T 14699.1 饲料 采样

GB/T 20195 动物饲料 试样的制备

3 采样

3.1 采样步骤:按 GB/T 14699.1 的规定执行。

3.2 试样的制备:按 GB/T 20195 的规定执行。

4 HPLC 法

4.1 原理

用乙腈提取饲料中的马杜霉素铵,蒸干提取液用乙腈溶解,用对-二甲氨基苯甲醛溶液进行柱后衍生,HPLC 测定。

4.2 试剂和材料

除非另有规定,仅使用分析纯试剂。

4.2.1 水,GB/T 6682,一级。

4.2.2 甲醇:色谱纯。

4.2.3 乙腈:色谱纯。

4.2.4 四氢呋喃:色谱纯。

4.2.5 磷酸二氢钾:优级纯。

4.2.6 磷酸:优级纯。

4.2.7 对-二甲氨基苯甲醛:纯度 99%。

4.2.8 硫酸:优级纯。

4.2.9 磷酸-磷酸二氢钾缓冲溶液(pH3.0):准确称取 2.04 g 磷酸二氢钾(4.2.5),加 900 mL 水溶解,加磷酸(4.2.6)数滴调节 pH 至 3.0,转移到 1 000 mL 容量瓶中,用水定容、摇匀。

4.2.10 流动相:磷酸-磷酸二氢钾缓冲溶液(4.2.9)+四氢呋喃(4.2.4)+甲醇(4.2.2)=100+40+860。

4.2.11 对-二甲氨基苯甲醛衍生化溶液:准确称取 16 g 对-二甲氨基苯甲醛(4.2.7)于 1 000 mL 棕色试剂瓶中,加入 400 mL 甲醇(4.2.2),在磁力搅拌器上搅拌至完全溶解后,逐滴加入 8 mL 硫酸(4.2.8),继续搅拌至溶液均匀,冷却至室温,24 h 内使用。

4.2.12　马杜霉素铵贮备溶液(1 000 μg/mL):准确称取107.0 mg(精确到0.1 mg)马杜霉素铵化学对照品(纯度≥93.7%)于100 mL容量瓶中,用乙腈(4.2.3)溶解、定容,配制成浓度为1 000 μg/mL的贮备溶液。置于4 ℃~8 ℃冰箱中,有效期为1个月。

4.2.13　马杜霉素铵中间溶液Ⅰ(100 μg/mL):准确移取马杜霉素铵贮备溶液(4.2.12)5.00 mL于50 mL容量瓶中,用乙腈定容。置于4 ℃~8 ℃冰箱中,有效期为1周。

4.2.14　马杜霉素铵中间溶液Ⅱ(10.0 μg/mL):准确移取马杜霉素铵中间溶液Ⅰ(4.2.13)5.00 mL于50 mL容量瓶中,用乙腈定容。置于4 ℃~8 ℃冰箱中,有效期为1周。

4.2.15　马杜霉素铵工作溶液:准确移取马杜霉素铵中间溶液Ⅱ(4.2.14)1.00 mL、5.00 mL于10 mL容量瓶中,马杜霉素铵中间溶液Ⅰ1.00 mL、5.00 mL于10 mL容量瓶中,马杜霉素铵贮备溶液1.00 mL、2.00 mL、3.00 mL于10 mL容量瓶中,用乙腈稀释、定容,配制成浓度分别为1.00 μg/mL、5.00 μg/mL、10.0 μg/mL、50.0 μg/mL、100 μg/mL、200 μg/mL、300 μg/mL的工作溶液。现用现配。

4.3　仪器

4.3.1　实验室用样品粉碎机。

4.3.2　分析天平:感量0.1 mg。

4.3.3　碘量瓶:150 mL。

4.3.4　超声波清洗器。

4.3.5　往复式振荡器。

4.3.6　带盖塑料离心管:100 mL。

4.3.7　离心机。

4.3.8　旋转蒸发仪:配置150 mL鸡心瓶。

4.3.9　旋涡混合器。

4.3.10　高效液相色谱仪:具紫外检测器或二极管阵列检测器。

4.3.11　柱后衍生系统。

4.4　分析步骤

4.4.1　提取

称取约5 g试样(精确到0.1 mg)于碘量瓶(4.3.3)中,加入乙腈50 mL,置于超声波清洗器(4.3.4)中超声15 min,然后置于往复式振荡器(4.3.5)中快速振荡提取20 min。转移到离心管(4.3.6)中,用适量乙腈清洗碘量瓶三次,清洗液合并到离心管中。置离心机(4.3.7)4 360g离心3 min;上清液转移到鸡心瓶(4.3.8)中,在旋转蒸发仪上60 ℃浓缩定容至5.00 mL,旋涡(4.3.9)混匀,分取适量提取液过有机滤膜上机测定。根据试料溶液中马杜霉素铵的浓度用乙腈进行稀释,使其上机浓度不高于300 μg/mL。

4.4.2　测定

4.4.2.1　液相色谱测定参数的设定

色谱柱:C_{18}柱,柱长150 mm,内径2.1 mm,粒度5 μm或类似的分析柱。

柱温:25 ℃。

检测波长:585 nm。

进样量:25 μL。

流动相:磷酸-磷酸二氢钾缓冲溶液(pH3.0)+四氢呋喃+甲醇=100+40+860(4.2.10)。

流速:0.4 mL/min。

4.4.2.2　柱后衍生系统测定参数的设定

衍生化溶液:对-二甲氨基苯甲醛衍生化溶液(4.2.11)。

衍生化溶液流速:0.5 mL/min。

反应器容积:1.00 mL。

反应器温度:90 ℃。

4.4.2.3 **定量测定**

在上述仪器条件下,分别注入马杜霉素铵工作溶液(4.2.15)和试料溶液(4.4.1)进行测定。用工作溶液做单点校准或多点校准,以色谱峰的峰面积进行定量计算。

4.5 **结果计算**

饲料中马杜霉素铵的含量 X 以质量分数表示,单位为毫克每千克(mg/kg),按式(1)计算:

$$X=\frac{A\times V}{m} \qquad \cdots\cdots(1)$$

式中:

A——试料溶液中马杜霉素铵峰面积的响应值对应的浓度,单位为微克每毫升(μg/mL);

V——试料溶液的体积,单位为毫升(mL);

m——试料的质量,单位为克(g)。

每个试样取两份试料进行平行测定,以两次平行测定结果的算术平均值为测定结果,保留三位有效数字。

4.6 **重复性**

在重复性条件下完成的两个平行测定结果的相对偏差不大于10%。

5 LC-MS 法

5.1 **原理**

用乙腈提取饲料中的马杜霉素铵,提取液蒸干后用乙腈溶解,用 LC-MS 测定。

5.2 **试剂和材料**

除非另有规定,仅使用分析纯试剂。

5.2.1 水,GB/T 6682,一级。

5.2.2 乙腈:色谱纯。

5.2.3 流动相:乙腈(5.2.2)+水(5.2.1)=90+10。超声脱气 5 min。

5.2.4 其他同 4.2.12~4.2.15。

5.3 **仪器**

5.3.1 液相色谱-质谱仪。

5.3.2 其他同 4.3.1~4.3.9。

5.4 **分析步骤**

5.4.1 **提取**

同 4.4.1,但需要根据试料溶液中马杜霉素铵的含量用乙腈进行稀释,使上机溶液浓度不高于 50 μg/mL。

5.4.2 **测定**

5.4.2.1 **液相色谱测定参数的设定**

色谱柱:C_{18}柱,柱长 150 mm,内径 2.1 mm,粒度 5 μm 或类似的分析柱。

进样量:5 μL。

流速:0.2 mL/min。

柱温:30 ℃。

流动相:乙腈+水=90+10(5.2.3)。

5.4.2.2 **质谱测定参数的设定**

离子化模式:电喷雾离子源,负离子模式(ESI-)。雾化气压力:2.76×10^5 Pa(40.0 psi)。干燥气流速:9.0 L/min。干燥气温度:350 ℃。毛细管出口电压:-3 500 V。碰撞气:氦气。离子电荷控制

(ICC):on。扫描范围:100 m/z～1 200 m/z。化合物稳定性:30%。质谱振幅:1.00 V。开始振幅:30%。结束振幅:100%。定性离子:母离子(m/z):915,子离子(m/z):613,871。

5.4.2.3 **定性测定**

在相同试验条件下,利用质谱定性离子定性。样品与标准溶液中马杜霉素铵的保留时间偏差应在±2.5%之内;样品与浓度相近的标准溶液中马杜霉素铵的质谱定性离子进行比较,子离子匹配度在700～1 000之间(或者子离子相对丰度的偏差在表1规定的范围内)则判定样品中存在马杜霉素铵。

表1 定性确证时子离子相对丰度的允许偏差

子离子相对丰度/%	>50	>20～50	>10～20	≤10
偏差/%	±20	±25	±30	±50

附 录 A
（资料性附录）
马杜霉素铵谱图

A.1 马杜霉素铵色谱图(HPLC 法)见图 A.1

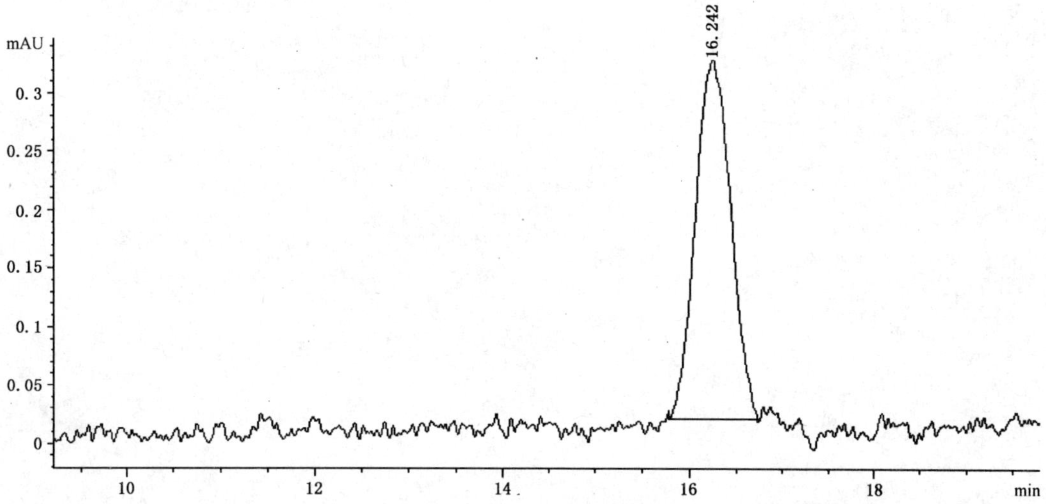

图 A.1 马杜霉素铵色谱图(1.00 μg/mL,HPLC 法)

A.2 马杜霉素铵质谱图见图 A.2

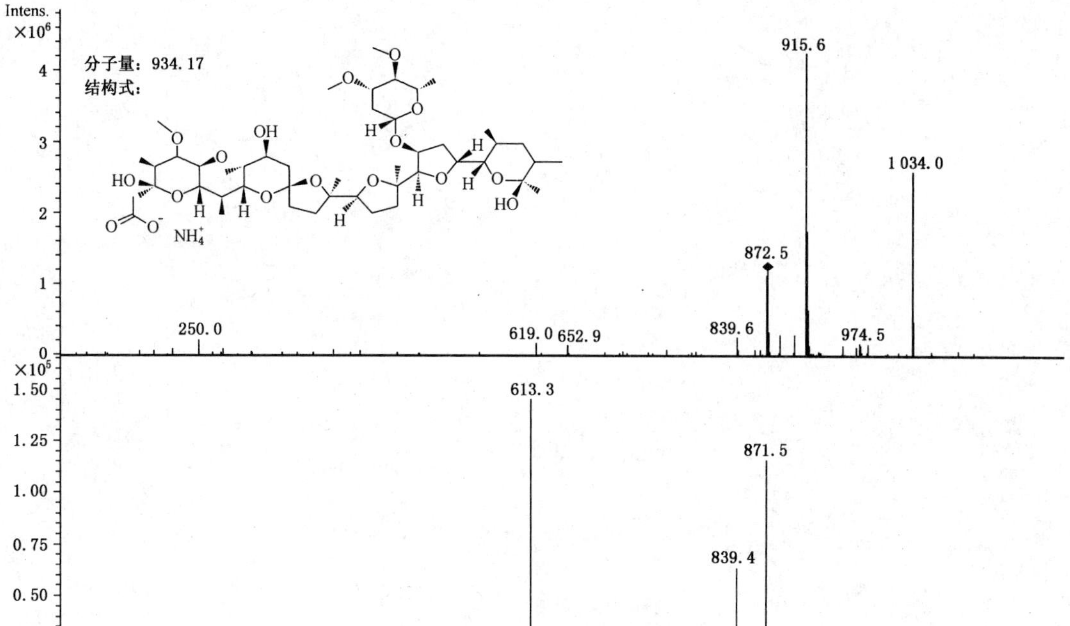

图 A.2 马杜霉素铵(Maduramicin Ammonium)质谱图

ICS 65.120
B 46

中华人民共和国国家标准

GB/T 23874—2009

饲料添加剂木聚糖酶活力的测定 分光光度法

Determination of xylanase activity in feed additives—Spectrophotometric method

2009-05-26 发布　　　　2009-10-01 实施

中华人民共和国国家质量监督检验检疫总局
中国国家标准化管理委员会　发布

前　言

本标准的附录A为资料性附录。

本标准由全国饲料工业标准化技术委员会提出并归口。

本标准由中国农业大学农业部饲料工业中心、武汉新华扬生物有限公司、广东溢多利生物技术股份有限公司负责起草。

本标准主要起草人：陆文清、曹云鹤、刘兴海、詹志春、刘亚力、陈清华。

饲料添加剂木聚糖酶活力的测定
分光光度法

1 范围

本标准规定了用分光光度法测定饲料添加剂中木聚糖酶的活力。

本标准适用于饲料添加剂木聚糖酶产品，最低检出量为 10.0 U/g。

2 规范性引用文件

下列文件中的条款通过本标准的引用而成为本标准的条款。凡是注日期的引用文件，其随后所有的修改单(不包括勘误的内容)或修订版均不适用于本标准，然而，鼓励根据本标准达成协议的各方研究是否可使用这些文件的最新版本。凡是不注日期的引用文件，其最新版本适用于本标准。

GB/T 6682 分析实验室用水规格和试验方法

3 原理

木聚糖酶能将木聚糖降解成寡糖和单糖。还原性寡糖和单糖在沸水浴条件下可以与 3,5-二硝基水杨酸(DNS)试剂发生显色反应。反应液颜色的深度与酶解产生的还原糖量成正比，而还原糖的生成量又与反应液中木聚糖酶的活力成正比。因此，通过分光比色测定反应液颜色的强度，可以计算反应液中木聚糖酶的活力。

在 37 ℃、pH 为 5.50 的条件下，每分钟从浓度为 5 mg/mL 的木聚糖溶液中降解释放 1 μmol 还原糖所需要的酶量为一个酶活力单位 U。

4 试剂与溶液

除特殊说明外，所用的试剂均为分析纯，水均为符合 GB/T 6682 中规定的二级水。

4.1 氢氧化钠溶液，浓度为 200 g/L

称取氢氧化钠 20.0 g。加水溶解，定容至 100 mL。

4.2 乙酸溶液，浓度为 0.1 mol/L

吸取冰乙酸 0.60 mL。加水溶解，定容至 100 mL。

4.3 乙酸钠溶液，浓度为 0.1 mol/L

称取三水乙酸钠 1.36 g。加水溶解，定容至 100 mL。

4.4 乙酸-乙酸钠缓冲溶液，浓度为 0.1 mol/L，pH 为 5.50

称取三水乙酸钠 23.14 g，加入冰乙酸 1.70 mL。再加水溶解，定容至 2 000 mL。测定溶液的 pH。如果 pH 偏离 5.50，再用乙酸溶液(4.2)或乙酸钠溶液(4.3)调节至 5.50。

4.5 木糖溶液($C_5H_{10}O_5$)，浓度为 10.0 mg/mL

称取无水木糖 1.000 g，加乙酸-乙酸钠缓冲溶液(4.4)溶解，定容至 100 mL。

4.6 木聚糖溶液，浓度为 100 mg/mL

称取木聚糖(Sigma X0627[1])1.00 g，加入 0.32 g 氢氧化钠，再加入 90 mL 水，磁力搅拌，同时缓慢

1) Sigma X0627 是商品名，给出这一信息是为了方便本标准的使用者，并不表示对该产品的认可。如果其他产品能有相同的效果，则可使用这些等效的产品。

加热，直至木聚糖完全溶解。然后停止加热，继续搅拌 30 min，加入 0.5 mL 冰乙酸。继续磁力搅拌，测定其 pH。如果 pH 为 5.50，用乙酸-乙酸钠缓冲溶液(4.4)定容至 100 mL。如果 pH 偏离5.50，再用乙酸溶液(4.2)或乙酸钠溶液(4.3)调节至 5.50，然后再用乙酸-乙酸钠缓冲溶液(4.4)定容至100 mL。使用前适当摇匀。4 ℃避光保存，有效期为 12 h。

4.7 DNS 试剂

称取 3,5-二硝基水杨酸 3.15 g，加水 500 mL，搅拌 3 s～5 s，水浴至 45 ℃。然后逐步加入 100 mL 氢氧化钠溶液(4.1)，同时不断搅拌，直到溶液清澈透明(注意：在加入氢氧化钠过程中，溶液温度不要超过 48 ℃)。再逐步加入四水酒石酸钾钠 91.0 g、苯酚 2.50 g 和无水亚硫酸钠 2.50 g。继续 45 ℃水浴加热，同时补加水 300 mL，不断搅拌，直到加入的物质完全溶解。停止加热，冷却至室温后，用水定容至 1 000 mL。用烧结玻璃过滤器过滤。取滤液，储存在棕色瓶中，避光保存。室温下存放 7 d 后方可使用，有效期为 180 d。

5 仪器与设备

5.1 实验室用样品粉碎机或碾钵。

5.2 分样筛：孔径为 0.25 mm。

5.3 分析天平：感量 0.001 g。

5.4 pH 计：精确至 0.01。

5.5 磁力搅拌器：附加热功能。

5.6 电磁振荡器。

5.7 烧结玻璃过滤器：孔径为 0.45 μm。

5.8 离心机：最大离心加速度不小于 2 000 g。

5.9 恒温水浴锅：温度控制范围在 30 ℃～60 ℃之间，精度为 0.1 ℃。

5.10 秒表：每小时误差不超过 5 s。

5.11 可见分光光度计。

5.12 移液器：精度为 1 μL。

6 绘制标准曲线

6.1 吸取乙酸-乙酸钠缓冲溶液(4.4)4.0 mL，加入 DNS 试剂(4.7)5.0 mL，沸水浴加热 5 min。用自来水冷却至室温，用水定容至 25.0 mL，制成标准空白样。

6.2 分别吸取木糖溶液(4.5)1.00 mL、2.00 mL、3.00 mL、4.00 mL、5.00 mL、6.00 mL 和 7.00 mL，分别用缓冲溶液(4.4)定容至 100 mL，配制成浓度为 0.10 mg/mL、0.20 mg/mL、0.30 mg/mL、0.40 mg/mL、0.50 mg/mL、0.60 mg/mL 和 0.70 mg/mL 木糖标准溶液。

6.3 分别吸取上述浓度系列的木糖标准溶液各 2.00 mL(做两个平行)，分别加入到刻度试管中，再分别加入 2.0 mL 缓冲液(4.4)和 5.0 mL DNS 试剂(4.7)。电磁振荡 3 s～5 s，沸水浴加热 5 min。然后用自来水冷却到室温，再用水定容至 25 mL。以标准空白样为对照调零，在 540 nm 处测定吸光度 *A* 值。

以木糖浓度为 Y 轴、吸光度 A 值为 X 轴，绘制标准曲线。每次新配制 DNS 试剂均需要重新绘制标准曲线。

7 反应用酶液的制备

7.1 固体样品的反应用酶液制备

按照附录 A 中建议的称样量称取试样两份，精确至 0.001 g。加入 40 mL 乙酸-乙酸钠缓冲溶液

(4.4)。磁力搅拌 30 min,再用缓冲溶液(4.4)定容至 100 mL,在 4 ℃条件下避光保存 1 h～2 h。上离心机(5.8)1 000g 离心 3 min～5 min,取上清液,再用缓冲溶液(4.4)做适当稀释(稀释后的待测酶液中木聚糖酶活力最好能控制在 0.04 U/mL～0.10 U/mL 之间)。

7.2 液体样品的反应用酶液制备

液体样品可以直接用乙酸-乙酸钠缓冲溶液(4.4)进行稀释、定容(稀释后的酶液中木聚糖酶活力最好能控制在 0.04 U/mL～0.10 U/mL 之间)。如果稀释后酶液的 pH 偏离 5.50,需要用乙酸溶液(4.2)或乙酸钠溶液(4.3)调节校正至 5.50,然后再用缓冲溶液(4.4)做适当稀释定容。

8 测定步骤

吸取 10.0 mL 木聚糖溶液(4.6),37 ℃平衡 20 min。

吸取 10.0 mL 经过适当稀释的酶液(7.1 或 7.2),37 ℃平衡 10 min。

吸取 2.00 mL 经过适当稀释的酶液(已经过 37 ℃平衡),加入到刻度试管中,再加入 5 mL DNS 试剂(4.7),电磁振荡 3 s～5 s。然后加入 2.0 mL 木聚糖溶液(4.6),37 ℃保温 30 min,沸水浴加热 5 min。用自来水冷却至室温,加水定容至 25 mL,电磁振荡 3 s～5 s。以标准空白样(6.1)为空白对照,在 540 nm 处测定吸光度 A_B。

吸取 2.00 mL 经过适当稀释的酶液(已经过 37 ℃平衡),加入到刻度试管中,再加入 2.0 mL 木聚糖(4.6)(已经过 37 ℃平衡),电磁振荡 3 s～5 s,37 ℃精确保温 30 min。加入 5.0 mL DNS 试剂(4.7),电磁振荡 3 s～5 s,以终止酶解反应。沸水浴加热 5 min,用自来水冷却至室温,加水定容至 25 mL,电磁振荡 3 s～5 s。以标准空白样(6.1)为空白对照,在 540 nm 处测定吸光度 A_E。

9 试样酶活力的计算

用于酶解反应的稀释酶液中木聚糖酶的活力按式(1)和式(2)计算:

$$X_D = \frac{[(A_E - A_B) \times K + C_O]}{M \times t} \times 1\,000 \qquad (1)$$

式中:

X_D——稀释酶液中木聚糖酶的活力,U/mL;

A_E——酶反应液的吸光度;

A_B——酶空白样的吸光度;

K——标准曲线的斜率;

C_O——标准曲线的截距;

M——木糖的摩尔质量,$M(C_5H_{10}O_5) = 150.2$ g/mol;

t——酶解反应时间,min;

1 000——转化因子,1 mmol = 1 000 μmol。

X_D 值应在 0.04 U/mL～0.10 U/mL 之间。如果不在这个范围内,应重新选择酶液的稀释度,再进行分析测定。

$$X = X_D \times D_f \qquad (2)$$

式中:

X——试样中木聚糖酶的活力,U/g(或 U/mL);

D_f——试样的稀释倍数。

酶活力的计算值保留三位有效数字。

10 重复性

每个试样应取两份平行样进行分析测定，相对误差不超过8.0%，二者的平均值为最终的酶活力测定值。

附 录 A
（资料性附录）
样品酶活力与建议称样量的对应关系

样品酶活力与建议称样量的对应关系见表 A.1：

表 A.1

木聚糖酶活力/(U/g)(或者 U/mL)	称样量/g(或者 mL)
≥2 000	0.1～0.2
500～1 999	0.2～0.5
200～499	0.5～1.0
50～199	1.0～2.0
10～49	2.0～5.0

ICS 65.120
B 46

中华人民共和国国家标准

GB/T 23875—2009

饲料用喷雾干燥血球粉

Spray-dried animal blood cells for feedstuffs

2009-05-26 发布　　　　2009-10-01 实施

中华人民共和国国家质量监督检验检疫总局
中国国家标准化管理委员会　发布

前言

本标准参考美国官方饲料管理协会(AAFCO)和欧盟动物源性产品的有关规定制定。

本标准由全国饲料工业标准化技术委员会(SAC/TC 76)提出并归口。

本标准负责起草单位:国家饲料质量监督检验中心(武汉)、北京养元兽药有限公司、上海杰隆生物制品有限公司、SONAC(中国)有限责任公司。

本标准主要起草人:刘小敏、徐铃、成国祥、周增太、高利红、何一帆、杨林。

饲料用喷雾干燥血球粉

1 范围

本标准规定了饲料用喷雾干燥血球粉的术语和定义、质量要求、试验方法、检验规则、标志、包装、运输和贮存。

本标准适用于饲料用喷雾干燥血球粉。

2 规范性引用文件

下列文件中的条款通过本标准的引用而成为本标准的条款。凡是注日期的引用文件,其随后所有的修改单(不包括勘误的内容)或修订版均不适用于本标准,然而,鼓励根据本标准达成协议的各方研究是否可使用这些文件的最新版本。凡是不注日期的引用文件,其最新版本适用于本标准。

GB/T 5009.44 肉与肉制品卫生标准的分析方法

GB/T 6003.1—1997 金属丝编织网试验筛

GB/T 6432 饲料中粗蛋白测定方法

GB/T 6435 饲料中水分和其他挥发性物质含量的测定(GB/T 6435—2006,ISO 6496:1999,IDT)

GB/T 6438 饲料中粗灰分的测定

GB 10648 饲料标签

GB/T 13080 饲料中铅的测定 原子吸收光谱法

GB/T 14699.1 饲料 采样(GB/T 14699.1—2005,ISO 6497:2002,IDT)

GB/T 18246 饲料中氨基酸的测定

GB/T 18823 饲料 检测结果判定的允许误差

GB/T 18869 饲料中大肠菌群的测定

3 术语和定义

下列术语和定义适用于本标准。

3.1

饲料用喷雾干燥血球粉 spray-dried animal blood cells for feedstuffs

喷雾干燥血细胞粉

动物鲜血分离出血浆后,经喷雾干燥制成的产品。

4 要求

4.1 感官要求

本品为具有血制品特殊气味的暗红或类红色的均匀粉末,无腐败变质异味,不得含有植物性物质。

4.2 质量要求

饲料用喷雾干燥血球粉质量要求见表1。

表 1 饲料用喷雾干燥血球粉质量要求

项目		指标
细度(通过孔径为 0.20 mm 试验筛)/%	≥	95.0
水分(质量分数)/%	≤	10.0
粗蛋白质(质量分数)/%	≥	90.0
粗灰分(质量分数)/%	≤	4.5
赖氨酸(质量分数)/%	≥	7.5
挥发性盐基氮/(mg/100 g)	≤	45.0
铅(Pb)(质量分数)/(mg/kg)	≤	2.0

4.3 微生物卫生指标

本品不得含有致病性微生物。

大肠杆菌:$n=5$,$m=10$ 个/g,$M=300$ 个/g,$c=2$;

其中:

n——被检测样品组数;

m——细菌总数最小阈值,如果所有样品中的细菌总数均不超过 m,则认为产品合格;

M——细菌总数最大值,如果一个或多个样品中的细菌总数是 M 或超过 M;该产品视为不合格;

c——细菌总数在 m 和 M 之间的样品数,若其他样品组中细菌总数是 m 或小于 m,则认为该样品还在可接受范围内。

5 试验方法

5.1 感官性状的检验

采用目测及嗅觉检验。

5.2 细度

5.2.1 方法提要

用筛分法测定筛下物含量。

5.2.2 仪器、设备

试验筛:符合 GB/T 6003.1—1997 中 R40/3 系列的要求。

5.2.3 分析步骤

称取试样 30 g(准确至 0.01 g),置于试验筛(孔径为 0.20 mm)中进行筛分,将筛下物称量。

5.2.4 分析结果的表述

细度 ω 以质量分数表示,按式(1)计算:

$$\omega=\frac{m_1}{m}\times 100\% \quad \cdots\cdots(1)$$

式中:

m_1——筛下物的质量,单位为克(g);

m——样品质量,单位为克(g)。

计算结果表示至小数点后一位。

5.3 水分

水分的测定按 GB/T 6435 执行。

5.4 粗蛋白质

粗蛋白质的测定按 GB/T 6432 执行。

5.5 粗灰分

粗灰分的测定按 GB/T 6438 执行。

5.6 氨基酸

氨基酸的测定按 GB/T 18246 执行。

5.7 挥发性盐基氮

挥发性盐基氮按 GB/T 5009.44 执行。

5.8 铅

铅的测定按 GB/T 13080 执行。

5.9 大肠菌群

大肠菌群的测定按 GB/T 18869 执行。

6 检验规则

6.1 采样方法

按 GB/T 14699.1 执行。

6.2 出厂检验

6.2.1 批

以同班、同原料的产品为一批，每批产品进行出厂检验。

6.2.2 出厂检验项目

感官性状、水分、细度、挥发性盐基氮、粗蛋白质和粗灰分含量。

6.2.3 判定方法

以本标准的有关试验方法和要求为依据，对抽取样品按出厂检验项目进行检验。检验结果中如有一项指标不符合本标准要求时，应重新加倍抽样进行复检，复检结果如仍有一项指标不符合本标准要求，则该批产品不合格。各项成分指标判定合格或验收按 GB/T 18823 的误差执行。

6.3 型式检验

6.3.1 型式检验项目为本标准第 4 章规定的全部项目。

6.3.2 有下列情况之一，应进行型式检验：

a) 改变配方或生产工艺；

b) 正常生产每半年或停产半年后恢复生产；

c) 国家技术监督部门提出要求时。

6.3.3 判定方法：以本标准的有关试验方法和要求为依据。检验结果中如有一项指标不符合本标准要求时，应重新加倍抽样进行复检，复检结果如仍有一项指标不符合标准要求，则该周期产品不合格。各项成分指标判定合格或验收按 GB/T 18823 的误差执行。微生物指标不得复验。如型式检验不合格，应停止生产至查明原因。

7 标志、包装、运输和贮存

7.1 标志

饲料用喷雾干燥血球粉包装袋上应有牢固清晰的标志，内容按 GB 10648 执行。加注“不能用于反刍动物”字样。

7.2 包装

饲料用喷雾干燥血球粉采用双层包装。内包装采用两层食品级聚乙烯塑料薄膜袋，厚度不得小于0.06 mm。外包装使用复合纸包装袋包装。

7.3 运输

饲料用喷雾干燥血球粉运输过程中应有遮盖物，防止曝晒、雨淋、受潮，不得与有毒有害物质混运。

7.4 贮存

饲料用喷雾干燥血球粉应贮存在通风干燥阴凉、干燥处，防止雨淋、受潮。不得与有毒有害物质混存。产品堆放时应加垫，不得直接与地面接触。

饲料用喷雾干燥血球粉在规定的储存条件下，从生产之日起，原包装产品保质期为12个月。

ICS 65.120
B 46

中华人民共和国国家标准

GB/T 23876—2009

饲料添加剂　L-肉碱盐酸盐

Feed additive—L-carnitine hydrochloride

2009-05-26 发布　　2009-10-01 实施

中华人民共和国国家质量监督检验检疫总局
中国国家标准化管理委员会　发布

前言

本标准的附录A为资料性附录。

本标准由全国饲料工业标准化技术委员会(SAC/TC 76)提出并归口。

本标准起草单位:上海市饲料质量监督检验站、上海市农业科学院农产品质量标准与检测技术研究所。

本标准主要起草人:赵志辉、林淼、顾赛红、杨海锋、黄志英、雷萍、李明容、凤懋熙。

饲料添加剂 L-肉碱盐酸盐

1 范围

本标准规定了饲料添加剂 L-肉碱盐酸盐产品的要求、试验方法、检验规则及标签、包装、贮存、运输。

本标准适用于以环氧氯丙烷为起始原料制得的 L-肉碱盐酸盐。

分子式：$C_7H_{16}ClNO_3$

相对分子质量：197.66(2007 年国际相对原子质量)

结构式：

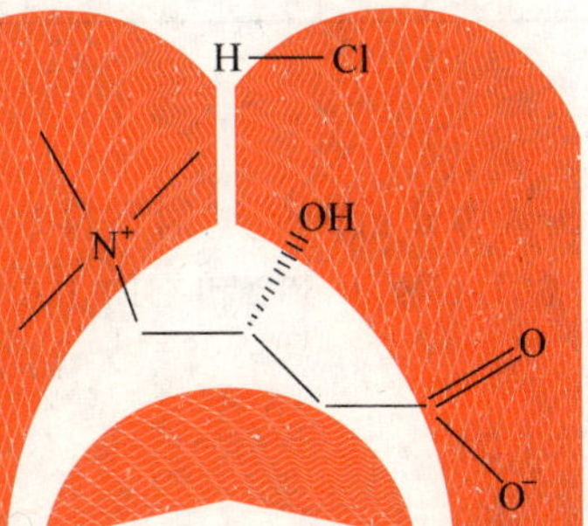

2 规范性引用文件

下列文件中的条款通过本标准的引用而成为本标准的条款。凡是注日期的引用文件，其随后所有的修改单(不包括勘误的内容)或修订版均不适用于本标准，然而，鼓励根据本标准达成协议的各方研究是否可使用这些文件的最新版本。凡是不注日期的引用文件，其最新版本适用于本标准。

GB/T 601 化学试剂 标准滴定溶液的制备

GB/T 602 化学试剂 杂质测定用标准溶液的制备

GB/T 603 化学试剂 试验方法中所用制剂及制品的制备

GB/T 6439 饲料中水溶性氯化物的测定

GB/T 6682 分析实验室用水规格和试验方法

GB 10648 饲料标签

GB/T 13079 饲料中总砷的测定

GB/T 13084 饲料中氰化物的测定

GB/T 14699.1 饲料 采样

《中华人民共和国药典》2005 年版二部

3 要求

3.1 性状

本品为白色或类白色结晶性粉末，微有鱼腥味，有吸湿性。本品在水中极易溶解，在无水甲醇、无水乙醇中易溶，在丙酮中微溶，在三氯甲烷中不溶，久置易结块。

3.2 技术指标

技术指标应符合表 1 规定。

表1 L-肉碱盐酸盐主要技术指标

项目	指标
含量(以干物质计)/%	98.0～102.0
比旋度$[\alpha]_D^t$(以干物质计)/(°)	−21.3～−23.5
pH(1%水溶液)	2.5～2.9
干燥失重/%	≤0.5
氯化物(以Cl^-计)/%	17.0～18.5
重金属(以Pb计)/(mg/kg)	≤10
砷盐(以As计)/(mg/kg)	≤2
氰化物	不得检出
灼烧残渣/%	≤0.3

4 试验方法

除非另有规定,在分析中仅使用确认为分析纯的试剂和符合GB/T 6682中规定的三级用水;标准溶液和杂质溶液的制备应符合GB/T 601、GB/T 602和GB/T 603。

4.1 试剂和材料

4.1.1 冰乙酸。

4.1.2 甘油。

4.1.3 甲醇:色谱纯。

4.1.4 磷酸二氢钾。

4.1.5 庚烷磺酸钠:色谱纯。

4.1.6 盐酸。

4.1.7 磷酸。

4.1.8 硫酸。

4.1.9 乙酸铅。

4.1.10 氢氧化钾。

4.1.11 高锰酸钾。

4.1.12 L-肉碱盐酸盐标准品:纯度≥99.5%。

4.1.13 二硫化碳溶液(含2%硫)。

4.1.14 盐酸溶液:取盐酸234 mL,加水稀释至1 000 mL,摇匀。

4.1.15 乙酸铅溶液:称取乙酸铅(4.1.9)10.0 g,加新煮沸过的冷水溶解后,滴加冰乙酸(4.1.1)使溶液澄清,再用新煮沸过的冷水定容至100 mL。

4.1.16 0.05 mol/L磷酸二氢钾溶液(pH=2.5):称取3.4 g磷酸二氢钾(4.1.4)及0.20 g庚烷磺酸钠(4.1.5)溶于500 mL水中,用磷酸(4.1.7)调节至pH为2.5,过0.45 μm滤膜(4.1.23)。

4.1.17 L-肉碱盐酸盐标准储备液:准确称取1 g(精确至0.000 2 g) L-肉碱盐酸盐标准品于100 mL容量瓶中,用水溶解并定容至刻度,得到浓度为10.0 mg/mL的标准储备液,4 ℃条件下储藏,有效期2个月。

4.1.18 L-肉碱盐酸盐标准工作液:准确吸取0.25 mL、0.50 mL、1.00 mL、2.00 mL、5.00 mL、10.00 mL、20.00 mL、40.00 mL L-肉碱盐酸盐标准储备液(4.1.17)于100 mL容量瓶中,用水定容至刻度,摇匀。现配现用。

4.1.19 高氯酸标准滴定溶液:$c(HClO_4)$ =0.1 moL/mL。

4.1.20 乙酸铅试纸：取滤纸条浸入乙酸铅溶液中，湿透后取出，在 100 ℃干燥。

4.1.21 结晶紫指示液。

4.1.22 红色石蕊试纸：取滤纸条浸入石蕊指示液中，加极少量的盐酸使滤纸条成红色。取出阴处晾干备用，变色范围 pH4.5～8.0（红～蓝）。

4.1.23 滤膜（水系，0.45 μm）。

4.2 仪器和设备

4.2.1 实验室常用设备。

4.2.2 高效液相色谱仪（配紫外检测器或二极管阵列检测器）。

4.2.3 分析天平：精度为 0.000 1 g。

4.2.4 旋光仪。

4.2.5 pH 计。

4.3 鉴别

4.3.1 原理

本品结构中有一个仲醇基团，与硫熔融能够发生氧化还原反应，产生硫化氢，硫化氢遇乙酸铅试纸产生黑色的斑点；本品结构中有一个季铵基团，在碱性条件下可被氧化产生氨气，使湿润的红色石蕊试纸变蓝。

4.3.2 鉴别方法

4.3.2.1 称取试样约 50 mg（精确至 0.01 g），置于试管中，加二硫化碳溶液（4.1.13）一滴，混匀，在试管口盖上乙酸铅试纸（4.1.20），将试管置于 170 ℃左右的甘油（4.1.2）浴中，3 min～4 min 后，试纸上应出现黑色斑点。

4.3.2.2 称取试样约 0.5 g（精确至 0.01 g），加 5 mL 水溶解，加氢氧化钾（4.1.10）2 g，高锰酸钾（4.1.11）数粒，加热时放出氨能使润湿的红色石蕊试纸（4.1.22）变蓝。

4.4 含量测定

4.4.1 第一法 高效液相色谱法（仲裁法）

4.4.1.1 原理

用水提取样品中的 L-肉碱盐酸盐，过滤，在酸性流动相中与庚烷磺酸钠结合成疏水性离子对，经反相色谱分离，用紫外检测器检测，外标法计算 L-肉碱盐酸盐含量。

4.4.1.2 试样溶液的制备

称取干燥失重至恒重后的试样约 0.40 g（精确至 0.000 2 g），置于 100 mL 容量瓶中，加水溶解并稀释定容，摇匀，过滤膜（4.1.23），供高效液相色谱仪分析。

4.4.1.3 色谱条件

色谱柱：C_8 柱，长 250 mm，内径 4.6 mm，粒径 5 μm，或相当者。

柱温：35 ℃。

流动相：磷酸二氢钾溶液（4.1.16）＋甲醇（4.1.3）＝95＋5（体积比）。

流速：1.0 mL/min。

检测波长：210 nm。

进样体积：10 μL。

4.4.1.4 试样测定

将 L-肉碱盐酸盐标准工作液（4.1.18）及试样溶液（4.4.1.2）分别按上述色谱条件进样分析，得到色谱峰面积响应值，计算出试样溶液中对应的 L-肉碱盐酸盐的浓度，用外标法定量。

4.4.1.5 结果计算

试样中 L-肉碱盐酸盐含量以质量分数 X_1 计，按式（1）计算：

$$X_1 = \frac{c_1 \times V_1 \times n}{m \times 1\ 000\ 000} \times 100\% \quad \cdots\cdots\cdots (1)$$

式中：

c_1——试样溶液中对应的L-肉碱盐酸盐的浓度，单位为微克每毫升(μg/mL)；

V_1——试样液总体积，单位为毫升(mL)；

n——稀释倍数；

m——试样质量，单位为克(g)。

测定结果用平行测定的算术平均值表示，保留至小数点后两位。

4.4.1.6 重复性

同一实验室由同一操作人员使用同一台仪器完成的两个平行测定结果的相对偏差不大于1%。

4.4.2 第二法 非水滴定法

4.4.2.1 原理

以冰乙酸为溶剂，结晶紫为指示剂，高氯酸为标准溶液滴定本品结构中的碱性氮。

4.4.2.2 测定方法

称取干燥失重至恒重后的试样约0.3 g(精确至0.000 2 g)，置于250 mL具塞三角瓶中，加入50 mL冰乙酸(4.1.1)，超声溶解，加结晶紫指示液一滴(4.1.21)，用高氯酸标准溶液(4.1.19)滴定至溶液显纯蓝色，即为终点。同法另做空白试验。

4.4.2.3 结果计算

试样中L-肉碱盐酸盐含量以质量分数X_2计，按式(2)计算：

$$X_2 = \frac{(V_2 - V_0) \times c_2 \times M}{m \times 1\ 000} \times 100\% \quad \cdots\cdots\cdots (2)$$

式中：

V_2——滴定试样所消耗的高氯酸标准滴定溶液(4.1.19)的体积，单位为毫升(mL)；

V_0——空白试验所消耗的高氯酸标准溶液的体积，单位为毫升(mL)；

c_2——高氯酸标准溶液的浓度，单位为摩尔每升(mol/L)；

m——试样质量，单位为克(g)；

M——L-肉碱盐酸盐的相对分子质量，单位为克每摩尔(g/mol)。

4.4.2.4 重复性

取两次平行测定结果的算术平均值为测定结果，保留至小数点后两位。平行测定结果的绝对值之差不大于0.3%。

4.5 比旋度的测定

4.5.1 测定方法

精密称取干燥失重至恒重后的试样10 g(精确至0.000 2 g)，置于100 mL容量瓶中，加水溶解并定容至刻度，按照《中华人民共和国药典》2005年版二部附录Ⅵ E旋光度测定法的规定执行。

4.5.2 重复性

取平行测定的算术平均值为测定结果。平行测定结果的绝对差值不大于0.02°。

4.6 pH的测定

4.6.1 测定方法

称取试样0.5 g(精确至0.01 g)，置于100 mL烧杯中，加50 mL水溶解，按照《中华人民共和国药典》2005年版二部附录Ⅵ H pH值测定法的规定执行。

4.6.2 重复性

取平行测定的算术平均值为测定结果。平行测定结果的绝对差值不大于0.1。

4.7 干燥失重的测定

4.7.1 测定方法

称取试样 1.0 g(精确至 0.000 2 g),按照《中华人民共和国药典》2005 年版二部附录Ⅷ L 干燥失重测定法的规定执行。

4.7.2 重复性

取平行测定结果的算术平均值为测定结果,平行测定结果的绝对差值不大于 0.2%。

4.8 氯化物的测定

按 GB/T 6439 的规定执行。

4.9 重金属(以 Pb 计)的测定

称取试样约 1.0 g(精确至 0.000 2 g),加盐酸溶液(4.1.14)1.5 mL,加水至 25 mL 作供试溶液。按《中华人民共和国药典》2005 年版第二部附录Ⅷ 重金属检查法 第一法的规定执行。

4.10 砷的测定

按 GB/T 13079 的规定执行。

4.11 氰化物的测定

按 GB/T 13084 的规定执行。

4.12 灼烧残渣的测定

4.12.1 测定方法

称取试样 1 g(精确至 0.000 2 g),按照《中华人民共和国药典》2005 年版二部附录Ⅷ N 炽灼残渣检查法的规定执行。

4.12.2 重复性

取平行测定结果的算术平均值为测定结果,平行测定结果的绝对差值不大于 5%。

5 检验规则

5.1 出厂检验

饲料添加剂 L-肉碱盐酸盐应由生产企业的质量监督部门按本标准进行检验,本标准规定的所有指标为出厂检验项目,生产企业应保证所有 L-肉碱盐酸盐产品均符合本标准规定的要求。每批产品检验合格后方可出厂。

5.2 采样方法

采样方法按照 GB/T 14699.1 的规定进行。

抽样需有清洁、干燥、具有密闭性和避光性的样品瓶,瓶上贴有标签并注明生产厂家、产品名称、批号、取样日期。

抽样时,用清洁适用的取样工具插入料层深度四分之三处,将所取样品充分混匀,以四分法缩分,每批样品分两份,每份试样应为检验所需试样的 3 倍量,装入样品瓶中,一瓶供检验用,一瓶密封保存备查。

5.3 判定规则

若检验结果有一项指标不符合本标准要求时,应加倍抽样单元进行复验,复验结果仍有一项指标不符合本标准要求时,则整批产品判为不合格品。

6 标签、包装、运输、贮存

6.1 标签

标签按 GB 10648 的规定执行。

6.2 包装

内包装采用符合食品卫生要求的塑料袋,夹层中放入干燥剂,两层分别用捆扎绳扎紧,或用与其相当的其他方式封口。外包装采用铁桶或纸桶,并加盖密封。也可根据用户要求进行包装。

6.3 运输

本品在运输过程中应有遮盖物,防止雨淋、受潮。不得与有毒、有害或其他有污染的物品及具有氧化性物质混装、混运。

6.4 贮存

本品应贮存在通风、干燥、无污染、无有害物质的地方。本品在规定的贮存条件下保质期为24个月。

附 录 A
（资料性附录）
L-肉碱盐酸盐标准品高效液相色谱图

L-肉碱盐酸盐标准品高效液相色谱图见图 A.1。

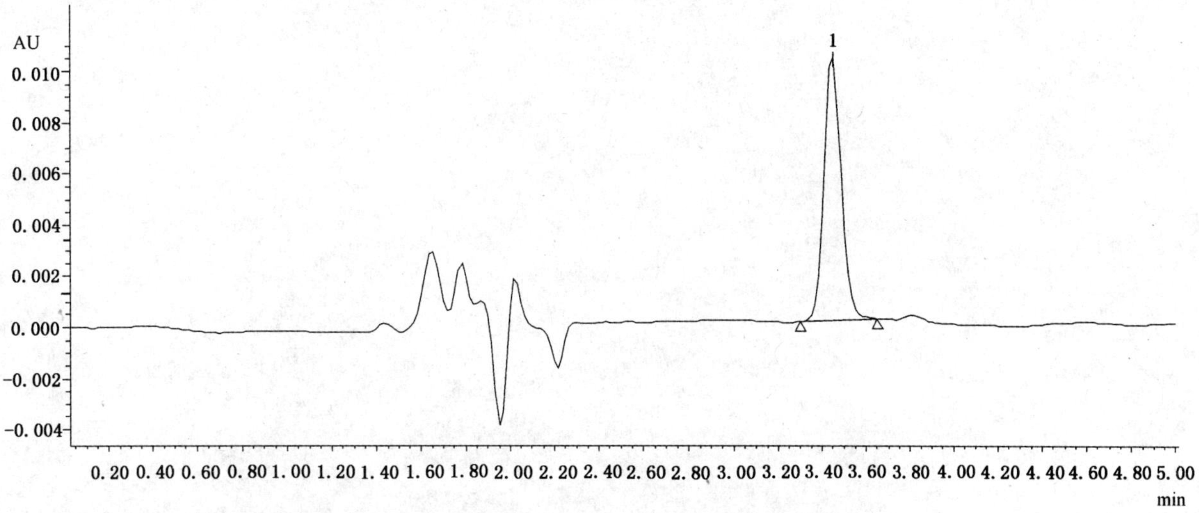

1——L-肉碱盐酸盐(L-carnitine hydrochloride)。

图 A.1 L-肉碱盐酸盐标准品高效液相色谱图

ICS 65.120
B 46

中华人民共和国国家标准

GB/T 23877—2009

饲料酸化剂中柠檬酸、富马酸和乳酸的测定 高效液相色谱法

Determination of citric acid, fumaric acid and lactic acid in feed acidifier—High performance liquid chromatography

2009-05-26 发布

2009-10-01 实施

中华人民共和国国家质量监督检验检疫总局
中国国家标准化管理委员会 发布

前　言

本标准的附录A为规范性附录,附录B为资料性附录。

本标准由全国饲料工业标准化技术委员会(SAC/TC 76)提出并归口。

本标准起草单位:上海市饲料质量监督检验站、上海市农业科学院农产品质量标准与检测技术研究所。

本标准主要起草人:赵志辉、黄志英、顾赛红、杨海锋、林森、白冰、雷萍、凤懋熙。

饲料酸化剂中柠檬酸、富马酸和乳酸的测定　高效液相色谱法

1　范围

本标准规定了测定饲料酸化剂中柠檬酸、富马酸和乳酸含量的高效液相色谱法。

本标准适用于饲料酸化剂中柠檬酸、富马酸和乳酸含量的测定。

本方法的定量限为:柠檬酸 800 mg/kg、富马酸 8.0 mg/kg、乳酸 800 mg/kg。

2　规范性引用文件

下列文件中的条款通过本标准的引用而成为本标准的条款。凡是注日期的引用文件,其随后所有的修改单(不包括勘误的内容)或修订版均不适用于本标准,然而,鼓励根据本标准达成协议的各方研究是否可使用这些文件的最新版本。凡是不注日期的引用文件,其最新版本适用于本标准。

GB/T 601　化学试剂　标准滴定溶液的制备

GB/T 6682　分析实验室用水规格和试验方法

GB/T 14699.1　饲料　采样

3　原理

试样中柠檬酸、富马酸和乳酸加水超声提取后,稀释至适当的浓度,用高效液相色谱仪进行测定,外标法计算柠檬酸、富马酸和乳酸的含量。

4　试剂和材料

除非另有说明,本方法所用试剂均为分析纯,水为符合 GB/T 6682 二级规定的用水。

4.1　乙腈:色谱纯。

4.2　磷酸:色谱纯。

4.3　0.1%磷酸溶液:准确吸取 1.00 mL 磷酸(4.2),用符合 GB/T 6682 规定的一级用水溶解并定容至 1 000 mL。

4.4　柠檬酸标准品:纯度≥99.5%。

4.5　富马酸标准品:纯度≥99.5%。

4.6　柠檬酸标准储备液:准确称取柠檬酸标准品 0.502 5 g 于 50 mL 容量瓶中,用水溶解并定容至刻度。此溶液浓度为 10.0 mg/mL,4 ℃条件下储藏,保存期 3 个月。

4.7　富马酸标准储备液:准确称取 0.100 0 g 富马酸标准品于 100 mL 容量瓶中,用水溶解并定容至刻度。此溶液浓度为 1.0 mg/mL,4 ℃条件下储藏,保存期 3 个月。

4.8　乳酸标准储备液:制备和标定方法见附录 A。

4.9　混合标准储备液:取 10.0 mL 柠檬酸标准储备液(4.6),1.0 mL 富马酸标准储备液(4.7)和 10.0 mL 乳酸标准储备液(4.8)于 50 mL 容量瓶中,用水定容至刻度,混匀。4 ℃条件下储藏,保存期1个月。

4.10　混合标准工作液:准确吸取 0.10 mL、0.25 mL、0.50 mL、1.00 mL、2.50 mL、5.00 mL、10.00 mL混合标准储备液(4.9)于 10.0 mL 容量瓶中,用水定容至刻度,混匀。此为混合标准工作液,现配现用。

5 仪器和设备

5.1 实验室常用仪器设备。

5.2 分析天平：感量为 0.000 1 g。

5.3 超声波清洗器。

5.4 微孔滤膜：孔径 0.45 μm。

5.5 高效液相色谱仪(配有紫外检测器或二极管阵列检测器)。

6 试样的制备

按 GB/T 14699.1 规定，取有代表性的样品 1 kg，四分法缩减取 200 g，装入磨口瓶中备用。

7 分析步骤

7.1 试样溶液制备

称取试样 1 g～5 g(精确至 0.000 1 g)，置于 100 mL 容量瓶中，加 60 mL 水，在 50 ℃水浴中超声提取 20 min，冷却至室温，用水定容至刻度，摇匀，过滤。取滤液稀释，使最后稀释液中各种有机酸的浓度均落在 4.10 的工作曲线之内。取部分稀释液过 0.45 μm 滤膜，滤液作为试样溶液。

7.2 高效液相色谱条件

色谱柱：C_{18}柱，长 250 mm，内径 4.6 mm，粒度 5 μm(极性色谱柱)。

柱温：35 ℃。

流动相：乙腈＋磷酸溶液(4.3)＝2.5＋97.5(体积比)。

流速：1.0 mL/min。

检测波长：210 nm。

进样量：20 μL。

7.3 液相色谱测定

分别取混合标准工作液(4.10)和试样溶液(7.1)，按 7.2 列出的条件进行液相色谱分析测定。以混合标准工作液作多点校准，并用色谱峰面积积分值定量。测定中应调整试样溶液的浓度，使柠檬酸、富马酸和乳酸的积分值分别落在标准曲线的相应范围内。

8 结果计算与表述

试样中柠檬酸、富马酸和乳酸的含量 X，以质量分数表示，按式(1)计算：

$$X = \frac{c \times V \times n}{m \times 1\ 000\ 000} \times 100\% \qquad (1)$$

式中：

c——由标准曲线得出的试样液中柠檬酸或富马酸或乳酸的浓度，单位为微克每毫升(μg/mL)；

V——试样液总体积，单位为毫升(mL)；

n——稀释倍数；

m——试样的质量，单位为克(g)。

测定结果用平行测定的算术平均值表示，保留 3 位有效数字。

9 重复性

在重复性条件下，完成两个平行测定的结果的相对偏差不大于 5%。

附　录　A
（规范性附录）
乳酸标准储备溶液的制备和标定

A.1　试剂和材料

A.1.1　乳酸：纯度约为90%。

A.1.2　0.1 mol/L 氢氧化钠标准滴定溶液：按 GB/T 601 配制和标定。

A.1.3　1%酚酞指示剂溶液：1 g 酚酞溶于 60 mL 95%乙醇中，用水稀释至 100 mL。

A.2　仪器和设备

A.2.1　电热套：500 mL。

A.2.2　圆底烧瓶：500 mL。

A.2.3　球形冷凝管：100 mL。

A.3　制备和标定

称取乳酸约 3.0 g 于 500 mL 圆底烧瓶中，加 270 mL 水，装上球形冷凝管，接通冷却水，加热回流 15 h，冷却至室温。移取 20 mL 溶液，加 40 mL～60 mL 水及 0.2 mL 1%酚酞指示剂，用 0.1 mol/L 氢氧化钠标准滴定溶液滴定至微红色 30 s 不褪色，记录消耗 0.1 mol/L 氢氧化钠标准滴定溶液的毫升数（V_1）。乳酸标准储备液的浓度 c_s，单位为微克每毫升（μg/mL），按式（A.1）计算：

$$c_s = \frac{c \times (V_1 - V_2)}{V_0} \times 90.08 \times 1\,000 \qquad \text{(A.1)}$$

式中：

c——氢氧化钠溶液的浓度，单位为摩尔每升（mol/L）；

V_1——滴定乳酸溶液所消耗氢氧化钠标准滴定溶液的体积，单位为毫升（mL）；

V_2——空白试验时所消耗氢氧化钠标准滴定溶液的体积，单位为毫升（mL）；

V_0——乳酸溶液的体积，单位为毫升（mL）；

90.08——乳酸的摩尔质量。

此标准储备液在 4 ℃下可保存 3 个月。

附 录 B
（资料性附录）
柠檬酸、富马酸和乳酸标准品的色谱图

柠檬酸、富马酸和乳酸标准品的色谱图见图 B.1。

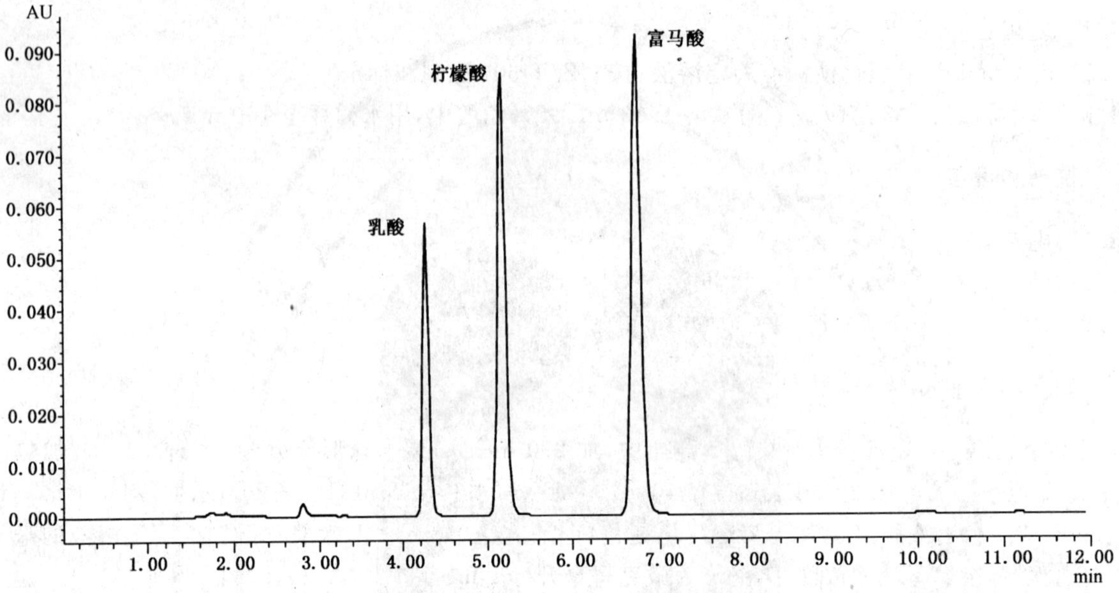

图 B.1 标准溶液色谱图

ICS 65.120
B 46

中华人民共和国国家标准

GB/T 23878—2009

饲料添加剂　大豆磷脂

Feed additive—Soybean lecithin

2009-05-26 发布　　2009-10-01 实施

中华人民共和国国家质量监督检验检疫总局
中国国家标准化管理委员会　发布

前　言

本标准由全国饲料工业标准化技术委员会提出并归口。

本标准起草单位：上海市饲料质量监督检验站、上海市农业科学院农产品质量标准与检测技术研究所。

本标准主要起草人：赵志辉、杨海锋、顾赛红、林淼、黄志英、凤懋熙。

饲料添加剂　大豆磷脂

1　范围

本标准规定了饲料添加剂大豆磷脂产品的技术要求、试验方法、检验规则及标签、包装、运输、贮存。

本标准适用于从大豆中提取的,用作饲料添加剂的大豆磷脂产品。

2　规范性引用文件

下列文件中的条款通过本标准的引用而成为本标准的条款。凡是注日期的引用文件,其随后所有的修改单(不包括勘误的内容)或修订版均不适用于本标准,然而,鼓励根据本标准达成协议的各方研究是否可使用这些文件的最新版本。凡是不注日期的引用文件,其最新版本适用于本标准。

GB/T 602　化学试剂　杂质测定用标准溶液的制备

GB/T 603　化学试剂　试验方法中所用制剂及制品的制备

GB/T 5009.37　食用植物油卫生标准的分析方法

GB/T 5528　动植物油脂　水分及挥发物含量测定

GB/T 5538　动植物油脂　过氧化值测定

GB/T 6682　分析实验室用水规格和试验方法

GB 10648　饲料标签

GB/T 13079　饲料中总砷的测定

GB/T 14699.1　饲料　采样

GB/T 21493　大豆磷脂中磷脂酰胆碱、磷脂酰乙醇胺、磷脂酰肌醇的测定

《中华人民共和国药典》2005 年版二部

3　要求

3.1　感官指标

感官指标应符合表 1 的规定。

表 1　感官指标

项　　目	指　　标
外观	色泽为棕褐色,呈塑状或粘稠状,质地均匀,无霉变
气味	具有磷脂固有的气味,无异味

3.2　技术指标

技术指标应符合表 2 的规定。

表 2　技术指标

项　　目		指　　标
水分及挥发物/%	≤	1.0
己烷不溶物/%	≤	1.0
丙酮不溶物/%	≥	55.0
磷脂酰胆碱＋磷脂酰乙醇胺＋磷脂酰肌醇/%	≥	35.0

表 2（续）

项　　目		指　　标
酸价(以 KOH 计)/(mg/g)	≤	30.0
过氧化值/(mmol/kg)		1.5～6.0
残留溶剂量/(mg/kg)	≤	50.0
砷(As)/(mg/kg)	≤	3.0
重金属(以 Pb 计)/(mg/kg)	≤	10.0

4 试验方法

除非另有规定，在分析中仅使用确认为分析纯的试剂和符合 GB/T 6682 中规定的三级用水。杂质溶液的制备应符合 GB/T 602 和 GB/T 603。

4.1 试剂和溶液

4.1.1 正己烷。

4.1.2 石油醚(沸程 60 ℃～90 ℃)。

4.1.3 丙酮。

4.1.4 1%酚酞指示剂溶液。

4.1.5 0.1 mol/L 氢氧化钾-乙醇标准溶液。

4.1.6 中性乙醇：临用前用 0.1 mol/L 碱液滴定至中性。

4.2 仪器和设备

4.2.1 真空泵。

4.2.2 抽滤瓶：500 mL。

4.2.3 玻璃砂芯坩埚：规格 G_3。

4.2.4 分析天平：精度为 0.000 1 g。

4.2.5 恒温干燥箱：温度精度±2 ℃。

4.2.6 恒温水浴锅：温度精度±2 ℃。

4.2.7 实验室常用玻璃器具。

4.3 外观、气味

打开产品外包装，观察产品表面是否发霉，色泽是否正常；嗅产品的气味是否有异味。

4.4 水分及挥发物的测定

按 GB/T 5528 规定的方法测定，采用空气烘箱法。

4.5 己烷不溶物的测定

4.5.1 测定方法

将砂芯坩埚在 100 ℃～105 ℃烘箱中烘至恒重。称取混匀的试样约 5.0 g(准确至 0.000 2 g)置于 250 mL 锥形瓶中，加入 100 mL 正己烷(4.1.1)，搅拌溶解后，用已恒重的砂芯坩埚抽滤。用约 25 mL 正己烷(4.1.1)分两次洗涤烧杯并将不溶物全部转移至砂芯坩埚内，用正己烷(4.1.1)洗净砂芯坩埚内壁和不溶物，最后尽量抽除残留正己烷。取下坩埚，用脱脂棉花沾少许正己烷(4.1.1)擦净砂芯坩埚外壁。将砂芯坩埚至 100 ℃～105 ℃烘箱中烘 1 h，取出后置于干燥器中冷却，称重，再烘 30 min，冷却，称重。

4.5.2 结果计算

试样中己烷不溶物含量以质量分数 X_1 计，按式(1)计算：

$$X_1 = \frac{m_3 - m_2}{m_1} \times 100\% \quad \cdots\cdots(1)$$

式中：

m_1——试样质量，单位为克(g)；

m_2——砂芯坩埚质量，单位为克(g)；

m_3——坩埚加己烷不溶物质量，单位为克(g)。

4.5.3 允许差

取平行测定结果的算术平均值为测定结果，两次平行测定结果相对偏差不大于5%。

4.6 丙酮不溶物的测定

4.6.1 样品制备

粉状磷脂制备：用50 mL烧杯称取约2 g流质磷脂，加10 mL石油醚(4.1.2)溶解，加25 mL丙酮(4.1.3)，析出磷脂。抽滤器上装好G_3坩埚，用80 mL丙酮(4.1.3)分数次抽滤。

磷脂饱和丙酮溶液(以下简称饱和丙酮)制备：取1 g粉状磷脂于1 000 mL磨口瓶中，加1 000 mL丙酮(4.1.3)，在0 ℃～5 ℃冰水浴浸泡2 h，约隔15 min摇动一次。约过2 h后，用快速滤纸过滤，滤液于0 ℃～5 ℃冷藏，备用。

4.6.2 测定方法

4.6.2.1 将烧杯、玻璃棒和坩埚，在100 ℃～105 ℃烘箱中烘至恒重。

4.6.2.2 称取混匀试样约2.0 g(精确至0.000 2 g)于已恒重的烧杯中(连同玻璃棒)。加0 ℃～5 ℃饱和丙酮约30 mL，在冰水浴内用玻璃棒采取搅拌与碾压相结合的方法用力碾压试样，在2 min内使试样中大部分油溶出。将溶液迅速用已恒重的坩埚轻度抽滤，不要将颗粒状不溶物带入坩埚。用0 ℃～5 ℃饱和丙酮20 mL冲洗坩埚内壁。

4.6.2.3 在上述烧杯中再加0 ℃～5 ℃饱和丙酮20 mL，在冰水浴中用玻璃棒同上法继续碾压试样2 min～3 min，待不溶物沉下，溶液用原坩埚抽滤。

4.6.2.4 按4.6.2.3方法重复两次，要将不溶物全部碾成细粉。最后一次碾洗后，取约0.1 mL清液滴在玻璃上快速蒸发丙酮。如留有油迹，则再按4.6.2.3法碾洗试样直至检查无油残迹。

4.6.2.5 将不溶物搅起移入坩埚中抽滤，用0 ℃～5 ℃饱和丙酮30 mL分两次洗涤砂芯坩埚、玻璃棒、烧杯和不溶物(尽量将不溶物移入坩埚)，最后加强抽滤，抽除残留丙酮。

4.6.2.6 将坩埚取下，用干净纱布沾少许丙酮(4.1.3)擦净坩埚和烧杯外部，用玻璃棒将坩埚内沉淀物搅松。将盛有沉淀物的坩埚和附有残留不溶物的玻璃棒及烧杯立即置于100 ℃～105 ℃烘箱中烘干30 min。取出，置入干燥器内冷却至室温，称重。再烘20 min，冷却，称重，直至恒重。

4.6.3 结果计算

试样中丙酮不可溶物含量以质量分数X_2计，按式(2)计算：

$$X_2 = \frac{m_6 - m_5}{m_4} \times 100\% - X_1 \qquad \cdots\cdots(2)$$

式中：

m_4——试样质量，单位为克(g)；

m_5——空的坩埚、烧杯、玻璃棒总质量，单位为克(g)；

m_6——干燥后坩埚、烧杯、玻璃棒和沉淀物的总质量，单位为克(g)；

X_1——按式(1)计算的己烷不溶物含量。

4.6.4 允许差

取平行测定结果的算术平均值为测定结果，两次平行测定结果相对偏差不大于5%。

4.7 磷脂酰胆碱、磷脂酰乙醇胺、磷脂酰肌醇的测定

按GB/T 21493的规定执行。

4.8 酸价的测定

4.8.1 测定方法

称取混匀试样0.3 g～0.5 g(精确至0.000 2 g)于干燥的三角烧瓶中，加入70 mL石油醚(4.1.2)，

摇动使之溶解。然后加入 30 mL 中性乙醇(4.1.6),摇匀。加入约 0.5 mL 酚酞指示剂溶液(4.1.4),用氢氧化钾-乙醇标准溶液滴定(4.1.5),滴至出现微红色,在 30 s 内红色不褪为终点。记录终点时消耗的标准溶液体积。

4.8.2 结果计算

试样中酸价含量 X_3,以每克试样消耗氢氧化钾的毫克数表示,单位为毫克每克(mg/g),按式(3)计算:

$$X_3=\frac{V\times M\times 56.1}{m_7} \qquad \cdots\cdots(3)$$

式中:

V——滴定消耗的氢氧化钾-乙醇标准溶液体积,单位为毫升(mL);

M——氢氧化钾-乙醇标准溶液的摩尔浓度,单位为摩尔每升(mol/L);

m_7——试样质量,单位为克(g);

56.1——1 mL 1 mol/L 氢氧化钾-乙醇标准溶液中含氢氧化钾的毫克数。

4.8.3 允许差

取平行测定结果的算术平均值为测定结果,两次平行测定结果允许差不得超过 0.5 mg/g(以 KOH 计)。测试结果取小数点后一位。

4.9 过氧化值的测定

按 GB/T 5538 的规定执行。

4.10 残留溶剂量的测定

按 GB/T 5009.37 的规定执行。

4.11 总砷的测定

按 GB/T 13079 的规定执行。

4.12 重金属的测定

称取试样约 1.0 g(精确至 0.000 2 g),按《中华人民共和国药典》2005 年版第二部 附录Ⅷ 重金属检查法 第一法测定。

5 检验规则

5.1 出厂检验

生产企业应保证所有大豆磷脂产品均符合本标准规定的要求。每批产品检验合格后方可出厂。

本标准规定的出厂检验项目为:感官指标、水分及挥发物、己烷不溶物、丙酮不溶物、酸价、过氧化值。

5.2 采样方法

采样方法按照 GB/T 14699.1 之规定进行。

抽样需备有清洁、干燥、具有密闭性和避光性的样品瓶,瓶上贴有标签并注明:生产厂家名称、产品名称、批号及取样日期。

抽样时,用适用的取样器分别在不同贮器的上、中、下各部位取样,将所取样品充分混匀。每批样品分两份,取样总量应不少于 500 g。装入样品瓶中,一份供检验用,另一份密封保存备查。

5.3 产品型式检验

5.3.1 产品型式检验应在下列情况下进行:

a) 新产品的试制定型鉴定;

b) 正式生产后,如材料及生产工艺有较大改变,有可能影响产品质量时;

c) 正式生产过程中,每半年进行一次检验,考核产品质量稳定性;

d) 产品长期停产后,恢复生产时;

e） 出厂检验结果与上次型式检验结果有较大差异时；

f） 国家或地方质量监督机构提出进行型式检验要求时。

5.3.2 产品型式检验应在出厂检验合格的产品中抽取样品。

5.3.3 产品型式检验要对产品标准中规定的技术要求实行全检。

5.4 判定规则

若检验结果有一项指标不符合本标准要求时，应加倍抽样进行复验，复验结果仍有一项指标不符合本标准要求时，则整批产品判为不合格品。

6 标签、包装、运输、贮存

6.1 标签

本品标签按 GB 10648 的规定执行。

6.2 包装

包装应使用适当的密封、防潮包装材料。产品每件包装的净含量可根据客户要求。

6.3 运输

本品在运输过程中应避光、防潮、防高温、防止包装破损，不应与有毒有害的物质或其他有污染物品混装、混运。

6.4 贮存

本品应贮存于干燥、通风良好、无直接阳光曝晒处。注意包装密封性良好。避免贮存于高温环境。

本品在规定的贮存条件下，保质期为 12 个月。

ICS 65.120
B 46

中华人民共和国国家标准

GB/T 23879—2009

饲料添加剂 肌醇

Feed additive—Inositol

2009-05-26 发布　　　　2009-10-01 实施

中华人民共和国国家质量监督检验检疫总局
中国国家标准化管理委员会　发布

前言

本标准的附录A为资料性附录。

本标准由全国饲料工业标准化技术委员会提出并归口。

本标准主要起草单位:国家饲料质量监督检验中心(武汉)、山东诸城市浩天药业有限公司。

本标准主要起草人:钱昉、王在利、郭吉原、曹建军、杨海鹏、文为、何凤琴。

饲料添加剂　肌醇

1　范围

本标准规定了饲料添加剂肌醇的技术要求、试验方法、检验规则及标签、包装、运输、储存等。

本标准适用于由植酸或植酸钙(镁)水解生成的肌醇,在饲料工业中作为营养型饲料添加剂。

化学名称:环己六醇

分子式:$C_6H_{12}O_6$

相对分子质量:180.16(按2007年国际相对原子质量)

结构式

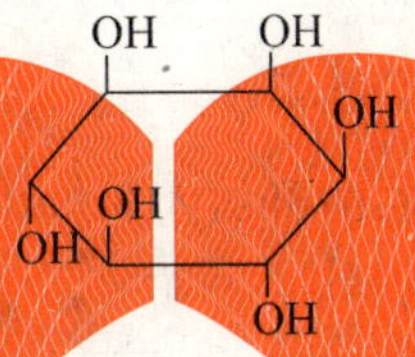

2　规范性引用文件

下列文件中的条款通过本标准的引用而成为本标准的条款。凡是注日期的引用文件,其随后所有的修改单(不包括勘误的内容)或修订版均不适用于本标准,然而,鼓励根据本标准达成协议的各方研究是否可使用这些文件的最新版本。凡是不注日期的引用文件,其最新版本适用于本标准。

GB/T 6682　分析实验室用水规格和试验方法

GB 10648　饲料标签

GB/T 14699.1　饲料　采样

《中华人民共和国药典》2005年版

3　要求

3.1　感官性状

本品为白色晶体或结晶状粉末,无臭,味甜,在空气中稳定。溶于水,不溶于乙醚和三氯甲烷。

3.2　技术指标

技术指标应符合表1要求。

表1

项　　目	指　　标
肌醇含量(以 $C_6H_{12}O_6$ 计)/%	≥97.0
干燥失重/%	≤0.5
炽灼残渣/%	≤0.1
重金属(以Pb计)/%	≤0.002
砷(As)/%	≤0.000 3
熔点/℃	224～227

4　试验方法

本标准所用试剂和水,除特别注明外,均指分析纯试剂和符合GB/T 6682中规定的二级用水。

4.1 鉴别试验

4.1.1 试剂和溶液

4.1.1.1 硝酸。

4.1.1.2 氯化钡[$BaCl_2 \cdot 2H_2O$]溶液:称取 5 g 氯化钡溶于 100 mL 水中。

4.1.2 鉴别方法

称取约 1 g 试样,加水 50 mL 制成 2%的试样溶液。取 1 mL 试样溶液放于瓷蒸发皿内,加入 6 mL 硝酸(4.1.1.1),在水浴上蒸发至干。用 1 mL 水溶解残渣,再加入 0.5 mL 氯化钡溶液(4.1.1.2),置于水浴上再次蒸干,则产生玫瑰红色。

4.2 肌醇含量测定

4.2.1 重量法

4.2.1.1 方法原理

肌醇在酸性条件下与乙酸酐生成溶于三氯甲烷而不溶于水的六乙酰肌醇,生成的六乙酰肌醇质量再换算成肌醇质量。

4.2.1.2 试剂和溶液

4.2.1.2.1 乙酸酐稀硫酸溶液:取 1 mL 乙酸酐加入 50 mL 0.1 mol/L 硫酸溶液中。

4.2.1.2.2 三氯甲烷。

4.2.1.3 仪器和设备

4.2.1.3.1 一般实验室设备。

4.2.1.3.2 旋转蒸发器。

4.2.1.4 测定方法

称取试样约 0.2 g(准确至 0.000 1 g)于 250 mL 烧杯中,加入乙酸酐稀硫酸溶液(4.2.1.2.1) 5 mL,盖上表面皿,置水浴中加热溶解 20 min,取出冷却,缓缓加入 100 mL 水,加热煮沸 20 min,放冷。移置分液漏斗中,用三氯甲烷(4.2.1.2.2)少许洗涤烧杯,洗液并入分液漏斗中,用三氯甲烷(4.2.1.2.2)振摇提取 5 次,其用量分别为 30 mL、25 mL、20 mL、15 mL、10 mL,用 10 mL 三氯甲烷清洗分液漏斗,然后用 10 mL 水洗涤 1 次,三氯甲烷层用脱脂棉滤过,再用三氯甲烷 10 mL 洗涤水层、滤器与脱脂棉,合并滤液与洗液于已知恒重(105 ℃)的梨形瓶中,然后在旋转蒸发器上蒸去三氯甲烷,在 105 ℃干燥至恒重。

4.2.1.5 结果计算

肌醇含量 w_1,以质量分数计,按式(1)计算:

$$w_1 = \frac{(m_1 - m_2) \times 0.4167}{m} \times 100\% \qquad (1)$$

式中:

m_1——梨形瓶与六乙酰肌醇干燥恒重后的质量和,单位为克(g);

m_2——梨形瓶干燥恒重质量,单位为克(g);

m——样品质量,单位为克(g);

0.416 7——六乙酰肌醇换算成肌醇的系数。

4.2.1.6 重复性

两平行测定结果绝对值之差不大于 2.0%。

4.2.2 高效液相色谱法(仲裁法)

4.2.2.1 试剂和溶液

4.2.2.1.1 重蒸水:符合 GB/T 6682 中规定的一级用水。

4.2.2.1.2 标准溶液:称取肌醇干燥对照品(纯度≥98.5%)1.0 g(准确至 0.000 1 g)于 100 mL 容量瓶中,加蒸馏水适量,超声使溶解,然后用蒸馏水稀释至刻度,摇匀。

4.2.2.2 仪器设备

4.2.2.2.1 一般实验室设备。

4.2.2.2.2 超声清洗器。

4.2.2.2.3 高效液相色谱仪。

4.2.2.3 试样溶液的制备

称取试样约 1.0 g(准确至 0.000 1 g)于 100 mL 容量瓶中,加蒸馏水适量,超声使溶解,然后用蒸馏水稀释至刻度,摇匀待测。

4.2.2.4 测定

4.2.2.4.1 色谱条件

色谱柱:强阳离子交换柱(钙离子型)。

流动相:蒸馏水。

流 速:0.5 mL/min。

柱 温:85 ℃。

进样量:10 μL。

检测器:示差折光检测器。

4.2.2.4.2 定量测定

取标准溶液及试样溶液,分别连续进样 3 次～5 次,按峰面积计算校正因子,并用其平均值计算试样中肌醇的含量。

4.2.2.5 结果计算

肌醇含量 w_2,以质量分数计,按式(2)计算:

$$w_2 = \frac{A_1 \times m_4}{A_2 \times m_3} \times 100\% \qquad \cdots\cdots(2)$$

式中:

A_1——试样溶液中肌醇的峰面积;

A_2——标准溶液中肌醇对照品的峰面积;

m_3——试样溶液中肌醇的质量,单位为克(g);

m_4——标准溶液中肌醇对照品的质量,单位为克(g)。

4.2.2.6 重复性

两平行测定结果绝对值之差,不大于 2.0%。

4.3 干燥失重的测定

4.3.1 测定方法

称取样品 1 g～2 g(准确至 0.000 1 g),置于已在 105 ℃烘箱中干燥至恒重的称量瓶内,打开称量瓶瓶盖,置于 105 ℃烘箱中,干燥至恒重。

4.3.2 结果计算

干燥失重 w_3 以质量分数计,按式(3)计算:

$$w_3 = \frac{m_5 - m_6}{m_7} \times 100\% \qquad \cdots\cdots(3)$$

式中:

m_5——干燥前的样品和称量瓶总质量,单位为克(g);

m_6——干燥后的样品和称量瓶总质量,单位为克(g);

m_7——样品质量,单位为克(g)。

4.4 炽灼残渣的测定

4.4.1 试剂

硫酸。

4.4.2 测定方法

称取样品 1 g～2 g(准确至 0.000 1 g),置于已在 700 ℃～800 ℃灼烧至恒重的瓷坩埚中,用小火缓缓加热至完全碳化，放冷后，加硫酸 0.5 mL～1 mL 使湿润，低温加热至硫酸蒸气除尽后，移入马福炉中，在 700 ℃～800 ℃下灼烧至恒重。

4.4.3 **结果计算**

炽灼残渣 w_4 以质量分数计，按式(4)计算：

$$w_4 = \frac{m_8 - m_9}{m_{10}} \times 100\% \qquad \cdots\cdots(4)$$

式中：

m_8——坩埚和残渣质量，单位为克(g)；

m_9——坩埚质量，单位为克(g)；

m_{10}——样品质量，单位为克(g)。

4.5 **重金属(以 Pb 计)的测定**

按《中华人民共和国药典》2005 年版二部附录Ⅷ H"重金属检查法一法"的规定执行。

4.6 **砷(As)的测定**

按《中华人民共和国药典》2005 年版二部附录Ⅷ J"砷盐检查法"的规定执行。

4.7 **熔点的测定**

按《中华人民共和国药典》2005 年版二部附录Ⅵ C"熔点测定法"的规定执行。

5 检测规则

5.1 **采样方法**

按 GB/T 14699.1 进行。

5.2 **出厂检验**

5.2.1 **组批**

以同原料、同配方、同班次的产品为一批，每批产品进行出厂检验。

5.2.2 **出厂检验项目**

感官性状、干燥失重、肌醇含量、熔点。

5.2.3 **判定方法**

以本标准的有关试验方法和要求为依据，对抽取样品按出厂检验项目进行检验。检验结果如有一项指标不符合本标准要求时，应重新在两倍包装单元抽样进行复检，复检结果如仍有任何一项不符合标准要求，则判定该批产品为不合格，不能出厂。

5.3 **型式检验**

5.3.1 有下列情况之一，应进行型式检验：

a) 改变配方或生产工艺；

b) 正常生产每半年或停产半年后恢复生产；

c) 国家技术监督部门提出要求时。

5.3.2 型式检验项目为本标准第 3 章的全部项目。

5.3.3 判定方法：以本标准的有关试验方法和要求为依据，对抽取样品按型式检验项目进行检验。检验结果如有一项指标不符合本标准要求时，应重新在两倍包装单元抽样进行复检，复检结果如仍有任何一项不符合本标准要求，则判型式检验不合格。

6 标签、包装、运输、贮存

6.1 **标签**

标签按 GB 10648 规定执行。

6.2 **包装**

本产品内包装采用食品级聚乙烯薄膜，装于适当的容器内封存，包装应符合运输和贮存的要求。每件包装的质量可根据客户的要求而定。

6.3　**运输**

应避免日晒雨淋、受热及撞击。搬运装卸小心轻放，不得与有毒有害或其他有污染的物品混装、混运。

6.4　**贮存**

本品应贮存在通风、干燥、无污染的地方。

本品在规定的贮存条件下，原包装保质期48个月(开封后尽快使用，以免变质)。

附 录 A
（资料性附录）
肌醇标准图谱

肌醇标准图谱见图 A.1。

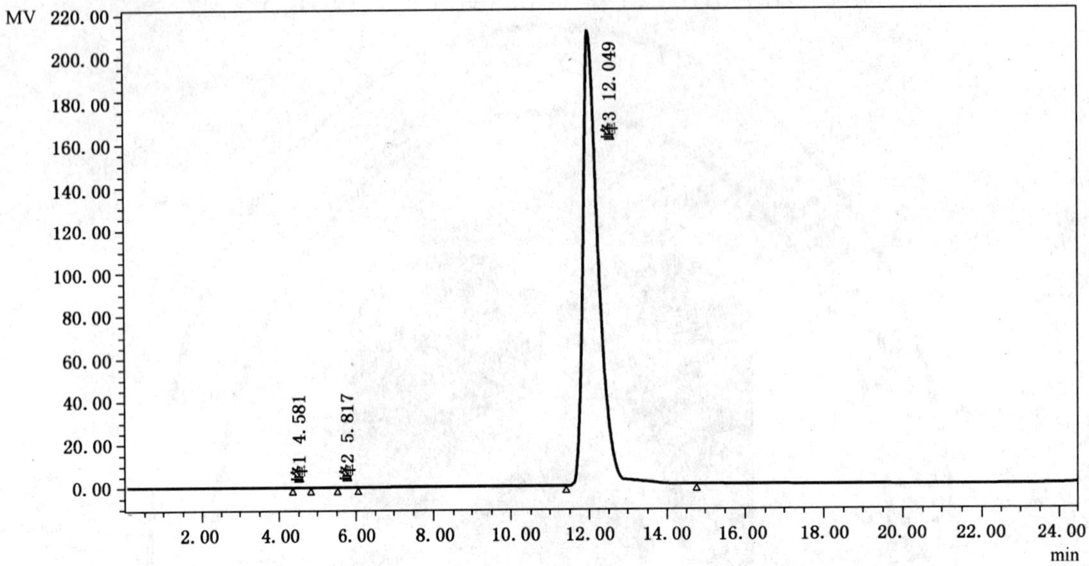

图 A.1

ICS 65.120
B 46

中华人民共和国国家标准

GB/T 23880—2009

饲料添加剂　氯化钠

Feed additive—Sodium chloride

2009-05-26 发布　　2009-10-01 实施

中华人民共和国国家质量监督检验检疫总局
中国国家标准化管理委员会　发布

前　言

本标准由全国饲料工业标准化技术委员会提出并归口。

本标准起草单位:华中农业大学。

本标准主要起草人:齐德生、于炎湖、张妮娅。

饲料添加剂　氯化钠

1　范围

本标准规定了饲料添加剂氯化钠的要求、试验方法、检验规则以及标志、标签、包装、运输、贮存。

本标准适用于饲料添加剂氯化钠。该产品作为饲料中钠离子和氯离子的补充剂。

分子式：NaCl

相对分子质量：58.44(按2007年国际相对原子质量)

2　规范性引用文件

下列文件中的条款通过本标准的引用而成为本标准的条款。凡是注日期的引用文件，其随后所有的修改单(不包括勘误的内容)或修订版均不适用于本标准，然而，鼓励根据本标准达成协议的各方研究是否可使用这些文件的最新版本。凡是不注日期的引用文件，其最新版本适用于本标准。

GB/T 5009.15　食品中镉的测定

GB/T 5009.42　食盐卫生标准的分析方法

GB/T 6439　饲料中水溶性氯化物的测定

GB/T 6682　分析实验室用水规格和试验方法

GB 10648　饲料标签

GB/T 13025.1　制盐工业通用试验方法　粒度的测定

GB/T 13025.2　制盐工业通用试验方法　白度的测定

GB/T 13025.3　制盐工业通用试验方法　水分的测定

GB/T 13025.10　制盐工业通用试验方法　亚铁氰化钾的测定

GB/T 13079　饲料中总砷的测定

GB/T 13080　饲料中铅的测定　原子吸收光谱法

GB/T 13081　饲料中汞的测定

GB/T 13083　饲料中氟的测定　离子选择性电极法

GB/T 13085　饲料中亚硝酸盐的测定　比色法

GB/T 14699.1　饲料　采样

JJF 1070　定量包装商品净含量计量检验规则

3　要求

3.1　感官指标

白色、无可见外来异物、味咸，无苦涩味、无异味。

3.2　理化指标

理化指标应符合表1的规定。

表1　理化指标

项　　目		指　　标
氯化钠(以 NaCl 计)/%	≥	95.50
水分/%	≤	3.20
水不溶物/%	≤	0.20
白度/度	≥	45
粒度(通过 0.71 mm 试验筛)/%	≥	85

3.3 卫生指标

卫生指标应符合表2的规定。

表2 卫生指标

单位为毫克每千克

项目		指标
总砷(以As计)	≤	0.5
铅(以Pb计)	≤	2.0
总汞(以Hg计)	≤	0.1
氟(以F计)	≤	2.5
钡(以Ba计)	≤	15
镉(以Cd计)	≤	0.5
亚铁氰化钾(以$[Fe(CN)_6]^{4-}$计)	≤	10
亚硝酸盐(以$NaNO_2$计)	≤	2

4 试验方法

所用试剂和水,如无特殊说明均指分析纯试剂和GB/T 6682中规定的三级水。

4.1 鉴别

4.1.1 氯离子鉴别

取1 g左右的样品于125 mL三角烧瓶中,加入50 mL水,搅匀使之溶解,再加入10 mL 0.1 mol/L硝酸溶液,摇匀,滴加几滴0.1 mol/L硝酸银溶液,应有白色沉淀。

4.1.2 钠离子鉴别

取1 g左右的样品加10 mL水于小烧杯中制成试液。

先将铂丝蘸浓盐酸在酒精灯无色火焰部灼烧至无色,再用铂丝蘸取少量试液在酒精灯无色火焰部灼烧,火焰应呈黄色。

4.2 感官指标

取样品100 g置于洁净白瓷盘,用眼观其色泽和是否有外来杂物,用鼻闻其气味,用口尝其滋味。

4.3 白度

按GB/T 13025.2规定执行。

4.4 粒度

按GB/T 13025.1规定执行。

4.5 氯化钠含量的测定

按GB/T 6439的规定执行。

4.6 水不溶物、钡含量的测定

按GB/T 5009.42规定的方法执行。

4.7 铅含量的测定

按GB/T 13080的规定执行。

4.8 氟含量的测定

按GB/T 13083的规定执行。

4.9 水分的测定

按GB/T 13025.3规定执行。

4.10 总砷含量的测定

按GB/T 13079规定执行。

4.11 总汞含量的测定

按 GB/T 13081 规定执行。

4.12 镉含量的测定

按 GB/T 5009.15 规定的方法执行。

4.13 亚铁氰化钾含量的测定

按 GB/T 13025.10 规定执行。

4.14 亚硝酸盐含量的测定

按 GB/T 13085 规定执行。

4.15 净含量

按 JJF 1070 规定执行。

5 检验规则

5.1 组批

同一批号产品可以作为同一抽样批次。

5.2 抽样方法

按 GB/T 14699.1 饲料采样方法规定确定采样单元数。采样时，将采样器自包装袋的上方斜插入至料层深度的四分之三处采样，将采得的样品充分混合均匀后，按四分法缩分至约 500 g，立即分装于两个清洁干燥的具塞广口瓶中，密封。瓶上粘贴标签，注明：生产厂名、产品名称、批号、采样日期和采样者姓名。一瓶用于检验，另一瓶保存备查。

5.3 检验类别

5.3.1 出厂检验

每批产品出厂前，生产单位都应进行出厂检验，检验内容包括包装、标签、标志、净含量、感官和理化指标。检验合格并附合格证方可出厂。

5.3.2 型式检验

型式检验是对产品进行全面考核，即对本标准规定的感官、理化和卫生指标进行检验。有下列情形之一者应进行型式检验：

1） 国家质量监督机构或主管部门提出进行型式检验要求时；

2） 原料、生产工艺、生产环境发生较大变化可能影响产品质量时；

3） 前后两次抽样检验结果差异较大时。

5.4 判断标准

检验结果全部合格时则判该批产品合格。检验结果如有指标不符合本标准要求时，应自两倍量的包装中采样重新进行复检，复检结果若仍有不合格项时，则判定整批产品不合格。

6 包装、标志、运输、贮存

6.1 饲料添加剂氯化钠包装袋上应有牢固清晰的标志，内容按 GB 10648 执行。

6.2 饲料添加剂氯化钠的大包装必须使用内衬聚乙烯薄膜的纸箱、编织袋，每件重量为 25 kg 或 50 kg，也可根据客户要求定制。包装应附合格证，并注明：生产企业名称、地址、产品名称、数量、批号、检验员姓名（代号）。

6.3 饲料添加剂氯化钠运输工具必须清洁、干燥，运输途中器具捆扎牢固，确保完好无损，防止雨淋、受潮，禁止与能导致盐质污染的货物混装。

6.4 饲料添加剂氯化钠贮存中要妥善保管。存放仓库要通风，防止雨淋、受潮，堆放的饲料添加剂氯化钠产品应上有遮蔽、下有隔板，禁止与能导致污染的货物共贮。

ICS 65.120
B 46

中华人民共和国国家标准

GB/T 23881—2009

饲用纤维素酶活性的测定 滤纸法

Determination of feed cellulase activity—Filter paper assay method

2009-05-26 发布 2009-10-01 实施

中华人民共和国国家质量监督检验检疫总局
中国国家标准化管理委员会 发布

前　言

本标准由全国饲料工业标准化技术委员会提出并归口。

本标准起草单位：国家饲料质量监督检验中心(武汉)。

本标准主要起草人：何凤琴、杨林、钱昉、刘小敏、屈利文、黄婷、颜克亮。

饲用纤维素酶活性的测定
滤纸法

1 范围

本标准规定了以滤纸为底物,用还原糖比色法测定饲用纤维素酶活性的方法。

本标准适用于饲用纤维素酶活性的测定,定量检测限为 0.02 U/mL。

2 规范性引用文件

下列文件中的条款通过本标准的引用而成为本标准的条款。凡是注日期的引用文件,其随后所有的修改单(不包括勘误的内容)或修订版均不适用于本标准,然而,鼓励根据本标准达成协议的各方研究是否可使用这些文件的最新版本。凡是不注日期的引用文件,其最新版本适用于本标准。

GB/T 6682 分析实验用水规格和试验方法

GB/T 14699.1 饲料 采样

GB/T 20195 动物饲料 试样的制备

3 术语和定义

下列术语和定义适用于本标准。

3.1

滤纸纤维素酶活性单位 filter paper cellulase activity unit

在 37 ℃,pH5.5,反应 60 min 的条件下,每分钟降解滤纸释放 1 μmol 葡萄糖所需的酶量,定义为一个滤纸纤维素酶活性单位,以 U 表示。

4 原理

纤维素酶水解滤纸产生的纤维二糖、葡萄糖等还原糖能将碱性条件下的 3,5-二硝基水杨酸还原,生成棕红色的氨基化合物,在 540 nm 波长处有最大吸收,在一定范围内酶解产生的还原糖的量与反应液的吸光值成正比。

5 试剂和材料

本标准使用的试剂均为分析纯,水均为符合 GB/T 6682 中规定的二级水。

5.1 酒石酸钾钠($C_4H_4KNaO_6 \cdot 4H_2O$)。

5.2 苯酚。

5.3 亚硫酸钠。

5.4 氢氧化钠溶液(200 g/L):称取氢氧化钠 20.0 g,加 100 mL 水溶解。

5.5 柠檬酸溶液(0.1 mol/L):称取柠檬酸($C_6H_8O_7 \cdot H_2O$)2.10 g,加水溶解定容至 100 mL。

5.6 柠檬酸钠溶液(0.1 mol/L):称取柠檬酸钠($Na_3C_6H_5O_7 \cdot 2H_2O$)2.94 g,加水溶解定容至 100 mL。

5.7 柠檬酸盐缓冲液(0.05 mol/L,pH5.5):称取柠檬酸($C_6H_8O_7 \cdot H_2O$)10.5 g,加入氢氧化钠5.0 g,再加 800 mL 水溶解,用柠檬酸溶液(5.5)或柠檬酸钠溶液(5.6)调节 pH 至 5.5,再用水定容至 1 000 mL。

5.8 Whatman 1 号滤纸条(1.0 cm×6.0 cm)。

5.9 DNS 试剂:称取 3,5-二硝基水杨酸 3.15 g,加水 500 mL 搅拌溶解,水浴至 45 ℃,然后逐步加入氢氧化钠溶液(5.4)100 mL,同时不断搅拌,直至完全溶解,再逐步加入酒石酸钾钠(5.1)91.0 g、苯酚(5.2)2.50 g 和亚硫酸钠(5.3)2.50 g,搅拌至溶解,冷却到室温后,定容至 1 000 mL。过滤,取滤液贮存于棕色瓶中,避光保存。室温下存放 7 d 后可以使用,有效期为 6 个月。

警告:处理酸碱和配制 DNS 试剂时,应在通风橱或通风良好的房间进行,戴上保护眼镜和乳胶手套,一旦皮肤或眼睛接触了上述物质,及时用大量的水冲洗。

5.10 葡萄糖标准溶液(10.0 mg/mL):称取经 105 ℃ 烘至恒量的无水葡萄糖约 1 g,精确至 0.000 1 g,加柠檬酸盐缓冲溶液(5.7)溶解,定容至 100 mL。

6 仪器与设备

除常用实验室设备外,其他仪器设备如下。

6.1 分样筛:孔径为 0.25 mm(60 目)。

6.2 分析天平:感量为 0.000 1 g。

6.3 pH 计:精确至 0.01。

6.4 磁力搅拌器:附加热功能。

6.5 电磁振荡器。

6.6 离心机。

6.7 恒温水浴锅。

6.8 秒表。

6.9 分光光度计。

6.10 移液器:精度为 1 μL。

7 试样的制备

按 GB/T 14699.1 采样,按 GB/T 20195 选取样品至少 500 g,四分法缩减至 100 g,磨碎,通过 0.25 mm 孔筛,混匀密闭容器中,低温保存。

8 测定

8.1 试样溶液的准备

称取 0.2 g~4 g 试样,精确至 0.000 1 g,加入 40 mL 柠檬酸盐缓冲液(5.7),磁力搅拌 30 min,再用柠檬酸盐缓冲液(5.7)定容至 100 mL,在 4 ℃条件下避光保存 24 h。摇匀,取 30 mL~50mL,以 3 000 r/min 离心 3 min。取 5.00 mL 上清液,用柠檬酸盐缓冲液(5.7)做二次稀释(稀释后的待测酶液中纤维素酶活性应控制在 0.04 U/mL~0.18 U/mL 之间)。

液体样品可以直接用柠檬酸盐缓冲液(5.7)进行稀释,定容(稀释后的酶液中纤维素酶活性应控制在 0.04 U/mL~0.18 U/mL 之间)。如果稀释后的酶液 pH 偏离 5.5,需重新调节 pH 为 5.5,用柠檬酸盐缓冲液(5.7)稀释定容。

8.2 标准曲线

8.2.1 分别量取葡萄糖标准溶液(5.10)0.00 mL、2.00 mL、3.00 mL、4.00 mL、6.00 mL、8.00 mL、10.00 mL,分别用柠檬酸盐缓冲溶液(5.7)定容至 50 mL,配成浓度为 0.00 mg/mL~2.00 mg/mL 的葡萄糖标准系列。

8.2.2 分别吸取葡萄糖标准溶液(8.2.1)各 1.00 mL 于 25 mL 容量瓶中,各加 2.00 mL 水和 2.00 mL DNS 试剂(5.9),沸水浴 5 min。冷却至室温,用水定容至 25 mL,在 540 nm 波长下比色,以吸光度作横坐标,对应标准葡萄糖溶液含糖的毫克数为纵坐标,列出直线回归方程。

8.3 酶活性的测定

8.3.1 吸取10.0 mL经过适当稀释的酶液(8.1),37 ℃平衡10 min。

8.3.2 在25 mL具塞比色管中加入滤纸条(5.8)——滤纸条须对称剪成32片并全部放入,加1.0 mL柠檬酸盐缓冲液(5.7)浸润滤纸片,37 ℃水浴平衡10 min,再依次加入2.00 mL DNS试剂(5.9),0.50 mL酶液(8.3.1),5 mL水,电磁振荡3 s～5 s,37 ℃水浴中保温60 min(用秒表控制),然后在沸水浴中煮沸5 min,冷却至室温,用水定容至25 mL,在540 nm波长处测定校准值A_0。

8.3.3 在25 mL具塞比色管中加入滤纸条(5.8)——滤纸条须对称剪成32片并全部放入,加1.0 mL柠檬酸盐缓冲液(5.7)浸润滤纸片,37 ℃水浴平衡10 min,再依次加入0.50 mL酶液(8.3.1),5 mL水,电磁振荡3 s～5 s,37 ℃水浴中保温60 min(用秒表控制),加2.00 mL DNS试剂(5.9),然后在沸水浴中煮沸5 min,冷却至室温,用水定容至25 mL。在540 nm波长处测定吸光度A_1。

9 结果计算

9.1 试样中滤纸纤维素酶活性以X表示,单位为酶活性单位每克(U/g),按式(1)计算:

$$X=\frac{m}{M\times t}\times 1\,000\times n \qquad \cdots\cdots(1)$$

式(1)中:

X——试样纤维素酶的活性,单位为酶活性单位每克(U/g);

m——根据标准曲线方程上计算得的(A_1-A_0)值对应的葡萄糖的质量,单位为毫克(mg);

M——葡萄糖的摩尔质量,180.2 g/mol;

t——酶解反应时间,单位为分钟(min);

1 000——转化因子,1 mmol=1 000 μmol;

n——试样的总稀释倍数。

9.2 每个试样取两份试料进行平行试验,测定结果用其算术平均值表示,保留3位有效数字。

10 重复性

在重复性条件下的两次测定,所得结果的相对偏差不超过20%。

ICS 65.120
B 46

中华人民共和国国家标准

GB/T 23882—2009

饲料中L-抗坏血酸-2-磷酸酯的测定 高效液相色谱法

Determination of L-ascorbyl-2-monophosphate in feeds—High performance liquid chromatography

2009-05-26 发布　　2009-10-01 实施

中华人民共和国国家质量监督检验检疫总局
中国国家标准化管理委员会　发布

前　言

本标准的附录 A 为资料性附录。

本标准由全国饲料工业标准化技术委员会(SAC/TC 76)提出并归口。

本标准起草单位:国家饲料质量监督检验中心(武汉)、北京桑普生物化学技术有限公司、帝斯曼维生素(上海)有限公司。

本标准主要起草人:屈利文、施文娟、虞哲高、杨海鹏、何凤琴、黄婷。

饲料中L-抗坏血酸-2-磷酸酯的测定
高效液相色谱法

1 范围

本标准规定了饲料中L-抗坏血酸-2-磷酸酯的高效液相色谱检测方法。

本标准适用于水产用配合饲料、浓缩饲料、添加剂预混合饲料中L-抗坏血酸-2-磷酸酯含量的测定，方法检出限为2 mg/kg(以L-抗坏血酸计)，定量限为10 mg/kg(以L-抗坏血酸计)。

2 规范性引用文件

下列文件中的条款通过本标准的引用而成为本标准的条款。凡是注日期的引用文件，其随后所有的修改单(不包括勘误的内容)或修订版均不适用于本标准，然而，鼓励根据本标准达成协议的各方研究是否可使用这些文件的最新版本。凡是不注日期的引用文件，其最新版本适用于本标准。

GB/T 6682 分析实验室用水规格和试验方法

GB/T 14699.1 饲料 采样

GB/T 20195 动物饲料 试样的制备

3 原理

试样中的L-抗坏血酸-2-磷酸酯用磷酸盐缓冲溶液提取，离心，过滤，过滤液用高效液相色谱仪进行测定，外标法定量。

4 试剂和溶液

除非另有说明，在分析中仅使用确认为分析纯的试剂和符合GB/T 6682规定的二级水的水。

4.1 甲醇：色谱纯。

4.2 磷酸。

4.3 磷酸二氢钾。

4.4 四丁基硫酸氢铵。

4.5 磷酸盐缓冲溶液：54 g磷酸二氢钾溶于900 mL水中，用磷酸(4.2)调至pH3.0后，用水稀释至1 000 mL。

4.6 流动相：称取6.8 g磷酸二氢钾(4.3)，0.5 g四丁基硫酸氢铵(4.4)，置于1 000 mL容量瓶中，加入约700 mL水，待全部溶解后，加入75 mL甲醇(4.1)，用水定容至刻度，摇匀，过0.45 μm滤膜，超声脱气。

4.7 L-抗坏血酸-2-磷酸酯标准储备液(以L-抗坏血酸计=100 μg /mL)：准确称取三-环己胺-抗坏血酸-2-磷酸酯〔tris-(cyclohexyl-ammonium)ascorbic acid-2-phosphate〕($C_{24}H_{48}N_3O_9P$ 纯度≥99.0%)标准品0.015 8 g(标准品以L-抗坏血酸计，换算因子为0.318 4)用磷酸盐缓冲溶液(4.5)溶解并定容于50 mL棕色容量瓶中。保存在4 ℃冰箱中，有效期一个月。

4.8 L-抗坏血酸-2-磷酸酯标准工作液：分别移取L-抗坏血酸-2-磷酸酯标准储备液(4.7)0.50 mL，1.00 mL，2.00 mL，5.00 mL，10.0 mL置50 mL棕色容量瓶中，用磷酸盐缓冲溶液(4.5)定容，即以L-抗坏血酸计浓度为1.00 μg/mL，2.00 μg/mL，4.00 μg/mL，10.0 μg/mL，20.0 μg/mL标准工作液。当日配制。

5 仪器和设备

5.1 高效液相色谱仪,配有紫外或二极管阵列检测器。

5.2 离心机:3 500 r/min。

5.3 超声波水浴。

6 采样

按照 GB/T 14699.1 的规定执行。

7 试样制备

按 GB/T 20195 制备试样,磨碎,通过 0.45 mm 孔筛,混匀,装入密闭容器中,避光低温保存备用。

8 分析步骤

8.1 提取

称取一定量的试样〔含 L-抗坏血酸-2-磷酸酯(以 L-抗坏血酸计)约 1 mg〕,精确至 0.1 mg,置于 100 mL容量瓶中,加入约 70 mL 磷酸盐缓冲溶液(4.5),于超声波水浴中超声处理 15 min,用磷酸盐缓冲溶液(4.5)定容至刻度(V)。取适量溶液 3 500 r/min 离心 5 min,离心后上清液经过 0.45 μm 滤膜过滤,滤液用于高效液相色谱分析。

8.2 测定

8.2.1 液相色谱参考条件

色谱柱:C_{18}柱,长 250 mm,内径 4.6 mm,粒径 5 μm,或性能相当者。

柱温:室温。

流速:1.0 mL/min。

检测波长:250 nm。

进样量:20 μL。

8.2.2 标准曲线的绘制

向基线平稳的 HPLC 分析仪连续注入 L-抗坏血酸-2-磷酸酯标准工作液(4.8),浓度由低到高,以峰面积-浓度作图,得到标准曲线回归方程。

8.2.3 定量测定

注入待测样液(8.1),其中 L-抗坏血酸-2-磷酸酯的峰面积响应值应在标准曲线线性范围内,超过线性范围则应稀释后再进样分析。依据峰面积,从标准曲线中得到待测样液中 L-抗坏血酸-2-磷酸酯的浓度(C)。有关色谱图参见附录 A。

9 结果计算

试样中 L-抗坏血酸-2-磷酸酯的含量(以 L-抗坏血酸计)X,以质量分数表示,单位为毫克每千克(mg/kg),按式(1)计算:

$$X = \frac{c \times V}{m} \times n \qquad \cdots\cdots(1)$$

式中:

c——由标准曲线而得的试样液中 L-抗坏血酸-2-磷酸酯的浓度(以 L-抗坏血酸计),单位为微克每毫升(μg/mL);

V——试样定容体积,单位为毫升(mL);

m——试样质量，单位为克(g)；

n——稀释倍数。

测定结果用平行测定的算术平均值表示，保留三位有效数字。

10 重复性

同一实验室由同一操作人员使用同一仪器完成的两个平行测定结果的相对偏差不大于15%。

附　录　A
（资料性附录）
L-抗坏血酸-2-磷酸酯色谱图

A.1　三-环己胺-L-抗坏血酸-2-磷酸酯标准工作液的色谱图见图A.1。

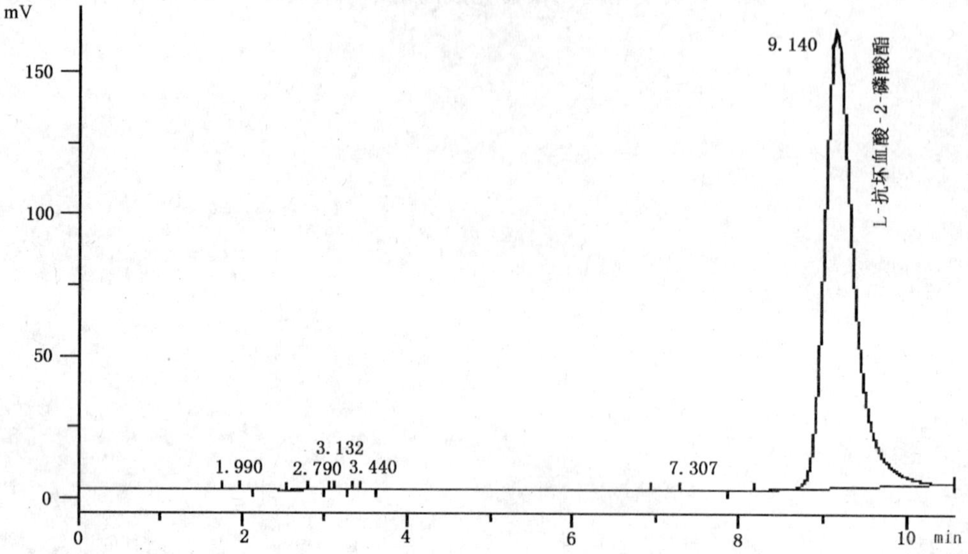

图A.1　三-环己胺-L-抗坏血酸-2-磷酸酯标准工作液的色谱图

A.2　L-抗坏血酸-2-磷酸酯样品试液的色谱图见图A.2。

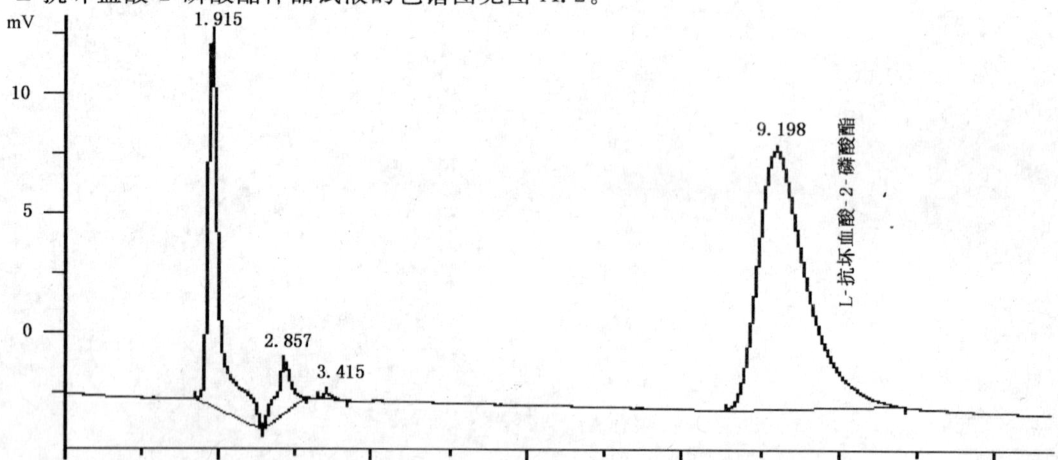

图A.2　L-抗坏血酸-2-磷酸酯样品试液的色谱图

ICS 65.120
B 46

GB

中华人民共和国国家标准

GB/T 23883—2009

饲料中蓖麻碱的测定 高效液相色谱法

Determination of ricinine in feeds—High performance liquid chromatography

2009-05-26 发布

2009-10-01 实施

中华人民共和国国家质量监督检验检疫总局
中国国家标准化管理委员会 发布

前　言

本标准的附录A为资料性附录。

本标准由全国饲料工业标准化技术委员会(SAC/TC 76)提出并归口。

本标准起草单位:中国农业大学、农业部饲料效价与安全监督检验测试中心(北京)。

本标准主要起草人:王宗义、张丽英、杨文军、贺平丽、李冰颖。

饲料中蓖麻碱的测定
高效液相色谱法

1 范围

本标准规定了用高效液相色谱法测定饲料中蓖麻碱(化学名为3-氰基-4-甲氧基-N-甲基-2-吡啶酮,分子式为$C_8H_8N_2O_2$,摩尔质量为164.16 g/mol)的方法。

本标准适用于蓖麻粕、配合饲料和浓缩饲料中蓖麻碱的测定。

本法的检测限为5 mg/kg。

2 规范性引用文件

下列文件中的条款通过本标准的引用而成为本标准的条款。凡是注日期的引用文件,其随后所有的修改单(不包括勘误的内容)或修订版均不适用于本标准,然而,鼓励根据本标准达成协议的各方研究是否可使用这些文件的最新版本。凡是不注日期的引用文件,其最新版本适用于本标准。

GB/T 6682 分析实验室用水规格和试验方法

GB/T 20195 动物饲料 试样的制备

3 原理

用甲醇提取试样中蓖麻碱,经固相萃取净化,高效液相色谱分离,紫外检测,外标法定量。

4 试剂和溶液

除特殊注明外,本标准所用试剂均为分析纯,水符合GB/T 6682二级用水规定。

4.1 无水甲醇

4.2 乙腈

色谱纯。

4.3 1%(体积分数)氨水溶液

移取1.0 mL浓氨水溶液于100.0 mL容量瓶中,用水定容至刻度。

4.4 30%(体积分数)的甲醇溶液

移取30 mL甲醇于100.0 mL容量瓶中,用水定容至刻度。

4.5 蓖麻碱标准品

纯度大于99%。

4.6 蓖麻碱标准溶液

4.6.1 蓖麻碱标准储备液:称取蓖麻碱标准品适量,用甲醇溶解,配制成浓度为1.00 mg/mL标准储备液,于−18 ℃条件下储存。有效期为6个月。

4.6.2 蓖麻碱标准工作液Ⅰ:用甲醇逐次稀释蓖麻碱标准储备液至最终浓度分别为5.0 μg/mL、10 μg/mL、20 μg/mL、30 μg/mL和40 μg/mL的标准工作液。有效期为30 d。

4.6.3 蓖麻碱标准工作液Ⅱ:用30%甲醇(4.4)逐次稀释储备液至最终浓度分别为0.5 μg/mL、2.0 μg/mL、5.0 μg/mL、10 μg/mL和20 μg/mL的标准工作液。有效期为30 d。

5 仪器与设备

5.1 分析天平:感量为0.000 1 g。

5.2 离心机:转速大于 3 000 r/min。

5.3 恒温水浴。

5.4 涡旋振荡器。

5.5 定量滤纸。

5.6 固相萃取小柱:亲水亲油平衡型聚合物填料,30 mg,1 mL,或性能相当者。

5.7 固相萃取装置。

5.8 氮吹仪。

5.9 高效液相色谱仪:配有紫外检测器。

6 试样制备

按照 GB/T 20195 的规定制备试样,粉碎过孔径 0.45 mm 目筛,充分混匀,装瓶,备用。

7 测定步骤

7.1 提取

准确称取蓖麻粕试样 0.5 g(精确至 0.000 1 g)或饲料试样 5 g(精确至 0.001 g)于 50 mL 带螺口离心管中,加 20 mL 甲醇,拧紧盖子,于 75 ℃水浴中提取 4 h(约每 30 min 取出于涡旋振荡器上振荡 30 s)。取出于离心机上以 3 000 r/min 离心 10 min,将上层清液通过带有定量滤纸的 50 mL 漏斗过滤于 50 mL 容量瓶中,残渣再分别用 20 mL 和 10 mL 甲醇按上述方法提取 10 min,离心,合并提取液,最后用无水甲醇定容至刻度。

对于蓖麻粕试样,取上述提取液过 0.45 μm 滤膜,可直接上机测定;饲料试样提取液则需作进一步净化处理。

7.2 净化

移取提取液(7.1)2.00 mL 于 10 mL 试管中,于氮气吹干仪上吹干,加入 2.00 mL 氨水溶液(4.3),于涡旋振荡器上振荡 30 s。

将固相萃取柱(5.6)置于固相萃取装置上,依次用 1.0 mL 甲醇和 1.0 mL 水活化;加载 1.00 mL 该试样溶液,控制流速不超过 1.0 mL/min;用 1.0 mL 水淋洗小柱,抽干 1 min;最后用 1.00 mL 30%的甲醇(4.4)洗脱,加压,完全收集洗脱液到进样瓶中。

7.3 测定

7.3.1 色谱条件

色谱柱:C_{18}填料,长 150 mm,内径 3.9 mm,粒度 5 μm,或相当者。

流动相:乙腈+水=10+90。

流速:1.0 mL/min。

进样体积:20 μL。

检测波长:308 nm。

7.3.2 定量方法

使用蓖麻碱标准工作液Ⅰ(4.6.2),以峰面积对浓度的工作曲线,对蓖麻粕样品进行外标法定量;同样使用蓖麻碱标准工作液Ⅱ(4.6.3),以峰面积对浓度的工作曲线,对饲料样品进行外标法定量。蓖麻碱标准品的色谱图参见附录 A。

8 结果计算

试样中蓖麻碱质量分数 ω(mg/kg)按式(1)计算:

$$\omega = \frac{c \times V}{m} \qquad \cdots\cdots(1)$$

式中：

c——为根据工作准曲线计算的上机试样溶液蓖麻碱浓度，单位为微克每毫升(μg/mL)；

V——为提取溶液体积，单位为毫升(mL)；

m——为试样质量，单位为克(g)。

测定结果用平行测定的算术平均值表示，保留3位有效数字。

9 重复性

在重复性条件下，完成两次平行测定结果的相对偏差不大于10%。

附　录　A
（资料性附录）
蓖麻碱标准品的色谱图

蓖麻碱标准品的色谱图如图 A.1 所示。

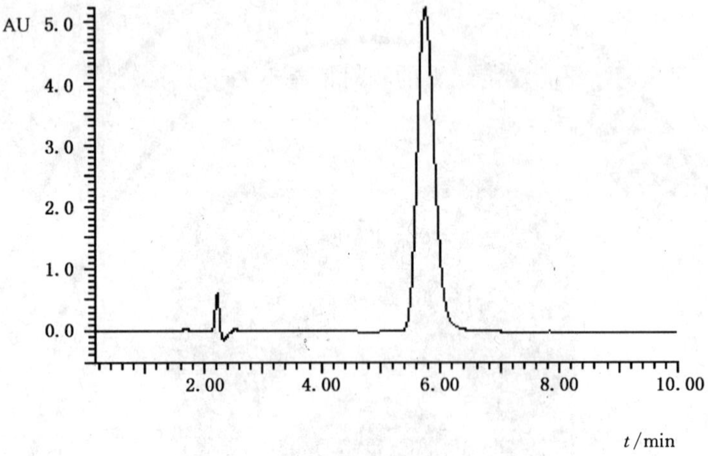

图 A.1　蓖麻碱标准品的色谱图

ICS 65.120
B 46

中华人民共和国国家标准

GB/T 23884—2009

动物源性饲料中生物胺的测定 高效液相色谱法

Determination of biogenic amines in animal-derived feeds—High performance liquid chromatography

2009-05-26 发布　　2009-10-01 实施

中华人民共和国国家质量监督检验检疫总局
中国国家标准化管理委员会 发布

前言

本标准的附录A和附录B为资料性附录。

本标准由全国饲料工业标准化技术委员会(SAC/TC 76)提出并归口。

本标准负责起草单位:中国农业大学、农业部饲料效价与安全监督检验测试中心(北京)。

本标准主要起草人:杨文军、张丽英、王宗义。

动物源性饲料中生物胺的测定 高效液相色谱法

1 范围

本标准规定了以高效液相色谱测定鱼粉和肉骨粉中的组胺、腐胺、尸胺、酪胺、精胺和亚精胺的方法,6 种生物胺的化学名称、分子式和相对分子质量(按 1999 国际相对原子质量)参见附录 A。

本标准适用于动物源性饲料鱼粉和肉骨粉中组胺、腐胺、尸胺、酪胺、精胺和亚精胺的测定,检测限为 0.5 mg/kg。

2 规范性引用文件

下列文件中的条款通过本标准的引用而成为本标准的条款,凡是注日期的引用文件,其随后所有的修改单(不包括勘误的内容)或修订版均不适用于本标准,然而,鼓励根据本标准达成协议的各方研究是否可使用这些文件的最新版本。凡是不注日期的引用文件,其最新版本适用于本标准。

GB/T 6682 分析实验室用水规格和试验方法

GB/T 20195 动物饲料 试样的制备

3 原理

试样中的组胺、腐胺、尸胺、酪胺、精胺和亚精胺以 5%三氯乙酸溶液提取,经碱化,苯甲酰氯衍生化后,乙醚萃取,氮气吹干,甲醇溶解残渣,反相液相色谱柱分离测定,紫外检测器检测,外标法定量分析。

4 试剂和材料

除特殊注明外,本标准所用试剂均为分析纯,水符合 GB/T 6682 二级用水规定。

4.1 苯甲酰氯。

4.2 乙腈(色谱纯)。

4.3 三氯乙酸。

4.4 乙酸铵。

4.5 氢氧化钠。

4.6 乙醚。

4.7 5%三氯乙酸提取液:称取 50 g 三氯乙酸,用水溶解,并定容至 1 000 mL。

4.8 $c(CH_3COONH_4)$=0.02 mol/L 乙酸铵溶液:称取 1.54 g 乙酸铵,用水溶解,并定容至1 000 mL。

4.9 $c(NaOH)$=2 mol/L 氢氧化钠溶液:称取 80 g 氢氧化钠,用水溶解,并定容至 1 000 mL。

4.10 标准储备液:分别准确称取组胺、腐胺、尸胺、酪胺、精胺和亚精胺标准品适量(含量≥99.0%),于棕色容量瓶中,用水溶解,定容至刻度,摇匀,使其溶液浓度为 1 mg/mL,贮存于 4 ℃冰箱中,有效期为一个月。

4.11 标准工作液:准确量取标准储备液(4.10)于容量瓶中,用水稀释,依次配制成浓度为 0.1 μg/mL、1.0 μg/mL、5.0 μg/mL、10.0 μg/mL、20.0 μg/mL、50.0 μg/mL 的标准溶液,现配现用。

5 仪器

5.1 分析天平(精度 0.1 mg)。

5.2 超声波清洗器。

5.3 微孔有机相滤膜:孔径 0.45 μm。

5.4 恒温水浴锅。

5.5 涡旋振荡器。

5.6 氮吹仪。

5.7 摇床。

5.8 高效液相色谱仪:配置紫外检测器。

6 试样制备

按 GB/T 20195 的规定制备试样,粉碎过孔径 0.45 mm 筛,充分混匀,装瓶,备用。

7 分析步骤

7.1 试液的制备

7.1.1 提取

称取 1.00 g～2.00 g 试样(准确至 0.1 mg)于 50 mL 螺口离心管中,准确加入 20.00 mL 提取液(4.7),摇床中振荡提取,转速为 120 r/min,振摇 30 min。提取液在 3 000 r/min 离心 10 min,上清液作为衍生化使用。

7.1.2 衍生化

准确移取 2.00 mL 上清液(7.1.1)于 10 mL 离心管中,加入 2.00 mL 2 mol/L 氢氧化钠溶液(4.9),摇匀,再加入 20.0 μL 苯甲酰氯(4.1),涡旋振荡 30 s,置于 37.5 ℃水浴锅中 20 min,每隔 5 min 振荡 30 s。

7.1.3 萃取

离心管中加入 2.00 g 氯化钠,涡旋振荡 30 s ,再加入 2.00 mL 乙醚(4.6),涡旋振荡 30 s,静置 2 min,在 3 000 r/min 离心 10 min。

7.1.4 氮吹

将离心管上层的乙醚层移取至另外 10.00 mL 离心管中,氮气吹干,向残渣中准确加入 1.00 mL 甲醇,甲醇液通过 0.45 μm 有机相滤膜,滤液上机测定。

7.2 标准工作液的衍生化、萃取和氮吹

同时移取标准工作液,衍生化、萃取和氮吹,步骤同 7.1.2、7.1.3 和 7.1.4。

7.3 色谱条件

7.3.1 色谱柱:具有 C_{18} 填料的柱子(粒度为 5 μm):柱长 150 mm,内径 4.6 mm。

7.3.2 流动相及洗脱程序(如表 1):

表 1 梯度洗脱程序

时间/ min	0.02 mol/L 乙酸铵溶液/ %	乙腈/ %
0	70	30
5	25	75
10	25	75
15	70	30

7.3.3 流速:1.0 mL/min。

7.3.4 进样体积:10 μL～20 μL。

7.3.5 检测波长:254 nm。

8 定量测定

向液相色谱柱中注入待测定组胺、腐胺、尸胺、酪胺、精胺和亚精胺标准工作液及试样溶液(7.1.4),得到色谱峰面积响应值,用外标法定量。6种生物胺标准色谱图参见附录B。

9 结果计算

9.1 试样中组胺、腐胺、尸胺、酪胺、精胺和亚精胺含量[以质量分数 w_i(mg/kg)计]分别按式(1)计算:

$$w_i = \frac{P_i \times V \times c_i \times V_{st}}{P_{st} \times m \times V_i} \qquad \cdots\cdots (1)$$

式中:

P_i——试样溶液峰面积值;

V——试样的总稀释体积,单位为毫升(mL);

c_i——标准溶液浓度,单位为微克每毫升(μg/mL);

V_{st}——标准溶液进样体积,单位为微升(μL);

P_{st}——标准溶液峰面积平均值;

m——试样质量,单位为克(g);

V_i——试样溶液进样体积,单位为微升(μL)。

9.2 平行测定结果用算术平均值表示,保留三位有效数字。

10 重复性

在重复性条件下,完成的两次平行测定结果的相对偏差不大于10%。

附 录 A
（资料性附录）
6种生物胺的化学名称、分子式和相对分子质量

6种生物胺的化学名称、分子式和相对分子质量见表A.1。

表A.1 6种生物胺的化学名称、分子式和相对分子质量

名称	项目		
	化学名称	分子式	相对分子质量
组胺	2-(4-咪唑基)乙胺	$C_5H_9N_3$	111.0
腐胺	1,4-丁二胺	$C_4H_{12}N_2$	124.6
尸胺	1,5-戊二胺	$C_5H_{14}N_2$	138.6
酪胺	2-对羟苯基乙胺	$C_8H_{11}NO$	137.1
精胺	*NN'*-双(3-氨丙基)-1,4-丁二胺	$C_7H_{19}N_3$	145.2
亚精胺	*N*-(3-氨丙基)-1,4-丁二胺	$C_{10}H_{26}N_4$	202.3

附 录 B
（资料性附录）
6种生物胺标准色谱图

6种生物胺标准色谱图，见图B.1。

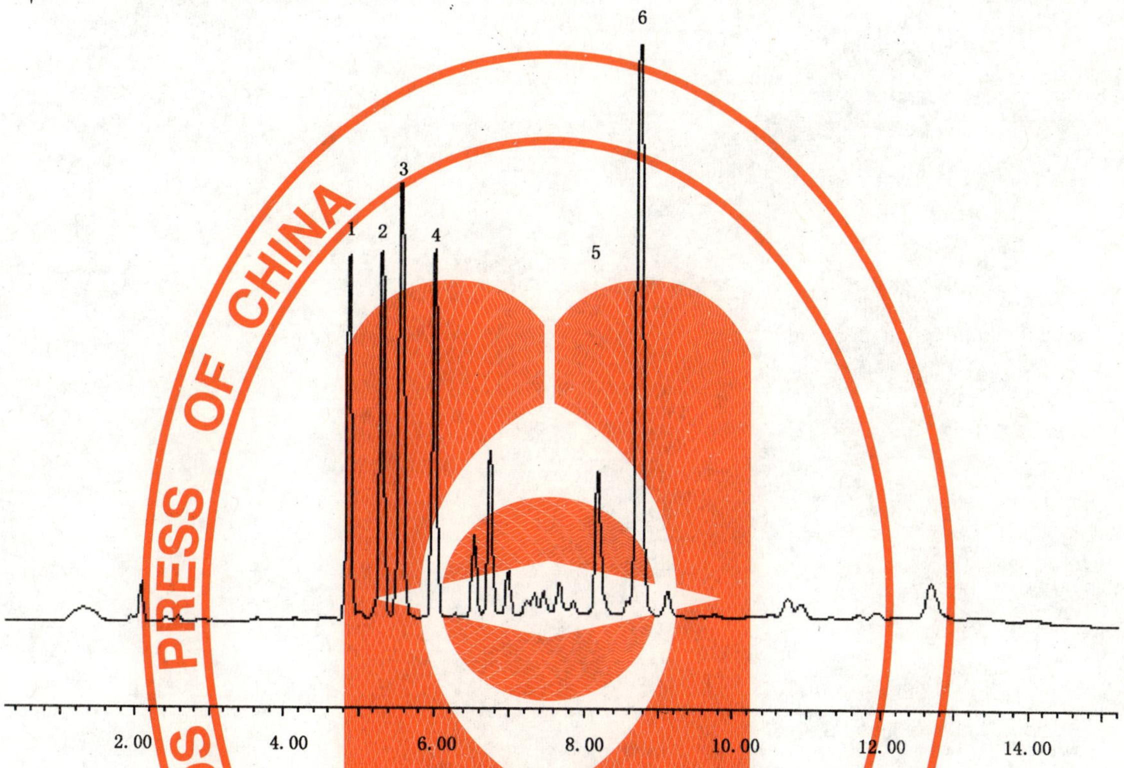

1——腐胺；
2——尸胺；
3——亚精胺；
4——精胺；
5——组胺；
6——酪胺。

图B.1 6种生物胺的色谱图

ICS 39.060
D 59

中华人民共和国国家标准

GB/T 23885—2009

翡 翠 分 级

Jadeite grading

2009-06-01 发布 2010-03-01 实施

中华人民共和国国家质量监督检验检疫总局
中国国家标准化管理委员会 发布

前　言

本标准的附录 A、附录 B、附录 C、附录 D、附录 E 为资料性附录。

本标准由中华人民共和国国土资源部提出。

本标准由全国珠宝玉石标准化技术委员会归口。

本标准起草单位:国土资源部珠宝玉石首饰管理中心。

本标准主要起草人:张蓓莉、王曼君、柯捷、孙凤民、张辉、张健、马扬威、暴伟、郭涛、陈华。

本标准为首次发布。

翡 翠 分 级

1 范围

本标准规定了天然的未镶嵌及镶嵌磨制抛光翡翠的分级规则。

本标准适用于天然的未镶嵌及镶嵌磨制抛光翡翠。

2 术语和定义

下列术语和定义适用于本标准。

2.1

翡翠 jadeite,feicui

主要由硬玉或由硬玉及其他钠质、钠钙质辉石(钠铬辉石,绿辉石)组成的、具工艺价值的矿物集合体,可含少量角闪石、长石、铬铁矿等矿物。摩氏硬度6.5～7,密度3.34(+0.06,−0.09)g/cm^3,折射率1.666～1.680(±0.008),点测1.65～1.67。

2.1.1

翡翠(无色) jadeite (colourless)

无色或颜色彩度极低的翡翠。

2.1.2

翡翠(绿色) jadeite (green)

主体颜色色调为绿色,且具有一定彩度的翡翠。

2.1.3

翡翠(紫色) jadeite (purple)

主体颜色色调为紫色,且具有一定彩度的翡翠。

2.1.4

翡翠(红-黄色) jadeite (red-yellow)

主体颜色色调为红-黄色,且具有一定彩度的翡翠。

2.2

翡翠分级 jadeite grading

从颜色(colour)、透明度(transparence)、质地(texture)、净度(clarity)四个方面对翡翠进行级别划分,并对其工艺(arts and crafts)进行评价。

2.2.1

翡翠(无色)分级 jadeite (colourless) grading

从透明度、质地、净度三个方面对翡翠(无色)进行级别划分,并对其工艺进行评价。

2.2.2

翡翠(绿色)分级 jadeite (green) grading

从颜色、透明度、质地、净度四个方面对翡翠(绿色)进行级别划分,并对其工艺进行评价。

2.2.3

翡翠(紫色)及翡翠(红-黄色)分级 jadeite (purple) and jadeite (red-yellow) grading

从颜色、透明度、质地、净度四个方面对翡翠(紫色)及翡翠(红-黄色)进行级别划分,并对其工艺进行评价。

2.3

颜色分级　colour grading

采用比色法，在规定的环境下对翡翠的颜色进行级别划分。

2.3.1

色调　hue

表示翡翠红、黄、绿、蓝、紫等颜色的特性。

2.3.2

彩度　chroma

翡翠颜色的浓淡程度。

2.3.3

明度　value

翡翠颜色的明暗程度。

2.3.4

翡翠（绿色）分级标样　jadeite (green) grading master set

一套已标定色调类别、彩度级别及透明度级别的椭圆弧面型翡翠（绿色）样品，依次代表由高到低的不同彩度级别及透明度级别。

2.3.5

色卡　colour chip

表示一定颜色的标准样品卡。

2.3.6

灰度标尺　gray scale

由黑到白，等差明度的一系列无彩色卡。

2.3.7

分级光源　jadeite light

翡翠分级时的照明光源，色温为 4 500 K～5 500 K，显色指数不低于 90。

2.4

透明度分级　transparence grading

采用比对法，在规定的环境下对翡翠的透明度进行级别划分。

2.4.1

透明度　transparence

翡翠对可见光的透过程度。

2.4.2

透过率　transmissivity

光线透射翡翠时，透射光通量与入射光通量之比。

2.4.3

单位透过率　unit transmissivity

单位厚度（1 mm）的翡翠对可见光的透过率。

2.4.4

翡翠（无色）分级标样　jadeite (colourless) grading master set

一套已标定透明度级别的椭圆弧面型翡翠（无色）样品，依次代表由高到低的不同透明度级别。

2.5

质地分级　texture grading

在规定的环境下对翡翠的质地进行级别划分。

2.5.1

质地　texture

组成翡翠的矿物颗粒大小、形状、均匀程度及颗粒间相互关系等因素的综合特征。

2.6

净度分级　clarity grading

在规定的环境下对翡翠的净度进行级别划分。

2.6.1

净度　clarity

翡翠的内、外部特征对其美观和(或)耐久性的影响程度。

2.6.2

翡翠的内部特征　internal characteristics

包含在或延伸至翡翠内部的天然内含物和缺陷。

2.6.3

翡翠的外部特征　external characteristics

存在于翡翠外表的天然内含物和缺陷。

2.7

工艺评价　arts and crafts appraisal

对翡翠饰品的材料应用设计及加工工艺进行评价。

3　翡翠(无色)分级

3.1　翡翠(无色)透明度分级

3.1.1　透明度级别

根据翡翠(无色)透明度的差异，将其划分为五个级别。透明度级别由高到低依次表示为透明(T_1)、亚透明(T_2)、半透明(T_3)、微透明(T_4)、不透明(T_5)。透明度级别及表示方法见表1。

表1　翡翠(无色)透明度级别及表示方法

透明度级别		肉眼观测特征	单位透过率参考值 t/%	商贸俗称(参考)
透明	T_1	反射观察：内部汇聚光强，汇聚光斑明亮 透射观察：绝大多数光线可透过样品，样品内部特征清楚可见	$t \geqslant 85$	玻璃地
亚透明	T_2	反射观察：内部汇聚光较强，汇聚光斑较明亮 透射观察：大多数光线可透过样品，样品内部特征可见	$80 \leqslant t < 85$	冰地
半透明	T_3	反射观察：内部汇聚光弱，汇聚光斑暗淡 透射观察：部分光线可透过样品，样品内部特征尚可见	$75 \leqslant t < 80$	糯化地
微透明	T_4	反射观察：内部无汇聚光，仅可见微量光线透入 透射观察：少量光线可透过样品，样品内部特征模糊不可辨	$65 \leqslant t < 75$	冬瓜地

表 1（续）

透明度级别		肉眼观测特征	单位透过率参考值 t/%	商贸俗称（参考）
不透明	T_5	反射观察：内部无汇聚光，难见光线透入 透射观察：微量或无光线可透过样品，样品内部特征不可见	$t<65$	瓷地/干白地
注：单位透过率测量方法参见附录 A。				

3.1.2 透明度级别划分规则

3.1.2.1 待分级翡翠的透明度与某一标样相同，则该标样的透明度级别为待分级翡翠的透明度级别。

3.1.2.2 待分级翡翠的透明度介于相邻两件连续的标样之间，则以其中较低透明度级别表示待分级翡翠的透明度级别。

3.1.2.3 待分级翡翠的透明度高于标样的最高级别，仍用最高级别表示待分级翡翠的透明度级别。

3.1.2.4 待分级翡翠的透明度低于标样的最低级别，仍用最低级别表示待分级翡翠的透明度级别。

3.2 翡翠（无色）质地分级

根据翡翠（无色）质地的差异，将其划分为五个级别。质地级别由高到低依次表示为极细（Te_1）、细（Te_2）、较细（Te_3）、较粗（Te_4）、粗（Te_5）。质地级别及表示方法见表 2。

表 2 翡翠（无色）质地级别及表示方法

质地级别		肉眼观测特征	颗粒粒径 d/mm
极细	Te_1	质地非常细腻致密，10 倍放大镜下难见矿物颗粒	$d<0.1$
细	Te_2	质地细腻致密，10 倍放大镜下可见但肉眼难见矿物颗粒，粒径大小均匀	$0.1\leqslant d<0.5$
较细	Te_3	质地致密，肉眼可见矿物颗粒，粒径大小较均匀	$0.5\leqslant d<1.0$
较粗	Te_4	质地较致密，肉眼易见矿物颗粒，粒径大小不均匀	$1.0\leqslant d<2.0$
粗	Te_5	质地略松散，肉眼明显可见矿物颗粒，粒径大小悬殊	$\geqslant 2.0$

3.3 翡翠（无色）净度分级

根据翡翠（无色）净度的差异，将其划分为五个级别。净度级别由高到低依次表示为极纯净（C_1）、纯净（C_2）、较纯净（C_3）、尚纯净（C_4）、不纯净（C_5）。净度级别及表示方法见表 3。

表 3 翡翠（无色）净度级别及表示方法

净度级别		肉眼观测特征	典型内、外部特征类型
极纯净	C_1	肉眼未见翡翠内外部特征，或仅在不显眼处有点状物、絮状物，对整体美观几乎无影响	点状物，絮状物
纯 净	C_2	具细微的内、外部特征，肉眼较难见，对整体美观有轻微影响	点状物，絮状物
较纯净	C_3	具较明显的内、外部特征，肉眼可见，对整体美观有一定影响	点状物，絮状物，块状物

表 3（续）

净度级别		肉眼观测特征	典型内、外部特征类型
尚纯净	C_4	具明显的内、外部特征，肉眼易见，对整体美观和(或)耐久性有较明显影响	块状物，解理，纹理，裂纹
不纯净	C_5	具极明显的内、外部特征，肉眼明显可见，对整体美观和(或)耐久性有明显影响	块状物，解理，纹理，裂纹

4 翡翠(绿色)分级

4.1 翡翠(绿色)颜色分级

按翡翠颜色色调(hue)、彩度(chroma)、明度(value)的差异进行级别划分。

4.1.1 色调

4.1.1.1 色调类别

根据翡翠(绿色)色调的差异，将其划分为绿、绿(微黄)、绿(微蓝)三个类别。色调类别依次表示为G、yG、bG。色调类别及表示方法见表4。

表 4 翡翠(绿色)色调类别及表示方法

色调类别		肉眼观测特征	光谱色主波长参考值 λ/nm
绿	G	样品主体颜色为纯正的绿色，或绿色中带有极轻微的、稍可觉察的黄、蓝色调	500≤λ<530
绿(微黄)	yG	样品主体颜色为绿色，带有较易觉察的黄色色调	530≤λ<550
绿(微蓝)	bG	样品主体颜色为绿色，带有较易觉察的蓝色色调	490≤λ<500
注：光谱色主波长测量方法参见附录B。			

4.1.1.2 色调类别划分规则

4.1.1.2.1 待分级翡翠的色调偏黄或偏蓝程度低于标样，则用“绿”表示待分级翡翠的色调类别。

4.1.1.2.2 待分级翡翠的色调偏黄或偏蓝程度等于或高于标样，则用“绿(微黄)”或“绿(微蓝)”表示待分级翡翠的色调类别。

4.1.2 彩度

4.1.2.1 彩度级别

根据翡翠(绿色)彩度的差异，将其划分为五个级别。彩度级别由高到低依次表示为极浓(Ch_1)、浓(Ch_2)、较浓(Ch_3)、较淡(Ch_4)、淡(Ch_5)。彩度级别及表示方法见表5。

表 5 翡翠(绿色)彩度级别及表示方法

彩度级别		肉眼观测特征	色纯度参考值 P_e/%	GemDialogue 色卡彩度参考值 C/%
极 浓	Ch_1	反射光下呈深绿色-墨绿色，颜色浓郁 透射光下呈浓绿色	$P_e \geq 65$	$C \geq 85$
浓	Ch_2	反射光下呈浓绿色，颜色浓艳饱满 透射光下呈鲜艳绿色	$45 \leq P_e < 65$	$65 \leq C < 85$

表 5（续）

彩度级别		肉眼观测特征	色纯度参考值 P_e/%	GemDialogue 色卡彩度参考值 C/%
较浓	Ch_3	反射光下呈中等浓度绿色，颜色浓淡适中 透射光下呈较明快绿色	$30 \leqslant P_e < 45$	$45 \leqslant C < 65$
较淡	Ch_4	反射光及透射光下呈淡绿色，颜色清淡	$20 \leqslant P_e < 30$	$25 \leqslant C < 45$
淡	Ch_5	颜色很清淡，肉眼感觉近无色	$10 \leqslant P_e < 20$	$5 \leqslant C < 25$
注：色纯度测量方法参见附录 B。				

4.1.2.2　**彩度级别划分规则**

4.1.2.2.1　待分级翡翠的彩度与某一标样相同，则该标样的彩度级别为待分级翡翠的彩度级别。

4.1.2.2.2　待分级翡翠的彩度介于相邻两件连续的标样之间，则以其中较低彩度级别表示待分级翡翠的彩度级别。

4.1.2.2.3　待分级翡翠的彩度高于标样的最高级别，仍用最高级别表示待分级翡翠的彩度级别。

4.1.2.2.4　待分级翡翠的彩度低于标样的最低级别，则定为无色。

4.1.3　**明度**

4.1.3.1　**明度级别**

根据翡翠（绿色）明度的差异，将其划分为四个级别。明度级别由高到低依次表示为明亮（V_1）、较明亮（V_2）、较暗（V_3）、暗（V_4）。明度级别及表示方法见表 6。

表 6　翡翠（绿色）明度级别及表示方法

明度级别		肉眼观测特征	GemDialogue 色卡灰度标尺参考值 G/%
明亮	V_1	样品颜色鲜艳明亮，基本察觉不到灰度	$G < 10$
较明亮	V_2	样品颜色较鲜艳明亮，能觉察到轻微的灰度	$10 \leqslant G < 30$
较暗	V_3	样品颜色较暗，能觉察到一定的灰度	$30 \leqslant G < 50$
暗	V_4	样品颜色暗淡，能觉察到明显的灰度	$G \geqslant 50$

4.1.3.2　**明度级别划分规则**

4.1.3.2.1　待分级翡翠进行明度级别划分前，应先确定其色调类别及彩度级别。

4.1.3.2.2　使用确定待分级翡翠彩度级别的标样，叠加灰度标尺得出待分级翡翠颜色灰度数值。

4.1.3.2.3　根据所得灰度数值范围，确定待分级翡翠的颜色明度级别。

4.2　**翡翠（绿色）透明度分级**

4.2.1　**透明度级别**

根据翡翠（绿色）透明度的差异，将其划分为四个级别。透明度级别由高到低依次表示为透明（T_1）、亚透明（T_2）、半透明（T_3）、微透明～不透明（T_4）。透明度级别及表示方法见表 7。

表 7　翡翠(绿色)透明度级别及表示方法

透明度级别		肉眼观测特征	单位透过率参考值 t/%	商贸俗称（参考）
透明	T_1	反射观察:内部汇聚光较强 透射观察:大多数光线可透过样品,样品内部特征可见	$t \geqslant 75$	玻璃地
亚透明	T_2	反射观察:内部汇聚光弱 透射观察:部分光线可透过样品,样品内部特征尚可见	$65 \leqslant t < 75$	冰地
半透明	T_3	反射观察:内部无汇聚光,仅可见少量光线透入 透射观察:少量光线可透过样品,样品内部特征模糊不可辨	$55 \leqslant t < 65$	糯化地
微透明～不透明	T_4	反射观察:内部无汇聚光,难见光线透入 透射观察:微量～无光线可透过样品,样品内部特征不可见	$t < 55$	冬瓜地～瓷地
注:单位透过率测量方法参见附录 A.。				

4.2.2　**透明度级别划分规则**

4.2.2.1　待分级翡翠透明度与某一标样相同,则该标样的透明度级别为待分级翡翠的透明度级别。

4.2.2.2　待分级翡翠的透明度介于相邻两件连续的标样之间,则以其中较低透明度级别表示待分级翡翠的透明度级别。

4.2.2.3　待分级翡翠的透明度高于标样中的最高级别,仍用最高级别表示待分级翡翠的透明度级别。

4.2.2.4　待分级翡翠的透明度低于标样中的最低级别,仍用最低级别表示待分级翡翠的透明度级别。

4.3　**翡翠(绿色)质地分级**

按照 3.2 翡翠(无色)质地分级。

4.4　**翡翠(绿色)净度分级**

按照 3.3 翡翠(无色)净度分级。

5　翡翠(紫色)及翡翠(红-黄色)分级

按照第 4 章翡翠(绿色)分级。

6　分级要求

6.1　环境要求

翡翠分级应在无阳光直接照射的室内进行,分级环境的色调应为白色或中性灰色。分级时采用规定的分级光源照明,并以无荧光、无明显定向反射作用的中性白(浅灰)色纸(板)作为观测背景。

6.2　人员要求

从事翡翠分级的技术人员应受过专门的技能培训,掌握正确的操作方法。由(2～3)名技术人员独立完成同一样品的分级,并取得一致结果。

7　翡翠不均匀性评价

若待分级翡翠的颜色、透明度、质地中的一个或多个因素不均匀,且不均匀程度不可忽视时,应对不均匀因素存在显著差异的部分分别进行评价。

7.1 颜色不均匀性评价

若待分级翡翠的颜色不均匀，且不均匀程度不可忽视时，应对其颜色特征（颜色形状，比率，分布特征，与基底的对应关系）进行描述和评价。

7.2 透明度不均匀性评价

若待分级翡翠的透明度不均匀，且不均匀程度不可忽视时，应对其透明度特征进行说明。

7.3 质地不均匀性评价

若待分级翡翠的质地不均匀，且不均匀程度不可忽视时，应对其质地特征进行说明。

8 翡翠工艺评价

翡翠工艺评价包括材料应用设计评价和加工工艺评价两个方面。材料应用设计评价包括材料应用评价和设计评价；加工工艺评价包括磨制（雕琢）工艺评价和抛光工艺评价。翡翠工艺评价参见附录D。

8.1 材料应用设计总体要求

材料应用的总体要求：材质、颜色取舍恰当，翡翠的内、外部特征（参见附录E）处理得当，量料取材，因材施艺。

设计的总体要求：主题鲜明，造型美观，构图完整，比例协调，结构合理，寓意美好。

8.2 加工工艺总体要求

磨制工艺的总体要求：轮廓清晰，层次分明，线条流畅，点面精准，细部特征处理得当。

抛光工艺的总体要求：抛光到位，平顺、光亮。

9 翡翠的质量

9.1 质量单位

翡翠的质量单位为克（g）或千克（kg）。

9.2 质量的称量

翡翠的质量采用经法定计量检定机构检定合格的计量器具称量。以克（g）为单位的质量数值保留至小数点后第3位，以千克（kg）为单位的质量数值保留至小数点后第2位。

10 翡翠分级证书

10.1 翡翠分级证书的基本内容

基本内容是翡翠分级证书中应具备的内容。

10.1.1 证书编号。

10.1.2 实物照片。

10.1.3 质量。

10.1.4 颜色分级结论。

10.1.5 透明度分级结论。

10.1.6 质地分级结论。

10.1.7 净度分级结论。

10.1.8 工艺评价。

10.1.9 签章和日期。

10.2 其他

翡翠分级证书中可选择的内容。如饰品名称，规格，品质特征（颜色形状及分布特点，典型内外部特征等）描述，透明度商贸俗称，单位透过率数值，备注等。

附 录 A

（资料性附录）

翡翠透明度测量方法——光谱光度法

本方法主要借助光谱光度计，适用于厚度小于 50 mm 的翡翠样品的透明度测量。

A.1 原理

透明度是指物体对可见光的透过能力，不同物体对可见光的透光能力不同，其透明度也不相同，物体之间透明度差异的比较只有在相同厚度条件下才可以进行。翡翠样品的透明度测量，主要采用光谱光度计测量厚度为 l 物体的透过率 T，并运用透明度计算公式来计算物体单位透过率的大小，计算公式为：

$$t=\frac{\sqrt[l]{AT}}{A} \tag{A.1}$$

式中：

t——单位透过率；

l——可见光通过物体的厚度，单位为毫米(mm)；

T——光线通过厚度 l 物体的透过率；

A——$1/\left[1-\left(\frac{n_2-n_1}{n_2+n_1}\right)^2\right]^2$，$n_1$、$n_2$ 为光线传播过程中通过两种介质的折射率。

单位透过率 t 值计算公式表明，光线透过物体后的透过率 T 受物体自身的折射率、厚度及光波在物体内的传播方式的影响，因而使得物体的单位透过率有所不同。图 A.1 为光线透过物体的传播路径。

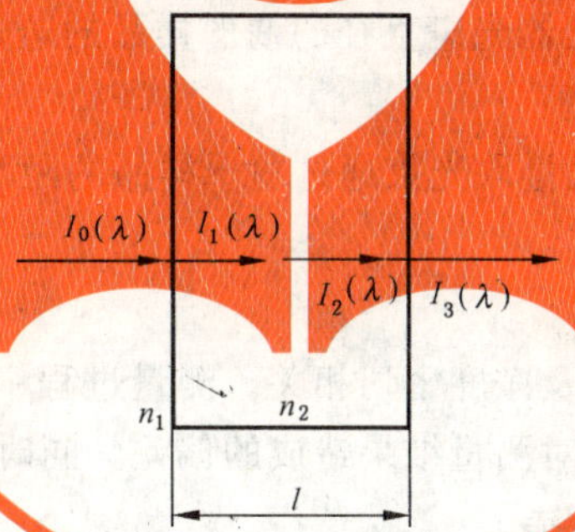

图 A.1 光线透过透明物体的传播路径

当射到物体第一面的平行光辅通量 $I_0(\lambda)$ 进入第一面时衰减为 $I_1(\lambda)$，光线继续传播通过厚度为 l 的路径到达第二面时又衰减为 $I_2(\lambda)$，继而从第二面射出，此时光辅通量变为 $I_3(\lambda)$。

透过率 T 等于光辅通量 $I_3(\lambda)$ 比上 $I_0(\lambda)$，即：$T=\frac{I_3(\lambda)}{I_0(\lambda)}$ ……………（A.2）

内透过率 T' 等于光辅通量 $I_2(\lambda)$ 比上 $I_1(\lambda)$，即：$T'=\frac{I_2(\lambda)}{I_1(\lambda)}$ ……………（A.3）

A.2 单位透过率 t 值的计算公式

采用光谱光度计测量厚度为 l 的翡翠样品的透过率值 T，取翡翠的折射率(n_2)为 1.66，空气的折射率(n_1)为 1，则得 A(翡翠)值为 1.135 6。那么，翡翠单位透过率计算公式可表示为：

$$t=\sqrt[l]{1.1356T}/1.1356 \tag{A.4}$$

表 A.1 是不同透明度级别的翡翠(无色)样品 t 值与相应的目视透光性观测结果。

表 A.1 翡翠(无色)透明度分级表示方法

透明度级别		透射观测特征	单位透过率参考值 t/%
透 明	T_1	绝大多数光线可透过样品,样品内部特征清晰可见	$t \geqslant 85$
亚透明	T_2	大多数光线可以透过样品,样品内部特征清楚可见	$80 \leqslant t < 85$
半透明	T_3	部分光线可透过样品,样品内部特征较清楚	$75 \leqslant t < 80$
微透明	T_4	少量光线可透过样品,样品内部特征模糊不可辨	$65 \leqslant t < 75$
不透明	T_5	微量或无光线可以透过样品,样品内部特征不可见	$t < 65$

A.3 测量仪器

光斑直径小于 5 mm 的光谱光度计,精确度达 0.1 mm 的刻度尺及带函数功能的计算器。

A.4 技术参数

A.4.1 半透明、微透明的标准块各一件,t 值是采用光谱光度计测量厚度为 l 样品的透过率 T 计算而得的,t 值具有±2%的相对误差。

A.4.2 测量光源条件

仪器所用测量光源为标准 A 光源或标准 D 光源。

A.5 测量方法

A.5.1 透过率 *T* 值测量

使用光谱光度计测量规格大于仪器光斑直径的翡翠样品的透过率 T' 值,取三次测量的平均值 T。

A.5.2 样品 *l* 值的测量

使用精确度达 0.1 mm 的刻度尺量取光束通过翡翠样品的距离 l' 值,取三次测量的平均值 l。

A.6 测量误差及相关事宜

翡翠的透明度与样品厚度、质地及净度密切相关。测量过程中应尽可能选取样品结构均匀且无杂质的部分进行测量,以避免不利因素对测量结果造成的偏差。同时,还应最小限度地降低和避免其他光源对测量的影响及仪器自身的系统误差。

附 录 B
（资料性附录）
翡翠（绿色）颜色测量方法——光谱光度测色法

本方法主要借助光谱光度计进行，适用于规格不超过 50 mm×30 mm×50 mm 的翡翠（绿色）样品的颜色测量。

B.1 原理

翡翠（绿色）样品颜色测量选用光谱光度测色法，即利用光谱光度计测量翡翠的光谱反射比或光谱透射比，并选用 CIE 推荐的标准照明体和标准色度观察者，经求和计算，求得翡翠颜色的三刺激值及色品坐标。以色品坐标在 CIE 1931 标准色度系统色品图中的位置模拟翡翠的颜色外貌。

B.2 测量仪器及技术参数

用于翡翠（绿色）颜色测量的光谱光度计必须经法定计量检定机构检定合格，并符合GB/T 3979—2008中对于光谱光度计的规定。

仪器所用测量光源为标准 A 光源或标准 D 光源。

B.3 测量方法

B.3.1 翡翠（绿色）反射物体色的测量方法

B.3.1.1 照明和探测的几何条件

应符合 GB/T 3978—1994 中第 5 章的规定。

B.3.1.2 光谱反射比的测量

参照 GB/T 3979—2008 中 5.1.3 之规定进行。

B.3.1.3 三刺激值的计算方法

翡翠（绿色）反射物体色的三刺激值采用等波长间隔法计算，波长 λ 的范围为 380 nm～780 nm。CIE 1931 标准色度系统三刺激值 X、Y、Z 的计算公式如下：

$$\begin{aligned} X &= K\sum_{\lambda} S(\lambda)\bar{x}(\lambda)R(\lambda)\Delta\lambda \\ Y &= K\sum_{\lambda} S(\lambda)\bar{y}(\lambda)R(\lambda)\Delta\lambda \\ Z &= K\sum_{\lambda} S(\lambda)\bar{z}(\lambda)R(\lambda)\Delta\lambda \end{aligned} \qquad \cdots\cdots\text{(B.1)}$$

式中：

K——归一化系数，$K=\dfrac{100}{\sum\limits_{\lambda} S(\lambda)\bar{y}(\lambda)\Delta\lambda}$；

$S(\lambda)$——标准光源（照明体）的相对光谱功率分布；

$\bar{x}(\lambda)$，$\bar{y}(\lambda)$，$\bar{z}(\lambda)$——CIE 1931 标准色度观察者色匹配函数；

$R(\lambda)$——样品的光谱反射比；

$\Delta\lambda$——波长间隔。

B.3.1.4 色品坐标的计算方法

$$\begin{aligned} x &= \frac{X}{X+Y+Z} \\ y &= \frac{Y}{X+Y+Z} \\ z &= \frac{Z}{X+Y+Z} = 1-x-y \end{aligned} \qquad \cdots\cdots\text{(B.2)}$$

B.3.2 翡翠(绿色)透射物体色的测量方法

B.3.2.1 照明和探测的几何条件

应符合 GB/T 3978—1994 中第 6 章的规定。

B.3.2.2 光谱透射比的测量

透射样品的光谱透射比测量,应使用与样品相同厚度的空气层或参比液作标准进行比较测量。

B.3.2.3 三刺激值的计算方法

翡翠(绿色)透射物体色三刺激值的计算方法采用等波长间隔法,计算波长范围 380 nm~780 nm。计算公式如下:

$$X = K\sum_{\lambda} S(\lambda)\bar{x}(\lambda)\tau(\lambda)\Delta\lambda$$
$$Y = K\sum_{\lambda} S(\lambda)\bar{y}(\lambda)\tau(\lambda)\Delta\lambda \quad \cdots\cdots\cdots\cdots (B.3)$$
$$Z = K\sum_{\lambda} S(\lambda)\bar{z}(\lambda)\tau(\lambda)\Delta\lambda$$

式中:

$\tau(\lambda)$——样品的光谱透射比。

B.3.3 翡翠颜色外观的近似模拟

B.3.3.1 色调的近似模拟——主波长

用某一光谱颜色按一定比例与一个确定的参照光源相混合而匹配出样品色,则该光谱色的波长即为样品的主波长。颜色的主波长大致相当于样品颜色的色调。采用两种方法确定翡翠颜色的主波长。

a) 作图法。在 CIE 色品图上标注翡翠样品颜色色品坐标点和参照光源的色品坐标点,连接两点作一直线,并从样品色品坐标点向外延长与光谱轨迹相交,这一相交点的光谱轨迹波长就为翡翠样品颜色的主波长。

b) 计算法。根据色品图上连接参照光源色品坐标点与样品色品坐标点的直线的斜率,在"CIE 标准光源 A,B,C,E(等能光源)恒定主波长线的斜率"表中查表得出直线与光谱轨迹的交点,定出主波长。

B.3.3.2 彩度的近似模拟——色纯度

样品的颜色接近同一主波长光谱色的程度表明该样品颜色的纯度。为简单直观起见,对于与彩度标样质地、透明度相近的翡翠样品,用色纯度来近似表示彩度。在 x,y 色品图中,用参照光源色品坐标点到样品色品坐标点的距离与参照光源色品坐标点到光谱色品坐标点的距离的比率来表示色纯度。计算公式为:

$$P_e = \frac{x - x_w}{x_\lambda - x_w} \text{ 或 } P_e = \frac{y - y_w}{y_\lambda - y_w} \quad \cdots\cdots\cdots\cdots (B.4)$$

式中:

x,y——样品的色品坐标;

x_w,y_w——白点的色品坐标;

x_λ,y_λ——代表光谱轨迹上样品主波长的色品坐标。

B.4 测量误差及相关事宜

翡翠(绿色)的颜色受样品的透明度、内外部特征(即净度)等多个因素影响。对于透明度较好的样品,应精确测量并计算其反射色及透射物体色三刺激值;对于透明度较差的样品,应着重对其反射物体色三刺激值进行精确测量。测量过程中,若样品颜色分布不均匀,则应对颜色的不同部位分别进行测量。

附 录 C
（资料性附录）
翡翠（绿色）颜色形状及分布特征

翡翠（绿色）颜色常见的典型形状及分布特征见表 C.1。

表 C.1 翡翠（绿色）颜色形状及分布特征

编号	颜色形状	分布特征
1	点状	颜色呈点状散布
2	丝线状	颜色呈丝状或线状展布
3	絮状	颜色呈絮状分布
4	脉状	颜色呈脉状延伸
5	网状	颜色呈网状交错
6	块状	颜色呈斑状、团块状聚集

附 录 D
（资料性附录）
翡翠工艺评价

翡翠工艺评价包括材料应用设计评价和加工工艺评价两个方面，评价方法参照表D.1。

表D.1 翡翠工艺评价及表述方法

品质因素		肉眼观测特征	评价结论
材料应用设计	材料应用	材质、颜色与题材配合贴切，用料干净正确，内外部特征处理得当	材料取舍得当
		材质、颜色与题材配合基本贴切，用料基本正确，内外部特征处理欠佳，局部有较明显缺陷	材料取舍欠佳
		材质、颜色与题材配合失当，用料有明显偏差，内外部特征处理失当，影响整体美观	用料不当
	设计	造型烘托材料材质颜色美，比例恰当，布局合理，层次清晰，安排得体	造型优美，比例协调
		基本按材料材质颜色特点设计造型，比例基本正确，布局主次不够鲜明，安排欠妥	造型美观，比例基本协调
		未按材料材质颜色特点设计造型，比例失调，布局紊乱，安排失当	造型呆板，比例失调
加工工艺	磨制工艺	轮廓清晰，层次分明，线条流畅，点线面刻画精准，细部处理得当	雕琢精准细腻
		轮廓清楚，线条顺畅，点线面刻画准确，细部处理欠佳	雕琢细致，局部欠佳
		形象失态，线条梗塞，点线面刻画不准确，整体处理欠佳	雕琢较粗糙
	抛光工艺	表面平顺光滑，亮度均匀，无抛光纹、折皱及凹凸不平	抛光到位，均匀平顺
		表面较平顺，亮度欠均匀，局部有抛光纹、折皱或凹凸不平	抛光基本到位，较均匀平顺
		表面不平顺，亮度不均匀，有抛光纹、折皱，局部凹凸不平	抛光较粗糙

附 录 E
（资料性附录）
翡翠常见内、外部特征

翡翠常见的典型内、外部特征见表E.1和表E.2。

表E.1 翡翠常见内部特征类型

编号	名 称	说 明
1	点状物	翡翠中的点状内含物，可呈白、灰白、黄、褐、黑等颜色
2	絮状物	翡翠中的棉絮状、丝网状内含物，主要呈白、灰白色，部分呈褐、黑等颜色
3	块状物	翡翠中的块状、团块状内含物，主要呈白、灰白色，部分呈褐、黑等颜色
4	解 理	组成翡翠的矿物晶面和(或)解理面呈现的点状、片状闪光，俗称“翠性”
5	纹 理	翡翠中由板状、柱状或片状矿物近于平行排列而呈现的纹相，俗称“石纹”
6	裂 纹	翡翠中晶体的连续性和(或)完整性遭到破坏而产生的裂隙

表E.2 翡翠外部常见外部特征类型

编号	名 称	说 明
1	破 口	翡翠表面破损的小口
2	解 理	组成翡翠的矿物晶面和(或)解理面呈现的点状、片状闪光，俗称“翠性”
3	刮 伤	翡翠表面很细的划伤痕迹
4	抛光纹	抛光不当所致的细密线状痕迹，在同一方向上大致平行
5	纹 理	翡翠中由板状、柱状或片状矿物近乎平行排列而呈现的纹相，俗称“石纹”
6	裂 纹	翡翠中晶体的连续性和(或)完整性遭到破坏而产生的裂隙

参 考 文 献

[1] GB/T 3977—2008 颜色的表示方法
[2] GB/T 3979—2008 物体色的测量方法
[3] GB/T 15608—2006 中国颜色体系
[4] GB/T 5698—2001 颜色术语
[5] GB/T 3978—1994 标准照明体及照明观测条件
[6] GB/T 16552—2003 珠宝玉石 名称
[7] GB/T 16553—2003 珠宝玉石 鉴定
[8] GB/T 16554—2003 钻石分级
[9] DB53/T 102—2002 翡翠饰品分级

ICS 39.060
D 59

中华人民共和国国家标准

GB/T 23886—2009

珍珠珠层厚度测定方法 光学相干层析法

Determination of nacre thickness—Optical coherence tomography

2009-06-01 发布　　2010-01-01 实施

中华人民共和国国家质量监督检验检疫总局
中国国家标准化管理委员会　发布

前　言

本标准由中华人民共和国国土资源部提出。

本标准由全国珠宝玉石标准化技术委员会归口。

本标准起草单位：国家珠宝玉石质量监督检验中心、清华大学、深圳市莫廷影像技术有限公司。

本标准主要起草人：张蓓莉、柯捷、沈美冬、魏然、曾楠、何永红、马辉、王辉。

本标准为首次发布。

珍珠珠层厚度测定方法
光学相干层析法

1 范围

本标准规定了使用光学相干层析技术无损测量珍珠珠层厚度的方法。

本标准适用于珍珠珠层厚度的测定。

2 规范性引用文件

下列文件中的条款通过本标准的引用而成为本标准的条款。凡是注日期的引用文件，其随后所有的修改单(不包括勘误的内容)或修订版均不适用于本标准，然而，鼓励根据本标准达成协议的各方研究是否可使用这些文件的最新版本。凡是不注日期的引用文件，其最新版本适用于本标准。

GB/T 16552　珠宝玉石　名称

GB/T 16553　珠宝玉石　鉴定

GB/T 18781　珍珠分级

3 术语和定义

下列术语和定义适用于本标准。

3.1

光学相干层析　optical coherence tomography (OCT)

一种对光的背向散射信号经过相干处理后获得透明或半透明物质内部结构图像的成像技术。

3.2

相干光　coherent light

两束满足相干条件的光。

3.3

低相干光　low-coherent light

相干长度短的相干光。

3.4

背向散射　back scattering

光波进入物体后产生的向光源方向传播的散射，也称后散射。

3.5

光程　optical path

光在媒质中所经历的几何路径折合成光在真空中的路程，光程的大小等于光在媒质中经历的几何路程与媒质折射率的乘积。

4 原理

利用光学相干层析仪获得珍珠内部结构图像，用计算机技术对图像进行测量得到珠层厚度的光程，通过计算获得珠层厚度值。

5 仪器

5.1　光学相干层析仪——珍珠珠层厚度无损检测仪，仪器纵向分辨力优于0.015 mm。

5.2 已知厚度及折射率的载玻片。

6 测试方法及要求

6.1 校准

6.1.1 用已知厚度及折射率的载玻片作为校准标准片。

6.1.2 使用中每隔一定时间以及怀疑校准有变化时，应进行重复校准。

6.2 操作步骤

6.2.1 遵照制造商的说明操作仪器，要特别注意第7章中阐述的影响测量准确度的因素。

6.2.2 将样品放置在样品台上。

6.2.3 调整光源与样品间的位置、距离。

6.2.4 根据获得的珍珠层扫描图像计算珠层厚度值。

6.3 要求

6.3.1 测量时应选择光滑弧面，并使光源光线在珍珠的弧面顶部聚焦。

6.3.2 至少测量珍珠三个互相垂直方向的珠层厚度值并计算平均值。

6.3.3 对非圆形珍珠以及当获得的最大值与最小值之差不小于0.1 mm时，增加测量次数。

6.3.4 珠层厚度均匀度值可用于正圆形、圆形、近圆形有核珍珠的质量评价。

7 影响测量结果的因素

7.1 仪器分辨力

测量结果准确度受限于仪器的纵向分辨力。

7.2 表面缺陷

珍珠表面缺陷如凹坑、突起等位置的珠层厚度变化大，在该位置获得的数据不应作为有效数据。

7.3 图像取值

珠层厚度的测量是由人工或计算机根据扫描获得的珍珠层图像进行。当图像不清晰或取值不恰当时可能会影响测量的准确性。

7.4 测量次数

非圆形珍珠以及珠层厚度不均匀的珍珠，多方向多次测量可提高结果的准确度。

7.5 折射率

本方法中折射率值为引用数据，获得的珠层厚度值受折射率测量设备及测量者的操作影响。

7.6 电磁干扰

各种电器设备产生的强磁场，可能干扰仪器的正常工作，或使光源光线发生偏移。为获得可靠的结果，仪器周围不要放置手机等电磁干扰源。

8 结果计算及表示

8.1 珠层厚度值

按式(1)计算珠层厚度值 d：

$$d = z/n \qquad (1)$$

式中：

d——珠层厚度，单位为毫米(mm)；

z——光程，单位为毫米(mm)；

n——珍珠的折射率，见7.5。

计算结果保留到小数点后二位。

8.2 **珠层厚度平均值**

按式(2)计算珠层厚度平均值 $\overline{d}$：

$$\overline{d} = \sum_{i=1}^{k} d_i / k \qquad \cdots\cdots(2)$$

式中：

$\overline{d}$——珠层厚度平均值，单位为毫米(mm)；

d_i——第 i 次测量得到的珠层厚度，单位为毫米(mm)；

k——测量次数。

计算结果保留到小数点后二位。

8.3 **珠层厚度均匀度**

按式(3)计算珠层厚度均匀度 δ：

$$\delta = \left(1 - \frac{d_{max} - d_{min}}{\overline{d}}\right) \times 100 \qquad \cdots\cdots(3)$$

式中：

δ——珠层厚度均匀度，%；

d_{max}——最大珠层厚度，单位为毫米(mm)；

d_{min}——最小珠层厚度，单位为毫米(mm)；

$\overline{d}$——珠层厚度平均值，单位为毫米(mm)。

计算结果保留整数。

9 准确度

测量准确度取决于仪器的性能、操作和校准等情况。采用正确的校准和操作应使珠层厚度能测准到真实厚度的±5%或±0.015 mm 范围内，两个值取较大者。

ICS 67.250
X 08

中华人民共和国国家标准

GB/T 23887—2009

食品包装容器及材料生产企业通用良好操作规范

General good manufacturing practice for food packaging containers and materials factory

2009-05-19 发布 2009-12-01 实施

中华人民共和国国家质量监督检验检疫总局
中国国家标准化管理委员会 发布

前　言

本标准参考了欧盟《食品接触材料和物品良好操作规范》(2023/2006/EC)。

本标准由中国标准化研究院提出并归口。

本标准起草单位:中国标准化研究院、国家塑料制品质量监督检验中心、国家环保产品质量监督检验中心、中国制浆造纸研究院、河北科技大学、北京市海淀区产品质量监督检验所等。

本标准主要起草人:马爱进、王菁、刘文、翁云宣、郭丽敏、李兴峰、邱文伦、李雪梅、王朝晖等。

食品包装容器及材料生产企业通用良好操作规范

1 范围

本标准规定了食品包装容器及材料生产企业的厂区环境、厂房和设施、设备、人员、生产加工过程和控制、卫生管理、质量管理、文件和记录、投诉处理和产品召回、产品信息和宣传引导等方面的基本要求。

本标准适用于食品包装容器及材料生产企业。

2 规范性引用文件

下列文件中的条款通过本标准的引用而成为本标准的条款。凡是注日期的引用文件，其随后所有的修改单(不包括勘误的内容)或修订版均不适用于本标准，然而，鼓励根据本标准达成协议的各方研究是否可使用这些文件的最新版本。凡是不注日期的引用文件，其最新版本适用于本标准。

GB 5749 生活饮用水卫生标准

GB 9685 食品容器、包装材料用添加剂使用卫生标准

3 术语和定义

下列术语和定义适用于本标准。

3.1

食品包装容器及材料 food packaging containers and materials

包装、盛放食品或者食品添加剂用的纸、竹、木、金属、搪瓷、陶瓷、塑料、橡胶、天然纤维、化学纤维、玻璃等制品和直接接触食品或者食品添加剂的涂料。

3.2

厂房 workshop

用于食品包装容器及材料加工、制造、包装、贮存等或与其有关的全部或部分建筑及设施。

3.3

物料 materials

为了产品销售，所有需要列入计划、控制库存、控制成本的一切物品的统称。

3.4

产品 products

食品包装容器及材料半成品、成品的总称。

3.5

半成品 semifinished products

任何成品制造过程中间产品，经后续制造过程可制成成品。

3.6

成品 finished products

经过完整的加工制造过程并包装标示完成的待销售产品。

3.7

缓冲区 buffer area

原材料或半成品进入管制作业区时，为避免管制作业区直接与外界相通，在入口处所设置的缓冲场所。

3.8

外协件　purchased parts

经外加工的食品包装容器及材料零部件。

4　厂区环境

4.1　厂区应与有毒有害源保持一定的安全距离。

4.2　厂区内外环境应整洁、卫生，生产区的空气、水质、场地应符合生产要求。

4.3　企业的生产、行政、生活和辅助区的总体布局应合理，不得互相妨碍。

5　厂房和设施

5.1　厂房要求

5.1.1　厂房面积应与生产能力相适应，有足够的空间和场地放置设备、物料和产品，并满足操作和安全生产需要。

5.1.2　厂房应按生产工艺流程及需求进行合理布局。

5.1.3　企业应根据需求使生产车间墙壁、地面、天花板表面平整光滑，并能耐受清理和消毒，以减少灰尘积聚和便于清洁。

5.1.4　同一生产车间内以及相邻生产车间之间的生产操作不得相互妨碍。不同卫生要求的产品应避免在同一生产车间内生产。生产车间内设备与设备间、设备与墙壁间，应有适当的空间，便于操作。

5.1.5　生产车间应根据需要建立人员通道和物流通道，物流通道应与生产区隔离，且具备与生产相适应的隔离区。

5.2　设施要求

5.2.1　应具备与生产能力相适应的卫生、通风、搬运、输送等设施，并维护完好。

5.2.2　应根据需要在生产车间设置消毒、防尘、防虫、防鸟、防鼠等设施。

5.2.3　应根据需求为厂房配置足够的照明设施，对照明度有特殊要求的生产区域可设置局部照明。厂房应有应急照明设施。

5.2.4　应根据生产工艺对温度、湿度有要求的生产车间配置温湿度调节设施。

5.2.5　应根据需求在车间入口处设缓冲区或缓冲措施，并装备除尘、消毒设施，定期消毒。

5.2.6　应在生产车间附近设置更衣室。更衣室大小应与生产人员数量相适应，并配备照明等设施。

5.2.7　应根据需要在库房设置防漏、防潮、防尘、防虫、防鸟、防鼠及其他防害设施。

5.2.8　根据需要在必要的地方设置适宜的清洁和消毒设施。

5.2.9　应为员工提供适当的、方便的卫生间，卫生间应与生产车间隔离。

5.2.10　应配备废料处理设施，防止对食品包装容器及材料的生产产生污染。

5.2.11　应配备适当的供水、排水系统。

6　设备

6.1　应具备符合生产要求的生产设备和分析检测仪器或设备。

6.2　生产设备的设计、选型、布局、安装应符合生产要求，易于清洁，便于生产操作和维修、保养，确保安全生产。

6.3　生产设备应定期维修和保养。

6.4　用于生产和检验的仪器、仪表、量具、衡器等的适用范围和精度应符合生产和质量检验的要求，应有明显的状态标志，并按期校正。

6.5　生产和检验设备（包括备品、备件）应建立设备档案，记录其使用、维修、保养的实际情况，并由专人管理。

7 人员

7.1 企业应配备数量足够、与生产产品相适应的人员。

7.2 企业负责人应了解其在质量安全管理中的职责与作用、相关的专业技术知识、产品标准、主要性能指标、产品生产工艺流程和检验要求等。

7.3 质量管理、卫生管理负责人应具有食品包装容器及材料质量和卫生管理的实践经验，有能力对产品生产过程中出现的问题作出正确处理。

7.4 技术人员应掌握专业技术知识，并具有一定的质量安全管理知识。

7.5 生产操作人员应熟悉自己的岗位职责，具有基础理论知识和实际操作技能，能熟练地按工艺文件进行生产操作。

7.6 直接接触产品的从业人员应按法律法规要求进行体检和取得健康证明。

7.7 检验人员应熟悉产品检验规定，具有与工作相适应的质量安全知识、技能和相应的资格。

7.8 应对与产品质量安全相关的人员进行必要的培训和考核。

7.9 电工、锅炉工、叉车工等特殊岗位工作人员应持证上岗。

8 原辅料控制

8.1 生产食品包装容器、材料的原辅料应符合国家法律法规或标准要求。食品包装容器、材料用添加剂应符合 GB 9685 及相关法规要求。

8.2 应对原辅材料供应商进行评价，选择合格供应商。应索取原辅材料供应商检验合格证明或报告，并保存供应商提供的合格证明，保存期限 2 年以上。

8.3 应按原辅料采购制度和采购标准实施采购，应使用食品原辅材料，塑料和纸制品不得使用回收再生料。

8.4 应根据生产需要和加工能力有计划采购原辅料。

8.5 应按规定对采购的原辅料以及外协件进行质量检验或根据有关规定进行质量验证，并保存检验/验证记录，保存期限 2 年以上。

8.6 原辅料入库后，应有醒目的"待验"标志，质量管理部门检验或验证合格后方能使用。检验合格后的原辅料以"先进先出"为原则进行使用。不合格的原辅料不得使用并由授权人员批准按有关规定及时处理、记录在案。

8.7 原辅料的贮存应根据原辅料的物理特性和化学特性，选择合适的贮存条件分别储存。有毒有害物料、易燃易爆物料应单独存放，明确标识，并由专人保管。

8.8 待检、合格、不合格原辅料应分区存放，按批次存放，并有易于识别的明显标志。

8.9 原辅料的使用应用准确的定量工具称量。

9 生产过程控制

9.1 生产加工操作要求

9.1.1 企业生产人员应严格执行工艺管理制度，按操作规程、作业指导书等工艺文件进行生产操作。各个环节应在一定的生产技术条件下进行，以尽量减少产品质量安全受到影响的可能性。

9.1.2 对有特殊生产要求（如：无菌包装）产品，应监测其生产区的空气质量，并将结果记录存档。

9.1.3 生产过程中与产品直接接触的水应符合 GB 5749 要求。

9.1.4 生产过程中应采取有效措施防止交叉污染。

9.1.5 应正确操作和维护生产用设备及工具，以避免加工过程中对产品造成污染。

9.1.6 应根据产品特点，合理使用搬运工具。

9.2 包装、贮存、运输要求

9.2.1 用于包装食品包装的材料应清洁、卫生,不应对产品造成污染;包装方式能有效防止二次污染。

9.2.2 应根据产品的物理特性和化学特性,选择合适的贮存条件贮存,以保证产品质量不受影响。在贮存过程中应加强防护,防止成品出现损伤、污染。

9.2.3 应根据产品特点,规定产品的保质期。

9.2.4 成品应标明检验状态,不合格品应单独存放,并明显标识。

9.2.5 用于运输食品包装容器及材料的运输工具(如:车辆、集装箱等)应清洁、干燥,且有防雨措施;不应与有毒有害或有异味的物品混运。

10 卫生管理

10.1 应有相应的卫生管理部门,对本企业的卫生工作进行全面管理。负责宣传和贯彻有关法规和制度,监督、检查在本企业的执行情况;制修订本企业的各项卫生管理制度和规划;组织卫生宣传教育工作,培训有关人员;定期组织本企业人员的健康检查,并做好善后处理等工作。

10.2 企业厂区应无鼠、蝇、害虫等滋生地,并根据情况在必要时采取措施防止鼠类等聚集和滋生。

10.3 车间内地面、墙壁、屋顶应清洁、符合卫生要求,防止对产品产生污染。

10.4 生产车间内安装的水池、地漏不得对生产造成污染。

10.5 应根据生产对洁净度要求的不同,对厂区内的生产车间和公共场所实行分级卫生管理。

10.6 所有进入生产车间的人员均应严格遵守有关卫生制度。

10.7 生产车间人员应保持个人清洁、卫生,按规定穿戴工作衣帽、鞋,不得将与生产无关的物品、饰物带入车间。

10.8 生产车间内的更衣室和洗手设施等公共设施应由专人管理,并按制度及时清洗和消毒,保持清洁状态,不应给生产带来污染。

10.9 人员通道和物流通道应保持畅通,无杂物堆集。

10.10 特殊卫生要求的车间应按制度定期消毒,防止对产品产生污染。

10.11 特殊车间禁止使用鼠药,防止对产品污染。

10.12 库房的地面、墙面、顶棚应整洁卫生。

10.13 应确保设施、设备和工具卫生状况良好,防止污染产品。

10.14 设备使用的润滑剂、脱模剂、清洗剂等不得对产品造成污染。

10.15 废水、废气、废料排放、噪声污染及卫生要求等应符合国家有关规定,废弃物的存放、处理对生产无污染危害。

10.16 有毒化学物品均应有固定包装,并在明显处标示“有毒品”字样,贮存于专门库房或柜橱内,加锁并由专人负责保管。使用时应由经过培训的人员按照使用方法进行,防止污染和人身中毒。

10.17 在生产、运输、贮存产品过程中,应防止有毒化学品的污染。厂区内不得同时生产有毒化学物品。

11 质量管理

11.1 应有相应的质量管理部门,负责食品包装容器及材料产品生产全过程的质量管理和检验,对产品质量具有否决权。

11.2 应识别工艺过程质量安全的危害因素,设定关键控制点,并制定控制措施。生产过程应对关键控制点实施严格监控,并建立追溯性记录。

11.3 生产过程中质量管理结果若发现异常现象时,应迅速追查原因,并妥善处理。

11.4 应对首次使用的原辅料、新工艺和新配方等进行试制,并进行主要控制指标的检测。试制品经检测合格后,方可投入批量生产。

11.5 应按规定开展过程检验，应根据工艺规程的有关参数要求，对过程产品进行检验，并记录。

11.6 应根据标准要求对所生产产品进行型式试验。如有委托检验项目，应委托具有法定检验资质的机构进行检验。

11.7 应按相应标准要求随机抽样对产品进行出厂检验，做好原始记录，并出具产品检验合格证明。

11.8 应根据不合格品管理制度，对检验不合格的产品，按规定做出相应处置。

11.9 应制定成品留样保存计划，保存时间应不短于成品标示的保质期。

11.10 应按批号或生产日期归档批生产记录，且保存至产品有效期后1年。未规定有效期的产品生产记录至少保存3年。

12 文件和记录

12.1 应有设施和设备的使用、维护、保养、检修等制度和记录。

12.2 应建立生产所需的原辅料采购、贮存、使用等方面的管理制度。包括原辅材料采购计划、采购清单、采购协议、采购合同等采购文件及使用台账等。

12.3 应有物料验收、生产操作、检验、发放、成品销售、用户投诉和产品召回等制度和记录。

12.4 应有不合格品管理、原辅料退库和报废、紧急情况处理等制度和记录。

12.5 应有环境、厂房、设备、人员等卫生管理制度和记录。

12.6 应建立文件程序对人员的个人卫生状况进行监控，并保存相关记录。

12.7 应有本规范和专业技术培训等制度和记录。

12.8 如有外协加工等委托服务项目，应制定相应的质量安全管理控制办法。

12.9 应有生产工艺规程、岗位操作法或标准操作规程生产工艺规程。

12.10 应有批生产记录，内容包括产品名称、生产批号、生产日期、操作者、复核者的签名，有关操作与设备、相关生产阶段的产品数量、物料平稳的计算、生产过程的控制记录及特殊问题记录等。

12.11 应有物料、半成品和成品质量标准及其检验操作规程。

12.12 应有批检验记录。

12.13 应建立文件的起草、修订审查、批准、撤销、印制及保管的管理制度。

13 投诉处理和产品召回

13.1 所有投诉，无论以口头或书面方式收到，都应当根据书面程序进行记录和调查。质量管理负责人(必要时，应协调其他有关部门)应及时追查，妥善解决。

13.2 管理者应实施有效的工作程序处理产品安全问题，确保将所有可疑批次的产品迅速从市场上召回。召回的产品应置于监督下妥善保管直至销毁，或用于非包装食品用的其他目的，或进行确保其安全性的再加工。

14 产品信息和宣传引导

14.1 出厂产品应具有合格证和产品标签。产品标签标识应包括产品名称、产地、生产者的名称和地址、生产日期等内容，必要时在标签上注明“食品用”字样。

14.2 出厂产品应具有或提供充分的产品信息，特殊产品应注明使用方法、使用注意事项、用途、使用环境、使用温度、主要原辅材料名称等内容。以使用户能够安全、正确地对产品进行处理、展示、贮存和使用。

14.3 健康教育应包括产品安全常识，应能使消费者认识到各种产品信息的重要性，并能够按照产品说明正确地使用。

ICS 27.160
F 12

中华人民共和国国家标准

GB/T 23888—2009

家用太阳能热水系统控制器

Controller for domestic solar water heating system

2009-06-01 发布　　2010-01-01 实施

中华人民共和国国家质量监督检验检疫总局
中国国家标准化管理委员会　发布

前　言

本标准由全国太阳能标准化技术委员会提出并归口。

本标准起草单位:山东力诺瑞特新能源有限公司、中国标准化研究院、北京创意博能源科技有限公司、国家太阳能热水器质量监督检验中心(北京)、浙江桐乡西子仪表科技有限公司、浙江比华丽电子科技有限公司、山东桑乐太阳能有限公司、瑞安理想电子工业有限公司。

本标准主要起草人:倪超、贾铁鹰、邹怀松、何涛、徐国红、郭峰、邹洪威、李芳、李方军、单青。

家用太阳能热水系统控制器

1 范围

本标准规定了家用太阳能热水系统控制器的术语和定义、分类与命名、技术要求、试验方法、检验规则以及标志、包装、运输、贮存。

本标准适用于家用太阳能热水系统的控制器。

2 规范性引用文件

下列文件中的条款通过本标准的引用而成为本标准的条款。凡是注日期的引用文件，其随后所有的修改单(不包括勘误的内容)或修订版均不适用于本标准，然而，鼓励根据本标准达成协议的各方研究是否可使用这些文件的最新版本。凡是不注日期的引用文件，其最新版本适用于本标准。

GB/T 191 包装储运图示标志(GB/T 191—2008,ISO 780:1997,MOD)

GB/T 2408 塑料 燃烧性能的测定 水平法和垂直法

GB/T 2829 周期检验计数抽样程序及表(适用于对过程稳定性的检验)

GB 4208 外壳防护等级(IP 代码)(GB 4208—2008,IEC 60529:2001,IDT)

GB 4343.2 电磁兼容 家用电器、电动工具和类似器具的要求 第2部分:抗扰度 产品类标准(GB 4343.2—1999,IEC/CISPR 14-2:1997,IDT)

GB 4706.1 家用和类似用途电器的安全 第1部分:通用要求(GB 4706.1—2005,IEC 60335-1:2001,IDT)

GB 4706.12 家用和类似用途电器的安全 储水式热水器的特殊要求(GB 4706.12—2006,IEC 60335-2-21:1997,MOD)

GB/T 5023.5 额定电压 450/750 V 及以下聚氯乙烯绝缘电缆 第5部分:软电缆(软线)(GB/T 5023.5—2008,IEC 60227-5:2003,IDT)

GB/T 7665 传感器通用术语

GB 8877 家用和类似用途电器安装、使用、维修安全要求

GB/T 11463 电子测量仪器可靠性试验

GB/T 13384 机电产品包装通用技术条件

GB 13955 剩余电流动作保护装置安装和运行

GB 14536.1 家用和类似用途电自动控制器 第1部分:通用要求(GB 14536.1—2008,IEC 60730-1:2003,IDT)

GB/T 17626.11 电磁兼容 试验和测量技术 电压暂降、短时中断和电压变化抗扰度试验(GB/T 17626.11—2008,IEC 61000-4-11:2004,IDT)

GB/T 19141 家用太阳热水系统技术条件(GB/T 19141—2003,ISO 9806-2:1995,NEQ)

JB 8734.4 额定电压 450/750 V 及以下及氯乙烯绝缘电缆电线和软线 第4部分:连接用软电线

3 术语和定义

GB/T 7665、GB 14536.1 和 GB/T 19141 确立的以及下列术语和定义适用于本标准。

3.1

家用太阳能热水系统控制器 controller for domestic solar water heating system

对家用太阳能热水系统的运行进行控制并显示家用太阳能热水系统状态的装置，由主机、传感器、

安装配件等部分组成。以下简称系统控制器。

3.2

温度传感器　temperature sensor

在家用太阳能热水系统中，能感受太阳能系统部件中的温度变化，并转换成可用输出信号给系统控制器主机的传感装置。

3.3

水位传感器　water level sensor

在家用太阳能热水系统中，能感受太阳能系统部件中的水位变化，并转换成可用输出信号给系统控制器主机的传感装置。

3.4

温度水位传感器 temperature & water level sensor

在家用太阳能热水系统中，由温度传感器和水位传感器组合而成，能同时感受太阳能系统部件中的温度和水位变化，并转换成可用输出信号给系统控制器主机的传感装置。

4　分类与命名

4.1　分类

4.1.1　按功能分类

按主要功能，系统控制器可分为：

a）　状态显示型；

b）　控制温度型；

c）　控制水位型；

d）　控制温度水位型；

e）　控制循环换热型。

4.1.2　按传感器类型分类

按传感器类型进行分类，如表1所示。

表1　按传感器类型进行分类表

传感器种类	传感器类型			
温度传感器	热敏电阻	铂电阻	其他类型	
水位传感器	电极式	压力式	浮球式	其他类型

4.2　产品命名

4.2.1　命名内容

系统控制器产品命名由如下3部分组成，各部分之间用“—”隔开：

第一部分　—　第二部分　—　第三部分

第三部分：表示系统控制器改进型号

第二部分：表示温度传感器／水位传感器类型

第一部分：表示系统控制器功能类型，若有功能并存情况，各功能间以“/”隔开

4.2.2　命名标记

命名标记应符合表2。

表 2　命名标记含义

第一部分	第二部分	第三部分
X:状态显示型 W:控制温度型 S:控制水位型 WS:控制温度水位型 H:控制循环换热型 */*:功能并存型	温度传感器: NTC:热敏电阻 PT:铂电阻 QW:其他类型 水位传感器: DJ:电极式 YL:压力式 FQ:浮球式 QS:其他类型 无标记:无温度传感器或无水位传感器	用两位阿拉伯数字表示改进型号

4.2.3　命名示例

以控制循环换热型系统控制器为例:

H — PT — 01

- 01 → 01 型
- PT → 铂电阻温度传感器 / 无水位传感器
- H → 控制循环换热型

以控制温度水位型系统控制器为例:

WS — NTC/DJ — 02

- 02 → 02 型
- NTC/DJ → 热敏电阻温度传感器 / 电极式水位传感器
- WS → 控制温度水位型

5　技术要求

5.1　基本要求

5.1.1　基本功能

5.1.1.1　显示功能

5.1.1.1.1　时间显示及时间控制误差

如系统控制器有时间显示及时间控制功能,允许的定时功能时间误差为±1 s。

5.1.1.1.2　温度显示及误差

温度最小显示分度为 0.1 ℃,最大显示分度为 1 ℃;显示值应稳定。

集热器温度的显示精度为±2 ℃。

贮热水箱的温度在 0 ℃～100 ℃范围内其显示精度为±1 ℃。

5.1.1.1.3　水位显示及误差

水位显示应至少具备缺水水位和满水水位显示,显示应稳定。

分段显示水位的系统控制器,在满量程状态下,其显示精度不低于标称高度的±5%;连续显示水位的系统控制器,其显示精度不低于±5%。

5.1.1.2 控制功能

5.1.1.2.1 温度控制

系统控制器启动辅助电加热器将贮热水箱内的水加热到设定温度时，辅助电加热器应停止加热；如控制器具有循环换热功能，在达到系统运行停止温度时，循环换热功能应停止工作。

5.1.1.2.2 水位控制

系统控制器启动控制阀上水至所设定的水位后，控制阀应关闭。

5.1.1.2.3 循环换热功能

在强迫循环分离式太阳能热水系统中，系统控制器应具备自动控制循环换热功能。

5.1.1.2.4 漏电保护

系统控制器应有漏电保护装置，动作电流应符合 GB 13955 中的规定。达到漏电动作条件后应全极断开漏电保护装置的供电电源。

5.1.1.2.5 报警功能

家用太阳能热水系统处于缺水、过热、冰冻等状态时，系统控制器应提示报警。

5.1.1.2.6 水位检测灵敏度调节

采用电极式水温水位传感器的系统控制器宜具备水位检测灵敏度调节功能。

5.1.1.2.7 其他功能

高温停止运行和冰冻防护等其他功能。

5.1.2 传感器

5.1.2.1 传感器应固定牢靠。

5.1.2.2 传感器信号采集点位置应稳定，采集信息可靠，数据准确。

5.1.2.3 传感器应能承受家用太阳能热水系统正常工作条件下沸水的温度，8 h 内应能承受非正常工作条件下 130 ℃的温度。

5.1.2.4 压力式传感器应能承受 0.9 m 高的水压压力，传感器内部无漏水现象。

5.1.2.5 浮球式传感器在使用时不能有进水现象，浮球的摆动次数不低于 4 000 次。

5.1.2.6 温度和水位传感信号应互不干扰。

5.1.2.7 传感器信号线应符合 GB/T 5023.5 和 JB 8734.4 的相关规定。

5.1.3 电气安全

应符合 GB 4706.1、GB 4706.12、GB 8877 和 GB 14536.1 的规定。

5.1.4 电源适应性

额定电压为交流 220 V 的系统控制器在电压波动±10%的范围内应能正常工作。

5.1.5 可靠性

正常工作条件下，平均无故障工作时间(MTBF)：系统控制器主机不低于 25 000 h，传感器不低于 15 000 h。

5.2 结构和材料

5.2.1 外观

5.2.1.1 系统控制器主机的外壳应完好，表面光洁。

5.2.1.2 铭牌和面膜应耐用，经型式试验后不得变形、脱落，其图案和字迹仍应清晰。

5.2.1.3 塑料件、电镀件表面应光滑，色泽均匀，无斑点，不应有气泡、脱落、裂纹及明显的斑痕、划痕及凹缩纹等缺陷。

5.2.1.4 系统控制器各部件无缺陷，紧固件不松动；主机内部不应有零部件松动的现象；外露部件(面板、开关、按键、插头等)不应有松动、破损现象。

5.2.1.5 系统控制器显示值应清晰、亮度均匀，不应有不亮、缺笔画、数字指示面板影响读数的缺陷。

5.2.1.6 传感器的外型无开裂、变形，材料无老化现象。

5.2.2 防护等级

家用太阳能热水系统控制器应具有阻止水、尘侵入的适当防护等级，并应满足 GB 8877 的如下规定：

a) 在一般使用场所下，防护等级应不低于 IP20；

b) 在厨房、卫生间或类似场所，防护等级应不低于 IP24。

5.2.3 电缆

5.2.3.1 应使用铜芯导线。

5.2.3.2 电源软线的导线的横截面积应符合 GB 4706.1 中的规定。

5.2.4 阻燃等级

系统控制器外壳为阻燃材料，阻燃等级为 FV-2。

5.3 抗干扰

系统控制器应符合 GB 4343.2 及 GB/T 17626.11 的要求。

6 试验方法

6.1 显示功能试验

6.1.1 试验内容

6.1.1.1 时间显示及时间控制误差试验

以系统控制器自身时间为基准，测试定时功能的启动时间误差是否满足 5.1.1.1.1 的要求。

6.1.1.2 温度显示及误差试验

使用精度为±0.1 ℃的温度测量仪器对系统控制器的温度测量精度进行检测。选择温度传感器测温范围内的最低、最高及中间温度值三个测温点进行检测。浸入水中工作的温度传感器可在均匀的用水环境下进行测试。非浸入水中工作的温度传感器可在恒温实验箱中进行测试。比较系统控制器温度显示与测量值的误差是否满足 5.1.1.1.2 的要求。

6.1.1.3 水位显示及误差试验

测试装置宜采用一标准容积的敞口测试水箱，并保证水箱中注满水时传感器可整体浸没于测试水箱中，同时对水箱的高度进行分段标明刻度。以测试水箱的底部为基准，将传感器按正常工作状态安装于测试水箱中，传感器应与测试水箱底部接触。缓慢地向测试水箱中注水，系统控制器可显示此时的水位情况。比较系统控制器水位显示与测量值的误差是否满足 5.1.1.1.3 的要求。

6.1.2 试验结果

应检验系统控制器的温度、水位及时间测量精度，并记录试验结果。

6.2 控制功能试验

6.2.1 试验内容

将系统控制器同家用太阳能热水系统进行配套组装，同时将相应的执行元件安装齐全，模拟家用太阳能热水系统的实际使用工况，对控制器的实际功能进行试验。

6.2.2 试验结果

应检测控制功能是否符合产品说明书的要求，并记录试验结果。

6.3 传感器试验

6.3.1 试验内容

6.3.1.1 电极式传感器

6.3.1.1.1 水煮试验

将电极式传感器放在水温≥95 ℃的热水中，保持 48 h 后应能正常使用。

6.3.1.1.2 冷热交替试验

将电极式传感器放在 130 ℃的老化箱内保持 8 h，随后立即放置于 0 ℃的环境中保持 8 h。连续

5次冷热交替实验后，取出放置在室温水中浸泡24 h后应能正常使用。

6.3.1.2 压力式传感器

6.3.1.2.1 耐水压测试

对压力式传感器实施1.5倍额定工作压力的水压测试，保持测试压力值，7 d后观察压力传感器内部有无漏水现象。

6.3.1.2.2 稳定性测试

将压力式传感器与系统控制器进行组装连接，压力式传感器安装到水位测试工装上，向水位测试工装中缓慢注水使水位从最低上升到最高。然后对水位测试工装进行缓慢放水，使水位从最高下降到最低。反复测试10次，观察压力式传感器的浸水状态与水位显示的对应情况。

6.3.1.2.3 耐温测试

将压力式传感器的传感部分置于水温≥95 ℃的热水中，保持48 h后应能正常使用。将压力式传感器传感部分放在温度为130 ℃的恒温箱中，保持8 h后应能正常使用。

6.3.1.3 浮球式传感器

6.3.1.3.1 防水测试

将浮球式传感器传感部分浸没于常温水中，7 d后应能正常使用。

6.3.1.3.2 稳定性测试

将浮球式传感器与家用太阳能热水系统控制器进行组装连接，浮球式传感器安装到水位测试工装上，向水位测试工装中缓慢注水使水位从最低上升到最高。然后对水位测试工装进行缓慢放水，使水位从最高下降到最低。反复测试10次，观察浮球式传感器的浮起状态与水位显示的对应情况。

6.3.1.3.3 耐温测试

将浮球式传感器传感部分放在温度为130 ℃的恒温箱中，保持8 h后应能正常使用。

6.3.1.3.4 耐久试验

在常温的环境下，浮球式传感器经过4 000次的上下摆动试验后应能正常使用。

6.3.2 试验结果

应对传感器的测量及误差、与系统控制器的配套使用功能等性能及外观进行测试和观察，并记录试验结果。

6.4 外观

根据5.2.1的要求，用目测、手动的方法检查系统控制器的外观。

6.5 电气安全试验

按照GB 4706.1及GB 14536.1规定的方法进行检验。

6.6 防护等级试验

按照GB 4208中规定的试验方法进行检验。

6.7 阻燃等级测试

按照GB/T 2408中规定的试验方法进行检验。

6.8 可靠性

按照GB/T 11463中规定的试验方法进行检验。

6.9 抗干扰性

按照GB 4343.2及GB/T 17626.11中规定的试验方法进行检验。

7 检验规则

系统控制器的检验分为出厂检验和型式试验。

7.1 出厂检验

7.1.1 产品均应经制造厂质量管理部门检验合格后方可出厂，并附有合格证、说明书，并在产品标志或合格证中标明出厂日期。

7.1.2 出厂检验项目按5.1.1.1、5.1.1.2.1、5.1.1.2.2、5.1.1.2.3、5.1.3(检验项目:泄漏电流、电气强度)、5.2.1进行。

7.1.3 出厂检验为全检。

7.2 型式检验

7.2.1 制造厂在正常生产情况下,每年至少进行一次型式检验。产品有下列情况之一时,应进行型式检验:

a) 新产品试制定型;

b) 老产品转产或停产期超过1年恢复生产;

c) 需要进行全面质量考核;

d) 改变产品结构、材料、工艺而影响产品性能;

e) 制造厂第一次试生产;

f) 国家质量技术监督检验机构提出要求。

7.2.2 型式检验为抽检,在出厂检验合格的产品中,按GB/T 2829规定抽取相应数量的产品进行型式检验。

7.2.3 型式检验项目按5.1~5.3进行,5.1.5可靠性检验只在鉴定检验或有需要时进行。

7.2.4 型式检验中,5.1~5.3规定的各项检验全部合格者,判定产品为合格。若5.1~5.3规定的各检验项目中有一项不合格,则判定产品为不合格。其余项目不合格,则应再抽一台对不合格项进行复检,如仍不合格,则判定产品为不合格。

8 标志和包装

8.1 标志

系统控制器应在其产品的明显位置标明下列内容:

a) 额定电压或额定电压范围,单位为伏(V);

b) 电源性质的符号,标有额定频率的除外;

c) 额定输入功率,单位为瓦(W),或额定电流,单位为安(A);

d) 制造商或责任承销商的名称、商标或识别标志;

e) 产品名称和型号;

f) 生产日期或出厂编号;

g) 电击防护类别;

h) 防水等级的IP代码。

8.2 包装

8.2.1 系统控制器应采用包装箱包装,包装箱应符合GB/T 13384的规定。

8.2.2 包装箱上的标志应符合GB/T 191的规定,其中应主要包括"小心轻放"、"严禁翻滚"、"堆码层数极限"、"怕雨"、"向上"等标志。

8.2.3 产品包装箱内应附有下列文件:

a) 产品说明书,产品说明书应包括下列内容:

  1) 性能参数;

  2) 产品功能及操作说明;

  3) 产品使用注意事项;

  4) 维护保养注意事项;

  5) 安装要求及示意图,安装要求应包括下列内容:

——传感器应按照产品说明书的要求正确安装，并处于建筑物上避雷系统的保护中。传感器的安装宜采用刚性连接；

——系统控制器应装在室内距地面 1.2 m～1.6 m 的高度，并远离水源；

——如配套安装控制阀，则控制阀宜装在室内；若控制阀安装在室外，当环境温度低于 0 ℃时，应采取保温防冻措施。

b) 产品合格证。

c) 装箱单。

9 运输和贮存

9.1 产品在运输过程中，应小心轻放，不得遭受强烈颠簸、震动、摔打，不得受潮、雨淋。

9.2 产品应贮存在良好供暖、保温、通风降湿的仓库中，仓库内的环境条件规定为：

a) 温度：0 ℃～40 ℃；

b) 相对湿度：小于 80%；

c) 仓库内应保持干燥，应无酸、碱、易燃、易爆、有毒等化学物品和没有其他有腐蚀性的气体及物品；

d) 应防止强烈电磁场作用、冲击和阳光照射。

9.3 产品的贮存应注意防潮、防腐、防鼠、防尘。

9.4 码放产品应垫离地面至少 0.3 m 高，距离四壁应不少于 1 m，距离取暖设备应不少于 2 m。

9.5 产品贮存期超过 6 个月，则应在出厂前重新进行出厂检验。

ICS 27.160
F 12

GB

中华人民共和国国家标准

GB/T 23889—2009

家用空气源热泵辅助型太阳能热水系统技术条件

Specifications of air source heat pump assisted domestic solar water heating systems

STANDARDS PRESS OF CHINA

2009-06-01 发布　　2010-01-01 实施

中华人民共和国国家质量监督检验检疫总局
中国国家标准化管理委员会　发布

前　言

本标准的制定参考了欧洲标准 EN 12976-1：2000《太阳能热利用系统和部件——工厂制造的系统　第1部分：总体要求》和 EN 12976-2：2000《太阳能热利用系统和部件——工厂制造的系统　第2部分：试验方法》和澳大利亚标准 AS/NZS 2712：2002《太阳能及热泵热水器——设计与构造》。

本标准由全国太阳能标准化技术委员会提出。

本标准由全国太阳能标准化技术委员会归口。

本标准负责起草单位：浙江豪瓦特节能科技有限公司、合肥爱迪节能技术有限责任公司、常州市太阳宝热水器有限公司、中国农村能源行业协会太阳能热利用专业委员会、中国标准化研究院、广东五星太阳能有限公司、深圳市嘉普通太阳能有限公司、合肥荣事达太阳能科技有限公司、江苏太阳雨太阳能有限公司、江苏省华扬太阳能有限公司、江苏淮阴辉煌太阳能有限公司、浙江群升太阳能设备有限公司、国家太阳能热水器质量监督检验中心（北京）。

本标准参加起草单位：北京市太阳能研究所有限公司、北京博大光正高新技术有限公司、江苏桑夏太阳能产业有限公司、深圳市丽阳能源技术有限公司、芜湖贝斯特新能源开发有限公司、云南东方红节能设备工程有限公司、云南师范大学太阳能研究所、江苏辛普七彩科技有限公司、湖北华扬太阳能有限公司。

本标准主要起草人：韩广田、霍志臣、殷建平、刘军、谌学先、贾铁鹰、肖红升、何涛、姜志祥、马志贵、黄奎林、张文龙、刘学真、高峰、潘保春、邸劲夫、黄永立。

家用空气源热泵
辅助型太阳能热水系统技术条件

1 范围

本标准规定了家用空气源热泵辅助型太阳能热水系统的术语和定义、分类与命名、技术要求、参数测量和试验方法、检验规则及文件编制、标志、包装。

本标准适用于提供生活热水及类似用途热水的贮水箱容积在600 L以下的家用空气源热泵辅助型太阳能热水系统。

2 规范性引用文件

下列文件中的条款通过本标准的引用而成为本标准的条款。凡是注日期的引用文件，其随后所有的修改单(不包括勘误的内容)或修订版均不适用于本标准，然而，鼓励根据本标准达成协议的各方研究是否可使用这些文件的最新版本。凡是不注日期的引用文件，其最新版本适用于本标准。

GB/T 191 包装储运图示标志(GB/T 191—2008，ISO 780:1997,MOD)

GB 4706.1 家用和类似用途电器的安全 第1部分:通用要求(GB 4706.1—2005,IEC 60335-1:2001,IDT)

GB 4706.12 家用和类似用途电器的安全 储水式热水器的特殊要求(GB 4706.12—2006,IEC 60335-2-21:1997,MOD)

GB 4706.32 家用和类似用途电器的安全 热泵、空调器和除湿机的特殊要求(GB 4706.32—2004,IEC 60335-2-40:1995,IDT)

GB/T 6424 平板型太阳能集热器

GB 8877 家用和类似用途电器安装、使用、维修安全要求

GB/T 12936 太阳能热利用术语

GB/T 13384 机电产品包装通用技术条件

GB/T 17581 真空管型太阳能集热器

GB/T 18430.2 蒸汽压缩循环冷水(热泵)机组 第2部分:户用及类似用途的冷水(热泵)机组

GB/T 18708 家用太阳能热水系统热性能试验方法

GB/T 19141 家用太阳热水系统技术条件

GB/T 19775 玻璃-金属封接式热管真空太阳集热管

GB/T 20095—2006 太阳能热水系统性能评定规范

GB 50057 建筑物防雷设计规范

GB 50168 电器装置安装工程电缆线路施工及验收规范

GB 50171 电器装置安装工程盘柜及二次回路接线施工及验收规范

GB 50185 工业及管道绝热工程质量检验评定标准

GB 50212 建筑防腐蚀工程施工及验收规范

GB 50224 建筑防腐蚀工程质量检验评定标准

GB 50242 建筑给排水及采暖工程施工质量验收规范

GB 50303 建筑电气工程施工质量验收规范

JB 4330 矩形六面体测量表面方法

NY/T 514　家用太阳能热水器储水箱

ISO 9488:1999　太阳能词汇

3　术语和定义

GB/T 12936、GB/T 18708、GB/T 19141 和 ISO 9488:1999 确立的以及下列术语和定义适用于本标准。

3.1

家用空气源热泵辅助型太阳能热水系统　specifications of air source heat pump assisted domestic solar water heating systems

由太阳能集热器、贮水箱、空气源热泵等部件组成，以空气源热泵作辅助能源的太阳能热水系统，在住宅、小型商业建筑或公共建筑中使用。

3.2

热泵热水器　heat pump water heater

一种利用逆卡诺循环，将空气、水或其他的低温热源的热量转移到被加热的水中制取较高温度生活热水的设备。

3.3

空气源热泵热水器　air source heat pump water heater

以环境空气为热源的热泵热水器。

3.4

内置式换热器　internal heat exchanger

换热器置于水箱被加热水中，通过热交换对使用水进行加热，使初始水温逐渐提升。

3.5

外置式换热器　external heat exchauge

换热器放在空气源热泵机壳内，水箱内的水通过循环，多次流过置于水箱外的换热器逐渐加热。

3.6

单位面积日有用得热量　daily useful energy per contour aperture area of domestic solar water Heating system

一定日太阳辐照量下，贮水箱内的水温不低于规定值时，单位轮廓采光面积贮水箱内水的日得热量。

3.7

消耗功率　power consumption

运行所输入的平均功率 W。

3.8

性能系数　coefficient of performance

COP

系统单位时间内得热量和有效输入功率之比。

3.9

热水系统平均热损因数　average heat loss factor of domestic solar water heating system

在无太阳辐照条件下的一段时间内，单位时间内、单位水体积太阳能热水系统贮水温度与环境温度之间单位温差的平均热量损失。

3.10

贮水箱容水量　water volume of storage tank

起始温度时，贮水箱中的水量。

3.11

封闭式贮水箱　unvented storage tank

箱体密闭，不与大气相通，并能承受规定水压力的贮水箱。

3.12

开口式贮水箱　vented storage tank

贮水箱与大气相通。

3.13

最高使用水压力　maximum applicable water pressure

贮水箱最高供热水压力，封接式贮水箱的安全阀设定压力就是使用最高压力(MPa)。

3.14

变工况　change work condition

(针对本系统的制热性能试验而规定的)一种有别于单纯太阳能热水系统热性能试验的测试条件。

4　符号

A_c　轮廓采光面积，单位为平方米(m^2)；

c_{pw}　水的比热容，单位为千焦每千克摄氏度[kJ/(kg·℃)]；

H　集热器采光面上单位面积日太阳辐照量，单位为兆焦每平方米日[$MJ/(m^2 \cdot d)$]；

q　家用太阳热水系统单位轮廓采光面积日有用得热量，单位为兆焦每平方米(MJ/m^2)；

M_w　单位轮廓采光面积贮水箱中的贮水量，单位为千克每立方米(kg/m^3)；

Q_h　贮水箱中的水体积 M_w 内所含的得热量，单位为兆焦(MJ)；

t_a　环境空气温度，单位为摄氏度(℃)；

t_{ad}　试验期间日平均环境温度，单位为摄氏度(℃)；

t_{as}　贮水箱的环境空气温度，单位为摄氏度(℃)；

t_b　集热试验开始时贮水箱内的水温，单位为摄氏度(℃)；

t_e　集热试验结束时贮水箱内的水温，单位为摄氏度(℃)；

t_i　热损试验中贮水箱内的初始水温，单位为摄氏度(℃)；

t_f　热损试验中贮水箱内的最终水温，单位为摄氏度(℃)；

v　环境空气的流动速率，单位为米每秒(m/s)；

U_{SL}　家用太阳热水系统的平均热损因数，单位为瓦每立方米开尔文[$W/(m^3 \cdot K)$]；

N_o　系统运行期间单位轮廓采光面积消耗总电能量，单位为千焦每平方米(kJ/m^2)；

COP　太阳能热水系统的制热性能系数。

5　分类与命名

5.1　分类

家用空气源热泵辅助型太阳能热水系统按循环方式和加热方式等3种特征进行分类，每种特征又分2种型式。各种特征的分类如表1所示。

表1　家用空气源热泵辅助型太阳能热水系统分类

特征	类型	
1	自然循环式	强迫循环式
2	内置式换热冷凝器	外置式换热冷凝器
3	常压式(开口系统)	承压式(封闭系统)

5.1.1 特征 1

按 GB/T 18708 分自然循环式和强迫循环式。

5.1.2 特征 2

a) 内置式换热器:换热器(热泵冷凝器)置于贮水箱内的空气源热泵加热系统(见图 1)。

b) 外置式换热器:换热器(热泵冷凝器)置于热泵机壳内的空气源热泵加热系统(见图 2)。

5.1.3 特征 3

a) 常压式(开口系统)太阳能系统内的传热流体和大气间的接触仅限于补给箱和膨胀箱的自由表面或排气管的系统。

b) 承压式(封闭系统)系统中传热流体完全和大气分隔开系统。

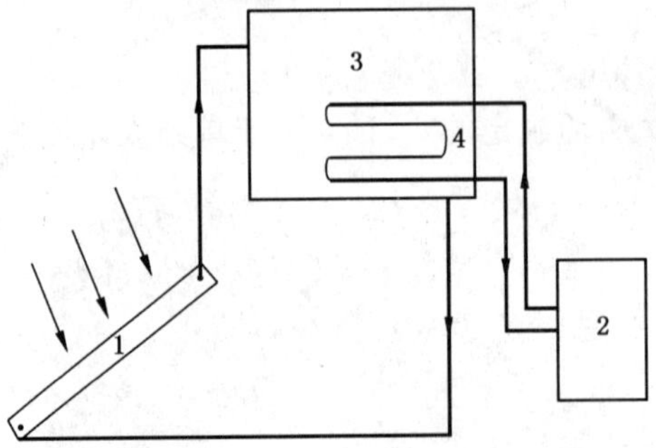

1——太阳能集热器;
2——空气源热泵;
3——水箱;
4——换热器(冷凝器)。

图 1 内置式换热器系统

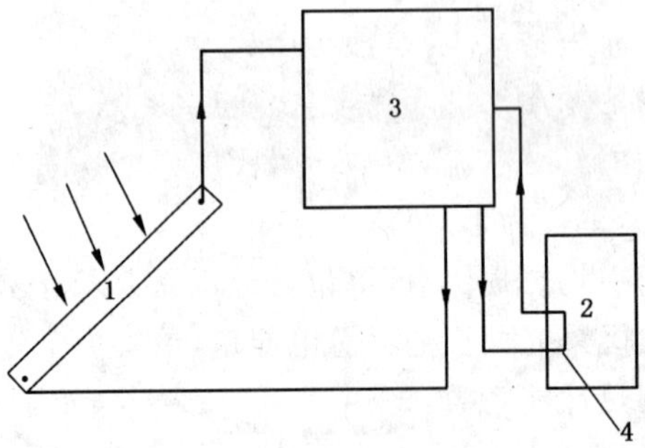

1——太阳能集热器;
2——空气源热泵;
3——水箱;
4——换热器(冷凝器)。

图 2 外置式换热器系统

5.2 命名

5.2.1 命名内容

家用空气源热泵辅助型太阳能热水系统产品命名由如下 5 部分组成,各部分之间用"—"隔开:

第一部分—第二部分—第三部分—第四部分—第五部分

- 第五部分：表示水箱标称水量／标称采光面积／额定压力
- 第四部分：表示换热器类型
- 第三部分：表示系统类型
- 第二部分：表示集热部件类型
- 第一部分：表示空气源热泵型

5.2.2 命名标记

命名标记应符合表 2。

表 2 命名标记含义

第一部分	第二部分	第三部分	第四部分	第五部分
R:热泵型	P:平板 Q:全玻璃真空管 B:热管真空管	Z:自然循环式 G:强迫循环式	N:内置式换热器 W:外置式换热器	贮水箱标称水量/标称采光面积/额定压力,L/m²/MPa

5.2.3 命名示例

以全玻璃真空太阳能集热管家用空气源热泵型太阳能热水系统为例：

R—Q—Z—N—150/2.0/0.05

- 150/2.0/0.05：150 L/2.0 m²/0.05 MPa
- N：内置式换热器
- Z：自然循环式
- Q：全玻璃真空太阳能集热管
- R：空气源热泵

6 技术要求

家用空气源热泵辅助型太阳能热水系统技术要求应符合表 3 的规定。

表 3 家用空气源热泵辅助型太阳能热水系统技术要求

项目		技术要求	试验方法
热性能	日有用得热量	太阳能系统≥7.0 MJ/m²（温升 Δt≥25 ℃，试验结束时贮水温度≥45 ℃）	8.1.1
	保温性能	平均热损因数≤22 W/(m³·K)	8.1.2
	制热性能系数（*COP*）	变工况 1：*COP*≥5.5（试验结束时贮水温度达 55 ℃） 变工况 2：*COP*≥7.0（试验结束时贮水温度达 55 ℃）	8.1.3
水质		系统提供的热水应无铁锈、异味或其他有碍人体健康的物质	8.2
耐压		开口系统应无渗漏和明显的变形 封闭系统应能承受 0.6 MPa 的 1.25 倍试验压力，开口系统应能承受 0.05 MPa 的试验压力	8.3

表 3（续）

项　目		技　术　要　求	试验方法
噪声和振动		噪声声压级不超过有关法定规定，噪声限值在产品铭牌中标明，振动值应在产品铭牌中标明，测量值不应超过标示值的 10%	8.4
外观质量		外表面均应清洁，涂漆表面应光滑，管路附件安装应符合设计规定	8.5
安全性能	抗风雪	系统抗风雪措施应符合设计要求	8.6.1
	防雨	系统怕雨淋的室外部件应有防雨措施	8.6.2
	防冻	系统防冻措施应符合 GB/T 19141 规定	8.6.3
	防雷击	系统应处于避雷装置的保护范围内	8.6.4
	过热保护	系统应能回到正常的运行状态	8.6.5
	超压保护	敞开和开口系统应有被加热液体膨胀空间并与大气相通封闭系统应有膨胀罐或超压卸压装置	8.6.6
	接地保护	系统所有金属部件应与接地装置可靠连接，接地电阻小于 0.1 Ω	8.6.7
	空晒试验	空晒试验应符合 GB/T 19141 的规定	8.6.8
	电气安全	应有电气安全措施	8.6.9
关键部件	太阳能集热器	平板型太阳能集热器应符合 GB/T 6424 的规定 真空管太阳能集热器应符合 GB/T 17581 的规定 玻璃-金属封接式热管真空太阳集热管应符合 GB/T 19775 的规定	8.7.1
	空气源热泵	系统用空气源热泵应符合 GB 4706.32 和 GB/T 18430.2 的规定	8.7.2
	贮水箱	贮水箱应能承受系统的最高工作温度，结构合理。应符合NY/T 514 的规定	8.7.3
	支架	系统支架的强度和刚度应符合 GB/T 19141 的规定 防腐措施应符合 GB 50212 和 GB 50224 要求	8.7.4
	系统管路	系统管路和泵、阀等的安装应符合 GB 50242 的规定	8.7.5
	系统保温	系统的保温应符合 GB 50185 的规定	8.7.6
	电气装置	电缆线路的安装应符合 GB 50168 的规定 电气控制盘、柜的安装应符合 GB 50171 的规定 电气设备的安装应符合 GB 50303 的规定	8.7.7

7　参数测量

7.1　测量仪表

7.1.1　应使用一级总日射表测量太阳辐照量。

7.1.2　温度测量准确度、精度及响应时间

温度测量仪器以及与它们相关的读取仪表的精度和准确度应在表 4 中给出的限度之内。响应时间应小于 5 s。

表 4 温度测量仪器的准确度和精度

参数	仪器准确度	仪器精度
环境空气温度	±0.5 ℃	±0.2 ℃
冷水入口温度	±0.2 ℃	±0.1 ℃
水箱内的温度	±0.2 ℃	±0.1 ℃
通过热水系统的温差(冷水入口到热水出口)	±0.1 K	±0.1 K

7.1.3 测量空气流速的风速仪的准确度应为±0.5 m/s。

7.1.4 计时钟表的准确度应为±0.2%。

7.1.5 测量水质量的仪表的准确度应为±1.0%。

7.1.6 测量长度的钢卷尺或钢板尺的准确度应为±0.5%。

7.1.7 测量压力的仪表的准确度应为±5.0%。

7.1.8 测量热泵消耗总电功率的仪表的准确度应为±0.5%。

7.1.9 测量振动的仪器频率响应范围应为 10 Hz～500 Hz,在此频率范围内的相对灵敏度以 80 Hz 的相对灵敏度为基准,其他频率的相对灵敏度应在基准灵敏度的 20%范围内。

7.2 太阳能集热器轮廓采光面积测量

根据 GB/T 19141 的定义和计算方法,测量计算太阳能集热器的轮廓采光面积。

7.3 太阳辐照量测量

根据 GB/T 20095—2006 中 7.3 的规定进行测量。

7.4 周围空气速率测量

应分别测量太阳能集热器、贮水箱和空气源热泵周围的空气流速。风速仪应分别放置在与太阳能集热器、贮水箱、热泵中心点相同高度的遮荫处,分别距离太阳能集热器、贮水箱、热泵 1.5 m～5.0 m 的范围内。

7.5 环境温度测量

应分别测量太阳能集热器、贮水箱和空气源热泵周围的环境温度。温度测量仪表分别放置在与太阳能集热器、贮水箱、热泵中心点相同高度的遮阳通风处,分别距离太阳能集热器、贮水箱、热泵 1.5 m～5.0 m 的范围内。

7.6 贮水箱试验水量测量

根据 GB/T 20095—2006 中的规定进行测量。

7.7 系统试验水温测量

7.7.1 贮水箱混水方式

根据 GB/T 18708 的规定,采用循环混水法。

7.7.2 贮水箱水温测量

按贮水箱容积等分的原则自上而下地布置五个测温装置计算平均温度。

7.7.3 冷水温度的测量

在冷水进水处安装温度测量仪表,测量冷水的进水温度。

7.8 系统消耗的总电功率

从系统制热试验开始到结束过程中,系统消耗的总电功率。

8 试验方法

8.1 系统得热性能试验

8.1.1 日有用得热量 q 和升温性能 Δt

8.1.1.1 系统要求

系统应按设计要求安装调试合格,才能进行试验。试验期间太阳能热水系统独立工作,关闭热泵系统。

8.1.1.2 **试验条件**

应至少包括1整天满足以下条件的试验：

a) 日太阳辐照量 $H \geqslant 17\ \mathrm{MJ/m^2}$；

b) 集热试验开始时贮水箱内的水温 $t_b = (20 \pm 1)$℃；

c) 集热试验期间日平均环境温度 15 ℃$\leqslant t_{ad} \leqslant$30 ℃；

d) 环境空气的流动速率 $v \leqslant 4$ m/s。

8.1.1.3 **试验方法**

按 GB/T 18708 的方法进行。

8.1.2 **系统平均热损因数(U_{SL})**

按 GB/T 19141 的方法进行。

8.1.3 **系统制热性能系数(*COP*)**

8.1.3.1 **系统要求**

系统应按设计要求安装调试合格，才能进行试验。

8.1.3.2 **试验条件**

应至少包括1整天满足以下条件的试验：

a) 太阳辐照量 $10\ \mathrm{MJ/m^2} \leqslant H \leqslant 15\ \mathrm{MJ/m^2}$；

b) 制热试验开始时贮水箱内的水温 $t_b = (20 \pm 1)$℃；终止水温 $t_e = 55$ ℃；

c) 制热试验期间平均环境温度：变工况 1：0 ℃$\leqslant t_a \leqslant$15 ℃

变工况 2：15℃$< t_a \leqslant$30℃；

d) 环境空气的流动速率 $v \leqslant 4$ m/s。

8.1.3.3 **试验方法**

a) 试验开始前，贮水箱应充满 20±1 ℃的冷水；太阳能热水系统采光面用遮阳板遮住太阳辐照；

b) 试验开始时去掉遮阳板，开始记录贮水箱各部水温并记录时间、贮水箱和热泵周围的环境温度及风速等，并同时记录系统消耗的电功率和太阳能系统接收的累计太阳辐照量；

c) 当累计太阳辐照量达到 $10\ \mathrm{MJ/m^2}$ 时启动热泵，测试贮水箱水温达到 55 ℃时试验结束；并记录试验期间系统消耗的总电功率 N_o、辐照量 H 和时间 h；

d) 制热性能系数(*COP*)计算

试验期间贮水箱内贮存水的温升用式(1)计算：

$$\Delta t_{eb} = t_e - t_b \qquad (1)$$

式中：

Δt_{eb}——试验期间贮水箱内贮存水的温升，单位为摄氏度(℃)；

t_b——试验开始时贮水箱内的贮水温度，单位为摄氏度(℃)；

t_e——试验结束时贮水箱内的贮水温度，单位为摄氏度(℃)。

试验期间系统热量用式(2)计算：

$$Q_h = M_w c_{pw} \Delta t_{eb} \qquad (2)$$

式中：

Q_h——试验期间系统的制热量，单位为千焦(kJ)；

M_W——试验期间单位集热面积贮水箱内的贮水量，单位为千克每平方米(kg/m²)；

c_{pW}——水的比热容，单位为千焦每千克开尔文[kJ/(kg·K)]。

试验期间系统的制热性能系数 *COP* 用式(3)计算：

$$COP = \frac{Q_h}{N_o} \qquad (3)$$

式中：

COP——试验期间系统的制热性能系数；

N_0——试验期间系统单位轮廓采光面积消耗的总电能量，单位为千焦每平方米(kJ/m^2)。

8.2 水质检查

将热水系统注满符合卫生标准的水后，连续放置 3 d 后排出热水，检查热水中有无铁锈、异味或有碍人体健康的物质。

8.3 压力试验

8.3.1 系统要求：系统应按设计要求安装调试合格，才能进行试验。

8.3.2 试验条件：

a) 环境温度：5 ℃≤t_a≤30 ℃；

b) 开口系统试验压力为系统额定压力 0.05 MPa；封闭系统试验压力为系统额定压力 0.6 MPa 的 1.25 倍。

8.3.3 试验方法：按 GB/T 19141 的方法进行。

8.4 噪声和振动检验

8.4.1 噪声测量

8.4.1.1 在试验的同时进行测量。

8.4.1.2 噪声测量按 JB 4330 矩形六面体测量表面的方法进行测量。

8.4.1.3 按照 JB 4330 表面平均声压级的方法计算声压级。

8.4.2 振动测量

8.4.2.1 系统要求：系统安装应符合生产厂要求，安装后系统运行时应不产生附加振动或与其他任何物体发生共振。系统运行时安装基础的振动值应小于被测系统最大值的 10%。

8.4.2.2 测点的配置：测点数一般为一点，在机架下部分别按轴向、垂直轴向、水平轴向同一点配置。

8.4.2.3 测量要求：测量时，测量仪器的传感器与被测点的接触应良好，并应保证具有可靠的连接。系统的振动值是以各测点测得的最大数据为准。

8.5 外观检查

系统的外观用视觉目测。

8.6 安全性能检查

8.6.1 抗风雪措施：按设计要求进行检查。

8.6.2 防雨措施：系统怕雨淋的室外部件的防雨措施应按设计要求进行检查。

8.6.3 防冻措施：按 GB/T 19141 方法进行检查。

8.6.4 防雷击：检查系统是否处于建筑物避雷装置保护范围内，应按符合 GB 50057 规定方法进行检查。

8.6.5 过热保护：检查封闭系统的贮水箱是否安装有过热保护装置。

8.6.6 超压保护：检查开口系统是否有膨胀空间并与大气相通；检查封闭系统的贮水箱是否安装有安全卸压阀。

8.6.7 接地保护：检查系统金属部件是否与接地装置连接，且接地电阻小于 0.1 Ω。

8.6.8 空晒检查：应检查系统是否有裂纹、变形，并记录检验结果。

8.6.9 电气安全：系统电气安全应符合 GB 4706.1、GB 4706.12、GB 4706.32、GB 8877 规定要求。

8.7 关键部件检查

8.7.1 太阳能集热器：检查系统安装的太阳能集热器的质量是否符合 GB/T 6424、GB/T 17581，是否有质检合格证明。太阳能集热器之间的连接方式应合理可靠，集热器与支架应固定牢靠。

8.7.2 空气源热泵：检查系统安装的空气源热泵的质量是否符合 GB/T 18430.2，是否有质检合格证明。

8.7.3 贮水箱:检查系统安装的贮水箱的质量是否符合 GB/T 19141、NY/T 514 的要求,应有质检合格证明。

8.7.4 支架:检查系统安装的支架的质量是否符合 GB/T 19141 的要求,应有质检合格证明。

8.7.5 系统管路:系统管路和管路上的泵、阀应质量合格并有质检合格证明。

8.7.6 系统保温:系统选用的保温材料应质量合格并有质检合格证明。

8.7.7 电气装置:系统选用的配件与材料应质量合格并有质检合格证明。

9 检验规则

9.1 检验类别

家用空气源热泵辅助型太阳能热水系统性能检验分为出厂检验和型式检验。

9.2 出厂检验

9.2.1 产品出厂前必须逐个系统进行检验。

9.2.2 出厂检验按 8.5、8.6.8、8.6.9、8.7 进行。

9.3 型式检验

9.3.1 在正常生产情况下,至少两年进行一次型式检验。

9.3.2 产品在下列情况之一时,应进行型式检验:

a) 新产品试制定型;

b) 改变产品结构、材料、工艺而影响产品性能;

c) 老产品转厂或停产超过两年恢复生产;

d) 国家质量监督检验机构提出进行型式检验的要求。

9.3.3 型式检验应在出厂检验合格的一定批量的产品中随机抽样 1～3 台进行。

9.3.4 型式检验按 8.1～8.7 进行。

9.4 判定规则

9.4.1 出厂检验符合 8.7 要求者为合格。

9.4.2 型式检验所检项目符合表 3 规定的各项要求者为合格。

10 文件编制、标志、包装

10.1 文件编制

制造厂家应对每套系统编制两种文件:一种是为安装人员提供的组装与安装本系统的文件(安装说明书);另一种是为用户提供的操作本系统的文件(使用说明书)。

10.2 安装说明书

安装说明书应包括下列资料。

10.2.1 技术资料

a) 系统图;

b) 所有外部接头的位置及公称直径;

c) 所有部件(如太阳能热水器/部件、贮水箱和支架、管路、控制器和附件;热泵加热器/部件、支架、管路、控制器辅助设备和附件等)览表,包括主要部件的技术资料(如型号、电源、尺寸、重量标志和安装等);

d) 所有回路(如:集热器回路、热泵加热器回路、自来水回路等)的最大运行压力;

e) 工作极限(如最大允许温度、最大允许压力等);

f) 主要防腐类型;

g) 传热工质类型。

10.2.2 安装指南

a) 安装图(包括:安装面、安装尺寸等);

b) 管路进入房屋处的施工要求(如防雨、防湿等);

c) 管路保温的方法和步骤;

d) 系统与建筑的结合和固定方式;

e) 对于循环、回流和排放系统最小管路允许坡度及适当排空等的其他说明。

10.2.3 对安装室外的支架应说明支架能承受的最大重量、最大雪载和最大风速。

10.2.4 管路的连接方法。

10.2.5 安全装置的型号、尺寸和使用说明。

10.2.6 控制设备及电路图。

10.2.7 系统的检查、充液和启动的步骤。

10.2.8 系统调试步骤。

10.2.9 系统可以承受的最低环境温度。

10.3 使用说明书

使用说明书应包括下列资料。

10.3.1 现有的安全装置及其温度调节。

10.3.2 使用特别注意事项:

a) 系统启动前,应检查所有阀门都处于正常状态,并已注满水;

b) 系统无法正常运行时,应通知专业人员;

c) 系统所有电气检查正常可靠,接地保护完好。

10.3.3 安全阀安全运行状态。

10.3.4 系统防冻及过热注意事项。

10.3.5 在霜冻气候条件下,系统正确启动和使用方法。

10.3.6 系统长期停止运行注意事项。

10.3.7 系统维护周期,包括检查维修情况,以及正常维护需要更换零件清单。

10.3.8 系统的性能数据:

a) 系统的热性能;

b) 在规定情况条件下,系统的供热水能力(m^3/d);

c) 热泵主机、循环泵、控制器等用电装置的电功率(W);

d) 在无太阳光照时,系统最大供热水能力(m^3/d)。

10.3.9 系统可以承受的最低环境温度。

10.3.10 传热工质的类型。

10.4 标志

10.4.1 产品应在明显位置有清晰的、不易消除的标志。

10.4.2 产品标志宜包括下列内容:

a) 制造厂家;

b) 产品名称;

c) 商标;

d) 产品型号;

e) 集热器/部件辐射采光面积,热泵主机输入功率和制热水能力;

f) 贮水箱容水量;

g) 工作压力;

h) 制造日期或生产型号;

i） 外型尺寸；

j） 单件重量；

k） 制冷剂类型及充装量。

产品标志至少包括 a)～g)等 7 项，其他内容可根据实际情况进行适当增减。

10.4.3 产品上应标明重要部件，如进水口和出水口等。

10.5 包装

10.5.1 包装应符合 GB/T 13384 的规定。

10.5.2 包装箱上的标志应符合 GB/T 191 的规定，其中应主要包括："小心轻放"、"严禁翻滚"、"码重极限"、"切勿倒置"等标志。

10.5.3 包装箱上应包括 10.4.2 所列各项内容。

10.5.4 包装箱内应附有下列文件：

a） 检验合格证；

b） 安装说明书；

c） 使用说明书；

d） 装箱单。

10.6 产品出厂随带下列文件

a） 产品合格证；

b） 产品说明书；

c） 附备件清单。

ICS 67.200.10
X 14

中华人民共和国国家标准

GB/T 23890—2009

油菜籽中芥酸及硫苷的测定　分光光度法

Rapid determination of erucic acid and glucosinolate in rapeseed—Photometry

2009-05-26 发布　　2009-10-01 实施

中华人民共和国国家质量监督检验检疫总局
中国国家标准化管理委员会
发布

前　言

本标准的附录A和附录B为资料性附录。

本标准由中华人民共和国农业部提出并归口。

本标准起草单位:农业部油料及制品质量监督检验测试中心、中国农业科学院油料作物研究所。

本标准主要起草人:李培武、张文、吴渝、李光明、汪雪芳、谢立华、王友平。

油菜籽中芥酸及硫苷的测定　分光光度法

1　范围

本标准规定了油菜籽中芥酸、硫苷含量测定的分光光度法。

本标准适用于双低油菜种子和商品籽中芥酸、硫苷含量的快速检测。

本方法的最低检出限：芥酸为 0.5%，硫苷为 10 μmol/g。

2　规范性引用文件

下列文件中的条款通过本标准的引用而成为本标准的条款。凡是注日期的引用文件，其随后所有的修改单(不包括勘误的内容)或修订版均不适用于本标准，然而，鼓励根据本标准达成协议的各方研究是否可使用这些文件的最新版本。凡是不注日期的引用文件，其最新版本适用于本标准。

GB 5491　粮食、油料检验　扦样、分样法

GB/T 6682　分析实验室用水规格和试验方法

3　术语和定义

下列术语和定义适用于本标准。

3.1

芥酸　erucic acid

油菜籽油中所含顺 Δ^{13}-二十二碳一烯酸，以所占脂肪酸组成的百分率表示。

3.2

硫苷　glucosinolate

油菜籽中所含硫代葡萄糖苷，简称硫苷，以每克饼粕或每克油菜籽中所含硫苷总量的微摩尔数表示。

4　原理

4.1　芥酸测定原理

油菜籽油中芥酸含量不同，在聚乙二醇辛基苯基醚乙醇溶液中形成的浊度不同，根据浊度与芥酸含量的相关关系测定芥酸含量。

4.2　硫苷测定原理

油菜籽中硫苷与米曲霉硫甙水解酶反应生成硫苷降解产物，和邻联甲苯胺乙醇溶液反应生成有特征吸收峰的有色产物，采用光度法测定硫苷含量。

5　试剂

除非另有规定，使用试剂均为分析纯试剂。

5.1　水，GB/T 6682，二级。

5.2　超纯水，GB/T 6682，一级。

5.3　聚乙二醇辛基苯基醚($C_{34}H_{62}O_{11}$)乙醇溶液：10 mg/mL。称取 10.0 g 聚乙二醇辛基苯基醚用无水乙醇溶解并定容至 1 000 mL。

5.4　硫酸二氢钾(KH_2PO_4)溶液：0.1 mol/L。称取 1.36 g 磷酸二氢钾用蒸馏水溶解并定容至 100 mL。

5.5 pH 为 6.0 的 buffer 溶液：0.5 mg/mL 米曲霉硫甙水解酶和 0.1 mol/L 的 K_2HPO_4 于纯水中定容，在 pH 计上用稀 H_3PO_4 调节 pH 值为 6.0，冰箱中冷藏备用。

5.6 0.62 mg/mL 的邻联甲苯胺：称取 0.62 g 邻联甲苯胺充分溶解于无水乙醇中，定容至 1 L。贮藏于棕色瓶中，冰箱中冷藏，于一周内使用。

5.7 油菜籽硫苷测试板[1)]：使用 96 孔板，试剂为 pH 为 6.0 的 buffer 溶液和 0.62 mg/mL 的邻联甲苯胺溶液。

6 仪器设备

6.1 微孔板光度计：参见附录 A。

6.2 脂肪制备器：参见附录 B。

6.3 微型粉碎机。

6.4 恒温箱。

6.5 天平：量程 0～200 g，感量 10 mg。

6.6 可调微量移液器：200 μL。

6.7 微量移液器：1 000 μL。

7 取样

按照 GB 5491 执行。取样时，应清除样品外来杂质。样品含水量大于 13%时，需风干或 50 ℃烘干至水分小于 13%。

8 分析步骤

8.1 芥酸测定

8.1.1 预先将石英比色杯和 20 mL 超纯水置于 32 ℃±0.5 ℃恒温箱(6.4)中预热恒温。

8.1.2 取 5 g～8 g 油菜籽(第 7 章)倒入脂肪制备器，制取油样，用取油管收集，静置备用。

8.1.3 称取 0.30 g 油样于 50 mL 具塞三角瓶中，用移液管加入 25 mL 聚乙二醇辛基苯基醚乙醇溶液(5.3)，旋紧塞子，用力振摇，充分混匀后，放入 32 ℃±0.5 ℃恒温箱(6.4)中保温 15 min。

8.1.4 在恒温箱内，用微量移液器(6.7)将 1 000 μL 恒温至 32 ℃的超纯水(5.2)加入三角瓶，边滴加边摇动三角瓶，旋紧塞子后摇匀，随即倒入比色杯，用微孔板光度计(6.1)进行芥酸测定，测定值即为油菜籽芥酸含量。

8.2 硫苷测定

8.2.1 取油菜籽样品约 3 g～5 g(第 7 章)，用微型粉碎机或研钵磨碎，细度 40 目。

8.2.2 称取 0.50 g 粉碎样品，置于 5 mL 具塞试管，用移液管加入 3 mL 水(5.1)，塞紧塞子，充分混匀后室温下放置 8 min。

8.2.3 用脱脂棉过滤，或离心机(3 000 r/min)离心 5 min，取上清液 50 μL 加入到硫苷测试板孔(5.7)内，静置 8 min，用微量移液器(6.6)加入 150 μL 磷酸二氢钾溶液(5.4)后再静置 2 min。

8.2.4 微孔板光度计测定硫苷，作空白调零后测定值即为每克饼粕或每克油菜籽中所含硫苷总量的微摩尔数(μmol/g)。

同一样品进行两次重复测定，测定结果取算术平均值。

---

1) 油菜籽硫苷测试板是由农业部油料及制品质量监督检验测试中心提供的产品的商品名称。给出这一信息是为了方便本标准的使用者，并不表示对该产品的认可。如果其他等效产品具有相同的效果，则可使用这些等效产品。

9 精密度

9.1 芥酸

芥酸含量大于5%时，两次平行测定结果绝对相差不大于1.0%；芥酸含量小于5%时，两次平行测定结果绝对相差不大于0.5%。

9.2 硫苷

饼粕中硫苷含量两次平行测定结果绝对相差不大于8.0 μmol/g。

油菜籽中硫苷含量两次平行测定结果绝对相差不大于4.0 μmol/g。

附 录 A
（资料性附录）
微孔板光度计

微孔板光度计参数如下：

光源：卤钨灯；测量范围：0.001～3.500 Abs；精确度：±1%或±0.001 Abs；

重复性：−0.5%～0.5%；稳定性：<0.005 Abs；线性度：−1%～1%；波长：450 nm±10 nm。

微孔板光度计原理如图 A.1 所示。

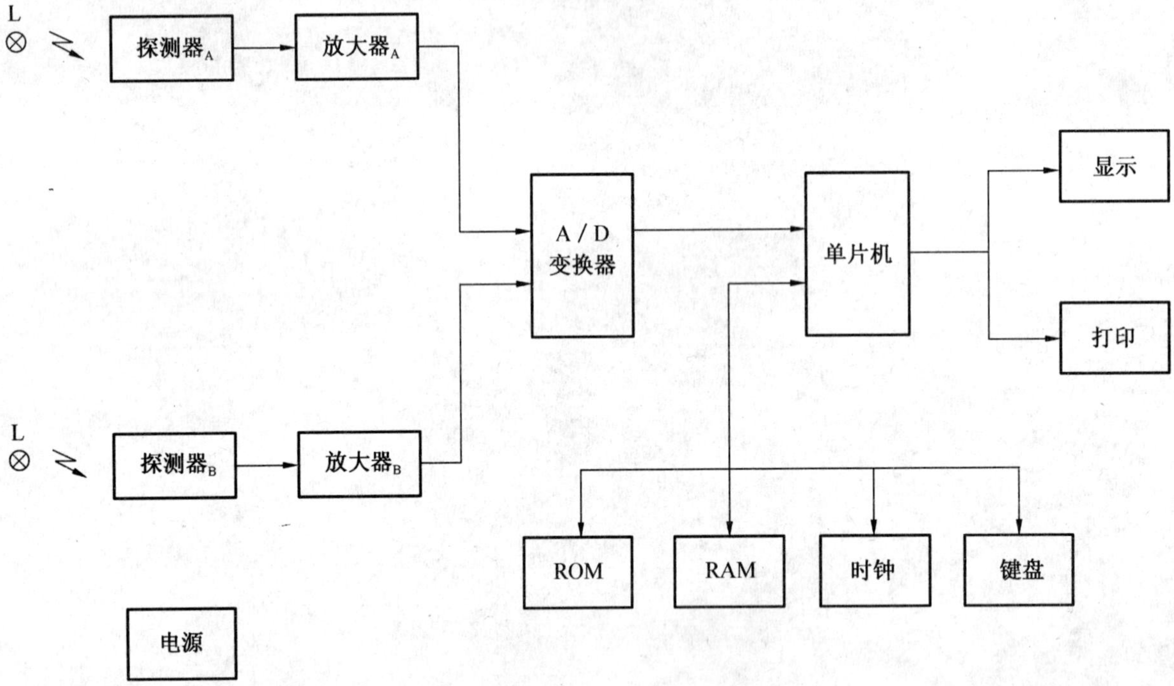

注：下标 A 为硫甙测定系统，下标 B 为芥酸测定系统。

图 A.1 微孔板光度计原理图

附 录 B
（资料性附录）
脂肪制备器

脂肪制备器的平面图如图 B.1 所示。

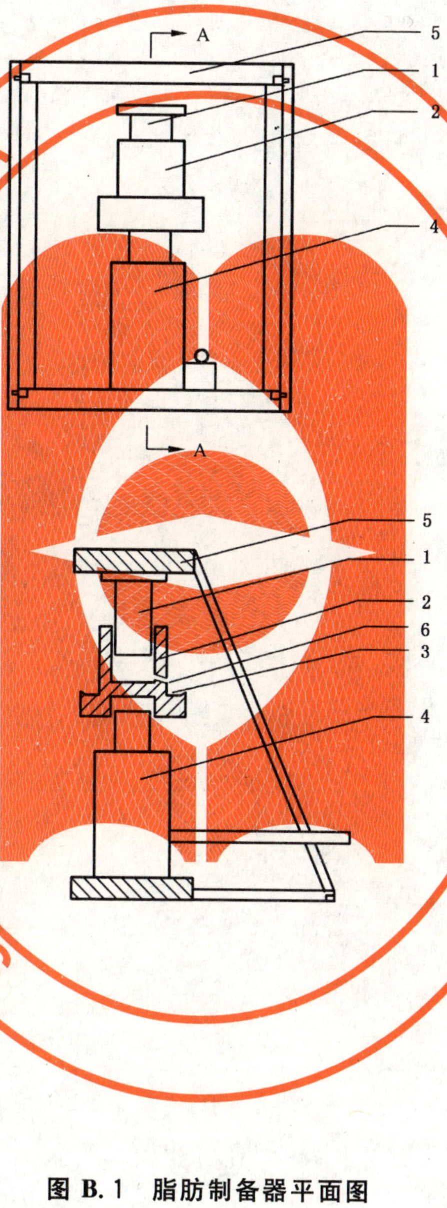

1——压榨塞；
2——压榨缸；
3——环形盛油凹槽；
4——千斤顶；
5——矩形固定框架；
6——导油槽。

图 B.1 脂肪制备器平面图

ICS 21.100.10
J 12

中华人民共和国国家标准

GB/T 23891.1—2009/ISO 12131-1:2001

滑动轴承 稳态条件下流体动压瓦块止推轴承 第1部分:瓦块止推轴承的计算

Plain bearings—Hydrodynamic plain thrust pad bearings under steady-state conditions—Part 1:Calculation of thrust pad bearings

(ISO 12131-1:2001,IDT)

2009-05-26 发布　　2009-12-01 实施

中华人民共和国国家质量监督检验检疫总局
中国国家标准化管理委员会　发布

前　言

GB/T 23891《滑动轴承　稳态条件下流体动压瓦块止推轴承》由以下三部分组成：

——第1部分：瓦块止推轴承的计算；

——第2部分：瓦块止推轴承的计算函数；

——第3部分：瓦块止推轴承计算的许用值。

本部分是GB/T 23891的第1部分。

本部分等同采用ISO 12131-1:2001《滑动轴承　稳态条件下流体动压瓦块止推轴承　第1部分：瓦块止推轴承的计算》。

本部分等同翻译ISO 12131-1:2001。

为便于使用，本部分做了下列编辑性修改：

——“本国际标准”一词改为“本部分”；

——用小数点“.”代替作为小数点的逗号“,”；

——删除国际标准的前言。

本部分的附录A是规范性附录。

本部分由中国机械工业联合会提出。

本部分由全国滑动轴承标准化技术委员会(SAC/TC 236)归口。

本部分负责起草单位：中机生产力促进中心。

本部分参加起草单位：西安交通大学、浙江申科滑动轴承有限公司、浙江省诸暨申发轴瓦有限公司、浙江东方滑动轴承有限公司、浙江双飞无油轴承有限公司、浙江长盛滑动轴承有限公司。

本部分由全国滑动轴承标准化技术委员会秘书处负责解释。

滑动轴承
稳态条件下流体动压瓦块止推轴承
第1部分:瓦块止推轴承的计算

1 范围

GB/T 23891 的本部分给出了止推环和轴承表面被流体润滑油膜完全分离的流体动压油润滑瓦块止推轴承的设计计算方法,用于设计可靠运行的流体动压瓦块止推轴承。

GB/T 23891 的本部分适用于楔面与支承表面成一体,并且楔面长度 l_{wed} 与瓦块长度 L 之比为任意值的瓦块止推轴承。本部分以 $l_{wed}/L=0.75$ 为例,因为根据参考文献[2],这是最适合的比率。本部分适用的单个瓦块宽长比 B/L 的范围是 0.5～2。

如果已知其他型式的油楔的雷诺微分方程的数值解时,GB/T 23891 的本部分介绍的计算方法亦可用于其他间隙类型。

此计算方法适用于设计和优化以下场合所用瓦块止推轴承:鼓风机、齿轮装置、泵、涡轮机、电动机、压缩机和机床中的止推滑动轴承。但限于稳态场合,即所有旋转体的载荷和角速度在持续工作中为恒定值。本部分不适用于动态工况。

2 规范性引用文件

下列文件中的条款通过 GB/T 23891 的本部分的引用而成为本部分的条款。凡是注日期的引用文件,其随后所有的修改单(不包括勘误的内容)或修订版均不适用于本部分,然而,鼓励根据本部分达成协议的各方研究是否可使用这些文件的最新版本。凡是不注日期的引用文件,其最新版本适用于本部分。

GB/T 3141—1994 工业液体润滑油 ISO 黏度分类(eqv ISO 3448:1992)

GB/T 23891.2—2009 滑动轴承 稳态条件下流体动压瓦块止推轴承 第2部分:瓦块止推轴承的计算函数(ISO 12131-2:2001,IDT)

GB/T 23891.3 滑动轴承 稳态条件下流体动压瓦块止推轴承 第3部分:瓦块止推轴承计算的许用值(GB/T 23891.3—2009,ISO 12131-3:2001,IDT)

3 基本原理、假设和前提条件

计算通常是考虑压力产生的实际边界条件,对有限宽度滑动表面的雷诺微分方程进行数值求解来实现,见式(1)。

$$\frac{\partial}{\partial x}\left(h^3\frac{\partial p}{\partial x}\right)+\frac{\partial}{\partial z}\left(h^3\frac{\partial p}{\partial z}\right)=6\times\eta\times U\times\frac{\partial h}{\partial x} \quad\cdots\cdots(1)$$

参考文献[1]是雷诺微分方程的公式推导,文献[2]是雷诺微分方程的数值求解。

式(1)求解时,用到了以下的理想化的假设和前提,这些假设的可靠性已经在试验和工程实际中得到了充分的验证(见文献[3]):

a) 润滑油属于牛顿流体;
b) 润滑油的流动为层流;
c) 润滑油完全粘附在滑动表面上;
d) 润滑油是不可压缩的;
e) 润滑间隙充满润滑油;

f） 润滑油的惯性力，重力和磁力的影响可以忽略；

g） 构成润滑间隙的部件是刚性的或者其变形可以忽略，其表面是完全平滑的；

h） 润滑油膜的厚度在径向（z 轴方向）是恒定的；

i） 润滑油在润滑表面的法线方向（y 轴方向）上的压力变化可以忽略；

j） 滑动表面的法线方向（y 轴方向）没有运动；

k） 润滑油在整个润滑间隙间是等黏度的；

l） 润滑油从润滑间隙的最大处流入，润滑油供油压力同润滑油膜本身的压力相比可忽略不计；

m） 瓦块表面的形状用矩形代替。

求解雷诺微分方程的边界条件为：

1） 润滑油入口处的供油压力为 $p(x=0,z)=0$；

2） 流入的润滑油完全充满润滑间隙，不影响润滑间隙中压力的产生；

3） 滑动轴承侧面的环境压力为 $p(x,z=0\pm0.5B)=0$；

4） 在压力区的末端润滑油的压力为 $p(x=L,z)=0$。

运用流体动压滑动轴承理论相似性原理，形成诸如承载能力、摩擦特性和润滑油流量等类似的无量纲参数。

利用参数的相似性原理，可以减少 GB/T 23891.2—2009 中雷诺微分方程必要的数值解的个数。原则上，如果其他的解能够满足 GB/T 23891 本部分中给定的条件并且有相应的数值精度，它们也是允许的。

GB/T 23891.3 中给出了计算结果是否满足滑动轴承功能的许用值，特殊情况下，许用值允许偏离 GB/T 23891.3 的规定以适用特定应用场合。

4 符号、术语和单位

见表 1 和图 1。

表 1 符号、术语和单位

符号	定义	单位
A	轴承室散热面积	m^2
B	单个瓦块的宽度	m
c_p	润滑油比热容（p=常量）	J/(kg·K)
C_{wed}	楔形深度	m
D	平均滑动直径	m
D_i	止推瓦块轴承内径	m
D_o	止推瓦块轴承外径	m
f^*	摩擦特性值	1
f_B^*	止推瓦块轴承摩擦特性值	1
F	轴承载荷（额定载荷）	N
F^*	承载能力特性值	1
F_B^*	止推瓦块轴承承载能力特性值	1
F_{st}	静载荷	N
h	润滑油膜厚度	m
h_{lim}	运行中最小许用油膜厚度	m
$h_{lim,tr}$	过渡到混合摩擦润滑时最小许用油膜厚度	m
h_{min}	最小油膜厚度（最小油楔间隙高度）	m
k	与轴承 $B\times L\times Z$ 乘积相关的传热系数	$W/(m^2\cdot K)$

表 1（续）

符号	定义	单位
k_A	外部传热系数(与轴承室散热面积 A 相关)	W/(m² · K)
l_{wed}	楔面长度	m
L	单个瓦块沿周向的长度	m
M	混合系数	1
N	止推环旋转频率(转速)	s^{-1}
p	局部润滑油膜压力	Pa
$\overline{p}$	比压 $\overline{p}=F/(B\times L\times Z)$	Pa
p_f	轴承的摩擦功耗或热流量中产生的功耗	W
$\overline{p}_{lim}$	最大许用比压	Pa
$P_{th,amb}$	环境散热的热流量	W
$P_{th,L}$	润滑油中的热流量	W
Q	润滑油流量	m^3/S
Q^*	润滑油流量特性值	1
Q_0	相对润滑油流量 $Q_0=B\times h_{min}\times U\times Z$	m^3/s
Q_1	润滑间隙入口处的润滑油流量(周向)	m^3/s
Q_1^*	润滑间隙入口处的润滑油流量特性值	1
Q_2	润滑间隙的出口处的润滑油流量(周向)	m^3/s
Q_2^*	润滑间隙出口处的润滑油流量特性值 $Q_1^*-Q_3^*$	1
Q_3	侧边的润滑油流量(径向)	m^3/s
Q_3^*	侧边流量特性值	1
Re	雷诺数	1
Rz	止推环的微观不平度十点高度	μm
T_{amb}	环境温度	℃
T_B	轴承温度	℃
T_{eff}	等效润滑油膜温度	℃
T_{en}	入口处的润滑油温度	℃
T_{ex}	出口处的润滑油温度	℃
T_{lim}	轴承最大许用温度	℃
T_1	润滑间隙入口处的润滑油温度	℃
T_2	润滑间隙出口处的润滑油温度	℃
U	止推瓦块平均半径处的滑动速度	m/s
w_{amb}	轴承室周围空气的速度	m/s
x	运动方向(周向)坐标	m
y	润滑间隙厚度方向的坐标(轴向)	m
z	垂直于运动方向的坐标(径向)	m
Z	止推瓦块数	1
η	润滑油的动力黏度	Pa · s
η_{eff}	润滑油的等效动力黏度	Pa · s
ρ	润滑油密度	kg/m^3

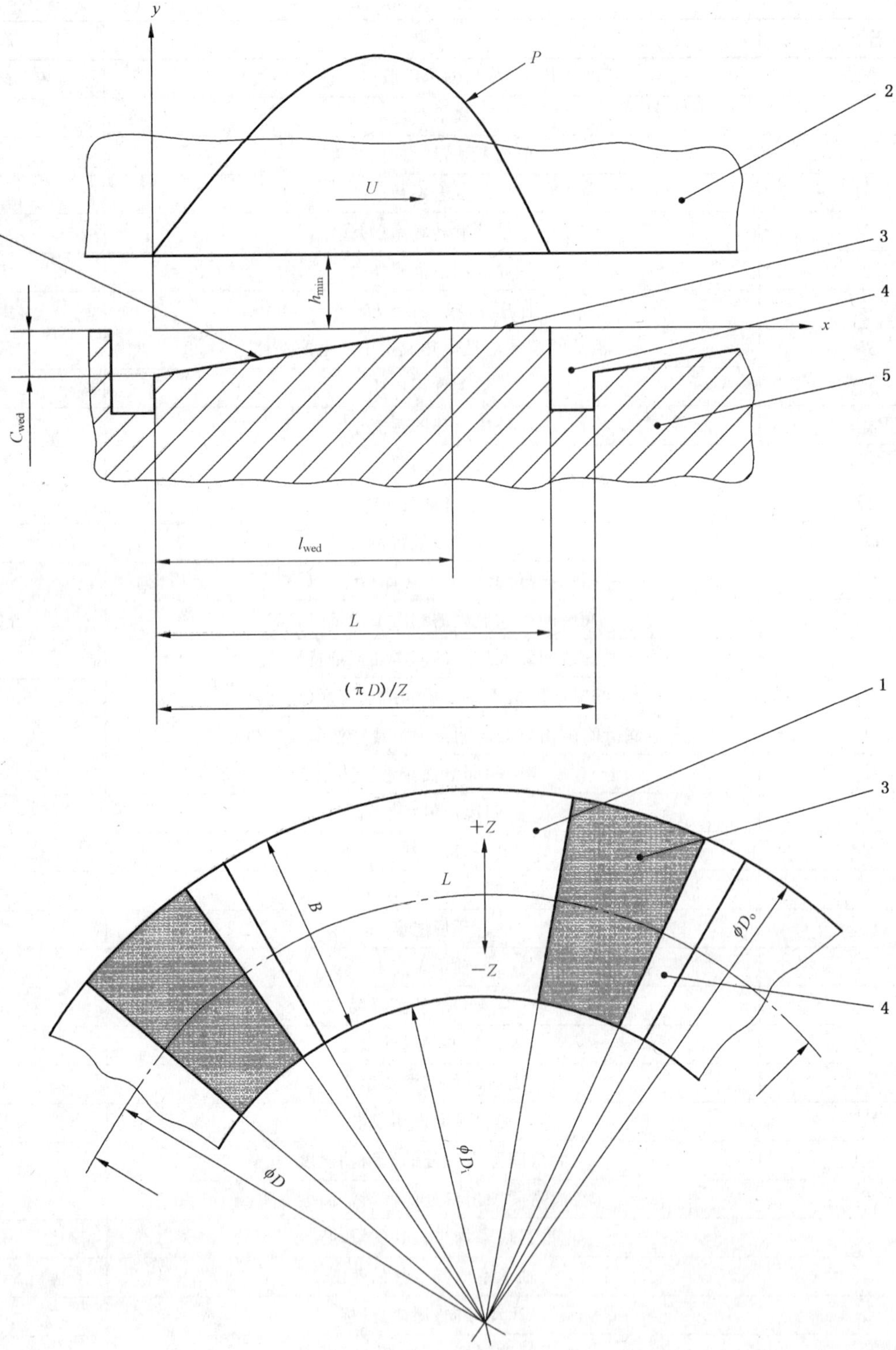

1——楔形表面；

2——止推环；

3——压力中心（支点）；

4——润滑油槽；

5——止推瓦块。

图 1　瓦块止推轴承示意图

5 计算步骤

5.1 运行载荷

5.1.1 概要

计算是指必须和许用值相比较以保证轴承正常使用的运行参数(见图 2)的数学计算。因此,各种运行工况下确定的运行参数都应符合参数许用值的要求。所有连续的运行工况都应考虑。

5.1.2 磨损

如果相配合的轴承与轴颈表面完全被润滑油隔离开的话,则可防止轴承磨损。连续工作在混合润滑工作条件下会导致系统过早失效。短时间工作在混合润滑工作条件下是不可避免的,例如滑动轴承随机器一起启动和停止运行的时候,若频繁发生则会导致轴承的损害。重载荷时,应在启动和停止的低速阶段增加辅助静压装置。只要磨损发生在限定的区域和时间内,且轴承无过载,磨合及对表面粗糙度及形位误差的自适应磨损是允许的。一般情况下,特定的磨合过程可能会是有利的,这要视所选的材料而定。需要特别注意的是在止推瓦块轴承设计时,磨损将急剧降低轴承的承载能力。

5.1.3 机械载荷

机械加载极限是由轴承材料的强度确定的。只要不削弱滑动轴承的正常功能,允许有少量永久变形。

5.1.4 热载荷

热载荷的极限不仅取决于轴承材料的热稳定性,还和润滑油的温黏特性和老化趋势有关。

5.1.5 外部影响

计算滑动轴承的正常功能通常假设已经知道所有的连续运行情况下的运行条件。然而实际中,设计阶段未知的干扰因素总会发生,并且不能预测。因此,在实际运行参数和允许的许用值之间应用一个适当的安全系数是有必要的。干扰因素包括以下内容:

——干扰力(失稳、振动等);

——相对于理想几何形状的偏差(加工公差、装配偏差等);

——外来的固体、液体和气体杂质对润滑油的污染;

——腐蚀、电腐蚀等。

更多的影响因素的内容见 5.8。

由于在润滑间隙中保持层流是 GB/T 23891 本部分适用的必要条件,所以,应用雷诺数来校核本部分是否适用,见式(2):

$$Re = \frac{\rho \times U \times h_{\min}}{\eta_{\text{eff}}} \leqslant Re_{\text{cr}} \qquad \cdots\cdots(2)$$

对于 $h_{\min}/C_{\text{wed}}=0.8$ 的楔形间隙,根据文献[4],临界雷诺数的许用值 $Re_{\text{cr}}=600$。

滑动轴承的计算从已知的轴承尺寸和运行数据开始,包括:

——承载能力和润滑油膜厚度的关系;

——摩擦功耗;

——润滑油流量;

——热平衡。

上述这些因素都是相关的。可通过迭代的方法求解,迭代计算的顺序见图 2 中的计算流程图。

为优化各个参数,可改变参数,也可以改变计算顺序。

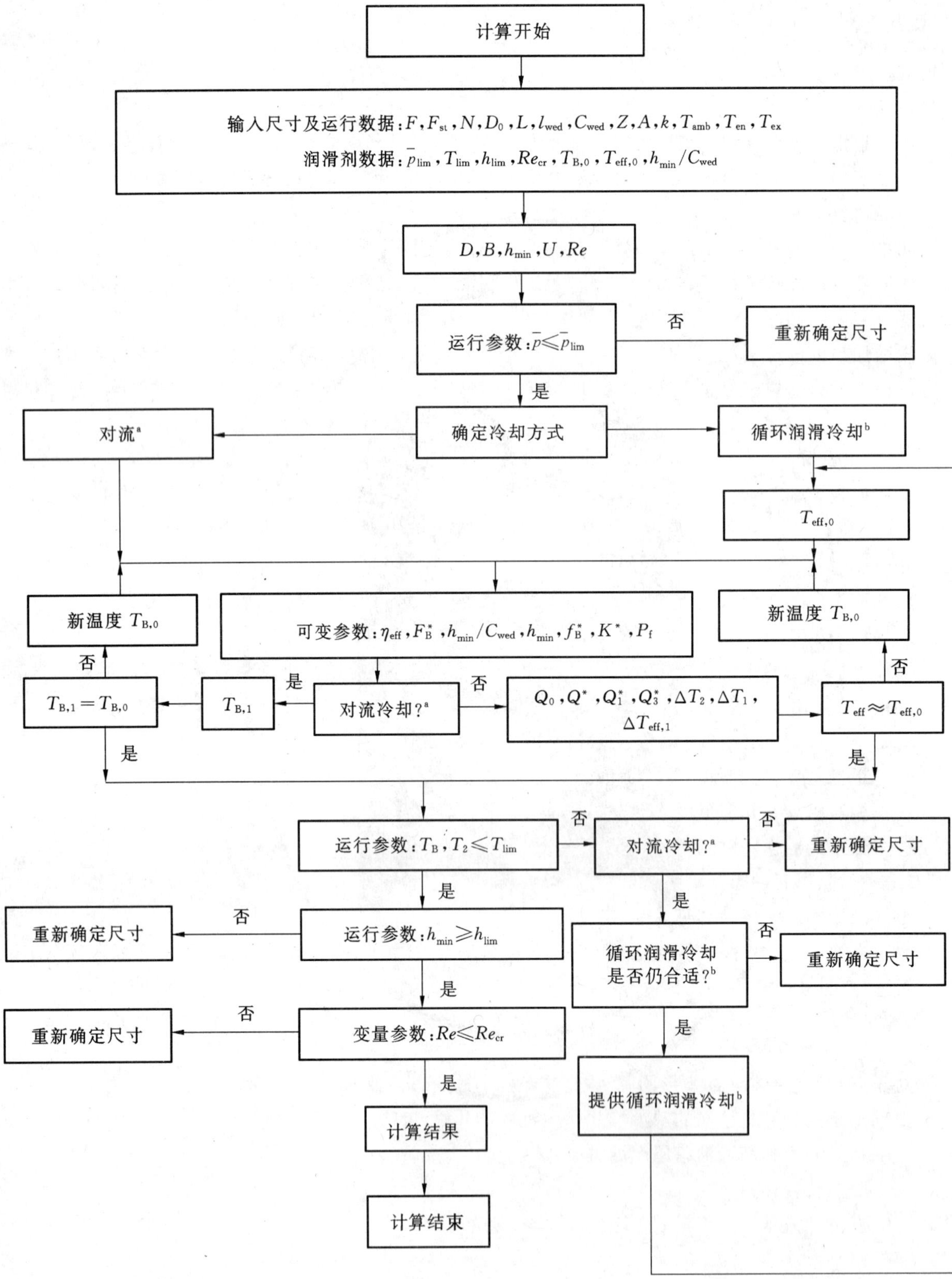

a 传导冷却。

b 压力供油润滑冷却。

图 2 计算流程图

5.2 承载能力

承载能力的参数是承载能力特性值 F^*，见式(3)：

$$F^* = \frac{F \times h_{\min}^2}{U \times \eta_{\text{eff}} \times L^2 \times B \times Z} \qquad \cdots\cdots(3)$$

公式(3)中，最小润滑油膜厚度 $h_{\min}$ 和等效动力黏度 η_{eff} 仍然未知。为避免通过最小润滑油膜厚度 $h_{\min}$ 和等效轴承 T_{eff} 进行双重迭代计算止推瓦块轴承，根据文献[5]，修改承载能力特性值 F^* 如式(4)：

$$F_B^* = F^* \times \left(\frac{C_{\text{wed}}}{h_{\min}}\right)^2 \qquad \cdots\cdots(4)$$

根据参考文献[6]的研究结果，GB/T 23891.2—2009 中给出了函数 $F_B^* = f(h_{\min}/C_{\text{wed}}; B/L)$，同时还给出了 F_B^* 的一个近似函数。

5.3 摩擦功耗

在流体动压润滑止推轴承中的摩擦损耗是由摩擦特性值 f^* 确定的，f^* 的定义如式(5)：

$$f^* = P_f \times \frac{h_{\min}}{U^2 \times \eta_{\text{eff}} \times B \times L \times Z} \qquad \cdots\cdots(5)$$

同理，为避免通过最小润滑油膜厚度 $h_{\min}$ 和等效轴承 T_{eff} 进行双重迭代计算止推瓦块轴承，根据文献[5]，将摩擦特性值 f^* 修改为 f_B^*，如式(6)：

$$f_B^* = f^* \times \frac{C_{\text{wed}}}{h_{\min}} \qquad \cdots\cdots(6)$$

摩擦功耗的计算如式(7)：

$$P_f = f_B^* \times \frac{U^2 \times \eta_{\text{eff}} \times B \times L \times Z}{h_{\min}} \qquad \cdots\cdots(7)$$

f_B^* 作为最小相对油膜厚度 $h_{\min}/C_{\text{wed}}$ 和轴承相对宽度 B/L 的函数，其值可通过 GB/T 23891.2—2009 中所给公式得到，求出 f_B^* 值，即可计算摩擦功耗 P_f。

5.4 润滑油流量

供给至轴承中的润滑油形成一层润滑油膜，将滑动表面隔离。同时，润滑油还负有带走在轴承中产生的摩擦热的任务(见图 3)。

随着止推环的转动，润滑油被带向润滑间隙收敛的方向，产生越来越大的压力。因此，迫使部分润滑油从各个瓦块的侧面流出来。这里假设从侧面流出的润滑油近似相等。

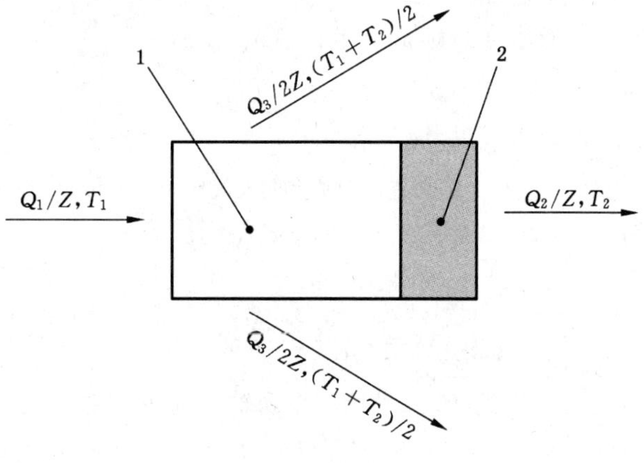

1——楔形表面；

2——支撑表面。

图 3 单个瓦块的润滑油及热平衡示意图

在图 3 中：

$$Q_1 = Q_2 + Q_3 \quad\cdots\cdots(8)$$

其中

$$Q_1 = Q_1^* \times Q_0 \quad\cdots\cdots(9)$$

$$Q_3 = Q_3^* \times Q_0 \quad\cdots\cdots(10)$$

$$Q_2 = Q_1 - Q_3 \quad\cdots\cdots(11)$$

$$Q_0 = B \times h_{\text{lim}} \times U \times Z \quad\cdots\cdots(12)$$

参数 $Q_1^* = Q_1/Q_0$ 和 $Q_3^* = Q_3/Q_0$ 可以从 GB/T 23891.2—2009 中得到。它们是几何尺寸(B/L, $l_{\text{wed}}/L = 0.75$)和最小相对润滑油膜厚度 $h_{\min}/C_{\text{wed}}$ 的函数。GB/T 23891.2—2009 中还给出了 Q_1^* 和 Q_3^* 的近似函数。

这里假设从瓦块侧边泄出的润滑油流量 Q_3 的温度为$(T_1+T_2)/2$，从瓦块末端泄出的润滑油流量 Q_2 的温度为 T_2。

5.5 热平衡

5.5.1 概述

滑动轴承的温度状况是从热平衡状态计算得到的。

热流量 $P_{\text{th,f}}$ 产生于轴承的摩擦功耗 P_{f}，这些热量通过轴承室散发到环境中，以及通过轴承中润滑油的散热带走。在实际应用中，两种散热方式的其中一种占主导地位。通常是通过忽略另外一种散热方式来获得额外的安全系数。即假设：

a) 在无压力润滑轴承(自润滑、自然冷却)中，热量主要以传导的方式耗散到大气环境中：

$P_{\text{f}} = P_{\text{th,amb}}$

b) 在压力润滑轴承(循环润滑)中热量主要通过润滑油(再冷却)散去：

$P_{\text{f}} = P_{\text{th,L}}$

5.5.2 传导散热

5.5.1a)中，热量通过传导的方式耗散，即先通过热传导和轴承室内润滑油的循环，然后通过轴承室的表面以辐射和传导的方式传递到环境中。根据参考文献[7]，这个热量耗散的复杂过程可以概括如式(13)：

$$P_{\text{th,amb}} = k_A \times A \times (T_{\text{B}} - T_{\text{amb}}) \quad\cdots\cdots(13)$$

其中

$k_A = 15\ \text{W}/(\text{m}^2\cdot\text{K}) \sim 20\ \text{W}/(\text{m}^2\cdot\text{K})$

或者用速度 $w_{\text{amb}} > 1.2$ m/s 的空气对轴承室进行通风，这时：

$$k_A = 7 + 12\sqrt{w_{\text{amb}}} \quad\cdots\cdots(14)$$

其中，w_{amb} 的单位为 m/s，k_A 的单位为 $\text{W}/(\text{m}^2\cdot\text{K})$。

注：参数 k_A 既表征轴承室内的热传递，又用来表征轴承室向大气环境中的传导和辐射。通过轴颈散发的由摩擦产生的热量，相对于众多的传热形式是很小的一部分，可忽略不计。

利用式(15)：

$$k = \frac{k_A \times A}{B \times L \times Z} \quad\cdots\cdots(15)$$

通过使式(7)中的 P_{f} 和式(13)中的 $P_{\text{th,amb}}$ 相等，得到轴承的等效温度，见式(16)：

$$T_{\text{eff}} = f_B^* \times \frac{U^2 \times \eta_{\text{eff}}}{k \times C_{\text{wed}}} + T_{\text{amb}} \quad\cdots\cdots(16)$$

在这种情况下，轴承的温度见式(17)：

$$T_{\text{B}} = T_{\text{eff}} \quad\cdots\cdots(17)$$

如果轴承室的散热面积 A 未知，可用式(18)、式(19)做近似计算。

对于圆柱形轴承室：

$$A = 2 \times \frac{\pi}{4} \times D_{\mathrm{H}}^{2} + \pi D_{\mathrm{H}} B_{\mathrm{H}} \quad \cdots\cdots (18)$$

对于机械结构中的轴承：

$$A = (15 \sim 20) \times B \times L \times Z \quad \cdots\cdots (19)$$

式中：

B_{H}——轴承室的轴向宽度，单位为米(m)；

D_{H}——轴承室的外径，单位为米(m)。

5.5.3 通过润滑油的循环散热

5.5.1b)中，在循环润滑的情况下，热量通过润滑油耗散，参见式(20)：

$$P_{\mathrm{th,L}} = \rho \times c_{\mathrm{p}} \times Q(T_{\mathrm{ex}} - T_{\mathrm{en}}) \quad \cdots\cdots (20)$$

对矿物润滑油来说，单位体积润滑油的比热容为：

$$\rho \times c_{\mathrm{p}} = 1.8 \times 10^{6}\ \mathrm{J/(m^{3} \cdot K)}$$

润滑槽中的混合过程：

因为瓦块止推轴承由若干个独立的瓦块组成，所以我们不仅要考虑单个瓦块的润滑油流量，还应该考虑整个轴承的润滑油流量以及各瓦块润滑油流量之间的相互影响。润滑油从瓦块末端泄出的流量 Q_2(见图 3)和由下一个瓦块之间的间隙中新供给进来的润滑油混合在一起，即在润滑间隙入口处的润滑油温度 T_1 比新供给的润滑油温度 T_{en} 高出了一个温度 ΔT_1(见图 4)。

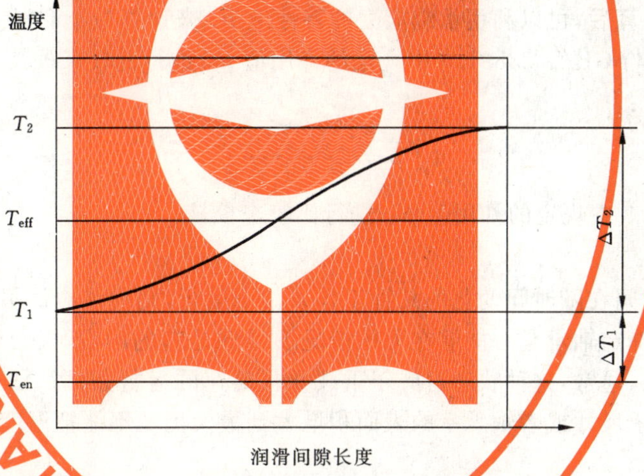

图 4 润滑油膜的温度分布示意图

当确定温度差时，见式(21)：

$$\Delta T_1 = T_1 - T_{\mathrm{en}} \quad \cdots\cdots (21)$$

由于纯理论上考虑润滑油混合问题不能得出满意的结果，可引入一个经验系数 M(见参考文献[5])如下：

$$\Delta T_1 = \frac{Q_2}{M \times Q + (1-M) \times Q_3} \times \Delta T_2 = \frac{Q_2^{*}}{M \times Q^{*} + (1-M) \times Q_3^{*}} \times \Delta T_2 \quad \cdots\cdots (22)$$

$Q \geqslant Q_3$ 和 $Q^{*} \geqslant Q_3^{*}$ 分别成立。

通过极限数值来解释混合系数。若混合系数 $M=0$，则意味着两块瓦块之间的间隙不存在润滑油混合的情况。即，从一个润滑间隙泄出的润滑油流量 Q_2 完全地进入下一个润滑间隙。在这种假设情况下，由于绝大部分新供给的润滑油将会从两块瓦润滑间隙的径向方向流出，而没有影响到运行参数，所以，一个很大的润滑油流量 Q 将无效。若混合参数 $M=1$，则意味着润滑油在瓦块的润滑间隙之间完全混合。一般取 $M=0.4 \sim 0.6$ 作为经验数值。它是和设计有关的一个函数，不能确定的给出。

供给止推轴承的润滑油总量可以由给定的温升来确定：

$$\Delta T = T_{ex} - T_{en} \quad \cdots\cdots(23)$$

$$Q = \frac{P_f}{c_p \times \rho \times \Delta T} = Q^* \times Q_0 \quad \cdots\cdots(24)$$

根据经验，温升 ΔT 一般选择范围是 10 ℃～30 ℃。

由于

$$\Delta T_2 = T_2 - T_1 \quad \cdots\cdots(25)$$

可以得到：

$$P_{th,L} = c_p \times \rho \times (Q_2 + 0.5 \times Q_3) \times \Delta T_2 \quad \cdots\cdots(26)$$

根据式(24)和式(26)，可得到润滑间隙中的温升关系如式(27)：

$$\Delta T_2 = \frac{\Delta T \times Q^*}{Q_2^* + 0.5 \times Q_3^*} = \frac{\Delta T \times Q^*}{Q_1^* - 0.5 \times Q_3^*} \quad \cdots\cdots(27)$$

由 $\Delta T^* = \frac{\Delta T_1}{\Delta T_2}$，轴承等效温度可按式(28)确定：

$$T_{eff} = T_{en} + \Delta T_1 + 0.5 \times \Delta T_2 = T_{en} + (\Delta T^* + 0.5)\Delta T_2 \quad \cdots\cdots(28)$$

这时，轴承温度为：

$$T_B = T_2 = T_{en} + \Delta T_1 + \Delta T_2 = T_{en} + (\Delta T^* + 1)\Delta T_2 \quad \cdots\cdots(29)$$

根据 5.5.1 和 5.5.2 计算得到的 T_B 和 T_2 数值，应与 GB/T 23891.3 中的许用值 T_{lim} 进行比较校核，判断是否合适。

5.6 最小润滑油膜厚度和轴承比压

经过热平衡状态计算后，可以利用承载能力的特性值 F^* 来计算最小润滑油膜厚度 h_{min}。

计算得到的 h_{min} 应与 GB/T 23891.3 中规定的许用值 h_{lim} 进行比较来校核。

轴承比压见式(30)：

$$\bar{p} = \frac{F}{B \times L \times Z} \quad \cdots\cdots(30)$$

应与 GB/T 23891.3 中规定的许用值 $\bar{p}_{lim}$ 进行比较来校核。

5.7 运行工况

如果滑动轴承长时间在随时间变化的几种工作条件下运行，则应该对最不利的 $\bar{p}$、h_{lim} 和 T_B 的值进行校核验算。首先，应确定轴承是否能够在无压情况下得到足够的润滑，以及传导散热能力是否足够。应研究最不利的热状态，通常，这种状态对应于重载并且高速的运行条件。如果仅用传导散热，当轴承温度过高时，即使把轴承尺寸或者轴承室的表面积增大到最大仍然不能把温度降到许用值，那么必须使用压力润滑和油冷却法。

如果某一热负荷(润滑油动力黏度系数低)运行工况之后紧跟着高比压、低转速的工况，则应在保持前面高热负荷工况时的运行点的同时，研究随后的新运行工况。

当在符合 GB/T 23891.3 中规定的临界润滑油膜厚度 $h_{lim,tr}$ 的工况下，轴承和止推环的粗糙峰相互接触时，润滑会向混合摩擦状态过渡。这里并未考虑可能存在的变形。

5.8 更深层的影响因素

动力黏度很大程度上依赖于温度。因此知道润滑油的温黏关系曲线及其特性是必要的(见 GB/T 3141—1994)。

等效动力黏度 η_{eff} 是由等效润滑油膜温度 T_{eff} 决定的；即，η_{eff} 是通过温度 T_1 和 T_2 的平均值确定的，而不是 $\eta(T_1)$ 和 $\eta(T_2)$ 的平均值。

动力黏度也依赖于压力，不过依赖程度小一些。但是，对于处于稳态条件下并且承受正常比压 $\bar{p}$ 的轴承，其压力对黏度的影响可忽略。这一项忽略相当于附加了一个设计安全因素。

对于非牛顿流体(如固有黏性润滑油、多级机油等)，其黏度是随逆流与不可逆流情况而波动的，它是一个润滑间隙内的剪切应力与运行寿命的函数。在文献[8]中，只对少数润滑油做了这些影响因素的研究，GB/T 23891 的本部分没有对此进行研究。

附　录　A
（规范性附录）
计 算 示 例

A.1　示例1

校核轴向鼓风机中如下瓦块止推轴承，尺寸为 $D_i=0.28$ m，$D_0=0.34$ m，$B=0.03$ m，运行时，恒定载荷 $F=20\ 000$ N，转速为 $10\ s^{-1}$。

假设运行工况为热平衡的临界条件。

轴承室表面积为 $A=1.25\ m^2$。

润滑油通过内径 D_i 供给。润滑油应采用黏度为 ISO VG68 的润滑油。校核单纯依靠传导的方式是否能够充分的散热。

环境温度是 $T_{amb}=20$ ℃，轴承最高许用温度为 $T_{lim}=90$ ℃。

如果超过了最高许用温度，则应采用循环润滑并在外部对润滑油进行冷却。本示例中假设供给轴承的润滑油在进口的温度为 $T_{en}=40$ ℃。

尺寸和运行数据：

额定转速下的轴承载荷	$F=20\ 000$ N
静止条件下的轴承载荷	$F_{st}=0$
止推环转速	$N=10\ s^{-1}$
瓦块外径	$D_o=340\times10^{-3}$ m
瓦块内径	$D_i=280\times10^{-3}$ m
单个瓦块的长度	$L=30\times10^{-3}$ m
楔槽长度	$l_{wed}=22.5\times10^{-3}$ m
楔槽深度	$C_{wed}=0.05\times10^{-3}$ m
瓦块数	$Z=24$
轴承室的散热表面	$A=1.25\ m^2$
热传递系数	$k=20\ W/(m^2\cdot K)$
环境温度	$T_{amb}=20$ ℃
循环润滑时润滑油入口温度	$T_{en}=40$ ℃
循环润滑时润滑油出口温度	$T_{ex}=50$ ℃

GB/T 23891.3 中规定的许用值：

最大许用轴承比压	$\bar{p}_{lim}=5\times10^6$ Pa
最大许用轴承温度	$T_{lim}=90$ ℃
最小许用润滑油膜厚度	$h_{lim}=20\times10^{-6}$ m
润滑油	润滑油 ISO VG68
润滑油密度	$\rho=900\ kg/m^3$
单位体积润滑油热容量	$c_p\times\rho=1.8\times10^6\ J/(m^3\cdot K)$
临界雷诺数	$Re_{cr}=600$

表 A.1

T_{eff}/ ℃	$\eta_{eff}(T_{eff})$/ Pa·s
40	0.061
50	0.038
60	0.025
70	0.017
80	0.013
90	0.009 5

初步假设：

轴承温度 $T_{B,0}=80$ ℃

等效润滑油膜温度 $T_{eff,0}=80$ ℃

最小相对润滑油膜厚度 $h_{min}/C_{wed}=0.8$

按照图 2 的流程图进行计算：

滑动直径 D(瓦块圆环的平均直径)和瓦块宽度 B 按下式计算：

$$D=\frac{D_o+D_i}{2}=310\times10^{-3}\ \text{m}$$

$$B=\frac{D_o-D_i}{2}=30\times10^{-3}\ \text{m}$$

$C_{wed}=0.05\times10^{-3}$ m，因此，$h_{min}=40\times10^{-6}$ m

并且，$U=\pi\times D\times N=\pi\times310\times10^{-3}\times10=9.74$ m/s

按式(30)计算轴承比压：

$$\bar{p}=\frac{20\ 000}{30\times10^{-3}\times30\times10^{-3}\times24}=0.93\times10^{6}\ \text{Pa}$$

校核轴承比压：

$\bar{p}=0.93\times10^{6}$ Pa$<5\times10^{6}$ Pa(见 GB/T 23891.3)，因此比压适用。

通过传导的散热

第一步：

假设轴承温度 $T_{B,0}=T_{eff}=80$ ℃。

根据输入数据，得到润滑油在 $T_{eff}=80$ ℃时的等效动力黏度：

$\eta_{eff}=0.013$ Pa·s

根据式(4)，计算瓦块止推轴承承载能力特性值 F_B^*：

$$F_B^*=\frac{20\ 000\times0.05^2\times10^{-6}}{9.74\times0.013\times30^2\times10^{-6}\times30\times10^{-3}\times24}=0.609$$

根据 GB/T 23891.2—2009 中图 1，通过 $F_B^*=0.609$ 查得 $h_{min}/C_{wed}=0.369$，因此 $h_{min}=0.369\times0.05\times10^{-3}=18.4\times10^{-6}$ m。

根据 GB/T 23891.2—2009 中图 2，通过 $h_{min}/C_{wed}=0.369$ 查得 $f_B^*=2$。

为了校核假设轴承温度 $T_{B,0}$，利用式(15)，根据式(16)确定 $T_{B,1}$：

$$k=\frac{20\times1.25}{30\times10^{-3}\times30\times10^{-3}\times24}=1\ 157.4\ \text{W/(m}^2\cdot\text{K)}$$

$$T_{B,1}=\frac{2.0\times9.74^2\times0.013}{1\ 157.4\times0.05\times10^{-3}}+20=62.6\ ℃$$

由于 $T_{B,1}$ 和 $T_{B,0}$ 之间的差值没有达到足够小，因此假设的轴承温度应再次修正。

第二步(修正假设的轴承温度):

$T_{B,0}=70.2$ ℃

$\eta_{eff}=0.0173$ Pa·s

$$F_B^*=\frac{20000\times0.05^2\times10^{-6}}{9.74\times0.0173\times30^2\times10^{-6}\times30\times10^{-3}\times24}=0.458$$

根据 GB/T 23891.2—2009 中图 1,通过 $F_B^*=0.458$ 查得 $h_{min}/C_{wed}=0.426$,因此 $h_{min}=21.3\times10^{-6}$ m。

根据 GB/T 23891.2—2009 中图 2,通过 $h_{min}/C_{wed}=0.426$ 查得 $f_B^*=1.73$。

$$T_{B,1}=\frac{1.79\times9.74^2\times0.0167}{1157.4\times0.05\times10^{-3}}+20=69.1\ ℃$$

在此步计算中,由于 $T_{B,1}$ 和 $T_{B,0}$ 之间的差值 $|T_{B,0}-T_{B,1}|<2$ ℃,因此计算的轴承等效温度 $T_{B,1}$ 精度足够。

根据式(17),在依靠传导进行散热的情况下,轴承的等效温度和轴承温度相等。

因此,计算的温度 T_B 同许用温度 T_{lim} 进行比较:

$T_{B,1}=T_{eff}<T_{lim}$

由于 $T_{B,1}<T_{lim}$,所以轴承温度是满足要求的。

因为 $h_{min}>h_{lim}$,所以最小润滑油膜厚度是满足要求的。

根据式(2),由等效黏度及已确定的最小润滑油膜厚度 h_{min} 来校核是否层流:

$$Re=\frac{900\times9.74\times21.3\times10^{-6}}{0.0173}=10.8$$

$Re=10.8<Re_{cr}=600$

根据计算得到的条件,流动为层流。即 GB/T 23891 本部分适用于本示例。

根据式(7),摩擦功耗为:

$$P_f=1.73\times\frac{9.74^2\times0.0173\times30\times10^{-3}\times30\times10^{-3}\times24}{0.05\times10^{-3}}=1.23\times10^3\ \text{W}$$

A.2 示例 2

校核轴向鼓风机用瓦块止推轴承,其尺寸为:$D_i=0.28$ m,$D_o=0.34$ m,$B=0.03$ m,转速为 16.67 s^{-1} 时工作载荷 $F=40000$ N,静止时轴承无载荷($F_{st}=0$)。

假设运行工况为热平衡时的临界条件。

轴承室表面积为 $A=1.25$ m²。润滑油通过内径 D_i 供给。润滑油应采用黏度为 ISO VG46 的润滑油。校核单纯依靠传导的方式是否能够充分的散热。

环境的温度是 $T_{amb}=20$ ℃,轴承最高许用温度为 $T_{lim}=90$ ℃。

如果最高温度超过了 T_{lim},应采用循环润滑并对润滑油进行冷却。本示例中假设在这种情况下供给轴承的润滑油在进口处的温度为 $T_{en}=40$ ℃。

尺寸和运行数据

额定转速下的轴承载荷	$F=40000$ N
静止条件下的轴承载荷	$F_{st}=0$
止推环转速	$N=16.67\ s^{-1}$
瓦块外径	$D_o=340\times10^{-3}$ m
瓦块内径	$D_i=280\times10^{-3}$ m
单个瓦块的长度	$L=30\times10^{-3}$ m
楔槽长度	$l_{wed}=22.5\times10^{-3}$ m
楔槽深度	$C_{wed}=0.055\times10^{-3}$ m

瓦块数　$Z=24$

轴承室的散热表面　$A=1.25\ m^2$

热传递系数　$k=20\ W/m^2\cdot K$

环境温度　$T_{amb}=20\ ℃$

循环润滑的润滑油入口温度　$T_{en}=40\ ℃$

循环润滑的润滑油出口温度　$T_{ex}=50\ ℃$

GB/T 23891.3 中规定的许用值：

最大许用轴承比压　$\overline{p}_{lim}=5\times10^6\ Pa$

最大许用轴承温度　$T_{lim}=90\ ℃$

最小许用润滑油膜厚度　$h_{lim}=20\times10^{-6}\ m$

润滑油　润滑油 ISO VG46

润滑油密度　$\rho=900\ kg/m^3$

单位体积润滑油的比热容　$c_p\times\rho=1.8\times10^6\ J/(m^3\cdot K)$

临界雷诺数　$Re_{cr}=600$

表 A.2

T_{eff}/ ℃	$\eta_{eff}(T_{eff})$/ Pa·s
40	0.041
50	0.027
60	0.018
70	0.013
80	0.009 5
90	0.007 3
100	0.005 7

初步假设：

轴承温度　$T_{B,0}=80\ ℃$

等效润滑油膜温度　$T_{eff,0}=80\ ℃$

最小相对润滑油膜厚度　$h_{min}/C_{wed}=0.8$

按照图 2 的流程图进行计算：

滑动直径 D 和瓦块宽度 B 按下式计算：

$$D=\frac{D_o+D_i}{2}=310\times10^{-3}\ m$$

$$B=\frac{D_o-D_i}{2}=30\times10^{-3}\ m$$

$C_{wed}=0.055\times10^{-3}\ m$，因此，$h_{min}=44\times10^{-6}\ m$

并且，$U=\pi\times D\times N=\pi\times310\times10^{-3}\times16.67=16.23\ m/s$

按式(30)计算轴承比压：

$$\overline{p}=\frac{40\ 000}{30\times10^{-3}\times30\times10^{-3}\times24}=1.85\times10^6\ Pa$$

校核轴承比压：

$\overline{p}=1.85\times10^6\ Pa<5\times10^6\ Pa$(见 GB/T 23891.3)，因此比压适用。

通过传导散热

第一步：

假设轴承温度 $T_{B,0}=T_{eff}=80$ ℃。

根据输入数据，得到润滑油在 $T_{eff}=80$ ℃时的等效动力黏度：

$\eta_{eff}=0.0095\ \text{Pa}\cdot\text{s}$

根据式(4)，计算瓦块止推轴承承载能力特性值 F_B^*：

$$F_B^*=\frac{40\,000\times(0.055\times10^{-3})^2}{16.23\times0.009\,5\times(30\times10^{-3})^2\times30\times10^{-3}\times24}=1.21$$

根据 GB/T 23891.2—2009 中图 1，通过 $F_B^*=1.21$ 查得 $h_{min}/C_{wed}=0.23$，因此 $h_{min}=0.23\times0.055\times10^{-3}=12.6\times10^{-6}$ m。

根据 GB/T 23891.2—2009 中图 2，通过 $h_{min}/C_{wed}=0.23$ 查得 $f_B^*=2.95$。

为了校核假设轴承温度 $T_{B,0}$，利用式(15)，根据式(16)确定 $T_{B,1}$：

$$k=\frac{20\times1.25}{30\times10^{-3}\times30\times10^{-3}\times24}=1\,157.4\ \text{W}/(\text{m}^2\cdot\text{K})$$

$$T_{B,1}=\frac{2.95\times16.23^2\times0.009\,5}{1\,157.4\times0.055\times10^{-3}}+20=136\ ℃$$

由于 $T_{B,1}>T_{B,0}$ 并且 $T_{B,1}$ 和 $T_{B,0}$ 之间的差值没有达到足够小(例如差值满足 $|T_{B,0}-T_{B,1}|\leqslant2$ ℃)，因此假设的轴承温度应修正。

第二步(修正假设的轴承温度)：

$T_{B,0}=0.5\times(80+136)=108$ ℃

$\eta_{eff}=0.0048\ \text{Pa}\cdot\text{s}$

$$F_B^*=\frac{40\,000\times(0.055\times10^{-3})^2}{16.23\times0.004\,8\times(30\times10^{-3})^2\times30\times10^{-3}\times24}=2.4$$

根据 GB/T 23891.2—2009 中图 1，通过 $F_B^*=2.4$ 查得 $h_{min}/C_{wed}=0.144$，因此 $h_{min}=7.92\times10^{-6}$ m。

根据 GB/T 23891.2—2009 中图 2，通过 $h_{min}/C_{wed}=0.144$ 查得 $f_B^*=4.29$。

$$T_{B,1}=\frac{4.29\times16.23^2\times0.004\,8}{1\,157.4\times0.055\times10^{-3}}+20=105.2\ ℃$$

由于 $T_{B,1}$ 和 $T_{B,0}$ 之间的差值没有达到足够小，因此假设的轴承温度 $T_{B,0}=108$ ℃应再次修正。

第三步(修正假设的轴承温度)：

$T_{B,0}=106.6$ ℃

$\eta_{eff}=0.0049\ \text{Pa}\cdot\text{s}$

$$F_B^*=\frac{40\,000\times(0.055\times10^{-3})^2}{16.23\times0.004\,9\times(30\times10^{-3})^2\times30\times10^{-3}\times24}=2.35$$

根据 GB/T 23891.2—2009 中图 1，通过 $F_B^*=2.35$ 查得 $h_{min}/C_{wed}=0.147$，因此 $h_{min}=8.08\times10^{-6}$ m。

根据 GB/T 23891.2—2009 中图 2，通过 $h_{min}/C_{wed}=0.147$ 查得 $f_B^*=4.17$。

$$T_{B,1}=\frac{4.17\times16.23^2\times0.004\,9}{1\,157.4\times0.055\times10^{-3}}+20=104.6\ ℃$$

在此步计算中，由于 $T_{B,1}$ 和 $T_{B,0}$ 之间的差值 $|T_{B,0}-T_{B,1}|<2$ ℃，因此计算的轴承等效温度 $T_{B,1}$ 精度足够。

计算的温度 $T_{B,1}$ 同许用温度 T_{lim} 进行比较：

$T_{B,1}>T_{lim}$，超出了轴承的许用温度。因此仅靠传导散热无法满足要求，必须通过润滑油来冷却轴承(循环润滑)。

通过润滑油循环冷却散热

假设轴承温度 $T_{B,0}=T_{eff}=80$ ℃(见“通过传导散热”)

$\eta_{eff}=0.0095$ Pa·s

$F_B^*=1.21$

根据 GB/T 23891.2—2009 中图 1,查得 $h_{min}/C_{wed}=0.23$,因此 $h_{min}=12.6\times10^{-6}$ m。

根据 GB/T 23891.2—2009 中图 2,查得 $f_B^*=2.95$。

根据式(7),摩擦功率:

$$P_f=\frac{2.95\times16.23^2\times0.0095\times30\times10^{-3}\times30\times10^{-3}\times24}{0.055\times10^{-3}}=2.9\times10^{-3}\ \text{W}$$

根据式(12),相对润滑油流量 Q_0 为:

$Q_0=30\times10^{-3}\times12.6\times10^{-6}\times16.23\times24=1.47\times10^{-4}$ m/s

根据式(23),假设润滑油温度差 $\Delta T=12$ K,则根据式(24),相对润滑油流量 Q^* 为:

$$Q^*=\frac{2.90\times10^3}{1.8\times10^6\times12\times1.47\times10^{-4}}=0.913$$

根据 GB/T 23891.2—2009 中图 3 和图 4,通过 $h_{min}/C_{wed}=0.23$ 查得:

$Q_1^*=1.55$

$Q_2^*=0.93$

润滑间隙中的温升 ΔT_2,根据式(27)得:

$$\Delta T_2=\frac{12\times0.913}{1.55-0.5\times0.93}=10.1\ \text{K}$$

取混合系数 $M=0.5$,利用式(9)~式(11)和式(24)确定的润滑油相对流量,根据式(22)计算混合过程后润滑油的温升 ΔT_1:

$$\Delta T_1=\frac{12\times0.913}{1.55-0.5\times0.93}=6.8\ \text{K}$$

根据式(28)计算等效轴承温度 T_{eff},以校核假设的轴承温度 $T_{eff,0}$:

$T_{eff,1}=40+6.8+0.5\times10.1=51.8$ ℃

由于 $|T_{eff,0}-T_{eff,1}|\geqslant2$ K,因此假设的轴承温度 $T_{eff,1}=80$ ℃需要修正。

$T_{eff,1}=0.5\times(51.8+80)=65.9$ ℃

迭代的其他步骤见表 A.3。

在表 A.3 第五步计算步骤中,假设的轴承温度 $T_{eff,0}$ 和计算的等效轴承温度 $T_{eff,1}$ 之间的差值小于 2 K,即计算出的等效轴承温度 T_{eff} 具有足够的精度。

轴承的温度等于润滑油出口处的温度,根据式(29):

$T_B=T_2=40+9.4+10.1=59.5$ ℃

由于 $T_2<T_{lim}$,所以润滑油的出口温度满足要求。

由于 $h_{min}>h_{lim}$,润滑油膜的最小厚度满足要求。

根据式(2)校核润滑油是否为层流:

$$Re=\frac{900\times16.23\times21.4\times10^{-6}}{0.021}=14.9$$

$Re=14.9<Re_{cr}=600$

根据计算得到的条件,流动为层流。即 GB/T 23891 的本部分适用于本示例。通过轴承的润滑油流量按式(24)计算如下:

$Q=0.765\times2.5\times10^{-4}=1.91\times10^{-4}$ m³/s

表 A.3

变量参数	单位	迭代步骤				
		1	2	3	4	5
$T_{eff,0}$	℃	80	65.9	59.4	57	55.7
η_{eff}	Pa·s	0.009 5	0.015	0.018	0.02	0.021
F_B^*	—	1.21	0.767	0.629	0.575	0.548
h_{min}/C_{wed}	—	0.23	0.32	0.35	0.38	0.39
h_{min}	m	12.6×10^{-6}	17.6×10^{-6}	19.2×10^{-6}	20.9×10^{-6}	21.4×10^{-6}
f_B^*	—	2.95	2.2	2.08	1.92	1.9
P_f	W	2.90×10^3	3.41×10^3	3.94×10^3	3.97×10^3	4.13×10^3
Q_0	m^3/s	1.47×10^{-4}	2.06×10^{-4}	2.24×10^{-4}	2.44×10^{-4}	2.50×10^{-4}
Q^*	—	0.93	0.68	0.61	0.56	0.57
Q_1^*	—	1.55	1.32	1.24	1.18	1.19
Q_3^*	—	0.93	0.68	0.61	0.56	0.57
ΔT_2	K	10.1	9.4	10.5	10	10.1
ΔT_1	K	6.8	8.3	9.3	9.4	9.4
$T_{eff,1}$	℃	51.8	53	54.6	54.4	54.4
$\lvert T_{eff,1}-T_{eff,0}\rvert$	K	28.2	12.9	4.8	2.6	1.3

参 考 文 献

[1] REYNOLDS, O. , On the theory of lubrication and its application to Mr. Beauchamp Tower's experiments, including an experimental determination of the viscosity of olive oil, Phil. Trans. (1866) 177, pp. 157—234.

[2] KANARACHOS, A. , Ein beitrag zum Problem hydrodynamischer Gleitlager maximaler Tragfahigkeit(A contribution to the problem concerning hydrodynamic plain bearings of maximum load-carrying capacity), Konstrucktion 28 (1976), pp. 319—395.

[3] GLIENICKE, J. , LINDLOFF, K and MEDHIOUB, M. , Axinalgleitlager bei hohen Umlaufgeschwindigkeiten und hohen spezifischen Belastungen (Plain thrust bearings at high rotational frequencies and high specific loads). Konstrucktion 49(1997), 39—47.

[4] WILCOCK and BOOSER, Bearing Design and Application, McGraw-Hill Book Company New-York, 1957.

[5] POLLMANN, E. , Berechnungsverfahren fur Axiallager (Calculation methods for thrust bearings), Konstruktion 33(1981).

[6] EFFERTZ, J. , Entwicklung eines Finite-Element-Programmsystems für die Analyse von gleilagern unter Berucksichtigung thermischer und elastischer Effekte (Development of a Finite Element Programm system for the analysis of plain bearings taking into consideration thermal and elastic effects). Dissertatiom RuhrUniversität, Bochum(1983).

[7] VOGELPOHL, G. , Betriebssichere Gleitlager (Operationally reliable plain bearings). Springer-Verlag, Berlin, Heidelberg, New York(1967).

[8] WISSUSSEK, D. , Der Einfluß reversibler und irreversibler Viskositätsänderungen auf das verhalten hydrodynamischer, stationär belasteter Gleitlager (influence of reversible and irreversible fluctuations of viscosity on the behaviour of hydrodynamic plain bearings under steady-state conditions), Dissertatiom TU Hannover(1975).

ICS 21.100.10
J 12

中华人民共和国国家标准

GB/T 23891.2—2009/ISO 12131-2:2001

滑动轴承 稳态条件下流体动压瓦块止推轴承 第2部分:瓦块止推轴承的计算函数

Plain bearings—Hydrodynamic plain thrust pad bearings under steady-state conditions—Part 2:Functions for the calculation of thrust pad bearings

(ISO 12131-2:2001,IDT)

2009-05-26 发布 2009-12-01 实施

中华人民共和国国家质量监督检验检疫总局
中国国家标准化管理委员会 发布

前　言

GB/T 23891《滑动轴承　稳态条件下流体动压瓦块止推轴承》由以下三部分组成：

——第1部分：瓦块止推轴承的计算；

——第2部分：瓦块止推轴承的计算函数；

——第3部分：瓦块止推轴承计算的许用值。

本部分是GB/T 23891的第2部分。

本部分等同采用ISO 12131-2:2001《滑动轴承　稳态条件下流体动压瓦块止推轴承　第2部分：瓦块止推轴承的计算函数》。

本部分等同翻译ISO 12131-2:2001。

为便于使用，本部分做了下列编辑性修改：

——"本国际标准"一词改为"本部分"；

——用小数点"."代替作为小数点的逗号","；

——删除国际标准的前言。

本部分由中国机械工业联合会提出。

本部分由全国滑动轴承标准化技术委员会(SAC/TC 236)归口。

本部分负责起草单位：中机生产力促进中心。

本部分参加起草单位：西安交通大学、浙江申科滑动轴承有限公司、浙江省诸暨申发轴瓦有限公司、浙江东方滑动轴承有限公司、浙江双飞无油轴承有限公司、浙江长盛滑动轴承有限公司。

本部分由全国滑动轴承标准化技术委员会秘书处负责解释。

引　言

GB/T 23891的本部分给出了计算GB/T 23891.1中规定的油润滑瓦块止推轴承所必须的公式，假设瓦块止推轴承在流体动压状态下运行，并且处于完全润滑条件下。这些公式是基于GB/T 23891.1中确定的假设和边界条件。计算所必需的数值可以通过给定的图、表和方程确定，公式是与文献[2]中的曲线相符合的数值解的近似公式。相关术语的解释和计算示例在GB/T 23891.1中给出。

滑动轴承
稳态条件下流体动压瓦块止推轴承
第2部分:瓦块止推轴承的计算函数

1 适用范围

GB/T 23891 的本部分规定了瓦块止推轴承计算用函数,以及动态黏度与润滑油膜温度之间的关系。

2 规范性引用文件

下列文件中的条款通过 GB/T 23891 的本部分的引用而成为本部分的条款。凡是注日期的引用文件,其随后所有的修改单(不包括勘误的内容)或修订版均不适用于本部分,然而,鼓励根据本部分达成协议的各方研究是否可使用这些文件的最新版本。凡是不注日期的引用文件,其最新版本适用于本部分。

GB/T 23891.1 滑动轴承 稳态条件下流体动压瓦块止推轴承 第1部分:瓦块止推轴承的计算(GB/T 23891.1—2009,ISO 12131-1:2001,IDT)

3 瓦块止推轴承计算用函数

3.1 承载能力特性值 F_B^* 与轴承相对宽度 B/L 和最小相对油膜厚度 h_{min}/C_{wed} 的函数关系

图1曲线的近似公式(适用范围:$0.1 \leqslant h_{min}/C_{wed} \leqslant 10$)如下:

$$F_B^* = \left\{ \left(\frac{l_{wed}}{L}\right)^2 \times \left(\frac{h_{min}}{C_{wed}}\right)^2 \times \ln\frac{1+h_{min}/C_{wed}}{h_{min}/C_{wed}} + \frac{\frac{l_{wed}}{L} \times \frac{1}{h_{min}/C_{wed}} \times \left(1-\frac{l_{wed}}{L}\right)^2 - 2\times\left(\frac{l_{wed}}{L}\right)^2 \times \left[2\times\frac{h_{min}}{C_{wed}} + 3\times\left(1-\frac{l_{wed}}{L}\right)\right]}{4+2\times\left(4-3\frac{l_{wed}}{L}\right)\times\frac{1}{h_{min}/C_{wed}} + 4\times\left(1-\frac{l_{wed}}{L}\right)\times\left(\frac{1}{h_{min}/C_{wed}}\right)^2} \right\}$$

$$\times \frac{A^* + B^* \times \left(1-\frac{1}{h_{min}/C_{wed}}\right) + C^* \times \left(1-\frac{1}{h_{min}/C_{wed}}\right)^2}{1+\alpha\times\left(\frac{B}{L}\right)^2} \times \left(\frac{1}{h_{min}/C_{wed}}\right)^2$$

$$\alpha = \frac{10}{\left(1+\frac{h_{min}}{C_{wed}}\right)^2} \times \left[\frac{h_{min}}{C_{wed}} + \left(\frac{h_{min}}{C_{wed}}\right)^2\right]^2 + \frac{1-2\left[\frac{h_{min}}{C_{wed}} + \left(\frac{h_{min}}{C_{wed}}\right)^2\right]}{12\times\left[\left(1+2\times\frac{h_{min}}{C_{wed}}\right)\times\ln\frac{1+h_{min}/C_{wed}}{h_{min}/C_{wed}} - 2\right]}$$

$$A^* = 1.205\,7 - 0.243\,44\times\left(\frac{B}{L}\right) + 0.126\,25\times\left(\frac{B}{L}\right)^2 - 0.021\,554\times\left(\frac{B}{L}\right)^3$$

$$B^* = -0.256\,34 + 0.361\,14\times\left(\frac{B}{L}\right) - 0.199\,58\times\left(\frac{B}{L}\right)^2 + 0.038\,633\times\left(\frac{B}{L}\right)^3$$

$$C^* = -0.010\,765 + 0.009\,350\,1\times\left(\frac{B}{L}\right) - 0.002\,752\,7\times\left(\frac{B}{L}\right)^2 + 0.000\,184\,46\times\left(\frac{B}{L}\right)^3$$

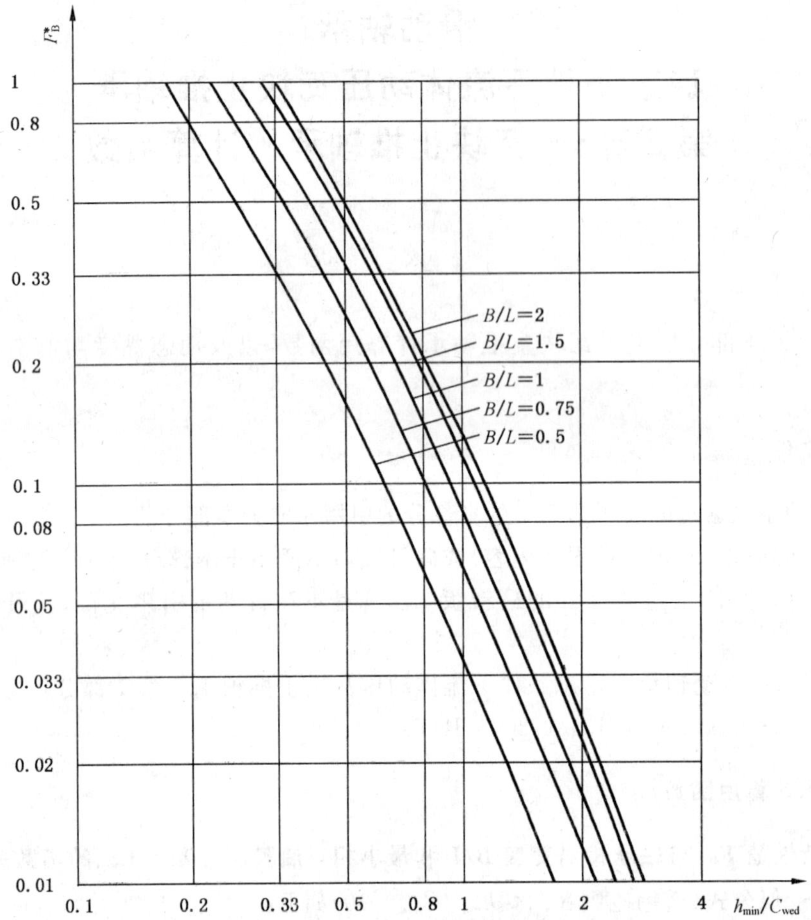

图 1 $l_{wed}/L=0.75$ 时，瓦块止推轴承承载能力特性值 F_B^* 与轴承相对宽度 B/L 和最小相对油膜厚度 h_{min}/C_{wed} 的函数关系

图 1 中的值见表 1。

表 1 图 1 中的值[$F_B^*=f(B/L,h_{min}/C_{wed},l_{wed}/L=0.75)$]

h_{min}/C_{wed}	B/L				
	2	1.5	1	0.75	0.5
10	0.000 3	0.000 3	0.000 2	0.000 2	0.000 1
2	0.026 7	0.023 0	0.016 7	0.012 1	0.006 8
1	0.134 1	0.116 9	0.086 5	0.063 7	0.036 4
0.5	0.522	0.462 8	0.355 2	0.27	0.161 2
0.33	1.010 7	0.908 1	0.716 4	0.559 8	0.348 3
0.2	2.067 5	1.887 5	1.547 5	1.252 5	0.83
0.1	4.52	4.21	3.62	3.08	2.24

3.2 瓦块止推轴承摩擦特性值 f_B^* 与轴承相对宽度 B/L 和最小相对油膜厚度 h_{min}/C_{wed} 的函数关系

图 2 曲线的近似公式(适用范围：$0.1\leqslant h_{min}/C_{wed}\leqslant 10$)如下：

$$f_B^* = \left\{4\times\left(\frac{l_{wed}}{L}\right)^2\times\left(\frac{h_{min}}{C_{wed}}\right)^2\times\ln\frac{1+h_{min}/C_{wed}}{h_{min}/C_{wed}}+\left(1-\frac{l_{wed}}{L}\right)-\frac{3\times\frac{l_{wed}}{L}\times\frac{h_{min}}{C_{wed}}\times\left[2\times\frac{h_{min}}{C_{wed}}+3\times\left(1-\frac{l_{wed}}{L}\right)\right]}{2\times\left(\frac{h_{min}}{C_{wed}}\right)^2+\left(4-3\times\frac{l_{wed}}{L}\right)\times\frac{h_{min}}{C_{wed}}+2\times\left(1-\frac{l_{wed}}{L}\right)}\right\}$$

$$\times\frac{6}{5}\times\left[1+\left(\frac{B}{L}\right)^{-2}\times\alpha\right]\times A^*\times\frac{1}{h_{min}/C_{wed}}\times B^*$$

$$\alpha=\frac{10}{\left(1+2\times\frac{h_{min}}{C_{wed}}\right)^2}\times\left\{\left(\frac{h_{min}}{C_{wed}}\right)^2+\frac{1-2\times\frac{h_{min}}{C_{wed}}}{12\times\left[\left(1+2\times\frac{h_{min}}{C_{wed}}\right)\times\ln\frac{1+h_{min}/C_{wed}}{h_{min}/C_{wed}}-2\right]}\right\}$$

$$A^* = -0.214\ 59+0.880\ 71\times\left(\frac{B}{L}\right)-0.297\ 60\times\left(\frac{B}{L}\right)^2+0.037\ 91\times\left(\frac{B}{L}\right)^3$$

$h_{min}/C_{wed}\geqslant 0.2$ 时，$B^*=1$

$h_{min}/C_{wed}<0.2$ 时，$B^*=1.125\ 1\times\left(\frac{B}{L}\right)^{-0.129\ 39}$

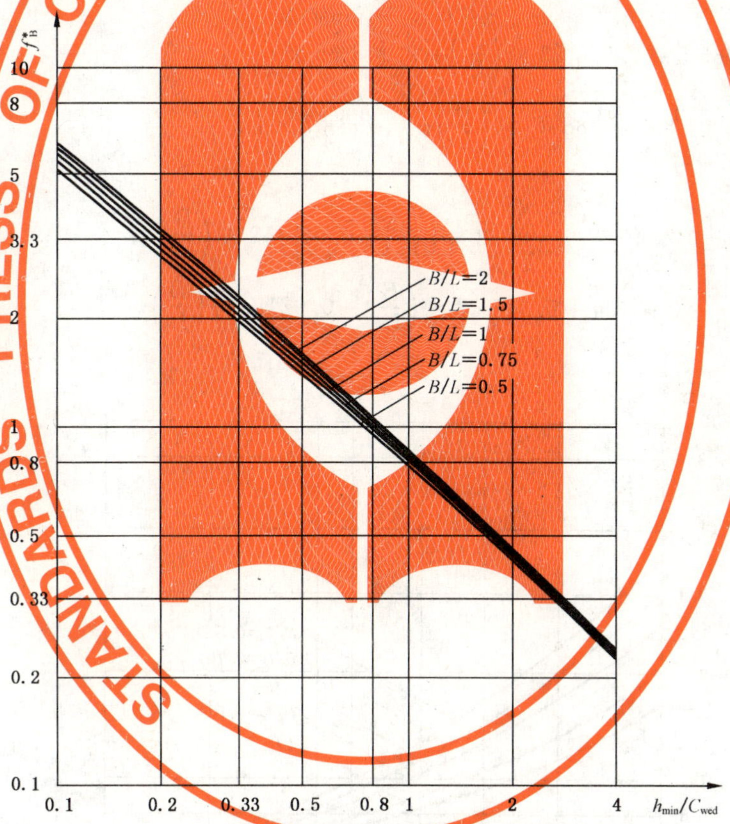

图 2 $l_{wed}/L=0.75$ 时，瓦块止推轴承摩擦特性值 f_B^* 与轴承相对宽度 B/L 和最小相对油膜厚度 h_{min}/C_{wed} 的函数关系

图 2 中的值见表 2。

表 2 图 2 中的值[$f_B^*=f(B/L, h_{min}/C_{wed}, l_{wed}/L=0.75)$]

h_{min}/C_{wed}	B/L				
	2	1.5	1	0.75	0.5
10	0.096 7	0.096 6	0.096 6	0.096 6	0.096 5
2	0.444 3	0.442 2	0.438 7	0.436 1	0.433 1
1	0.844	0.834 6	0.818	0.805 6	0.790 6
0.5	1.599 2	1.568 2	1.511 8	1.467 2	1.410 6

表 2（续）

h_{min}/C_{wed}	B/L				
	2	1.5	1	0.75	0.5
0.33	2.301 6	2.249 1	2.151 3	2.071 5	1.965
0.2	3.574 5	3.488 5	3.324 5	3.185	2.987 5
0.1	6.194	6.061	5.804	5.574	5.223

3.3 相对润滑油流量 Q_1^*、Q_3^* 与轴承相对宽度 B/L 和最小相对油膜厚度 h_{min}/C_{wed} 的函数关系

图 3（值见表 3）、图 4（值见表 4）曲线的近似公式（适用范围：$0.1 \leqslant h_{min}/C_{wed} \leqslant 10$）如下：

$$Q_i^* = \frac{\left(1+\frac{h_{min}}{C_{wed}}\right)\times\left(1-\frac{l_{wed}}{L}+\frac{h_{min}}{C_{wed}}\right)\times\left[A_i+B_i\times\left(1-\frac{1}{h_{min}/C_{wed}}\right)\right]}{\left(1+2\times\frac{h_{min}}{C_{wed}}\right)\times\frac{l_{wed}}{L}\times\frac{h_{min}}{C_{wed}}+2\times\left(1+\frac{h_{min}}{C_{wed}}\right)^2\times\left(1-\frac{l_{wed}}{L}\right)}$$

A_i、B_i 为常量。

当 $Q_i^*=Q_1^*$ 时：

$$A_i = A_1 = 1.765\ 5-0.524\ 23\times\left(\frac{B}{L}\right)+0.118\ 05\times\left(\frac{B}{L}\right)^2$$

$$B_i = B_1 = -1.004\ 8+0.788\ 80\times\left(\frac{B}{L}\right)-0.193\ 57\times\left(\frac{B}{L}\right)^2$$

当 $Q_i^*=Q_3^*$ 时：

$$A_i = A_3 = 2\times\left[0.434\ 8-0.308\ 23\times\left(\frac{B}{L}\right)+0.069\ 52\times\left(\frac{B}{L}\right)^2\right]$$

$$B_i = B_3 = 2\times\left[-0.470\ 4+0.375\ 67\times\left(\frac{B}{L}\right)-0.921\ 7\times\left(\frac{B}{L}\right)^2\right]$$

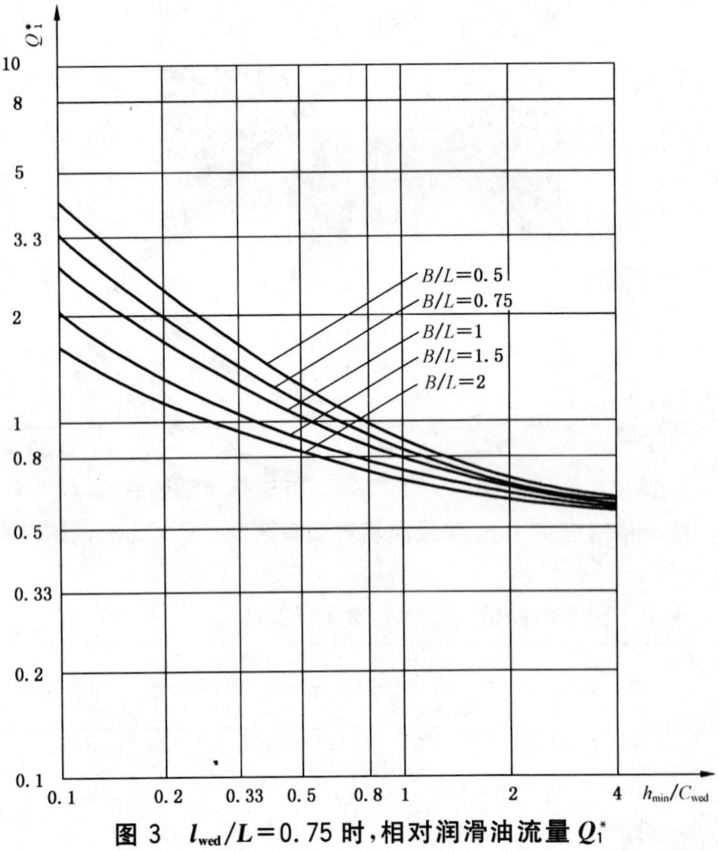

图 3 $l_{wed}/L=0.75$ 时，相对润滑油流量 Q_1^* 与轴承相对宽度 B/L 和最小相对油膜厚度 h_{min}/C_{wed} 的函数关系

表 3　图 3 中的值[$Q_1^* = f(B/L, h_{min}/C_{wed}, l_{wed}/L = 0.75)$]

h_{min}/C_{wed}	B/L				
	2	1.5	1	0.75	0.5
10	0.526 5	0.529 2	0.533 8	0.537 3	0.541 5
2	0.614 2	0.63	0.657 5	0.678	0.702 9
1	0.698 1	0.733 2	0.794 9	0.841 6	0.898 5
0.5	0.828 1	0.904 1	1.041	1.147 3	1.278 8
0.33	0.942	1.06	1.276 1	1.447 6	1.663
0.2	1.144 3	1.340 7	1.706 6	2.004 8	2.387 8
0.1	1.646	2.034 9	2.771 8	3.390 1	4.208 4

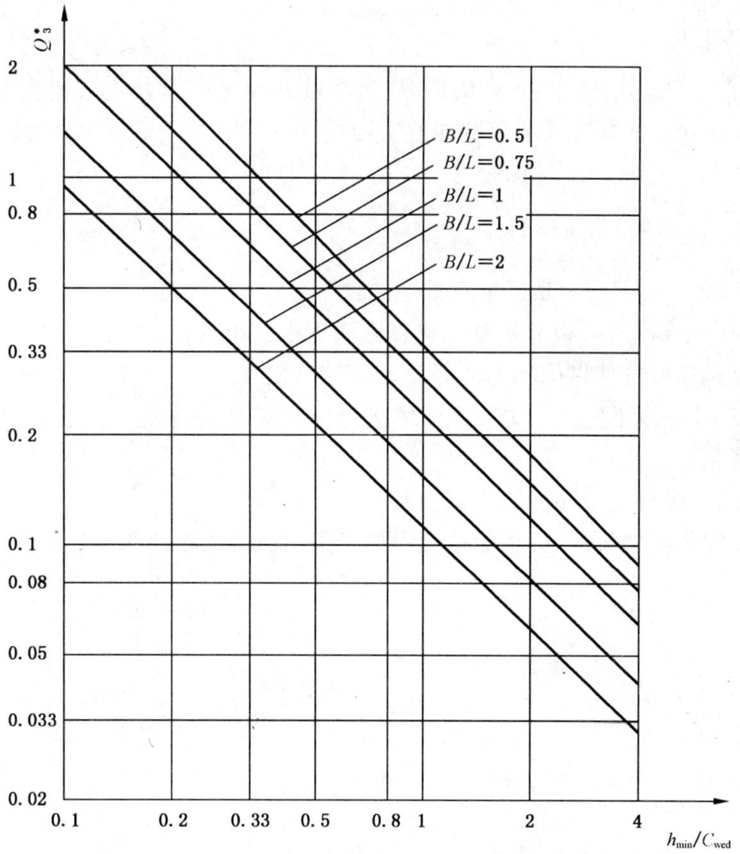

图 4　$l_{wed}/L = 0.75$ 时，相对润滑油流量 Q_3^*
与轴承相对宽度 B/L 和最小相对油膜厚度 h_{min}/C_{wed} 的函数关系

表4 图4中的值[$Q_3^* = f(B/L, h_{min}/C_{wed}, l_{wed}/L = 0.75)$]

h_{min}/C_{wed}	B/L				
	2	1.5	1	0.75	0.5
10	0.012 8	0.016 4	0.025 2	0.030 8	0.037 2
2	0.061 2	0.083 4	0.121 8	0.15	0.183 4
1	0.117	0.160 2	0.236 2	0.293 4	0.362 4
0.5	0.220 2	0.303 4	0.453 0	0.569 4	0.713 4
0.33	0.320 6	0.443 4	0.667 4	0.845 4	1.07
0.2	0.506	0.701 8	1.065 6	1.362 2	1.744
0.1	0.963 2	1.340 2	2.051 6	2.647 4	3.434 8

4 润滑油等效动力黏度 η_{eff} 与润滑油等效膜温度 T_{eff} 的函数关系

对于流体润滑油，Vogel方程普遍适用(见参考文献[3])。

$$\eta = K_1 \times \exp\left(\frac{K_2}{T + K_3}\right)$$

对于矿物油，根据文献[4]中Cameron的研究，当常量 $K_3 = 95$ ℃时，本方程具有足够的精度。

文献[2]中Rodermund的研究表明矿物油的实际黏度 η 可以由ISO VG直接计算获得。

当密度 ρ 单位为 kg/m^3 时，公式如下：

$$\ln \frac{\eta}{\eta_x} = \left(\frac{159.56}{T + 95\ ℃} - 0.181\ 913\right) \times \ln \frac{\rho \times VG}{10^6 \times \eta_x}$$

方程中，$\eta_x = 0.18 \times 10^{-3}$ Pa·s是一个常数系数。

平均密度 $\rho = 900$ kg/m^3 的ISO标准油的黏度在图5中给出。

公路车辆的发动机和齿轮油以国际黏度等级SAE为标准。

润滑油黏度的SAE等级不完全与ISO VG等级符合。SAE的分类不精确，在需要精确计算时，应要求供应商提供黏度数据。

与纯矿物油相比，多级机油的黏温关系更加明显。

有机合成油通常即使不加添加剂，也能达到添加了添加剂的矿物油所能达到的效果。

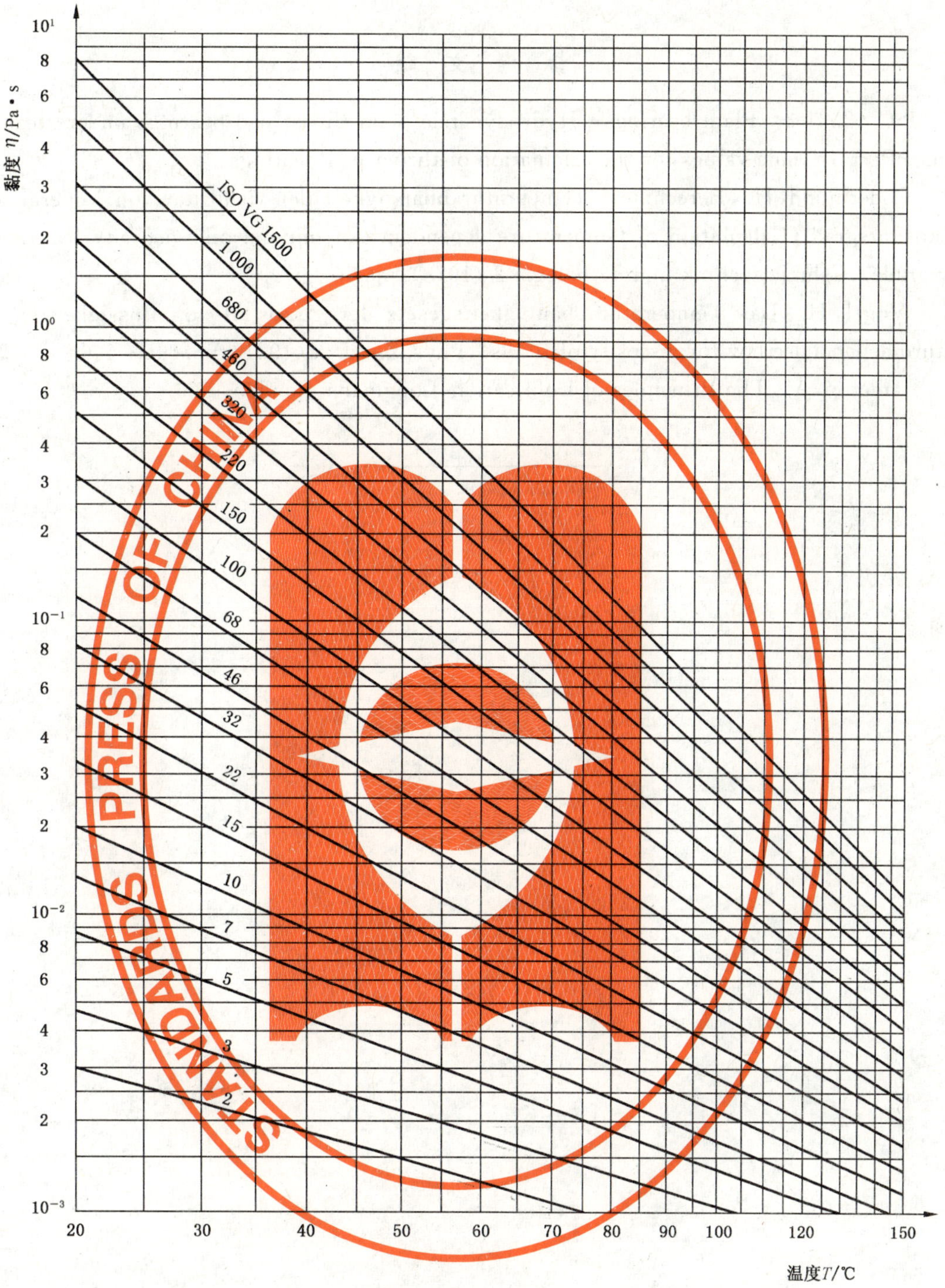

图 5　当密度 $\rho=900\ \mathrm{kg/m^3}$ 时，有效动态黏度 η_{eff} 与有效润滑油膜温度 T_{eff} 的函数关系

参 考 文 献

[1] ISO 12131-3 Plain bearings—Hydrodynamic plain thrust pad bearings under steady-state conditions—Part 3:Guide values for the calculation of thrust pad bearings.

[2] Rodermund, H. , Berechnung Temperaturabhängigkeit der viskosität von Mineralölen aus dem Viskositätsgrad (Calculation of temperature dependence of mineral oils viscosity based on the viscosity grade), Cshmiertechnik und Tribologie 2 (1978), pp. 56—57.

[3] Vogel, H. : Das Temperaturabhängigkeitsgesetz der viskosität von flüssigkeitten (The temperature dependence law for viscosity of fluids), Phys. Z. Bd. 22(1921), pp. 645—646.

[4] Cameron, A. , The Principles of Lubrication, Longmans, London 1966.

ICS 21.100.10
J 12

中华人民共和国国家标准

GB/T 23891.3—2009/ISO 12131-3:2001

滑动轴承 稳态条件下流体动压瓦块止推轴承 第3部分:瓦块止推轴承计算的许用值

**Plain bearings—
Hydrodynamic plain thrust pad bearings under steady-state conditions—
Part 3:Guide values for the calculation of thrust pad bearings**

(ISO 12131-3:2001,IDT)

2009-05-26 发布　　2009-12-01 实施

中华人民共和国国家质量监督检验检疫总局
中国国家标准化管理委员会　发布

前　言

GB/T 23891《滑动轴承　稳态条件下流体动压瓦块止推轴承》由以下三部分组成：

——第1部分：瓦块止推轴承的计算；

——第2部分：瓦块止推轴承的计算函数；

——第3部分：瓦块止推轴承计算的许用值。

本部分是GB/T 23891的第3部分。

本部分等同采用ISO 12131-3:2001《滑动轴承　稳态条件下流体动压瓦块止推轴承　第3部分：瓦块止推轴承计算的许用值》。

本部分等同翻译ISO 12131-3:2001。

为便于使用，本部分做了下列编辑性修改：

——“本国际标准”一词改为“本部分”；

——用小数点“.”代替作为小数点的逗号“,”；

——删除国际标准的前言。

本部分由中国机械工业联合会提出。

本部分由全国滑动轴承标准化技术委员会(SAC/TC 236)归口。

本部分负责起草单位：中机生产力促进中心。

本部分参加起草单位：西安交通大学、浙江申科滑动轴承有限公司、浙江省诸暨申发轴瓦有限公司、浙江东方滑动轴承有限公司、浙江双飞无油轴承有限公司、浙江长盛滑动轴承有限公司。

本部分由全国滑动轴承标准化技术委员会秘书处负责解释。

引　言

为了使根据 GB/T 23891.1—2009 计算的瓦块止推轴承达到足够的运行可靠性，计算所得的运行参数 h_{min}，T_B 或 T_2 和 $\bar{p}$ 不得低于或超过它们的许用运行参数 h_{lim}，T_{lim} 和 $\bar{p}_{lim}$。

对于高比压和/或高转速的极限运转状况，需要考虑热量、弹性变形、流体动压和/或湍流影响，进行更精确的计算。

这些许用值表征了依赖几何尺寸与加工技术的滑动轴承摩擦学系统的运行极限。它们是一些经验值。即使会受到其他方面的一些影响，其仍然能够满足运行的可靠性(参见 GB/T 23891.1 第 4 章)。

经验值可被修改以适用于某些特定应用领域。

滑动轴承
稳态条件下流体动压瓦块止推轴承
第3部分:瓦块止推轴承计算的许用值

1 范围

GB/T 23891的本部分规定了避免服役中的瓦块止推轴承损害的许用值。

计算中所用符号的定义及示例在GB/T 23891.1中给出。

2 规范性引用文件

下列文件中的条款通过GB/T 23891的本部分的引用而成为本部分的条款。凡是注日期的引用文件,其随后所有的修改单(不包括勘误的内容)或修订版均不适用于本部分,然而,鼓励根据本部分达成协议的各方研究是否可使用这些文件的最新版本。凡是不注日期的引用文件,其最新版本适用于本部分。

GB/T 23891.1—2009 滑动轴承 稳定状态下流体动压瓦块止推轴承 第1部分:瓦块止推轴承的计算(ISO 12131:2001,IDT)

ISO 4381 滑动轴承 多层滑动轴承用铅锡铸造合金

ISO 4382-1 滑动轴承 单层和多层轴承用铸造铜合金

ISO 4382-2 滑动轴承 单层轴承用锻造铜合金

ISO 4383 滑动轴承 薄壁滑动轴承用金属多层材料

3 避免磨损损害的许用值

为达到最小磨损和低失效概率,需要考虑最小许用油膜厚度 $h_{\lim}$ 以达到滑动轴承装置的完全流体润滑状态。润滑油应清洁无杂质,因为若存在杂质会加剧磨损、拉伤以及局部过热,这些将会削弱滑动轴承的正常功能。必要时,润滑油应过滤。

作为过渡到混合润滑的特征值(见GB/T 23891.1—2009中5.7),最小许用油膜厚度 $h_{\lim,tr}$ 可根据经验公式式(1)(见参考文献[1])计算:

$$h_{\lim,tr}=\sqrt{\frac{D\times Rz}{3\ 000}} \qquad \cdots\cdots(1)$$

该公式从总体上考虑了随轴承尺寸的增加,加工公差的增加。

然而,在本系列标准中,加工方法以及机器的实际状态对加工公差影响很大,因此根据此公式计算的最小许用油膜厚度 $h_{\lim,tr}$ 值仅能提供参考。

轴、法兰或止推环的错误加工和超过许用公差,将会导致止推瓦块迅速失效。

另外,机器在启动和停机时有多长时间在混合润滑状态下工作也是非常重要的。对于较高的旋转速度,应增加正常运转时的最小许用油膜厚度,以便停机时,不会过快的到达混合润滑状态。

最小许用油膜厚度 $h_{\lim}$ 可根据经验公式式(2)计算:

$$h_{\lim}=C\times\sqrt{U\times D\times\frac{F_{st}}{F}} \qquad \cdots\cdots(2)$$

式中:

$C=1.6\times10^{-5}\sim6.3\times10^{-5}$;

F_{st}/F——静止状态时的承载能力 F_{st} 与名义旋转频率时的轴承力 F 的比值。

应用公式(2)计算后,应保证:

$$h_{lim} > h_{lim,tr} \quad \cdots\cdots(3)$$

推荐 $h_{lim} > 1.25 h_{lim,tr}$。

h_{lim} 的经验值见表1和表2。

表1 $F_{st}/F=1, C=2\times10^{-5}$ 时最小许用油膜厚度 h_{lim} 的许用值

平均滑动直径 D (止推环直径)/mm	止推环平均滑动速度 U/(m/s)					
	$1\leqslant U\leqslant 2.4$	$2.4<U\leqslant 4$	$4<U\leqslant 6.3$	$6.3<U\leqslant 10$	$10<U\leqslant 24$	$24<U\leqslant 40$
	最小许用油膜厚度 h_{lim}/μm					
$24\leqslant D\leqslant 63$	8	8	9.5	12	17	24
$63<D\leqslant 160$	13	13	15	19	28	38
$160<D\leqslant 400$	20	20	24	30	44	60
$400<D\leqslant 1\,000$	32	32	38	48	69	95

表2 $F_{st}/F=0.25, C=2\times10^{-5}$ 时最小许用油膜厚度 h_{lim} 的许用值

平均滑动直径 D (止推环直径)/mm	止推环平均滑动速度 U/(m/s)					
	$1\leqslant U\leqslant 2.4$	$2.4<U\leqslant 4$	$4<U\leqslant 6.3$	$6.3<U\leqslant 10$	$10<U\leqslant 24$	$24<U\leqslant 40$
	最小许用油膜厚度 h_{lim}/μm					
$24\leqslant D\leqslant 63$	8	8	8	8	8.6	12
$63<D\leqslant 160$	13	13	13	13	14	19
$160<D\leqslant 400$	20	20	20	20	22	30
$400<D\leqslant 1\,000$	32	32	32	34	34	47

4 避免机械过载的许用值

通过滑动表面的变形要求求得的轴承最大许用比压 $\bar{p}_{lim}$ 不应导致轴承功能损害或出现裂缝。除了轴承材料成分外,还有很多其他决定性因素影响轴承最大许用比压值,例如:加工工艺,材料金相组织、轴承材料的厚度以及轴承背的结构和型式。除此之外,还应检查启动时轴承是否处于满载状态。如果启动比压 $\bar{p}>3\ \text{N/mm}^2$,则如果适用的话,应使用辅助静压装置,否则滑动表面将会磨损。表3给出了 $\bar{p}_{lim}$ 的经验值。

表3 轴承比压的最大许用经验值 $\bar{p}_{lim}$

单位为兆帕

轴承材料合金类别[a]	$\bar{p}_{lim}$ [b,c]
铅基合金和锡基合金	5(15)
Cu-Pb 合金	7(20)
Cu-Sn 合金	7(25)
Al-Sn 合金	7(18)
Al-Zn 合金	7(20)

[a] ISO 4381,ISO 4382-1,ISO 4382-2 和 ISO 4383。

[b] 圆括号内的值用于特殊的运行条件下,例如滑移速度非常低时。

[c] 1 MPa=1 N/mm²。

5 避免热过载的许用值

避免热过载的许用值见表 4。

轴承的最大许用温度 T_{lim} 取决于轴承材料和润滑油。

随着温度的升高，轴承材料的硬度和强度降低。对于低熔点的铅基合金和锡基合金应特别注意。

另外，随温度的升高润滑油的黏度下降，滑动轴承的承载能力也因此下降。某些情况下，可能导致混合摩擦磨损。此外，当温度高于 80 ℃时，基础油为矿物油的润滑油的老化速度会加快。

当瓦块止推滑动轴承在稳定状态下运行时，温度场为定值。当根据 GB/T 23891 进行计算时，轴承的热负荷可以通过轴承温度 T_B 和润滑油的出口温度 T_2 来描述，同时，应确保它们均不高于 T_{lim}。

对于全部可用的轴承润滑油来说，总是只有一小部分在某个有限的时期内位于轴承间隙中，因而处在高温的情况下。也就是说不仅 T_B 和 T_2，而且润滑油总量和每分钟润滑油流量之比对于润滑油的使用寿命都是决定性因素。通常，与自给油润滑轴承相比，这一比率更有利于循环润滑的瓦块止推轴承。

表 4 轴承最高许用温度的经验值 T_{lim}

轴承润滑的类型	润滑油总量与每分钟润滑油流量之比	
	≤5	>5
	T_{lim}[a]/℃	
压力润滑(循环润滑)	100(115)	110(125)
无压力润滑(自给油润滑)	90(110)	

a 例外情况下，圆括弧内的值可用在特殊运行条件。

参 考 文 献

［1］ Spiegel，K. and Fricke J.，Belastungsdiagramm zur Berechnung von Axialgleitlagern(Load diagram for the calculation of plain bearings). Schmiertechnik+Tribologie 22(1975)3，pp. 59-64.

ICS 21.100.10
J 12

中华人民共和国国家标准

GB/T 23892.1—2009/ISO 12130-1:2001

滑动轴承 稳态条件下流体动压可倾瓦块止推轴承 第1部分:可倾瓦块止推轴承的计算

Plain bearings—Hydrodynamic plain tilting pad thrust bearings under steady-state conditions—Part 1:Calculation of tilting pad thrust bearings

(ISO 12130-1:2001,IDT)

2009-05-26 发布　　2009-12-01 实施

中华人民共和国国家质量监督检验检疫总局
中国国家标准化管理委员会　发布

前 言

GB/T 23892《滑动轴承 稳态条件下流体动压可倾瓦块止推轴承》由以下三部分组成:

——第1部分:可倾瓦块止推轴承的计算;

——第2部分:可倾瓦块止推轴承的计算函数;

——第3部分:可倾瓦块止推轴承计算的许用值。

本部分是GB/T 23892的第1部分。

本部分等同采用ISO 12130-1:2001《滑动轴承 稳态条件下流体动压可倾瓦块止推轴承 第1部分:可倾瓦块止推轴承的计算》。

本部分等同翻译ISO 12130-1:2001。

本部分对国际标准的一些技术性错误进行了修改,修改内容如下:

——"范围"中的"轴向支撑"改为"中心支撑";

——5.6.4中,"$Q^* \geqslant Q$"改为"$Q^* \geqslant Q_3^*$";

——A.2中,ISO原文中"$\Delta T_1=\frac{0.92\times0.25}{0.5\times0.467+(1-0.5)\times0.25}=13.1\ \mathrm{K}$"错误,改为"$\Delta T_1=\frac{0.92-0.25}{0.5\times0.467+(1-0.5)\times0.25}\times7.0=13.1\ \mathrm{K}$"。

为便于使用,本部分做了下列编辑性修改:

——"本国际标准"一词改为"本部分";

——用小数点"."代替作为小数点的逗号",";

——删除国际标准的前言。

本部分的附录A是规范性附录。

本部分由中国机械工业联合会提出。

本部分由全国滑动轴承标准化技术委员会(SAC/TC 236)归口。

本部分负责起草单位:中机生产力促进中心。

本部分参加起草单位:西安交通大学、浙江省诸暨申发轴瓦有限公司、浙江申科滑动轴承有限公司、浙江东方滑动轴承有限公司、浙江长盛滑动轴承有限公司、浙江双飞无油轴承有限公司。

本部分由全国滑动轴承标准化技术委员会秘书处负责解释。

本部分为首次发布。

滑动轴承　稳态条件下
流体动压可倾瓦块止推轴承
第1部分:可倾瓦块止推轴承的计算

1　范围

GB/T 23892的本部分给出了推力环和轴承表面被流体润滑油膜完全分离的流体动压油润滑可倾瓦块止推轴承的设计计算方法,用于设计可靠运行的流体动压可倾瓦块止推轴承。

GB/T 23892的本部分适用于瓦块宽长比 B/L 范围在0.5～2之间,在运行时,自动形成一楔形的润滑间隙的可倾瓦块止推轴承。

当给定相应的雷诺微分方程的数值解时,GB/T 23892的本部分介绍的计算方法也可用于其他形状的油楔,抛物线形的润滑间隙,以及其他形状的瓦块,例如圆形的瓦块。GB/T 23892.2—2009只给出了普通楔形油楔的特性值,所以这些值不适用于中心支撑的可倾瓦块。

本部分的计算方法可以对很多机械的止推滑动轴承进行设计和优化,例如,鼓风机、齿轮装置、泵、涡轮机、电动机、压缩机和机床中的止推滑动轴承等。它只适用于稳定工况条件下,例如,在连续运转的工况下,所有转动部件的载荷和角速度都是恒定的。

GB/T 23892的本部分不适用于重载荷下的可倾瓦块止推轴承。

2　规范性引用文件

下列文件中的条款通过GB/T 23892的本部分的引用而成为本部分的条款。凡是注日期的引用文件,其随后所有的修改单(不包括勘误的内容)或修订版均不适用于本部分,然而,鼓励根据本部分达成协议的各方研究是否可使用这些文件的最新版本。凡是不注日期的引用文件,其最新版本适用于本部分。

GB/T 3141—1994　工业液体润滑剂　ISO黏度分类(eqv ISO 3448:1992)

GB/T 23892.2—2009　滑动轴承　稳态条件下流体动压可倾瓦块止推轴承　第2部分:可倾瓦块止推轴承的计算函数(ISO 12130-2:2001,IDT)

GB/T 23892.3—2009　滑动轴承　稳态条件下流体动压可倾瓦块止推轴承　第3部分:可倾瓦块止推轴承计算的许用值(ISO 12130-3:2001,IDT)

3　基本原理、假设和前提条件

雷诺微分方程的数值解的计算总是假设滑动面为有限宽,并且考虑压力产生的实际边界条件,见式(1):

$$\frac{\partial}{\partial x}\left(h^3\frac{\partial p}{\partial x}\right)+\frac{\partial}{\partial z}\left(h^3\frac{\partial p}{\partial z}\right)=6\times\eta\times U\times\frac{\partial h}{\partial x} \quad \cdots\cdots(1)$$

参考文献[1]是雷诺微分方程的公式推导,文献[2]是雷诺微分方程的数值求解。

式(1)求解时,用到了以下的理想化的假设和前提,这些假设的可靠性已经在试验和工程实际中得到了充分的验证(见文献[3]):

a)　润滑油属于牛顿流体;

b)　润滑油的流动为层流;

c)　润滑油完全粘附在滑动表面上;

d) 润滑油是不可压缩的；

e) 润滑间隙充满润滑油；

f) 润滑油的惯性力、重力和磁力的影响可以忽略；

g) 构成润滑间隙的部件是刚性的或者其变形可以忽略，其表面是完全平滑的；

h) 润滑油膜的厚度在径向(z 轴方向)是恒定的；

i) 润滑油在润滑表面的法线方向(y 轴方向)上的压力变化可以忽略；

j) 滑动表面的法线方向(y 轴方向)没有运动；

k) 润滑油在整个润滑间隙间是等黏度的；

l) 润滑油从润滑间隙的最大处流入；

m) 润滑油供油压力同润滑油膜本身的压力相比可忽略不计；

n) 润滑表面的形状用矩形取代。

求解雷诺微分方程的边界条件为：

1) 润滑油入口处的表压为 $p(x=0,z)=0$；

2) 流入的润滑油完全充满润滑间隙，不影响润滑间隙中压力的产生；

3) 滑动轴承侧面的润滑油表压为 $p(x,z=0\pm0.5B)=0$；

4) 在压力区的末端润滑油的压力为 $p(x=L,z)=0$。

将相似性原理运用于流体动压滑动轴承理论，形成诸如承载能力、摩擦特性和润滑油流量等类似的无量纲参数。

利用参数的相似性原理，可以减少 GB/T 23892.2—2009 中雷诺微分方程必要的数值解的个数。原则上，如果其他的解能够满足 GB/T 23892 本部分中给定的条件并且有相应的数值精度，它们也是允许的。

GB/T 23892.3—2009 中给出了计算结果是否满足滑动轴承功能的许用值，特殊情况下，经协商，许用值允许偏离 GB/T 23892.3—2009 的规定以适用特定应用场合。

4 符号、术语和单位

见表 1 和图 1。

表 1 符号、术语和单位

符号	术 语	单位
a_F	支撑点沿圆周方向到运动方向上润滑间隙入口处的距离	m
a_F^*	支撑点沿圆周方向到运动方向上润滑间隙入口处的相对距离	1
A	轴承座散热面积	m^2
B	单个瓦块的宽度	m
c_p	润滑油比热容(p=常量)	J/(kg·K)
C_{wed}	楔形深度	m
D	平均滑动直径	m
D_i	可倾瓦块轴承内径	m
D_o	可倾瓦块轴承外径	m
f^*	摩擦特性值	1
F	工作转速下的轴承载荷	N
F^*	承载能力特性值	1

表 1（续）

符号	术　语	单位
F_{st}	静止状态下的轴承载荷	N
h	润滑油膜厚度	m
h_{lim}	运行中最小许用油膜厚度	m
$h_{lim,tr}$	过渡到混合润滑时最小许用油膜厚度	m
h_{min}	最小油膜厚度	m
k	与轴承 $B\times L\times Z$ 乘积相关的传热系数	W/(m²·K)
k_A	外部传热系数(与轴承座散热面积 A 相关)	W/(m²·K)
L	单个瓦块沿周向的长度	m
M	混合系数	1
N	推力环转速	s^{-1}
p	润滑油膜压力	Pa
$\bar{p}$	轴承比压 $\bar{p}=F/(B\times L\times Z)$	Pa
$\bar{p}_{lim}$	轴承最大许用比压	Pa
p_f	轴承的摩擦功耗	W
$P_{th,amb}$	环境散热的热流量	W
$P_{th,L}$	润滑油中的热流量	W
Q	润滑油流量	m^3/s
Q^*	润滑油流量特性值	1
Q_0	润滑油流量基值 $Q_0=B\times h_{min}\times U\times Z$	m^3/s
Q_1	润滑间隙入口处的润滑油流量(周向)	m^3/s
Q_1^*	润滑间隙入口处的润滑油流量特性值	1
Q_2	润滑间隙的出口处的润滑油流量(周向)	m^3/s
Q_2^*	润滑间隙出口处的润滑油流量特性值 $Q_1^*-Q_3^*$	1
Q_3	侧边的润滑油流量(径向)	m^3/s
Q_3^*	侧边润滑油流量特性值	1
Rz	推力环的平均峰谷高度	μm
Re	雷诺数	1
T_{amb}	环境温度	℃
T_B	轴承温度	℃
T_{eff}	等效润滑油膜温度	℃
T_{en}	轴承润滑油入口处的温度	℃
T_{ex}	轴承润滑油出口处的温度	℃
T_{lim}	轴承最大许用温度	℃
T_1	润滑间隙入口处的润滑油温度	℃
T_2	润滑间隙出口处的润滑油温度	℃

表 1（续）

符号	术　语	单位
U	可倾瓦块轴承平均直径处的相对滑动速度	m/s
w_{amb}	轴承座周围空气的速度	m/s
x	运动方向(周向)坐标	m
y	润滑间隙厚度方向的(轴向)坐标	m
z	垂直于运动方向的(径向)坐标	m
Z	可倾瓦块数	1
η	润滑油的动力黏度	Pa·s
η_{eff}	润滑油的等效动力黏度	Pa·s
ρ	润滑油密度	kg/m^3

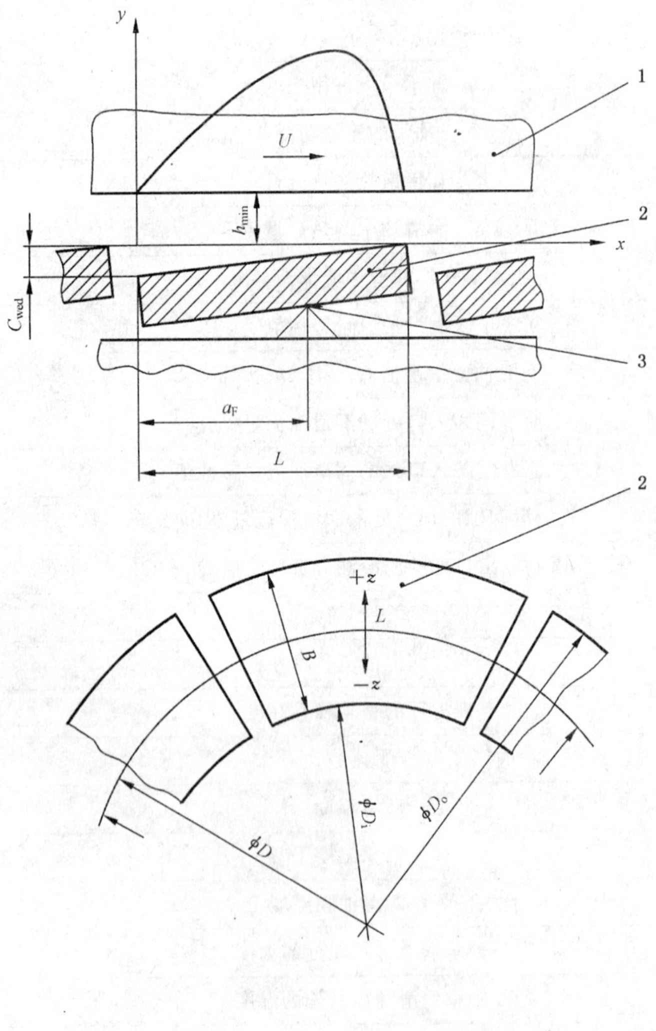

1——推力环；

2——可倾瓦块；

3——压力中心(支撑点)。

图 1　可倾瓦块止推轴承示意图

5 计算步骤

5.1 运行载荷

5.1.1 概要

计算是指必须和许用值相比较以保证轴承正常使用的运行参数(见图2)的数学计算。因此,各种运行工况下确定的运行参数都应符合参数许用值的要求。所有连续的运行工况都应考虑。

5.1.2 磨损

如果相配合的可倾瓦块与推力环表面完全被润滑油隔离开的话,则可防止轴承磨损。连续工作在混合润滑工作条件下会导致系统过早失效。短时间工作在混合润滑工作条件下是不可避免的,例如滑动轴承随机器一起启动和停止运行的时候,若频繁发生则会导致轴承的损害磨损。重载荷时,应在启动和停止的低速阶段增加辅助静压装置。只要磨损发生在限定的区域和时间内,且轴承无过载,磨合及对表面粗糙度及形位误差的自适应磨损是允许的。

5.1.3 机械载荷

机械加载极限是由轴承材料的强度确定的。只要不削弱滑动轴承的正常功能,允许有少量永久变形。

5.1.4 热载荷

热载荷的极限不仅取决于轴承材料的热稳定性,还和润滑油的黏温特性和老化趋势有关。

5.1.5 外部影响

计算滑动轴承的正常功能通常假设已经知道所有的连续运行情况下的运行条件。然而实际中,设计阶段未知的干扰因素总会发生,并且经常无法计算。因此,在实际运行参数和允许的许用值之间应用一个适当的安全系数是有必要的。干扰因素包括以下内容:

——干扰力(失稳、振动等);

——相对于理想几何形状的偏差(加工公差、装配偏差等);

——外来的固体、液体和气体杂质对润滑油的污染;

——腐蚀、电腐蚀等。

更多的影响因素的内容见5.9。

由于在润滑间隙保持层流是GB/T 23892本部分适用的必要条件,所以,应用雷诺数来校核本部分是否适用:

$$Re=\frac{\rho\times U\times h_{\min}}{\eta_{\text{eff}}}\leqslant Re_{\text{cr}} \quad \cdots\cdots(2)$$

对于$h_{\min}/C_{\text{wed}}=0.8$的楔形间隙,根据文献[4],临界雷诺数的许用值为$Re_{\text{cr}}=600$。

滑动轴承的计算从已知的轴承尺寸和运行数据开始,包括:

——承载能力和润滑油膜厚度的关系;

——摩擦功耗;

——润滑油流量;

——热平衡。

上述这些因素都是相关的。可通过迭代的方法求解,迭代计算的顺序见图2中的计算流程图。

为优化各个参数,可改变参数,也可以改变计算顺序。

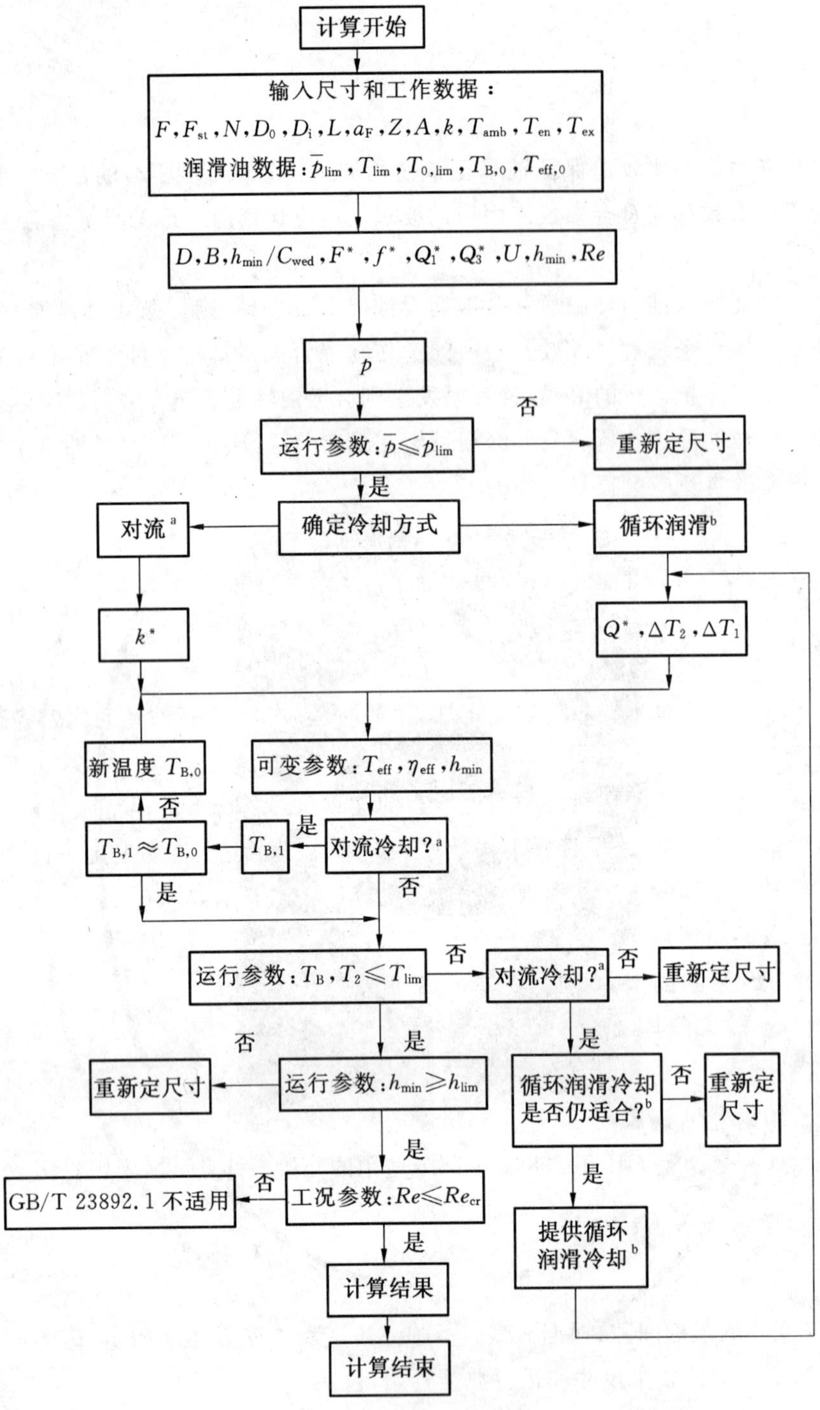

[a] 传导冷却。

[b] 压力供油润滑冷却。

图 2 计算流程图

5.2 压力中心的坐标

在可倾瓦块中，压力中心 a_F 的 x 坐标同倾斜面轴线 x 坐标是一致的。与滑动瓦块长度有关的压力中心 $a_F^* = a_F/L$ 的 x 坐标是相对最小润滑油膜厚度 h_{min}/C_{wed} 和滑动瓦块相对宽度 B/L 的函数。在 GB/T 23892.2—2009 中以 $a_F^* = f(h_{min}/C_{wed}, B/L)$ 表示，同时还给出了 a_F^* 的一个近似函数。

相对最小润滑油膜厚度 h_{min}/C_{wed} 以及承载能力、摩擦功耗和润滑油流量等的特性值是通过选择支点 a_F 的位置来确定的，并且这些数值在不同的运行工况下是不变的。这些对计算来说是基本的。

5.3 承载能力

承载能力的参数是承载能力特性值 F^*：

$$F^* = \frac{F \times h_{min}^2}{U \times \eta_{eff} \times L^2 \times B \times Z} \quad \cdots\cdots(3)$$

在 GB/T 23892.2—2009 中，根据参考文献[5]，以函数 $F^* = f(h_{min}/C_{wed}, B/L)$ 表示，同时还给出了 F^* 的一个近似函数。

5.4 摩擦功耗

在流体动压润滑止推轴承中的摩擦损耗是由摩擦特性值 f^* 确定的，f^* 的定义如式(4)：

$$f^* = P_f \times \frac{h_{min}}{U^2 \times \eta_{eff} \times B \times L \times Z} \quad \cdots\cdots(4)$$

摩擦功耗的计算如式(5)：

$$P_f = f^* \times \frac{U^2 \times \eta_{eff} \times B \times L \times Z}{h_{min}} \quad \cdots\cdots(5)$$

在 GB/T 23892.2—2009 中，根据参考文献[5]，以函数 $f^* = f(h_{min}/C_{wed}, B/L)$ 表示，同时还给出 f^* 的一个近似函数。

5.5 润滑油流量

供给至轴承中的润滑油形成一层连续润滑油膜，将滑动表面隔离。同时，润滑油还负有带走在轴承中产生的摩擦热的任务。

随着推力环的转动，润滑油被带向润滑间隙收敛的方向，产生越来越大的压力。因此，迫使部分润滑油从各个瓦块的侧面流出来。这里假设从侧面流出的润滑油近似相等，见图 3。

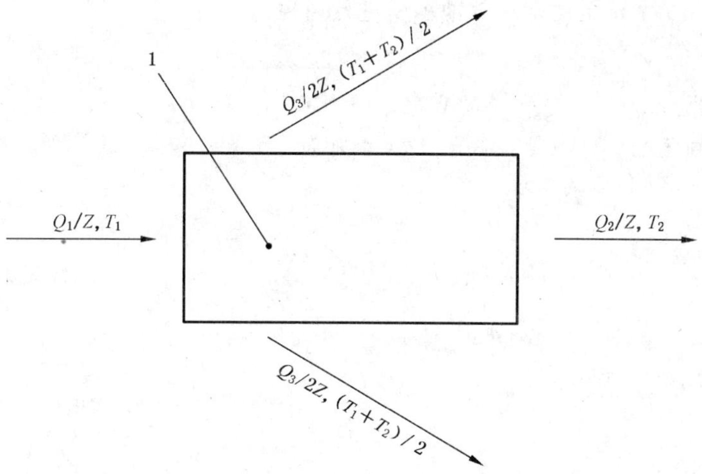

1——可倾瓦块。

图 3 单个瓦块的润滑油平衡和热量平衡示意图

在图 3 中：

$$Q_1 = Q_2 + Q_3 \quad \cdots\cdots(6)$$

其中：

$$Q_1 = Q_1^* \times Q_0 \quad \cdots\cdots(7)$$

$$Q_3 = Q_3^* \times Q_0 \quad \cdots\cdots(8)$$

$$Q_2 = Q_1 - Q_3 \quad \cdots\cdots(9)$$

$$Q_0 = B \times h_{lim} \times U \times Z \quad \cdots\cdots(10)$$

无量纲参数 $Q_1^* = Q_1/Q_0$ 和 $Q_3^* = Q_3/Q_0$ 可以从GB/T 23892.2—2009中得到。它们是几何尺寸(B/L)和相对润滑油膜厚度的 $h_{\min}/C_{\text{wed}}$ 的函数。GB/T 23892.2—2009中还给出了 Q_1^* 和 Q_3^* 的近似函数。

这里假设从瓦块侧边泄出的润滑油流量 Q_3 的温度为 $(T_1+T_2)/2$，从瓦块末端泄出的润滑油流量 Q_2 的温度为 T_2。

5.6 热平衡

5.6.1 概述

滑动轴承的温度状况是从热平衡计算得到的。

热流量 $P_{\text{th,f}}$ 产生于轴承的摩擦功耗 P_f，这些热量通过轴承座散发到环境中，以及通过轴承中润滑油的散热带走。在实际应用中，两种散热方式的其中一种占主导地位。通常是通过忽略另外一种散热方式来获得额外的安全系数。即假设：

a) 在无压力润滑轴承(自润滑、自然冷却)中，热量主要以对流的方式耗散到大气环境中：

$P_f = P_{\text{th,amb}}$

b) 在压力润滑轴承(循环润滑)中热量主要通过润滑油(再冷却)散去：

$P_f = P_{\text{th,L}}$

5.6.2 对流散热

5.6.1 a)中，热量通过对流的方式耗散，即先通过热传导和轴承座内润滑油的循环，然后通过轴承座的表面以辐射和对流的方式传递到环境中。根据参考文献[6]，这个热量耗散的复杂过程可以概括如下：

$$P_{\text{th,amb}} = k_A \times A \times (T_B - T_{\text{amb}}) \qquad (11)$$

其中：

$k_A = 15\ \text{W}/(\text{m}^2\cdot\text{K}) \sim 20\ \text{W}/(\text{m}^2\cdot\text{K})$

或者用速度 $w_{\text{amb}} > 1.2$ m/s的空气对轴承座进行通风，这时：

$$k_A = 7 + 12\sqrt{w_{\text{amb}}} \qquad (12)$$

其中，w_{amb} 的单位为m/s，k_A 的单位为 $\text{W}/(\text{m}^2\cdot\text{K})$。

注：参数 k_A 既表征轴承座内的热传导，又用来表示轴承座向大气环境中的对流和辐射。通过轴散发的由摩擦产生的热量，在大多情况下很小，可忽略不计。

利用式(13)：

$$k = \frac{k_A \times A}{B \times L \times Z} \qquad (13)$$

通过使式(5)中的 P_f 和式(11)中的 $P_{\text{th,amb}}$ 相等，得到轴承的等效温度：

$$T_{\text{eff}} = f^* \times \frac{U^2 \times \eta_{\text{eff}}}{k \times h_{\min}} + T_{\text{amb}} \qquad (14)$$

在这种情况下，轴承的温度为：

$$T_B = T_{\text{eff}} \qquad (15)$$

如果轴承座的散热面积 A 未知，可用式(16)和式(17)做近似计算：

对于圆柱形轴承座

$$A = 2 \times \frac{\pi}{4} \times D_H^2 + \pi D_H B_H \qquad (16)$$

对于机械结构中的轴承

$$A = (15 \sim 20) \times B \times L \times Z \qquad (17)$$

其中：

B_H——轴承座的轴向宽度，单位为米(m)；

D_H——轴承座的外径，单位为米(m)。

5.6.3　通过润滑油的循环散热

5.6.1 b)中，在循环润滑的情况下，润滑油带走的热量为：

$$P_{th,L} = \rho \times c_p \times Q(T_{ex} - T_{en}) \quad \cdots\cdots (18)$$

对矿物润滑油来说，热容量为：

$\rho \times c_p = 1.8 \times 10^6\ J/(m^3 \cdot K)$

5.6.4　润滑槽中的混合过程

因为可倾瓦块止推轴承由若干个独立的可倾瓦块组成，所以我们不仅要考虑单个可倾瓦块的润滑油流量，还应该考虑整个轴承的润滑油流量以及各瓦块润滑油流量之间的相互影响。润滑油从瓦块末端泄出的流量 Q_2(见图 3)和由下一个瓦块之间的间隙中新供给进来的润滑油混合在一起，即在润滑间隙入口处的润滑油温度 T_1 比新供给的润滑油温度 T_{en} 高出了一个温度 ΔT_1(见图 4)。

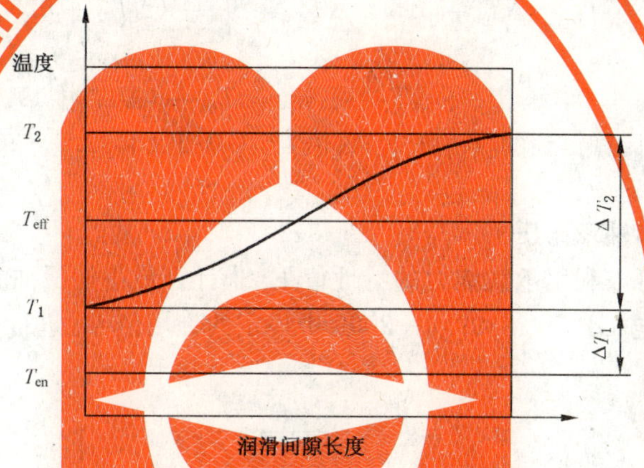

图 4　润滑油膜的温度分布示意图

当确定温度差时：

$$\Delta T_1 = T_1 - T_{en} \quad \cdots\cdots (19)$$

由于纯理论上考虑润滑油混合问题不能得出满意的结果，应引入一个经验系数。

根据参考文献[7]及已知的经验，引入混合系数 M 如下：

$$\Delta T_1 = \frac{Q_2}{M \times Q + (1-M) \times Q_3} \times \Delta T_2 = \frac{Q_2^*}{M \times Q^* + (1-M) \times Q_3^*} \times \Delta T_2 \quad \cdots\cdots (20)$$

$Q \geqslant Q_3$ 和 $Q^* \geqslant Q_3^*$ 分别成立。

通过极限数值来解释混合系数。若混合系数 $M=0$，则意味着两块可倾瓦块之间的间隙不存在润滑油混合的情况。即，从一个润滑间隙泄出的润滑油流量 Q_2 完全地进入下一个润滑间隙。在这种假设情况下，由于绝大部分新供给的润滑油将会从两块瓦润滑间隙的径向方向流出，而没有影响到运行参数，所以，一个很大的润滑油流量 Q 将无效。若混合系数 $M=1$，则意味着润滑油在可倾瓦块的润滑间隙之间完全混合。一般取 $M=0.4 \sim 0.6$ 作为经验数值。它是和设计有关的一个函数，不能确定的给出。

供给止推轴承的润滑油总量可以由给定的温升来确定：

$$\Delta T = T_{ex} - T_{en} \quad \cdots\cdots (21)$$

$$Q = \frac{P_f}{c_p \times \rho \times \Delta T} = Q^* \times Q_0 \quad \cdots\cdots (22)$$

从而可以得出轴承的相对润滑油流量：

$$Q^* = \frac{f^*}{F^*} \times \frac{F}{B \times L \times Z \times c_p \times \rho \times \Delta T} \quad \cdots\cdots (23)$$

根据经验，温升 ΔT 值一般选择范围是 10 K～30 K。

公式如式(24)：

$$\Delta T_2 = T_2 - T_1 \qquad (24)$$

可以得到：

$$P_{th,L} = c_p \times \rho \times (Q_2 + 0.5 \times Q_3) \times \Delta T_2 \qquad (25)$$

根据式(22)和式(25)，可得到润滑间隙中的温升关系如下：

$$\Delta T_2 = \frac{\Delta T \times Q^*}{Q_2^* + 0.5 \times Q_3^*} = \frac{\Delta T \times Q^*}{Q_1{}^* - 0.5 \times Q_3^*} \qquad (26)$$

以及

$$\Delta T^* = \frac{\Delta T_1}{\Delta T_2}$$

轴承等效温度可按式(27)确定：

$$T_{eff} = T_{en} + \Delta T_1 + 0.5 \times \Delta T_2 = T_{en} + (\Delta T^* + 0.5)\Delta T_2 \qquad (27)$$

这时，轴承温度为：

$$T_B = T_2 = T_{en} + \Delta T_1 + \Delta T_2 = T_{en} + (\Delta T^* + 1)\Delta T_2 \qquad (28)$$

根据 5.6.2 和 5.6.3 计算得到的 T_B 和 T_2 数值，与 GB/T 23892.3—2009 中的许用值 T_{lim} 进行比较校核，判断是否合适。

5.7 最小润滑油膜厚度和轴承比压

经过热平衡计算后，可以利用承载能力的特性值 F^* 来计算最小润滑油膜厚度 h_{min}。

计算得到的 h_{min} 值需与 GB/T 23892.3—2009 中规定的许用值 h_{lim} 进行比较来校核。

轴承比压：

$$\bar{p} = \frac{F}{B \times L \times Z} \qquad (29)$$

需与 GB/T 23892.3—2009 中规定的许用值 $\bar{p}_{lim}$ 进行对比校核。

5.8 运行工况

如果滑动轴承长时间在变化的几种工作条件下运行，则应该校核最不利的运行条件下的 $\bar{p}$、h_{lim} 和 T_B 的值。首先，应确定轴承是否能够在无压情况下得到足够的润滑，以及仅靠对流散热能力是否足够。应研究最不利的热状态，通常，这种状态对应于重载并且高速的运行条件。如果仅靠对流散热，当轴承温度过高时，即使把轴承尺寸或者座体的表面积增大到最大的许用程度仍然不能把温度降到许用值，那么必须使用压力润滑和油冷却法。

如果某一高热负荷(润滑油动力黏度系数低)运行工况之后紧跟着高比压、低转速的工况，则应在保持前面高热负荷工况时的运行点的同时，研究随后的新运行工况。

当在符合 GB/T 23892.3—2009 中规定的临界润滑油膜厚度 $h_{lim,tr}$ 的工况下，轴承和推力环的粗糙峰相互接触时，润滑会向混合摩擦状态过渡。这里并未考虑可能存在的变形。

5.9 更深层的影响因素

动力黏度很大程度上依赖于温度。因此知道润滑油的黏温关系曲线及其特性是必要的(见 GB/T 3141—1994)。

等效动力黏度 η_{eff} 是由等效润滑油膜温度 T_{eff} 决定的；即，η_{eff} 是通过温度 T_1 和 T_2 的平均值确定的，而不是 $\eta(T_1)$ 和 $\eta(T_2)$ 的平均值。

动力黏度也依赖于压力，不过依赖程度小一些。但是，对于处于稳态条件下并且承受正常比压 $\bar{p}$ 的轴承，其压力对黏度的影响可忽略。这一项忽略相当于附加了一个设计安全因素。

对于非牛顿流体润滑油(如固有黏性润滑油、多级润滑油等)，其黏度是随逆流与不可逆流情况而波动的，它是一个润滑间隙内的剪切应力与运行寿命的函数。在文献[8]中，只对少数润滑油做了这些影响因素的研究，GB/T 23892 本部分没有考虑这类润滑油。

附 录 A
(规范性附录)
计 算 示 例

A.1 示例 1

校核如下可倾瓦块止推轴承,尺寸为 $D_i=0.28$ m,$D_o=0.34$ m,$B=0.03$ m,运行时,恒定载荷 $F=25\ 000$ N,转速为 10 s^{-1}。

假设运行工况为热平衡的临界条件。

轴承座表面积为 $A=1.25\ m^2$,润滑油通过内径 D_i 供给。润滑油采用黏度为 ISO VG68 的润滑油。校核单纯依靠对流的方式是否能够充分的散热。

环境温度是 $T_{amb}=20$ ℃,轴承最高许用温度为 $T_{lim}=90$ ℃。如果超过了最高许用温度,则应采用循环润滑并对润滑油进行外冷却。本示例中假设供给轴承的润滑油在进口的温度为 $T_{en}=40$ ℃。

尺寸和运行数据:

工作转速下的轴承载荷 $F=25\ 000$ N=恒定值

静止状态下的轴承载荷 $F_{st}=0$

推力环转速 $N=10\ s^{-1}$

可倾瓦块轴承外径 $D_o=0.34$ m

可倾瓦块轴承内径 $D_i=0.28$ m

单个瓦块沿周向的长度 $L=0.03$ m

轴承相对宽度 $B/L=1$

支撑点沿圆周方向到运动方向上润滑间隙入口处的相对距离 $a_F^*=0.6$

可倾瓦块数 $Z=24$

轴承座散热面积 $A=1.25\ m^2$

热传导系数 $k=20$ W/(m^2 · K)

环境温度 $T_{amb}=20$ ℃

循环润滑时润滑油入口温度 $T_{en}=40$ ℃

循环润滑时润滑油出口温度 $T_{ex}=50$ ℃

GB/T 23892.3—2009 中规定的许用值:

轴承最大许用比压 $\bar{p}_{lim}=5\times10^6$ Pa

轴承最大许用温度 $T_{lim}=90$ ℃

运行中最小许用油膜厚度 $h_{lim}=15\times10^{-6}$ m

润滑油 润滑油 ISO VG68

润滑油密度 $\rho=900\ kg/m^3$

单位体积润滑油热容量 $c_p\times\rho=1.8\times10^6$ J/(m^3 · K)

临界雷诺数 $Re_{cr}=600$

表 A.1

T_{eff}/℃	$\eta_{eff}(T_{eff})$/Pa · s
40	0.061
50	0.038
60	0.025

表 A.1（续）

T_{eff}/℃	$\eta_{eff}(T_{eff})$/Pa·s
70	0.017
80	0.013
90	0.009 5

通过支点无量纲坐标 $a_F^* = 0.6$ 以及轴承相对宽度 $B/L = 1$，根据 GB/T 23892.2—2009，可得到如下数据(涉及到的图 1～图 5 见 GB/T 23892.2—2009)：

根据图 5，最小相对润滑油膜厚度　　$h_{min}/C_{wed} = 0.78$

根据 $h_{min}/C_{wed} = 0.78$，得到：

承载能力特性值(图 1)　　$F^* = 0.07$

摩擦特性值(图 2)　　$f^* = 0.69$

润滑间隙入口处的润滑油流量特性值(图 3)　　$Q_1{}^* = 0.94$

润滑间隙侧边的润滑油流量特性值(图 4)　　$Q_3{}^* = 0.29$

初步假设

轴承温度　　$T_{B,0} = 80$ ℃

润滑油膜等效温度　　$T_{eff,0} = 80$ ℃

按照本部分中图 2 的流程图进行计算：

滑动半径 D 和可倾瓦块宽度 B 按下式计算：

$$D = \frac{D_o + D_i}{2} = 310 \times 10^{-3} \text{ m}$$

$$B = \frac{D_o - D_i}{2} = 30 \times 10^{-3} \text{ m}$$

其中，$U = \pi \times D \times N = \pi \times 310 \times 10^{-3} \times 10 = 9.74$ m/s

$\eta_{eff} = 0.013$，根据式(3)可得：

$$h_{min} = \sqrt{F^* \times \frac{U \times \eta_{eff} \times L^2 \times B \times Z}{F}}$$

$$h_{min} = \sqrt{0.07 \times \frac{9.74 \times 0.013 \times (30 \times 10^{-3})^2 \times 30 \times 10^{-3} \times 24}{25\ 000}} = 15.2 \times 10^{-6} \text{ m}$$

按式(29)计算轴承比压：

$$\bar{p} = \frac{25\ 000}{30 \times 10^{-3} \times 30 \times 10^{-3} \times 24} = 1.16 \times 10^6 \text{ Pa}$$

校核轴承比压：

$\bar{p} = 1.16 \times 10^6$ Pa $< 5 \times 10^6$ Pa(见 GB/T 23892.3—2009)。

通过对流的散热

第一步：

假设轴承温度 $T_{B,0} = T_{eff} = 80$ ℃。

根据输入数据，得到润滑油在 $T_{eff} = 80$ ℃时的等效动力黏度：

$\eta_{eff} = 0.013$ Pa·s

根据式(3)及 $\eta_{eff} = 0.013$ Pa·s 得：

$h_{min} = 15.2 \times 10^{-6}$ m

为了校核假设轴承温度 $T_{B,0}$ 利用式(13)，根据式(14)确定 $T_{B,1}$：

$$k = \frac{20 \times 1.25}{30 \times 10^{-3} \times 30 \times 10^{-3} \times 24} = 1\ 157.4 \text{ W/(m}^2 \cdot \text{K)}$$

$$T_{B,1}=0.69\times\frac{9.74^2\times0.013}{1\ 157.4\times15.2\times10^{-6}}+20=68.4\ ℃$$

由于 $T_{B,1}<T_{B,0}$ 并且 $T_{B,1}$ 和 $T_{B,0}$ 之间的差值没有达到足够小(例如差值满足 $|T_{B,0}-T_{B,1}|\leqslant2\ ^{\circ}$),因此原来假设的轴承温度 $T_{B,0}=80$ ℃需要修正。

第二步(修正假设的轴承温度):

$T_{B,0}=0.5\times(80+68.4)=74.2$ ℃

$\eta_{eff}=0.015\ 2$ Pa·s

由式(3)得 h_{min},即:

$$h_{min}=\sqrt{0.07\times\frac{9.74\times0.015\ 2\times(30\times10^{-3})^2\times30\times10^{-3}\times24}{25\ 000}}=16.4\times10^{-6}\ \text{m}$$

$$T_{B,1}=0.69\times\frac{9.74^2\times0.015\ 2}{115\ 7.4\times16.4\times10^{-6}}+20=72.4\ ℃$$

由于 $T_{B,1}<T_{B,0}$ 并且 $T_{B,1}$ 和 $T_{B,0}$ 之间的差值足够小(例如差值满足 $|T_{B,0}-T_{B,1}|\leqslant2$ K),因此 $T_B=72$ ℃可作为计算的轴承温度。

根据式(15),在依靠对流进行散热的情况下,轴承的等效温度和轴承温度相等。

因此,计算的温度 T_B 同极限温度 T_{lim} 进行比较:

$T_B=T_{eff}<T_{lim}$

由于 $T_B<T_{lim}$,所以轴承温度是满足要求的。

因为 $h_{min}>h_{lim}$,所以最小润滑油膜厚度是满足要求的。

根据式(2),由等效黏度及已确定的最小润滑油膜厚度 h_{min} 来校核是否层流:

$$Re=\frac{900\times9.74\times16.4\times10^{-6}}{0.015\ 2}=9.5$$

$Re=9.5<Re_{cr}=600$

根据计算得到的条件,流动为层流。即 GB/T 23892 本部分适用于本示例。

根据式(5),摩擦功耗为:

$$P_f=0.69\times\frac{9.74^2\times0.015\ 2\times30\times10^{-3}\times30\times10^{-3}\times24}{16.4\times10^{-6}}=1.31\times10^3\ \text{W}$$

A.2 示例 2

校核可倾瓦块止推轴承,其尺寸为:$D_i=0.21$ m,$D_o=0.33$ m,$B=0.06$ m,额定转速为 50 s^{-1},载荷 $F=40\ 000$ N,静止时轴承无载荷($F_{st}=0$)。

假设在额定转速下的运行工况为热平衡时的临界条件。

轴承座表面积为 $A=1.2\ m^2$。润滑油通过内径 D_i 供给。润滑油采用黏度为 ISO VG46 的润滑油。校核单纯依靠对流的方式是否能够充分的散热。

环境的温度是 $T_{amb}=20$ ℃,轴承最高许用温度为 $T_{lim}=90$ ℃。

如果最高温度超过了 T_{lim},应采用循环润滑并对润滑油进行冷却。本示例中假设在这种情况下供给轴承的润滑油在进口处的温度为 $T_{en}=40$ ℃。

尺寸和运行数据:

额定转速下的轴承载荷	$F=40\ 000$ N
静止条件下的轴承载荷	$F_{st}=0$
推力环转速	$N=50\ s^{-1}$
可倾瓦块外径	$D_o=0.33$ m
可倾瓦块内径	$D_i=0.21$ m
单个瓦块的长度	$L=0.04$ m

轴承相对宽度　$B/L=1.5$

支点的无量纲坐标(在运动方向)　$a_F^*=0.6$

可倾瓦块数　$Z=12$

轴承座的散热表面　$A=1.2\ m^2$

热传递系数　$k=20\ W/m^2\cdot K$

环境温度　$T_{amb}=20\ ℃$

循环润滑的润滑油入口温度　$T_{en}=40\ ℃$

循环润滑的润滑油出口温度　$T_{ex}=50\ ℃$

GB/T 23892.3—2009 中规定的许用值:

最大许用轴承比压　$\bar{p}_{lim}=5\times10^6\ Pa$

最大许用轴承温度　$T_{lim}=90\ ℃$

最小许用润滑油膜厚度　$h_{lim}=10\times10^{-6}\ m$

润滑油　润滑油 ISO VG46

润滑油密度　$\rho=900\ kg/m^3$

单位体积润滑油的热容量　$c_p\times\rho=1.8\times10^6\ J/(m^3\cdot K)$

临界雷诺数　$Re_{cr}=600$

表 A.2

T_{eff}/℃	$\eta_{eff}(T_{eff})$/Pa·s
40	0.041
50	0.027
60	0.018
70	0.013
80	0.009 5
90	0.007 3
100	0.005 7

支点无量纲坐标 $a_F^*=0.6$ 以及轴承相对宽度 $B/L=1.5$,根据 GB/T 23892.2—2009 得到如下数据(涉及到的图 1～图 5 见 GB/T 23892.2—2009):

最小相对润滑油膜厚度(图 5)　$h_{min}/C_{wed}=0.68$

根据 $h_{min}/C_{wed}=0.68$ 查得:

承载能力特性值(图 1)　$F^*=0.095$

摩擦特性值(图 2)　$f^*=0.69$

润滑间隙入口处的润滑油流量特性值(图 3)　$Q_1^*=0.92$

润滑间隙侧边的润滑油流量特性值(图 4)　$Q_3^*=0.25$

初步假设

轴承温度　$T_{B,0}=90\ ℃$

润滑油膜等效温度　$T_{eff,0}=90\ ℃$

按照本部分中图 2 的流程图进行计算

滑动半径 D 和可倾瓦块宽度 B 按下式计算:

$$D=\frac{D_o+D_i}{2}=270\times10^{-3}\ m$$

$$B=\frac{D_o-D_i}{2}=60\times10^{-3}\ m$$

其中，$U=\pi\times D\times N=\pi\times 270\times 10^{-3}\times 50=42.4\ \mathrm{m/s}$

$\eta_{eff}=0.0073$，根据式(3)：

$$h_{min}=\sqrt{F^{*}\times\frac{U\times\eta_{eff}\times L^{2}\times B\times Z}{F}}$$

$$h_{min}=\sqrt{0.095\times\frac{42.4\times 0.0073\times(40\times 10^{-3})^{2}\times 60\times 10^{-3}\times 12}{40\,000}}=29.1\times 10^{-6}\ \mathrm{m}$$

按照式(29)得到轴承比压。

$$\bar{p}=\frac{40\,000}{40\times 10^{-3}\times 60\times 10^{-3}\times 12}=1.39\times 10^{6}\ \mathrm{Pa}$$

轴承比压 $\bar{p}=1.39\times 10^{6}\ \mathrm{Pa}<5\times 10^{6}\ \mathrm{Pa}$，因此轴承比压可用(见 GB/T 23892.3—2009)。

通过对流的散热

第一步：

假设轴承温度 $T_{B,0}=T_{eff}=90$ ℃。

由输入数据得到润滑油在 $T_{eff}=90$ ℃时的等效动力黏度：

$\eta_{eff}=0.0073\ \mathrm{Pa\cdot s}$

$\eta_{eff}=0.0073\ \mathrm{Pa\cdot s}$，根据式(3)得：

$h_{min}=29.1\times 10^{-6}\ \mathrm{m}$

校核所假设的轴承温度 $T_{B,0}$，利用式(13)，根据式(14)确定 $T_{B,1}$：

$$k=\frac{20\times 1.2}{60\times 10^{-3}\times 40\times 10^{-3}\times 12}=833.3\ \mathrm{W/(m^{2}\cdot K)}$$

$$T_{B,1}=0.69\times\frac{42.4^{2}\times 0.0073}{833.3\times 29.1\times 10^{-6}}+20=393.1\ ℃$$

由于 $T_{B,1}>T_{B,0}$，原假设的轴承温度 $T_{B,0}=90$ ℃需要修正。

第二步(修正假设的轴承温度)：

$T_{B,0}=0.5\times(80+393.1)=241.6$ ℃

其他计算步骤见表 A.3。

在表 A.3 中第 4 步计算步骤时，差值满足 $|T_{B,0}-T_{B,1}|\leqslant 2\ \mathrm{K}$，即计算所得的轴承温度 $T_B=186$ ℃满足要求。

与极限温度 T_{lim} 比较：

$T_B>T_{lim}$，轴承温度超过许用值。因此仅靠对流散热不够，需要通过润滑油来冷却轴承(循环润滑)。

表 A.3

变量参数	单　位	中间计算值			
		1	2	3	4
$T_{B,0}=T_{eff}$	℃	90	241.6	195.7	187.4
η_{eff}	Pa·s	0.0073	0.00088	0.0013	0.0014
h_{min}	m	29.1×10^{-6}	10.1×10^{-6}	12.4×10^{-6}	13.0×10^{-6}
$T_{B,1}$	℃	393.1	149.8	179.1	186.2
$\|T_{B,1}-T_{B,0}\|$	K	303.1	91.8	16.6	1.2

通过润滑油循环冷却散发的热量

根据式(21)，假设润滑油温差 $\Delta T=12\ \mathrm{K}$，则根据式(23)计算轴承的无量纲润滑油流量：

$$Q^{*}=\frac{0.69}{0.095}\times\frac{40\,000}{12\times 40\times 10^{-3}\times 60\times 10^{-3}\times 1.8\times 10^{6}\times 12}=0.467$$

根据式(26)得润滑间隙中的温升 ΔT_2：

$$\Delta T_2=\frac{12\times0.467}{0.92-(0.5\times0.25)}=7.0\ \mathrm{K}$$

取 $M=0.5$，根据式(7)～式(9)以及式(22)得无量纲润滑油流量，然后根据式(20)计算润滑油混合后的温升 ΔT_1：

$$\Delta T_1=\frac{0.92-0.25}{0.5\times0.467+(1-0.5)\times0.25}\times7=13.1\ \mathrm{K}$$

根据式(27)计算轴承温度 T_{eff}，该温度等于润滑油出口温度：

$T_{\mathrm{eff}}=40+13.1+(0.5\times7.0)=56.6\ ℃$

根据式(28)，轴承温度等于润滑油出口温度：

$T_{\mathrm{B}}=T_2=40+13.1+7.0=60.1\ ℃$

润滑油等效温度 $T_{\mathrm{eff}}=56.6\ ℃$时，根据已知数据，得润滑油等效动力黏度：

$\eta_{\mathrm{eff}}=0.020\ \mathrm{Pa\cdot s}$

$\eta_{\mathrm{eff}}=0.020\ \mathrm{Pa\cdot s}$，根据式(3)得 $h_{\min}$：

$$h_{\min}=\sqrt{0.095\times\frac{42.4\times0.020\times(40\times10^{-3})^2\times60\times10^{-3}\times12}{40\ 000}}=48.7\times10^{-6}\ \mathrm{m}$$

由于 $T_{\mathrm{B}}=T_2<T_{\mathrm{lim}}$，所以轴承温度是满足要求的。

因为 $h_{\min}>h_{\mathrm{lim}}$，所以最小润滑油膜厚度是满足要求的。

根据式(2)，由等效黏度及已确定的最小润滑油膜厚度 $h_{\min}$来校核是否层流：

$$Re=\frac{900\times42.4\times48.7\times10^{-6}}{0.020}=92.9$$

$Re=92.9<Re_{\mathrm{cr}}=600$

根据计算得到的条件，流动为层流。即 GB/T 23892 本部分适用于本示例。

根据式(5)，摩擦功耗为：

$$P_{\mathrm{f}}=0.69\times\frac{42.4^2\times0.020\times60\times10^{-3}\times40\times10^{-3}\times12}{48.7\times10^{-6}}=14.7\times10^3\ \mathrm{W}$$

根据式(10)，相对润滑油流量 Q_0：

$Q_0=60\times10^{-3}\times48.7\times10^{-6}\times42.4\times12=1.49\times10^{-3}\ \mathrm{m^3/s}$

根据式(22)，润滑油流量 Q：

$$Q=\frac{14.7\times10^3}{1.8\times10^6\times12}=6.81\times10^{-4}\ \mathrm{m^3/s}$$

参 考 文 献

[1] REYNOLDS, O., On the theory of lubrication and its application to Mr. Beauchamp Tower's experiments, including an experimental determination of the viscosity of olive oil, Phil. Trans. (1866) 177, pp. 157-234; Ostwalds Klassiker der exakten Wissenschaften Nr. 218, Leizig 1927.

[2] KANARACHOS, A., Ein beitrag zum Problem hydrodynamischer Gleitlager maximaler Tragfahigkeit(A contribution to the problem concerning hydrodynamic plain bearings of maximum load-carrying capacity), Konstrucktion 28 (1976) pp. 319—395.

[3] GLIENICKE, J., LINDLOFF, K and MEDHIOUB, M., Axinalgleitlager bei hohen Umlaufgeschwindigkeiten und hohen spezifischen Belastungen (Plain thrust bearings at high rotational frequencies and high specific loads). Konstrucktion 49(1997), 39—47.

[4] WILCOCK and BOOSER, Bearing Design and Application, McGraw-Hill Book Company New-York, 1957.

[5] JACOBSEN, B. AND FLOBERG, L.: The rectangular plane pad beaing, trans. Chalmers Univ. of Technology, Gothenburg, No. 203(1958).

[6] VOGELPOHL, G., Betriebssichere Gleitlager(Operationally reliable plain bearings). 2. Aufl., Springer-Verlag, Berlin, Heidelberg, New York, 1967.

[7] POLLMANN, E., Berechnungsverfahren fur Axiallager (Calculation methods for thrust bearings), Konstruktion 33(1981) No. 3 pp. 103—108 and No. 4 pp. 159—162.

[8] WISSUSSEK, D., Der Einfluß reversibler und irreversibler Viskositätsänderungen auf das verhalten hydrodynamischer, stationär belasteter Gleitlager (influence of reversible and irreversible fluctuations of viscosity on the behaviour of hydrodynamic plain bearings under steady-state conditions), Diss. TU Hannover(1975).

ICS 21.100.10
J 12

中华人民共和国国家标准

GB/T 23892.2—2009/ISO 12130-2:2001

滑动轴承　稳态条件下流体动压可倾瓦块止推轴承 第2部分:可倾瓦块止推轴承的计算函数

Plain bearings—Hydrodynamic plain tilting pad thrust bearings under steady-state conditions—Part 2: Functions for calculation of tilting pad thrust bearings

(ISO 12130-2:2001,IDT)

2009-05-26 发布　　2009-12-01 实施

中华人民共和国国家质量监督检验检疫总局
中国国家标准化管理委员会　发布

前　言

GB/T 23892《滑动轴承　稳态条件下流体动压可倾瓦块止推轴承》由以下三部分组成：

——第1部分：可倾瓦块止推轴承的计算；

——第2部分：可倾瓦块止推轴承的计算函数；

——第3部分：可倾瓦块止推轴承计算的许用值。

本部分是GB/T 23892的第2部分。

本部分等同采用ISO 12130-2:2001《滑动轴承　稳态条件下流体动压可倾瓦块止推轴承　第2部分：可倾瓦块止推轴承的计算函数》。

本部分等同翻译ISO 12130-2:2001。

为便于使用，本部分做了下列编辑性修改：

——“本国际标准”一词改为“本部分”；

——用小数点“.”代替作为小数点的逗号“,”；

——删除国际标准的前言。

本部分由中国机械工业联合会提出。

本部分由全国滑动轴承标准化技术委员会(SAC/TC 236)归口。

本部分负责起草单位：中机生产力促进中心。

本部分参加起草单位：西安交通大学、浙江省诸暨申发轴瓦有限公司、浙江申科滑动轴承有限公司、浙江东方滑动轴承有限公司、浙江长盛滑动轴承有限公司、浙江双飞无油轴承有限公司。

本部分由全国滑动轴承标准化技术委员会秘书处负责解释。

本部分为首次发布。

引　言

本部分中的公式主要用于符合 GB/T 23892.1 的油润滑可倾瓦块止推轴承的计算，假设该类轴承在流体动压状态下运行，并且处于完全流体润滑条件下。这些公式基于假设和规定的边界条件。计算所需要的值可通过给定的公式以及图和表来获得。公式是与文献[1]中的曲线相符合的数值解的近似公式。计算中所用符号的定义及计算示例在 GB/T 23892.1 中给出。

根据 GB/T 23892.1—2009 第 3 章中 g)、k)项的假定，本部分不适用于中心支撑的可倾瓦块止推轴承($a_F^*=0.5$)的计算，因其没有流体动压承载能力。对于这类轴承特性值的确定，至少有必要考虑可倾瓦块运行过程中发生的变形。

滑动轴承 稳态条件下
流体动压可倾瓦块止推轴承
第2部分:可倾瓦块止推轴承的计算函数

1 范围

GB/T 23892 的本部分给出了计算流体动压可倾瓦块止推轴承时所使用的数学函数的推导过程。

GB/T 23892 的本部分不适用于重载可倾瓦块止推轴承。

2 规范性引用文件

下列文件中的条款通过 GB/T 23892 的本部分的引用而成为本部分的条款。凡是注日期的引用文件,其随后所有的修改单(不包括勘误的内容)或修订版均不适用于本部分,然而,鼓励根据本部分达成协议的各方研究是否可使用这些文件的最新版本。凡是不注日期的引用文件,其最新版本适用于本部分。

GB/T 23892.1 滑动轴承 稳态条件下流体动压可倾瓦块止推轴承 第1部分:可倾瓦块止推轴承的计算(GB/T 23892.1—2009,ISO 12130:2001,IDT)

3 可倾瓦块止推轴承的计算函数

3.1 概述

GB/T 23892.1 中符号的定义适用于本部分。

3.2 承载能力特性值 F^* 与轴承相对宽度 B/L 和最小相对润滑油膜厚度 h_{min}/C_{wed} 的函数关系

图 1 曲线的近似公式(适用范围 $0.2 \leqslant \frac{h_{min}}{C_{wed}} \leqslant 2$):

$$F^* = 5\left(\frac{h_{min}}{C_{wed}}\right)^2 \times \left[\ln\frac{1+(h_{min}/C_{wed})}{h_{min}/C_{wed}} - \frac{2}{1+2\times\frac{h_{min}}{C_{wed}}}\right] \times \frac{A^* + B^*\left(1-\frac{1}{h_{min}/C_{wed}}\right) + C^*\left(1-\frac{1}{h_{min}/C_{wed}}\right)^2}{1+a\left[\frac{1}{B/L}\right]^2}$$

$$a = \frac{10}{\left(1+2\frac{h_{min}}{C_{wed}}\right)^2} \times \left\{\left[\frac{h_{min}}{C_{wed}} + \left(\frac{h_{min}}{C_{wed}}\right)^2\right]^2 + \frac{1-2\left[\frac{h_{min}}{C_{wed}} + \left(\frac{h_{min}}{C_{wed}}\right)^2\right]}{12\left[\left(1+2\frac{h_{min}}{C_{wed}}\right)\times\ln\frac{1+(h_{min}/C_{wed})}{h_{min}/C_{wed}}\right]-2}\right\}$$

$$A^* = 1.168\,6 - 0.329\,45\times\left(\frac{B}{L}\right) + 0.222\,67\times\left(\frac{B}{L}\right)^2 - 0.046\,51\times\left(\frac{B}{L}\right)^3$$

$$B^* = -0.100\,95 + 0.197\,43\times\left(\frac{B}{L}\right) - 0.131\,36\times\left(\frac{B}{L}\right)^2 + 0.028\,703\times\left(\frac{B}{L}\right)^3$$

$$C^* = -0.004\,879\,1 + 0.008\,601\times\left(\frac{B}{L}\right) - 0.005\,401\,5\times\left(\frac{B}{L}\right)^2 + 0.001\,127\,8\times\left(\frac{B}{L}\right)^3$$

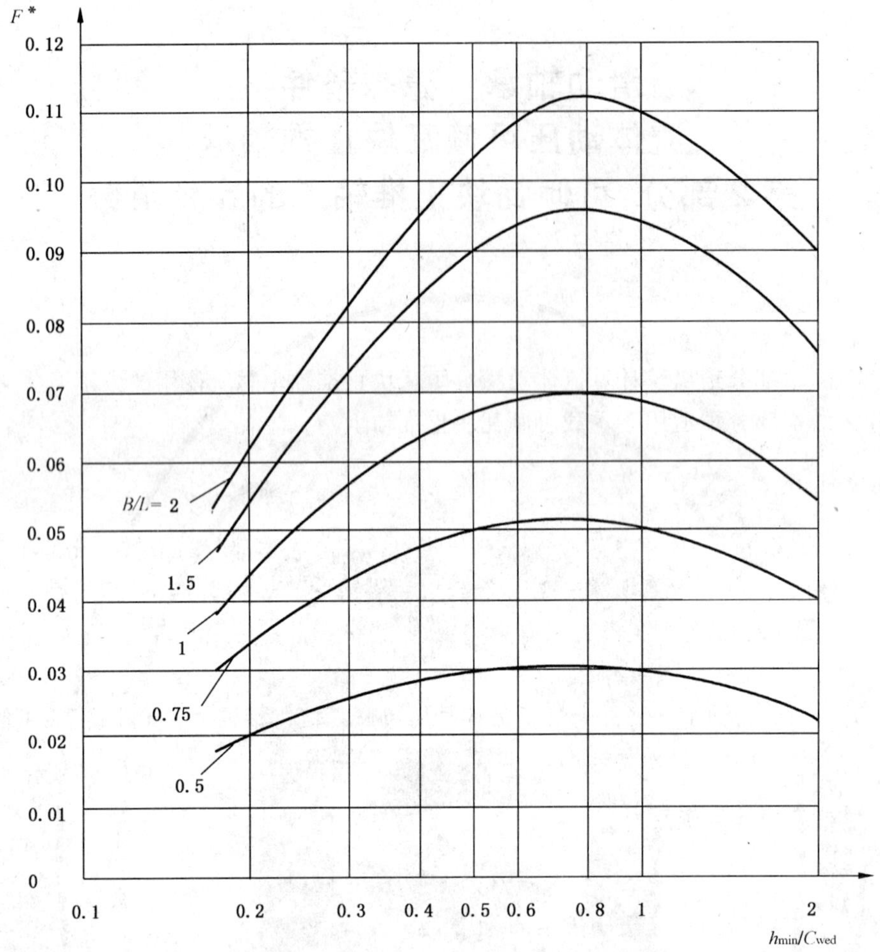

图 1　承载力 F^* 与轴承相对宽度 B/L 和最小相对润滑油膜厚度 h_{min}/C_{wed} 的函数关系曲线

图 1 中的值见表 1。

表 1　图 1 中的值[$F^*=f\ (B/L, h_{min}/C_{wed})$]

h_{min}/C_{wed}	B/L				
	2	1.5	1	0.75	0.5
2	0.089 95	0.077 21	0.055 75	0.040 39	0.022 88
1	0.109 6	0.094 57	0.068 94	0.050 37	0.028 92
0.667	0.109 5	0.094 97	0.069 97	0.051 58	0.030 05
0.50	0.103 2	0.090 01	0.067 01	0.049 83	0.029 45
0.333	0.087 19	0.076 88	0.058 36	0.044 09	0.026 76
0.25	0.072 85	0.064 87	0.050 11	0.038 37	0.023 82
0.2	0.061 27	0.055 05	0.043 20	0.033 45	0.021 17

3.3　摩擦特性值 f^* 与相对轴承宽度 B/L 和最小相对润滑油膜厚度 h_{min}/C_{wed} 的函数关系

图 2 曲线的近似公式(适用范围 $0.2\leqslant\frac{h_{min}}{C_{wed}}\leqslant 2$):

$$f^*=\frac{6}{5}\left\{4\times\frac{h_{min}}{C_{wed}}\times\ln\frac{1+(h_{min}/C_{wed})}{h_{min}/C_{wed}}-\frac{6\times\frac{h_{min}}{C_{wed}}}{1+2\times\frac{h_{min}}{C_{wed}}}\right\}\times\left\{1+a\left[\frac{1}{B/L}\right]^2\right\}A^*$$

$$a=\frac{10}{\left(1+2\times\frac{h_{\min}}{C_{\mathrm{wed}}}\right)}\left\{\left[\frac{h_{\min}}{C_{\mathrm{wed}}}\right]^2+\frac{1-2\times\left[\frac{h_{\min}}{C_{\mathrm{wed}}}\right]}{12\left[\left(1+2\times\frac{h_{\min}}{C_{\mathrm{wed}}}\right)\times\ln\frac{1+(h_{\min}/C_{\mathrm{wed}})}{h_{\min}/C_{\mathrm{wed}}}-2\right]}\right\}$$

$$A^{*}=-0.21459+0.88071\times\left(\frac{B}{L}\right)-0.29760\times\left(\frac{B}{L}\right)^2+0.03791\times\left(\frac{B}{L}\right)^3$$

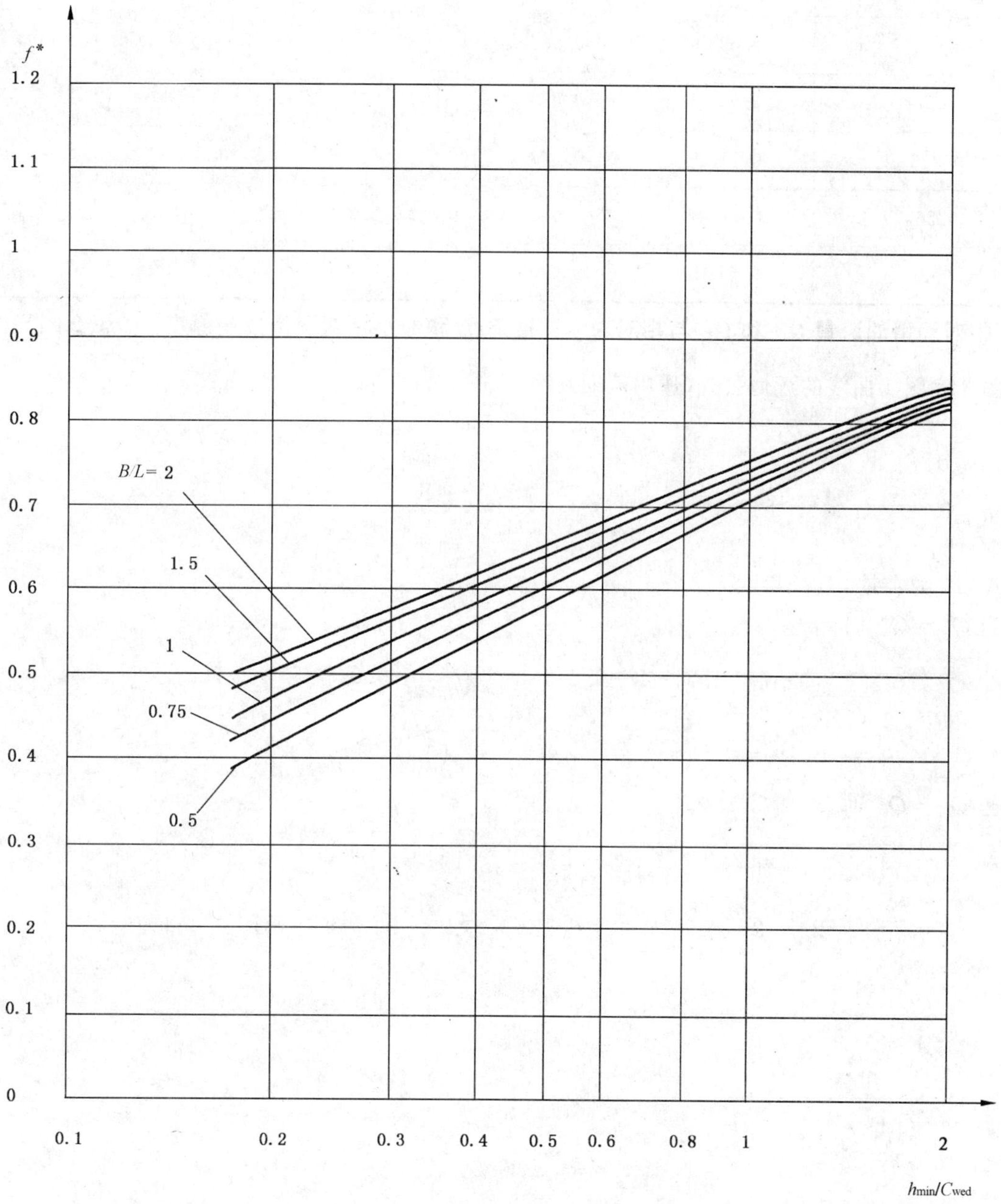

图 2 摩擦特性值 f^{*} 与轴承相对轴承宽度 B/L 和最小相对润滑油膜厚度 $h_{\min}/C_{\mathrm{wed}}$ 的函数关系曲线

图 2 中的值见表 2。

表 2　图 2 中的值[$f^* = f(B/L, h_{min}/C_{wed})$]

h_{min}/C_{wed}	B/L				
	2	1.5	1	0.75	0.5
2	0.833 4	0.830 2	0.824 9	0.821 0	0.816 7
1	0.748 0	0.740 4	0.727 6	0.718 3	0.707 6
0.667	0.693 0	0.682 1	0.663 3	0.649 5	0.633 4
0.5	0.652 5	0.639 3	0.616 3	0.599 1	0.678 8
0.333	0.592 9	0.577 4	0.549 6	0.528 2	0.502 2
0.25	0.548 1	0.532 1	0.502 6	0.479 1	0.450 0
0.2	0.511 5	0.496 0	0.466 3	0.442 0	0.411 3

3.4　相对润滑油流量 Q_1^* 和 Q_3^* 与相对轴承宽度 B/L 和最小相对润滑油膜厚度 h_{min}/C_{wed} 的函数关系

图 3 和图 4 曲线的近似公式(适用范围 $0.2 \leqslant \frac{h_{min}}{C_{wed}} \leqslant 2$)：

$$Q_1^* = \frac{1 + (h_{min}/C_{wed})}{1 + 2 \times \frac{h_{min}}{C_{wed}}} \times \left\{ \mathrm{A}_i + \mathrm{B}_i \times \left[1 - \frac{1}{h_{min}/C_{wed}} \right] \right\}$$

A_i,B_i 为常量。

当 $Q_i^* = Q_1^*$ 时

$$\mathrm{A}_i = 1.549\,4 - 0.344\,48 \times \left(\frac{B}{L}\right) + 0.072\,457 \times \left(\frac{B}{L}\right)^2$$

$$\mathrm{B}_i = -0.572\,08 + 0.370\,91 \times \left(\frac{B}{L}\right) + 0.079\,18 \times \left(\frac{B}{L}\right)^2$$

当 $Q_i^* = Q_3^*$ 时

$$\mathrm{A}_i = 2\left[0.358\,6 - 0.240\,57 \times \left(\frac{B}{L}\right) + 0.052\,129 \times \left(\frac{B}{L}\right)^2\right]$$

$$\mathrm{B}_i = 2\left[-0.276\,82 + 0.186\,07 \times \left(\frac{B}{L}\right) - 0.040\,081 \times \left(\frac{B}{L}\right)^2\right]$$

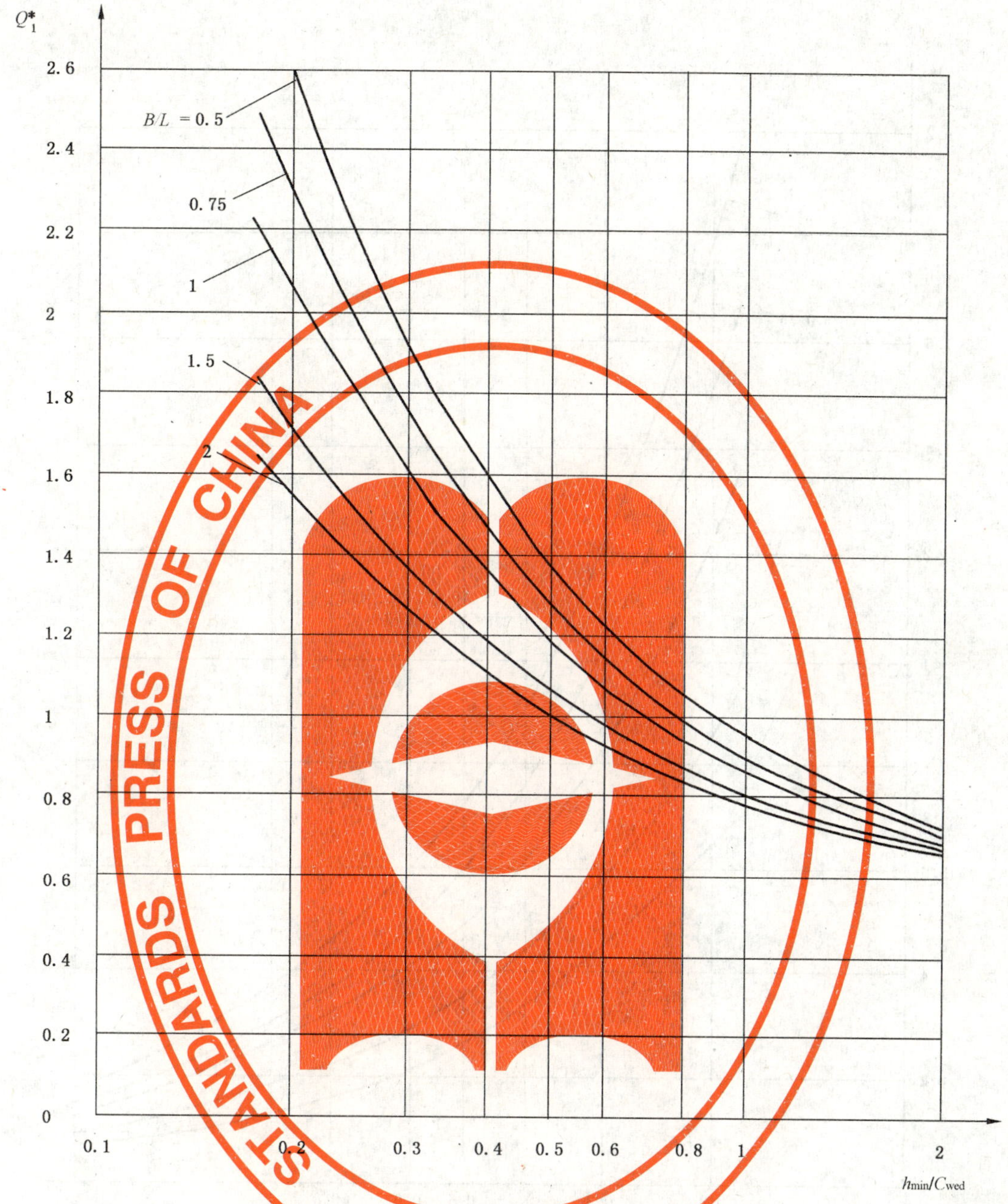

图 3　相对润滑油流量 Q_1^* 与相对轴承宽度 B/L 和最小相对润滑油膜厚度 h_{min}/C_{wed} 的函数关系曲线

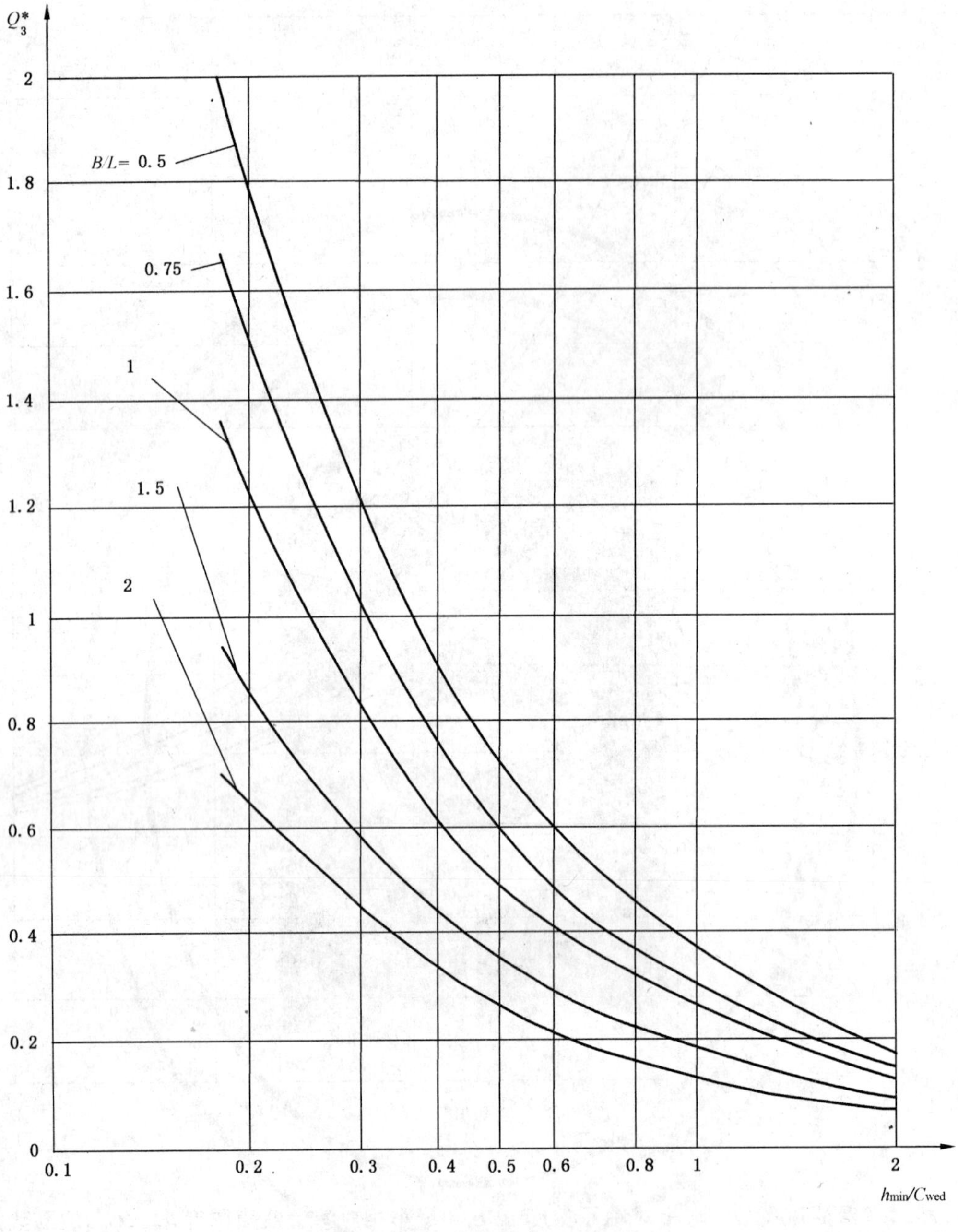

图 4 相对润滑油流量 Q_3^* 与相对轴承宽度 B/L 和相对最小润滑油膜厚度 h_{min}/C_{wed} 的函数关系曲线

图 3、图 4 中的值分别见表 3 和表 4。

表 3　图 3 中的值[$Q_1^* = f(B/L, h_{min}/C_{wed})$]

h_{min}/C_{wed}	B/L				
	2	1.5	1	0.75	0.5
2	0.643 5	0.657 1	0.678 6	0.696 0	0.715 2
1	0.765 5	0.796 0	0.847 3	0.884 3	0.927 0
0.667	0.876 0	0.925 3	1.008	1.068	1.137
0.5	0.979 5	1.049	1.165	1.249	1.345
0.333	1.173	1.283	1.470	1.607	1.761
0.25	1.362	1.510	1.769	1.960	2.174
0.2	1.544	1.731	2.063	2.311	2.588

表 4　图 4 中的值[$Q_3^* = f(B/L, h_{min}/C_{wed})$]

h_{min}/C_{wed}	B/L				
	2	1.5	1	0.75	0.5
2	0.064 75	0.086 07	0.122 3	0.147 7	0.178 1
1	0.129 4	0.172 4	0.246 2	0.297 2	0.357 6
0.667	0.194 6	0.259 5	0.370 7	0.447 9	0.539 0
0.5	0.259 8	0.347 1	0.496 4	0.600 1	0.721 4
0.333	0.390 8	0.522 8	0.750 0	0.907 7	1.091
0.25	0.522 0	0.699 3	1.006	1.219	1.463
0.2	0.653 5	0.876 0	1.263	1.531	1.838

3.5　相对压力中心坐标或可倾瓦块支点 a_F^* 与相对轴承宽度 B/L 和最小相对润滑油膜厚度 h_{min}/C_{wed} 的函数关系

图 5 曲线的近似公式：

$$a_F^* = f(h_{min}/C_{wed}, B/L)$$

$$a_F^* = 0.5 + \left[a + \frac{b}{B/L}\right] \times \tanh\left\{\left[c + \frac{d}{B/L}\right] \times \frac{1}{h_{min}/C_{wed}}\right\}$$

适用范围：$0.2 \leqslant \frac{h_{min}}{C_{wed}} \leqslant 2$；

$a = 0.138\ 107\ 909$

$b = 0.035\ 120\ 970\ 9$

$c = 0.476\ 542\ 662$

$d = 0.010\ 956\ 802\ 1$

$$\frac{h_{min}}{C_{wed}} = f(a_F^*, B/L)\text{，即}\frac{h_{min}}{C_{wed}} = 2 \times \frac{c + \frac{d}{B/L}}{\ln\left[\dfrac{a + \frac{b}{B/L} + a_F^* - 0.5}{a + \frac{b}{B/L} - a_F^* + 0.5}\right]}$$

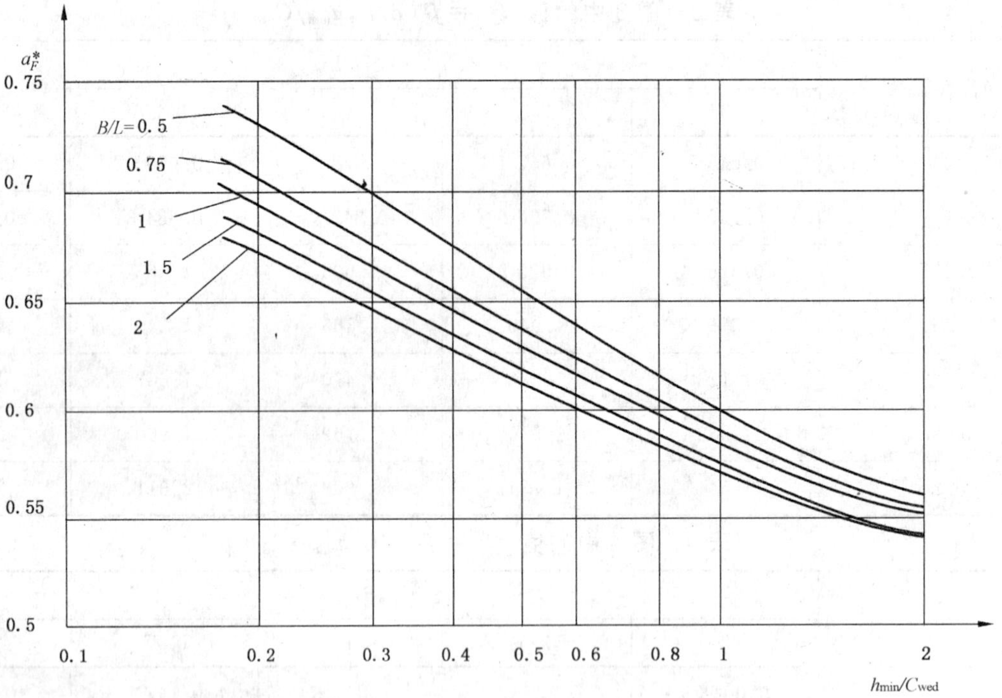

用于计算的许用值：$0.333 \leqslant \frac{h_{min}}{C_{wed}} \leqslant 1$

图5　压力中心或在运动方向(圆周方向)上的支承点 a_F^* 与相对轴承宽度 B/L 和最小相对润滑油膜厚度 h_{min}/C_{wed} 的函数关系曲线

图5中的值见表5。

表5　图5中的值[$a_F^* = f\ (B/L, h_{min}/C_{wed})$]

h_{min}/C_{wed}	B/L				
	2	1.5	1	0.75	0.5
2	0.543 1	0.544 6	0.548 3	0.552 2	0.559 7
1	0.573 0	0.575 6	0.581 8	0.588 3	0.600 5
0.667	0.595 5	0.599 0	0.606 9	0.615 2	0.630 7
0.5	0.613 2	0.617 4	0.626 8	0.636 4	0.654 1
0.333	0.639 7	0.645 1	0.656 7	0.667 9	0.688 5
0.25	0.658 6	0.665 2	0.678 3	0.690 6	0.712 7
0.2	0.672 9	0.680 4	0.695 0	0.707 8	0.730 9

4　润滑油的等效动态黏度 η_{eff} 与等效润滑油膜温度 T_{eff} 的函数关系

通常，对于流体润滑油，Vogel方程是适用的(见参考文献[4])。

$$\eta = K_1 \times \exp\left(\frac{K_2}{T + K_3}\right)$$

对于矿物油，根据文献[5]中Cameron的方法，当常量 $K_3 = 95$ ℃时，本方程具有足够的精度。

文献[6]中Rodermund的研究表明，矿物油的实际黏度可以由ISO VG直接计算得出。

当密度 ρ 单位为 kg/m^3 时，公式如下：

$$\ln \frac{\eta}{\eta_x} = \left(\frac{159.56}{T + 95\ ℃} - 0.181\,913\right) \times \ln \frac{\rho \times VG}{10^6 \times \eta_x}$$

在此方程中，$\eta_x = 0.18 \times 10^{-3}$ Pa·s 是常数。

平均密度 $\rho = 900$ kg/m^3 的 ISO 标准油的黏度在图 6 中给出。

公路车辆的发动机和齿轮油以国际黏度等级 SAE 为标准。

润滑油黏度的 SAE 等级不完全与 ISO VG 等级符合。SAE 的分类不精确，在需要精确计算时，应要求供应商提供黏度数据。

与纯矿物油相比，稠化油的黏温关系更加明显。

有机合成油通常即使不加添加剂，也能达到添加了添加剂的矿物油所能达到的效果。

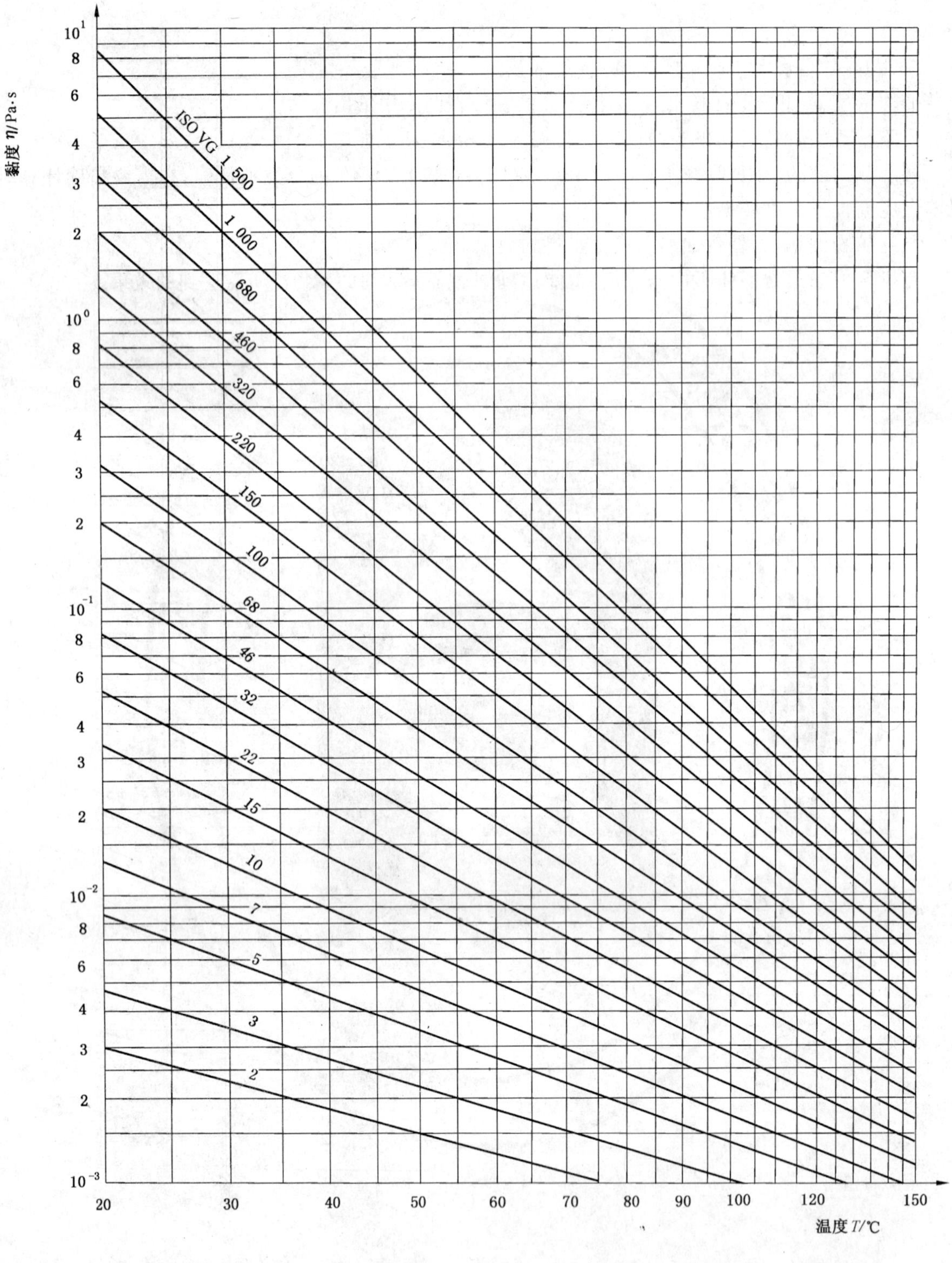

图 6　当密度 ρ=900 kg/m^3 时，等效动态黏度 η_{eff} 与等效润滑油膜温度 T_{eff} 的函数关系

参考文献

[1] Jacobsen, B. and Floberg, L.: The rectangular plane pad beaing, trans. Chalmers Univ. of Technology, Gothenburg, No. 203(1958).

[2] Fricke, J.: Das Axiallager mit Kippbeweglichen Kreisgleitschuhen (Thrust bearings with circular tilting pads), Düsseldorf: VDI-Verlag 1975(VDI-Forschungsheft 567).

[3] Glienicke, J., Lindlof, K. and Medhioub, M: Axialgleitlager bei hohen Umlaufgeschwindigkeiten und hohen spezifischen belastungen (Plain thrust bearings at high rotational frequencies and high specific loads), Konstruktion 49(1997), pp. 39—47.

[4] Vogel, H.: Das Temperaturabhängigkeitsgesetz der viskosität von flüssigkeitten (The temperature dependence law for viscosity of fluids), Phys. Z. Bd. 22(1921), pp. 645—646.

[5] Cameron, A., The Principles of Lubrication, Longmans Green, London 1966.

[6] Rodermund, H., Berechnung Temperaturabhängigkeit der viskosität von Mineralölen aus dem Viskositätsgrad (Calculation of temperature dependence of mineral oils viscosity based on the viscosity grade), Cshmiertechnik und Tribologie 2 (1978), pp. 56—57.

ICS 21.100.10
J 12

中华人民共和国国家标准

GB/T 23892.3—2009/ISO 12130-3:2001

滑动轴承 稳态条件下 流体动压可倾瓦块止推轴承 第3部分：可倾瓦块止推轴承计算的许用值

Plain bearings—Hydrodynamic plain tilting pad thrust bearings under steady-state conditions—Part 3: Guide values for the calculation of tilting pad thrust bearings

(ISO 12130-3:2001,IDT)

2009-05-26 发布　　2009-12-01 实施

中华人民共和国国家质量监督检验检疫总局
中国国家标准化管理委员会　发布

前　言

GB/T 23892《滑动轴承　稳态条件下流体动压可倾瓦块止推轴承》由以下三部分组成：

——第1部分：可倾瓦块止推轴承的计算；

——第2部分：可倾瓦块止推轴承的计算函数；

——第3部分：可倾瓦块止推轴承计算的许用值。

本部分是GB/T 23892的第3部分。

本部分等同采用ISO 12130-3:2001《滑动轴承　稳态条件下流体动压可倾瓦块止推轴承　第3部分：可倾瓦块止推轴承计算的许用值》。

本部分等同翻译ISO 12130-3:2001。

为便于使用，本部分做了下列编辑性修改：

——"本国际标准"一词改为"本部分"；

——用小数点"."代替作为小数点的逗号","；

——删除国际标准的前言。

本部分由中国机械工业联合会提出。

本部分由全国滑动轴承标准化技术委员会(SAC/TC 236)归口。

本部分负责起草单位：中机生产力促进中心。

本部分参加起草单位：西安交通大学、浙江省诸暨申发轴瓦有限公司、浙江申科滑动轴承有限公司、浙江东方滑动轴承有限公司、浙江长盛滑动轴承有限公司、浙江双飞无油轴承有限公司。

本部分由全国滑动轴承标准化技术委员会秘书处负责解释。

本部分为首次发布。

引　言

为了使根据 GB/T 23892.1—2009 计算的可倾瓦块止推轴承达到足够的运行可靠性，计算所得的运行参数 h_{min}，T_B 或 T_2 和 $\overline{p}$ 不得低于或超过它们的许用运行参数 h_{lim}，T_{lim} 和 $\overline{p}_{lim}$。

对于高比压和/或高转速的极限运转状况，需要考虑热量、弹性变形、流体动压和/或湍流影响，进行更精确的计算。

这些许用值表征了依赖几何尺寸与加工技术的滑动轴承摩擦学系统的运行极限。它们是一些经验值。即使会受到其他方面的一些影响，其仍然能够满足运行的可靠性（见 GB/T 23892.1—2009 第 4 章）。

滑动轴承　稳态条件下流体动压可倾瓦块止推轴承　第3部分：可倾瓦块止推轴承计算的许用值

1　范围

GB/T 23892 的本部分规定了 GB/T 23892.1—2009 中规定的流体动压可倾瓦块止推轴承计算时的许用值。

所给的许用值可以修改以适用于特定的应用场合。

GB/T 23892 的本部分不适用于重载可倾瓦块止推轴承。

2　规范性引用文件

下列文件中的条款通过 GB/T 23892 的本部分的引用而成为本部分的条款。凡是注日期的引用文件，其随后所有的修改单(不包括勘误的内容)或修订版均不适用于本部分，然而，鼓励根据本部分达成协议的各方研究是否可使用这些文件的最新版本。凡是不注日期的引用文件，其最新版本适用于本部分。

GB/T 23892.1—2009　滑动轴承　稳态条件下流体动压可倾瓦块止推轴承　第1部分：可倾瓦块止推轴承的计算(ISO 12130-1:2001,IDT)

ISO 4381　滑动轴承　多层滑动轴承用铅锡铸造合金

ISO 4382-1　滑动轴承　单层和多层轴承用铸造铜合金

ISO 4382-2　滑动轴承　单层轴承用锻造铜合金

ISO 4383　滑动轴承　薄壁滑动轴承用金属多层材料

3　避免磨损损害的许用值

符号定义和计算示例见 GB/T 23892.1—2009。

为达到最小磨损和低失效概率，需要考虑最小许用油膜厚度 h_{lim} 以达到滑动轴承装置的完全流体润滑状态。润滑剂应清洁无杂质，因为杂质会加剧磨损、拉伤以及局部过热，这些将会削弱滑动轴承的正常功能。必要时，润滑剂应过滤。

作为过渡到混合润滑的特征值(见 GB/T 23892.1—2009)，最小许用油膜厚度 $h_{lim,tr}$ 可根据经验公式(1)计算：

$$h_{lim,tr}=\sqrt{\frac{D\times Rz}{12\ 000}} \qquad \cdots\cdots(1)$$

该公式从总体上考虑了随轴承尺寸的增加，加工公差的增加。

然而，在本系列标准中，加工方法以及机器的实际状态对加工公差影响很大，因此根据此公式计算的最小许用油膜厚度 $h_{lim,tr}$ 值仅能提供参考。

轴、法兰或止推环的错误加工和超过许用公差，将会导致止推瓦块迅速失效。另外，机器在启动和停机时有多长时间在混合润滑状态下工作也是非常重要的。

对于较高的旋转速度，应增加正常运行时的最小许用油膜厚度，以便停机时，不会过快地到达混合润滑状态。

最小许用油膜厚度 $h_{\lim}$ 可根据经验公式(2)计算：

$$h_{\lim} = C\sqrt{U \times D \times \frac{F_{st}}{F}} \quad \cdots\cdots(2)$$

式中：

$C=0.4\times10^{-5}\sim2.9\times10^{-5}$；

F_{st}/F——静止状态时的承载能力 F_{st} 与额定旋转频率时的轴承力 F 的比值。

应用公式(2)计算后，应保证：

$$h_{\lim} > h_{\lim,tr} \quad \cdots\cdots(3)$$

推荐 $h_{\lim}>1.25h_{\lim,tr}$。

$h_{\lim}$ 的经验值见表1和表2。

当 $F_{st}/F=0$ 时，表1和表2最小许用油膜厚度第一列的数据与滑动速度无关，依然有效。

表1　$F_{st}/F=1, C=1\times10^{-5}$ 时最小许用油膜厚度 $h_{\lim}$ 的许用值

平均滑动直径 D（止推环直径）/mm	止推环平均滑动速度 U/(m/s)					
	$1\leqslant U\leqslant2.4$	$2.4<U\leqslant4$	$4<U\leqslant6.3$	$6.3<U\leqslant10$	$10<U\leqslant24$	$24<U\leqslant40$
	最小许用油膜厚度 $h_{\lim}$/μm					
$24\leqslant D\leqslant63$	4	4	4.8	6	8.5	12
$63<D\leqslant160$	6.5	6.5	7.5	8.5	14	19
$160<D\leqslant400$	10	10	12	15	22	30
$400<D\leqslant1\,000$	16	16	19	24	35	48
$1\,000<D\leqslant2\,500$	26	26	30	38	55	75

表2　$F_{st}/F=0.25, C=1\times10^{-5}$ 时最小许用油膜厚度 $h_{\lim}$ 的许用值

平均滑动直径 D（止推环直径）/mm	止推环平均滑动速度 U/(m/s)					
	$1\leqslant U\leqslant2.4$	$2.4<U\leqslant4$	$4<U\leqslant6.3$	$6.3<U\leqslant10$	$10<U\leqslant24$	$24<U\leqslant40$
	最小许用油膜厚度 $h_{\lim}$/μm					
$24\leqslant D\leqslant63$	4	4	4	4	4.3	6
$63<D\leqslant160$	6.5	6.5	6.5	6.5	7	8.5
$160<D\leqslant400$	10	10	10	10	11	15
$400<D\leqslant1\,000$	16	16	16	16	17	24
$1\,000<D\leqslant2\,500$	26	26	26	26	27	37

4　避免机械过载的许用值

通过滑动表面的变形要求求得的轴承最大许用比压 $\overline{p}_{\lim}$ 不应导致轴承功能损害或出现裂缝。除了轴承材料成分外，还有很多其他决定性因素影响轴承最大许用比压值，例如：加工工艺、材料金相组织、轴承材料的厚度以及轴承背的结构和型式。除此之外，还应检查启动时轴承是否处于满载状态。如果启动比压 $2.5\ \text{MPa}\leqslant\overline{p}\leqslant3\ \text{MPa}$，则应使用辅助静压装置，否则滑动表面将会磨损。表3给出了 $\overline{p}_{\lim}$ 的经验值。

表 3 轴承比压的最大许用经验值 $\bar{p}_{lim}$

轴承材料合金类别[a]	$\bar{p}_{lim}$[b,c]/MPa
铅基合金和锡基合金	5(15)
Cu-Pb 合金	7(20)
Cu-Sn 合金	7(25)
Al-Sn 合金	7(18)
Al-Zn 合金	7(20)

[a] ISO 4381，ISO 4382-1，ISO 4382-2 和 ISO 4383。

[b] 圆括号内的值，用于特殊的运行条件下，例如滑移速度非常低时。

[c] 1 MPa=1 N/mm²。

5 避免热过载的许用值

避免热过载的许用值见表 4。

轴承的最大许用温度 T_{lim} 取决于轴承材料和润滑油。

随着温度的升高，轴承材料的硬度和强度降低。对于低熔点的铅基合金和锡基合金应特别注意。

另外，随温度的升高润滑油的黏度下降，滑动轴承的承载能力也因此下降。某些情况下，可能导致混合摩擦磨损。此外，当温度高于 80 ℃时，基础油为矿物油的润滑油的老化速度会加快。

当可倾瓦块止推滑动轴承在稳定状态下运行时，温度场为定值。当根据 GB/T 23892.1 进行计算时，轴承的热负荷可以通过轴承温度 T_B 和润滑油的出口温度 T_2 来描述，同时，应确保它们均不高于 T_{lim}。

对于全部可用的轴承润滑油来说，总是只有一小部分在某个有限的时期内位于轴承间隙中，因而处在高温的情况下。也就是说不仅 T_B 和 T_2，而且润滑油总量和每分钟润滑油流量之比对于润滑油的使用寿命都是重要的。通常，与自给油润滑轴承相比，这一比率更有利于循环润滑的轴承。

表 4 轴承最高许用温度的经验值 T_{lim}

轴承润滑的类型	润滑油总量与每分钟润滑油流量之比	
	≤5	>5
	T_{lim}[a]/℃	
压力润滑(循环润滑)	100(115)	110(125)
无压力润滑(自给油润滑)	90(110)	

[a] 例外情况下，圆括弧内的值可用在特殊运行条件。

参 考 文 献

[1] Spiegel, K. and Fricke J., Belastungsdiagramm zur Berechnung von Axialgleitlagern (Load diagram for the calculation of plain bearings). Schmiertechnik + Tribologie 22(1975)3, pp. 59—64.